·高等学校计算机基础教育教材精选·

计算机网络
——应用基础教程

林川 主编

林川 赵元媛 李玉凯 魏节敏 石振华 编著

清华大学出版社
北京

内 容 简 介

本书采用理论与实践相结合的方法，深入浅出、图文并茂地介绍了计算机网络技术相关理论知识和实际的操作应用。

全书内容包括计算机网络基础知识、数据通信知识、局域网及组网技术、Internet 基础知识、Internet 的常用接入技术、WWW 浏览、电子邮件、IIS 服务器、Apache 服务器的安装和配置、Windows 2003 网络管理、Dreamweaver 网页编辑的各项功能、Flash 动画制作、HTML 网页制作、XML 应用、CSS 应用技术、ASP 动态网页技术、网络的安全与管理。

本书可作为高等院校、高等职业技术学院非计算机专业的公共计算机网络课程教材，同时也可作为计算机网络技术初学者自学教材和各类计算机网络培训班的培训教材。

图书在版编目(CIP)数据

计算机网络：应用基础教程/林川主编. —北京：清华大学出版社，2009.9(2016.3 重印)
(高等学校计算机基础教育教材精选)
ISBN 978-7-302-20224-0

Ⅰ. 计…　Ⅱ. 林…　Ⅲ. 计算机网络—高等学校—教材　Ⅳ. TP393

中国版本图书馆 CIP 数据核字(2009)第 123323 号

责任编辑：袁勤勇　薛　阳
责任校对：梁　毅
责任印制：李红英

出版发行：清华大学出版社
　　网　址：http://www.tup.com.cn，http://www.wqbook.com
　　地　址：北京清华大学学研大厦 A 座　　**邮　编**：100084
　　社 总 机：010-62770175　　**邮　购**：010-62786544
　　投稿与读者服务：010-62776969，c-service@tup.tsinghua.edu.cn
　　质 量 反 馈：010-62772015，zhiliang@tup.tsinghua.edu.cn
印 装 者：虎彩印艺股份有限公司
经　销：全国新华书店
开　本：185mm×260mm　　**印　张**：26.75　　**字　数**：684 千字
版　次：2009 年 9 月第 1 版　　**印　次**：2016 年 3 月第 6 次印刷
印　数：7531～8030
定　价：45.00 元

产品编号：031073-02

出版说明

在教育部关于高等学校计算机基础教育三层次方案的指导下，我国高等学校的计算机基础教育事业蓬勃发展。经过多年的教学改革与实践，全国很多学校在计算机基础教育这一领域中积累了大量宝贵的经验，取得了许多可喜的成果。

随着科教兴国战略的实施以及社会信息化进程的加快，目前我国的高等教育事业正面临着新的发展机遇，但同时也必须面对新的挑战。这些都对高等学校的计算机基础教育提出了更高的要求。为了适应教学改革的需要，进一步推动我国高等学校计算机基础教育事业的发展，我们在全国各高等学校精心挖掘和遴选了一批经过教学实践检验的优秀的教学成果，编辑出版了这套教材。教材的选题范围涵盖了计算机基础教育的三个层次，包括面向各高校开设的计算机必修课、选修课以及与各类专业相结合的计算机课程。

为了保证出版质量，同时更好地适应教学需求，本套教材将采取开放的体系和滚动出版的方式（即成熟一本、出版一本，并保持不断更新），坚持宁缺毋滥的原则，力求反映我国高等学校计算机基础教育的最新成果，使本套丛书无论在技术质量上还是文字质量上均成为真正的“精选”。

清华大学出版社一直致力于计算机教育用书的出版工作，在计算机基础教育领域出版了许多优秀的教材。本套教材的出版将进一步丰富和扩大我社在这一领域的选题范围、层次和深度，以适应高校计算机基础教育课程层次化、多样化的趋势，从而更好地满足各学校由于条件、师资和生源水平、专业领域等的差异而产生的不同需求。我们热切期望全国广大教师能够积极参与到本套丛书的编写工作中来，把自己的教学成果与全国的司行们分享；同时也欢迎广大读者对本套教材提出宝贵意见，以便我们改进工作，为读者提供更好的服务。

我们的电子邮件地址是 jiaoh@tup. tsinghua. edu. cn。联系人：焦虹。

清华大学出版社

前言

计算机技术与通信技术的发展与融合，使得现代社会以前所未有的速度进入到一个崭新的信息网络时代。计算机网络技术的应用已深入到社会生活的各个方面，它已经成为影响科技、经济和文化发展的重要因素，也是全球信息基础结构的最主要技术之一。

随着计算机网络技术的普及与应用，为了适应信息社会对人才培养的需要，“计算机网络”已不仅是计算机专业学生学习的课程，它也成为了许多非计算机专业，如文史类和管理类学生的必修课程。

本书在编写的过程中，结合非计算机专业学生的特点，力求做到介绍一些作为非计算机专业的学生必须掌握的一些计算机网络的基本理论，同时考虑到计算机网络是一门实践性很强的学科，所以本书结合学生在学习和今后工作中对网络的应用，介绍了一些实际应用的计算机网络技术。

本书具有如下特色。

(1) 定位准确

本书主要是为非计算机专业学生的计算机网络公共课程编写的，考虑到非计算机专业的学生对计算机网络的学习还是以实际应用为主，所以本书对理论部分的介绍掌握了一个范围和深度的问题。

(2) 理论结合实践

计算机网络技术是一门实践性很强的学科，对于非计算机专业的学生来说，在学习了必须了解的理论知识以后就应该学习计算机网络的实际操作，学会使用网络技术来解决在学习、生活和以后在工作中可能会遇到的问题。

(3) 图文并茂便于自学

考虑到非计算机专业的学生的计算机专业方面的相关基础知识不多，所以本书在编写的过程中注重以通俗易懂的文字对理论知识进行描述，并配以大量的图示和实例。

本书共分为 12 章。第 1 章是计算机网络基础知识，包括计算机网络概述、数据通信技术、计算机网络的体系结构和网络中常用的传输介质。第 2 章介绍局域网技术，包括局域网概述、局域网拓扑结构、高速局域网技术、交换介质局域网、无线局域网等。第 3 章是 Internet 基础，包括 TCP/IP 协议、Internet 的 IP 地址、Internet 的域名地址等。第 4 章是 Internet 的接入技术，介绍现在常用的一些 Internet 接入技术。第 5 章是 Internet 的应用，包括 WWW、FTP、电子邮件等常用的 Internet 应用技术。第 6 章是 Windows 网络操作技术，这一章介绍 Windows 2003 系统的一些网络操作技术。第 7 章是网站建立，介绍网站建立的方法和流程。第 8 章是客户端控制技术，包括 HTML 和 CSS 等常用的客户端技术。第 9 章是 Dreamweaver CS3 网页设计技术，介绍怎样用 Dreamweaver CS3 来设计网页。第 10 章是 Flash 动画制作，介绍怎样用Flash来制作动画。第11章是ASP动态页面技术，介绍怎样使用ASP来制作动态网页。第12章介绍计算机网络安全和管理方面的知识。

本书由林川拟定编写内容和大纲及负责编写全书的第1、2、11、12章，并对全书统稿。赵元媛编写了第9、10章，李玉凯编写了第3、5章，魏杰敏编写了第4、6章，石振华编写了第7、8章。本教材由杨云江教授担任主审。

本书在编写的过程中，参考了大量文献，在此对各文献的作者表示衷心的感谢！此外，在编写过程中，贵州大学网络中心的杨云江教授提出了许多宝贵的意见并给予了很多帮助，在此，我表示诚挚的谢意。

由于作者水平有限，书中难免存在一些疏漏和错误，殷切希望同行专家和广大读者批评指正。

作　者

2009年5月

目录

第 1 章 计算机网络基础知识

本章要点

- 计算机网络的定义与分类方法；
- 计算机网络的组成与结构；
- 计算机网络拓扑的定义、分类与特点；
- 数据通信系统的组成；
- 数据的编码和调制技术；
- 数据交换技术；
- 差错控制技术；
- ISO/OSI 与 TCP/IP 参考模型；
- 传输媒体的类型与特点。

本章难点

- 计算机网络的组成与结构、网络的拓扑结构；
- 数据的编码和调制技术；
- 差错控制技术；
- ISO/OSI 参考模型与 TCP/IP 参考模型的层次结构及其比较。

1.1 计算机网络概述

随着计算机技术和通信技术的迅速发展和相互结合，计算机网络已成为当今最重要的技术之一。在 21 世纪，现代社会已经进入了信息时代，随着以计算机网络为代表的信息技术的高速发展，社会对资源共享和信息交换需求的增加，计算机网络尤其是互联网技术必将改变人们的生活、学习、工作方式，并对科学、技术、政治、经济产生巨大的影响。

1.1.1 计算机网络的产生和发展

计算机网络最早出现于 20 世纪 50 年代，早期的计算机网络通过通信线路将远方终端上的资料传给计算机主机处理，形成了一种简单的联机系统。随着计算机技术和通信技术的共同发展，计算机网络经历了从简单到复杂，从单机到多机，从终端与计算机之间的通信到计算机与计算机之间直接通信的演变过程。整个过程可划分为以下 4 个阶段：第一个阶段是面向终端的计算机网络；第二个阶段是计算机到计算机的网络；第三个阶段是开放式标准化的网络；第四个阶段是高速互联网络。

1. 面向终端的第一代计算机网络

面向终端的联机系统是将地理上分散的多个终端通过通信线路连接到一台中心计算机上。这样的系统除了一台中心计算机，其余的终端都不具备自主处理的能力，也就是说如果中心计算机没有工作或是通信线路出现问题，远程的终端是不能工作的。在系统中主要是终端和中心计算机的通信，因而也被称为面向终端的计算机系统（如图 1-1 所示），还不能称为计算机网络，但这种系统将计算机技术和通信技术结合在一起，实现了远距离使用计算机，构成了计算机网络的雏形。

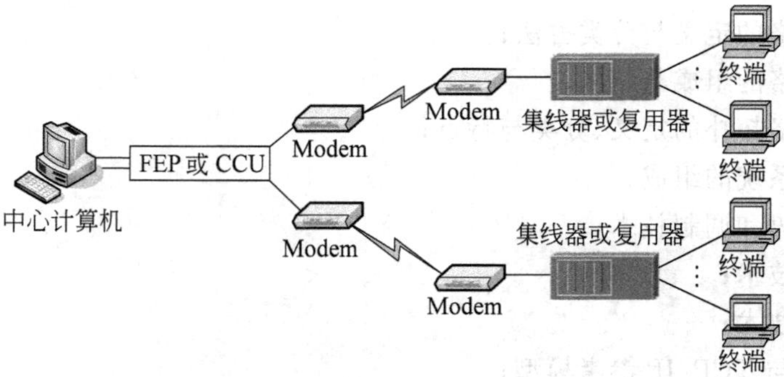

图 1-1　面向终端的计算机网络结构

2. 计算机—计算机的第二代计算机网络

20 世纪 60 年代中期，出现了将若干台计算机互连起来的实现信息交换和资源共享的系统，即计算机—计算机网络。它与以单台计算机为中心的面向终端的联机系统的区别在于这里的多台计算机都是具有自主处理能力的，它们之间不存在主从关系。第二代计算机网络的重点在于网络的整体性，用户不仅可以共享与之直接相连的主机资源，而且还能通过通信子网共享其他主机或用户的软、硬件资源。多台功能独立的计算机—计算机连接如图 1-2 所示。

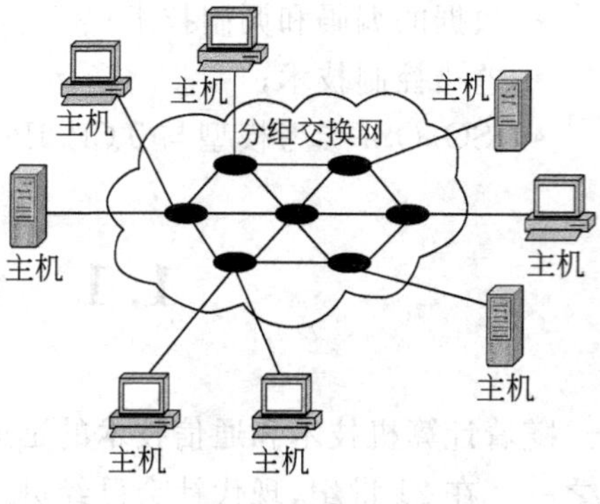

图 1-2　计算机—计算机网络结构示意图

3. 开放式标准化的网络

到了 20 世纪 70 年代，各个公司为了抢占市场都推出了自己的网络体系结构，比如 IBM 公司的 SNA 和 DEC 公司的 DNA。由于网络的体系结构不同，这样不同公司的网络要想互连在一起就比较困难。1977 年，国际标准化组织（International Standardization Organization，ISO）成立了一个专门机构，专门研究标准化问题，并于 1983 年正式提出了一个各种计算机能够在世界范围内互连成网的标准框架，即著名的开放系统互连基本参考模型（Open System Interconnection/Reference Model，OSI/RM），简称为 OSI 参考模型。OSI 参考模型的提出，使计算机网络有了一个标准的网络体系结构，能够实现将不同厂家生产的计算机互连成网。图 1-3 给出了现代计算机网络的结构。

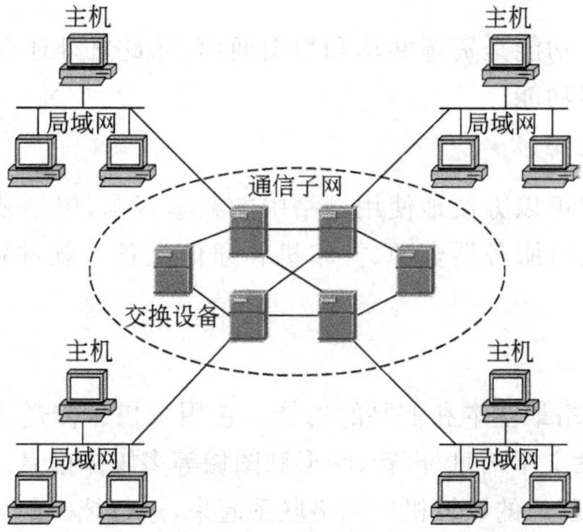

图 1-3　计算机互联网络结构示意图

4. 高速互联网络

到了 20 世纪 90 年代，计算机网络的发展进入了第 4 个阶段，即高速互联阶段。这个阶段网络的特点是许多同类型或不同类型的网络互连起来，形成大规模的互联网络。同时网络通信出现了综合化和高速化的特点。综合化是指将多种业务、多种信息综合到一个网络中来专递。高速化指网络的数据传输速率从早期的 10Mbps、100Mbps 发展到几十 Gbps。随着网络应用的发展，计算机网络从早期的字符信息传输到现在的图形、图像等多媒体信息的传输。多媒体数据的传输，对延时时间、延时抖动和 QoS 等都提出了更高的要求。

1.1.2　计算机网络的定义

什么是计算机网络？随着计算机技术和通信技术的发展，它的定义和术语也在不断地演变。不同的定义反映了当时网络技术发展的水平，以及人们对网络的认识程度。关于计算机网络全世界没有一个标准统一的定义，但在定义计算机网络时都应包含以下 3 个方面：

(1) 功能独立的计算机。

(2) 互联设备。

(3) 网络软件。现在，大家比较一致地将计算机网络定义为：将地理位置不同并具有独立功能的多个计算机系统利用通信设备和线路互相连接起来，以功能完善的网络软件(网络通信协议、网络操作系统等)实现网络资源共享的系统。计算机网络的定义涉及了以下 3 个方面的问题：

(1) 系统中至少要有两台或多于两台的功能独立的计算机互相连接起来才能构成网络。

(2) 系统中的各台计算机之间要通过互联设备才能相互连接并通信。

(3) 不同计算机之间要相互通信就要有一个共同遵守的约定和标准，即网络协议。

1.1.3 计算机网络的基本功能

计算机网络最主要的功能是资源共享和数据通信，除此之外还有负载均衡、分布处理和提高系统安全性与可靠性等功能。

1. 共享软、硬件资源

通过计算机网络用户可以方便地使用网络中的共享资源，包括硬件资源、软件资源和信息资源。硬件资源最常见的有服务器资源、打印机和通信设备。软件资源常见的有共享软件包和共享数据。

2. 数据通信

数据通信是计算机网络最基本和重要的功能。它用来快速传送计算机与终端、计算机与计算机之间的各种信息，包括文字信息、声音、图形和图像等多媒体信息。利用这一特点，可实现将分散在各个地区的单位或部门的计算机用网络联系起来，进行统一的调配、控制和管理。

3. 负载均衡与分布处理

当某台计算机负担过重，或该计算机正在处理某个任务又接收到别的任务申请，网络可将新的任务交给网上空闲的计算机来完成，这样处理能均衡各计算机的负载，提高处理问题的实时性。对于大型综合性问题，可将问题各部分交给不同的计算机并行处理，充分利用网络资源，扩大计算机的综合处理能力，增强实用性。对解决复杂问题来说，利用网络构成的集群来协同工作、并行处理能减少计算所需时间并且比单独购置一台高性能的大型计算机便宜很多。

4. 提高系统的安全性与可靠性

通过将网络中的多台计算机连接成网络互为备份，可以提高计算机系统的可靠性，这样当网络中的某一台计算机发生故障以后，不会影响网络中别的计算机和整个系统的运行。

5. 综合信息服务

网络发展的趋势是应用日益多元化，通过计算机网络不但可以提供传统数据资源的服务，还可以提供图像、语音、动画等服务。目前，许多新的网络应用不断出现，如电子邮件、IP 电话、视频点播、电子商务、视频会议等。

1.1.4 计算机网络的基本组成

计算机网络是一个非常复杂的系统。网络的组成，根据应用范围、目的、规模、结构以及采用的技术不同而不同。但不论是哪一种网络系统，一个标准的计算机网络都必须包含计算机系统、数据通信系统和网络软件 3 个部分。建立具有两台以上独立功能的计算机系统是计算机网络的第一个要素，计算机系统是计算机网络的重要组成部分，是计算机网络不可缺少的硬件元素；数据通信系统是连接网络对象的桥梁，它提供各种连接技术和信息交换技术；网络软件是网络的组织者和管理者，在网络协议的支持下，为网络用户提供各种服务。

1. 计算机系统

计算机系统是网络的基本构成单元，是被连接的对象。它的主要作用是负责数据信息的收集、处理、存储、传播和提供共享资源。计算机系统根据在网络中扮演的角色可分为服务器和工作站两种。

1）服务器

服务器是一台被工作站访问的计算机，其主要任务是运行网络操作系统和其他的应用软件，为网络提供通信控制，管理和共享资源等。服务器是整个网络系统的核心。按照功能来划分，服务器分为文件服务器、打印服务器和通信服务器等。

2）工作站

工作站又称为客户机，在计算机网络系统中，若被连接在网络上的计算机只请求服务而不为其他计算机提供服务，这一类的用户计算机被称为“工作站”。

2. 数据通信系统

数据通信系统主要由网络适配器、传输介质和网络互联设备等组成。

1）网络适配器

网络适配器俗称网卡，它是构成计算机网络最基本和必不可少的连接设备，计算机要通过网卡才能接入网络系统中。网卡除了起到物理接口作用外，还有控制数据传输的功能。

2）传输介质

传输介质构成通信双方的通信信道，实现数据的传输。常用的传输介质有同轴电缆、双绞线、光缆、微波、无线电和卫星等。

3）网络互联设备

网络互联设备是用来实现网络中各计算机之间的连接、网络互联的设备。根据网络互联的不同层次，使用不同的互联设备。常用的互联设备有中继器、集线器、网桥、交换机和路由器等。

3. 网络软件

以上介绍只是连接计算机网络的硬件，把计算机连接成网络以后，下一步就是对网络的操作，所以计算机网络的组成部分里还要有提供给用户使用的操作和管理网络的平台。网络软件一方面接受用户对网络资源的访问，帮助用户方便、安全地使用网络；另一方面管理和协调网络资源，提供网络通信和用户所需的各种网络服务。网络软件通常包括以下内容。

(1) 网络协议和协议软件——通过协议程序实现网络协议功能。

(2) 网络通信软件——通过网络通信软件实现网络工作站之间的通信。

(3) 网络操作系统——网络操作系统可实现系统资源共享，管理用户的应用程序对不同资源的访问是最主要的网络软件。

(4) 网络管理和网络应用软件——网络管理软件是用来对网络资源进行管理、对网络进行维护的软件；网络应用软件是为网络用户提供服务的，是网络用户解决实际问题的软件。

1.1.5 计算机网络的功能组成

计算机网络的基本功能是数据处理与数据通信，因此，在逻辑功能上形成了与之相应的两部分：资源子网和通信子网，如图 1-4 所示。网络上的计算机称为主机，主机通过通信子网连接。通信子网负责整个网络的通信任务，把数据从一台主机传输到另一台主机，最终将数据传送给目的主机。

1. 资源子网

计算机网络中实现资源共享功能的设备及其软件的集合称为资源子网。资源子网是各种

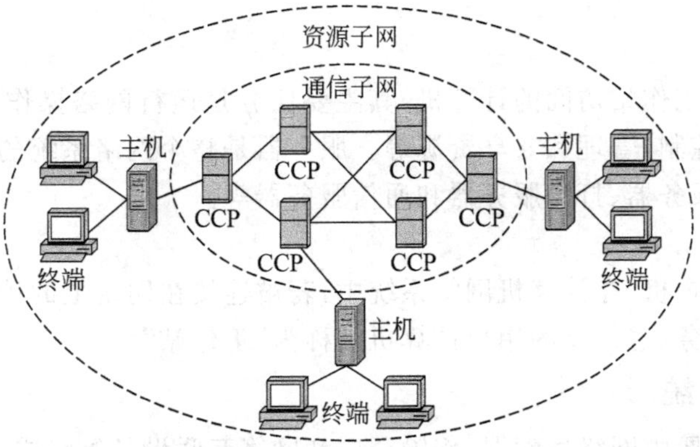

图 1-4　通信子网与资源子网示意图

网络资源的集合，是资源共享的主体。资源子网由各种计算机系统以及外部设备组成，它们利用通信子网的通信服务功能，实现彼此间的互联，为用户提供资源共享服务。资源子网主要由计算机系统、终端、终端控制器、联网外部设备、各种软件资源和数据资源等组成。资源子网负责全网的数据处理业务，向网络用户提供各种网络资源和网络服务。

主机是资源子网的主要组成单元，它通过通信线路与通信子网相连接。终端与主机统称为网络的访问节点。在国际电报电话咨询委员会(CCITT)有关建议中，将它们称为数据终端设备(DTE)。终端可以是简单的输入、输出设备，也可以是带有微处理机的智能终端。智能终端除具有信息的输入、输出功能外，还具有存储和处理信息的功能。

2. 通信子网

计算机网络中实现网络通信功能的设备及其软件的集合称为通信子网。通信子网是信息传输的主体，主要由通信线路和交换节点组成。通信线路用于连接网络节点，交换节点用于连接传输线路，并进行信息交换。计算机网络中采用的通信线路有双绞线、同轴电缆、光缆、无线链路等。通信子网负责全网的数据传输、交换及通信控制等通信处理工作。网络节点具有以下两个方面的功能。

(1) 资源子网主机、终端的接口节点，主机和终端通过接口节点接入网络。

(2) 通信子网中的交换节点完成报文分组的接收、校验、存储、转发等功能，将源主机报文正确、可靠地转发到目的主机。

1.1.6　计算机网络的分类

计算机网络的种类很多，性能各异，根据不同的分类标准，可以划分出各种不同类型的计算机网络。例如，按地理覆盖范围可分为局域网、城域网和广域网；按网络拓扑结构可分为星型、环型、树型网和总线型网；按信息的交换方式可分为电路交换、报文交换和混合交换；按通信介质可分为有线网和无线网；按传输的带宽可分为基带网和宽带网；按传输技术进行分类可分为广播式网络和点对点式网络。

1. 按照地理覆盖范围分类

计算机网络按照地理覆盖范围的大小，可以划分为局域网、城域网、广域网和互联网。

1）局域网

局域网的覆盖半径通常在10公里范围以内，覆盖范围局限在房间、大楼或园区内。通常局域网用于连接公司办公室或工厂里的个人计算机和工作站，以便共享软、硬件资源和交换信息。当前局域网的传输速率通常为10～1000Mbps，新的局域网传输速率可达10Gbps。局域网主要用于实现短距离的资源共享。图1-5是一个由几台计算机和打印机组成的典型局域网。

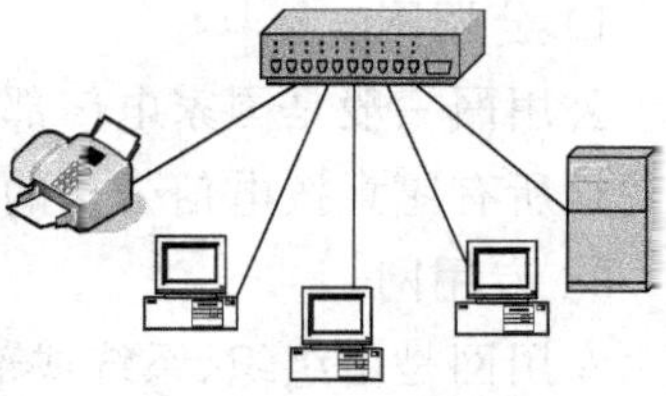

图1-5　局域网示例

2）城域网

城域网的覆盖范围介于局域网和广域网之间，一般为几千米至几万米，城域网的覆盖范围在一个城市内，它将位于一个城市之内不同地点的多个计算机局域网连接起来实现资源共享。目前城域网建设主要采用IP技术和ATM技术。城域网作为本地的公共信息服务平台组成部分，负责承载各种多媒体业务，为用户提供各种接入方式，满足政府部门、企事业单位，个人用户对基于IP的各种多媒体业务的需求。图1-6是不同的局域网组成的城域网。

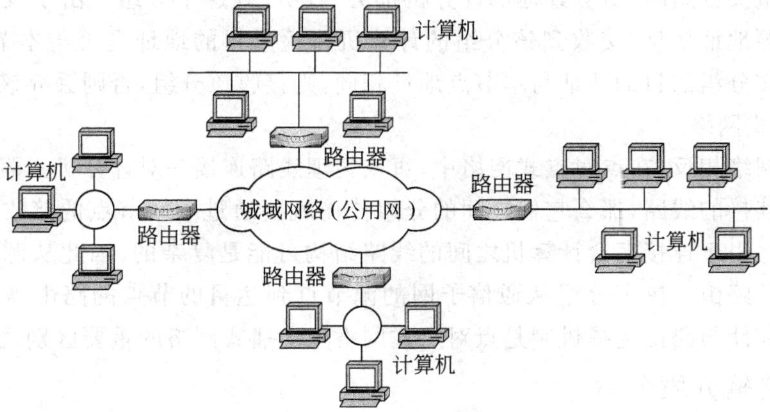

图1-6　城域网示例

3）广域网

广域网也称为远程网。它所覆盖的地理范围从几十公里到几千公里。广域网覆盖一个国家、地区或横跨几个洲，形成国际性的远程网络。广域网的通信子网主要使用分组交换技术。广域网的通信子网可以利用公用分组交换网、卫星通信网和无线分组交换网，将分布在不同地区的计算机系统互连起来，从而达到资源共享的目的。图1-7所示的是一个通过公共交换网连接的广域网。

图1-7　广域网示例

4）互联网

互联网本质上也是一种广域网，从技术角度来说，和一般意义上的大型互联网络是一样的，唯一区别在于互联网的开放程度不同。因特网(Internet)是全球最大的互联网，它将分布在世界各地的局域网、城域网和广域网连接起来，组成目前全球最大的计算机网络，实现全球资源共享。

2. 按照网络的使用对象分类

按照网络的使用对象来划分，可以将计算机网络分为公用网和专用网。

1）公用网

公用网一般是国家电信部门建立的、面向社会和大众提供有偿服务的网络。“公用”的意思就是所有愿意按电信公司的规定交纳费用的人都可以使用这种网络。

2）专用网

专用网是由组织、系统或部门根据实际需要而建立的，只为网络拥有者提供服务的网络。例如公安、军队、电力等系统都有自己的专用网络。

3. 按照网络传输技术分类

网络所采用的传输技术决定了网络的主要技术特点，因此根据网络所采用的传输技术对网络进行分类是一种很重要的方法。

1）广播式网络

在广播式网络中，所有联网的计算机都共享一个公共通信信道。当一台计算机利用共享通信信道发送报文分组时，所有其他的计算机都会“收听”到这个分组。由于发送的分组中带有目的地址与源地址信息，接收到该分组的计算机将检查目的地址是否与本节点地址相同。如果被接收报文分组的目的地址与本节点地址相同，则接收该分组，否则丢弃该分组。

2）点对点式网络

与广播式网络相反，在点对点式网络中，每条物理线路连接一对计算机。假如两台计算机之间没有直接连接的线路，那么它们之间的分组传输就要通过中间节点的接收、存储与转发，直至目的节点。由于连接多台计算机之间的线路结构可能是复杂的，因此从源节点到目的节点可能存在多条路由。决定分组从通信子网的源节点到达目的节点的路由需要路由选择算法。采用分组存储与路由选择机制是点对点式网络与广播式网络的重要区别之一。

4. 按照传输介质分类

传输介质是数据传输系统中发送者和接收者之间的物理路径。数据传输的特性和质量取决于传输介质的性质。在计算机网络中使用的传输介质可分为有线和无线两类。

(1) 有线网：采用同轴电缆、双绞线、光纤等物理介质来传输数据的网络。

(2) 无线网：采用卫星、微波、无线电和激光等以无线形式传输数据的网络。

5. 按照数据交换方式分类

按照数据交换方式来划分，计算机网络分为直接交换网、存储转发交换网和混合交换网。

1）直接交换网

直接交换网又称电路交换网。直接交换网进行数据通信交换时，首先申请通信的物理通路，物理通路建立后通信双方开始通信并传输数据。在传输数据的整个时间段内，通信双方始终独占所占用的信道。

2）存储转发交换网

存储转发网进行数据通信交换时，先将数据在交换装置控制下存入缓冲器中暂存，并对存储的数据进行一些必要的处理。当指定的输出线路空闲时，再将数据发送出去。

3）混合交换网

这种网在一个数据网中同时采用存储转发交换和电路交换两种方式进行数据交换。

6. 按照网络操作系统分类

按照网络中使用的操作系统来分类,可将网络分为 Novell 网、Windows 系统网络、UNIX 网和 Linux 网等。

7. 按照网络的通信速率分类

按网络的传输速率进行分类,可将网络分为低速网、中速网、高速网、千兆网、万兆网等。

1.1.7 计算机网络的拓扑结构

计算机网络的拓扑结构是网络中节点和通信链路所组成的几何形状。在计算机网络中,把主机抽象为点,通信链路抽象为线,这样便形成了计算机网络的各种拓扑结构。拓扑是一种研究与大小和形状无关的点、线、面特点的方法。如图 1-8 所示,计算机网络系统的拓扑结构主要有星型、树型、总线型、环型、网状型。网络的拓扑结构对整个网络的设计、功能、可靠性和费用等方面有着重要的影响。

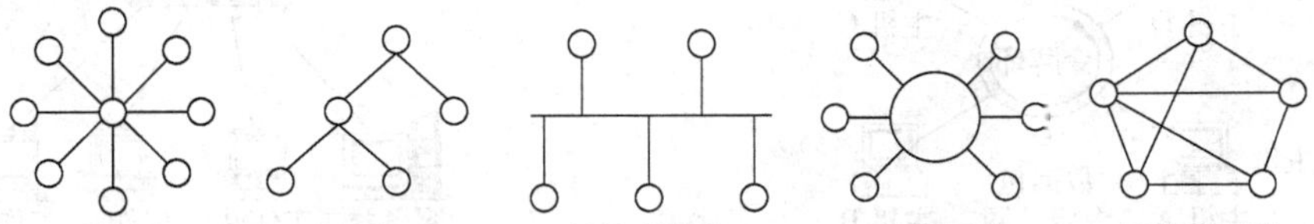

图 1-8　常见的网络拓扑结构

1. 总线型网络拓扑结构

总线型拓扑是一种比较简单的结构,采用一根公共总线,在总线型网络结构上的所有工作站或计算机都通过相应的硬件接口直接连在同一根公共总线上,信息沿总线介质以广播方式传送到各个节点。总线的通信介质通常采用同轴电缆,同时,在总线的起始点和终节点各连接一个终结器,终结器的功能是避免信号反射。典型的总线型网络计算机连接如图 1-9 所示。

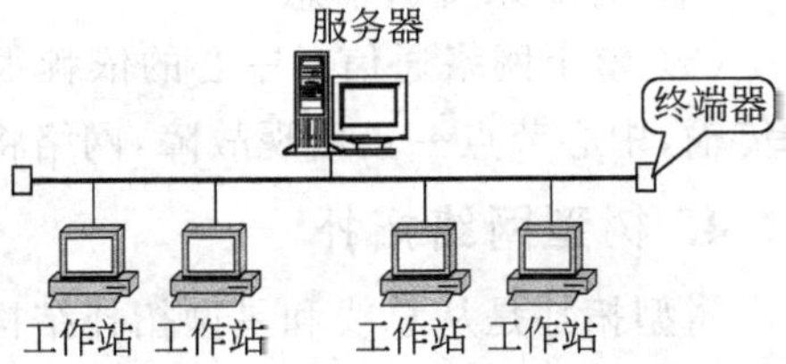

图 1-9　总线型网络计算机连接图

总线网络也称为广播式网络。总线型网络拓扑结构的重要特点如下。

(1) 网络结构简单灵活,节点的插入、删除都比较方便,因此易于扩展。

(2) 网络响应速度快,共享资源能力强,便于广播式工作。

(3) 设备少,价格低,安装使用方便。

(4) 故障诊断和隔离困难,网络对总线比较敏感,总线上任意一点故障会导致网络瘫痪。

2. 环型网络拓扑

环型网络拓扑结构是指在网络中的各节点通过环路接口连在一条首尾相连的闭合环线通信线路中,环路上的任何节点均可以请求发送信息,请求一旦被批准,便可以向环路发送信息,如图 1-10 所示。环型结构有单环结构(如 Token Ring)与双环结构(如 FDDI)两种,环中的数据都是沿一个方向逐站传输。

环型网络拓扑结构的特点如下。

(1) 信息在网络中沿固定方向流动，两个节点间仅有唯一的通路，简化了路径选择的控制。

(2) 由于信息是串行穿过多个节点环路接口，所以，当节点过多时，影响传输的效率，使网络响应时间变长。

(3) 各站无主从关系，结构简单，数据传输延时固定，实时性好。

(4) 任何线路或节点的故障，都会引起全网瘫痪，而且扩充性差。

3. 星型网络拓扑

局域网中用得最广泛的是星型结构。星型网络结构是以中心节点为中心，把若干个外围节点连接起来的互联结构。中心节点可以是集线器或交换机，中心节点对各设备的通信和信息交换进行集中控制和管理。网上的计算机之间都是通过中心节点来相互通信的，如图 1-11 所示。

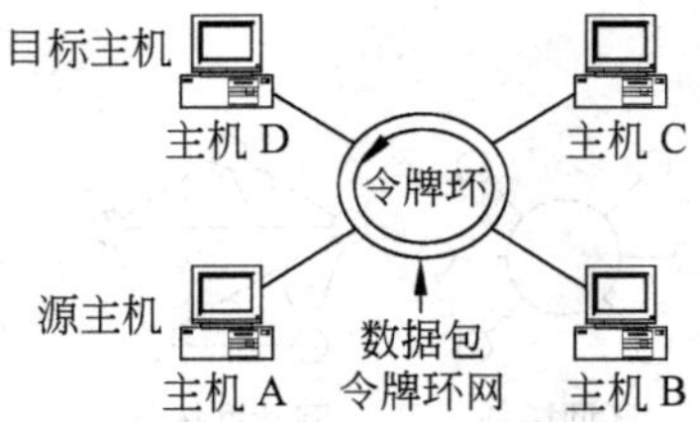

图 1-10　环型网络计算机连接图

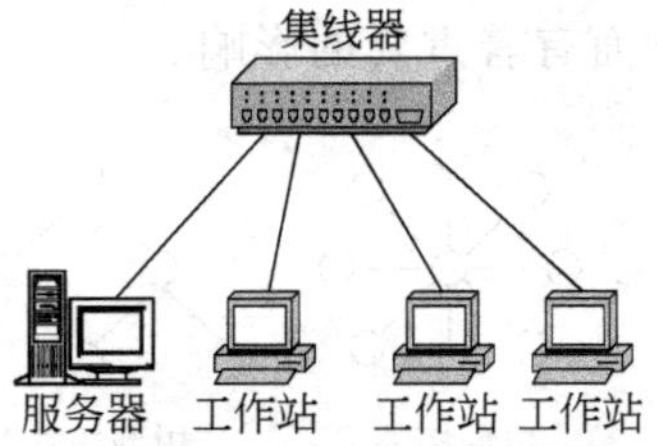

图 1-11　星型网络计算机连接图

星型网络拓扑结构的特点如下。

(1) 网络结构简单，便于管理和维护，一台计算机故障不会影响其他计算机的通信。

(2) 存在一个中心节点，且每个节点都与中心节点组成链路来双向传输信息，或中心节点以“广播”方式来传递信息。

(3) 整个网络通信对中心的依赖很大，相邻的非中心节点之间不能直接进行数据的交换和传输，中心节点一旦出现故障，网络将无法工作。

4. 树型网络拓扑

树型拓扑是从总线和星型拓扑结构演变来的。网络中的节点设备都连接到一个中央设备如交换机上，但并不是所有的节点都直接连接到中央交换机，大多数的节点首先连到一个次级交换机，次级交换机再与中央交换机连接，如图 1-12 所示。正常的树型结构要求任何两台计算机之间不允许存在环路。

树型网络拓扑结构的特点如下。

(1) 该结构具有天然的分级结构，易于扩展。

(2) 树型结构较星型结构复杂。

(3) 对中央设备的依赖性较大，一旦中央设备出现故障，将导致整个网络的瘫痪。

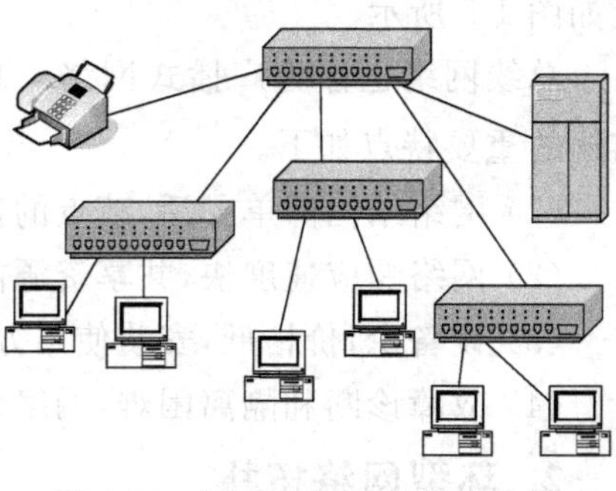
图 1-12　树型网络计算机连接图

5. 网状网络拓扑

网状拓扑结构又称为无规则结构。在网状拓扑结构中，节点之间的连接是任意的，没有规律。网状拓扑的主要优点是系统可靠性高，但是结构复杂，必须采用路由选择算法与流量控制方法。目前实际存在与使用的广域网结构，基本上都是采用网状拓扑结构的。

1.2 数据通信技术

计算机网络是现代通信技术和计算机技术相结合的产物，其本质就是要实现计算机之间的通信。计算机产生和处理的数据主要是数字数据，计算机网络传输的数据也主要以数字数据为主，因此，计算机网络采用数字通信方式传输数据，是以数字通信技术为基础的。

1.2.1 数据通信中的基本概念

数据通信是指在两点或多点之间传送表示字符、数字、语音、图形和图像的二进制代码 0、1 比特序列的过程。

1. 数据与信息

通信的目的是传输如文字、语音、数码和图像等信息。数据是信息的载体，它涉及事物的具体形式。而信息是对数据的解释，是数据的内容和含义。数据可分为模拟数据和数字数据两种形式。模拟数据是在某个区间内连续的值。例如，声音和视频就是频率和振幅连续改变的波形。数字数据是离散的值，它用一系列符号代表信息，而每个符号只可以取有限的值。例如，文本信息和整数。

2. 信号

信号是数据的表示形式，或称数据的电磁或电子编码，它使数据以适当的形式在介质上传输。信号按其编码机制可分为模拟信号和数字信号两种。模拟信号是连续变化的电磁波 模拟信号的取值可以有无限多个，是某些物理量的测量结果，这种信号可以以不同的频率在各种介质上传输。数字信号是一系列的电脉冲。它可用恒定的正电压和负电压直接表示二进制的 1 和 0。如图 1-13 所示。

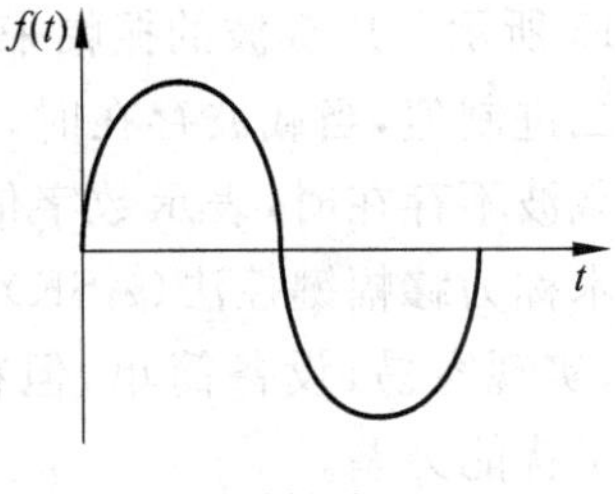

(a) 模拟信号

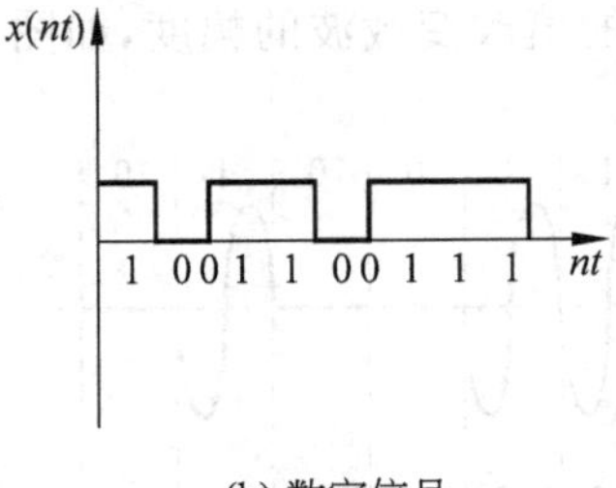

(b) 数字信号

图 1-13 模拟信号和数字信号

1.2.2 数据通信系统的基本组成部分

通信的基本形式是在发送方与接收方之间建立一个传输信息的通道。通信是把信息从一个地方传送到另一个地方的过程。用来实现通信过程的系统被称为通信系统，信息的传递是通过通信系统来实现的。通信系统的基本模型如图 1-14 所示，共有 5 个基本组件，即信源、信号转换设备、信道、信号转换设备和信宿。其中，除去两端设备的部分称为信息传输系统。信息传输系统由发送端信号转换设备、信道、接收端信号转换设备 3 个主要部分组成。

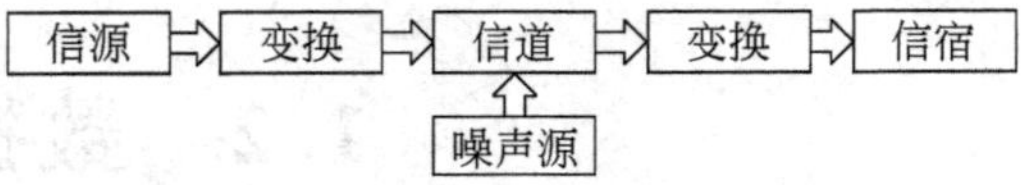

图 1-14　通信系统模型

1. 信源和信宿

信源就是信息的发送端，是发出信息的人或设备；信宿就是信息的接收端，是接收所传送信息的人或设备。大部分信源和信宿设备都是计算机或其他数据终端设备（Data Terminal Equipment，DTE）。

2. 信道

信道是信号传输的通道，包括中间通信设备和传输媒体。一般来说，一条通信线路至少包含两条信道，一条用于发送的信道，一条用于接收的信道。信道可以按不同的标准分类。信道按传输媒介可以分为有线信道和无线信道；按传输信号类型可以分为模拟信道和数字信道等。

1.2.3　数字调制与编码技术

数据通信中除了模拟数据采用模拟信号发送外，数字数据采用数字信号发送，数字数据采用模拟信号发送和模拟数据采用数字信号发送都需要某种形式的数据表示或者编码。

1. 数字调制技术

公共电话线一般是为传输模拟信号而设计的，能够进行远距离的传输。为了利用现有的公共电话网进行数字数据传输，就需要将数字信号转换成模拟信号。模拟信号传输的基础是载波。在传输过程中需要用载波对基带脉冲进行调制，即把数字数据对应的原始电脉冲信号变换成适合于远距离传输线路传输的模拟信号。要实现这个变换可以调制模拟载波信号的 3 个参数——幅度、频率和相位来表示数字数据。

1）移幅键控法（ASK）

按照数字信号的值改变载波的幅度，如图 1-15 所示。用载波的振幅来代表数字信号的两个二进制值，当载波存在时，表示数字信号“1”；当载波不存在时，表示数字信号“0”。这种调幅技术称为移幅键控法（ASK）。调幅载波比较直观，实现容易，设备简单，但在模拟信号传输中抗干扰能力差。

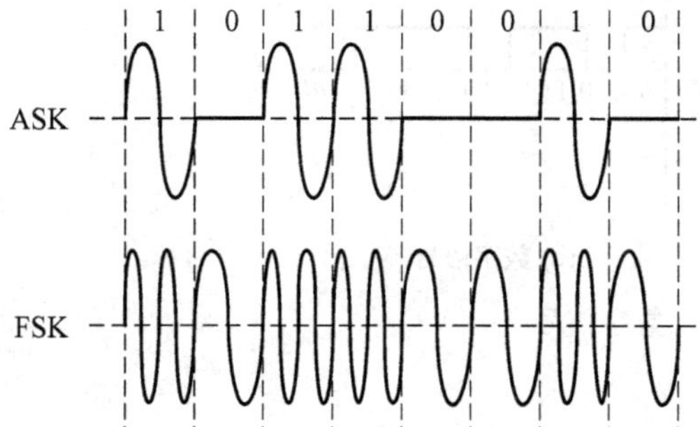

图 1-15　3 种模拟调制方式

2）移频键控法（FSK）

按照数字信号的值去改变载波的频率，根据载波频率的变化来区别数字信号。如图 1-15 所示。当频率为高频 f_1 时，表示数字信号“1”；当频率为低频 f_0 时，表示数字信号“0”。这种调制技术称为移频键控法（FSK）。其特点是：实现简单，在模拟信号传输中抗干扰能力强。广泛应用于高频的无线电传输。

3）移相键控法（PSK）

移相键控法（PSK）简称调相法，如图 1-15 所示，是用数字信号的值来调制载波信号的相位。根据确定相位参考点的不同，调相方式可分绝对调相和相对调相，绝对调相是以未调载波信号的相位作为参考点，如已调载波信号的相位与参考点一致则为二进制数“1”，如相位差 180°则为“0”。相对调相是以前一位数据的已调载波信号的相位为参考点，如与前一位的相位一致则为二进制数“1”，如相位差 180°则为“0”。

2. 数据编码技术

1）不归零编码

不归零编码有两种类型：单极性不归零编码和双极性不归零编码。单极性不归零编码用一个正电平表示“1”，用零电平表示“0”；而双极性不归零编码用一个正电平表示“1”，用一个负电平表示“0”。两种不归零编码都具有在一个码元时间内，电压均不回零的特点。不归零编码的优点是简单、容易实现，缺点是接收方和发送方无法保证同步。为了保证收、发双方同步，必须在发送不归零编码的同时，用另一个信道同时发送同步时钟信号。

2）曼彻斯特编码

曼彻斯特码又称双相码，如图 1-16 所示。曼彻斯特码的编码方式中，当发“0”时，在码元的中间时刻电平从低向高跳变；当发“1”时，在码元的中间时刻电平从高向低跳变。曼彻斯特码的特点是不管信号码元的统计特性如何，在每一位的中间都有一个跳变，位中间的跳变既作为时钟，又作为数据，因此也称为自同步编码。曼彻斯特码的编码过程简单，但占用的带宽较宽。

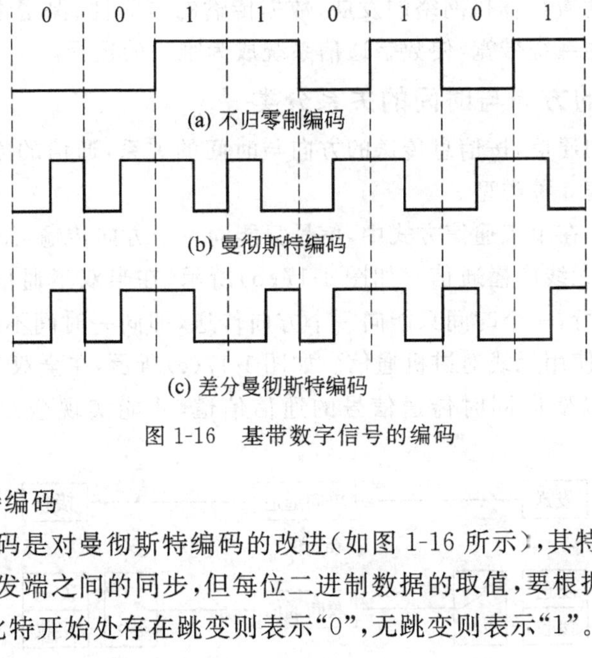

图 1-16　基带数字信号的编码

3）差分曼彻斯特编码

差分曼彻斯特编码是对曼彻斯特编码的改进（如图 1-16 所示），其特点是每一位二进制信号的跳变依然提供收发端之间的同步，但每位二进制数据的取值，要根据其开始边界是否发生跳变来决定，若一个比特开始处存在跳变则表示“0”，无跳变则表示“1”。

1.2.4　数据通信的传输类型和方式

根据传输信号的类型、信号传输的方向性以及数字信号码元的排列方法等，通信系统可以分成不同的类型。

1. 按信号类型分类

根据传输信号的不同,通信系统可分为模拟通信系统和数字通信系统。在传输线路上传输模拟信号的通信方式称为模拟通信,模拟通信系统通过模拟信号传输数据。例如,电话通信系统。数字通信是指用数字信号作为载体来传输信息,或者用数字信号对载波进行数字调制后再传输的通信方式。例如,电报信号就属于数字信号。

模拟传输只传输模拟信号,为扩大传输距离,在模拟传输系统中,一般都要包括放大器以提高信号的能量。在传输过程中信号和噪声叠加,叠加噪声干扰后噪声很难被分离和消除,会随着信号被传输、放大,严重影响通信质量,因此模拟通信的抗干扰能力较差,不适宜长距离传输。同时,模拟通信的安全性也较低。

在数字通信系统中,采用数字信号传递信息,数字传输既可以传输数字信号,也可传输模拟信号。数字通信与模拟通信相比具有以下的优点。

(1) 抗干扰能力强,数字传输系统通过使用中继器来扩大传输距离,不会累积噪声,传输误差小,保证通信的可靠性。

(2) 可以方便地利用各种加密和解密技术,从而有效增强通信的安全性。

(3) 数字信号在传输过程中出现的差错,可通过纠错编码技术来控制,以提高传输的可靠性。

(4) 可以适应各种通信业务要求,例如语音、视频等,便于实现统一的综合业务数字网。

显然,数字通信系统更具有优越性,但是,这些优越性都是用比模拟通信系统占据更宽的系统带宽换取的。以电话为例,一路模拟电话通常占据 4kHz 带宽,而一路数字电话要占据 20～60kHz 的带宽。随着计算机网络的发展,数据传输的可靠性、保密性要求越来越高,而光纤的发展提供了较宽的系统带宽,使数字通信系统成为唯一的选择。

2. 按消息传送的方向与时间的关系分类

对于点到点之间的通信,按信息传送的方向与时间的关系,通信的方式分为单工通信、半双工通信和全双工通信 3 种类型。

如图 1-17(a)所示,在单工通信方式中,信号只能向一个方向传输,任何时候都不能改变信号的传输方向。例如,无线广播通信。如图 1-17(b)所示,在半双工通信方式中,信号可以双向传送,但必须交替进行,一个时间只能向一个方向传送,即同一时间不能同时进行发送和接收数据的操作。例如,使用无线对讲机通信。如图 1-17(c)所示,在全双工通信方式中,信号可以同时双向传送。可以双向同时传送信号的通信信道,才能实现全双工通信。例如,电话通信。

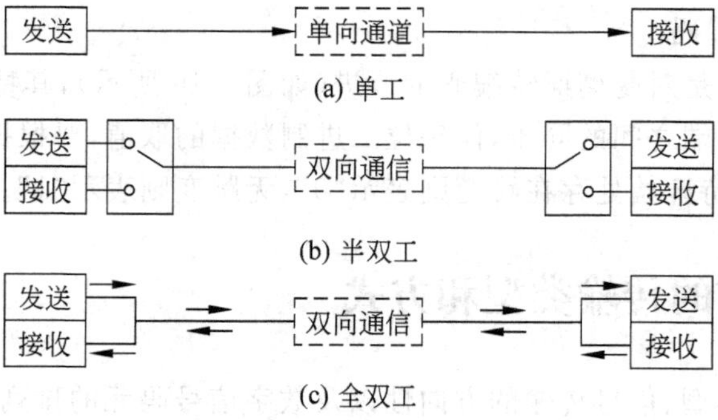

图 1-17　单工、半双工与全双工通信

3. 串行传输和并行传输

在数据终端之间进行通信，根据一次传输数据的位数多少，可将数据传输方式分为串行传输和并行传输。

1）串行传输

在串行传输系统中，数据流的各个比特按照顺序一位接一位地在一条信道上传输，收发双方只需要一条传输信道，如图 1-18 所示。显然，这种传输方式下同步问题是很重要的，所以收发双方要保持位同步和字符同步。在二进制传输方式中，一个码元就是一个比特，一个字符用几位二进制码的一种组合来表示，这种组合称为组码。串行传输方式实现容易，在通信系统中是一种广泛采用的传输方式。

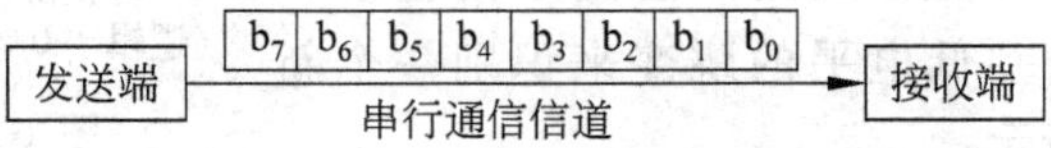

图 1-18　串行通信

2）并行传输

并行传输可以一次同时传输若干比特的数据，从发送端到接收端必须建立多条并行的通信信道，通常的并行方式是将构成一个字符的代码的若干位分别通过同样多的并行信道同时传输。如图 1-19 所示，表示一个字符的 8 位二进制代码通过 8 条并行的通信信道同时发送出去，每次发送一个字符代码。因为并行传输对线路和设备的需要增加了若干倍，所以多用于短距离和对传输速度要求较高的场合。

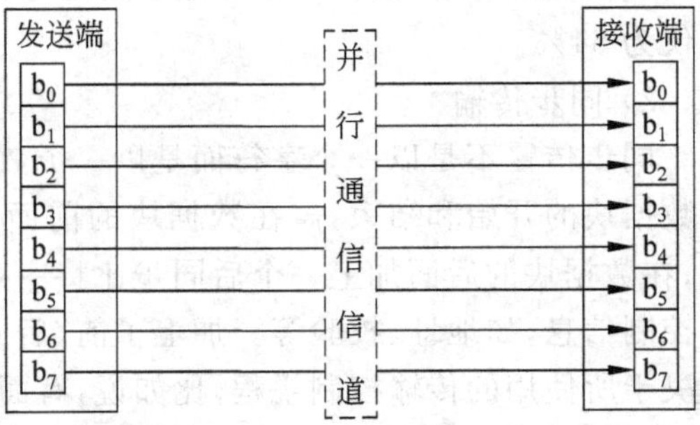

图 1-19　并行通信

并行传输一次传送一个字符，收发之间不存在字符同步问题。长距离传输时，由于并行信道成本高，所以很少采用，多采用串行信道。所以串行传输存在着并/串、串/并变换问题，即发送端要将计算机中的字符进行并/串变换，接收端再通过串/并变换，还原成计算机的字符结构，如图 1-19 所示。显然，在相同的发送时钟控制情况下，并行传输数据速率高于串行传输数据速率。但并行信道成本高，所以，串行传输方式在远距离通信中更具有明显的优势。

4. 异步传输和同步传输

在数据通信中，接收端为了能够正确译码，必须解决 3 个问题。

(1) 位同步，即正确区分信号中的每个比特位。

(2) 字符同步，即正确区分信号中的每个字符或字节的开始位与结束位。

(3) 帧同步，即正确区分完整的信号块或帧的开始位与结束位。

为了解决以上 3 个问题，可以采用两种传输方式，即异步传输和同步传输。这两种方式的根本区别在于发送端和接收端的时钟是独立的还是同步的。若是独立的，称为异步传输；若是同步的，称为同步传输。

1）异步传输

异步传输也称为起止式传输，它是利用起止方式来达到收发同步的。异步传输每次只传送一个字符,用起始位和停止位来指示被传输字符的开始和结束。这种方法只需要在每个字符内进行定时或同步,因此,接收端就可以在每个字符开始时刻重新同步,避免了长时间收发同步的困难。

异步传输的每个字符由 4 个部分组成,即起始位、数据位、奇偶校验位和停止位。字符的传输由起始位引导(低电平),表示字符的开始,起始位占 1 位的时间。数据由 5~8 位组成。被编码的字符后面通常附加 1 位校验位,采用奇偶校验,也可以没有。在每个字符的校验位后加一个停止位(高电平),表示字符的结束。停止位占 1、1.5 或 2 位的时间,可根据需要选择。在下一个字符的起始位收到之前,线路一直处于高电平状态,接收方根据从高电平到低电平的跳变来识别一个新字符的开始,如图 1-20 所示。

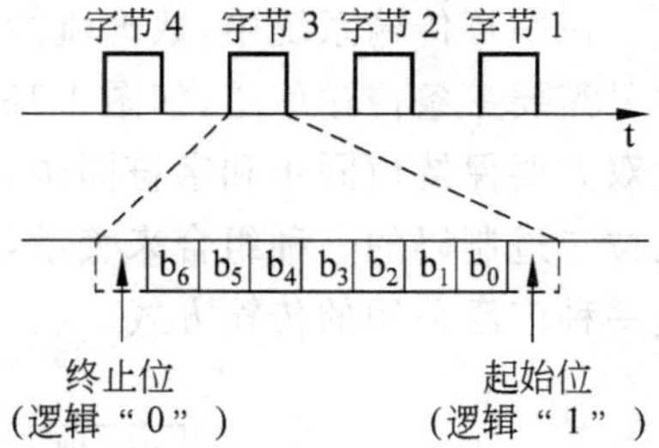

图 1-20　异步传输示意图

异步传输方式的每一个字符的发送都是独立和随机的,以不均匀的速率传输,所以这种方式被称为异步传输。异步传输方法简单,但每个字符要有 2~3 位的附加位,故传输效率低。例如,传输一个 ASCII 码字符,每个字符有 7 位,若停止位用 2 位,加上 1 位校验位和 1 位起始位,共计 11 位。11 位传输码中只有 7 位是有用信息,效率仅为 64%。

2) 同步传输

同步传输不是以一个字符而是以一个数据块为单位进行传输。为了使接收方能准确地确定数据块的开始和结束,需在数据块的前面加上一个前同步比特序列,表示传输数据块的开始;在数据块的后面加上一个后同步比特序列,表示传输块的结束。此外,还要在数据块中加入控制信息,如地址、校验等。加上了前、后同步和控制信息的数据块称为一帧。具体帧格式取决于所使用的传输控制规程,比如说,有面向字符型和面向比特型的帧结构。面向字符型的帧,每个数据块以一个或多个同步字符 SYN 作为开始,以确定的控制字符结束。面向比特型的帧,如采用高级数据链路控制(HDLC)规程,则帧使用标志字段 01111110 表示一帧的开始和结束。同步传输比异步传输效率高,因此,更适用于高速数据传输。

5. 基带、频带与宽带传输

1) 基带传输

在计算机等数字设备中,原始信号为方波(矩形脉冲),即"1"和"0"分别用高(或低)电平或低(或高)电平表示,该方波未经频率变换,则把方波固有的频带宽度称为基带,方波信号称为基带信号,例如曼彻斯特编码或差分曼彻斯特编码信号。把直接传输方波信号称为基带传输。基带传输的优点是安装简单、价格便宜。缺点是在传输过程中易衰减和畸变,所以传输距离不能长,一般在 1km 以内。由于基带传输是将原始方波信号直接传输,没有经过调制解调变换,因此,基带传输只在数字通信系统存在,而且没有调制解调器。

2) 频带传输

在计算机的远程通信中,是不能直接传输原始的电脉冲信号的。远距离通信信道多为模拟信道,例如,传统的电话线只适用于传输 300~3400Hz 的模拟信号,不适用于直接传输频带很宽,但能量集中在低频段的数字基带信号。将基带信号调制后形成的模拟信号称为频带信号,将频带信号通过信道进行传输则称为频带传输。频带传输的优点是传输距离长,缺点是信道容量有限。

3）宽带传输

多路的基带信号、音频信号和视频信号通过调制后，可以利用一条电缆的不同频段来传输，其中各个信号互相不会干扰，这种传输方式称为宽带传输。宽带数据传输速率范围为0～400Mbps，而通常使用的传输速率是5～10Mbps。一个宽带信道可以被划分为多个逻辑基带信道，这样就能把声音、图像和数据信息的传输综合在一个物理信道中进行，从而提高了传输介质的利用率。

1.2.5 多路复用技术

为了提高物理线路的利用率，人们实现了多路复用技术。多路复用技术使用单一的信道进行多路信号的传输，整个过程包含了复合、传输和分离3个过程。多路复用技术通常有频分多路复用、时分多路复用、波分多路复用和码分多路复用等。

1. 频分多路复用（Frequency-Division Multiplexing，FDM）

当介质的有效带宽超过被传输的信号带宽时，可以把多个信号调制在不同的载波频率上，从而在同一介质上实现同时传送多路信号，即将信道的可用频带（带宽）按频率分割多路信号的方法划分为若干互不交叠的频段，每路信号占据其中一个频段，从而形成许多个子信道（如图1-21所示）；在接收端用适当的滤波器将多路信号分开，分别进行解调和终端处理，这种技术称为频分多路复用。频分多路复用实现的条件是信道的带宽远远大于每个子信道的带宽，采用频分多路复用时数据在各子信道上是并行传输的。采用频分多路复用技术时，将信道按频率划分为多个子信道，每个信道可以传送一路信号。各通道之间通常用保护频带隔离，以保证各路信号的频带间不发生重叠。

2. 时分多路复用（Time-Division Mutiplexing，TDM）

时分多路复用是将一条物理信道的传输时间分成若干个时隙，把这些时隙轮流地给多个信号源使用，每个时隙被复用的一路信号占用，如图1-22所示。这样，当多路信号准备传输时，一个信道就能在不同的时隙传输多路信号。时分多路复用实现的条件是信道能达到的最高传输速率超过待传输的各路信号的传输速率之和。时分多路复用又可分为固定时分多路复用和统计时分多路复用，或叫同步时分多路复用（STDM）和异步时分多路复用（ATDM）。

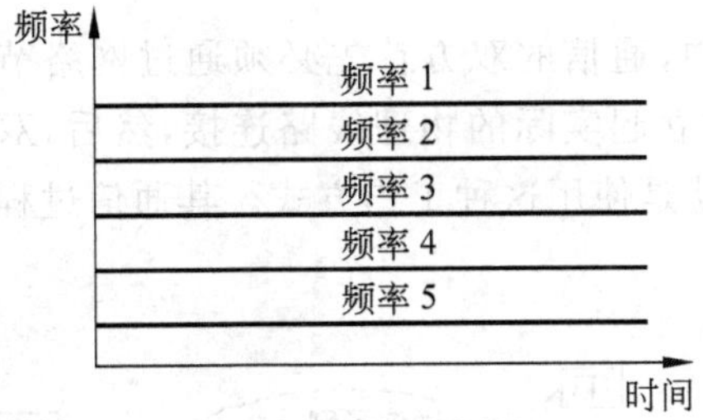

图1-21 频分多路复用

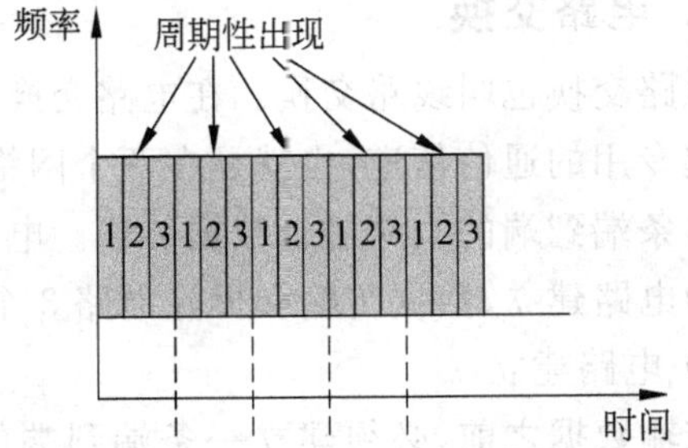

图1-22 时分多路复用

1）同步时分多路复用（Synchronization Time-Division Multiplexing，STDM）

采用固定的时隙分配方式：即把信道中的各时隙以固定的方式分配各信源，每路信号固定占用每帧一个时隙。无论信源是否有数据传输，都要占用一个时隙。而有的信源有大的信息量要发送，也只能依次轮流分得时隙而不能利用其他的空闲时隙。因此这种方式的效率较低。

2) 异步时分多路复用(Asynchronous Time-Division Multiplexing ,ATDM)

动态地分配时隙，它将每帧中的时隙只分配给那些需要发送数据的信源。对没有数据发送的信源，就不分配时隙。但因该方式的时隙序号与信道序号之间不存在一一对应关系，为此要求在发送数据中要加入信道号、双方地址等标识，以便达到同步要求。

3. 码分多路复用(Code Division Multiplexing，CDM)

码分复用技术又称为码分多址 CDMA(Code Division Multiple Access)技术。在该复用方式中，每一个用户可以在同样的时间使用同样的频带进行通信。由于各用户使用经过特殊挑选的不同码型，因此不会造成串扰。是一种用于移动通信、无线计算机网络以及移动性计算机联网的复用技术。笔记本电脑、掌上电脑、手机等移动性设备的通信将会大量使用码分多路复用技术。

4. 波分多路复用(Wavelength Division Multiplexing，WDM)

波分多路复用类似于频分复用技术 FDMA，是将 FDMA 应用于全光纤网组成的通信系统中的一种复用技术，为了在同一时刻能进行多路传输，将信道的带宽划分为多个波段。WDM 将是计算机网络发展中今后的主要通信传输复用技术之一。在波分多路复用系统中，每个复用子信道分为两个通道——控制通道和数据通道。控制通道主要目的是进行连接，数据通道主要是用于传送数据帧。

1.2.6 数据交换方式

在现代通信系统中，所有的通信(例如电话通信、数据通信)都不是在固定的线路中进行的，就像一个用户家中的电话不是固定地连接到某个电话上，而是可以与通信网络中的任何一部电话通信，这就是通信网络中的多点通信方式。但是，网络中所有设备都直接两两相连是不现实的，通常要经过中间节点将数据从信源传送到信宿，从而实现两个互联设备之间的通信。数据经编码后在通信线路上进行传输，按数据传送技术划分，常用的数据交换方式有电路交换方式和存储交换方式两大类，存储交换又可分为报文交换和分组交换方式。

1. 电路交换

电路交换也叫线路交换。在电路交换和转接过程中，通信的双方首先必须通过网络节点建立起专用的通信信道，也就是在两个网络节点之间建立起实际的物理线路连接，然后，双方使用这条端到端的线路进行数据传输。电话通信系统就是使用这种工作方式。其通信过程可以分为电路建立、数据传输和拆除电路 3 个阶段。

1) 电路建立

传输数据之前，必须建立一条端到端的物理连接，这个连接过程实际上是一个个节点的接续过程。如图 1-23 所示，若站点 H1 要与站点 H2 进行通信，那么 H1 是主呼叫用户，要先发出呼叫请求信号。其过程为：H1 站首先向与其相连的 A 点提出请求，然后，A 节点在通向 E 节点的路径中找到下一个支路，比如，A

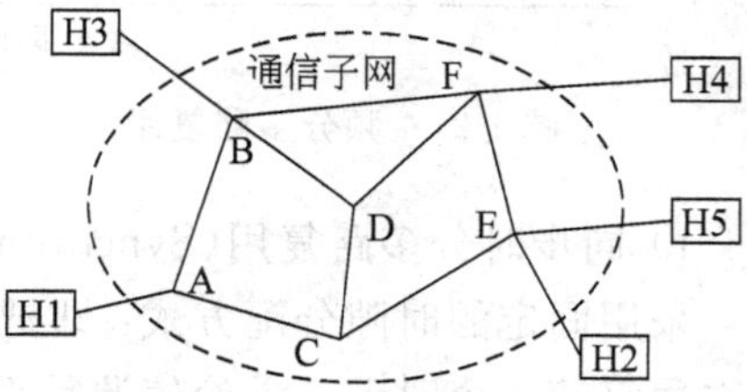

图 1-23　电路交换网拓扑结构图

节点选择经 C 节点的电路，在此电路上分配一个未使用的信道建立通路 AC，并告诉 C 还要连接 E 节点，之后，C 再呼叫 E，建立通路 CE，最后，节点 E 完成到 H2 站的连接。这样，A 与 E 之间就会有一条专用通路 ACE，用于 H1 站与 H2 站之间的数据通信。

2）数据传输

在通信线路建立之后，两个站点就可以进行数据传输了。被传输的数据可以是数字数据，也可以是模拟数据。数据可以从主叫用户传输到被叫用户，也可以由被叫用户传输到主叫用户。这种数据传输经过每个中间节点时几乎没有延时，没有阻塞。

3）拆除电路

数据传输结束后，由通信的某一方发出拆除电路请求，对方做出响应并释放链路。被拆除的信道空闲后，可被其他连接请求所使用。

电路交换技术的优点是数据传输可靠、迅速、且保持原来的顺序。电路交换的缺点是通信双方占有一条信道后，即使不传送数据，其他用户也不能使用，造成信道容量的浪费。而且当数据传输持续的时间很短，电路建立与拆除所使用的时间会得不偿失。电路交换适用于数据传输要求质量高且批量大的情况。

2. 报文交换

报文交换是基于“存储/转发”原理的一种交换技术。它不要求在两个通信节点之间建立专用通路。报文交换方式的数据传输单位是报文，报文就是站点一次性要发送的数据块，其长度不限且可变。当发送方有数据块要发送时，它将目的地址附加到报文上，网络节点根据报文上的目的地址信息，把报文发送到下一个节点。每个节点在收到整个报文并检查无误后，就暂存这个报文，然后，利用路由信息找出下一个节点的地址，等待其空闲再把整个报文转发出去，因此，报文交换方式无须先通过呼叫建立端到端的连接。

报文交换的优点如下。

- 线路利用率高，有许多报文可以分时共享一条节点到节点的通道。
- 目的节点可以为目的端系统暂存报文，可以对报文进行差错控制。
- 报文交换系统可把一份报文发往多个目的地。
- 不需要同时启动发送器和接收器来传输数据，网络可以在接收器启动之前，暂存数据。
- 在电路交换网上，当通信容量很大时，不能接收某些呼叫。而在报文交换网上，仍可接收报文，只是传输延迟有所增加。

报文交换的缺点如下。

- 它不能满足实时或交互式的通信要求，经过网络的延迟很长。因此，这种方式不能用于传送声音和图像数据，也不适合于进行交互式处理。
- 有时节点收到的数据过多而不得不丢弃报文，同时也会阻止其他报文的传送。

3. 分组交换

分组交换属于“存储/转发”交换方式，但它不像报文交换那样以报文为单位进行交换、传输，而是以更短的、标准的“报文分组”为单位进行交换传输。分组是一组包含数据和呼叫控制信息的二进制数，把它作为一个整体加以转换，这些数据、呼叫控制信号以及可能附加的差错控制信息都是按规定的格式排列的。分组交换网在实际应用中有两种类型，一种叫数据报，另一种叫虚电路。

(1) 数据报分组交换。类似于报文交换。交换网把进网的任一分组都当作单独的“小报文”

来处理,而不管它是属于哪个报文的分组,作为基本传输单位的“小报文”被称为数据报。

在数据报方式中,每个数据包被独立地进行处理,就像在报文交换中每个报文被独立处理一样,每个节点都是根据一个路由选择算法,为每个数据包选择一条路径。当一个节点在发送多个发往同一目的地址的数据包时,可以根据线路的拥挤情况为各个数据包选择不同的转发节点,所以一个大数据的各个数据包可能是从不同的路径到达目的地的,每个数据包都有相应的分割信息,到达终点以后,接收端可以根据这些信息把它们重新组装起来,恢复原来的数据块(报文)。

(2) 虚电路。类似于电路交换。这种方式要求数据在传送以前,发送和接收双方在网络中建立起一条在逻辑上连接的路径,这条路径被称为虚电路。虚电路并不像电路交换中那样有一条专用的物理通路,该路径上各个节点都有缓冲装置,服从于这条逻辑线路的安排,也就是按照逻辑连接的方向和接收的次序进行输出排队和转发,这样每个节点就不需要为每个数据包进行路径选择判断,就好像收发双方有一条专用信道一样。发送方依次发出的每个数据包经过若干次存储转发,按顺序到达接收方。表 1-1 给出了数据报与虚电路的不同点比较。

表 1-1　数据报与虚线路的比较

	数 据 报	虚 线 路
端到端的连接	不要	必须有
目的站地址	每个分组均有目的站的全地址	仅在连接建立阶段使用
分组的顺序	到达目的站是可能不按发送顺序	总是按发送顺序到达目的站
端到端的差错控制	由用户端主机负责	由通信子网负责
端到端的流量控制	由用户端主机负责	由通信子网负责

1.2.7　数据传输中的差错控制

1. 差错的产生

根据数据通信系统的模型,当数据从信源发出经过通信信道传输时,由于信道总存在着一定的噪声,数据到达信宿端后,接收的信号实际上是数据信号和噪声信号的叠加,接收端在取样时钟作用下接收数据,并根据阈值电平判断信号电平。如果噪声对信号的影响非常大,就会造成数据的传输错误,在通信过程中出现的传输差错是由随机差错和突发差错共同构成的,而造成差错可能出现的原因如下。

(1) 在数据通信中,信号在物理信道上的线路本身的电气特性随机产生的信号幅度、频率、相位的畸形和衰减。

(2) 电气信号在线路上产生发射噪声的回波效应。

(3) 相邻线路之间的串线干扰。

(4) 大气中的闪电、电源开关的跳火、自然界磁场的变化以及电源的波动等外界因素。

2. 差错控制

在数据通信中,最常用的差错控制方法是在数据中加入差错控制编码。人们将要发送的数据称为信息位。在向信道发送信息位前,先按照某种规则加上一定的冗余位,构成一个码字再发送。接收端接收到码字后查看信息位和冗余位,并检查它们之间关系是否正确,即进行校验,以确定传输过程是否有差错发生。在数据通信系统中,差错控制包括差错检测和差错纠正两部分，具体实现差错控制的方法主要有以下 4 种。

1）反馈重发检错方法

反馈重发检错方法又称自动重复请求方法或检错重发。它是由发送端发出能够发现错误的编码，接收端依据检错码的编码规则来判断编码中有无差错产生，并通过反馈信道把判断结果用规定信号告知发送端。发送端根据反馈信息，把接收端认为有差错的信息再重新发送一次或多次，直至接收端正确接收为止。接收端认为正确的信息不再重发，继续发送其他信息。因反馈重发检错方法只要求发送端发送检错码，接收端只要求检查有无错误，而无须纠正错误，所以，该方法设备简单，容易实现。常用的检错编码有奇偶校验码、循环冗余检验编码等。

2）前向纠错方法

前向纠错是发送端发送能够纠错的数据，接收端接收到这些数据后，通过纠错码译码器自动发现错误，并且自动纠正传输中的错误，然后再把已纠正的数据发送给接收者。前向纠错的优点是无须反馈信息，但译码设备和编码设备实现起来难度大。如果为了纠正较多的错误，需要附加更多的冗余码，这样就会导致传输效率的降低。

3）混合纠错方法

混合纠错方法综合了反馈重传和前向纠错技术，发送端发送的是能纠错的编码，在接收端如发现是误码，并且是在本身纠错能力范围内，就直接纠错。若误码位数超出纠错能力，则采用自动重发请求技术。

4）反馈检测方法

接收端将接收到的每帧信息复制后再原样发回发送端，与发送端中的原发信息相比较。如果不一致，说明有差错，发送端再重发原信息；如果一致，说明无错，发送端通知接收端，接收端就将原复制信息接收下来。这种方法的检错原理和实现都很简单，但不仅需要双向信道，且每帧信息至少要在信道中传输两次，因而传输效率低。

3. 差错控制编码

1）奇偶校验码

奇偶校验码是一种最简单的检错码。其检验规则是：在原数据位后附加校验位（冗余位），使得在附加后的整个数据码中的“1”的个数成为奇数或偶数，就分别叫做奇校验或偶校验。奇偶校验的过程是首先将要传送的数据分组，一般都按字符分组，即一个字符或若干个字符构成一组，在每一组后增加一位或几位校验位，校验位的取值就根据对该组进行位“1”或位“0”的奇校验或是偶校验的要求而定。

奇偶校验有水平奇偶校验、垂直奇偶校验、水平垂直奇偶校验和斜奇偶校验。奇偶校验的特点：检错能力低，只能检测出奇数个码错，可以有部分纠错能力。这种检错法所用设备简单，容易实现。

2）循环冗余码

循环冗余码简称 CRC（Cyclic Redundancy Code），具有较强的检错能力和纠错能力。CRC 有着严密的数学基础，是在多项式运算的基础上建立起来的。

（1）码多项式　如果把一个码字中的各位作为是一个多项式的系数，则一个 n 位码字 $C=(C_{n-1}C_{n-2}\cdots C_1C_0)$ 可以表示为一个多项式：

$$C(x)=C_{n-1}x^{n-1}+C_{n-2}x^{n-2}+\cdots+C_2x^2+C_1x+C_0$$

$C(x)$ 称为码字 C 的码多项式。

例如，码字 1011100 的码多项式为：

$$C(x)=1\cdot x^6+0\cdot x^5+1\cdot x^4+1\cdot x^3+1\cdot x^2+0\cdot x^1+0\cdot x^0$$
$$=x^6+x^4+x^3+x^2$$

(2) 循环冗余码的生成多项式。

定理 1 在一个(n,k)的循环冗余码集中，存在一个且只有一个$(n-k)$次的码多项式

$$G(x)=x^{n-k}+g_{n-k-1}x^{n-k-1}+\cdots+g_2x^2+g_1x+1 \tag{1-1}$$

满足：

① 此循环冗余码集中任一码多项式都是$G(x)$的倍式。

② 任意一个$(n-1)$次或$(n-1)$次以下的，又是$G(x)$倍式的多项式必定是此循环冗余码集的一个码多项式。

由定理 1 可知，给定$G(x)$，就给定了一个循环冗余码的码集，同时也确定了每个码字的冗余位位数：$r=n-k$；任一循环冗余码多项式$C(x)$都是$G(x)$的倍式，可以写成：

$$C(x)=Q(x)G(x) \tag{1-2}$$

目前国际上推荐使用的循环冗余码有 4 种，它们的生成多项式分别为：

$CRC_{12}=x^{12}+x^{11}+x^3+x^2+x+1$

$CRC_{16}=x^{16}+x^{15}+x^2+1$

$CRC_{16}=x^{16}+x^{12}+x^5+1$

$CRC_{32}=x^{32}+x^{26}+x^{23}+x^{22}+x^{16}+x^{11}+x^{10}+x^8+x^7+x^5+x^4+x^2+x+1$

(3) 循环冗余码的编码。

一个(n,k)循环冗余码，有 k 位信息位和$(n-k)$位冗余位。设 k 位信息位是 $C_K=(C_{k-1}C_{k-2}\cdots C_1C_0)$，相应码多项式为 $K(x)=C_{k-1}x^{k-1}+C_{k-2}x^{k-2}+\cdots+C_1x+C_0$。$(n-k)$位冗余位设为 $R_{n-k}=(r_{n-k-1}r_{n-k-2}\cdots r_1r_0)$，相应码多项式为 $R(x)=r_{n-k-1}x^{n-k-1}+r_{n-k-2}x^{n-k-2}+\cdots+r_1x+r_0$。循环冗余码为 $T_n=(C_{k-1}C_{k-2}\cdots C_1C_0r_{n-k-1}r_{n-k-2}\cdots r_1r_0)$，相应码多项式为：

$$T(x)=x^{n-k}K(x)+R(x) \tag{1-3}$$

由式(1-3)可知，给定信息位求其循环冗余码，实际上是已知信息位求冗余位的过程，也就是已知 $K(x)$求 $R(x)$的过程。求得 $R(x)$，冗余位就可以确定，附加在信息位后面就可得到所求的循环冗余码。

由式(1-2)和式(1-3)得 $x^{n-k}K(x)+R(x)=G(x)Q(x)$，也可写为：

$$x^{n-k}K(x)=G(x)Q(x)+R(x) \tag{1-4}$$

式(1-4)中，$R(x)$可看做是 $x^{n-k}K(x)$被生成多项式 $G(x)$除所得到的余式，$Q(x)$为商式。

由以上讨论可见，给定 $K(x)$和 $G(x)$求其(n,k)循环冗余码的过程可归纳为以下 3 个步骤。

① 用 x^{n-k}乘以 $K(x)$。

② 用 $G(x)$除 $x^{n-k}K(x)$得到余式 $R(x)$。

③ 将多项式 $R(x)$对应的$(n-k)$位冗余位 $r_{n-k-1}r_{n-k-2}\cdots r_1r_0$附加在信息位后面。

【例 1-1】 已知信息位为 1011001，对应多项式 $K(x)=x^6+x^4+x^3+1$，生成多项式 $G(x)=x^4+x^3+1$，求 CRC 码。

解：(1) $x^4K(x)=x^{10}+x^8+x^7+x^4$，对应的码字为 10110010000。

(2) 用 $G(x)$ 除 $x^4K(x)$ 得余式 $R(x)$。

$$
\begin{array}{r}
x^6+x^5+x^3+x \\
x^4+x^3+1 \,\overline{)\, x^{10}+x^8+x^7+x^4} \\
\underline{x^{10}+x^9+x^6} \\
x^9+x^8+x^7+x^6 \\
\underline{x^9+x^8+x^5} \\
x^7+x^6+x^5 \\
\underline{x^7+x^6+x^3} \\
x^5+x^4+x^3 \\
\underline{x^5+x^4+x} \\
x^3+x
\end{array}
$$

余式 $R(x)=x^3+x$，对应冗余码为 1010。

(3) 将冗余位 1010 附加在信息位后面可得所求的循环冗余码为 10110011010。

(4) 循环冗余码的译码。

译码的过程就是检错的过程。由编码原理可知，编码器输出的码多项式为 $T(x)=x^{n-k}K(x)+R(x)=G(x)Q(x)$，若传输无错，则接收方收到的码字为 $T(x)'=T(x)$，则：

$$T(x)' = G(x)Q(x) \tag{1-5}$$

或者说 $T(x)'$ 能被 $G(x)$ 整除。因此，接收端的校验过程就是用 $G(x)$ 除接收到的码多项式 $T(x)'$ 的过程。若 $T(x)'$ 除以 $G(x)$ 余式（余数）为 0，传输无错；若余式（余数）不为 0，则传输有错。有时，出错的码字也有可能被 $G(x)$ 整除，这时的错码不能被检测出来，这种错误称为不可检错误。

【例 1-2】 例 1 中码字 10110011010 经传输后受噪声干扰，在接收端变成了 10110011100，则有余数 110。

$$
\begin{array}{r}
1101010 \\
11001 \,\overline{)\, 10110011100} \\
\underline{11001} \\
11110 \\
\underline{11001} \\
11111 \\
\underline{11001} \\
11010 \\
\underline{11001} \\
110
\end{array}
$$

1.2.8 数据通信的主要性能指标

对一个数据通信网络如何进行评价是一个很重要的问题，数据通信的主要性能指标是衡量数据传输的有效性和可靠性的参数。对于模拟通信来说，系统的有效性和可靠性具体可用系统频带利用率和输出信噪比来衡量。对于数字通信系统而言，系统的有效性主要用数据传输速率、信道带宽和传输延迟等指标来衡量，可靠性一般用数据传输的误码率指标来衡量。

1. 信道带宽

信号是用特定的电磁波表示的，而电磁波都有一定的频谱范围，所以任何实际的信道所能传输的信号频率都有一定的范围，这一范围称为该信道频带的宽度，即带宽。

2. 数据传输速率

数据传输速率即比特率是一种数字数据的传输速率，它是指在有效带宽上，单位时间内所传送的二进制代码的有效位(b)数。即每秒传输二进制信息的位数，单位为位/秒，记做 bps 或 b/s。

$$计算公式：S = 1/T * \log_2 N(\text{bps}) \tag{1-6}$$

式中 T 为一个数字脉冲信号的宽度(全宽码)或重复周期(归零码)单位为秒；

N 为一个码元所取的离散值个数。

通常 $N=2K$，K 为二进制信息的位数，$K=\log_2 N$。

$N=2$ 时，$S=1/T$，表示数据传输速率等于码元脉冲的重复频率。

3. 信号传输速率

信号传输速率即波特率是一种数字信号的传输速率，它是指在有效带宽上，单位时间内所传送的波形单元数。一个波形单元也称为一个码元。因此，信号传输速率也叫码元速率。信号传输速率的单位为波特(Baud)。单位时间内通过信道传输的码元数，单位为波特，记做 Baud。

$$计算公式：B = 1/T\ (\text{Baud}) \tag{1-7}$$

式中 T 为信号码元的宽度，单位为秒。

信号传输速率，也称码元速率、调制速率或波特率。

由式(1-6)、(1-7)得： $S=B * \log_2 N(\text{bps})$ (1-8)

或 $B=S/\log_2 N(\text{Baud})$ (1-9)

4. 信道容量

信道容量表示一个信道的最大数据传输速率，单位为位/秒(bps)。信道容量与数据传输速率的区别是，前者表示信道的最大数据传输速率，是信道传输数据能力的极限，而后者是实际的数据传输速率。像公路上的最大限速与汽车实际速度的关系一样。

5. 误码率

误码率是二进制数据位传输时出错的概率，即接收到的码元中错误码元数与传输总码元数之比。它是衡量数据通信系统在正常工作情况下的传输可靠性的指标。在计算机网络中，一般要求误码率低于 10^{-6}，若误码率达不到这个指标，可通过差错控制方法检错和纠错。

误码率公式：

$$\text{Pe} = \text{Ne}/N$$

式中 Ne 为其中出错的位数；

N 为传输的数据总数。

1.3 计算机网络的体系结构

1.3.1 层次模型及协议

计算机网络系统是一个十分复杂的系统。将一个复杂系统分解为若干个容易处理的子系统，然后“分而治之”，这种结构化设计方法是工程设计中常见的手段。分层就是系统分解的最好方法之一。

在图 1-24 所示的一般分层结构中,上层是下层的用户,下层为上层提供服务。即 n 层是 $n-1$ 层的用户,又是 $n+1$ 层的服务提供者。$n+1$ 层虽然只直接使用了 n 层提供的服务,实际上它通过 n 层还间接地使用了 $n-1$ 层以及以下所有各层的服务。层次结构的好处在于使每一层实现一种相对独立的功能。分层结构还有利于交流、理解和标准化。

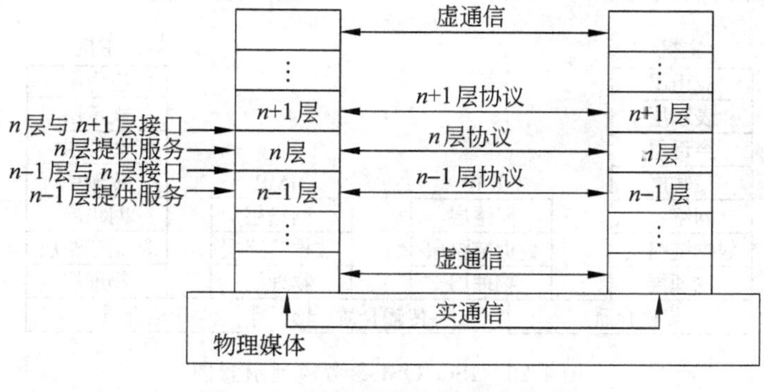

图 1-24　计算机网络的层次模型

通过计算机网络将多个不同地理位置的计算机系统连接起来,使其能协同工作,以实现信息交换和资源共享,这些计算机系统之间必须具有共同的语言。交流什么、怎样交流以及按何种顺序交流,都必须遵循某种互相都能接受的规则和约定。这些规则和约定的集合就是网络协议。只要使用相同的协议,遵循相同的规范,不同的设备之间就可以进行通信。就像人们之间的交流,无论来自哪个国家,只要使用相同的语言就可以进行沟通。所谓网络的体系结构(Architecture)就是计算机网络各层次及其协议的集合。

组成网络协议的 3 个要素是语义、语法和时序。

语义:语义是用于解释比特流的每一部分的意义。它规定了需要发出何种控制信息,以及要完成的动作与做出的响应。例如对于报文,它由什么部分组成,哪些部分用于控制数据,哪些部分是真正的通信内容。这就是协议的语义问题。

语法:协议的语法定义了通信双方的用户数据与控制信息的结构与格式,以及数据出现的顺序的意义。

时序:时序是对事件实现顺序的详细说明,即何时进行通信,先讲什么,后讲什么,讲话的速度等。

1.3.2　开放系统互连参考模型

开放系统互连(Open System Interconnection)基本参考模型是由国际标准化组织(ISO)制定的标准化开放式计算机网络层次结构模型,又称 ISO/OSI 参考模型。“开放”这个词表明任何两个遵守参考模型和有关标准的系统进行互连。

OSI 包括了体系结构、服务定义和协议规范三级抽象。OSI 的体系结构定义了一个 7 层模型,用以进行两实体间的通信,并作为一个框架来协调各层标准的制定;OSI 的服务定义描述了各层所提供的服务,以及层与层之间的抽象接口和交互用的服务原语;OSI 各层的协议规范,精确地定义了应当发送何种控制信息及何种过程来解释该控制信息。

需要强调的是，OSI 参考模型并非具体实现的描述，它只是一个为制定标准而提供的概念性框架。在 OSI 中，只有各种协议是可以实现的，网络中的设备只有与 OSI 和有关协议相一致时才能互连。

如图 1-25 所示，OSI 七层模型从下到上分别为物理层(Physical Layer，PH)、数据链路层(Data Link Layer，DL)、网络层(Network Layer，N)、传输层(Transport Layer，T)、会话层(Session Layer，S)、表示层(Presentation Layer，P)和应用层(Application Layer，A)。

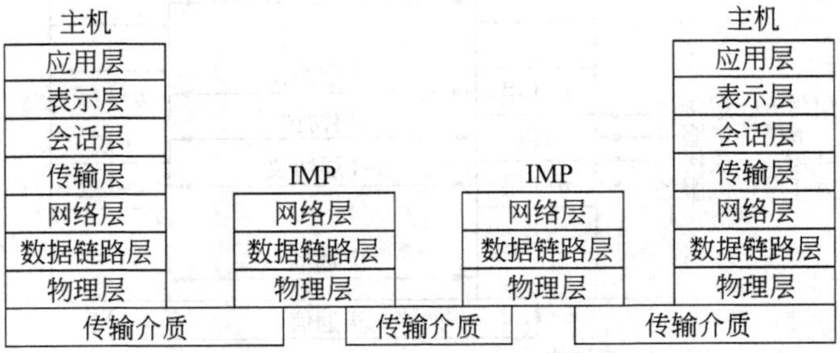

图 1-25　ISO/OSI 参考模型示意图

从图 1-25 中可见，整个开放系统环境由作为信源和信宿的端开放系统及若干中继开放系统通过物理媒体连接构成。这里的端开放系统和中继开放系统都是国际标准 OSI7498 中使用的术语。通俗地说，它们变相相当于资源子网中的主机和通信子网中的节点机(IMP)。只有在主机中才可能需要包含所有 7 层的功能，而在通信子网中的 IMP 一般只需要最低三层甚至只要最低两层的功能就可以了。

层次结构模型中数据的实际传送过程如图 1-26 所示。图中发送进程送给接收进程的数据，实际上是经过发送方各层从上到下传递到物理媒体；通过物理媒体传输到接收方后，再经过从下到上各层的传递，最后到达接收进程。

在发送方从上到下逐层传递的过程中，每层都要加上适当的控制信息，即图中 H7、H6、…、H1 统称为报头。到最底层成为由“0”或“1”组成的比特流，然后再转换为电信号在物理媒体上传输至接收方。接收方在向上传递时过程正好相反，要逐层剥去发送方对等层加上的控制信息。

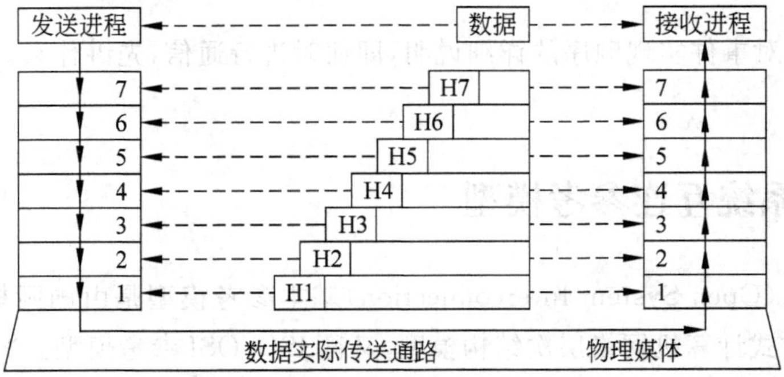

图 1-26　数据的实际传递过程

因接收方的某一层不会收到底下各层的控制信息，而高层的控制信息对于它来说又只是透明的数据，所以它只阅读和去除本层的控制信息，并进行相应的协议操作。发送方和接收方的对等实体看到的信息是相同的，就好像这些信息通过虚通信直接给了对方一样。

各层功能简要介绍如下。

1. 物理层

定义了为建立、维护和拆除物理链路所需的机械的、电气的、功能的和规程的特性，其作用是使原始的数据比特流能在物理媒体上传输。具体涉及接插件的规格、"0"、"1"信号的电平表示、收发双方的协调等内容。

2. 数据链路层

数据链路层的主要任务是通过数据链路层协议，在不太可靠的物理链路上实现可靠的数据传输。在物理媒体上传输的数据难免受到各种不可靠因素的影响而产生错误，数据链路层的功能是加强物理层原始比特流的传输功能，建立、维持和释放网络实体之间的数据链路连接，使之对网络层呈现一条无差错通路。数据链路层的基本任务就是链路的激活、保持和除活，以及对数据的检错与纠错。

数据链路层中对应的传输单元是帧，将数据封装在不同的帧中发送，并处理接收端送回的确认帧。协议不同，帧的长短和分界也有差别，但无论如何必须对帧进行定界。因此，该层通过在帧的开头和结尾附加上特殊的二进制编码来产生和识别帧界。相邻节点之间的数据交换应保证帧同步和各帧的顺序传送，对损坏、丢失和重复的帧应能进行处理。另外，数据链路层必须保证相邻节点之间发送和接收速度的匹配，因此，该层协议还完成流量控制工作。

3. 网络层

网络中的两台计算机进行通信时，中间可能要经过许多中间节点甚至不同的通信子网。网络层的任务就是在通信子网中选择一条合适的路径，使发送端传输层所传下来的数据能够通过所选择的路径到达目的端。

为了实现路径选择，网络层必须使用寻址方案来确定存在哪些网络以及设备在这些网络中所处的位置，不同网络层协议所采用的寻址方式是不同的。在确定了目标节点的位置后，网络层还要负责引导数据包正确地通过网络，找到通过网络的最优路径，即路由选择。如果子网中同时出现过多的分组，它们将相互阻塞通路并可能形成网络瓶颈．所以网络层还要提供拥塞控制机制以避免此类现象的出现。

4. 运输层

由于在网络层上可能产生数据差错，因此不能保证信源到信宿传输的可靠性。为了向用户提供可靠的端到端服务，传输层的功能就是在网络层的基础上完成端到端的差错控制和流量控制，并实现两个终端系统间传送的分组无差错、无丢失、无重复、分组顺序无误。所以，传输层处于分层体系结构的高低层之间，是高低层之间的接口，是非常关键的一层。传输层使用传输控制协议，实现不同计算机网络系统之间信息的可靠传输。

5. 会话层

是进程—进程的层次，其主要功能是组织和同步不同的主机上各种进程间的通信(也称为对话)。会话层负责在两个会话层实体之间进行对话连接的建立和拆除。在半双工情况下，会话层提供一种数据权标来控制某一方何时有权发送数据。会话层通过在数据流上放置检测点来保护用户任务之间的同步。这样，如果网络出现故障，只有最近检测点之后的数据才需要重传。会话层管理通信进程之间的会话，协调数据发送方、发送时间和数据包的大小等。

6. 表示层

为上层用户提供共同的数据或信息的语法表示变换。为了让采用不同编码方法的计算机在通信中能相互理解数据的内容，可以采用抽象的标准方法来定义数据结构，并采用标准的编码表示形式。表示层管理这些抽象的数据结构，并将计算机内部的表示形式转换成网络通信中采用的标准表示形式。数据压缩和加密也是表示层可提供的表示变换功能。

7. 应用层

应用层是 OSI 参考模型的最高层，它是计算机用户，以及各种应用程序和网络之间的接口，其功能是“直接面向用户提供服务，完成用户希望在网络上完成的各种工作”。它在 OSI 参考模型下面 6 层提供的数据传输和数据表示等各种服务的基础上，为网络用户或应用程序提供完成特定网络服务功能所需要的各种应用协议。

应用层为用户提供各种常见的服务和协议有文件服务、远程登录服务(Telnet)、文件传输服务(FTP)、电子邮件服务(E-mail)、目录服务、打印服务、安全服务、网络管理服务、数据库服务等。网络服务由相应的应用协议来实现，不同的网络操作系统提供的网络服务在功能、用户界面、实现技术、硬件平台支持以及开发应用软件所需要的应用程序接口(API)等方面均存在较大差异，而采纳应用协议也各具特色，因此，需要应用协议的标准化。

1.3.3 TCP/IP 结构模型

TCP/IP 协议栈是美国国防部高级研究计划局计算机网(Advanced Research Projects Agency Network，ARPANET)和其后继因特网使用的参考模型。ARPANET 是由美国国防部(U.S. Department of Defense，DoD)赞助的研究网络。最初，它只连接了美国境内的 4 所大学。随后的几年中，它通过租用的电话线连接了数百所大学和政府部门。最终 ARPANET 发展成为全球规模最大的互联网络——因特网。最初的 ARPANET 于 1990 年永久性地关闭。

TCP/IP 参考模型分为 4 个层次，即应用层、传输层、网际层和主机到网络层。ISO 制定的 OSI 参考模型的过于庞大、复杂招致了许多批评。与此对照，由技术人员自己开发的 TCP/IP 协议栈获得了更为广泛的应用。如图 1-27 所示，是 TCP/IP 参考模型和 OSI 参考模型的对比示意图。

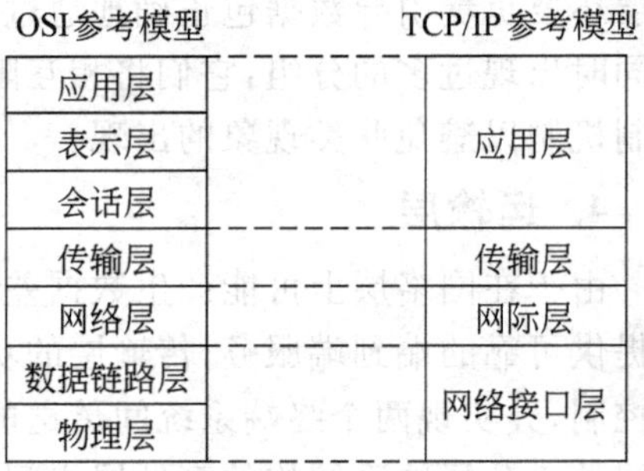

图 1-27 OSI 参考模型与 TCP/IP 参考模型

在 TCP/IP 参考模型中，去掉了 OSI 参考模型中的会话层和表示层(这两层的功能被合并到应用层实现)。同时将 OSI 参考模型中的数据链路层和物理层合并为主机到网络层。下面分别介绍各层的主要功能。

1. 网络接口层

TCP/IP 与各种网络的接口称为网络接口层，与 OSI 数据链路层和物理层相当，是最底层的网际协议软件。它负责接收数据报，并把数据报发送到指定网络上。实际上 TCP/IP 参考模型没有真正描述这一层的实现，只是指出其主机必须使用某种协议与网络连接，以便在其上传递 IP 分组。由于这一层次未被定义，所以其具体的实现方法将随着网络类型的不同而不同。在 TCP/IP 模型中可以使用任何网络接口，如以太网、令牌环网、FDDI、X.25、ATM、帧中继和其他接口等。

2. 网际层

网际层负责将分组独立地从信源传送到信宿，这一层主要解决路由选择、拥挤控制和网络互联等问题，在功能上和 OSI 参考模型中的网络层相似，主要提供网络路由、网络分段和 IP 编址。网际层处于整个 TCP/IP 协议簇的核心地位，在这一层上有一个重要协议称为 IP。IP 协议使得 Internet 成为 一个允许连接不同类型计算机、不同操作系统的网络。TCP 和 IP 是非常重要的两个协议，所以 TCP/IP 参考模型和 TCP/IP 协议就以这两个协议的名称来命名。

3. 传输层

传输层为应用程序提供端到端通信功能，和 OSI 参考模型中的传输层相似。该层协议处理网络互连层没有处理的通信问题，保证通信连接的可靠性，能够自动适应网络的各种变化。在传输层定义了两种服务质量不同的协议。即传输控制协议 TCP(transmission control protocol)和用户数据报协议 UDP(user datagram protocol)。

TCP 是一个面向连接的协议，为网络提供有序可靠传输能力的全双工虚电路服务。TCP 允许从一台主机发出的字节流无差错地传送到目的主机。TCP 协议将应用层的字节流分成多个字节段，然后将一个个的字节段传送到互连层，发送到目的主机。当互连层将接收到的字节段传送给传输层时，传输层再将多个字节段还原成字节流传送到应用层。TCP 功能包括为了取得可靠的传输而进行的分组丢失检测，对收不到确认的信息自动重传，以及处理延迟的重复数据报等。TCP 协议同时要完成流量控制功能，协调收发双方的发送与接收速度，达到正确传输的目的。

用户数据报协议 UDP 是一个不可靠的、无连接的协议。UDP 主要用于不需要数据分组顺序到达的传输中，同时它也被广泛应用于只有一次的客户/服务器(C/S)模式的请求应答查询，以及快速传送比准确传输更重要的应用程序，如传输语音或影像等应用。

4. 应用层

TCP/IP 协议的应用层处于第 4 层，对应于 OSI 参考模型的上 3 层，该层提供各种网络服务，向用户提供调用和访问网络中各种应用程序的接口，并向用户提供各种标准的应用程序及相应的协议。目前，应用层协议主要有以下几种。

- 远程终端协议(Telnet)　本地主机作为仿真终端登录到远程主机。
- 文件传输协议(FTP，File Transfer Protocol)　实现主机之间的文件传送。
- 简单邮件传输协议(SMTP，Simple Mail Transfer Protocol)　实现主机之间电子邮件的传送。
- 域名系统(DNS，Domain Name System)　用于实现主机名与 IP 地址之间的映射。
- 动态主机分配协议(DHCP，Dynamic Host Configuration Protocol)　实现对主机的地址分配和配置工作。
- 简单网络管理协议(SNMP，Simple Network Management Protocol)　实现网络的管理。
- 路由信息协议(RIP，Routing Information Protocol)　用于网络设备之间交换路由信息。
- 网络文件系统(NFS，Network File System)　实现网络中不同主机间的文件共享。
- 超文本传输协议(HTTP，Hypertext Transfer Protocol)　用于 Internet 中的客户机与 WWW 服务器之间的数据传输。

应用层协议可以分为3类：一类依赖于面向连接的TCP协议；一类依赖于无连接的UDP协议；而另一类则既可依赖于TCP协议，也可依赖于UDP协议。其中，依赖TCP协议的主要有网络终端协议、电子邮件协议、文件传输协议等，依赖UDP协议的主要有简单网络管理协议、简单文件传输协议等，既依赖TCP协议又依赖UDP协议的主要有域名系统等。

1.3.4 OSI与TCP/IP结构模型的比较

1. OSI参考模型和TCP/IP参考模型的共同点

(1) 它们都是层次结构的模型，其最低层都是面向通信子网的。

(2) 它们都有传输层，且都是第一个提供端到端数据传输服务的层次，都能提供面向连接或无连接传输服务。

(3) 其最高层都是向各种用户应用进程提供服务的应用层。

(4) 都基于一种协议集的概念，协议集是一簇完成特定功能的相互独立的协议。

2. 对OSI参考模型的评价

无论是OSI参考模型与协议，还是TCP/IP参考模型与协议都是不完美的。造成OSI参考模型不能流行的主要原因之一是其自身的缺陷。会话层在大多数应用中很少用到，表示层几乎是空的。在数据链路层与网络层之间有很多的子层插入，每个子层有不同的功能。OSI模型将“服务”与“协议”的定义结合起来，使得参考模型变得格外复杂，将它实现起来是困难的。同时，寻址、流控与差错控制在每一层里都重复出现，必然降低系统效率。虚拟终端协议最初安排在表示层，现在安排在应用层。关于数据安全性，加密与网络管理等方面的问题也在参考模型的设计初期被忽略了。参考模型的设计更多是被通信思想所支配，很多选择不适合于计算机与软件的工作方式。很多“原语”在软件的很多高级语言中实现起来很容易，但严格按照层次模型编程的软件效率很低。

3. TCP/IP模型的评价

TCP/IP参考模型与协议也有它自身的缺陷。

(1) 它在服务、接口与协议的区别上不清楚。一个好的软件工程应该将功能与实现方法区分开来，TCP/IP恰恰没有很好地做到这点，这就使得TCP/IP参考模型对于使用新技术的指导意义不够。

(2) TCP/IP的主机－网络层本身并不是实际的一层，它定义了网络层与数据链路层的接口。物理层与数据链路层的划分是必要和合理的，一个好的参考模型应该将它们区分开来，而TCP/IP参考模型却没有做到这点。

4. 结论

OSI参考模型与TCP/IP参考模型都不完美，但TCP/IP参考模型发展是因为在ISO制定OSI参考模型过程中总是着眼于一次制定达到完美，所以制定过程中考虑的方面比较多，但却忽略了IP这一协议的重要性，但当ISO认识到时只好在网络层划出一个子层来完成类似的功能，无连接服务一开始也不在考虑之列，还有就是网络管理功能的过度复杂等，造成了OSI迟迟没有成熟的产品推出的成因，进而影响了厂商对它的支持，而这时的TCP/IP通过实践得到不断的完善，也得到了大厂商的支持，所以TCP/IP参考模型得到了发展。

1.4 计算机网络中常用的传输介质

1.4.1 同轴电缆

同轴电缆的结构如图 1-28 所示。由圆柱形金属网导体(外导体)及其所包围的单根金属芯线(内导体)组成,外导体与内导体之间由绝缘材料隔开,外导体外部也是一层绝缘保护套。内导体和外导体构成一组线对。

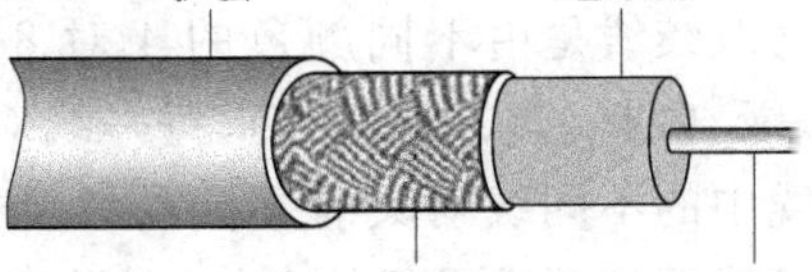

图 1-28 同轴电缆

同轴电缆可分为两类:一类是用于频分多路复用的模拟信号发送,特征阻抗为75Ω的宽带同轴电缆。宽带同轴电缆传输速率较高,距离较远,但成本较高。它不仅能传输数据,还可以传输图像和语音信号。另一类是专门用在符合 IEEE 802.3 标准的以太网环境中,用于传输数字信号的基带同轴电缆,其特征阻抗为 50Ω。

基带同轴电缆根据直径的不同又分为粗缆和细缆。粗缆用于 10BASE-5 以太网络的连接,细缆用于 10BASE-2 以太网络的连接。粗缆传输距离较远,适用于比较大型的局域网 它的传输衰耗小,标准距离长,可靠性高。由于粗缆在安装时不需要切断电缆,因此,可以根据需要灵活调整计算机接入网络的位置。但使用粗缆时必须安装收发器和收发器电缆,安装难度大,总体成本高。而细缆由于功率损耗较大,一般传输距离不超过 185m。细缆安装比较简单,造价低,但安装时要切断电缆,电缆两端要装上网络连接头(BNC),然后,连接在 T 型连接器两端。所以,当接头多时容易出现接触不良的隐患,这是细缆局域网中最常见的故障之一。

无论是由粗同轴电缆还是由细同轴电缆构成的计算机局域网络都是总线结构,即一根电缆上接多台计算机。这种拓扑结构适合于计算机较密集的环境,但当总线上某一触点发生故障时,会串联影响到整根电缆所连接的计算机,故障的诊断和恢复也很麻烦。目前,由于双绞线的普及,同轴电缆基本上退出了计算机网络。

1.4.2 双绞线

双绞线(Twisted Pair ,TP)是最常用的一种传输介质,它是由两条具有绝缘保护层的铜导线相互绞合而成。把两条铜导线以一定的密度绞合在一起,可增强双绞线的抗电磁干扰能力。一对双绞线形成一条通信链路。在双绞线中可传输模拟信号和数字信号。双绞线通常有非屏蔽式(UTP)和屏蔽式(STP)两种。非屏蔽式双绞线有成本低、重量轻、尺寸小、易安装、阻燃性好、适于结构化综合布线等优点。因此,在一般的局域网建设中被普遍采用。但它也存在传输时有信息辐射、容易被窃听的缺点,所以,在少数信息保密级别要求高的场合,还须采取一些辅助屏蔽措施。屏蔽式双绞线具有抗电磁干扰能力强、传输质量高等优点,但它也存在接地要求高、安装复杂、弯曲半径大,成本高的缺点,尤其是如果安装不规范,实际效果会更差。因此,屏蔽式双绞线的实际应用并不普遍。

双绞线按电气性能划分可分为三类、四类、五类、超五类、六类、七类双绞线等类型,原则上数字越大，版本越新、技术越先进、带宽也越宽，当然价格也越贵了。我们在为局域网选购线材时一般来说是选购五类或超五类网线(见图 1-29)，因为三、四类双绞线一般是使用在 10Mbps 的以太网中，而五类双绞线能满足现在日趋流行的 100Mbps 的以太网，超五类双绞线主要用于将来的千兆网上，但现在也普通应用于局域网中，因为价格方面比五类线贵不了多少，现在已有六类线了，一般用于 ATM 网络中，公司局域网中暂时还不推荐采用。目前在一般局域网中常见的是五类、超五类或者六类非屏蔽双绞线，特别是目前的超五类和六类非屏蔽双绞线可以轻松提供 155Mbps 的通信带宽，并拥有升级至千兆的带宽潜力，因此，成为当今水平布线的首选线缆。

双绞线是由不同颜色的 4 对 8 芯线组成(白橙、橙、白绿、绿、白蓝、蓝、白棕、棕)，每一线对都相互绞合而成，同一电缆中的不同线对具有不同的绞合度。除线对的两条绝缘铜导线要按要求进行绞合外，电缆中的线对之间也要按逆时针方向进行绞合，如图 1-29 所示。

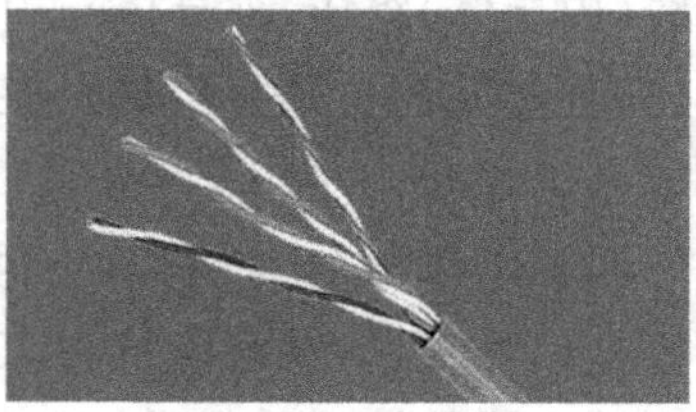

图 1-29　双绞线

1. 双绞线的连接方法

(1) 直通线：即双绞线两端的线序排列一致，即如果一端的第 1 脚为绿色，另一端的第 1 脚也必须为绿色的芯线。这种网线一般是用在集线器或交换机与计算机之间的连接。遵循的排列规则如下：

两个端口都按 TIA 568-A 线序接：

橙白—1，橙—2，绿白—3，蓝—4，蓝白—5，绿—6，棕白—7，棕—8

(2) 交叉线：虽然双绞线有 4 对 8 条芯线，但实际上在网络中只用到了其中的 4 条，即水晶头的第 1、第 2 和第 3、第 6 脚，它们分别起着收、发信号的作用。交叉网线的芯线排列规则是：网线一端的第 1 脚连另一端的第 3 脚，网线一端的第 2 脚连另一头的第 6 脚，其他脚一一对应即可。遵循的排列规则如下：

一端口按 TIA568-A 线序接：

橙白—1，橙—2，绿白—3，蓝—4，蓝白—5，绿—6，棕白—7，棕—8

另一端口按 TIA568-B 线序接：

绿白—1，绿—2，橙白—3，蓝—4，蓝白—5，橙—6，棕白—7，棕—8

交叉线一般用在集线器(交换机)的级连、服务器与集线器(交换机)的连接、对等网计算机的直接连接等情况。

2. 双绞线网线的制作

双绞线网线的制作就是把双绞线的 4 对 8 芯网线按一定规则插入到水晶头中，所以这类网线的制作所需材料是双绞线和水晶头。最简单的工具通常只要一把专用网线压线钳即可，它可以完成剪线、剥线和压线 3 种工作。在购买网线钳时一定要注意选对种类，因为网线钳针对不同的线材会有不同的规格，一定要选用双绞线专用的压线钳才可用来制作双绞以太网线。双绞线的制作如图 1-30 所示。

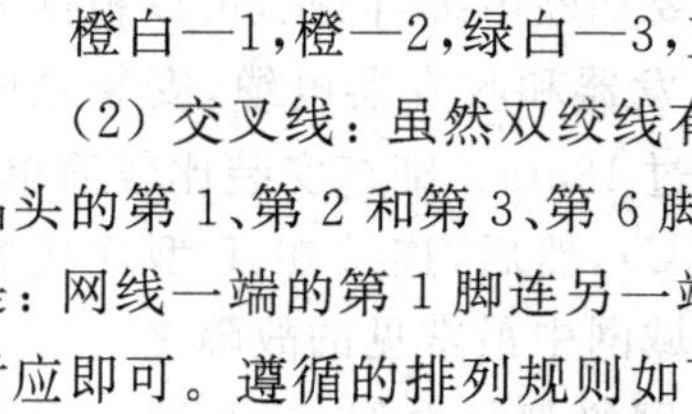

图 1-30　双绞线制作示意图

1.4.3 光纤

光纤即光导纤维，是一种能传输光信号的介质，通常由非常透明的石英玻璃构成，其结构由纤芯、包层和保护套组成，如图 1-31 所示。多根光纤加上保护外壳即可组成光缆，如图 1-32 所示。光缆根据需要可包含不同数量的多根光纤。根据应用环境的不同，可分为室内光缆和室外光缆。室外光缆的外壳应具备抗拉、防水、耐磨、抗高温等性能，而室内光缆对外壳的性能要求较低。

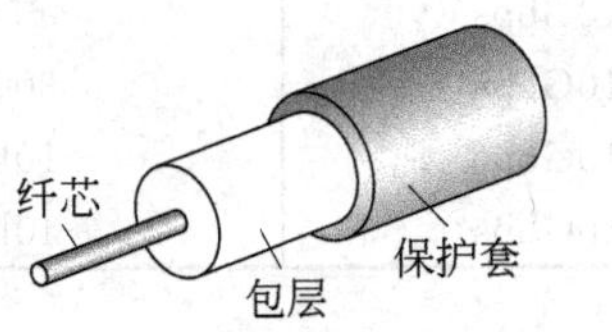

图 1-31 光纤结构图

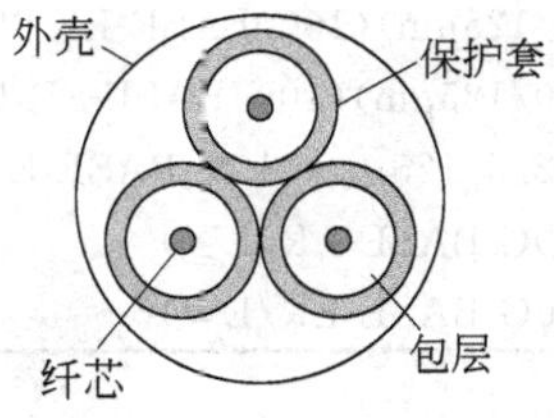

图 1-32 光缆结构图

(1) 光纤分类。

光纤可以分为多模光纤和单模光纤。

单模光纤携带单个频率的光将数据从光缆的一端传输到另一端。通过单模光纤，数据传输的速度更快，并且距离也更远。但是这种光纤开销太大，因此不被考虑用于一般的数据网络。相反，多模光纤可以在单根或多根光缆上同时携带几种光波，这种类型的光纤通常用于数据网络。

(2) 光纤通信系统组成。

光纤通信系统一般由光发送机、光纤和光接收机 3 部分组成。光发送机将电信号转换为光信号导入光纤，在接收端光接收机将光信号再还原为电信号。全光网络中则不需要光电信号的转换过程。

(3) 光纤通信的特点。

① 优点：传输速率高，目前实际可达到的传输速率为几十 Mbps 至几千 Mbps。抗电磁干扰能力强，重量轻，体积小，安全保密性高，传输衰减小。

② 缺点：光纤通信多用于计算机网络的主干线上。光纤与其他传输介质比较，价格相对较贵。光纤的衔接和光纤分支都较困难，而且在分支时，信号能量损失很大。

综上所述，双绞线、同轴电缆和光纤 3 种有线传输介质传输特性不尽相同，应用场合也有区别。光缆常用于网络的骨干线路，双绞线多用于局域网设备之间的连接，而同轴电缆目前在计算机网络中使用较少。表 1-2 给出了这 3 种介质在以太网中带宽和传输距离等性能的对比。

表 1-2 以太网中 3 种介质的传输性能对比

有线传输介质	最大理论带宽	最大传输距离
50Ω 同轴电缆(10BASE-2 以太网，细缆)	10Mbps	185m
50Ω 同轴电缆(10BASE-5 以太网，粗缆)	10Mbps	500m
3/4 类非屏蔽双绞线(10BASE-T 以太网)	10Mbps	100m

续表

有线传输介质	最大理论带宽	最大传输距离
5 类非屏蔽双绞线(100BASE-TX 以太网)	100Mbps	100m
5 类/超 5 类非屏蔽双绞线(1000BASE-T 以太网)	1000Mbps	100m
四对双轴同轴电缆(10G BASE-CX4 以太网)	10GMbps	15m
扩展 6 类非屏蔽双绞线(10G BASE-T 以太网)	10GMbps	100m
多模光纤(62.5/125μm)(100BASE-FX 以太网)	100Mbps	2000m
多模光纤(62.5/125μm)(1000BASE-SX 以太网)	1000Mbps	275m
多模光纤(50/125μm)(1000BASE-SX 以太网)	1000Mbps	550m
单模光纤(9/125μm)(1000BASE-LX 以太网)	1000Mbps	5km
多模光纤(50/125μm)(10G BASE-SR 以太网)	10Gbps	65m
多模光纤(62.5/125μm)(10G BASE-LX4 以太网)	10Gbps	300m
单模光纤(10G BASE-LR/LW)	10Gbps	10km
单模光纤(10G BASE-ER/EW)	10Gbps	40km

1.4.4 无线传输介质

电磁波的传播有两种方式：一种就是以上介绍的电磁波在有限的空间区域内传播，即通过有线方式传播；另一种是在自由空间中传播，即通过无线方式传播。当通信线路要通过一些高山、岛屿或河流时，铺设线路就非常困难，而且成本非常高，这时就可以考虑使用无线电波在自由空间的传播来实现多种通信。根据电磁波的不同频率可以分为无线电、微波、红外线、可见光、紫外线、x 射线与 γ 射线，如图 1-33 所示。目前，用于无线通信的主要有微波通信、激光通信和红外通信。

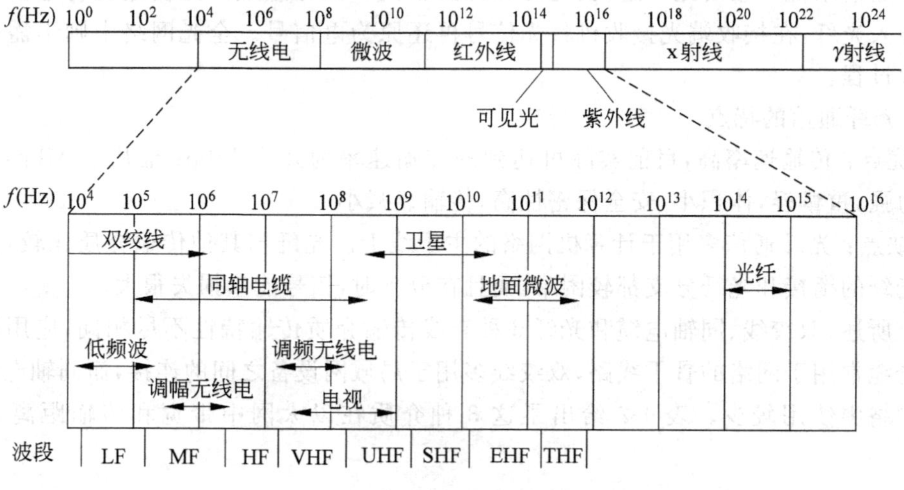

图 1-33 各通信类型使用的电磁波频谱

1. 微波通信

微波通信在数字通信中占有重要地位。微波的频率范围是 300MHz～300GHz，但主要是使用 2～40GHz 的频率范围。微波在空间主要是直线传播。由于微波可以穿透电离层而进入宇宙空间，因而它不像短波通信那样可以经电离层反射传播到地面上很远的地方。微波通信系统有两种形式：地面系统和卫星系统。

(1) 地面微波通信。

使用微波通信要经过有关管理部门的批准，而且使用的设备也需要有关部门允许才能使用。由于微波是在空间直线传播，因此，如果在地面传播，地球表面是个曲面，其传播距离会受到限制，为实现远距离传输，就要在微波信道的两个端点之间建立若干个中继站，中继站把前一个站点的信号放大后再传输到下一站。经过这样的多个中继站点的“接力”，信息就被从发送端传输到接收端。如图 1-34 所示。

微波通信具有频带宽、信道容量大、初建费用低、建设速度快、应用范围广等优点。其缺点是保密性能差、抗干扰性能差、两微波站天线间不能被建筑物遮挡。

(2) 卫星微波通信。

卫星微波通信实际上是使用人造卫星为微波中继站，它是微波通信的特殊形式。通信卫星通常被定位在几万千米(一般为 36 000km)高空，因此，卫星作为中继器可使信息的传输距离很远。卫星接收来自地面发送站发出的电磁波信号后，再以广播方式用不同的频率发回地面，为地面工作站接收。卫星通信可以克服地面微波通信距离的限制。一个同步卫星可以覆盖地球的三分之一以上的表面，如图 1-35 所示。3 个这样的同步卫星就可以覆盖地球上的全部通信区域。

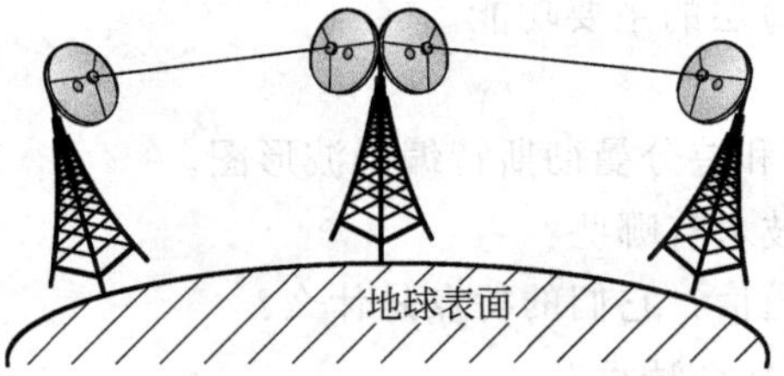

图 1-34 微波地面中继通信

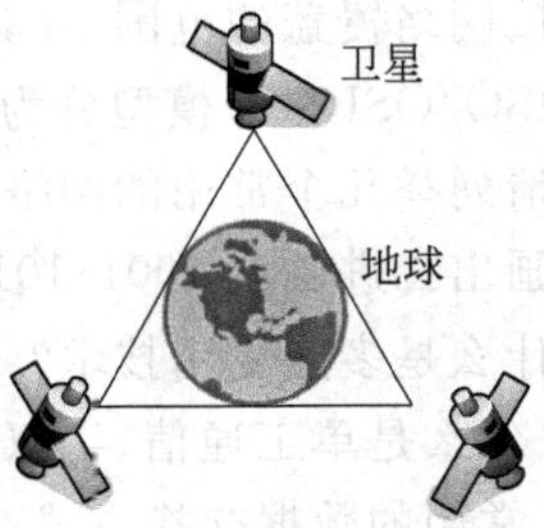

图 1-35 卫星通信

卫星通信具有通信容量大、传输距离远、可靠性高、一次性投资大、传输距离与成本无关等特点。

2. 激光通信

激光的工作频率为 $10^{11} \sim 10^{15}$ Hz，激光通信系统由视野范围内的两个互相对准的激光调制解调器组成，激光调制解调器通过对激光的调制和解调，从而实现激光通信。激光通信的优点是带宽更高，方向性好、保密性能好等，激光通信多用于短距离的传输。激光通信的缺点是外界气候条件对激光通信的影响较大，如在空气污染，雨雾天气以及能见度较差情况下，可能导致通信的中断。

3. 红外线通信

红外线通信不受电磁干扰和射频干扰的影响。红外无线传输建立在红外线光的基础上，采用光发射二极管，激光二极管或光电二极管来进行站点与站点之间的数据交换。红外无线传输既可以进行点到点通信，也可以进行广播式通信。但这种传输技术要求通信节点之间必须在直线视距之内，不能穿越墙。红外线通信的数据传输速率相对较低。

表 1-3 中，从费用、速度、衰减、电磁干扰和安全性方面对几种传输介质进行了比较。

表 1-3 各种通信介质比较

传输介质	费用	速　度	衰减	电磁干扰	安全性
UTP	低	1～1000Mbps	高	高	低
同轴电缆	中等	1Mbps～1Gbps	中等	中等	低
光纤	高	10Mbps～2.5Gbps	低	低	高
无线电	中等	1～10Mbps	低到高	高	低
地面微波	高	1Mbps～10Gbps	变化	高	中等
卫星	高	1Mbps～10Gbps	变化	高	中等

习　题　1

1. 阐述计算机网络的含义。
2. 计算机网络有哪些功能？
3. 计算机网络的发展经历了哪几个阶段？
4. 什么是通信子网，什么是资源子网，它们的功能分别是什么？
5. 按网络覆盖的范围，计算机网络可分为哪几类？
6. ISO/OSI 参考模型分为哪几层？请阐述每层的主要功能。
7. 请列举几个常用的网络协议。
8. 画出二进制流 10011101 的曼彻斯特编码和差分曼彻斯特编码波形图。
9. 什么是多路复用技术？常用的多路复用技术有哪些？
10. 什么是单工通信、半双工通信和全双工通信？它们的特点是什么？
11. 常用的数据交换方式有哪些？它们各有什么特点？
12. 网络协议的组成要素有哪些？各规定了什么？
13. 请比较 ISO/OSI 参考模型与 TCP/IP 参考模型的异同点。

第 2 章 局域网

本章要点

- 局域网的定义、组成和分类；
- 局域网参考模型及各层的作用；
- IEEE 802 系列标准；
- 以太网技术；
- 交换式局域网技术；
- 虚拟局域网；
- 无线局域网；
- 常用网络互连设备。

本章难点

- 局域网参考模型的层次结构；
- 虚拟局域网的划分；
- 网络互连的层次及设备。

2.1 局域网概述

局域网的发展始于 20 世纪 70 年代，是当今计算机网络技术应用与发展非常活跃的一个领域。公司、企业、政府部门的计算机通过局域网连接起来，以达到资源共享、信息传递和数据通信的目的。到了 21 世纪，局域网在速度、带宽等指标方面有了较大的进展，并且在访问、服务、管理、安全和保密等方面都有了进一步的改善。

2.1.1 局域网的定义及特点

局域网的概念和计算机网络的概念一样，全世界没有一个标准统一的定义。美国电子电气工程师协会(IEEE)对局域网的定义为：局域网中的数据通信被限制在几米至几千米的地理范围内，例如，一幢办公楼、一座工厂或一所学校，能够使用具有中等或较高数据传输速率的物理信道，且具有较低的误码率；局域网是专用的，由单一组织结构所使用和维护。

局域网技术是当今计算机网络的一个重要的研究问题，也是目前网络技术发展最快的一个领域。局域网具有以下的重要特点。

(1) 地理分布范围较小，通常不超过几十公里。可覆盖一幢大楼、一所校园或一个企业。

(2) 数据传输速率高，从最初的 1Mbps 到后来的 10Mbps、100Mbps。近年来已达到 1000Mbps、10Gbps。可交换各类数字和非数字(如语音、图像、视频等)信息。

(3) 误码率低，一般在 10^{-11}～10^{-8} 以下。这是因为局域网通常采用短距离基带传输，可以使用高质量的传输媒体，从而提高了数据传输质量。

(4) 以 PC 为主体，包括终端及各种外设。

(5) 局域网络的经营权和管理权属于某个单位所有。

(6) 协议简单、结构灵活、建网成本低、周期短、便于管理和扩充。

2.1.2 局域网的组成

局域网组成包括硬件和软件。网络硬件包括资源硬件和通信硬件。资源硬件包括构成网络主要成分的各种计算机和输入/输出设备。利用网络通信硬件将资源硬件设备连接起来，在网络协议的支持下，实现数据通信和资源共享。软件资源包括系统软件和应用软件。系统软件主要是网络操作系统。

一个典型的交换式局域网如图 2-1 所示。这个典型的交换式局域网主要由服务器、工作站、线路集线器、交换机以及通信线路等组成。

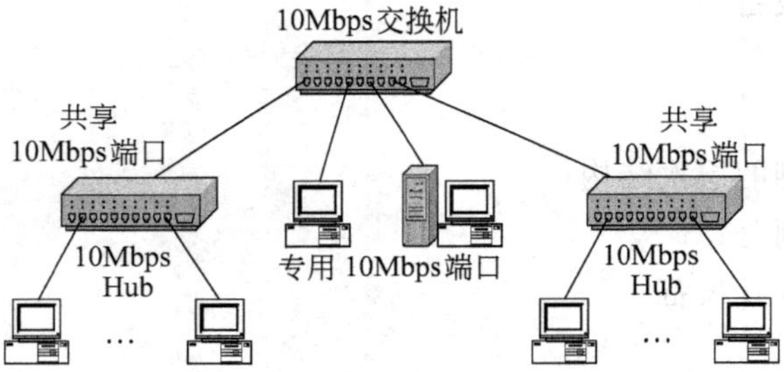

图 2-1　交换式局域网连接图

1. 局域网的资源硬件

1) 服务器(Server)

在网络系统中，有些计算机和设备允许别的计算机共享它的资源，另外也会应其他计算机或设备的请求来提供服务或共享资源，这就是网络服务器。对服务器的要求是速度快、硬盘和内存容量大、处理能力强。服务器是局域网的核心，网络中共享的资源大多都集中在服务器上。

由于服务器中安装有网络操作系统的核心软件，它便具有了网络管理、共享资源、管理网络通信和为用户提供网络服务的功能。服务器中的文件系统具有容量大和支持多用户访问等特点。在基于微机的局域网中，根据服务器在网络中所起的作用，可分为文件服务器、打印服务器、通信服务器和数据库服务器等。

2) 工作站(Workstation)

在局域网中，被连接在网络中只是向服务器提出请求或共享网络资源，不为别的计算机提供服务的计算机称为工作站。一方面工作站可以当作一台普通微机使用，处理用户的本地事务；另一方面，工作站能够通过网络进行彼此通信，以及使用服务器管理的各种共享资源。

2. 局域网的通信硬件

局域网的通信硬件主要是实现物理层和介质访问控制层的功能，在网络节点（如工作站和服务器）间提供数据帧的传输。

1）网络适配器

网络适配器（Network Adapter）又叫网卡，是计算机联网的重要硬件设备，通常插入到计算机总线插槽内或某个外部接口的扩展卡上，与网络服务器、工作站相连，实现了计算机和网络物理硬件之间的连接。本书第2.8.2节对网卡进行了详细介绍。

2）通信线路

通信线路是局域网的数据传输通路，它包括传输介质和相应的接插件。局域网常用的传输介质有同轴电缆、双绞线和光缆。

（1）同轴电缆（50Ω、75Ω—CATV） 50Ω同轴电缆可以以10Mbps的速率将基带数字信号传送1km。75Ω同轴电缆又称为宽带同轴电缆，使用频分复用技术，用来传送模拟信号，其频率可高达300～450MHz或更高，传输距离可达100km。宽带电缆通常都划分为若干个独立信道，每一个6MHz的电缆可以支持传送一路模拟电视信号。当用来传送数字信号时，速率一般可达3Mbps。

（2）双绞线 在100米的距离内可支持10Mbps的以太网、100Mbps的快速以太网、155Mbps的ATM等，在实验室环境下可支持622～1000Mbps的传输速率。

（3）光缆 光缆通信具有以下一些特点。

- 传输损耗小、中继距离长，远距离传输特别经济。
- 抗雷电和电磁干扰性好。
- 无串音干扰，保密性好；体积小，重量轻。
- 通信容量大，每波段都具有25000～30000GHz的带宽。

一个光传输系统由3部分组成，即传输介质、光源和检测器。传输介质是极细的玻璃纤维或石英玻璃纤维；光源是发光二极管或半导体激光器；检测器是一种光电二极管。

3）通信设备

局域网的通信设备主要用于延长传输距离和便于网络布线，主要有如下几种。

（1）中继器：对数字信号进行再生放大，以扩展总线局域网的传输距离。

（2）集线器（Hub）：也叫线路集线器。可提供多个微机接口，用于工作站集中的地方。

（3）网络互联设备：网络互联设备有中继器、网桥、路由器、交换机、网关等。

综上所述，局域网的网络硬件的主要部件是服务器、工作站、网卡和电缆系统。

2.1.3 局域网的分类

局域网有许多不同的分类方法，如按拓扑结构分类、按传输介质分类、按介质访问控制方法分类等。

（1）按拓扑结构分类：网络拓扑结构在第1章已经介绍。按不同的拓扑结构组建的局域网就称做星型网络、总线型网络、网状网络等。

（2）按传输介质分类：局域网使用的主要传输介质有双绞线、细同轴电缆、光缆等。以连接到用户终端的介质可分为双绞线网、细缆网等。

(3) 按介质访问控制方法分类：介质访问控制方法提供传输介质上网络数据传输控制机制。按不同的介质访问控制方式局域网可分为以太网、令牌环网等。

(4) 按网络的转接方式划分：共享介质局域网和交换式局域网。

共享介质局域网又可分为以太网、令牌总线、令牌环与 FDDI，以及在此基础上发展起来的快速以太网，快速令牌网，快速令牌环，FDDI II 等。交换式局域网可以分为交换以太网与 ATM LAN，以及在此基础上发展起来的虚拟局域网。

(5) 按网络的资源管理方式划分：对等式局域网和非对等式局域网。

(6) 按网络中传输的信号形式不同，局域网分为基带局域网和宽带局域网。

基带局域网采用数字信号的基带传输技术，采用曼彻斯特编码的基带信号。宽带局域网的传输介质是宽带同轴电缆，并采用模拟信号的频分多路复用技术。

2.1.4 局域网参考模型

局域网是一个通信网，只涉及到相当于 OSI/RM 通信子网的功能。由于内部大多采用共享信道的技术，所以局域网通常不单独设立网络层。局域网的高层功能由具体的局域网操作系统来实现。

IEEE 802 标准的局域网参考模型与 OSI/RM 的对应关系如图 2-2 所示，该模型包括了 OSI/RM 最低两层(物理层和数据链路层)的功能，也包括网间互连的高层功能和管理功能。从图中可见，OSI/RM 的数据链路层功能，在局域网参考模型中被分成媒体访问控制 MAC (Medium Access Control)和逻辑链路控制 LLC(Logical Link Control)两个子层。

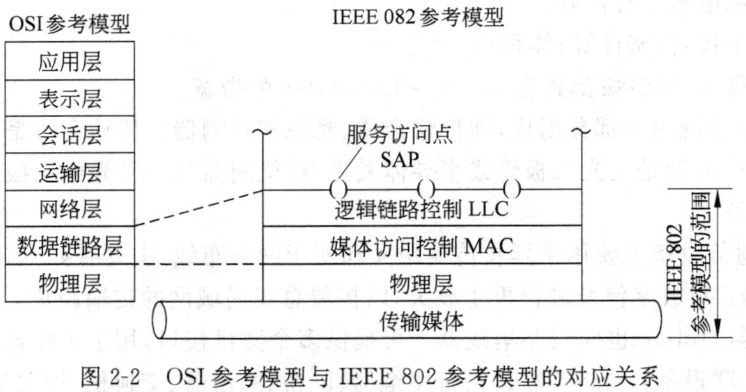

图 2-2 OSI 参考模型与 IEEE 802 参考模型的对应关系

在 OSI/RM 中，物理层、数据链路层和网络层使计算机网络具有报文分组转接的功能。对于局域网来说，物理层是必需的，它负责体现机械、电气和过程方面的特性，以建立、维持和拆除物理链路；数据链路层也是必需的，它负责把不可靠的传输信道转换成可靠的传输信道，传送带有校验的数据帧，采用差错控制和帧确认技术。

但是，局域网中的多个设备一般共享公共传输媒体，在设备之间传输数据时，首先要解决由哪些设备占有媒体的问题。所以局域网的数据链路层必须设置媒体访问控制功能。由于局域网采用的媒体有多种，对应的媒体访问控制方法也有多种，为了使数据帧的传送独立于所采用的物理媒体和媒体访问控制方法以及减少数据链路层的复杂程度，因此数据链路层分为两个子层，与接入到传输媒体有关的内容都放在 MAC 子层，而 LLC 子层则与传输媒体无关，不管采用何种协议的局域网对 LLC 子层来说都是透明的。

MAC 子层的主要功能是：具体管理通信实体访问信道而建立数据链路的控制过程，包括帧的封装和拆封、物理介质传输差错的检测、寻址、实现介质访问控制协议等。LLC 子层的主要功能是：提供一个或多个服务访问点，以复用的形式建立多点—多点之间的数据通信链路，并包括连接管理（建立和释放连接）、差错控制、按序传输及流量控制等。

由于穿越局域网的链路只有一条，不需要设立路由器选择和流量控制功能，所以 LAN 不设单独的网络层，属于网络层的某些功能就由 LLC 子层完成。对于数据报服务，只要在帧中给出源地址和目的地址即可，不用建立连接。一个主机中可能有多个进程在运行，它们可能同时与其他的一些进程进行通信，因而一个主机的 LLC 层应设多个服务访问点（L-SAP），来自多个 L-SAP 的服务在 LLC 子层中进行复用。但当涉及网络互联时，报文分组就必须经过多条链路才能到达目的地，此时就必须专门设置一个层次来完成网络层的功能，在 IEEE 802 标准中这一层被称为网际层。

LLC 子层中规定了无确认无连接、有确认无连接和面向连接 3 种类型的链路服务。无确认无连接服务是一种数据报服务，信息帧在 LLC 实体间交换时，无须在同等层实体间事先建立逻辑链路，对这种 LLC 帧进行确认外，其他类似于无确认无连接服务；面向连接服务提供访问点之间的虚电路服务，在任何帧交换前，一对 LLC 实体之间必须建立逻辑路，在数据传送过程中，信息帧依次发送，并提供差错恢复和流量控制功能。

2.1.5 IEEE 802 标准

IEEE 802 委员会于 1980 年开始研究局域网标准，1985 年公布了 IEEE 802 标准的 5 项标准文本，同年为 ANSI 所采纳作为美国国家标准，ISO 也将其作为局域网的国际标准系列，称为 ISO 8802 系列标准。IEEE 802 系列标准分为如下内容。

- IEEE 802.1A　概述和体系结构。
- IEEE 802.1B　寻址、网络管理、性能测量和网络互联。
- IEEE 802.2　逻辑链路控制。提供数据链路层的 LLC 子层协议功能。
- IEEE 802.3　CSMA/CD。定义了 CSMA/CD 总线网的媒体接入控制方法和物理层技术规范。
- IEEE 802.4　令牌总线网。定义了令牌传递总线网的媒体接入控制和物理层技术规范。
- IEEE 802.5　令牌环型网。定义了令牌传递环型网的媒体接入控制和物理层技术规范。
- IEEE 802.6　城域网。定义了城域网的媒体接入控制和物理层技术规范。
- IEEE 802.7　宽带技术。定义了宽带时隙环媒体访问控制方法及物理层技术规范。
- IEEE 802.8　光纤技术。定义了光纤网媒体访问控制方法及物理层技术规范。
- IEEE 802.9　综合话音数据局域网。定义了综合声音、数据网媒体访问控制方法及物理层技术规范。
- IEEE 802.10　局域网信息安全技术。定义了可互操作的局域网的安全技术规范。
- IEEE 802.11　无线局域网。定义了无线 LAN 媒体访问控制方法及物理层技术规范。

- IEEE 802.12　高速局域网。定义了100Mbps VG-AnyLAN访问控制方法及物理层技术规范。
- IEEE 802.14　有线电视网。定义了有线电视网及其相应的技术参数。
- IEEE 802.15　短距离无线网。规定了短距离无线网(WPAN),包括蓝牙技术的所有技术参数。
- IEEE 802.16　宽带无线访问标准,由两部分组成:
  - IEEE 802.16.1　固定宽带无线访问的无线界面。
  - IEEE 802.16.2　宽带无线访问系统的共存。

2.2 局域网拓扑结构

2.2.1 总线拓扑结构

总线结构是使用同一媒体或电缆连接所有端用户的一种方式,也就是说,连接端用户的物理媒体由所有设备共享,如图2-3所示。使用这种结构必须解决的一个问题是确保端用户使用媒体发送数据时不能出现冲突。在点到点链路配置时,这是相当简单的。如果这条链路是半双工操作,只需使用很简单的机制便可保证两个端用户轮流工作。在一点到多点方式中,对线路的访问依靠控制端的探询来确定。然而,在LAN环境下,由于所有数据站都是平等的,不能采取上述机制。对此,研究了一种在总线共享型网络使用的媒体访问方法:带有碰撞检测的载波侦听多路访问,英文缩写成CSMA/CD。典型的总线型网络代表是传统以太网中的10Base-5和10Base-2网络。

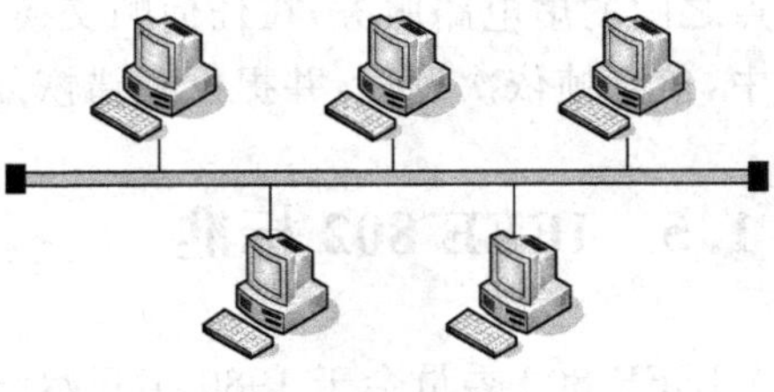

图2-3　总线型局域网结构

这种结构具有费用低、数据端用户入网灵活、站点或某个端用户失效不影响其他站点或端用户通信的优点。缺点是一次仅能一个端用户发送数据,其他端用户必须等待到获得发送权。媒体访问获取机制较复杂。尽管有上述一些缺点,但由于布线要求简单,扩充容易,端用户失效、增删不影响全网工作,所以是LAN技术中使用最普遍的一种。

2.2.2 环型网络拓扑结构

环型结构在LAN中使用较多。这种结构中的传输媒体从一个端用户到另一个端用户,直到将所有端用户连成环型,如图2-4所示。这种结构显而易见消除了端用户通信时对中心系统的依赖性。环型网络拓扑结构的典型代表是IBM公司的Token Ring网络。

环型结构的优点是结构简单,实现容易,传输延迟确定,适应传输负荷较重、实时性要求较高的应用环境。但是环中每个节点与连接节点之间的通信线路都是网络可靠性的瓶颈。环中任何一个节点或线路出现故障,都会造成网络瘫痪。环节点的加入和撤出过程都较复杂。

2.2.3 星型拓扑结构

星型结构是最古老的一种连接方式，大家每天都使用的电话都属于这种结构。如图 2-5 所示，目前使用最普遍的以太网(Ethernet)就是星型结构，处于中心位置的网络设备称为集线器，英文名为 Hub。

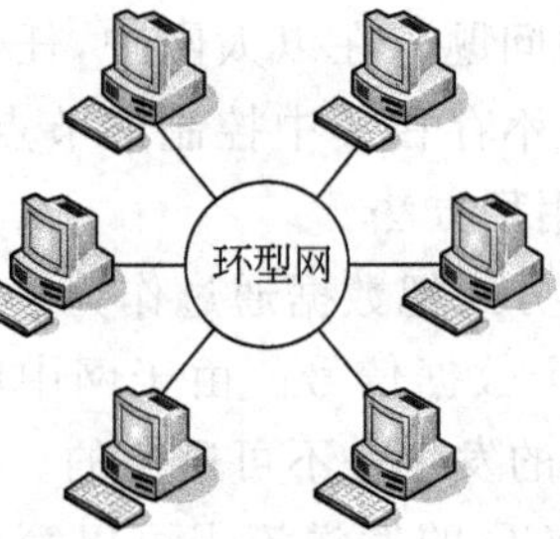

图 2-4　环型局域网结构

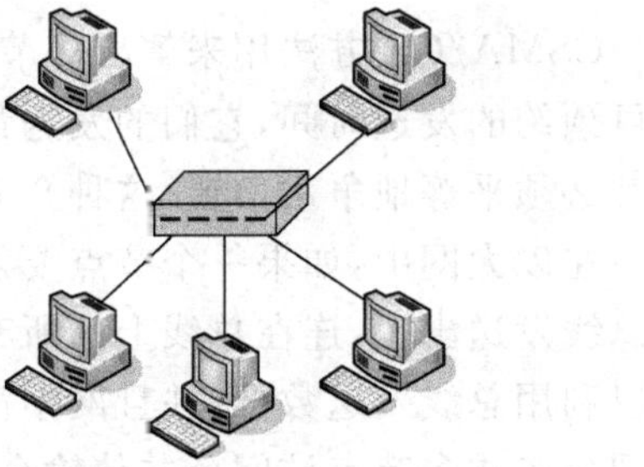

图 2-5　星型局域网结构

这种结构便于集中控制，因为端用户之间的通信必须经过中心站。由于这一特点，也带来了易于维护和安全等优点。端用户设备因为故障而停机时也不会影响其他端用户间的通信，但这种结构非常不利的一点是，中心系统必须具有极高的可靠性，因为中心系统一旦损坏，整个系统便趋于瘫痪。对此中心系统通常采用双机热备份，以提高系统的可靠性。

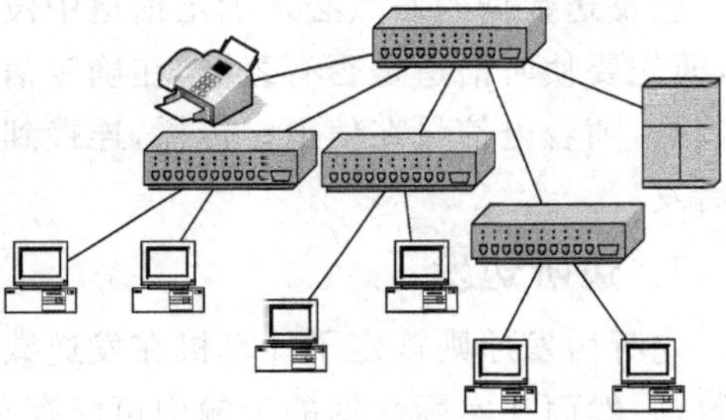

图 2-6　树型局域网结构

这种网络拓扑结构的一种扩充便是星型树，如图 2-6 所示。每个 Hub 与端用户的连接仍为星型，Hub 的级连而形成树。然而，应当指出，Hub 级连的个数是有限制的，并随厂商的不同而有变化。

还应指出，以 Hub 构成的网络结构，虽然呈星型布局，但它使用的访问媒体的机制却仍是共享媒体的总线方式。

2.3　共享介质局域网的工作原理

由于 OSI 参考模型的数据链路层的介质访问控制子层对传输介质的访问的不同，所以不同的网络有不同的介质访问控制协议。在令牌环网中，所有数据是通过一个在网络中沿着一定方向高速旋转的令牌实现的，这个令牌可以看作是“发言权”。在以太网中，所有的节点共享传输介质。如何保证传输介质有序、高效地为许多节点提供传输服务，就是以太网的介质访问控制协议要解决的问题。

2.3.1 以太网的工作原理

目前,应用最广泛的一类局域网就是以太网。它的核心技术就是随机争用型介质访问控制方法。其介质访问协议采用的是 CSMA/CD(Carrier Sense Multiple Access/Collision Detection)即载波侦听多点访问/冲突监测技术,符合美国电子电气工程师学会的 IEEE 802.3 标准。

CSMA/CD 方法用来解决多节点如何共享公用总线的问题。在以太网中,任何节点都没有可预约的发送时间,它们的发送都是随机的,并且网络中不存在集中控制的节点,网络中节点都必须平等地争用信道,这种介质访问控制属于随机争用型方法。

在以太网中,如果一个节点要发送数据,它就以"广播"方式把数据通过作为公共传输介质的总线发送出去,连在总线上的所有节点都能"收听"到这个数据信号。由于网中所有节点都可以利用总线发送数据,并且网中没有控制中心,因此冲突的发生是不可避免的。为了有效地实现分布式多节点访问公共传输介质的控制策略,CSMA/CD 的发送流程可以简单地概括为 4 点:先听后发,边听边发,冲突停发,随机重发。

1. 先听后发

想发送数据的站点必须确定信道中没有其他站点发送数据后,才能开始往信道上发送数据,即先要侦听信道是否有载波,在确定信道空闲的情况下,才能开始发送数据。只要开始发送数据,随着电信号在信道中传播,连接到介质上所有的站点都能侦听到载波存在,这就是先听后发。

2. 边听边发

先听后发原则规定了计算机在发送数据以前先要侦听信道,只有信道空闲的时候才能发送数据,然而在实际数据的传输中可能存在这样一种情况,两台计算机都想要发送数据,因此同时侦听信道,当别的站点在信道上的数据帧发送完毕后,这两个要发送数据的站点同时侦听到信道空闲,并在信道空闲状态持续一段时间以后,同时发送数据,这样,这两个站点发送的信号就会在信道上产生叠加,从而产生冲突。因此,某个站点开始发送数据后,必须一直检测信道上是否发生冲突。

3. 冲突停发

发送站点传输过程中仍继续监听信道,以检测是否存在冲突。如果发生冲突,信道上可以检测到超过发送站点本身发送的载波信号的幅度,由此判断出冲突的存在。一旦检测到冲突,就立即停止发送,并向总线上发一串阻塞信号,用以通知总线上其他各有关站点。这样,通道容量就不致因白白传送已受损的帧而浪费,可以提高总线的利用率。

4. 随机重发

当一个站点检测到冲突之后,它就会立即放弃它的传送任务,并等待一段随机的时间,然后再重新尝试传送,假设此时没有其他的站点也开始传送。如果此时有其他站点开始传送,那么该站点要继续侦听信道。

CSMA/CD 保证网络上各台计算机有平等的权力共享传输介质。其优点是线路利用率高,传输速率高,容易实现,成本低。其缺点是当网络上计算机数量增多时,碰撞次数呈指数方式增长,所以一个以太网络上的计算机数目不宜太多。此外由于各站平等,无优先级区别,对碰撞的处理方式是随机的，因而不适于实时控制。随着局域网交换技术的发展，使用交换机减少网络中冲突的次数，所以 CSMA/CD 仍是局域网中广泛应用的介质访问协议。

2.3.2 令牌环网络工作原理

令牌环网利用一种称为令牌的数据帧来选择拥有传输数据的节点，只有拥有令牌的节点才有权发送信息。令牌平时不停地在环路上流动，当一个节点有数据要发送时，必须等到令牌出现在本节点时截获它，然后将所要发送的信息附在其后发送出去。由于令牌环网采用的是单令牌策略，环路上只能有一个令牌存在，只要有一个节点发送信息，环路上就不会再有空闲的令牌流动。采取这样的策略，可以保证任何时刻环路上只有一个发送节点，因此不会出现象以太网那样的竞争局面，环网不会因发生冲突而降低效率，所以说令牌环网的一个很大的优点就是当网络中的节点数量很多的时候还可以高效地工作。

令牌环的工作过程可描述如下：网络空闲时，只有一个令牌在环路上绕行。令牌是一个特殊的比特模式，其中包含一位"令牌/数据帧"标志位，标志位为"0"表示该令牌为可用的空令牌，标志位为"1"表示有站点正占用令牌在发送数据帧。

当一个站点要发送数据时，必须等待并获得一个令牌，将令牌的标志位置为"1"，随后便可发送数据。环路中的每个站点一边转发数据，一边检查数据帧中的目的地址，若为本站点的地址，便读取其中所携带的数据。

数据帧绕环一周返回时，发送站将其从环路上撤销。同时根据返回的有关信息确定所传数据有无出错。若有错则重发存于缓冲区中的待确认帧，否则释放缓冲区中的待确认帧。发送站点完成数据发送后，重新产生一个令牌传至下一个站点，以使其他站点获得发送数据帧的许可权。

例如如图 2-7 所示，一个实际的令牌工作过程有以下几步。

第一步：令牌在环中流动，A 节点有信息要发送，截获了令牌。

第二步：A 节点发送数据给 C 节点，C 节点接收并转发数据。

第三步：A 节点等待并接收它所发的帧，并将该帧从环上撤离。

第四步：A 节点收完所发帧的最后一比特后，重新产生令牌发送到环上。

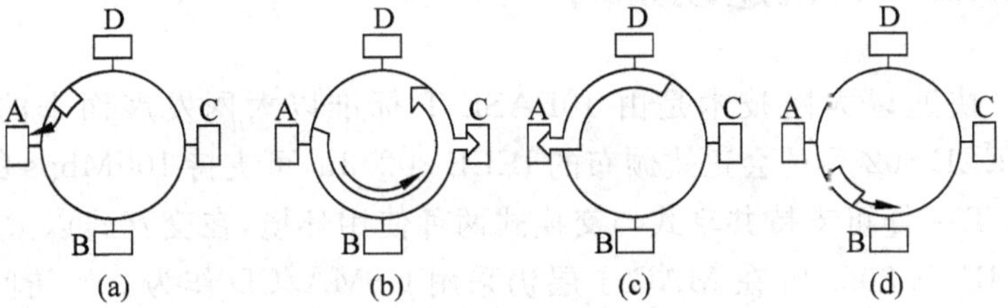

图 2-7 令牌环的工作原理

2.3.3 令牌总线网络工作原理

IEEE 802.4 是令牌总线网标准，用于总线型拓扑结构。其访问控制原理与令牌环原理相同，只是网络物理结构为总线型，令牌是在由总线网各站点构成的逻辑环路上逐站进行传递，获得令牌的站点有权发送数据。

该逻辑环是将总线网上各站点按事先安排好的令牌环行顺序排列构成的。每个站在环上都有一个逻辑位置，它由本站 TS 地址、前站 PS 地址和后站 NS 地址确定。令牌传递是按站点的逻辑顺序进行的，与节点在总线中的物理位置无关，逻辑环上的相邻点不一定是总线上的相邻站。

图 2-8 表示出令牌总线局域网的两个主要特点，这就是：令牌总线局域网在物理上是一个总线网，而在逻辑上却是一个令牌网。例如图中所示的 7 个站中，站 C 有故障而站 G 未工作。剩下的 5 个站在逻辑上组成了一个令牌网。令牌传递的顺序与站的物理位置无关，在图中设令牌按照 A→ D→ B→ E→ F→ A→ …… 的顺序传递。这样，令牌总线局域网既具有总线网的“接入方便”和“可靠性较高”的优点，也具有令牌环形网的“无冲突”和“发送时延有确定的上限值”的优点。

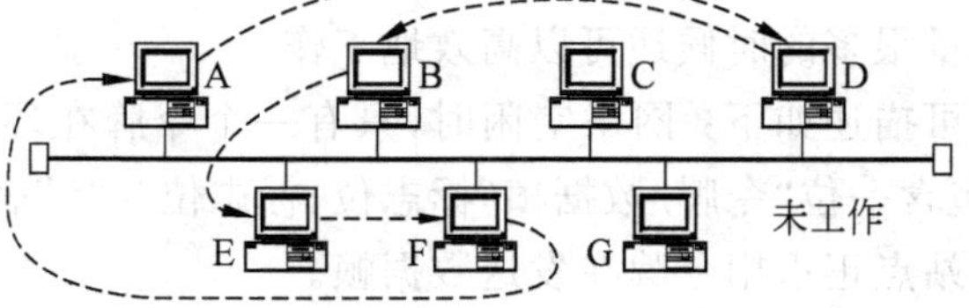

图 2-8　令牌总线局域网

2.4　高速局域网

随着信息技术的飞速发展，尤其是多媒体技术的应用和普及，人们对网络的传输带宽的要求越来越高。传统以太网的数据传输速率是 10Mbps 并且是建立在共享介质的基础上，当节点数目增加时，使冲突概率增加，每个节点平均分到的带宽相应减少。因此，传统 10Mbps 的局域网已经不能满足需要，许多计算机通信和网络厂商都努力开发速度更快的网络产品。我们把传输速率在 100Mbps 以上的局域网称为高速局域网。下面介绍几种常见的高速局域网。

2.4.1　100BASE-T 快速以太网

100BASE-T 快速以太网技术是由 10BASE-T 标准以太网发展而来的，其协议标准是 1995 年 9 月由 IEEE 802 委员会正式颁布的 IEEE 802.3u，可支持 100Mbps 的数据传输速率，并且与 10BASE-T 一样可支持共享式与交换式两种使用环境，在交互式以太网环境中可以实现全双工通信。IEEE 802.3u 在 MAC 子层仍采用 CSMA/CD 作为介质访问控制方法，并保留了 IEEE 802.3 的帧格式。但是，在编码上采用了效率更高的 4B/5B 编码方式，而没有采用曼彻斯特编码。

100BASE-T 标准可以支持多种传输介质。目前，100BASE-T 有以下几种有关传输介质的标准。

1. 100Base-T4

100Base-T4 采用了 4 对非屏蔽双绞线，支持 3 类、4 类和 5 类 UTP 电缆。采用 8B/6T-NRZ 编码技术。每对线的传输速率为 33.3Mbps，3 对线的总传输速率为 100Mbps，另一对线用于冲突检测。目前100Base-T4的应用并不广泛。

2. 100Base-TX

100Base-TX是目前应用最广泛的快速以太网，传输媒体采用两对5类UTP或STP电缆，其中一对用于发送数据，另一对用于接收数据。采用4B/5B编码器和收发器，连接器采用RJ-45，站点与集线器之间的最大距离不超过100m。

3. 100Base-FX

100Base-FX采用两芯62.5/125um多模光纤作为传输媒体，光缆仅需一对光纤：一路用于发送，一路用于接收。使用FDDI物理层标准和4B/5B编码器/收发器，连接器采用MIC、ST或SC。100Base-FX规定网络节点之间的最大距离为400m，使用单模光纤时可达2km。100Base-FX适用于传输距离较长或保密性要求较高的应用场合。

4. 100Base-T2

100Base-T2使用3类UTP的两对线，连接采用RJ-45连接器，双绞线长度为100m。但由于它的编码方法复杂，收发器的集成电路设计困难，故没有形成市场。

2.4.2 千兆以太网

随着数据仓库、桌面电视会议、三维图形与高清晰度图像等应用的不断发展，用户对局域网的带宽提出了更高的要求；同时，100Mbps快速以太网也要求主干网、服务器一级有更高的带宽；同时，由于以太网的高可靠性、易扩展性、成本低和广泛应用等特点，人们迫切要求有更高的网络速度与现有以太网保持最大的兼容性。千兆以太网就是在这种背景下产生的。1995年11月，IEEE 802.3委员会成立了高速网研究组。1996年8月，成立了802.3z工作组，主要研究使用多模光纤与屏蔽双绞线的千兆以太网物理层标准。1997年初，成立了802.3ab工作组，主要研究使用单模光纤与非屏蔽双绞线的千兆以太网物理层标准。1998年2月，IEEE 802委员会正式批准了千兆以太网IEEE 802.3z标准。

千兆以太网标准是对以太网技术的再次扩展，其数据传输率为1000Mbps，即1Gbps，因此也称为吉比特以太网。如图2-9所示，千兆以太网基本保留了原有以太网的帧结构、帧格式及CSMA/CD协议，因此，它与传统以太网和快速以太网能够很好地兼容，从而使原有的10Mbps以太网或快速以太网可以方便地升级到千兆以太网。目前制定了4种有关传输介质的标准，即1000BASE-SX、1000BASE-LX、1000BASE-CX和1000BASE-T。

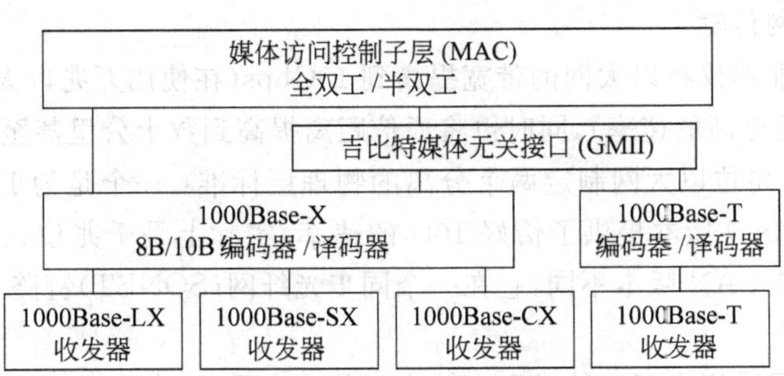

图2-9 千兆以太网的协议结构

1. 1000BASE-SX

1000BASE-SX 是一种使用短波长激光作为信号源的网络介质技术，配置波长为 770nm～860nm 的激光传输器，它不支持单模光纤，只能驱动多模光纤。1000BASE-SX 所使用的光纤规格有两种：62.5μm 多模光纤和 50μm 多模光纤。使用 62.5μm 多模光纤在全双工方式下的最长传输距离为 275m，而使用 50μm 多模光纤在全双工方式下的最长有效距离为 550m。

2. 1000BASE-LX

1000BASE-LX 是一种使用长波长激光作为信号源的网络介质技术，配置波长为 1270nm～1355nm(一般为 1300)的激光传输器，它既可以驱动多模光纤，也可以驱动单模光纤。1000BASE-LX 所使用的光纤规格为：62.5μm 多模光纤和 50μm 多模光纤，工作波长为 850mm，传输距离为 525m 和 550m，适用于大楼网络系统的主干；纤芯规格为 9μm 的单模光纤，工作波长为 1300nm 和 1550nm，传输距离为 3000m，适用于校园或城域主干网。

3. 1000BASE-CX

1000BASE-CX 使用的一种特殊规格的高质量平衡双绞线对的屏蔽铜缆，传输速率为 1.25Gbps，传输距离最长为 25m，使用 9 芯 D 型连接器连接电缆。1000BASE-CX 适用于交换机之间的短距离连接，尤其适合千兆交换机和主服务器之间的短距离连接。

4. 1000BASE-T

1000BASE-T 是一种使用 5 类 UTP 作为网络传输介质的吉比特以太网技术，最长有效距离可达 100m。用户可以采用这种技术在原有的快速以太网系统中实现从 100Mbps 到 1000Mbps 的平滑升级。

2.4.3 万兆以太网

万兆以太网技术的研究始于 1999 年底，当时成立了 IEEE 802.3ae 工作组，并于 2002 年 6 月正式发布 IEEE 802.3ae 10G 以太网标准。

1. 万兆以太网结构特点

万兆位以太网并不只是将千兆位以太网的带宽扩展 10 倍，它的目标在于扩展以太网，使其能够超越局域网，以进入广域网。万兆位以太网仍使用与以往 10Mbps 和 100Mbps 以太网相同的形式，它允许直接升级到高速网络，它不仅在局域网而且应用到了城域网和广域网，实现了端到端的以太网传输。

万兆以太网标准不仅将以太网的带宽提高到 10Gbps(在使用万兆以太网信道的情况下可以达到 40Gbps 甚至更高的速率)，同时也将通信距离提高到数十公里甚至上百公里。

IEEE 正在为万兆位以太网制定两个分离的物理层标准：一个是为 LAN，另一个是首次为 WAN 制定的。LAN 版本提供了恰好 10G 的速率，实际上是千兆位以太网的一个更快的版本。WAN 版本与 LAN 版本不同，它在一个同步光纤网(SONET)链路上以速率 9.58Gbps 传输以太网帧。

万兆位以太网只采用全双工技术和支持光纤传输介质(不支持铜线)。它是以交换机为中心的星型结构，可以为网络提供更大的可用带宽。

万兆位以太网采用 64B/66B 编码形式。支持的传输距离从 100m、300m、10km，甚至

40km，未来还将与DWDM相结合，提供更高带宽和更远距离。

万兆位以太网的一类主要应用是作为主干网：配置于核心局域网中，局域网管理员可使用10G以太网连接大量的服务器或到达以太网交换机的服务器；用于连接企业网和校园网，这要取决于它们之间的距离以及LAN上用的是单模光纤还是多模光纤。

2. 万兆位以太网的应用

万兆以太网技术突破了传统以太网近距离传输的限制，不但可以应用在局域网，也能够方便地应用在城域网甚至广域网范围，来构建高性能的网络核心。从目前网络现状而言，万兆以太网最先应用的场合包括教育行业、数据中心出口和城域网的骨干。

(1) 在教育网中的应用。随着高校多媒体网络教学、数字图书馆等应用的展开，高校校园网已成为万兆位以太网的重要应用场合。利用10G比特高速链路构建校园网的骨干链路和各分校区与本部之间的连接，可实现端到端的以太网访问，进而提高传输速率，有效保证远程多媒体教学和数字图书馆等业务的开展。10G比特以太网设备具有高带宽、低延时和网络管理简单等特性，非常适用于校园骨干网建设。

(2) 数据中心和Internet交换中心。随着Internet应用的普及，大量的数据访问需要一个可升级、高性能的内容服务汇聚网络。数据中心需要汇聚数百计的快速以太网和吉比特以太网线路，在用户端，服务器汇聚网络要提供具有第二层交换、第三层路由的高密度GE/10GE路由器和交换机。10G比特以太网设备可满足汇聚网络的需求并为未来网络升级预留了空间。

(3) 在城域网中的应用。随着城域网建设的不断深入，各种内容业务(流媒体视频应用、多媒体互动游戏)纷纷出现，这些对城域网的带宽提出更高的要求，而传统的SDH、DWDM技术作为骨干存在着网络结构复杂、难于维护和建设成本高等问题。在城域网骨干层使用万兆以太网技术可简化网络结构、降低成本、便于维护，通过端到端以太网建立低成本、高性能和具有丰富业务支持的城域网。

2.5 交换介质局域网

2.5.1 共享式网络的缺点

传统的局域网技术是建立在“共享介质”的基础上，在网络上的所有站点共享一条公共的传输通道，各站点对公共信道的访问由MAC协议(CSMA/CD、TokenRing)控制。由于这些MAC协议的处理，增加了网络延时，影响了网络效率，降低了带宽利用率。在以太网系统中，欲获得较好的网络性能，其带宽利用率一般应小于等于30%。如果以太网的平均带宽利月率达到40%时，网络响应速度明显降低，在达到70%以上时，网络性能急剧下降以致网络无法正常工作。共享式局域网具有共享带宽的特性，站点越多，平均带宽越小。共享式局域网不能为用户提供足够的带宽资源。例如在10BASE-T以太网中，如果网络中有N个节点，那么每个节点平均能分到的带宽为10Mbps/N。显然，当局域网的规模不断扩大，节点数N不断增加时，每个节点平均能分到的带宽将越来越少。因为以太网的N个节点共享一条10Mbps的公共通信信道，所以当网络节点数N增大，网络通信负荷加重时，冲突和重发现象将大量发生，网络效率急剧下降，网络传输延迟增长，网络服务质量下降。为了克服网络规模和网络性能之间的矛盾，就提出了将“共享介质方式”改为“交换方式”的方案，这就推动了“交换局域网”技术的发展。

2.5.2 交换式以太网的基本结构

交换式局域网是指以数据链路层的帧或更小的数据单元(信元)为数据交换单位，以交换设备为基础构成的网络。交换机为每个端口提供专用的带宽，各个站点有一条专用链路连到交换机的一个端口。这样每个站点都可以独享通道，独占带宽。

交换式局域网的核心设备是局域网交换机，局域网交换机可以在它的多个端口之间建立多个并发连接。典型的交换式局域网是交换式以太网(Switched Ethernet)，它的核心部件是以太网交换机(Ethernet Switch)。以太网交换机可以有多个端口，每个端口可以单独与一个节点连接，也可以与一个共享介质式的以太网集线器(Hub)连接。

交换式局域网把“共享”变为“独享”，网络上的每个站点都独占一条点到点的通道，独占带宽。如图 2-10 所示，显示了共享介质局域网与交换局域网工作原理的区别。例如，如果每台计算机都有一条 100Mbps 带宽的传输通道，它们都独占 100Mbps 带宽。网络的总带宽通常为各个交换端口带宽之和。在交换式网络中，随着用户的增多，网络带宽在不断增加，而不是减少，即使网络负载很重也不会导致网络性能下降。交换式局域网从根本上解决了网络带宽问题，能满足用户对带宽的需求。

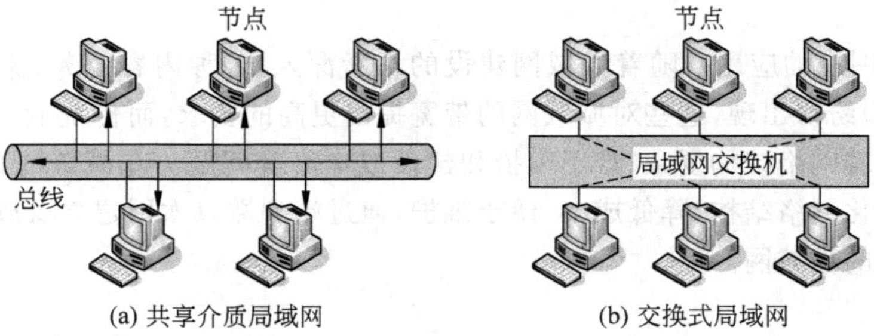

图 2-10 共享介质局域网与交换式局域网的工作原理

2.5.3 交换式以太网的工作原理

典型的局域网交换机结构与工作过程如图 2-11 所示。图中的交换机有 6 个端口，其中端口 1,4,5,6 分别连接了节点 A，节点 B，节点 C 与节点 D。那么交换机的“端口号/MAC 地址映射表”就可以根据以上端口号与节点 MAC 地址的对应关系建立起来。如果节点 A 与节点 D 同时要发送数据，那么它们可以分别在 Ethernet 帧的目的地址字段(DA)中填上该帧的目的地址。

例如，节点 A 要向节点 C 发送帧，那么该帧的目的地址 DA＝节点 C；节点 D 要向节点 B 发送，那么该帧的目的地址 DA＝节点 B。当节点 A、节点 D 同时通过交换机传送以太帧时，交换机的交换控制中心根据“端口号/MAC 地址映射表”的对应关系找出对应帧目的地址的输出端口号，那么它就可以为节点 A 到节点 C 建立端口 1 到端口 5 的连接，同时为节点 D 到节点 B 建立端口 6 到端口 4 的连接。这种端口之间的连接可以根据需要同时建立多条，也就是说可以在多个端口之间建立多个并发连接。

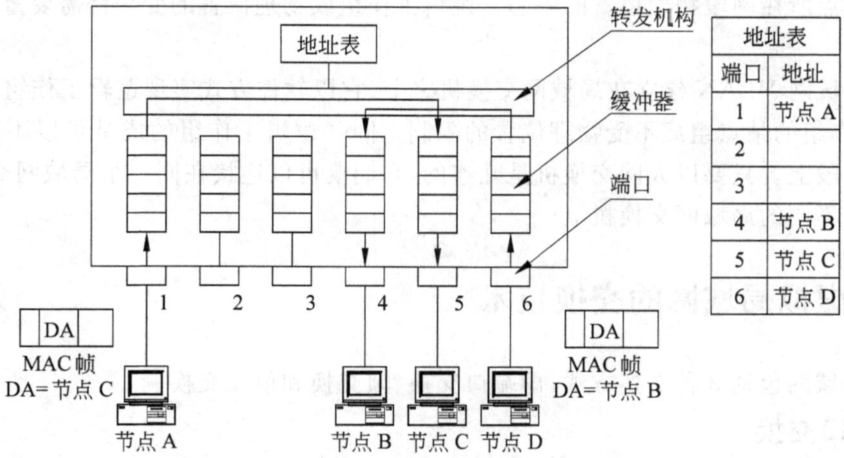

图 2-11 交换机结构与工作过程

2.5.4 交换式以太网的特点

交换式局域网是指以数据链路层的帧为数据交换单位，以局域网交换机为基础构成的网络。它解决了共享以太网所带来的问题，其特点如下。

- 交换式局域网独占带宽，网络的总带宽通常为各个交换端口带宽之和。
- 交换式局域网一般提供多种速度接口，例如可以在交换机上配置 10Mbps、100Mbps、10/100Mbps 或 100/1000Mbps 的传输速度。
- 交换式局域网通过网络管理功能可把网络站点分为若干个逻辑工作组，每一个工作组就是一个虚拟网络。
- 交换式局域网允许多对站点同时通信，提高了网络利用率。
- 交换式局域网可以实现现有网络的兼容。局域网交换机具有自动转换帧格式的功能，能够互连不同标准的局域网。如在一台交换机上能集成以太网、FDDI 和 ATM 网络。

2.6 虚拟局域网

随着网络设备性能的不断提高，成本的不断下降，一般企事业单位在组建大中型局域网时都采用了交换技术，它能很好地支持虚拟局域网技术。虚拟局域网对简化网络的管理，保证网络的安全等方面起到了非常重要的作用。

2.6.1 虚拟局域网的概念

虚拟网络建立在交换技术基础之上，将网络上的节点按工作性质与需要划分成若干个"逻辑工作组"，一个逻辑工作组就是一个虚拟网络。

在传统的局域网中，通常一个工作组是在同一个网段上，每个网段可以是一个逻辑工作组或子网。多个逻辑工作组之间通过交换机(或路由器)等互连设备交换数据。逻辑工作组的组成受到了站点所在网段物理位置的限制。逻辑工作组或物理位置的变动都需要重新进行物理连接。

虚拟局域网 VLAN 建立在局域网交换机之上,它以软件方式实现逻辑工作组的划分与管理,逻辑工作组的站点组成不受物理位置的限制。同一逻辑工作组的成员可以不必连接在同一个物理网段上。只要以太网交换机是互连的,它们既可以连接在同一个局域网交换机上,也可以连接在不同的局域网交换机上。

2.6.2 虚拟局域网的交换技术

虚拟局域网包括 3 种交换方式,即端口交换、帧交换和信元交换。

1. 端口交换

端口交换也称为配置交换,该交换方式是通过手工把端口配置到一个或多个通过背板连接的共享 Hub 上,形成若干个独立的由端口组合的共享介质段,由端口连接的用户被分配到其中的某一段上。该技术近年来又有了新发展,已经形成了一种称为端口交换的设备,通过软件和硬件的控制和管理,把交换机的端口划分成若干个相互独立的虚拟局域网。

端口交换方式的主要特点是:端口用户可以非常灵活地组成小规模的 VLAN,在全局交换网络上,端口交换能够为全局的虚拟局域网提供有效的、灵活的前端配置端口组合的功能。但是,共享网络段的端口交换方式其端口用户及整个虚拟局域网的带宽受到了限制。

2. 帧交换

帧交换是指局域网交换机的每一个端口能够提供一个独立的共享网络端口,在此端口上既可以连接共享 Hub,也可以连接单独的客户机。在一个端口上接收到帧并正确地转发到输出端口上,在寻找路由和转发时,帧不会被破坏。对于广播帧,可以转发到交换机的所有端口。网络虚拟化后,一个交换机或者互连的若干个交换机上的每个端口可以被分配给任何 VLAN,即在网络中形成了若干个 VLAN,交换机能隔离局域网之间的信息传递,因此不同 VLAN 的端口之间不会传递信息,所以,端口若接收到一个广播帧,则该帧只能在该端口所属的 VLAN 中广播,不会影响网络中的其他节点。这也是虚拟局域网的重要功能。

3. 信元交换

ATM 交换机上实现信元交换,类似于帧交换,ATM 交换机端口收到信元后正确转发到输出端口。目前 ATM 交换机端口速率达 155Mbps,甚至 622Mbps。信元交换允许用户加入多个 VLAN,一条物理线上可进行多个逻辑连接。目前信元交换实现 VLAN 常采用 ATM 局域网仿真技术。

2.6.3 VLAN 的划分方法

交换技术本身就涉及到网络的多个层次,因此虚拟网络也可以在网络的不同层次上实现。不同虚拟局域网组网方法的区别主要表现在对虚拟局域网成员的定义方法上,通常有以下几种。

1. 基于端口的虚拟局域网

在图 2-12 中是使用了 4 个交换式集线器的网络拓扑。设有 10 个工作站分配在 3 个楼层中，构成了以下 3 个局域网：

(1) LAN1：(A1，A2，B1，C1)。

(2) LAN2：(A3，B2，C2)。

(3) LAN3：(A4，B3，C3)。

但这 10 个用户划分为以下工作组，即 A1-A4；B1-B3；C1-C3。从图中可看出，每一个工作组的工作站都处在不同的局域网中，也不在同一层楼中。

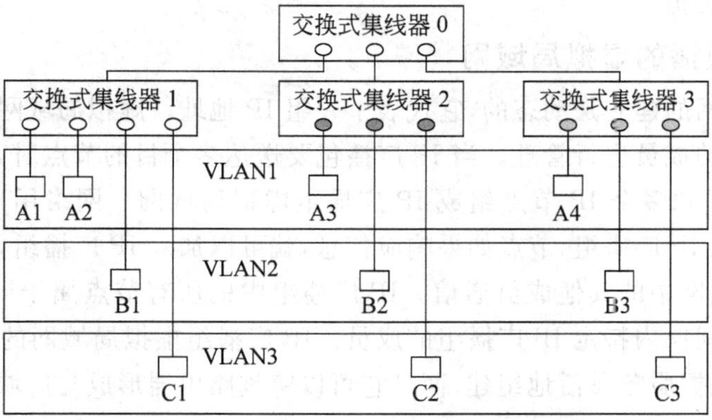

图 2-12 基于端口的虚拟局域网划分

可以利用交换集线器将这 10 个工作站划分为以下虚拟局域网，即 VLAN1、VLAN2 和 VLAN3。在虚拟局域网上的每一个站都可以听到同一个虚拟局域网上的其他成员所发出的广播。例如，工作站 B1～B3 同属于虚拟局域网 VLAN2。当 B1 向工作组内成员发送数据时，工作站 B2 和 B3 将会收到广播的信息，虽然它们没有和 B1 连在同一个集线器上，相反，B1 发送数据时，工作站 A1，A2 和 C1 都不会收到 B1 发出的广播信息，虽然它们都与 B1 连接在同一个集线器上。交换机不向虚拟局域网以外的工作站传送 B1 的广播信息。这样，虚拟局域网限制了接收广播信息的工作站数，使得网络不会因传播过多的广播信息而引起性能恶化。即所谓的"广播风暴"。在共享传输介质的局域网中，网络总带宽的绝大部分都是由广播帧消耗的。

2. 基于 MAC 地址的虚拟局域网

一种定义虚拟局域网的方法是用节点的 MAC 地址来定义虚拟局域网。这种方法具有自己的优点：由于节点的 MAC 地址是与硬件相关的地址，所以用节点的 MAC 地址定义的虚拟局域网，允许节点移动到网络其他物理网段。由于节点的 MAC 地址不变，所以该节点将自动保持原来的虚拟局域网成员地位。从这个角度来说，基于 MAC 地址定义的虚拟局域网可以看作基于用户的虚拟局域网。

用 MAC 地址定义虚拟局域网的缺点是：要求所有用户在初始阶段必须配置到至少一个虚拟局域网中，初始配置通过人工完成，随后就可以自动跟踪用户。但在大规模网络中，初始化时把上千用户配置到某个虚拟局域网中或是当计算机的网卡换掉以后，显然都是很麻烦的事。

3. 基于第三层的虚拟局域网

一种定义虚拟局域网的方法是使用节点的网络层地址，使用这种方法时，通常要求交换机能够处理网络层的数据，也就是说，要使用第三层交换机。这种方法具有一定的优点。首先，它允许按照协议类型来组成虚拟局域网，这种方法有利于组成基于服务或应用的虚拟局域网。同时，用户可以随意移动节点而无须重新配置网络地址，这对于使用TCP/IP协议的用户是特别有利的。另外，一个虚拟局域网可以扩展到多个交换机的端口上，甚至一个端口能对应于多个虚拟局域网。

基于第三层的虚拟局域网与基于MAC地址的虚拟局域网相比，检查网络层地址比检查MAC地址的延迟要大，从而影响了交换机的交换时间以及整个网络的性能，同时，维护地址表也增加了管理的负担。

4. 基于IP组播的虚拟局域网

这种虚拟局域网的建立是动态的，它代表了一组IP地址。虚拟局域网中由叫做代理的设备对虚拟局域网中的成员进行管理。当IP广播包要送达多个目的节点时，就动态建立虚拟局域网代理，这个代理和多个IP节点组成IP广播组虚拟局域网。网络用广播信息通知各IP站，表明网络中存在IP广播组，节点如果响应信息，就可以加入IP广播组，成为虚拟局域网中的一员，与虚拟局域网中的其他成员通信。IP广播组中的所有节点属于同一个虚拟局域网，但它们只是特定时间段内特定IP广播组的成员。IP广播组虚拟局域网的动态特性提供了很高的灵活性，可以根据服务灵活地组建，而且它可以跨越路由器形成与广域网的互连。

5. 基于策略的虚拟局域网

基于策略的虚拟局域网可以使用上面提到的任何一种划分虚拟局域网的方法，并可以把不同方法组合成一种新的策略来划分虚拟局域网。当一个策略被指定到一个交换机时，该策略就在整个网络上应用，而相应的设备就被添加到不同的虚拟局域网中。该方法的核心是采用何种的策略问题。目前，可以采用的策略有按MAC地址、按IP地址、按以太协议类型和按网络的应用等划分。

2.7 无线局域网

近年来，计算机局域网得到了很大的发展与普及，局域网已成为提高工作效率或生产效率不可缺少的工具。但是，有线网络在某些场合要受到一些限制，无线局域网可提供移动接入的功能，这种方式不仅可以节省铺设线缆的投资，而且建网灵活、快捷、节省空间。因此无线局域网开始出现，并被广泛应用。

2.7.1 无线局域网的相关标准

无线局域网WLAN(Wireless Local Area Networks)是利用无线通信技术在一定的局部范围内建立的网络，是计算机网络与无线通信技术相结合的产物，它以无线多址信道作为传输媒介，提供传统有线局域网的所有功能，能够使用户真正实现随时、随地、随意的宽带网络接入。无线局域网的接入技术相关的标准如下。

1. IEEE 802.11标准

1990年IEEE 802标准化委员会成立IEEE 802.11无线局域网(WLAN)标准工作组。工作组于1997年6月制定出无线局域网的协议标准802.11，在标准中，物理层定义了数据传输的信号特征和调制，定义了两个 RF 传输方法和一个红外线传输方法。其射频传输标准采用跳频扩频(FHSS)和直接序列扩频(DSSS)，工作在 2.4000GHz～2.4835GHz，在媒体访问控制(MAC)层使用 CSMA/CD(载波监听多路访问/冲突检测)协议。802.11 标准主要用于解决办公室局域网和校园局域网中用户与用户终端的无线接入，业务主要限于数据存取，传输速率最高只能到 2Mbps。

2. IEEE 802.11b 标准

为了支持更高的数据传输速率，IEEE 于 1999 年 9 月制定了 IEEE 802.11b 标准。IEEE 802.11b 标准对 IEEE 802.11 标准进行了修改和补充。其中最重要的改进就是在 IEEE 802.11 的基础上增加了 5.5Mbps 和 11Mbps 两种更高的通信速率。

3. IEEE 802.11a 标准

IEEE 802.11a 标准是 IEEE 802.11b 标准的后续标准，IEEE 802.11a 标准的物理层速率可达 54Mbps，传输层可达 32Mbps。可提供 25Mbps 的无线 ATM 接口和 10Mbps 的以太网无线帧结构接口。

4. IEEE 802.11g 标准

IEEE 802.11g 标准拥有 IEEE 802.11a 的传输速率，安全性较 IEEE 802.11b 好 采用两种调制方式，含有 IEEE 802.11a 中采用的 OFDM 与 IEEE 802.11b 中采用的 CCK，做到了两者的兼容。虽然 IEEE 802.11a 较适用于企业，但无线局域网运营商为了兼顾现有 IEEE 802.11b 设备的投资，选用 IEEE 802.11g 的可能性极大。由于 IEEE 802.11g 标准同样工作于 IEEE 802.11b 标准所用的 2.4GHz 免费频段，所以采用此标准的无线网络设备同样具有较低的价格。另外，它的传输速率可达到 IEEE 802.11a 标准所具有的 54Mbps，而且可根据具体的网络环境采用高速网络传输速率，以达到最佳的网络连接性能。所以说 IEEE 802.11g 标准同时具有两个标准的主要优点，是一个非常具有发展前途的无线网络标准。

5. IEEE 802.11e 标准

在 802.11 系列协议中增加 QoS 能力。它用 TDMA 方式取代类似 Ethernet 的 MAC 层，为重要的数据增加额外的纠错功能。

6. IEEE 802.11f 标准

目的是改善 802.11 协议的切换机制。使用户能够在不同的交换分区间或者在接入设备间漫游。这就使得无线局域网能够提供与移动通信同样的移动性。

7. IEEE 802.11i 标准

该标准主要是改善 802.11 明显的安全缺陷。IEEE 已经成立 802.11n 工作小组，以制定一项新的高速无线局域网标准 802.11n。802.11n 计划将 WLAN 的传输速率从 802.11a 和 802.11g 的 54Mbps 增加至 108Mbps 以上，最高速率可达 320Mbps，成为 802.11b、802.11a、802.11g 之后的另一场重头戏。和以往的 802.11 标准不同，802.11n 协议为双频工作模式(包含 2.4GHz 和 5GHz 两个工作频段)。这样 802.11n 保障了与以往的 802.11a b 和 802.11 g 标准兼容。

8. 蓝牙(Bluetooth)

蓝牙是一项最新标准，对于 802.11 来说，它的出现不是为了竞争而是相互补充。蓝牙是一种近距离无线数字通信的技术标准，其目标是实现最高数据传输速度 1Mbps(有效传输速率为 721kbps)、最大传输距离为 0.1～10m，通过增加发射功率可达到 100m。

9. HomeRF

HomeRF 主要为家庭网络设计，是 IEEE 802.11 与 DECT(数字无绳电话标准)的结合，目的是降低语音数据成本。HomeRF 也采用了扩频技术，工作在 2.4GHz 频带，能同步支持 4 条高质量语音信道。但目前 HomeRF 传输速率只有 1Mbps～2Mbps，FCC 建议增加到 10Mbps。

10. IrDA

IrDA 是一种利用红外线进行点对点通信的技术，其相应的软件和硬件技术都已比较成熟。它的主要优点是体积小、功率低，适合设备移动的需要；传输速率高，可达 16Mbps；成本低，应用普遍。目前有 95%的手提电脑上安装了 IrDA 接口，最近市场上还推出了可以通过 USB 接口与 PC 相连接的 USB-IrDA 设备。

2.7.2 无线局域网的互联结构

根据不同局域网的应用环境与需求的不同。无线局域网可采取不同的方式来实现互连。常用的具体有如下几种。

1. 网桥连接型

不同的局域网之间互连时，由于物理上的原因，若采取有线方式不方便.则可利用无线网桥的方式实现二者的点对点连接，无线网桥不仅提供二者之间的物理与数据链路层的连接，还可为两个网的用户提供较高层的路由与协议转换。

2. 基站接入型

当采用移动蜂窝通信网接入方式组建无线局域网时，各站点之间的通信是通过基站接入、数据交换方式来实现互连的。各移动站不仅可以通过交换中心自行组网，还可以通过广域网与远地站点组建自己的工作网络。

3. Hub 接入型

利用无线 Hub 可以组建星型结构的无线局域网，具有与有线 Hub 组网方式类似的优点。在该结构基础上的 WUN，可采用类似于交换型以太网的工作方式，要求 Hub 具有简单的网内交换功能。

4. 无中心结构型

要求网中任意两个站点均可直接通信。此结构的无线局域网一般使用公用广播信道，MAC 层采用 C5MA 类型的多址接入协议。

2.7.3 无线局域网的特点

无线局域网的特点可以从传输方式、网络拓扑、网络接口及对移动计算的支持 4 个方面来描述。

1. 传输方式

传输方式涉及无线局域网采用的传输媒体，选择的频段及调制方式。目前，无线局域网采用的传输媒体主要是两种，即无线电波与红外线。采用无线电波作为传输媒体的无线局域网根据调制方式的不同，又可分为扩展频谱方式和窄带方式。

2. 无线局域网的拓扑结构

无线局域网组网分两种拓扑结构：一种是无中心的分布式对等网络，另一种是有中心的集中控制的结构化网络。其中第一种通称自组网络(Ad Hoc)模式，要求网络中任意两个站点均可直接通信。第二种通称基础结构网络(Infrastructure)模式，要求网络中一个网络站点充当中心站，所有站点对网络的访问均由其控制。如图 2-13 所示。

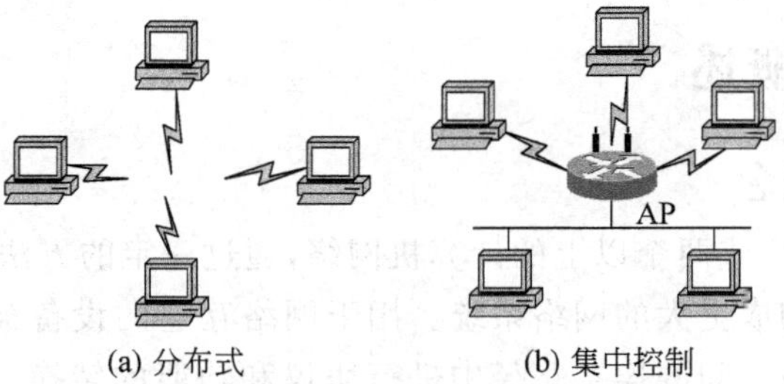

图 2-13 无线局域网的拓扑结构

无中心对等的网络要求网中任意两个站点均可直接通信。采用这种拓扑结构的网络一般使用公用广播信道。各站点都可竞争公用信道，而信道接入控制(MAC)协议大多采用 CSMA 类型的多址接入协议。这种结构的优点是网络稳健性好，建网容易且费用低。但当网中用户数过多时，信道竞争将成为限制网络性能的瓶颈。该网络中的路由信息可能会占据大部分的有效通信，从而降低网络的整体效率，并且为了满足任意两个站点直接进行通信，无中心站点布局受环境限制较大，因此，这种拓扑结构适用于用户数相对较少的情况。

在有中心的结构化网络拓扑结构中，要求一个无线站点充当中心站，所有站点对网络的访问均由其控制。这样，当网络业务量增大时，网络吞吐性能及网络时延性能的恶化并不剧烈。由于每个站点只需在中心，基于端口的虚拟局域网站覆盖范围内就可与其他站点通信，故网络中心点布局受环境限制也很小。此外，中心站为接入有线主干网提供了一个逻辑接入点。有中心网络拓扑结构的弱点是整个网络对中心站点的依赖过大，中心站点的故障容易导致整个网络瘫痪，并且中心站点的引入增加了网络成本。

3. 网络接口

网络接口涉及无线局域网中节点从哪一层接入网络系统的问题。一般来讲，网络接口可以在 OSI 参考模型的物理层或数据链路层之间选择。物理层接口是使用无线信道替代通常的有线信道，而物理层以上各层不变。这种方式的最大优点是上层的网络操作系统及相应的驱动程序可不做任何修改。这种接口方式在使用时一般作为有线局域网的集线器或无线转发器，以实现有线局域网间的互连或扩大有线局域网的覆盖范围。

另一种接口方法是从数据链路层接入网络。这种接口方法并不沿用有线网的 MAC 协议，而采用更适合无线传输环境的 MAC 协议。在实现时，MAC 层及以下层对上层是透明的，并通过配置相应的驱动程序来完成与上层的接口，这样可保证现有的有线局域网操作系统或应用软件在无线局域网上正常运行。目前，大部分无线局域网厂商都采用数据链路层的接口方法。

4. 支持移动计算网络

在无线局域网发展的初期阶段，无线局域网的最大特征是用无线传输媒体替代电缆线，这样可减少布线的过程，而且网络安装简便。随着笔记本、掌上型电脑个人数字助手以及便携式终端等设备的普及应用，支持移动计算网络的无线局域网就显得尤为重要。

2.8 计算机网络互联及设备

2.8.1 网络互联概述

1. 网络互联的概念

网络互联是指将两个或两个以上的计算机网络，通过一定的方法，用一种或多种通信处理设备相互连接起来，以构成更大的网络系统。用于网络互连的设备被称为中继系统或网络互连设备，其功能是在网络之间的连接路径中进行协议和功能的转换。互连的网络可以是同类型网络，也可以是不同类型网络，或是运行不同协议的设备和系统。网络互连有两方面的内容：一是将多个独立的、小范围的网络连接起来构成一个较大范围的网络；二是将一个节点多、负载重的大网络分解成若干个小网络，再利用互连技术把这些小网络连接起来。

2. 网络互联的类型

目前，根据计算机网互连覆盖的地理范围，网络互连类型主要有以下几种，如图 2-14 所示。

(1) 局域网与局域网互联(LAN—LAN)。

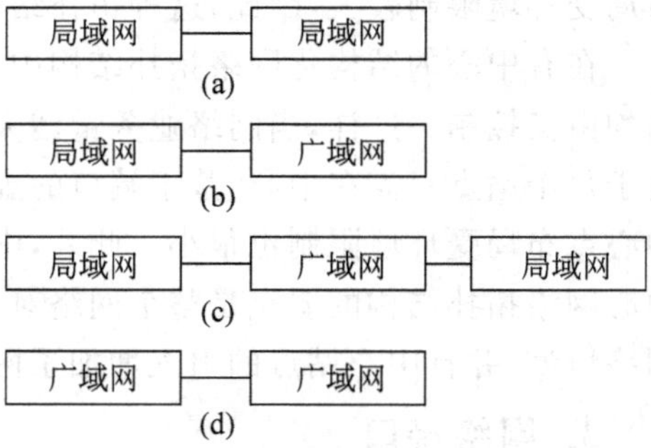

图 2-14 网络互联的几种基本类型

在实际的网络互联应用中，局域网与局域网互联是最常见的一种，它的结构如图 2-14(a)所示。根据互联网络使用的协议的不同，有同种 LAN 互联和异种 LAN 互联。

① 同类 LAN 互联是指使用相同(MAC)协议的 LAN 的互联。这种互联比较简单，一般使用网桥即可实现。

② 异类 LAN 互连是指使用不同(MAC)协议的 LAN 的互连。异类 LAN 互连可使用网桥实现，也可使用路由器实现。由于 ATM 局域网传统 LAN 在协议和实现技术上差异较大，因此它们之间的互连要解决 ATM 局域网仿真问题。

(2) 局域网与广域网的互联(LAN—WAN)。

现在随着 Internet 网络的发展和普及，局域网与广域网的互联也是常见的方式之一，它的结构如图 2-14(b)所示。LAN—WAN 是指将局域网通过网络连接设备连接到广域网上，其目的是使局域网与广域网相互交换信息。例如，企业或大学的局域网连接上 Internet。LAN 与 WAN 互连可由路由器或网关实现，如果 LAN 与 WAN 协议差别很大，要采用特定网关实现互连。

(3) 局域网通过广域网与局域网的互连(LAN—WAN—LAN)。

LAN—WAN—LAN 是将两个分布在不同地理位置的局域网通过广域网实现互连，它也是常见的网络互连类型之一，它的结构如图 2-14(c)所示。LAN 通过 WAN 与 LAN 互连可由路由器或网关实现。

(4) 广域网与广域网的互连(WAN—WAN)

广域网与广域网互联也是目前常见的互联方式之一，它的结构如图 2-14(d)所示。互联通过路由器或网关实现，可使分别连入各个 WAN 的主机实现资源共享。

3. 网络互联的层次

如图 2-16 所示，根据 OSI 参考模型，网络协议分别属于不同的层次，因此，网络互联存在着互联层次的问题。根据网络层次结构模型，网络互联的层次与所用设备如下。

(1) 物理层互联。物理层互联的设备是中继器。中继器在物理层互联中起到的作用是将一个网段传输的数据信号进行放大和整形，然后发送到另一个网段上，克服信号经过长距离传输后引起的衰减。

(2) 数据链路层互联。数据链路层互联的设备是网桥。网桥一般用于互联两个或多个类型相近的局域网，它的作用是对数据进行存储和转发，并且根据 MAC 地址对数据进行过滤，以实现多个网络系统之间的数据交换。

(3) 网络层互联。网络层互联的设备是路由器。网络层互连主要是解决路由选择、拥塞控制、差错处理和分段技术等问题。若两个互联网络的网络层协议相同，路由器主要解决路由选择问题；若网络层协议不同，则需要使用多协议路由器。

(4) 高层互联。高层互联的设备是网关。高层互联是指传输层以上各层协议不同的网络之间的互联，高层互联所使用的网关大多是应用层网关。采用应用层网关，允许两个网络应用层以下各层的协议不同。

根据网络的不同层次的连接和所使用的不同设备，网络连接常用设备有网卡、中继器、集线器、网桥、交换机、路由器和网关，如图 2-15 所示。

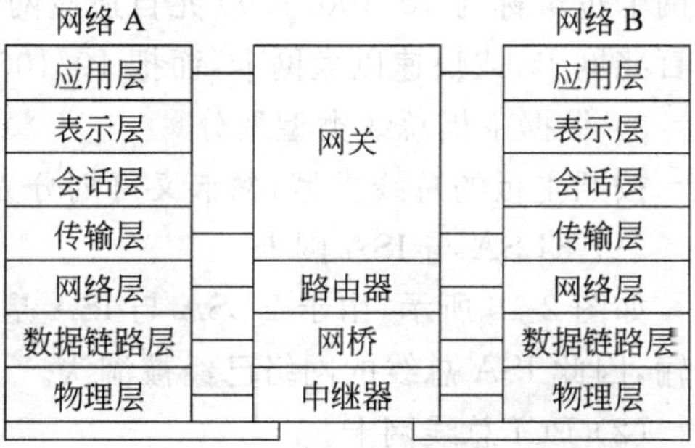

图 2-15　网络互联层次图

2.8.2 网络适配器

网络适配器又称网卡或网络接口卡(NIC)，英文名为 NetworkInterfaceCard。它用于实现联网计算机和网络电缆之间的物理连接，为计算机之间相互通信提供一条物理通道，并通过这条物理通道进行高速数据传输。无论是双绞线连接、同轴电缆连接还是光纤连接，都必须借助网卡才能实现数据通信。

网卡的作用是整理计算机发到网线上的数据，并将数据分解为适当大小的数据包后向网络上发送。对于网卡而言，每块网卡都有一个唯一的网络节点地址，它是网卡生产厂商在生产时烧入 ROM(只读存储芯片)中的，我们把它叫做 MAC 地址(物理地址)，且保证绝对不会重复。

1. 网卡的物理结构

网卡主要工作在物理层和数据链路层(OSI 七层参考模型中的第一、二层)。网卡主要有网卡芯片、电压转换芯片、EPROM、BOOTROM 插槽、RJ-45 接口等部分组成。网卡芯片是网卡的核心部分，它包括 MAC 控制器和 PHY 芯片，其中 MAC 芯片工作在数据链路层，PHY 芯片工作在物理层，不少网卡将 PHY 和 MAC 芯片集成到了一块单芯片中。

2. 网卡的种类

网卡的种类有很多，根据不同的标准，有不同的分类方法。网卡常用的分类方法有根据网络接口类型进行划分、根据传输速率进行划分、根据工作对象进行划分、根据网卡总线类型进行划分等，下面分别进行介绍。

1）根据网络接口类型划分

网卡最终要与网络进行连接，所以也就必须有一个接口使网线通过它与其他计算机网络设备连接起来。不同的网络接口适用于不同的网络类型（指传输介质），目前，常见的接口主要有以太网的 RJ-45 接口、细同轴电缆的 BNC 接口和粗同轴电缆的 AUI 接口、FDDI 接口、ATM 接口等。而且有的网卡为了适用于更广的应用环境，提供了两种或多种类型的接口，例如，有的网卡会同时提供 RJ-45、BNC 接口或 AUI 接口。但由于以太网的连接比较简单，使用和维护起来比较容易，所以目前市面上也以以太网网卡居多。

2）根据网卡的传输速率划分

网卡的传输速率是指网卡每秒钟接收或发送数据的能力，单位是 Mbps。网卡可以按其传输速率分为 10Mbps 网卡、100 Mbps 网卡、千兆网卡和最近出现的万兆网卡。现在百兆网卡最为普及，百兆网卡一般都能适应 10M 网络，也称为 10/100M 自适应网卡。与此相同，千兆网卡也可称为 10/100/1000 兆自适应网卡。因此，很多厂商直接把 10/100M 自适应网卡称为百兆网卡，或快速以太网卡，而把 10/100/1000M 自适应网卡称为千兆以太网卡。

3）根据主板总线类型划分

按照主板的总线类型，网卡又可划分为以下几种类型。

(1) ELSA 与 ISA 网卡。

如图 2-16 所示，由于 ELSA 与 ISA 是早期的总线类型，ISA 总线不支持 100Mbps 的数据传输，因此 ISA 总线的网络已经被淘汰。

(2) PCI 总线网卡。

如图 2-17 所示，PCI 总线其标准数据宽度为 32 位，总线时钟频率为 33MHz，最高数据传输率为 133Mbps。目前 PCI 总线已扩展到 64 位，总线始终频率提高到 66MHz，其最大数据传输速率可达到 267Mbps。

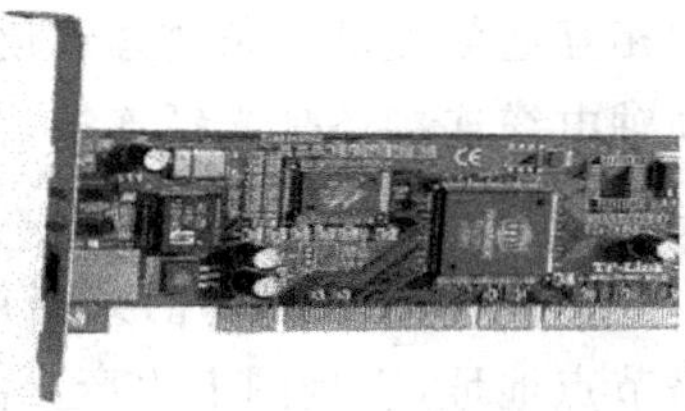

图 2-16　BNC 接口的 ISA 网卡

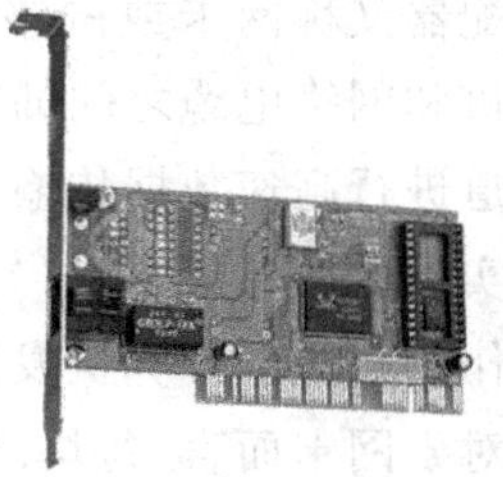

图 2-17　RJ-45 口的 PCI 网卡

(3) PCI-X 总线网卡。

目前是在服务器上使用的一种网卡类型，与传统的 PCI 网卡相比，在 I/O 速度方面提高了 1 倍，数据传输速度最高可到 266Mbps。它的总线宽度有 32 位和 64 位两种形式。

(4) PCI-Express 总线网卡。

PCI-Express 是最新的总线和接口标准，这个新标准已渐渐取代原有的 PCI 和 AGP，最终实现总线标准的统一。它的主要优势就是数据传输率高，目前最高可达到 10Gbps。

(5) USB 总线网卡。

USB 总线就是通用串行总线，它是 IBM、Inter、Microsoft、Compaq、NEC 等几大世界著名厂商联合制定的一种新型串行接口标准，已成为计算机与外设之间标准的接口。如图 2-18 所示，目前的 USB 总线网卡主要支持 1.5Mbps、12Mbps、480Mbps 三种数据信号速率。

4）根据工作对象来划分

网卡根据工作对象的不同，可以分为服务器专用网卡、PC 网卡、笔记本电脑专用网卡和无线网卡 4 种。

(1) 服务器专用网卡是为了适应服务器的工作特点而设计的。为了尽可能降低服务器 CPU 的负荷，一般都自带控制芯片，由于其价格相对较高，一般只安装在服务器上。

(2) PC 网卡　市场上普通的网卡都是适合于 PC 使用的 PC 网卡，俗称“兼容网卡”，此类网卡的应用最为广泛。

(3) 笔记本电脑专用网卡　笔记本专用网卡，即为 PCMCIA 网卡，如图 2-19 所示。PCMCIA 是笔记本电脑使用的总线，分为两类：一类是 16 位的 PCMCIA，另一类为 32 位的 CardBus。CardBus 是一种用于笔记本电脑的新的高性能 PC 卡总线接口标准，其可以独立于主 CPU，与计算机内存直接交换数据。

图 2-18　RJ-45 口的 USB 网卡

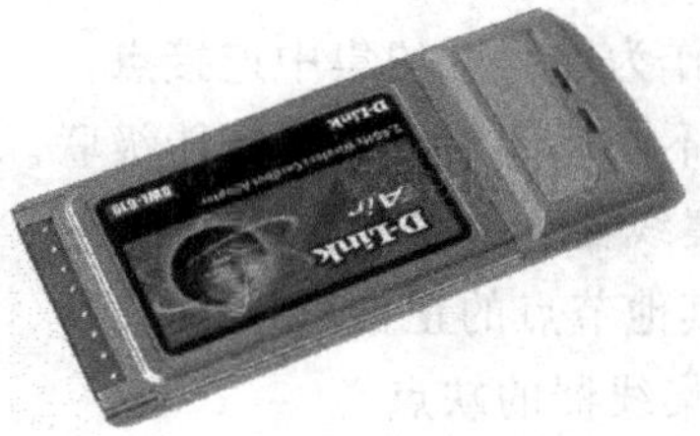

图 2-19　RJ-45 口的 PCMCIA 网卡

(4) 无线网卡　无线局域网网卡是针对无线网络用户而推出的网卡，它遵循IEEE 802.11标准。

2.8.3　中继器和集线器

1. 中继器(物理层连接设备)

由于存在损耗，在线路上传输的信号功率会逐渐衰减，衰减到一定程度时将造成信号失真，会导致接收错误。中继器就是为解决这一问题而设计的。它完成物理线路的连接，对衰减的信号进行放大，保持与原数据相同。

如图 2-20 所示，中继器(Repeater)是连接网络线路的一种装置，常用于两个网络节点之间物理信号的双向转发工作，主要功能是对网线长度和网络覆盖范围进行扩充。中继器是最简单的网络互连设备，主要完成物理层的功能，负责在两个节点的物理层上按位传递信息，完成信号的复制、调整和放大

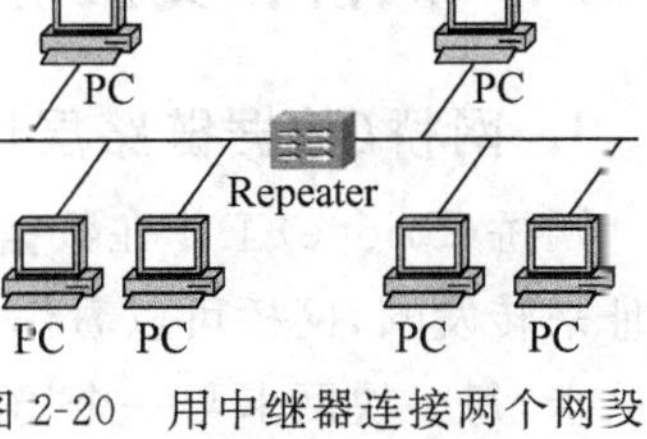

图 2-20　用中继器连接两个网段

功能，以此来延长网络的长度。

以太网络标准中就约定了在一个以太网上最多只允许出现 5 个网段，最多只能使用 4 个中继器，在一个网段上最多只允许连接两个中继器，而且其中只有 3 个网段可以挂接计算机终端。中继器分为近程中继器和远程中继器两种，近程中继器最大连接距离为 50m，远程中继器最大连接距离为 1000 米。

2. 集线器 Hub(物理层连接设备)

1) 集线器概述

集线器(Hub)也称为集中器，它的主要功能是对接收到的信号进行再生整形放大，以扩大网络的传输距离，同时把所有节点集中在以它为中心的节点上。集线器是一个共享设备，其实质是一个中继器。集线器和中继器的区别在于集线器能够提供更多的端口连接。集线器工作在物理层，逐位复制某一个端口收到的信号，放大后输出到其他所有端口，从而使一组节点共享信号。集线器的连接也要遵循 5-4-3 规则，即任意两台计算机之间最多不能超过 5 个物理线段和 4 台集线器，并且只能有 3 台集线器直接与计算机等网络设备连接。

2) 集线器的主要工作特性

- 放大信号；
- 通过网络传播信号；
- 无过滤功能；
- 无路径检测或交换；
- 作为以太网的集中连接点；
- 不同速率的集线器不能级联。

以集线器为节点中心的优点是：当网络系统中某条线路或某节点出现故障时，不会影响网络中其他节点的正常工作。

3) 集线器的缺点

- 用户带宽共享，带宽受限；
- 广播方式，易造成网络风暴；
- 非双工传输，网络通信效率低。

4) 集线器的分类

- 按照传输速率(即集线器所支持的带宽)来分，可分为 10Mbps、100Mbps 和 10Mbps/100Mbps 自适应 3 种类型。
- 按照配置形式的不同，集线器可以分为独立式、模块化和堆叠式三大类。
- 按照集线器的工作方式不同，可分为无源集线器、有源集线器和智能集线器。
- 按照集线器对数据信号的管理方式，可分为切换式、共享式和可堆叠共享式 3 种。

2.8.4 网桥和交换机

1. 网桥(数据链路层连接设备)

网桥(Bridge)工作在数据链路层，主要功能是将两个相同类型的 LAN 连起来，根据 MAC 地址来转发帧，网桥可以看作一个“低层的路由器”。最简单的网桥是在一台计算机中插入两块网卡，每一块网卡与一个局域网连接，再在这台计算机上运行相应的网桥软件而形成的(即这一台计算机具有网桥功能)。

网桥分为内部网桥(简称为内桥)和外部网桥(简称为外桥)两种。内桥由服务器担任,即在服务器上插上一块网卡并运行相应的网桥软件而构成的网桥。内桥连接的网络拓扑如图 2-21 所示。外桥可用一台单独的计算机来担任,即在计算机上插入两块网卡并运行相应的网桥软件而构成的网桥。用外桥连接的网络拓扑如图 2-22 所示。

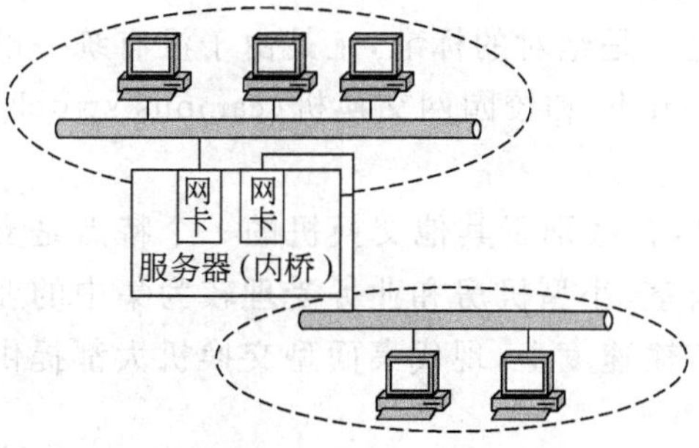

图 2-21　内桥连接拓扑图

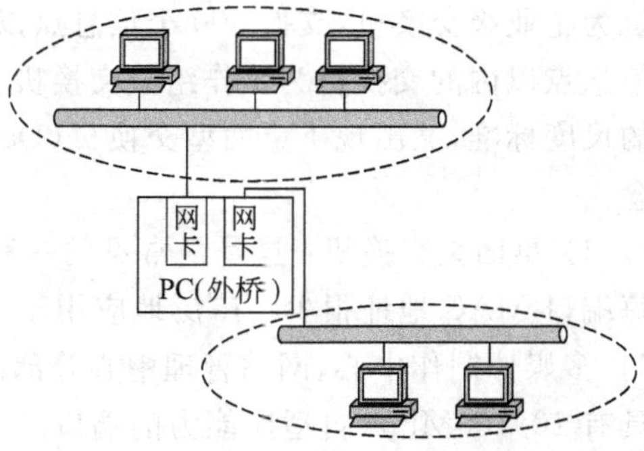

图 2-22　外桥连接拓扑图

2.8.5　交换机

随着网络技术的发展,各种各样的通信设备应运而生,交换机就是其中一员。实际上,交换机(Switch)是在集线器的基础上发展起来的,可以说“交换机就是高档集线器”,如图 2-23 所示是 100M 交换机。

1. 交换机的功能和特点

- 具有与 Hub 同样的集中功能;
- 具有存储转发、分组交换能力;
- 具有子网和虚网管理能力;
- 各用户终端独占带宽;
- 交换机可以堆叠。

前面介绍的 Hub 的特点是共享带宽,在共享带宽的 Hub 中,若接入 Hub 的用户有 n 个,则每个终端用户可用的带宽为总带宽的 $1/n$。例如:设 Hub 的入口总带宽为 10Mbps,若有 4 个用户连接在这个 Hub 上,则每个用户所能使用的带宽为 2.5Mbps。若终端用户增加到 8 个,则每个终端用户所能使用的带宽仅有 Hub 总带宽的 1/8,即 1.25Mbps。由此看出,接入 Hub 的终端越多,每个用户所能使用的带宽就越窄,其网络效率也随之下降。

由于 Switch 具有独占带宽的特性,无论接入交换机的用户有多少,每个用户所使用的带宽与交换机的接入带宽完全一致。例如:设 Switch 的接入带宽为 100Mbps,无论接入交换机的用户有多少个,每个用户占用的带宽均为 100Mbps,如图 2-23 所示。这一特性通常说成是“独占带宽 100 Mbps 到桌面”技术。

图 2-23　100Mbps 交换机

2. 交换机的分类

交换机包括电话交换机(PBX)和数据交换机(Switch)两种，下面我们所讨论的交换机都是指数据交换机。

按照最广泛的普通分类方法，即从规模应用上，局域网交换机可分为企业级交换机、部门级交换机和工作组交换机等。作为骨干交换机时，支持500个信息点以上大型企业应用的交换机为企业级交换机，支持300个信息点以下中型企业的交换机为部门级交换机，而支持100个信息点以内的交换机为工作组级交换机。但这也不是绝对的标准，正是由于没有统一的划分的尺度标准，又出现了桌面型交换机(Desktop Switch)和校园网交换机(campus switch)等概念。

(1) 桌面型交换机：这是最常见的一种交换机，它区别于其他交换机的一个特点是支持的每端口MAC地址很少。广泛地应用于一般办公室、小型机房和业务受理较为集中的业务部门、多媒体制作中心、网站管理中心等部门。在传输速度上，现代桌面型交换机大都提供多个具有10/100Mbps自适应能力的端口。

(2) 工作组交换机：常用来作为扩充设备，在桌面型交换机不能满足需求时，大多直接考虑工作组型交换机。虽然工作组型交换机只有较少的端口数量，但却支持较多的MAC地址，并具有良好的扩充能力，端口的传输速度为100Mbps。

(3) 部门交换机：与工作组交换机不同的是它们的端口数量和性能级别有所差异。一个部门交换机通常有8～16个端口，通常在所有端口上支持全双工操作。其性能比工作组交换机的性能要好，而且不低于所有端口带宽的半双工汇集带宽。

(4) 校园网交换机：这种交换机应用相对较少，仅应用于大型网络，且一般作为网络的骨干交换机，并具有快速数据交换能力和全双工能力，可提供容错等智能特性，还支持扩充选项及第三层交换中的虚拟局域网(VLAN)等多种功能。

(5) 企业交换机：类似于校园网交换机，不同的是企业交换机还可以接入一个大底盘。这些底盘产品通常支持许多不同类型的组件，比如快速以太网中继器、FDDI集中器、令牌环MAU和路由器。企业交换机在建设企业级别的网络时非常有用，尤其是对需要支持一些网络技术和以前的系统。基于底盘设备通常有非常强大的管理特征，因此非常适合于企业网络的环境。不过，基于底盘设备的缺点是它们的成本都非常高。

3. 第二层交换与第三层交换技术

第二层交换与第三层交换之间的区别在于用以正确区别接口的帧内信息类型。在第二层交换中，帧的交换基于MAC地址信息。在第三层交换中，帧的交换基于网络层信息，如IP地址。

1) 第二层交换

第二层交换是在OSI模型的数据链路层进行的。它检查帧，并根据MAC地址转发帧。如果已知道了目标的MAC地址，第二层交换机会将以太网帧直接转发到相应的接口。如果第二层交换机不知道将帧发送到何处，则将该帧广播转发到所有端口，以得到正确的目标地址，同时将帧转发到该目标地址。第二层交换机利用这种技术来建立和维护一个跟踪帧目标地址的交换表。

2) 第三层交换

第三层交换是在网络层进行的，它检查数据包信息，并根据网络层目标地址转发数据包。

与固定的第二层寻址不同，第三层地址由网络管理员安装确定。IP、IPX 和 AppleTalk 等协议都使用第三层寻址。

使用第三层网络寻址，网络管理员可以创建子网。子网的划分可使网络管理员管理更加方便。第三层交换寻址还比第二层系统更加灵活。如果用户移动到另一个地方，计算机会分配一个新的 IP 地址(第三层地址)，但第二层的 MAC 地址保持不变。这类似于一个人从一个城市搬到另一个城市居住，其邮政编码会随之改变，但其个人的姓名和身份证是保持不变的。

三层交换机是一个具有三层交换功能的设备，即带有第三层路由功能的二层交换机，它是二者的有机结合，但并不是简单地把路由器设备的硬件及软件叠加在局域网交换机上。三层交换机在局域网络结构的“骨干层”和“汇聚层”中扮演着主要连接设备的角色。它既可通过双绞线和光纤连接到近距离的二层交换机上，又可以通过光纤连接到远距离的三层交换机上。其连接示意图如图 2-24 所示。

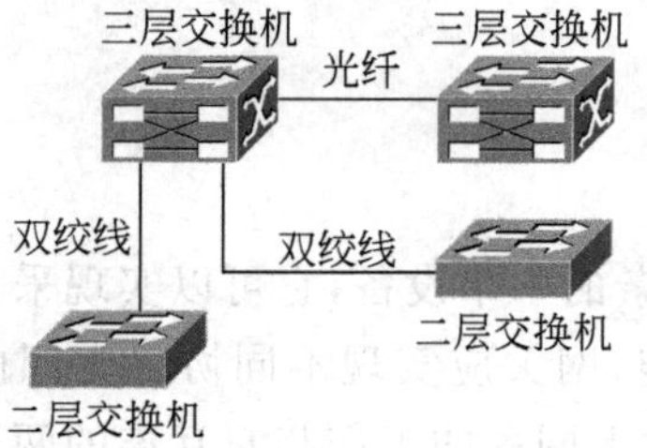

图 2-24　三层交换机和二层交换机的连网拓扑图

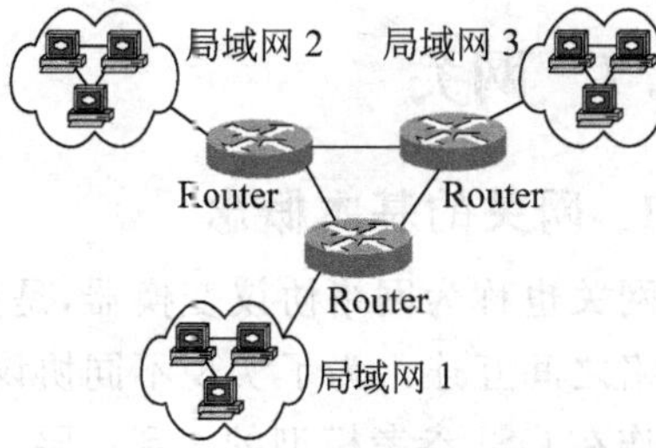

图 2-25　路由器连接拓扑图

2.8.6 路由器

所谓路由就是指通过相互连接的网络把信息从源地点移动到目标地点的活动。一般来说，在路由过程中，信息至少会经过一个或多个中间节点。通常，人们会把路由和交换进行对比，这主要是因为在普通用户看来两者所实现的功能是完全一样的。其实，路由和交换之间的主要区别就是交换发生在 OSI 参考模型的第二层(数据链路层)，而路由发生在第三层，即网络层。这一区别决定了路由和交换在移动信息的过程中需要使用不同的控制信息，所以两者实现各自功能的方式是不同的。如图 2-25 所示，路由器是在网络层实现网络互连的设备，处理网络层的数据分组或网络地址决定数据分组的转发，决定网络中信息通信的最佳路径。路由器主要用于相同类型或不同类型的局域网及广域网之间的互连，因此，路由器是连接不同逻辑子网的设备。

路由器作为网络的互联设备，主要功能如下。

- 在网络间接收节点发送的数据包，根据数据包中的源地址和目的地址，根据自己的路由表，把数据包直接转发到目的节点。
- 路由选择。当分组从互连网络到达路由器时，路由器能根据分组的目的地址按某种路由策略，选择最佳路由，将分组转发出去，并能随网络拓扑的变化而自动调整路由表。当向路由器发送信息时，它会找一条最佳路径，既是传送信息的最佳途径。当信息在网络中传输时，路由器本身会选择最佳传输路径，当发现网络拥挤时，它会自动跳到其他的路径来完成传输。
- 分段和组装。当多个网络通过路由器互联时，各网络传输的数据分组的大小可能不同,这就需要路由器对分组进行分段或组装。

- 多种协议的路由选择。路由器与协议有关,不同的路由器有不同的路由器协议,支持不同的网络层协议。
- 目前大部分路由器都具备一定的防火墙的功能,能够屏蔽内部网络的 IP 地址,自由设定 IP 地址、通信端口过滤,使网络更加安全。

路由选择功能即是能自动选择最佳的路径进行信息传输。路由器分为静态路由器和动态路由器两种。

(1) 静态路由器:只能按照事先定义好的路由表进行路由选择。对于新增加路径,路由器不能自动修改路由表,更不能经过这路径访问新增的远程节点。

(2) 动态路由器:对于新增加的路径,动态路由器能自动修改路由表,即能将新增的路径自动插入路由表中。

2.8.7 网关

1. 网关的基本概念

网关也称为网络协议变换器,是互连设备中最复杂的一个设备,它可以实现采用不同协议的网络之间互连。为了实现不同协议的网络之间互连,网关应实现不同协议之间的转换。网关工作在 OSI 参考模型的 4 到 7 层。在具体实现技术上网关的工作与它互连的两个具体网络的协议相关。例如如图 2-26 所示是一个 NetWare 节点要与 Internet 上使用 TCP/CP 协议的一台主机通信,在这种情况下,由于 NetWare 使用的 IPX/SPX 协议与 Internet 的 TCP/IP 不同,所以局域网中的 NetWare 节点不能直接访问 Internet 中的主机,它们之间的通信必须通过网关来完成,网关的作用是为 NetWare 节点产生的报文加上必要的控制信息,将它转换成 Internet 中主机的报文格式。当 Internet 主机向 NetWare 节点发送信息时,网关同样要完成 TCP/IP 报文格式到 NetWare 报文格式的转换。

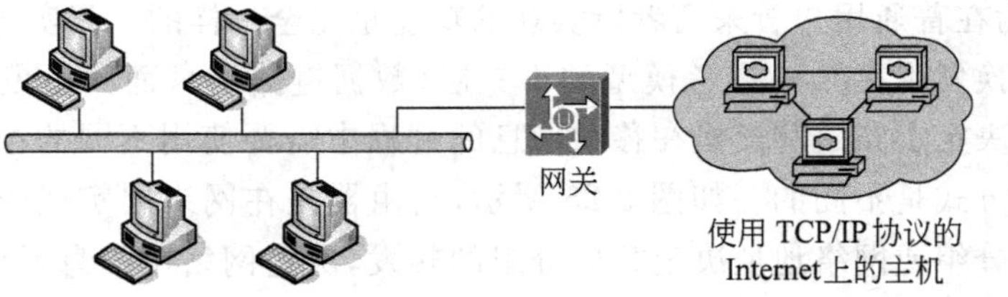

图 2-26　用网关连接网络

2. 网关协议转换方法

网关实现协议转换主要有如下两种方法。

(1) 直接转换法:这种方法是直接将输入网络信息包的格式转换成输出网络信息包的格式。一个双边网关要能进行两种协议的互相转换,即从网络 1 到网络 2,从网络 2 到网络 1。同样,对于互联 3 个网络的网关,则要能进行 6 种协议的转换。如果互联 n 种网络,则网关要进行 $n(n-1)$种协议的转换。n 的值越大,需要的协议转换模块越多,对网关的存储空间和处理速度要求也越高,网关就越复杂。

(2) 间接转换法:这种方法是制定一种标准的统一网间信息包格式,网关在输入端将输入网络信息包格式转换成标准网间信息包格式,在输出端再将标准网间信息包格式转换成输出网络信息包格式。由于这种标准网间信息包格式只在网关中使用，不在互连的各网络内部使用，因此不需要互连的网络修改其内部协议。采用这种方法的网关，只需要 4 种协议转换：从网络 1 到网间，从网间到网络 2，从网络 2 到网间，从网间到网络 1。如果互连 n 种类型的网络，只需要 $2n$ 种协议转换，比前一种方法简单很多。

2.9 常用网络操作系统

2.9.1 网络操作系统的功能

网络操作系统是指能使网络上各个计算机方便而有效地共享网络资源，为用户提供所需的各种服务的操作系统软件，是网络用户与计算机网络之间的接口。网络操作系统除了具有单机操作系统的处理机管理、设备管理、作业管理和文件管理等基本功能，还具有对整个网络的资源进行协调管理，实现计算机之间高效可靠的通信，提供各种网络服务的功能，同时，网络操作系统还提供丰富的网络操作命令，供用户进行网络管理和维护使用。

尽管不同的网络操作系统具有不同的特点，但它们提供的网络服务功能都基本相同。一般来说，网络操作系统的基本功能有如下几种。

1. 网络通信

这是网络操作系统最基本的功能，其任务是在源主机和目标主机之间，实现无差错的数据传输。

2. 资源管理

资源管理是指对网络中的共享资源（硬件和软件等）进行有效的管理，协调用户对共享资源的使用，保证数据的安全性和一致性。

3. 文件服务

文件服务是网络操作系统中最重要的网络服务功能。文件服务器以集中方式管理共享文件，为网络工作站提供完整的数据、文件、目录等服务。用户可以根据所规定的权限对文件进行建立、打开、关闭、删除、读写等操作。

4. 打印服务

打印服务也是网络操作系统提供的基本网络服务功能。共享打印服务可以通过设置专门的打印服务器来实现，打印服务器也可由文件服务器或工作站兼任。局域网中可以设置一台或多台共享打印机，向网络用户提供远程共享打印服务。打印服务实现对用户打印请求的接收、打印格式的说明、打印机的配置、打印队列的管理等功能。

5. 信息服务

网络操作系统向用户提供电子邮件服务，超文本传输和浏览、图像、视频和语音等数据的同步传输服务等。

6. 网络管理

网络管理最主要的任务是安全管理，一般通过“访问控制”来确保存取数据的安全性，以及通过“容错技术”来保证系统发生故障时数据的安全性。

7. Internet/Intranet 服务

为了适应 Internet 与 Intranet 的应用,网络操作系统基本都支持 TCP/IP 协议,提供各种 Internet 服务,使局域网服务器很容易成为 Web 服务器,全面支持 Internet 和 Intranet 访问。

2.9.2 主流网络操作系统简介

目前的主流网络操作系统有 Microsoft Windows 系列、UNIX 和 Linux 等。下面简要介绍这几种操作系统。

1. Windows 系统

微软公司从 1989 年开始着手计划研制 Windows NT,经过 4 年的努力于 1993 年正式发布了 Windows NT 3.1,到 1996 年 11 月,成功推出了 Windows NT 4.0。2003 年 4 月微软公司又推出了 Windows Server 2003,它是 Windows NT 的替代产品,并且是一个多功能的操作系统。根据需要,可执行不同的服务任务,无论是集中的还是分布的。Windows Server 2003 包括文件和打印服务器、邮件、远程访问和虚拟专用网(VPN)服务器、Web 和 Web 应用服务器、目录服务器、域名系统(DNS)、动态主机配置协议(DHCP)服务器、Windows 因特网命名服务(WINS)和流媒体服务器等。

Microsoft 公司的网络操作系统主要通过其集成 IIS(Internet Information Server)为用户提供 Internet 信息服务,IIS 现在常用的版本是 Windows 2003 里面包含的 IIS 6,IIS 与 Windows 操作系统完全集成在一起,因而用户能够利用 Windows 操作系统内置的安全特性,建立强大,灵活而安全的 Internet 站点。

IIS 支持 HTTP、FTP 以及 SMTP 协议。用于 32 位 Windows 应用程序的 Internet 扩展可以把 FTP、SMTP 和 HTTP 协议置于容易使用且任务集中的界面中,这些界面将 Internet 应用程序的使用大大简化。IIS 也支持 MIME,它可以为 Internet 应用程序的访问提供一个简单的注册项。Windows Server 2003 同时集成了.NET 框架,支持新的网络服务规范,如可扩展标记语言 XML、简单对象访问协议 SOAP、Web 服务定义语言 WSDL 以及通用描述发现和集成服务 UDDI 等。

Windows Server 2003 的主要服务中,活动目录服务是 Windows Server 2003 的核心组件,它存储了有关网络对象的信息。网络对象包括用户、打印机、服务器、数据库、用户组、计算机以及安全策略等。活动目录使用了结构化的数据存储方式,以此对目录进行分层管理。Windows Server 2003 内嵌了邮件服务,可以作为 POP3 和 SMTP 邮件服务器。Windows Server 2003 支持 8 节点集群。还支持网络负载平衡技术,在集群的各节点之间平衡网络负载。

2. UNIX 系统

UNIX 网络操作系统式由美国贝尔实验室开发的一种多用户、多任务的通用操作系统。它作为工业标准已经被很多计算机厂商所接受,并且被广泛应用于大型机、中型机、小型机、工作站和微型机上。

UNIX 系统早期的主要特色是结构简练、功能强大、多用户多任务和便于移植,经过几十年的发展成长,已经成为一个成熟的主流操作系统,并在发展过程中形成了一些不同版本和分支的 UNIX 类操作系统。目前,比较常见的 UNIX 类操作系统有 BSD UNIX、SUN Solaris、

SCO UNIX、HP UNIX 和 IBM AIX 等。

UNIX 系统的特点如下。

• 安全可靠。

对使用 Windows 等操作系统的用户来说，可能很少有哪位的机器没有被计算机病毒感染过的，UNIX 抵御病毒的入侵方面具有比其他任何操作系统更明显的优势，相对别的常用操作系统而言，针对 UNIX 系统的病毒较少。由于 UNIX 系统本身就是为多任务和多用户工作环境而开发的，它在用户权限和目录权限、内存管理等方面都有严格的规定，使系统的安全性和可靠性得到了充分保证。

• 方便接入 Internet。

UNIX 操作系统本身就是为管理多用户和网络而开发的，现在 TCP/IP 协议已成为了 UNIX 操作系统的基本组成部分。当局域网接入 Internet 或构建企业、学校的内联网时，UNIX 操作系统是很好的选择。

• UNIX 操作系统的不足。

由于 UNIX 操作系统的功能的强大和自身设计上的特点，现阶段对于普通的计算机用户来说，要熟练地掌握 UNIX 操作系统是一件比较困难的事情，特别是在它的操作和软硬件的配置上的一些相关命令还比较复杂，同时在 UNIX 系统平台上开发的常用硬件驱动程序、办公软件和娱乐软件相对较少，给人们使用带来了不便。

3. Linux 系统

Linux 是一种较为流行的开放源实现。Linux 和标准 UNIX 的约定一致，高度稳定并且是免费的。1991 年 8 月，Linux Benedict Torvalds 发布了一个独立的、UNIX 类的免费操作系统，将这套操作系统的源代码放在了赫尔辛基大学的 FTP 服务器上公布。在网络上，任何人在任何地方都可以得到基本 Linux 文件。后来，网上的使用者将其不断完善，1994 年 3 月，形成了 Linux 1.0 版本。现在，全世界都在使用 Linux 作为文件、打印和 Web 服务器。其流行之广甚至让拥有私有 UNIX 版本的大公司也开始公开支持 Linux，例如 IBM。

在早期众多的 Linux 发行版本中，最有影响的要数 Slackware。在推广 Linux 的应用中起了很大的作用。Linux 文档项目(LDP)就是围绕 Slackware 的发布写成的。目前，RedHat 发行版本的安装更容易，应用软件更多，已成为最流行的 Linux 发行版本，而 Caldera 则致力于 Linux 的商业应用，它的发展速度也很快。国内中文的发行版本有 Turbo Linux、红旗(RedFlag)Linux、蓝点(BluePoint)Linux、Happy Linux 以及 Xlinux。

Linux 作为一个优秀的网络操作系统，具有许多特性。归纳起来有以下一些突出特点。

• 开放性。凡是遵循国标标准开发的硬件和软件，都能与之兼容，可方便地实现互连。
• 多任务。Linux 是一个多任务系统，可以给特殊任务指定较高的优先级。
• 多用户。多用户是指系统资源可以被不同的用户各自拥有和使用，即每个用户对自己的资源，如文件、设备等拥有特定的权限，相互不产生影响。多用户是 UNIX 的重要特性，也是 Linux 的一个重要特性。
• X windows 系统。X windows 是 UNIX 平台上的事实工业标准。XFree86 则是 Linux 平台上的 X windows 系统。X windows 系统是功能强大的图形界面，可以在几种不同风格的窗口之间操作。
• 强大的网络功能。Linux 为用户提供完善的、强大的网络功能。支持 Internet，免费提供大量的支持 Internet 的软件；用户可通过 Linux 命令进行文件传输；能为系统管理员和技术人员提供远程访问窗口。

- 设备独立性。设备独立性是指操作系统把所有外部设备统一当作文件来看待，只要安装它们的驱动程序，用户就可以像使用文件一样，操作、使用这些设备，而不必知道它们的具体存在形式。
- Linux 符合 IEEE POSIX 标准。Linux 特别注重可移植性，UNIX 下的许多应用程序可以轻松地移植到 Linux 下，UNIX 的大多数命令可以在 Linux 中使用。
- 完整的开发平台。Linux 支持一系列的开发工具，几乎所用的主流程序设计语言都已移植到 Linux 上，并可免费得到，如 C、C＋＋、Delphi、Java 等。
- 完全免费。Linux 系统内核代码、驱动程序和开发工具可以免费得到，用户可以根据自己的实际需要而加以修改，编制一个符合实际应用的新系统。

习 题 2

1. 什么是局域网？局域网有什么特点？
2. 局域网的基本拓扑结构有哪些？各有什么特点？
3. 局域网有哪些组成部分？
4. 简述 CSMA/CD 的工作原理。
5. 集线器和交换机的区别是什么？交换机分为哪几类？
6. 目前常用的高速局域网的标准有哪些？
7. 局域网的层次结构有何特点？与 OSI/ISO 参考模型有什么不同？
8. 什么是共享式局域网和交换式局域网？交换式局域网有哪些优点？
9. 为什么需要虚拟局域网？常用的虚拟局域网的划分方式有哪些？
10. 网络互连分为哪几个层次？各层对应的网络互连设备是什么？
11. 常用的网络操作系统有哪些？它们各自有什么特点？

第3章 Internet 基础

本章要点

- Internet 定义与组成；
- Internet 提供的服务；
- Internet 的基本工作原理；
- TCP/IP 协议；
- IP 地址；
- 子网与子网掩码；
- DNS。

本章难点

- TCP/IP 协议；
- IP 地址与子网掩码。

3.1 Internet 简介

3.1.1 Internet 的定义

Internet 是“国际计算机互联网”的英文名称，中文名称为“因特网”，或者称为“网际网”、“信息高速公路”等。它是一个全球性的计算机网络系统，借助于现代通信和计算机技术实现全球信息传递的一种快捷、有效、方便的手段。Internet 可以连接各种各样的计算机系统和各种网络——PC、Macintosh、UNIX 系统工作站，大中型计算机以及各种局域网和广域网，不管它们处于世界上的何种地方，具有何种规模，只要都遵循共同的网络通信协议 TCP/IP，都可以加入到 Internet 大家庭中。可以这样认为，Internet 以相互交流信息资源为目的，基于一个统一的通信协议 TCP/IP 协议，并通过许多路由器和众多网络互连而成，它是一个信息资源和资源共享的集合。

3.1.2 Internet 的形成和发展

Internet 最早来源于美国国防部高级研究计划局 DARPA（Defense Advanced Research

Projects Agency)的前身 ARPA 建立的 ARPAnet，该网于 1969 年投入使用。从 20 世纪 60 年代开始，ARPA 就开始向美国国内大学的计算机系和一些私人公司提供经费，以促进基于分组交换技术的计算机网络的研究。1968 年，ARPA 为 ARPAnet 网络项目立项，这个项目基于这样一种主导思想：网络必须能够经受住故障的考验而维持正常工作，一旦发生战争，当网络的某一部分因遭受攻击而失去工作能力时，网络的其他部分应当能够维持正常通信。最初，ARPAnet 主要用于军事研究目的，它有 5 大特点。

（1）支持资源共享；

（2）采用分布式控制技术；

（3）采用分组交换技术；

（4）使用通信控制处理机；

（5）采用分层的网络通信协议。

1972 年，ARPAnet 在首届计算机后台通信国际会议上首次与公众见面，并验证了分组交换技术的可行性，由此，ARPAnet 成为现代计算机网络诞生的标志。ARPAnet 在技术上的另一个重大贡献是 TCP/IP 协议簇的开发和使用。

1980 年，ARPA 投资把 TCP/IP 加进 UNIX(BSD 4.1 版本)的内核中，在 BSD 4.2 版本以后，TCP/IP 协议即成为 UNIX 操作系统的标准通信模块。

1982 年，Internet 由 ARPAnet、MILNET 等几个计算机网络合并而成，作为 Internet 的早期骨干网，ARPAnet 试验并奠定了 Internet 存在和发展的基础，较好地解决了异种机网络互联的一系列理论和技术问题。

1983 年，ARPAnet 分为两部分：ARPAnet 和纯军事用的 MILNET。该年 1 月，ARPA 把 TCP/IP 协议作为 ARPAnet 的标准协议，其后，人们称呼这个以 ARPAnet 为主干网的网际互联网为 Internet，TCP/IP 协议簇便在 Internet 中进行研究、试验，并改进成为使用方便、效率极好的协议簇。与此同时，局域网和其他广域网的产生和蓬勃发展对 Internet 的进一步发展起了重要的作用。其中，最为引人注目的就是美国国家科学基金会 NSF(National Science Foundation)建立的美国国家科学基金网 NSFnet。

1986 年，NSF 建立起了 6 大超级计算机中心，为了使全国的科学家、工程师能够共享这些超级计算机设施，NSF 建立了自己的基于 TCP/IP 协议簇的计算机网络 NSFnet。NSF 在全国建立了按地区划分的计算机广域网，并将这些地区网络和超级计算机中心相连，最后将各超级计算机中心互连起来。地区网的构成一般是由一批在地理上局限于某一地域，在管理上隶属于某一机构或在经济上有共同利益的用户的计算机互连而成，连接各地区网上主通信节点计算机的高速数据专线构成了 NSFnet 的主干网，这样，当一个用户的计算机与某一地区相连以后，它除了可以使用任一个超级计算机中心的设施，可以同网上任一用户通信，还可以获得网络提供的大量信息和数据。这一成功使得 NSFnet 于 1990 年 6 月彻底取代了 ARPAnet 而成为 Internet 的主干网。

近几十年来，随着社会科技、文化和经济的发展，特别是计算机网络技术和通信技术的发展，人类社会从工业社会向信息社会过渡的趋势越来越明显，人们对信息的意识、对开发和使用信息资源的重视越来越加强，这些都强烈刺激了 ARPAnet 和 NSFnet 的发展，使联入这两个网络的主机和用户数目急剧增加。1988 年，由 NSFnet 连接的计算机数就猛增到 56 000 台，此后每年更以 2 到 3 倍的惊人速度向前发展，1994 年，Internet 上的主机数目达到了 320 万台，连接了世界上的 35 000 个计算机网络。在 2005 年 12 月，全球 Internet 用户人数跨过

1亿大关，而就在2008年11月，全球Internet用户人数迈上了一个历史性的新台阶，超过了15亿，占到现在全球人口总数67亿的22%。根据预测，2010年网民将超过20亿。而WSIS(World Summit on the Information Society)所预期的目标是到2015年，人类一半都是网民。

由于商业应用产生的巨大需求，从调制解调器到诸如Web服务器和浏览器的Internet应用市场分外红火。在Internet蓬勃发展的同时，其本身随着用户的需求的转移也发生着产品结构上的变化。1994年，所有的Internet软件几乎全都是支持TCP/IP协议簇，那时人们需要的是能兼容TCP/IP协议的网络体系结构；如今Internet重心已转向具体的应用，像利用WWW来做广告或进行电子商务。Web是Internet上增长最快的应用，Web站的数目从1995年的3万个增长到2008年的1.68亿个。Internet已成为目前规模最大的国际性计算机网络。

今天，Internet的应用已渗透到了各个领域，从学术研究到股票交易、从远程教育到娱乐游戏、从信息检索到网络购物等，都有长足的进步。

3.1.3 Internet的组成

Internet是一个使用路由器将分布在世界各地、数以万计、规模不一的计算机网络互连起来的网际互联网。

1. Internet的逻辑结构

Internet的逻辑结构如图3-1所示。从Internet使用者的角度来看，Internet是由大量计算机连接在一个巨大的通信系统平台上，从而形成的一个全球范围的信息资源网。接入Internet的主机既可以是信息资源及服务的使用者，也可以是信息资源及服务的提供者。Internet使用者不必关心Internet的内部结构，他们面对的只是Internet所提供的信息资源和服务。

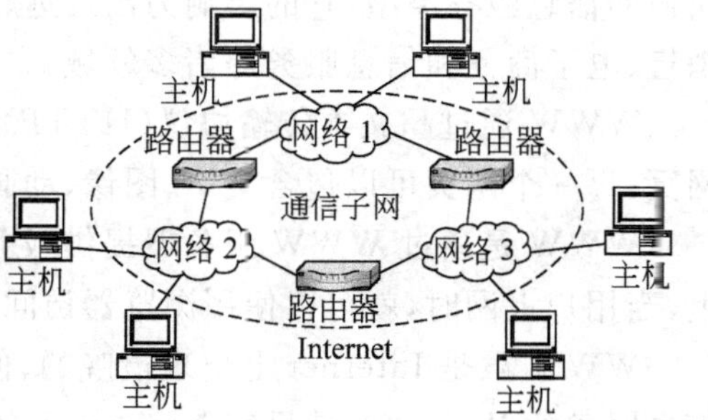

图3-1 Internet逻辑结构

2. Internet的组成部分

Internet主要由通信线路、路由器、主机与信息资源等4个部分组成。通信线路是Internet的基础设施，指的是传输介质及其介质连接部件，包括光缆、同轴电缆、双绞线和无线电等，它负责将Internet中的路由器与主机连接起来。路由器负责将Internet中的各个局域网或广域网连接起来。当数据从一个网络传输到路由器时，它需要根据数据所要到达的目的地，通过路由选择算法为数据选择一条最佳的输出路径。如果路由器选择的输出路径比较拥挤，则由路由器负责管理数据传输的等待队列。数据从源主机出发后，往往需要经过多个路由器的转发，经过多个网络才能到达目的主机。

主机是Internet中信息资源与服务的载体。Internet中的主机可以是大型计算机，也可以是普通的微型机或便携机。按照在Internet中的用途，主机可以分为服务器与客户机两类。服务器使用专用的服务器软件向用户提供信息资源与服务，它一般是性能比较高、存储容量比较大的计算机。服务器根据它的提供的服务功能不同，可以分为文件服务器、数据库服务器、WWW服务器、FTP服务器、E-mail服务器与域名服务器等。客户机是信息资源与服务的使用者，用户使用各类 Internet 客户端软件来访问信息资源及服务。

信息资源是用户最关心的问题，它会影响到 Internet 受欢迎的程度。Internet 的发展方向是如何更好地组织信息资源，并使用户可以快速获得信息。WWW 服务的出现使信息资源的组织方式更加合理，而搜索引擎的出现使信息的检索更加快捷。

3.1.4 Internet 提供的服务

Internet 是一个涵盖极广的信息库，它存储的信息上至天文、下至地理，三教九流、无所不包，以商业、科技和娱乐信息为主。除此之外，Internet 还是一个覆盖全球的枢纽中心，通过它，可以了解来自世界各地的信息、收发电子邮件、和朋友聊天、进行网上购物、观看最新影片片断、阅读网上杂志、还可以聆听音乐会等。

总之，Internet 已经使我们现在的生活、学习、工作以及思维模式发生根本性的变化。

那么，Internet 是怎样完成上述功能的呢？那就是它所提供的服务了。它提供的服务包括 WWW 服务、电子邮件(E-mail)、远程登录(Telnet)、文件传输(FTP)、信息查询服务、新闻组(News Group)、电子布告栏(BBS)等，全球用户可以通过 Internet 提供的这些服务，获取 Internet 上提供的信息和功能。

这里我们简单介绍几种最常用的服务。

1. WWW 服务

WWW(World Wide Web，万维网)服务，也称 Web 服务，是目前 Internet 上最方便和最欢迎的信息服务类型，它的影响力已远远超出了专业技术的范畴，并且已经进入了广告、新闻、销售、电子商务和信息服务等诸多领域，它的出现是 Internet 发展中的一个革命性的里程碑。

WWW 通过超文本传输协议(HTTP)向用户提供多媒体信息，所提供信息的基本单位是网页，每一个网页可以包含文字、图像、动画、声音、视频等多种信息。

WWW 是通过 WWW 服务器提供服务的。网页可存放在全球任何地方的 WWW 服务器上，当用户上网时，就可以使用浏览器访问全球任何地方的 WWW 服务器上的信息。

WWW 虽是 Internet 上出现最晚的、但却是发展最快的一种信息服务方式。以网页提供信息服务的 Web 站点是目前 Internet 上数量最大且增长速度最快的一类站点。

2. 电子邮件服务(E-mail)

电子邮件是 Internet 上最广泛使用的一种服务，也是 Internet 最基本的功能之一。它是一种通过计算机网络与其他用户进行联系的方便、快捷和价格低廉的现代化通信手段。通过在一些特定的通信节点计算机上运行相应的软件，使其充当“邮局”的角色，用户可以在这台计算机上租用一个虚拟的电子信箱，当需要和网络上的其他人通信时，就可以通过电子信箱收发信件。使用电子邮件的用户都可以通过各自的计算机编辑文件或信件，通过网络传送到对方的电子信箱中，而收件人则可以方便地进入 E-mail 系统读取自己信箱中的文件或信件。发信人可以一信多投，只需同时输入几个电子邮件地址即可，不必复制信的内容；收信人在阅读完信件后，可以直接将信件转发给他人。通过电子邮件，既可以传递文字和图片，也可以传递声音和视频。

3. 远程登录服务(Telnet)

远程登录服务用于在网络环境下实现资源的共享。利用远程登录，可以将自己的计算机暂时变成远程计算机的终端，从而直接调用远程计算机的资源和服务。在远程计算机上登录的前提是必须成为该系统的合法用户并拥有相应的 Internet 账户和口令。利用远程登录，用户可以实时使用远程计算机上对外开放的全部资源，例如查阅世界各地通过 Telnet 对外提供联机检索服务的图书馆中的藏书或研究机构中的数据等。此外，用户还可以从自己的计算机上发出命令来运行其他计算机上的软件。Internet 的许多服务都是通过 Telnet 访问来实现的。

4. 文件传输服务(FTP)

文件传输服务是 Internet 的传统服务项目之一，它允许用户将一台计算机上的文件传输到 Internet 的另一台计算机上，这是 Internet 传递文件的最主要的方法。通过文件传输服务，用户不但可以获取 Internet 上丰富的资源，也可以将自己的计算机中的文件传输到其他计算机中。所传输的内容可以是文字信息，也可以是非文字信息，包括计算机程序、图像、照片、音乐和视频等。此外，文件传输服务还提供登录、目录查询、文件操作及其他会话控制功能。

5. 信息查询服务

在 Internet 上，信息资源相当丰富，用户要想查询一条需要的信息时，可能要花费相当多的时间和精力。以此为出发点，Internet 提供了能在数台计算机上查找所需信息的工具，在此基础上，又开发出了一些功能完善、用户界面良好的信息查询工具来帮助用户更容易、更方便地获得所需的信息，这些查询工具有 Gopher、Archie 和 Wais 等。

- Gopher 是一种菜单驱动的信息查询工具，采用客户机/服务器的模式为用户服务。在 Internet 上有上千个 Gopher 服务器，它们将 Internet 上的信息资源组织成一个单一形式的资料库，使用关键字作为索引，使用户可以方便地从一台主机连接到另一台主机，快速查找所需的资料。
- Archie 是一种文档查询服务工具，可以帮助用户在遍及全球的 FTP 服务器上查找到所需的文件。只要指定了要查找文件的检索关键字，Archie 就会查找包含该检索关键字的文件或目录，并将一一列出存储这些文件的 FTP 主机名称。
- Wais 又称为广域信息服务系统，是一种快速查询信息的服务工具。它将相关的资料组织成为一个可以按照关键字检索的数据库，提供给公众检索。

6. 信息讨论及发布服务

Internet 有着成千上万的用户。一些志同道合的用户可以组织起来，形成一个用户群，组成一些专题讨论小组。讨论涉及的内容相当广泛，有计算机、社科、天文、地理、时事和幽默等各种各样的专题。信息讨论和发布服务为人们相互联系、交流信息和观点提供了理想的场所，用户可以在此阅览他人发布的信息和观点，也可以发布自己的信息和观点。

7. 娱乐及会话服务

通过 Internet 这个巨大的网络系统，用户可以同世界各地的 Internet 用户进行实时通话，通过一些专门的设备，甚至可以传递音频和视频。此外，还可以参与各种游戏和娱乐，如网上棋牌大战，通过网络观看影片等。

3.2 Internet 的核心协议——TCP/IP 协议

3.2.1 Internet 基本工作原理

Internet 连接了世界上不同国家与地区无数不同硬件、不同操作系统与不同软件的计算机，为了保证这些计算机之间能够畅通无阻地交换信息，必须要拥有统一的通信协议。

作为一个通信协议，要提供数据传输目的地址和保证数据迅速可靠传输的措施，这是因为数据在传输过程中很容易丢失或传错，所以 Internet 上就使用 TCP/IP 作为一个标准的通信协议。

TCP/IP 协议所采用的通信方式是分组交换方式。就是数据在传输时分成若干段，每个数据段称为一个数据包，TCP/IP 协议的基本传输单位是数据包，TCP/IP 协议主要包括两个主要的协议，即 TCP 协议和 IP 协议，这两个协议可以联合使用，也可以与其他协议联合使用，它们在数据传输过程中主要完成以下功能。

首先由 TCP 协议把数据分成若干数据包，给每个数据包写上序号，以便接收端把数据还原成原来的格式。

IP 协议给每个数据包写上发送主机和接收主机的地址，一旦写上源地址和目的地址，数据包就可以在网上传送数据了。

这些数据包可以通过不同的传输途径(路由)进行传输，由于路径不同，加上其他的原因，可能出现顺序颠倒、数据丢失、数据失真甚至重复的现象。这些问题都由 TCP 协议来处理，它具有检查和处理错误的功能，必要时还可以请求发送端重发。换句话说，IP 协议负责数据的传输，而 TCP 协议负责数据的可靠传输。

3.2.2 TCP/IP 协议的结构模型

TCP/IP 协议是 Internet 的基础协议，凡是要接入 Internet 的计算机都必须遵循 TCP/IP 协议。TCP/IP 协议在网络层上建立了一个统一的、虚拟的"逻辑网络"，屏蔽了千差万别的物理网络和不同类型的计算机，使得各种异构网络或主机能够通过 TCP/IP 协议实现互联通信。实际上，TCP/IP 并不是一个协议，而是一个协议簇，包含一系列的协议，并对 Internet 主机的寻址方式、命名规则、传输机制、错误检查、流量控制和服务功能做出了详细的约定。

如前所述，为了设计复杂的计算机网络系统，人们采用了结构化设计的方法将网络按照功能进行分层，将计算机网络的整体功能分为几个相对独立的子功能，每一层对应一个非常明确的子功能，这种层次结构的设计称为网络层次结构模型。TCP/IP 协议的结构模型如图 3-2 所示，分别为网络接口层、网际层、传输层和应用层。

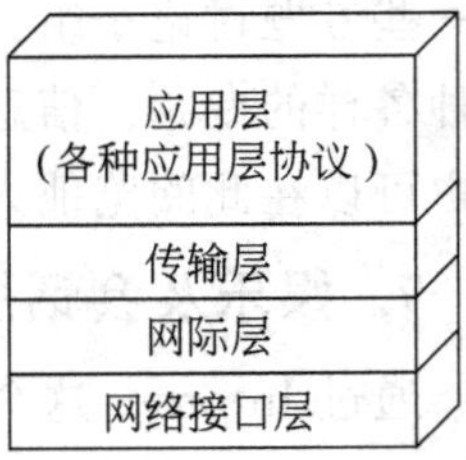

图 3-2 TCP/IP 结构模型

(1) 网络接口层：提供与物理网的接口，这个物理网指任何一个能传输数据报的通信系统，它可以是各种类型的局域网，如以太网、令牌环网，也可以是 X.25、帧中继等公共数据网络。该层负责接收网际层下传的 IP 数据报，并通过物理网络发送出去，或者从各种网络上接收物理帧，并将其转化为IP数据报交给网际层。

(2) 网际层：它是整个TCP/IP参考模型中的关键部分，主要负责为Internet中的不同主机提供通信。在发送数据时，网际层将传输层产生的报文段或用户数据报加上网际层的控制报头，封装成IP数据报进行发送。该层另一个任务就是路由选择，使IP数据报能够通过任何网络到达目的主机。Internet主机的网际层协议是无连接的网际协议IP(Internet Protocol)和许多路由选择协议，如路由选择协议RIP(Router Information Protocol)、开放最短路径优先OSPF(Open Shorter Path First)。

(3) 传输层：负责为主机中的进程提供数据传输服务，Internet的传输层定义了两种不同的协议：TCP和UDP协议。

- 传输控制协议(Transmission Control Protocol)，即TCP协议，这是一个面向连接的协议，它能确保源主机发送的数据能正确到达目的主机。
- 用户数据报协议(User Datagram Protocol)，即UDP协议，这是一个无连接的协议，它不保证提供可靠的交付。UDP用于不要求分组准确到达的传输和不要求流量控制功能的应用程序以及用于递交速度比准确性更重要的报文传输，如传输语音或影像报文。UDP能提供高效率的服务。

(4) 应用层：TCP/IP协议的应用层提供了Internet上计算机之间的各种应用服务及应用协议。应用层的协议比较多，常用的如下。

- Telnet：远程登录协议，使网络上的一台主机可以登录到任一台主机上。
- FTP：文件传输协议。
- SMTP：简单电子邮件传输协议。
- DNS：域名系统，主要实现域名与IP地址之间的转换。
- HTTP：超文本传输协议，描述电子文档检索服务，这种电子文档含有超链接，可以链接到其他相关文档，称为超文本文档。
- SNMP：简单网络管理协议，描述网络的监控与管理。

图3-3画出了TCP/IP结构中常用的协议。

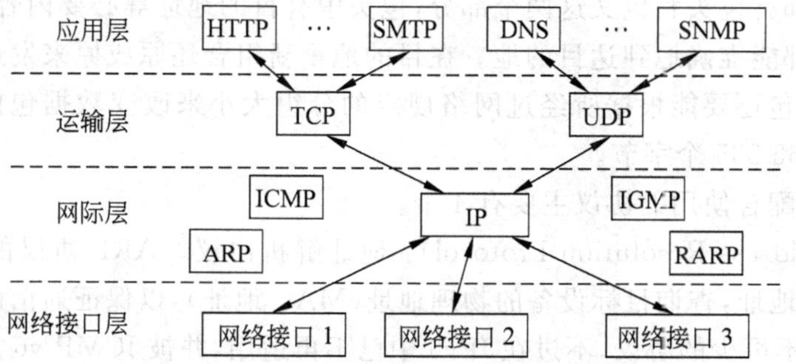

图 3-3 TCP/IP 结构中常用的协议

3.2.3 IP协议

IP是英文Internet Protocol的缩写，意思是“网络之间互连的协议”，称为网际协议，也就是为计算机网络相互连接进行通信而设计的协议。在 Internet 中，它是能使连接到网上的所有计算机网络实现相互通信的一套规则，规定了计算机在 Internet 上进行通信时应当遵守的规则。任何厂家生产的计算机系统，只要遵守 IP 协议就可以与 Internet 互连互通。正是因为有了 IP 协议，Internet 才得以迅速发展成为世界上最大的、开放的计算机通信网络。因此，IP 协议也可以叫做"因特网协议"。目前使用的 IP 协议有 IPv4 和 IPv6 两种，下面主要介绍的是 IPv4 协议。

那么 IP 协议是怎样实现网络互连的？各个厂家生产的网络系统和设备，如以太网、分组交换网等，它们相互之间不能互通，不能互通的主要原因是因为它们所传送数据的基本单元（技术上称之为"帧"）的格式不同。IP 协议实际上是一套由软件程序组成的协议软件，它把各种不同"帧"统一转换成"IP 数据包"格式，这种转换是 Internet 的一个最重要的特点，使所有各种计算机都能在 Internet 上实现互通。

IP 协议是计算机网络上数据从一台计算机传递给另一台计算机的方法或者协议。网络上每台计算机至少具有一个地址将其与网络上其他计算机区别开。当发送或者接收数据时（例如，一个电子邮件或一个网页），数据被分成几个小块，称为数据包。每个数据包都包含了发送计算机和接收计算机的地址。路由器接收到数据包后，检查数据包的目的地址后转发出来，这样数据包继续向前到下一个邻近的路由器，照例检查目的地址转发，如此一直向前通过各种网络，直到最后一个路由器确认这个数据包目的地址是属于其最紧邻或者其范围内的计算机，最终直接进入到其指定地址的计算机中。

IP 协议是一个无连接的协议，这就意味着在通信的两端之间没有连续的线路连接。每个数据包作为一个处理过的独立的单元在网络上进行传输，这些单元之间没有相互的联系。

数据包是分组交换的一种形式，就是把所传送的数据分段打成"包"再传送出去。但是，与传统的"面向连接"分组交换不同，它属于"无连接的"，是把打成的每个"包"（分组）都作为一个"独立的单元"传送出去，所以叫做"数据包"。这样，在开始通信之前就不需要先建立好一条电路，各个数据包不一定都通过同一条路径传输，所以叫做"无连接的"。这一特点非常重要，它大大提高了网络的坚固性和安全性。

每个数据包都有包头和包文这两个部分，包头中有目的地址等必要内容，使每个数据包不经过同样的路径都能准确地到达目的地。在目的地重新组合还原成原来发送的数据。在实际传送过程中，数据包还要能根据所经过网络规定的分组大小来改变数据包的长度，IP 数据包的最大长度可达 65 535 个字节。

与 IPv4 协议配合使用的协议主要有 4 个。

(1) ARP(Address Resolution Protocol)：地址解析协议。ARP 协议的基本功能就是通过目标设备的 IP 地址，查询目标设备的物理地址（MAC 地址），以保证通信的顺利进行。它是 IPv4 中网际层必不可少的协议，不过在 IPv6 中已不再适用，并被 ICMP v6 所替代。

(2) RARP(Reverse address Resolution Protocol)：反向地址解析协议，作用与 ARP 相反，用于将物理地址转换为 IP 地址。RARP 协议能够使只有物理地址的主机通过网络获得相应的 IP 地址，而这种主机往往是无盘工作站。其因为比较受限于 IP 地址的运用以及其他一些缺点，因此渐为更新的 BOOTP 或 DHCP 所取代。

(3) ICMP(Internet Control Message Protocol)：Internet 控制报文协议，它是 TCP/IP 协议簇的一个子协议，用于在主机、路由器之间传递控制消息。控制消息是指网络通不通、主机是否可达、路由是否可用等网络本身的消息。这些控制消息虽然并不传输用户数据，但是对于用户数据的传递起着重要的作用。在网络中经常会使用 ICMP 协议，只不过觉察不到而已。比如经常使用的用于检查网络通不通的 Ping 命令(Linux 和 Windows 中均有)，这个 Ping 的过程实际上就是 ICMP 协议工作的过程。还有其他的网络命令如跟踪路由的 Tracert 命令也是基于 ICMP 协议的。

(4) IGMP(Internet Group Management Protocol)：Internet 组管理协议，它是 Internet 协议家族中的一个组播协议，用来在 IP 主机和与其直接相邻的组播路由器之间建立、维护组播组成员关系。参与 IP 组播的主机可以在任意位置、任意时间、成员总数不受限制地加入或退出组播组。组播路由器不需要也不可能保存所有主机的成员关系，它只是通过 IGMP 协议了解每个接口连接的网段上是否存在某个组播组的接收者，即组成员，而主机方只需要保存自己加入了哪些组播组。IGMP 信息封装在 IP 数据包中。

现在电信网络正在与 IP 网络走向融合，以 IP 协议为基础的新技术是非常热门的技术，如用 IP 网络传送话音的技术(即 VoIP)就很热门，其他如 IP over ATM、IPover SDH、IP over WDM 等，都是 IP 技术的研究重点。

3.2.4 TCP 协议与 UDP 协议

1. TCP 协议

TCP(Transmission Control Protocol，传输控制协议)是一种面向连接的、可靠的、基于字节流的传输层通信协议。在 TCP/IP 结构模型中，它完成第三层传输层所指定的功能，而 UDP 是同一层内另一个重要的传输协议。

面向连接意味着两个使用 TCP 的应用(通常是一个客户和一个服务器)在彼此交换数据之前必须先建立一个 TCP 连接。这一过程与打电话很相似，先拨号振铃，等待对方摘机说“喂”，然后才说明是谁。

TCP 协议使用三次握手来建立连接。当主动方发出 SYN 连接请求后，等待对方回答 SYN、ACK，这种建立连接的方法可以防止产生错误的连接。第一次握手：建立连接时，客户端发送 SYN 包(SEQ＝x)到服务器，并进入 SYN_SEND 状态，等待服务器确认；第二次握手：服务器收到 SYN 包，必须确认客户的 SYN(ACK＝x＋1)，同时自己也送一个 SYN 包(SEQ＝y)，即 SYN＋ACK 包，此时服务器进入 SYN_RECV 状态；第三次握手：客户端收到服务器的 SYN＋ACK 包，向服务器发送确认包 ACK(ACK＝y＋1)，此包发送完毕，客户端和服务器进入 Established 状态，完成三次握手，此过程如图 3-4 所示。

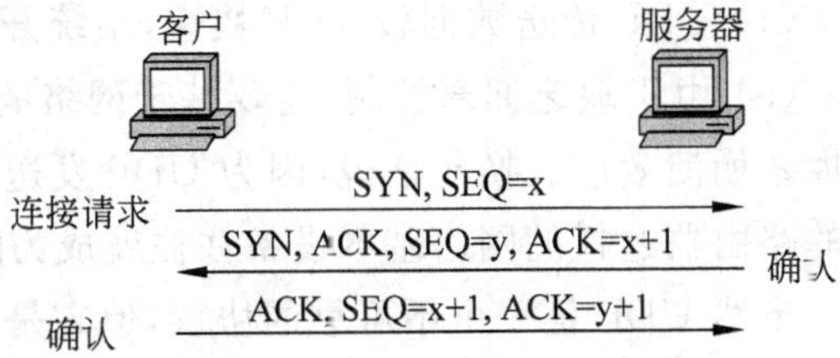

图 3-4　TCP 的 3 次握手

在 TCP/IP 结构模型中，传输层是位于网际层之上，应用层之下的中间层。不同主机的应用层之间经常需要可靠的、像管道一样的连接，但是网际层不提供这样的机制，而是提供不可靠的包交换。

所以 TCP 协议就必须通过下列方式来提供可靠性。

- 应用数据被分割成 TCP 认为最适合发送的数据段。这和 UDP 完全不同，应用程序产生的数据报长度将保持不变。由 TCP 传递给 IP 的信息单位称为报文段或段。

- 当 TCP 发出一个段后，它启动一个定时器，等待目的端确认收到这个报文段。如果不能及时收到这个报文段的确认，将重发这个报文段。当 TCP 收到发自 TCP 连接另一端的数据，它将发送一个确认。
- TCP 将保持它首部和数据的检验和。这是一个端到端的检验和，目的是检测数据在传输过程中的任何变化。如果收到段的检验和有差错，TCP 将丢弃这个报文段和不确认收到此报文段(希望发端超时并重发)。
- 既然 TCP 报文段作为 IP 数据报来传输，而 IP 数据报的到达可能会失序，因此 TCP 报文段的到达也可能会失序。如果必要，TCP 将对收到的数据进行重新排序，将收到的数据以正确的顺序交给应用层。
- TCP 还能提供流量控制。TCP 连接的每一方都有固定大小的缓冲空间。TCP 的接收端只允许另一端发送接收端缓冲区所能接纳的数据。这将防止较快主机致使较慢主机的缓冲区溢出。

2. UDP 协议

UDP (User Datagram Protocol，用户数据报协议)是一个简单的无连接的传输层协议。

在 TCP/IP 模型中，UDP 为网际层以下和应用层以上提供了一个简单的接口。UDP 只提供数据的不可靠传递，它一旦把应用程序发给网际层的数据发送出去，就不会保留数据备份。

UDP 协议有如下的特点。

(1) UDP 传送数据前并不与对方建立连接，即 UDP 是无连接的，在传输数据前，发送方和接收方相互交换信息使双方同步。

(2) UDP 不对收到的数据进行排序，在 UDP 报文的首部中并没有关于数据顺序的信息(如 TCP 所采用的序号)，而且报文不一定按顺序到达的，所以接收端无从排起。

(3) UDP 对接收到的数据报不发送确认信号，发送端不知道数据是否被正确接收，也不会重发数据。

(4) UDP 传送数据较 TCP 快速，系统开销也少。

(5) 由于缺乏拥塞控制，需要基于网络的机制来减小因失控和高速 UDP 流量负荷而导致的拥塞崩溃效应。换句话说，因为 UDP 发送者不能够检测拥塞，所以像使用包队列和丢弃技术的路由器这样的网络基本设备往往就成为降低 UDP 过大通信量的有效工具。

虽然 UDP 是一个不可靠的协议，但它是分发信息的一个理想协议。例如，在屏幕上报告股票市场、在屏幕上显示航空信息等。UDP 也用在路由信息协议 RIP(Routing Information Protocol)中修改路由表。在这些应用场合下，如果有一个消息丢失，在几秒之后另一个新的消息就会替换它。UDP 还能广泛用在多媒体应用中，例如，Progressive Networks 公司开发的 RealAudio 软件，它是在因特网上把预先录制的或者现场音乐实时传送给客户机的一种软件，该软件使用的 RealAudio audio-on-demand protocol 协议就是运行在 UDP 之上的协议，大多数 Internet 电话软件产品也都运行在 UDP 之上。

表 3-1 给出了一些应用和应用层协议使用的传输层协议。

表 3-1　使用 UDP 和 TCP 协议的各种应用和应用层协议

应　　用	应用层协议	传输层协议
域名与 IP 地址转换	DNS	UDP
简单文件传输	TFTP	UDP
路由选择协议	RIP	UDP
IP 地址自动配置	DHCP	UDP
网络管理	SNMP	UDP
IP 电话	专用协议	UDP
Web	HTTP	TCP
文件传输	FTP	TCP
远程登录	TELNET	TCP
E-mail	SMTP、POP3	TCP

3.3　Internet 的 IP 地址

3.3.1　Internet 地址的构成

Internet 是由世界各地的许许多多的计算机通过不同的方式连接在一起组成的。Internet 上的每一台独立的主机都有唯一的地址与之对应，这个地址称为 IP 地址，也可以称为互联网地址或 Internet 地址。它是用来唯一标识因特网上计算机的逻辑地址。每台联网计算机都依靠 IP 地址来标识自己，这类似于接入电话网的电话。我们看一下自己使用的电话，假如电话号码为 3856055，而所处的地区区号为 0851，而中国的电话区号为 086，那么完整地表述贵州大学计算机学院计算中心实验室的电话号码应该为 086-0851-3856055，这个号码在全世界是唯一的。这是一种典型的分层结构的电话号码定义方法。

同样，IP 地址也是采用分层结构。IP 地址由网络号和主机号两部分组成。其结构如图 3-5 所示。其中网络号用来标识一个逻辑网络，主机号用来标识网络中的一台主机。一台 Internet 主机至少有一个 IP 地址，而且这个 IP 地址在 Internet 上是唯一的。如果一台 Internet 主机同时连入多个网络，那么这台主机就会有多个 IP 地址。

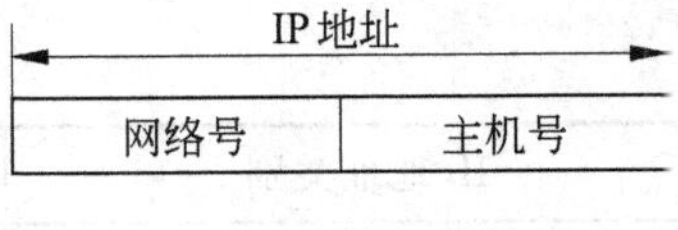

图 3-5　IP 地址的结构组成

3.3.2　IP 地址的表示方法与分类

按照 TCP/IP 协议规定，IP 地址用二进制来表示，每个 IP 地址长 32，分为 4 段，每个段称为一个地址节，每个地址节长 8 位。为了方便人们的使用，每个地址节用一个十进制数表示，中间使用符号“.”分开不同的地址节。IP 地址的这种表示法叫做“点分十进制记法”。

它能表示的地址范围为 0.0.0.0～255.255.255.255。

例如：某 IP 地址的二进制表示为：

11001100.10000001.00001000.11101100，用点分十进制表示就是 204.129.8.236。

按照网络规模的大小，IP 地址可以分为 A、B、C、D、E 五类，其中 A、B、C 类是三种主要的类型地址，D 类专供多播传送用的多播地址，E 类用于扩展备用地址。在每类地址中的网络号和主机号分布如图 3-6 所示。

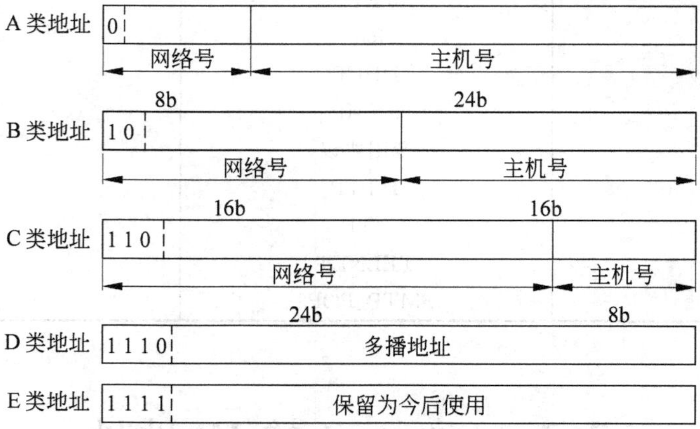

图 3-6　IP 地址的类型

A 类 IP 地址由 1 字节的网络地址和 3 字节主机地址组成，网络地址的最高位必须是“0”，地址范围为 1.0.0.1～127.255.255.254。

B 类 IP 地址由两个字节的网络地址和两个字节的主机地址组成，网络地址的最高位必须是“10”，地址范围为 128.0.0.1～191.255.255.254。

C 类 IP 地址由 3 字节的网络地址和 1 字节的主机地址组成，网络地址的最高位必须是“110”。范围为 192.0.0.1～223.255.255.254。

D 类 IP 地址第一个字节从“1110”开始，它是一个专门保留的地址。它并不指向特定的网络，目前这一类地址被用在多播(Multicast)中。多播地址用来一次寻址一组计算机，它标识共享同一协议的一组计算机。地址范围为 224.0.0.1～239.255.255.254。

E 类 IP 地址从“1111”开始，为将来使用保留。

IP 地址的类别可以从 IP 地址的最高 8 位进行判别，如表 3-2 所示。

表 3-2　IP 地址分类判别表

IP 地址类别	高 8 位数值范围	最高 4 位的值
A	0～127	0xxx
B	128～191	10xx
C	192～223	110x
D	224～239	1110
E	240～255	1111

例如，北京大学的 IP 地址 124.205.79.6 是 A 类地址，北京大学计算所 162.105.170.23 是 B 类地址，贵州大学的 IP 地址 210.40.0.58 是 C 类地址。

在 Internet 中，各种类别地址所能包含的网络个数是不一样的，而每个网络中拥有的主机数也是不一样的，A 类地址只有 128 个网络，但每个网络拥有 16 777 216(2^{24})个主机数；而 C 类地址拥有 2 097 152(2^{21})个网络，每个网络只能拥有 256 台主机，如表 3-3 所示。

表 3-3　网络类别包含的网络数与主机数

网络类别	最大网络数	最大主机数	实际主机数
A	128	16 777 216	16 777 214
B	16 384	65 536	65 534
C	2 097 152	256	254

由于每一个网络都存在两个特殊 IP 地址（主机号全“0”和全“1”），所以实际能够分配的主机数比最大主机数少 2。

3.3.3　子网与子网掩码

1. 子网

在 ARPANET 早期，研究者设计的分类 IP 地址存在着以下两个缺点。

1）IP 地址空间的有效利用率低

从上节可知，每一个 A 类网络可连接的主机数最多为 $2^{24}-2$，约 1600 万；每一个 B 类网络可连接的主机数最多为 $2^{16}-2=65\ 534$；每一个 C 类网络可连接主机数最多为 254。然而，出于网络性能的考虑，一般网络对连接在网络上的计算机数目有所限制，根本达不到这样大的数目。例如，以太网 10BASE-T 最多允许主机数为 1024，若它申请到了一个 B 类地址，那么就会有 64 510 个 IP 地址被浪费掉，而其他网络也不能使用这些地址。

2）两级 IP 地址不够灵活

随着局域网技术的迅速发展，一个单位、组织内部经常会组建、开通新的局域网，但是新增加的网络必须先到 Internet 网络管理机构申请一个新的网络号，才能连接到 Internet 上，人们希望能有一种方法使本单位能随时灵活方便地增加本单位的网络。通过将本单位内部的网络划分为若干个子网，就能有效地解决这个问题。

子网寻址技术是将主机号部分借出一定的位数用做本网的子网号，剩余的主机号作为相应子网的主机号。划分多少位给子网，主要视实际需要的子网数目而定。这样，两级的 IP 地址就变成了三级的 IP 地址：{网络号，子网号，主机号}。

说明：划分子网是一个单位内部的事情。从外部看该单位仍只有一个网络号，即本单位以外的网络看不见这个网络是否划分了子网，但对单位内部的路由器来说必须识别是否划分过逻辑子网，因为外面的分组进入到本单位后，本单位的路由器将根据子网号进行路由选择，找到目的子网并将分组交付到目的主机。

下面举例说明划分子网的概念。

一个 C 类 IP 地址，24 位作为网络号，8 位作为主机号。现要拿两位主机号作为逻辑子网号，剩下 6 位作主机号，这样就可以划分出 $2^2-2=2$ 个子网（全“0”和全“1”的子网号保留），如图 3-7 所示。

2. 子网掩码

为了进行子网划分，需要引入子网掩码的概念。通过子网掩码来告诉路由器本网是如何进行子网划分的。子网掩码是由 32 位组成，其制定规则是：IP 地址中的网络号和子网号用 1 表示，主机号用 0 表示。将子网掩码和 IP 地址按位进行“与”运算后，屏蔽掉 IP 地址中的主机号部分，结果就是该 IP 地址的子网号。所以子网掩码能够表示 IP 地址中的本地主机地址段

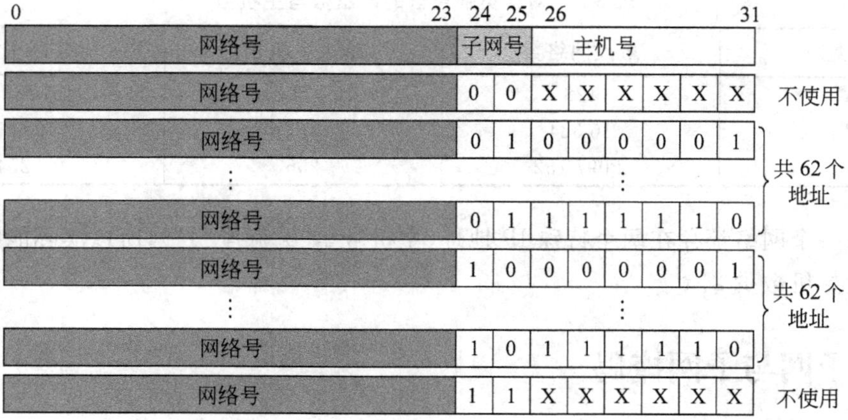

图 3-7　C类地址划分子网

是如何划分子网的。如图 3-8 所示。

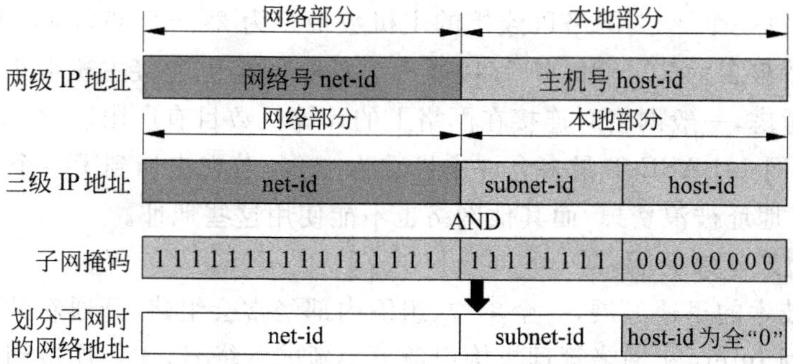

图 3-8　IP 地址各字段和子网掩码的关系

对于 3 类 IP 地址来说，有一些自然的或默认的固定掩码。

A 类为 255.0.0.0。

B 类为 255.255.0.0。

C 类为 255.255.255.0。

3.3.4　IPv6 简介

IPv6 是"IP Version 6"的缩写，也被称做下一代因特网协议，它是由 IETF 设计的用来替代现行的 IPv4 协议的一种新的 IP 协议。

今天的因特网大多数应用的是 IPv4 协议，IPv4 协议已经使用了 20 多年，在这 20 多年的应用中，IPv4 获得了巨大的成功，同时随着应用范围的扩大，它也面临着越来越不容忽视的危机，例如地址匮乏等。

IPv6 是为了解决 IPv4 所存在的一些问题和不足而提出的，同时它还在许多方面提出了改进，例如路由方面、自动配置方面。经过一个较长的 IPv4 和 IPv6 共存的时期，IPv6 最终会完全取代 IPv4 在因特网上占据统治地位。

1. Ipv6 的特点

对比 IPv4，IPv6 有如下的特点，这些特点也可以称做是 IPv6 的优点。

1）简化的报头和灵活的扩展

IPv6 对数据报头做了简化，以减少处理器开销并节省网络带宽。IPv6 的报头由一个基本报头和多个扩展报头(Extension Header)构成，基本报头具有固定的长度(40 字节)，放置所有路由器都需要处理的信息。由于 Internet 上的绝大部分包都只是被路由器简单地转发，因此固定的报头长度有助于加快路由速度。IPv4 的报头有 15 个域，而 IPv6 的只有 8 个域，IPv4 的报头长度是由专门域来指定的，而 IPv6 的是固定 40 个字节。这就使得路由器在处理 IPv6 报头时显得更为轻松。与此同时，IPv6 还定义了多种扩展报头，这使得 IPv6 变得极其灵活，能提供对多种应用的强力支持，同时又为以后支持新的应用提供了可能。这些报头被放置在 IPv6 报头和上层报头之间，每一个可以通过独特的“下一报头”的值来确认。除了逐个路程段选项报头(它携带了在传输路径上每一个节点都必须进行处理的信息)外，扩展报头只有在它到达了在 IPv6 的报头中所指定的目标节点时才会得到处理(当多点播送时，则是所规定的每一个目标节点)。在那里，在 IPv6 的下一报头域中所使用的标准的解码方法调用相应的模块去处理第一个扩展报头(如果没有扩展报头，则处理上层报头)。每一个扩展报头的内容和语义决定了是否去处理下一个报头。因此，扩展报头必须按照它们在包中出现的次序依次处理。一个完整的 IPv6 的实现包括下面这些扩展报头的实现：逐个路程段选项报头，目的选项报头，路由报头，分段报头，身份认证报头，有效载荷安全封装报头，最终目的报头。

2）层次化的地址结构

IPv6 将现有的 IP 地址长度扩大 4 倍，由当前 IPv4 的 32 位扩充到 128 位，以支持大规模数量的网络节点。这样 IPv6 的地址总数就大约有 $3.4 * 10^{38}$ 个。平均分配到地球表面上，每平方米将获得 $6.5 * 10^{23}$ 个地址。IPv6 支持更多级别的地址层次，IPv6 的设计者把 IPv6 的地址空间按照不同的地址前缀来划分，并采用了层次化的地址结构，以利于骨干网路由器对数据包的快速转发。

3）即插即用的连网方式

IPv6 把自动将 IP 地址分配给用户的功能作为标准功能。只要计算机一连接上网络便可自动设定 IP 地址。它有两个优点：一是最终用户用不着花精力进行地址设定，二是可以大大减轻网络管理者的负担。IPv6 有两种自动设定功能：一种是和 IPv4 自动设定功能一样的名为“全状态自动设定”功能；另一种是“无状态自动设定”功能。

在 IPv4 中，动态主机配置协议(Dynamic Host Configuration Protocol，DHCP)实现了主机 IP 地址及其相关配置的自动设置。一个 DHCP 服务器拥有一个 IP 地址池，主机从 DHCP 服务器租借 IP 地址并获得有关的配置信息(如默认网关、DNS 服务器等)，由此达到自动设置主机 IP 地址的目的。IPv6 继承了 IPv4 的这种自动配置服务，并将其称为全状态自动配置(Stateful Autoconfiguration)。

在无状态自动配置(Stateless Autoconfiguration)过程中，主机首先通过将它的网卡 MAC 地址附加在链接本地地址前缀 1111111010 之后，产生一个链路本地单点传送地址。接着主机向该地址发出一个被称为邻居发现(neighbor discovery)的请求，以验证地址的唯一性。如果请求没有得到响应，则表明主机自我设置的链路本地单点传送地址是唯一的。否则，主机将使用一个随机产生的接口 ID 组成一个新的链路本地单点传送地址。然后，以该地址为源地址，主机向本地链路中所有路由器多点传送一个被称为路由器请求(router solicitation)的配置信息。路由器以一个包含一个可聚集全球单点传送地址前缀和其他相关配置信息的路由器公告响应该请求。主机用它从路由器得到的全球地址前缀加上自己的接口 ID，自动配置全球地址，然后就可以与 Internet 中的其他主机通信了。使用无状态自动配置，无须手动干预就能够改变网络中所有主机的 IP 地址。例如，当企业更换了联入 Internet 的 ISP 时，将重新 ISP 处得到一个新的可聚集全球地址前缀。ISP 把这个地址前缀从它的路由器上传送到企业路由器上。由于企业路由器将周期性地向本地链路中的所有主机多点传送路由器公告，因此企业网络中所有主机都将通过路由器公告收到新的地址前缀，此后，它们就会自动产生新的 IP 地址并覆盖旧的 IP 地址。

使用 DHCPv6 进行地址自动设定，连接于网络的机器需要查询自动设定用的 DHCP 服务器才能获得地址及其相关配置。可是，在家庭网络中，通常没有 DHCP 服务器，此外在移动环境中往往是临时建立的网络，在这两种情况下，当然使用无状态自动设定方法为宜。

4）网络层的认证与加密

安全问题始终是与 Internet 相关的一个重要话题。由于在 IP 协议设计之初没有考虑安全性，因而在早期的 Internet 上时常发生诸如企业或机构网络遭到攻击、机密数据被窃取等不幸的事情。为了加强 Internet 的安全性，从 1995 年开始，IETF 着手研究制定了一套用于保护 IP 通信的 IP 安全(IPSec)协议。IPSec 是 IPv4 的一个可选扩展协议，是 IPv6 的一个必需组成部分。

IPSec 的主要功能是在网络层对数据分组提供加密和鉴别等安全服务，它提供了两种安全机制：认证和加密。认证机制使 IP 通信的数据接收方能够确认数据发送方的真实身份以及数据在传输过程中是否遭到改动。加密机制通过对数据进行编码来保证数据的机密性，以防数据在传输过程中被他人截获而失密。

作为 IPv6 的一个组成部分，IPSec 是一个网络层协议。它只负责其下层的网络安全，并不负责其上层应用的安全，如 Web、电子邮件和文件传输等。也就是说，验证一个 Web 会话，依然需要使用 SSL 协议。不过，TCP/IPv6 协议簇中的协议可以从 IPSec 中受益，例如，用于 IPv6 的 OSPFv6 路由协议就去掉了用于 IPv4 的 OSPF 中的认证机制。

作为 IPSec 的一项重要应用，IPv6 集成了虚拟专用网(VPN)的功能，使用 IPv6 可以更容易地、实现更为安全可靠的虚拟专用网。

5）服务质量的满足

基于 IPv4 的 Internet 在设计之初，只有一种简单的服务质量，即采用“尽最大努力”传输，从原理上讲服务质量 QoS 是无保证的。文本传输、静态图像等传输对 QoS 并无要求。随着 IP 网上多媒体业务增加，如 IP 电话、VoD、电视会议等实时应用，对传输延时和延时抖动均有严格的要求。

IPv6 数据包的格式包含一个 8 位的业务流类别(Class)和一个新的 20 位的流标签(Flow Label)。最早在 RFC1883 中定义了 4 位的优先级字段，可以区分 16 个不同的优先级。后来在 RFC2460 里改为 8 位的类别字段。其数值及如何使用还没有定义，其目的是允许发送业务流的源节点和转发业务流的路由器在数据包上加上标记，并进行除默认处理之外的不同处理。一般来说，在所选择的链路上，可以根据开销、带宽、延时或其他特性对数据包进行特殊的处理。

一个流是以某种方式相关的一系列信息包，IP 层必须以相关的方式对待它们。决定信息包属于同一流的参数包括源地址、目的地址、QoS、身份认证及安全性。IPv6 中流的概念的引入仍然是在无连接协议的基础上的，一个流可以包含几个 TCP 连接，一个流的目的地址可以是单个节点也可以是一组节点。IPv6 的中间节点接收到一个信息包时，通过验证它的流标签，就可以判断它属于哪个流，然后就可以知道信息包的 QoS 需求，进行快速的转发。

6）对移动通信更好的支持

未来移动通信与因特网的结合将是网络发展的大趋势之一。移动互联网将成为我们日常生活的一部分，改变我们生活的方方面面。权威机构预计，到 2012 年，全球将有 50 亿移动电话用户，其中 17 亿为移动因特网用户。移动因特网不仅仅是移动接入互联网，它还提供一系列以移动性为核心的多种增值业务：查询本地化设计信息，远程控制工具，无限互动游戏，购物付款等。

移动 IPv6 的设计汲取了移动 IPv4 的设计经验，并且利用了 IPv6 的许多新的特征，所以提供了比移动 IPv4 更多的、更好的特点。移动 IPv6 成为 IPv6 协议不可分割的一部分。

2. Ipv6 地址表示

以下是用来将 IPv6 地址表示为文本字符串的 3 种常规形式。

1）冒号十六进制形式

这是首选形式 $n:n:n:n:n:n:n:n$。每个 n 都表示 8 个 16 位地址元素之一的十六进制值。例如：

3FFE:FFFF:7654:FEDA:1245:BA98:3210:4562。

2）压缩形式

由于地址长度要求，地址包含由零组成的长字符串的情况十分常见。为了简化对这些地址的写入，可以使用压缩形式，在这一压缩形式中，多个 0 块的单个连续序列由双冒号符号（::）表示。此符号只能在地址中出现一次。例如：

多路广播地址 FFED:0:0:0:0:BA98:3210:4562 的压缩形式为 FFED::BA98:3210:4562。

单播地址 3FFE:FFFF:0:0:8:800:20C4:0 的压缩形式为 3FFE:FFFF::8:800:20C4 0。

环回地址 0:0:0:0:0:0:0:1 的压缩形式为 ::1。

未指定的地址 0:0:0:0:0:0:0:0 的压缩形式为::。

3）混合形式

此形式组合 IPv4 和 IPv6 地址。在此情况下，地址格式为 $n:n:n:n:n:n:d.d.d.d$，其中每个 n 都表示 6 个 IPv6 高序位 16 位地址元素之一的十六进制值，每个 d 都表示 IPv4 地址的十进制值。

3. Ipv6 地址类型

Ipv6 地址有 3 种类型，即单播、组播和任播。广播地址已不再有效。RFC2373 中定义了 3 种 IPv6 地址类型。

单播：点对点通信时使用的地址。用于单个接口的标识符。发送到此地址的数据包被传递给标识的接口。通过高序位 8 位字节的值来将单播地址与多路广播地址区分开来。多路广播地址的高序列 8 位字节具有十六进制值 FF。此 8 位字节的任何其他值都标识单播地址。

任播：一组接口的标识符（通常属于不同的节点）。发送到此地址的数据包被传递给该地址标识的唯一一个接口。这是按路由标准标识的最近的接口。任播地址取自单播地址空间，而且在语法上不能与其他地址区别开来。寻址的接口依据其配置确定单播和任一广播地址之间的差别。

组播：一组接口的标识符（通常属于不同的节点）。发送到此地址的数据包被传递给该地址标识的所有接口。组播地址类型代替 IPv4 广播地址。

4. IPv4 与 IPv6 互通技术

IPv6 已被认为是下一代互联网络协议核心标准之一。但是,一种新的协议从诞生到广泛应用需要一个过程,尤其是对于 IPv4 仍然很好地支撑着的 Internet 而言。在 IPv6 的网络流行于全球之前,总是有一些网络首先使用 IPv6 协议栈并希望能够与当前的 Internet 正常通信。为达到这一目的,研究者们必须开发出 IPv4 / IPv6 互通技术以保证 IPv4 能够平稳过渡到 IPv6,除此之外,互通技术应该对普通用户做到"无缝",对信息传递做到高效。

目前已经出现了多种过渡技术和互连方案,这些技术各有特点,用于解决不同过渡时期、不同环境的通信问题。

目前解决过渡问题基本技术主要有 3 种,即双协议栈、隧道技术、NAT-PT。

1) 双协议栈(Dual Stack)

采用该技术的节点上同时运行 IPv4 和 IPv6 两套协议栈。这是使 IPv6 节点保持与纯 IPv4 节点兼容最直接的方式,针对的对象是通信端节点(包括主机、路由器)。这种方式对 IPv4 和 IPv6 提供了完全的兼容,但是对于 IP 地址耗尽的问题却没有任何帮助。由于需要双路由基础设施,这种方式反而增加了网络的复杂度。

2) 隧道技术(Tunnel)

隧道技术提供了一种以现有 IPv4 路由体系来传递 IPv6 数据的方法:将 IPv6 的分组作为无结构意义的数据,封装在 IPv4 数据报中,被 IPv4 网络传输。根据建立方式的不同,隧道可以分成两类:手工配置的隧道和自动配置的隧道。隧道技术巧妙地利用了现有的 IPv4 网络,它的意义在于提供了一种使 IPv6 的节点之间能够在过渡期间通信的方法,但它并不能解决 IPv6 节点与 IPv4 节点之间相互通信的问题。

3) NAT-PT

转换网关除了要进行 IPv4 地址和 IPv6 地址转换,还要包括协议并翻译。转换网关作为通信的中间设备,可在 IPv4 和 IPv6 网络之间转换 IP 报头的地址,同时根据协议不同对分组做相应的语义翻译,从而使纯 IPv4 和纯 IPv6 站点之间能够透明通信。

3.3.5 我国的 IP 地址

作为中国的 ISP 和用户,要获得 IP 地址,有 3 种方法。

第一种方法是对于提供接入服务的 ISP,可以向 APNIC(Asia-Pacific Network Information Center,亚太互联网络信息中心)申请成为其会员,直接从 APNIC 获得 IP 地址。目前经营管理 4 大互联网的单位都是 APNIC 的超大型或大型会员,瀛海威公司和中国统计信息网的经营单位都是 APNIC 的中型会员。

第二种方法是通过已成为 APNIC 大型会员的接入 ISP 申请。

第三种方法是加入 CNNIC(China Internet Network Information Center,中国互联网络信息中心)分配联盟。联盟成员可以通过 CNNIC 获得 IP 地址。

因此国内有权向用户或 ISP 提供 IP 地址的机构主要有 5 家,它们是中国电信、教育部、中国科学院、吉通公司和 CNNIC。

中国 IP 地址管理机构与分配情况如下。

(1) CHINA.NET:主要由中国电信总局、各省电信管理局、数据通信业务管理部门分级进行管理。

(2) CER.NET：全国网络中心设在清华大学，负责全国主干网的运行管理，信息资源服务，高性能计算服务等。

地区网络中心分别设在十所高校，负责地区网络中心的运行管理以及地区网络规划和建设。

CER.NET 从 APNIC 申请到 44 个 B 类地址和 160 个 C 类地址。

(3) CST.NET：是由中国科学院运营管理的，连接了中国科学院总部和分院以及中国科学院以外的一批我国科技单位的网络。

CST.NET 从 APNIC 共申请到两个 B 类和 134 个 C 类数量的地址。

(4) 吉通公司：商业性质。有 1 个 B 类和 32 个 C 类数量地址。

(5) CNNIC 是 APNIC 的大型联盟成员，它根据国内的具体情况将联盟成员类型分为 3 种。

(1) 普通联盟成员：主要是面向那些地址需求量不大而且面向内部使用的单位。这些单位没有权利将自己的地址分配给外单位的用户。这类成员一般一次申请就能满足其在今后若干年的地址需求。CNNIC 对此类成员实行按申请的地址量一次性收费方法。

(2) 年费联盟成员：主要是面向提供接入服务的 ISP，这类 ISP 地址需求量较大，并同接入其网络的用户提供 IP 地址。对于此类成员，CNNIC 实行联盟成员年费和 IP 地址及 AS 号费用分开的收费方法。

(3) 协作联盟成员：主要是面向提供接入服务的 ISP 及其用户，此类 ISP 有着大量的用户，IP 地址需求量较大。对于此类 ISP，每年只需交纳一定的年费，申请成为协作联盟成员，这样协作联盟成员的用户就可直接向 CNNIC 申请所需的地址，用户只需交纳地址的费用便可得到满足其需求的地址，协作联盟成员也不会因为地址资源不足而影响其接入用户的发展。

CNNIC 从 APNIC 申请到 176 个 C 类数量的 IP 地址。

3.4 Internet 的域名地址

3.4.1 DNS 介绍

在 Internet 上，主机用 32 位 IP 地址来标识。对于计算机来说 IP 地址紧凑，占用存储量少，操作方便。但对用户来说，显然是不容易记忆的。为此，人们将 IP 地址符号化，目的是方便用户记忆和使用，称此符号为域名。域名对人方便了，但对计算机就不方便了。因此，Internet 的域名系统 DNS(Domain Name System)就是为 Internet 上的计算机提供域名与 IP 地址之间的转换服务，也称为域名服务或名字服务。Internet 上的各种应用服务，如电子邮件系统、远程登录、文件传输、WWW 等都需要 DNS 提供的服务。

在 ARPANET 时代，整个网络上只有几百台计算机，网络主机名与 IP 地址之间的转换就保存在一个文本文件 host.txt 之间，并由一台主机集中维护。然而，随着 Internet 规模的扩大，主机数量的大量增加，这种集中式的管理暴露了一系列的问题，如重名、主机负荷过重而无法正常工作等。因此迫切需要一个分布式、分散管理的名字系统. 于是 DNS 应运而生，它的功能有两个：一是定义了一套为主机取域名的机制；二是把域名和 IP 地址进行高效率的互换。

3.4.2 域名空间

DNS是一个分布式的数据库系统，它没有保存所有的主机信息，而是将这些信息存放在许多分布式的域名服务器中，这些域名服务器组成一个层次结构系统。DNS将整个Internet视为一个域名空间，域名空间是由不同层次的域组成的集合。在DNS中，一个域代表该网络中要命名资源的管理集合。这些资源通常指工作站、PC、路由器等，但理论上可以标识任何东西。不同的域由不同的域名服务器来管理，域名服务器负责管理存放主机名和IP地址的数据库文件，以及域中的主机名和IP地址的映射。每个域名服务器只负责整个域名数据库中的一部分信息，而所有域名服务器中的数据库文件中的主机和IP地址集合组成DNS域名空间。域名服务器分布在不同的地方，它们之间通过特定的方式进行联系，这样可以保证用户通过本地的域名服务器查询到Internet上所有的域名信息。

DNS的域名空间是由树状结构组织的分层域名组成的，如图3-9所示。顶层是一个无名的根(Root)域，用“.”表示。这个域只用来定位，并不包括任何信息，没有使用意义，通常被忽略。

根域之下是顶级域名。目前包括的域名有com、edu、gov、mil、net、arpa等，所有的顶级域名由Internet网络信息中心控制。

顶级域名一般分为两类。

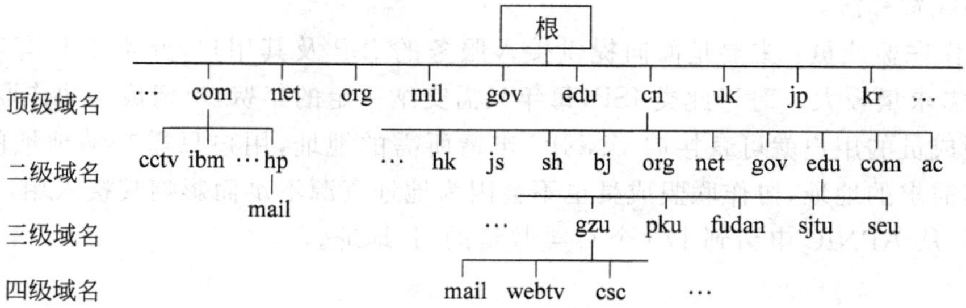

图3-9 DNS域名空间

(1) 通用域：采用3个字符的代号表示DNS域中所包含的组织的主要功能或活动。通用域一般只用于美国境内的组织，美国的大部分组织都包含在这些组织域的某一个之中。

(2) 国家域：采用两个字符的国家/地区代号，常用的国家顶级域名如下：

au	澳大利亚	it	奥地利	ca	加拿大
cn	中国	de	德国	dk	丹麦
fr	法国	uk	英国	in	印度
us	美国	jp	日本	kr	韩国
mx	墨西哥	pl	波兰	ru	俄罗斯

顶级域名之下是二级域名。二级域名通常是由NIC授权给其他单位或组织自己管理的。一个拥有二级域名的单位可以根据自己的情况再将二级域名分为更低级的域名授权给单位下面的部门管理。DNS域名树的最下面的叶节点为单个的计算机，称为主机名。域名的级数通常不多于5个。

在DNS树中，每一个节点都用一个简单的字符串(不带点)标识：

叶节点名.三级域名.二级域名.顶级域名

这个字符串称为完整的 DNS 域名，DNS 利用完整的名称方式来记录和说明域名。如"mail. gzu. edu. cn"，"mail"是最基本的信息，这是一台邮件服务器，"gzu"是主机域名，"edu"是用于表示教育机构的二级域，"cn"表示域名空间的顶级域，即国家域——中国。

3.4.3 域名服务器

1. 域名服务器的工作原理

存储 DNS 域名信息的 DNS 服务器称为域名服务器，也称为名字服务器。巨大的 Internet 不可能用一个域名服务器来管理全球的域名信息，而将全球域名服务器按照域名空间的层次关系进行组织，使各域名服务器分布式存储各自管理的一部分域名信息——具有某一后缀的所有计算机的域名。这些具有某一后缀的所有计算机组成一个区域，在这个区域上至少有两个域名服务器，一个主服务器和一个辅助服务器，以保证在发生故障时仍可提供域名服务。

Internet 上的域名服务器按照管理的区域来分有以下 3 种不同的类型。

(1) 本地域名服务器：每个 Internet 服务提供者(ISP)，或一个大学，甚至一个大学里的系，都可以拥有一个本地名字服务器，它有时也称为默认域名服务器。本地服务器离用户比较近，一般不超过几个路由器的距离。当所要查询的主机也属于同一个本地 ISP 时，该域名服务器就能将所查询的主机名转换成它对应的 IP 地址，而不需要再去询问上级域名服务器。

(2) 根域名服务器：目前在 Internet 上有十几个根域名服务器，大部分都在北美。当一个本地名字服务器不能立即回答某个主机的查询时(因为在它里面没有相应的主机信息)，该本地域名服务器就以 DNS 客户的身份向某一个根域名服务器查询。若根域名服务器有被查询的主机的信息，就发送 DNS 回答报文给本地名字服务器，然后本地域名服务器再回答发起查询的主机。但当根域名服务器没有被查询主机的信息时，它一定知道某个保存有被查询主机名字映射的授权域名服务器的 IP 地址。通常根域名服务器用来管理顶级域。根域名服务器并不直接对顶级域下面所属的所有域名进行转换，但它一定能找得到下面所有二级域名的域名服务器。

(3) 授权域名服务器：每一个主机都必须在授权域名服务器处注册登记。通常一个主机的授权域名服务器就是它的本地 ISP 的一个域名服务器。实际上为了更加可靠地工作，一个主机最好有至少两个授权域名服务器。许多域名服务器同时充当本地域名服务器和授权域名服务器。授权域名服务器总是能够将其管辖的主机名转换为该主机的 IP 地址。

在每一个域名服务器中都有一个缓存区(Cache)，这个缓存区的主要目的是将该域名服务器所查询出来的主机名及相对的 IP 地址信息记录在缓存区中，这样当下一次还有另外一个客户端到本服务器上去查询相同的名称时，服务器就不用再次到其他域名服务器上去寻找，而直接可以从缓存区中找到该主机信息，传回给客户端，加速客户端对名称查询的速度。

例如：DNS 客户端向指定的 DNS 服务器查询网络上某台主机名对应的 IP 地址，当 DNS 服务器在缓冲区中找不到用户所指定的名称时，会转向该服务器的缓存区找寻是否有该信息，当缓存区也找不到时，会向最接近的域名服务器去要求帮忙找寻该主机的 IP 地址，在另一台服务器上也有相同的动作的查询，当查询到后会回复原本要求查询的服务器，该 DNS 服务器在接收到另一台 DNS 服务器查询的结果后，先将所查询到的主机名称及对应 IP 地址记录到缓存区中，最后在将所查询到的结果回复给客户端。

2. 域名解析的方式

域名解析的方式分为递归式和迭代式两种。前者是由 DNS 代理去问，问的方法是用迭代方式，后者是由本机直接做迭代式的询问。我们一般查询域名与IP地址映射的过程中，实际上这两种查询模式都是交互存在着的。

(1) 递归式：DNS客户端向DNS服务器的查询模式，这种方式是将要查询的封包送出去问，就等待正确名称的正确响应，这种方式只处理响应回来的封包是否是正确响应或是说是找不到该名称的错误信息。

(2) 迭代式：DNS服务器间的查询模式，由Client端或是DNS Server上所发出去问，这种方式送封包出去问，所响应回来的资料不一定是最后正确的名称位置，但也不是如上所说的响应回来是错误信息，它响应回来告诉客户端最接近的IP位置，然后再到最接近的IP上去寻找所要解析的名称，反复动作直到找到正确位置。

3.4.4 中国互联网的域名规定

根据《中国互联网络域名管理办法》，中国互联网中的域名规定如下。

(1) 我国互联网络域名体系中各级域名可以由字母(A～Z，a～z，大小写等价)、数字(0～9)、连接符(－)或汉字组成，各级域名之间用实点(.)连接，中文域名的各级域名之间用实点或中文句号(。)连接。

(2) 我国互联网络域名体系在顶级域名“CN”之外暂设“中国”、“公司”和“网络”3个中文顶级域名。

(3) 顶级域名CN之下，设置“类别域名”和“行政区域名”两类英文二级域名。设置“类别域名”7个，分别为：

① AC—适用于科研机构；

② COM—适用于工、商、金融等企业；

③ EDU—适用于中国的教育机构；

④ GOV—适用于中国的政府机构；

⑤ MIL—适用于中国的国防机构；

⑥ NET—适用于提供互联网络服务的机构；

⑦ ORG—适用于非营利性的组织。

设置“行政区域名”34个，适用于我国的各省、自治区、直辖市、特别行政区的组织，见表3-4。

表3-4 我国行政区域名

域名	行政区域	域名	行政区域	域名	行政区域
BJ	北京市	XJ	新疆	GZ	贵州省
TJ	天津市	SH	上海市	YN	云南省
HE	河北省	CQ	重庆市	XZ	西藏
NM	内蒙古	SX	山西省	SN	陕西省
JL	吉林省	LN	辽宁省	GS	甘肃省
JS	江苏省	HL	黑龙江省	QH	青海省
AH	安徽省	ZJ	浙江省	NX	宁夏
JX	江西省	FJ	福建省	TW	台湾省
HA	河南省	SD	山东省	HK	香港
HN	湖南省	HB	湖北省	MO	澳门
GX	广西省	GD	广东省		
SC	四川省	HI	海南省		

(4) 在顶级域名 CN 下可以直接申请注册二级域名。

(5) 任何组织或者个人不得采取任何手段妨碍我国境内互联网域名系统的正常运行。

习 题 3

1. Internet 的含义是什么?
2. Internet 有什么特点?
3. Internet 能够提供什么服务?
4. 简述 Internet 的工作原理。
5. 简述 TCP/IP 模型的定义。
6. 与 IP 协议配合使用的网际层协议有哪些?
7. 简述 TCP 协议与 UDP 协议的区别。
8. IPv4 与 IPv6 的主要区别是什么?
9. 什么是 IP 地址? IP 地址的作用是什么?
10. IP 地址的类别有哪几种?
11. 默认的 A 类地址的子网掩码是什么?
12. DNS 定义是什么?
13. 域名服务器分为哪几类? 它们的功能是什么?
14. 域名解析的方式有哪几种?

第4章 Internet的接入方式

本章要点

- PSTN 拨号接入技术；
- ADSL 接入技术；
- Cable Modem 接入技术；
- DDN 专线接入；
- 局域网接入；
- 无线接入技术。

本章难点

- 局域网接入；
- 无线接入技术。

Internet 正成为普通人生活中日益重要的一个组成部分，从电子邮件到 Web 浏览乃至视频服务，对带宽的要求正以几倍、几十倍的速度增长。然而，面对用户端带宽需求的快速增长，中间的接入方式的选择正确与否，也决定着能否与用户端的发展相适应。接入方式从早期的窄带化逐渐向宽带化过渡。而面对众多的宽带接入方式，“宽带”并没有很严格的定义，一般是以能够实现视频点拨的传输速率(512Kbps)为分界，将 512Kbps 及其以下的接入称为“窄带”，512Kbps 之上的接入方式则属于“宽带”。

一般而言，整个城市的互联网络由核心层、汇聚层、边缘汇聚层、接入层组成。社区端到末端用户接入部分就是通常所说的最后一公里，在实践中，人们比较重视的是网络性能和成本，目前可供选择的接入方式很多，主要有 PSTN、ISDN、DDN、LAN、DSL、Cable-Modem、PON 等，它们各有各的优缺点，针对不同的用户和不同的访问需要，可以选择适合的网络接入方式。

4.1 拨号接入技术

拨号接入技术是利用 PSTN(Published Switched Telephone Network，公用电话交换网)通过调制解调器拨号实现用户接入 Internet 的方式。这种接入方式是利用现有电话系统实现的一种接入方式。

用户通过拨号接入 Internet 的示意图如图 4-1 所示。图中，用户计算机利用调制解调器和电话线相连接入 PSTN 网，再通过接入服务器起到网关的作用，实现从 PSTN 到 Internet 的接入，并对用户完成授权、认证和计费等功能。

图 4-1　拨号接入示意图

计算机处理的信号为数字信号，而普通电话线上传输的是电脉冲模拟信号，为了使一台计算机能够通过电话线路与另一台计算机通信，就需要将准备发送或接收的信息转换成可以通过连接线路传送的电脉冲信号，即利用 Modem 实现调制/解调。

Modem(Modulator and Demodulator，调制解调器)的主要功能就是将数字信号转换为模拟信号发送，同时将模拟信号转换为数字信号接收。前一过程就称为调制，后一过程称为解调。调制解调器每秒钟传输的比特数越多，信息发送的速度就越快。调制解调器分为外接和内置的两种。外接的调制解调器使用时需要通过一根数据线与计算机上的 RS232-C 口连接；内置调制解调器是一块板卡，直接插入到计算机主板上的插槽内。调制解调器上一般有两个 RJ11 端口，用于连接电话线的接头，一个端口标有 LINE，用于连接电话线；另一个端口标有 PHONE 字样，用来连接电话。这样，在不使用调制解调器连接 Internet 时，就可供用户正常使用电话。

Modem 具有自动拨号的功能，可由计算机自动完成拨号工作。由于使用数据压缩技术并改进了调制技术，电话系统拨号上网的数据速率已经从 14.4Kbps、28.8Kbps、33.6Kbps 提高到了目前的 56Kbps，它已经接近于话音模拟电话线发送数据的极限速率。但是，能否获得这样高的传输速率，还在很大程度上取决于电话线的连接质量。

PSTN 拨号接入的主要缺点是带宽有限，速率一般为 56Kbps，这种速率远远不能够满足宽带多媒体信息的传输需求，另外，当拨号上网时，一般情况下，通信线路被全程占用，不能同时实现语音通话、传真等业务；但由于电话网非常普及，用户终端设备 Modem 很便宜，而且不用申请就可开户，只要有电脑，把电话线接入 Modem 就可以直接上网。因此，PSTN 拨号接入方式比较方便，至今仍是网络接入的主要手段之一。

通过电话系统拨号接入 Internet 的优点是比较灵活，只要有电话的地方就能上网，成本也不高。因此，对于访问次数不频繁的用户比较适合。

4.2　通过 ISDN 连接上网

ISDN (Integrated Service Digital NeTwork，综合业务数字网)，俗称为“一线通”，它采用数字传输和数字交换技术，将电话、传真、数据、图像等多种业务综合在一个统一的数字网络中进行传输和处理。ISDN 可以分为窄带 ISDN 和宽带 ISDN 两种。窄带 ISDN 采用基本速率接口(BRI，Basic Rate Interface)，基本速率接口包括两个能独立工作的 B 信道(64kbps)和一个 D 信道(16kbps)，其中 B 信道一般用来传输话音、数据和图像，D 信道用来传输信令或分组信息，所以 BRI 接口的速率为 144Kbps，当用户同时占用两条 B 信道接入 Internet 时，数据的传输速率最高可为 128Kbps。

宽带 ISDN 采用基群速率接口(Primary Rate Interface，PRI)，根据 PCM 系统划分时隙不同，PRI 接口分为 30B＋D 和 23B＋D。中国采用的是 30B＋D 的 PRI 接口形式，支持 30 条

64Kbps 的 B 信道和 1 条 64Kbps 的 D 信道。

窄带 ISDN 接入 Internet 的过程与 Modem 拨号类似，如图 4-2 所示。首先是由 NT1 设备向远端的接入服务器发起建立请求，通过验证后，接入服务器从空闲的链路中选择两条分配给该用户，并通过链路捆绑技术将其合并为一条逻辑线路实现数据传输的负荷分担。这样，用户就可以获取 128Kbps 的接入速率了。ISDN 的传输是纯数字过程，通信质量大大提高，经测试表明 ISDN 数据传输比特误码性能比传统电话线路至少改善 10 倍，此外它的连接速度非常快，通常只有几秒钟就可以拨通。

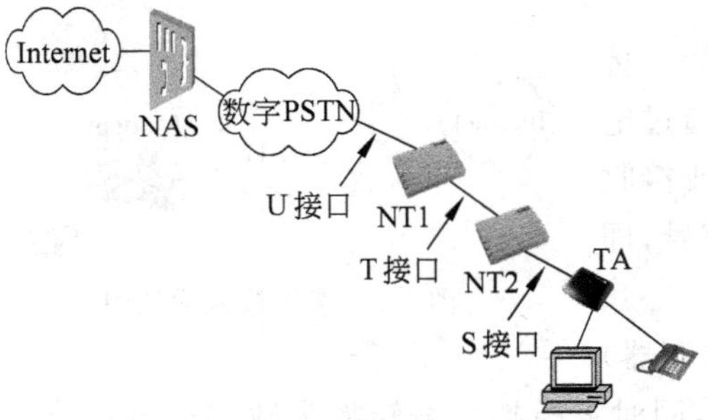

图 4-2　ISDN 接入过程

如图 4-2 所示，在用户侧，根据几个功能点，我们可以将所有的设备以参考点为界分为几个功能群。

U 接口：是网络与用户之间的线路接口，也称为 U 参考点。它规定了传输线路的码型。我国 U 接口采用的传输线路码型是 2B1Q 码，即线路上传输的是 4 个电平，每一个电平表示两位二进制码的一种组合。这样可以使传输线路上的速率比二进制码速率降低一半，减小传输衰耗。

S、T 接口：是用户端与网络终端之间或 1 类网络终端与 2 类网络终端之间的线路接口，也称为 S 和 T 参考点。当 2 类网络终端设备不存在时，S、T 合并称为 S/T 接口。它规定了传输线路码型，采用的是四线传输方式，两线发两线收。S、T 接口上的信号采用固定长度的帧。

R 接口：是非标准 ISDN 终端接口，又称 R 参考点。

NT1(NetworkTermination1)1 类网络终端，用于连接 ISDN 终端和 ISDN 交换设备，完成用户终端信号和线路信号的转换。NT1 一般提供一个 U 接口插槽，两个 S/T 接口插槽，可以同时连接两台终端设备。U 接口采用 RJ11 的插头，S/T 采用 RJ45 的插头。大多数的用户终端设备必须通过 NT1 与用户线路连接，不能直接与用户线路连接。

NT2(NetworkTermination2)是 2 类网络终端，相当于 PABX、LAN 路由器等终端控制设备。

TE1(Terminal Equipment Type 1)是 1 类终端设备，ISDN 标准终端，具有标准的 S 接口，可以通过 S 接口与 NT1、NT2 直接相连。常见的设备有 G4 传真机、ISDN 数字电话机等。

TA (Terminal Adapter) ISDN 终端适配器，TA 能和各种 PC 相连，使得现有的非 ISDN 标准终端(例如模拟话机、G3 传真机、分设备、PC)能够在 ISDN 上运行，为用户在现有终端上提供 ISDN 业务。

ISDN 能够利用一条用户线路实现综合数据传输。由于采用端到端的数字传输，传输质量明显提高。只需一个入网接口，使用一个统一的号码，就能从网络得到所需要使用的各种业务，使用灵活方便。用户在这个接口上可以连接多个不同种类的终端，而且有多个终端可以同时通信。上网速率虽可达到 128Kbps。但是速度还不够快。长时间在线费用会很高。初期设备费用也比较贵。

4.3 DDN专线接入方式

随着中小型企业业务量的增加，关键业务量也不断增多，一些关键业务由于传统的接入带宽不足而受到制约，影响了中小型企业对关键业务的处理，从而给中小型企业带来了无法估量的损失。为了解决这一问题，众多中小型企业纷纷选择专线上网，来满足关键业务对高速网络的需求。在众多中小型企业选择的专线上网中，最常见的一种就是DDN专线上网。

DDN(Digital Data Network)即数字数据网，是利用光纤、数字微波或卫星等数字信道，提供永久或半永久性电路，以传输数据信号为主的信号网络。它区别于传统模拟电话专线的显著特点是数字专线，传输质量高，时延小，通信速度可以根据需要在2.4Kbps～2Mbps之间选择。用DDN方式接入Internet，传输速率可以达到64Kbps～2Mbps。采用DDN接入方式，可以免费获得IP地址，但是它必须支付初装费、安装调试费、端口租用费和信息流量费。

4.3.1 DDN的网络结构

DDN由数字传输电路和相应的数字交叉复用设备组成。其中，数字传输主要以光缆传输电路为主，数字交叉连接复用设备对数字电路进行半固定交叉连接和子速率的复用。组成DDN的基本单位是节点，各节点间通过光纤连接，构成网状的拓扑结构，数据终端设备(DTE)通过数据服务单元(DSU)与就近的节点机相连。如图4-3所示。

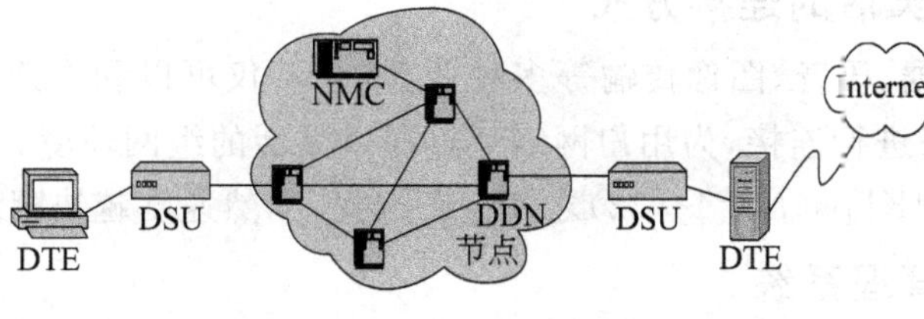

图4-3 DDN专线接入网络结构图

DTE：数据终端设备，表示接入DDN的用户端设备，可以是普通计算机或局域网服务器，也可以是一般的传真机、电传机、电话机等。DTE和DTE之间是全透明传输。

DSU：数据服务单元，可以是调制解调器或基带传输设备，以及时分复用、语音/数字复用等设备。

NMC表示网管中心，可以方便地进行网络结构和业务的配置，实时监视网络运行情况，进行网络信息、网络节点告警、线路利用等情况的收集和统计工作。

DDN专线接入Internet是指用户与ISP之间以通过物理线路的实际连接来传输数字数据，达到接入互联网的目的。常见的固定DDN专线按传输速率可分为14.4Kbps、28.8Kbps、64Kbps、128Kbps、256Kbps、512Kbps、768Kbps、1.544Mbps(T1线路)及44.763Mbps(T3)九种，目前DDN可达到的最高传输速率为155Mbps，平均时延≤450μs。

DDN的主干传输为光纤传输，采用数字信道直接传送数据，所以传输质量高。采用专线连接的方式而不必选择路由，直接进入主干网络，所以时延小速度快，14.4Kbps的DDN绝对比14.4Kbps的拨号上网快很多、采用点对点或点对多点的专用数据线路，特别适用于业务量大、实时性强的用户。

DDN专线不仅需要铺设专用线路从用户端进入主干网络，所以使用专线除了要和使用拨号上网一样要付两种费用：一是电信月租费，就像拨接上网要付电话费一样；另一种费用则是网络使用费，另外还有电路租用费等，用户端还需要专用的接入设备和路由器，其花费对于普通用户来说是承受不了的。

4.3.2 DDN特点

由于DDN是采用数字传输信道传输数据信号的通信网，因此，它可提供点对点、点对多点透明传输的数据专线出租电路，为用户传输数据、图像、声音等信息。使用DDN具有如下特点。

1. DDN是透明传输网

由于DDN将数字通信的规则和协议寄托在智能化程度的用户终端来完成，本身不受任何规程的约束，所以是全透明网，是一种面向各类数据用户的公用通信网，它可以看成是一个大型的中继开放系统。

2. 传输速率高，网络时延小

由于DDN用户数据信息是根据事先的协议，在固定通道带宽和预先约定速率的情况下顺序连接网络，这样只需按时隙通道就可以准确地将数据信息送到目的地，从而免去了目的终端对信息的重组，因此减少了时延。

3. DDN可提供灵活的连接方式

DDN可以支持数据、语音、图像传输等多种业务，它不仅可以和客户终端设备进行连接，而且还可以和用户网络进行连接，为用户网络互连提供灵活的组网环境。DDN的通信速率可根据用户需要在$N\times64$Kbps($N=1\sim32$)之间进行选择，当然速度越快租用费用也就越高。

4. 灵活的网络管理系统

DDN采用的图形化网络管理系统可以实时地收集网络内发生的故障并进行故障分析和定位。通过网络图形颜色的变化，显示出故障点的信息，其中包括网络设备的地点、网络设备的电路板编号及端口位置，从而提醒维护人员及时准确地排除故障。

5. 保密性高

由于DDN专线提供点到点的通信，信道固定分配，保证通信的可靠性，不会受其他客户使用情况的影响，因此通信保密性强，特别适合金融、保险客户的需要。

DDN将数字通信技术、计算机技术、光纤通信技术以及数字交叉连接技术有机地结合在一起，提供了高速度、高质量的通信环境，为用户规划、建立自己安全、高效的专用数据网络提供了条件，因此在多种接入方式中深受广大客户的青睐。以DDN方式接入Internet，具有专线专用、速度快、质量稳定、安全可靠等特点，适用于对数据的传输速度、传输质量和实时性、保密性要求高的数据业务，如商业、金融业、电子商务领域等。

但是DDN覆盖范围不如PSTN网，并且费用昂贵。由于DDN需要铺设专用线路从用户端进入主干网络，所以使用DDN专线不仅要付信息费，还要付DDN线路月租费。多媒体通信的应用正在普及，视频点播(IP/TV)、电子商务(EBusiness)、IPPhone、电子购物等新应用正在推广，对网络的带宽、时延、传输质量也提出了更高的要求。DDN 独享资源，信道专用将会造成一部分网络资源的浪费，并且对于这些新技术的应用又会带来带宽显得太窄等问题，DDN 越来越不适应当前的网络发展，必须寻找一些更高带宽的接入技术的方案。

4.4 xDSL

数字用户线(xDSL：Digital Subscriber Line)即数字用户线路，是美国贝尔通信研究所于1989 年为推动视频点播(VOD)业务开发出的用户线高速传输技术。它是以铜电话线为传输介质的点对点传输技术。DSL 技术目前已经得到大量应用，是非常成熟的接入技术。

由于 xDSL 是以现有的铜质电话线路为基础，与话音工作于不同频段，基本不影响电话的正常使用，话音所占频带为 0～4KHz；xDSL 调制频带为 4.4～1MHz，采用了更好的调制解调传输码型。采用 xDSL 接入技术，用户可以花费比较低的费用获得较高的通信带宽；降低企事业单位的中心办公室交换机上的负载；允许服务提供商为用户提供新网络服务等。

4.4.1 xDSL 接入技术

目前已提出的数字用户线(xDSL)技术主要有以下几种。

1. HDSL(High-data-rate Digital Subscriber Line，高速率数字用户线路)

HDSL 是一种对称的高速数字用户环路技术，上行和下行通信提供相等的带宽，传输速率可达到 T1/E1，一般采用两对电话线进行全双工通信，有效传输距离只有 5km，其典型的应用是代替现有的 T1 方式将远程办公室连接起来。通过两对或三对双绞线提供全双工 1.544/2.048Mbps(T1/E1)的数据信息传输能力。通常采用 2B1Q 或 CAP 两种线路编码方式，其无中继传输距离视线径不等约为 4～7km。HDSL 的缺点是用户需要第二条电话线，并且目前产品可选厂商比较少。

2. ADSL(Asymmetric Digital Subscriber Line，非对称数字用户线路)

ADSL 是一种上行和下行传输速率不对称的技术。ADSL 上行速率为 224～640Kbps，下行传输速率为 1.544～9.2Mbps；传输距离在 2.7～5.5km，主要适用于用户远程通信、中央办公室连接。ADSL 技术的优势是其以标准形式出现，只使用一对电话线路，传输距离长；其不足为传输速率和距离相互制约。ADSL 技术是目前应用得比较好的一种 DSL 技术。

3. SDSL(Single-pair/Symmetric Digital Subscriber Line，单对线路/对称数字用户线路)

使用一对铜双绞线对在上、下行方向上实现 T1/E1 传输速率的技术，是 HDSL 的一个分支。它采用 2B1Q 线路编码，上行与下行速率相同，传输速率由几百 Kbps 到 2Mbps，传输距离可达 3km 左右。

4. RADSL(Rate-Adaptive Digital Subscriber Line，速率自适应数字用户线路)

RADSL 能够自动地、动态地根据所要求的线路质量调整自己的速率，为远距离用户提供质量可靠的数据网络接入手段。RADSL 是在 ADSL 基础上发展起来的新一代接入技术，其传输距离可达 5.5km 左右。

5. VDSL(Very-high-data-rate Digital Subscriber Line，甚高速率数字用户线路)

VDSL 和 ADSL 一样也是一种上行和下行传输速率不对称的技术。VDSL 使用一条电话线，获得下行传输速率可达 13～52Mbps，上行速率为 1.5～2.3Mbps，传输距离约为 300m～1.3km，其主要用于视频和多媒体等相关场合。可以看出，VDSL 最大的优点是可以得到极高的数据传输速率；但其传输距离短，传输速率不稳定，并且没有标准。

6. IDSL(ISDN-based Digital Subscriber Line，基于 ISDN 数字用户线路)

IDSL 可以认为是 ISDN 技术的一种扩充，它用于为用户提供基本速率 BRI(128Kbps)的 ISDN 业务，但其传输距离可达 5km，其主要应用场合有远程通信和远程办公室连接。

到目前为止，xDSL 采用的调制解调技术仍未形成较为集中的统一标准，无论是国际上还是国内，均未得到大规模的发展和推广，仍仅应用于特殊场合下。如专线大用户要求高速(2Mbps 以上)接入附近的电信局端。ADSL 接入技术是近年来应用得比较成功的一个技术，接下来我们主要讨论 ADSL 技术的具体实现。

4.4.2 ADSL

ADSL 是利用双绞铜线向用户提供两个方向上速率不对称的宽带信息业务。其下行速率高达 6～9Mbps，传输距离可达 3～5km，典型的下行速率有 T1、E1、DS2(6.312Mbps)、E2(8.448 Mbps)。上行速率低，随各公司产品而不同，通常为 16～640Kbps。

ADSL 在一对电话线上同时传送一路高速下行数据、一路较低速率数据、一路模拟电话。各信号间采用频分复用方式占用不同频带，低频段传送话音；中间窄频带传上行信道数据及控制信息；其余高频段传下行信道数据、图像或高速数据。

ADSL 技术利用现有双绞线传输宽带业务，可保护投资；降低成本，特别适于大量分散的住宅用户。它被广泛用于 Internet 接入、远端 LAN 接入、视频点播(VOD)、远程教学、多媒体检索等宽带业务的接入与传输。目前 ADSL 技术及其应用正不断发展，与之相应的 ADSL 调制与处理芯片也大量推向市场，电信设备厂商也生产出不同类型的 ADSL 调制解调产品并积极开拓市场，使 ADSL 系统在接入网中不断拓宽应用。

1. ADSL 系统结构

如图 4-4 所示，ADSL 使用一对电话线，在用户线两端各安装一个 ADSL 调制解调器，该调制解调器采用了频分复用(FDM)技术，将带宽分为 3 个频段部分：最低频段部分为 0～4kHz，用于普通电话业务，中间频段部分为 20～50kHz，用于速率为 16～640Mbps 的上行数据信息的传递；最高频段部分为 150～550kHz 或 140kHz～1.1MHz，用于 1.5～6.0Mbps 的下行数据信息的传送。

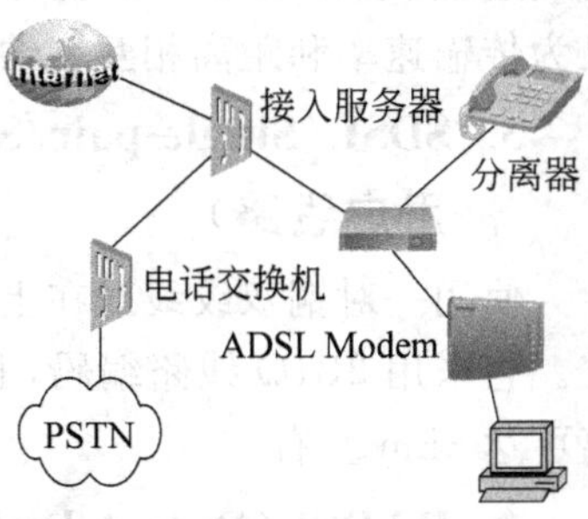

图 4-4 ADSL 接入结构示意图

1) 分离器

ADSL 技术能同时提供电话和高速数据业务，为此应在已有的双绞线的两端接入分离器，分离承载音频信号的 4kHz 以下的低频带和 ADSL Modem 调制用的高频带。分离器实际上是由低通滤波器和高通滤波器合成的设备，为简化设计和避免馈电的麻烦，通常采用无源器件构成。

2）ADSL Modem

用户端的 ADSL Modem 内部结构与 V.34 等模拟 Modem 几乎相同。主要由处理 D/A 变换的模拟前端（analog front end）、进行调制/解调处理的数字信号处理器（DSP）以及减小数字信号发送功率和传输误差，利用"网格编码"和"交织处理"实现差错校正的数字接口构成。

交换局端的接入产品大多具有多路复用功能，多条 ADSL 线路传来的信号在接入设备中进行复用，通过高速接口向主干网的路由器等设备转发，这种配置可节省路由器的端口，布线也得到简化。

2. ADSL 的调制技术

ADSL 的调制技术是 ADSL 的关键所在。在 ADSL 调制技术中，一般均使用高速数字信号处理技术和性能更佳的传输码型，用以获得传输中的高速率和远距离。在信号调制技术上，ADSL 调制解调器主要采用 CAP 和 DMT 技术。

（1）CAP（Carrierless Amplitude and Phase Modulation，无载波幅相调制）。CAP 是 AT&T 提出的调制方式，数据信号在发送前被压缩，然后沿电话线发送，在接收端重组。CAP 的主要优点为：载波频率可变，在一个频率周期或波特内传输 2 到 9 位二进制数据，因此在相同的传输速率下，占用更少的带宽，传输距离更远。

（2）DMT（Discrete MultiTone Modulation，离散多音调制）。DMT 采用多载波调制技术，将传输铜线上 1.1MHz 以下可用频段划分为多个（典型为 256 个）子信道，每个子信道的带宽为 4kHz，对应不同频率的载波，并根据子信道发送数据的能力将数据分配给各子信道，不能载送数据的子信道被关掉。DMT 用离散快速傅立叶变换进行编解码，DMT 尝试可能的最高速率，根据线路的噪声和衰减特性分配数据。

由于 CAP 信号传输占用全部信道带宽，所以频域和时域噪声都会对它造成影响。DMT 的每个很窄的子信道频带内的电缆特性可以近似认为是线性的，因此脉冲混叠可以减到最低程度。在每个子信道内传送的比特率可以按该信道内信号和噪声的大小自适应地变化，故 DMT 技术可自动避免工作在干扰较大的频段。

采用 ADSL 技术后，可在双绞线上传送高达数 Mbps 的数字信号，同时提供电话和高速数据业务；ADSL 是利用现有的 PSTN 网络用户接入线，无须另外投资，只需用户端增加 ADSL Modem 和分离器，就可以实现语音、数据、图像等多业务同时传输，还可以获取上 Mbps 的接入带宽。采用 ADSL 技术后可通过分离器将话音和数据分别送入电话交换机和 Internet，从而抑制了 Internet 的业务量流入电话网。

4.5 Cable Modem

Cable Modem，电缆调制解调器又名线缆调制解调器，它是近几年随着网络应用的扩大而发展起来的，主要用于有线电视网进行数据传输。现有的有线电视 CATV 系统中普遍采用广播方式的光纤/同轴电缆混合网络（HFC，Hybrid Fiber/Coax），即电视信号→头端→光缆→小区节点→同轴电缆→用户家中的单向树型网络结构，网络传输主干为光纤，到用户端为同轴电缆的用户网络接入方式，如图 4-5 所示。

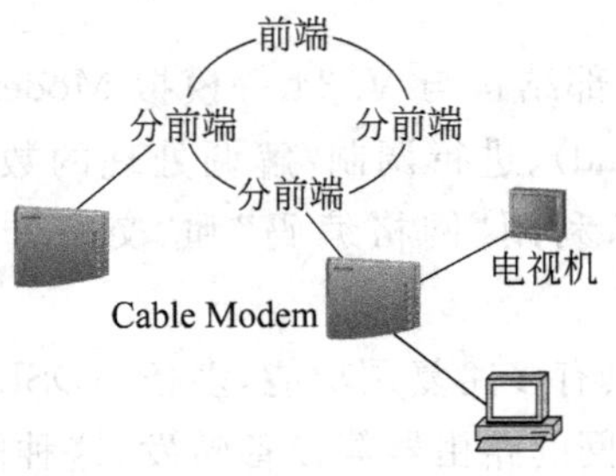

图 4-5　前端＋光纤环网＋“树”型同轴电缆网

4.5.1　Cable Modem 技术原理

Cable Modem 是在 HFC 网络上提供双向 IP 数据业务的用户端设备，它利用 HFC 网络，与头端 CMTS 配合，在用户设备和数据业务节点之间透明地传送 IP 数据包。它们的通信为总线方式，一台前端设备可为多个用户提供服务，从图中可以看出，CM 主要有两个数据接口，一个是对 HFC 网络的射频接口(RFI)，另一个是对用户驻地设备(CPE)的接口，称为用户网络接口(UNI)。与 CPE 的接口可以是以太网接口或 USB 接口。

在使用 Cable Modem 传输数据时，利用的是现有的有线电缆中的某一个频道。可将整个电缆划分为 3 个宽带，分别用于 Cable Modem 数字信号上传、数字信号下传及电视节目模拟信号下传。一般同轴电缆的频道范围为 5～860MHz，数字信号上传为 5～42MHz，模拟信号下传为 50～550MHz，数字信号下传则是 550～860MHz。

为了实现 Internet 接入，一般从 88MHz～860MHz 之间电视频道中分离出一条 6MHz 的信道用于下行传送数据。有线电视网采用的模拟传输协议，Cable Modem 用来完成数字数据的转换。Cable Modem 将数据进行调制后在 Cable 的一个频率范围内传输，接收时进行解调。Cable Modem 提供双向信道，上行信道带宽一般在 200Kbps～2Mbps 之间，最高可达 10Mbps。上行信道采用的载波频率范围在 5～40MHz 之间，由于这一频段易受家用电器噪声的干扰，信道环境较差，一般采用 QPSK 调制方式。下行信道的带宽一般在 3～10Mbps 之间，最高可达 36Mbps。下行信道采用的载波频率范围在 42～750MHz 之间，一般将数字信号调制到一个 6MHz 的电视载波上，典型的调制方式有 QPSK 和 64QAM 等，前者可提供 10Mbps 带宽，后者可提供 36Mbps 带宽。Cable Modem 属于共享介质系统，其他空闲频段仍然可用于有线电视信号的传输。

Cable Modem 还需要具有加密和解密功能。当给数据加密时，Cable Modem 对数据进行编码和扰码，使得盗取数据非常困难。当通过 Internet 发送数据时，本地 Cable Modem 对数据进行加密，有线电视网服务器端的 CMTS 对数据解密，然后送给 Internet。接收数据时则相反，有线电视网服务器端的 CMTS 加密数据，送上有线网，然后本地电脑上的 Cable Modem 解密数据。

4.5.2　Cable Modem 的工作流程

Cable Modem 加电工作后，首先自动搜索前端的下行频率，找到下行频率后，从下行数据中确定上行通道，与前端设备 CMTS 建立连接，并交换信息，包括上行电平数值、动态主机配置协议(DHCP)和简单文件传送协议(TFTP)服务器的IP地址等。Cable Modem有在线功能,即使用户不使用,只要不切断电源,则与前端始终保持信息交换,用户可随时上线。Cable Modem具有记忆功能,断电后再次上电时,使用断电前存储的数据与前端进行信息交换,可快速地完成搜索过程。

在CMTS和Cable Modem间的通道建立后,可使用简单网络管理协议(SNMP)进行网络管理。使用一个通用的SNMP网络管理程序,对于不同厂家的CMTS和Cable Modem设备,需将厂家提供的管理信息库(MIB)文件装入到SNMP Manager中,才能管理相应的设备。

Cable Modem的工作过程是:以DOCSIS标准为例,Cable Modem的技术实现一般是从87~860MHz电视频道中分离出一条6MHz的信道用于下行传送数据。通常下行数据采用64QAM(正交调幅)调制方式或256QAM调制方式。上行数据一般通过5~65 MHz之间的一段频谱进行传送,为了有效抑制上行噪音积累,一般选用QPSK调制(QPSK比64QAM更适合噪音环境,但速率较低)。CMTS(Cable Modem的前端设备)与CM(Cable Modem)的通信过程为:CMTS从外界网络接收的数据帧封装在MPEG-TS帧中,通过下行数据调制(频带调制)后与有线电视模拟信号混合输出RF信号到HFC网络,CMTS同时接收上行接收机输出的信号,并将数据信号转换成以太网帧给数据转换模块。用户端的Cable Modem的基本功能就是将用户计算机输出的上行数字信号调制成5~65MHz射频信号进入HFC网的上行通道,同时,CM还将下行的RF信号解调为数字信号送给用户计算机。

Cable Modem的前端设备CMTS采用10BASE-T,100BASE-T等接口通过交换型Hub与外界设备相连,通过路由器与Internet连接,或者可以直接连到本地服务器,享受本地业务。CM(Cable Modem)是用户端设备,放在用户的家中,通过10BASE-T接口,与用户计算机相连。

4.5.3 用户接入方式

有线电视网虽然拥有较大的带宽,但是由于有线电视的传播方式采用的是广播式,以单向传播的方式从电视台向用户传输,但是一旦接入Internet,所有数据都必须具有双向传输的特性,那么该如何进行改造,才能使单向的有线电视网实现双向数据传输,于是利用Cable Modem接入网络,就要适当地进行改造,可以有两种方法选择。

第一种是多用户共享Cable Modem的HFC+Cable Modem+Hub在五类线以太网入户方式,即可通过下连集线器支持最多几台PC上网;PC的IP地址通过头端DHCP服务器动态获得。

第二种是同轴电缆入户,用户独享Cable Modem的双向网络方式,用户可通过计算机以太网卡或USB口,连接到Cable Modem;PC的IP地址可通过头端DHCP服务器动态获得。

随着有线电视业界数据业务的急剧增长,目前Cable Modem产品已形成欧、美两大标准体系。北美标准体系包括MCNS(多媒体有线电视网络系统)和Cable Labs(有线电视实验室)两大组织。后来MCNS组织先后发表了MCNS的8个文件,统称为“Data over Cable射频接口规范”,即后来的DOCSIS标准。该标准在不断的完善过程中。欧洲标准体系包括DVB(数字视频广播)、DAVIC(数字音视频理事会)以及ECCA(欧洲有线电视运营商联盟)三个组织。Euro Cable Labs(欧洲有线电视实验室)在欧洲有线电视通信联盟的指导下,一直支持以DVB/DAVIC为基础的“欧洲调制解调器”,并发布了基于DVB/DAVIC的Euro Modem 1.0规范。

4.6 通过局域网接入 Internet

以太网是目前应用最广泛的局域网技术，它采用基带传输，通过双绞线和传输设备实现10M/100M/1000M 的网络传输。主要应用在企业网中以实现资源的自由共享。基于以太网技术的宽带接入网完全可以应用在公网环境中，为用户提供标准以太网接口，能够兼容所有带标准以太网接口终端，用户不需要另配任何接口卡或协议软件，它是一种十分廉价的宽带接入技术。

以太网接入是指将以太网技术与综合布线相结合，作为公用电信网的接入网，直接向用户提供基于 IP 的多种业务的传送通道。目前，前景比较光明的宽带接入方式是骨干网光纤到达大楼或小区，采用以太网接入即所谓 FTTX+LAN 的接入方式。

4.6.1 以太网接入技术的结构

以太网接入体系结构如图 4-6 所示。从中心机房铺设光缆至住户单元楼，楼内布线采用五类双绞线铺设至用户家里，双绞线总长度一般不超过 100m，用户电脑通过五类跳线接入墙上的五类模块就可以实现网络连接。中心机房的出口是通过光缆或其他介质接入城域网。网络由三级设备组成，即楼宇交换机、小区机房汇接交换机和主干交换机。主干交换机主要实现网间路由，提供上层 IP 城域网和各服务器接口。汇接交换机由若干台带多个光接口交换机组成，主要汇接楼宇交换机数据流量，以节省上级主干交换机端口数。楼宇交换机直接连接用户。

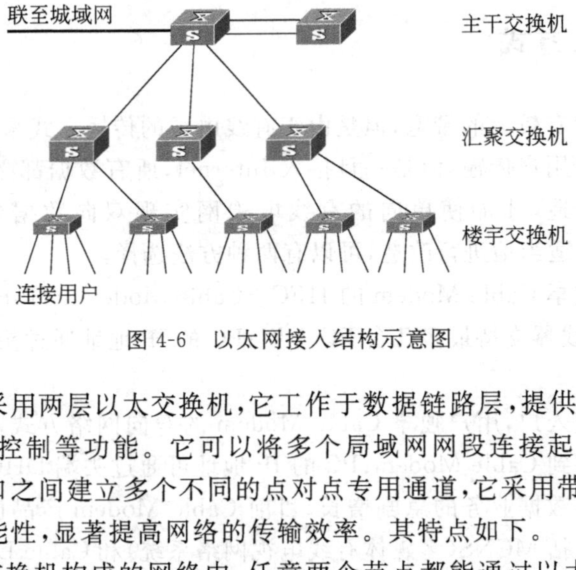

图 4-6 以太网接入结构示意图

以太网接入通常采用两层以太交换机，它工作于数据链路层，提供数据流量控制、传输差错处理、传输介质访问控制等功能。它可以将多个局域网网段连接起来形成更大的局域网。以太网交换机能在端口之间建立多个不同的点对点专用通道，它采用带宽独占模式，大大降低了网络发生拥塞的可能性，显著提高网络的传输效率。其特点如下。

(1) 在由以太网交换机构成的网络中，任意两个节点都能通过以太网交换机建立一条专用通道，数据传输可以独占该专用通道。

(2) 使用虚拟局域网(VLAN)技术，根据用户的要求将网络划分成若干个独立、较小的子网，可隔离广播风暴，提高网络的效率和安全性。

(3) 扩展网络的覆盖范围，扩大了网络的直径。

(4) 通过以太网交换机能够实现多种局域网互联。

采用 LAN 方式接入网络在一些校园网、企业内部网络中经常采用，可以充分利用局域网的资源优势，为用户提供 10Mbps 以上的共享带宽，并可根据用户的需求升级到 100Mbps 甚至更高。

4.6.2 以太网接入技术的关键问题

1. 用户管理

用户管理主要针对用户接入运营商网络需要进行开户登记，通过运营商对用户进行的认证、授权后，才能连接到 Internet 或小区的应用服务器；杜绝非法月户接入网络，占用网络资源，影响合法用户的使用，并根据用户的属性让用户享有不同服务等级和相应的权利。同时，在通信时进行计费管理。

为保证用户的合法性，一般可以采用静态地址（IP 或 MAC 地址）捆绑的方式，但静态地址数量的限制会使用户可用的网络设备的数量受到限制，并且更换网卡后需要管理部门确认后才能开通。

AAA 是网络接入中对于网络用户的验证、授权和计费技术的统称，它不特指某种具体的协议或技术，只是一个技术框架。AAA 一般包括用户终端、AAA Client、AAA Server 和计费软件 4 个环节。AAA Client 与 AAA Server 之间的通信采用 RADIUS 协议。AAA Server 和计费软件之间的通信为内部协议。计费上可根据经营方式的需要，考虑按时长、流量、次数、应用、带宽等多种方式。用户终端与 AAA Client 之间的通信方式通常称为"认证方式"，目前的主要技术有以下 3 种。

（1）PPPoE（point to point protocal over Ethernet）：在以太网上承载 PPP 协议（点到点连接协议），它利用以太网将大量主机组成网络，通过一个远端接入设备连入因特网，并对接入的每一个主机实现控制、计费功能，极高的性能价格比使 PPPoE 在包括小区组网建设等一系列应用中广泛采用方式的标准、设备成熟；承载数据与认证数据都需通过 PPPoE 封装，对用户控制能力强，但网络性能和设备处理效率低，容易形成流量瓶颈；设备价格高。并且由于 PPPoE 点对点的本质，在用户主机和服务器之间，限制了组播协议存在。这样，将会在一定程度上影响视频业务的开展。

（2）DHCP＋WEB 方式：DHCP＋Web 认证需要与 DHCP 服务器和 Web 认证服务器配合使用，主机首先通过 DHCP 得到一个 IP 地址，与 Web 认证服务器通信，也可以使用户只访问一些内部服务器；然后，接入服务器将用户强制连接到 Web 认证服务器上，并在浏览器中弹出认证页面。在该页面中输入用户名和密码，WebServer 作为 RADIUS 的 Client 端把认证信息传送到 RADIUSServer，对用户进行认证。认证通过后，用户获得新的合法的 IP 地址，可以访问互联网或特定的网络。在 DHCP＋Web 认证方式中，无特殊封装，认证通过后承载数据可直接转发，网络性能和设备处理效率较高，但对用户控制能力相对较弱；不论是否通过认证，均占用 IP 地址。另外，认证层次过高会影响认证效率，也会给某些网络资源的安全性带来一定隐患。

（3）IEEE 802.1x 技术：802.1x 协议称为基于端口的访问控制协议，这种方式中承载数据通道与认证通道分开，网络性能和设备处理效率较高；认证通过后分配 IP 地址；认证效率较高；更重要的是，它基于以太网内核，实现比较简单，与以太网设备能够很好融合，设备成本低。靠近用户一侧的以太网交换机上放置一个 EAP（ExtensibleAuthenticationProtocol）代理，用户 PC 运行 EAPoE（EAPoverEthernet）的客户端软件与交换机通信。初始状态下，交换机上的所有端口处于关闭状态，只有 802.1x 数据流才能通过，而另外一些类型的网络数据流，如动态主机配置协议、超文本传输协议(HTTP)、文件传输协议(FTP)、简单邮件传输协议(SMTP)和邮局协议(POP3)等都被禁止传输。当用户通过 EAPoE 登录交换机时，交换机将用户同时提供的用户名及口令传送到后台的 Radius 认证服务器上。如果用户名及口令通过了验证，则相应的以太网端口打开，允许用户访问。

2. 用户隔离

主要保障小区用户数据的安全，隔离携带用户个人信息的广播数据，如 ARP、DHCP 消息等，防止关键设备受到攻击。因此，网络要保证单播地址的帧只有指定用户才能够接收。对于广播地址的帧，需防止被其他个人用户接收，避免 MAC/IP 地址仿冒，并防止某些恶意消息影响用户的正常通信。

为了保证用户数据的安全性，除了要采用交换式以太网，还可以采用 VLAN 技术，通过划分 VLAN 来对用户进行隔离。VLAN(Virtual Local Area Network，虚拟局域网)逻辑上把网络资源和网络用户按照一定的原则进行划分，把一个物理上的网络划分成多个小的逻辑网络，并形成各自的广播域，有效防止了广播风暴，提高了网络可靠性和安全性。

3. 业务管理

以太网接入结构中应具有带宽控制能力，即保证用户最低接入速率，限制用户的最高接入速率；对于需要开展语音、视频组播等对带宽有较高要求的业务，能够提供业务的 QoS 保证。接入网需要支持组播业务，需要为保证 QoS 提供一定手段。

以太网的固有技术不提供端到端的包延时、包丢失率的控制能力，难以支持实时业务的服务质量。现在以太网采用组播功能、优先级控制等方法，随着以太网的带宽越来越大，基本可以满足延时、QoS 等方面的要求。在服务质量(QoS)方面，以太网技术只有流量控制、CoS(802.1p)等比较简单的机制。为提高服务质量，一方面，应保证网络上足够的带宽，另一方面，可借鉴 Diffserv 的一些方法，如整形(Shaping)、管制(Policing)、分类、队列调度(如采用 WFQ 等算法)、拥塞控制(如采用 WRED 等算法)等。

4. 集中管理和维护

为了能够对网络进行有效管理，提供故障定位、流量分析等方面的手段，需要采用至少支持 SNMP 协议的设备。通过 SNMP 协议，可以对链路状况、链路上的数据流量、设备的 CPU 和 MEM 利用率等进行实时监测；通过对设备发送的 Trap 信息的实时接收与分析，可以及时发现故障并提出相应的解决方案。小区网络应具有集中管理功能，小区中心能够监视网络运行和用户对网络的使用状况，避免用户因出现误操作或恶意攻击对网络正常运行带来的影响，能够及时发觉和处理出现的问题。管理员可在网络中心采用多种方式进行远程网络设备管理和维护，如 Web 登录、SNMP 协议以及成熟网管系统。同时，管理员还能网络远程开关用户端口，防止用户端口发出恶意信息影响整个网络。

基于以太网技术的宽带接入网技术与传统的用于计算机局域网的以太网技术相比，有了很大的发展。它具有增强的信息安全性，接近于电信级的网络可靠性，并且在一定条件下能保证用户的接入带宽，为用户提供稳定可靠的宽带接入服务。基于以太网技术的宽带接入网将在以后的宽带 IP 接入中发挥重要作用，光宽带 IP 城域网与以太网直接接入配合，将成为最有前途的宽带 IP 接入网。

LAN 方式是采用光缆＋双绞线的方式对社区进行综合布线，双绞线总长度一般不超过

100m，线路距离短，因而线路质量得到了更好的保障。而采用 LAN 方式一般是千兆光纤进小区，百兆光纤到楼，10/100M 到户的模式，用户可以获得 10M 以上的共享带宽，这比拨号上网速度快 180 多倍，在传输速率上完全可以满足在线视频播放的需求。

而 LAN 由于是采用以太网技术的接入方式，因而在地域上受到一定限制，只有已经铺设了 LAN 的小区才能够使用这种接入方式。但是一旦采用这种方式接入，用户可以获得足够的带宽，速度优势极为明显，可扩展性、抗干扰性、稳定性都很好。以太网拥有巨大的网络基础和长期的经验知识；目前所有流行的操作系统和应用都与以太网兼容；性能价格比好、可扩展性强、容易安装开通以及可靠性高；以太网接入方式与 IP 网很适应，同时以太网技术已有重大突破，容量分为 10/100/1000Mbps 三级，可按需升级，更高速率的以太网也正在出现。

4.7 光纤接入技术

光纤接入如今已经成为数字化小区和数字化楼宇的标志，光纤通信具有通信容量大、质量高、性能稳定、防电磁干扰、保密性强等优点。在干线通信中，光纤扮演着重要角色，在接入网中，光纤接入也将成为发展的重点。光纤接入网指的是接入网中的传输媒质为光纤的接入网。光纤接入网从技术上可分为两大类：即有源光网络（AON，Active Optical Network）和无源光网络（PON，Passive OpticaOptical Network）。有源光网络又可分为基于 SDH 的 AON 和基于 PDH 的 AON。

1. 接入网用 SDH 系统

有源光网络的局端设备（CE）和远端设备（RE）通过有源光传输设备相连，传输技术是骨干网中已大量采用的 SDH 和 PDH 技术，但以 SDH 技术为主。远端设备主要完成业务的收集、接口适配、复用和传输功能。局端设备主要完成接口适配、复用和传输功能。此外，局端设备还向网络管理系统提供网管接口。在实际接入网建设中，有源光网络的拓扑结构通常是星型或环型。在接入网中应用 SDH（同步光网络）的主要优势在于：SDH 可以提供理想的网络性能和业务可靠性；SDH 固有的灵活性使对于发展极其迅速的蜂窝通信系统采用 SDH 系统尤其适合。当然，考虑到接入网对成本的高度敏感性和运行环境的恶劣性，适用于接入网的 SDH 设备必须是高度紧凑，低功耗和低成本的新型系统，其市场应用前景看好。

接入网用 SDH 是支持 IP 接入的，目前支持以太网接口的映射，因此除了携带话音业务量以外，可以利用部分 SDH 净负荷来传送 IP 业务，从而使 SDH 也能支持 IP 的接入。支持的方式有多种，除了现有的 PPP 方式外，利用 VC12 的级联方式来支持 IP 传输也是一种效率较高的方式。总之，作为一种成熟可靠提供主要业务收入的传送技术在可以预见的将来仍然会不断改进支持电路交换网向分组网的平滑过渡。

2. 无源光网络 PON

无源光网络（PON）是一种纯介质网络，避免了外部设备的电磁干扰和雷电影响，减少了线路和外部设备的故障率，提高了系统可靠性，同时节省了维护成本。

目前光纤入户常采用的一种技术是 PON（无源光网络）技术，该技术是一种点对多点的光纤传输和接入技术，下行采用广播方式，上行采用时分多址方式，可以灵活地组成树型、星型、总线型等拓扑结构，在光分支点不需要节点设备，只需要安装一个简单的光分支器即可，具有节省光缆资源、带宽资源共享、节省机房投资、设备安全性高、建网速度快、综合建网成本低等优点。

PON 接入设备主要由 OLT、ONT、ONU 组成，由无源光分路器件将 OLT 的光信号分到树型网络的各个 ONU。一个 OLT 可接 32 个 ONT 或 ONU，一个 ONT 可接 8 个用户，而 ONU 可接 32 个用户，因此，一个 OLT 最大可负载 1024 个用户。PON 技术的传输介质采用单芯光纤，局端到用户端最大距离为 20km，接入系统总的传输容量为上行和下行各 155Mbps，每个用户使用的带宽可以从 64Kbps 到 155Mbps 灵活划分，一个 OLT 上所接的用户共享 155Mbps 带宽。例如富士通 EPON 产品 OLT 设备有 A550，ONT 设备有 A501、A550 最大有 12 个 PON 口，每个 PON 中下行至每个 A501 是 100M 带宽；而每个 PON 口上所接的 A501 上行带宽是共享的。PON 的业务透明性较好，原则上可适用于任何制式和速率信号。特别是一个 ATM 化的无源光网络（APON）可以通过利用 ATM 的集中和统计复用，再结合无源分路器对光纤和光线路终端的共享作用，使成本可能比传统的以电路交换为基础的 PDH/SDH 接入系统低 20%～40%。

PON 包括 ATM-PON（APON，基于 ATM 的无源光网络）和 Ethernet-PON（EPON，即基于以太网的无源光网络）两种。APON 技术发展得比较早，它还具有综合业务接入、QoS 服务质量保证等独有的特点，ITU-T 的 G.983 建议规范了 ATM-PON 的网络结构、基本组成和物理层接口，我国信息产业部也已制定了完善的 APON 技术标准。

APON 的业务开发是分阶段实施的，初期主要是 VP 专线业务。相对普通专线业务，APON 提供的 VP 专线业务设备成本低，体积小，省电、系统可靠稳定、性能价格比有一定优势。第二步实现一次群和二次群电路仿真业务，提供企业内部网的连接和企业电话及数据业务。第三步实现以太网接口，提供互联网上网业务和 VLAN 业务。

根据光网络单元的位置，光纤接入方式可分为如下几种，即 FTTR（光纤到远端接点）、FTTB（光纤到大楼）、FTTC（光纤到路边）、FTTZ（光纤到小区）、FTTH（光纤到用户）。光网络单元具有光/电转换、用户信息分接和复接，以及向用户终端馈电和信令转换等功能。当用户终端为模拟终端时，光网络单元与用户终端之间还有数模和模数的转换器。

4.8 无线接入技术

随着无线网络的不断发展，终端用户移动要求的突出，使得无线接入技术越来越成为人们关注的焦点。

无线接入技术是指在终端用户和交换局端间的接入网部分全部或部分采用无线传输方式，为用户提供固定或移动的接入服务的技术。作为有线接入网的有效补充，它有系统容量大，话音质量与有线一样，覆盖范围广，系统规划简单，扩容方便，可加密码或用 CDMA 增强保密性等技术特点，可解决边远地区、难于架线地区的信息传输问题，是当前发展最快的接入网之一。但是无线接入技术标准不统一，不同的标准有不同的应用。

无线接入的方式有很多，如微波传输技术（包括一点多址微波）、卫星通信技术、蜂窝移动通信技术（包括 FDMA、TDMA、CDMA 和 S-CDMA）、CTZ、DECT、PHS 集群通信技术、无线局域网（WLAN）、无线异步转移模式（WATM）等，尤其是 WLAN 以及刚刚兴起的 WATM 将成为宽带无线本地接入（WWLL）的主要方式。

WLL 利用无线方式把固定用户接入到固定电话网，即利用无线方式代替传统的有线用户接入，为用户提供终端业务服务。WLL 包括 DECT、PHS、CDMA、FDMA、SCDMA 等，它具有部署灵活，建网速度快，适应环境能力强，网络配置简单等优点，近年来颇受青睐。

4.8.1 本地多点分配业务接入（LMDS）

本地多点分配业务（LMDS），是近年来兴起的一种宽带无线接入技术。它一般采用小区结构，小区半径的具体数值因各地的地理环境与气候条件不同而有差异，一般为 2～5km。美国 FCC 规定，LMDS 占用 28GHz 与 31GHz 频段附近（Ka 波段）的 1.3GHz 带宽，其他各国对 LMDS 所占用的频段规定各不相同，但一般都采用 20～40GHz 间的频段，带宽通常在 1GHz 以上。与蜂窝移动通信系统不同的是，LMDS 由于具有 Ka 波段的电波传播特点，所以不能支持移动业务，只能提供定点的接入。

LMDS 利用地面转接站而不是卫星转发数据，通过射频（RF）频带 LMDS 最多可提供 10Mbps 的数据流量，它采用蜂窝单元，以毫米波 28GHz 的带宽向用户提供 ROD、广播和会议电视、视频家庭购物等宽带业务。LMDS 接入系统主要由带扇形天线的收发信机组成，其典型蜂窝半径为 4～10km，在每个扇区传输交互式的数字信号，信号到达用户室外单元后，28GHz 的信号转换成中频 595MHz，在室内用同轴电缆将数字信号送至机顶盒（STB）。

LMDS 系统通常由多个小区组成，每个小区由一个中心站和众多用户站组成，各中心站通过带自愈功能的高速光纤环路相连。中心站由网络节点设备与射频设备组成，网络节点设备主要包括与 ATM 和 CATV 网络的接口、信号的编/解码、压缩、纠错、复/分接、路由、调制解调、合/分路等；射频设备主要包括射频收发信机与天线。通常，这两部分是做在一起的，射频部分将来自网络节点设备的中频信号变频至相应频段，通过天线发射出去，同时将天线收到的信号变频至中频送入网络节点设备处理。

用户站由网络接口单元和射频部分组成，其结构基本同中心站。但网络接口单元较中心站的网络节点设备要简单得多，而且因用户所需业务的不同而有差异，一般可向用户提供 E1/T1、E3/T3、10BaseT、ATM25.6、ISDN BNI、PRI、POTS 等接口。

中心站一般采用全向天线或扇形天线，用户站则采用方向性极强的高增益天线。每个小区通常可以提供的下行带宽为 1GHz，上行带宽为 300MHz。如果在小区内划分扇区，并且在相邻扇区内采用交叉极化的方式，还可以成倍地扩大带宽。例如，一个划分了 8 个扇区的小区，如采用 QPSK 调制，从理论上来说，该小区内的用户可以享受 10GHz 以上的带宽。此外 LMDS 系统采用了高效先进的均衡与纠错算法，使系统的误码率降至 10^{-10}～10^{-11}。因此，LMDS 系统在带宽容量和传输性能上都达到或接近了光纤的水平，所以有人称其为“空中光纤”。

同低频段的其他无线通信系统不同的是，LMDS 系统对各通信点之间的“视通”（LOS）的要求非常苛刻。由于建筑物与植物等的阻挡，所以一个小区内能满足“视通”要求的用户比例通常为 60%左右。对此，LMDS 系统在规划、设计小区时采用了小区重叠、增加中继站或反射器等技术，这可以使小区内收到有效信号的用户比例上升到 85%左右。此外，LMDS 系统所处 Ka 波段的电波还易受天气的影响，雨、雪、雾等都会引起电波的衰减，较强的降雨甚至可能导致信号的完全中断。对此，LMDS 系统通常采用动态自适应发信功率控制技术，在信号衰减较大的情况下，自动增大信号的发射功率，以便为系统提供足够的增益储备。另外，LMDS 系统还采用了动态自适应带宽分配，动态自适应调制等一系列先进的技术，以最大限度优化系统性能。可以说，LMDS 系统集成了当今世界多项尖端的通信与网络技术。

LMDS 的主要缺点是存在来自其他小区的同信道干扰和覆盖区范围有限。因为系统要求工作在高频段，所以即使发射机和接收机位置固定，交通工具和树叶也会造成信号衰落。

4.8.2 其他无线接入技术

1. 蓝牙技术

蓝牙技术是一种正在发展中的短距离的无线时分多址通信技术或个域网技术，直接面对个人和商务的无线连接应用技术。蓝牙技术工作在 2.4GHz 的 ISM 频段，共 79 个频道，相邻频道间隔 1MHz；蓝牙最基本的网络组成是微微网，由一个主设备单元（发起链接的设备）和多至 7 个从设备单元构成，能提供 1Mbps 的数据速率。蓝牙技术具有很强的移植性，可应用于多种通信场合，如 WAP，GSM，DECT 等，引入身份识别后可以灵活实现漫游。蓝牙成本低、体积小，可用于更多的设备。蓝牙集成电路应用简单，成本低廉，实现容易，便于推广。

2. 家庭网络的 HomeRF

HomeRF 主要为家庭网络设计，是 IEEE 802.11 与 DECT 的结合，旨在降低语音数据成本。HomeRF 工作在 2.4GHz 频段，它采用数字跳频扩频技术，速率为 50 跳/s，共有 75 个带宽为 1MHz 的跳频信道。调制方式为恒定包络的 FSK 调制，分为 2FSK 与 4FSK 两种。采用调频调制可以有效地抑制无线环境下的干扰和衰落。2FSK 方式下，最大数据的传输速率为 1Mbps，4FSK 方式下，速率可达 2Mbps。为了实现对数据包的高效传输，HomeRF 采用了 IEEE 802.11 标准中的 CSMA/CA 模式，它与 CSMA/CD 类似，以竞争的方式来获取对信道的控制权，在一个时间点上只能有一个接入点在网络中传输数据。HomeRF 提供了对流业务（Stream Media）的真正意义上的支持。由于对流业务规定了高级别的优先权并采用了带有优先权的重发机制，这样就确保了实时性流业务所需的带宽和低干扰、低误码。它能根据数据传输速率动态调整跳频带宽。此外，还有 GSM 接入技术、CDMA 接入技术、GPRS 接入技术、DBS 卫星接入技术等无线接入技术，无线接入技术标准不统一，出现了百家争鸣的景象。这些技术有的是为了增加带宽和传输距离，有的则是考虑移动性和经济性，用户应视实际需求选择适合自己的标准。

4.9 各种接入方式比较

我们在这一章中讨论了几种接入 Internet 的方式，每种接入方式都有其特点，特别是在传输速度、费用、方便性等方面的表现，具体选择哪种方式，需要根据具体的用户情况来做出选择。

通过电话系统拨号接入 Internet 方式灵活，只要铺设有电话线的地方就能实现连接，实现简单，费用低，对线路没有什么特殊要求。但是由于模/数转换噪声（量化噪声）相当严重，因此 56Kbps Modem 的上行连接速率被限制在 28.8Kbps 或 33.6Kbps（这里模/数必须接入数字骨干/交换网），仅对于访问次数不频繁的用户比较适合。

综合业务数字网（Integrated Services Digital Network，简称 ISDN）技术采用数字传输和数字交换技术，将电话、传真、数据、图像等多种业务综合在一个统一的数字网络中进行传输和处理。用户利用一条 ISDN 用户线路，可以在上网的同时拨打电话、收发传真，实现两条 64Kbps 的信息通路和一条 16Kbps 的信令通路，但是初装费高，且 ISDN 的极限带宽仅为 128Kbps。ISDN 也逐渐暴露出它价格高、带宽小的弱点，并将被其他技术所逐渐取代。

DDN 将数字通信技术、计算机技术、光纤通信技术以及数字交叉连接技术有机地结合在一起，可以提供高速度、高质量的通信环境，并向用户提供点对点、点对多点透明传输的数据专线出租电路，但是费用高。

ADSL 利用现有的电话线路实现宽带接入，不需要改造信号传输线路，完全可以利用普通铜质电话线作为传输介质，配上专用的 Modem 即可实现数据高速传输。ADSL 支持上行速率 640Kbps～1Mbps，下行速率 1～8Mbps，其有效的传输距离在 3～5km 范围以内。

Cable Modem 技术是基于有线电视网络，具有很好的数模兼容性，HFC 网络具有更大的容量、更强的灵活性和扩展能力。但是由于采用树型结构，带宽虽然宽，但它在技术上是共享网络，当末端的用户数量增大时，网络的性能将急剧下降，而且在这种方式下，同一电缆的所有用户都可以收到相同的数据信号，它的安全性能不强。

以太网接入方式技术成熟、成本低、结构简单、稳定性、可扩充性好，便于网络升级，满足不同层次的人们对信息化的需求。但是，必须在用户集中的区域才能确保接入的低廉成本，布线电缆不能够太长。

光纤接入方式光纤可用带宽大，而且还有巨大潜力可以开发，传输质量好、传输距离长、抗干扰能力强、网络可靠性高、节约管道资源等特点。另外，SDH 和 APON 设备的标准化程度都比较高，有利于降低生产和运行维护成本。但是，光纤接入成本高，尤其是光节点离用户越近，每个用户分摊的接入设备成本就越高。

无线接入方式不受线缆束缚，满足用户移动性要求，可提供高带宽的接入技术，但是初期成本投入高，且信号传输质量易受外界条件影响。参看表 4-1，集中对几种接入方式进行了比较。

表 4-1　接入技术比较

项目	PSTN 拨号	ISDN	DDN	ADSL	Cable modem	LAN	光纤	WLAN (802.11)
传输速率	<56Kbps	128Kbps	44.763Mbps	1～8Mbps	36Mbps	10Mbps 以上(独享)	155Mbps 或者更高	11Mbps
方式	普通电话双绞线	普通电话双绞线	电缆、光纤	普通电话双绞线	光纤到小区同轴线到户	光纤到楼网线到户	APON SDH	无线电波
稳定性	稳定	稳定	稳定	稳定	随电视节目多少而波动	稳定	稳定	较稳定
移动性	否	否	否	否	否	否	否	是
费用	低	较低	较高	较高	较高	较低	较高	高

习　题　4

1. 通过 PSTN 拨号上网时，上行和下行速度各是多少？为什么？
2. 举出通过电缆实现接入的几种技术，并指出它们各自的特点。
3. Cable Modem 接入技术利用有线电视网进行传输，需要做哪些方面的改进？
4. 局域网接入技术在实现上有什么要求？
5. 无线接入的标准有哪些？请至少列出 3 种，并分析各自的优缺点。

第5章 Internet 的应用

本章要点

- 电子邮件及其工作原理；
- 电子邮件的使用；
- 远程登录的基本概念；
- 文件传输协议 FTP 和文件下载；
- WWW 的工作方式；
- IE 浏览器的使用；
- WWW 服务器和 FTP 服务器的架设。

本章难点

- 文件传输协议 FTP；
- WWW 服务器和 FTP 服务器的架设。

5.1 电子邮件

5.1.1 电子邮件基本概念

电子邮件又称电子信箱、电子邮政，它是一种用电子手段提供信息交换的通信方式，是 Internet 应用最广的服务。通过网络的电子邮件系统，用户可以用非常低廉的价格，以非常快速的方式（几秒钟之内可以发送到世界上任何指定的目的地），与世界上任何一个角落的网络用户联系，这些电子邮件可以是文字、图像、声音等各种方式。同时，用户可以得到大量免费的新闻、专题邮件，并实现轻松的信息搜索。这是任何传统的方式也无法相比的。正是由于电子邮件的使用简易、投递迅速、收费低廉，易于保存、全球畅通无阻，使得电子邮件被广泛地应用，它使人们的交流方式得到了极大的改变。另外，电子邮件还可以进行一对多的邮件传递，同一邮件可以一次发送给许多人。最重要的是，电子邮件是整个 Internet 中直接面向人与人之间信息交流的系统，它的数据发送方和接收方都是人，所以极大地满足了人与人通信的需求。

1. 电子邮件的工作原理

电子邮件系统通常由报文传输代理 MTA（Message Transfer Agent）和用户代理 UA

(User Agent)组成。用户代理又称为邮件邮件阅读器，是用来编辑、发送、阅读和管理电子邮件的应用软件；报文传输代理起到"邮局"的作用，又称为邮件服务器，主要负责接收用户的邮件，并根据邮件地址进行传输，将邮件从发送方传送到接收方，并将邮件存放在用户邮箱内.它的基本工作原理如图 5-1 所示。

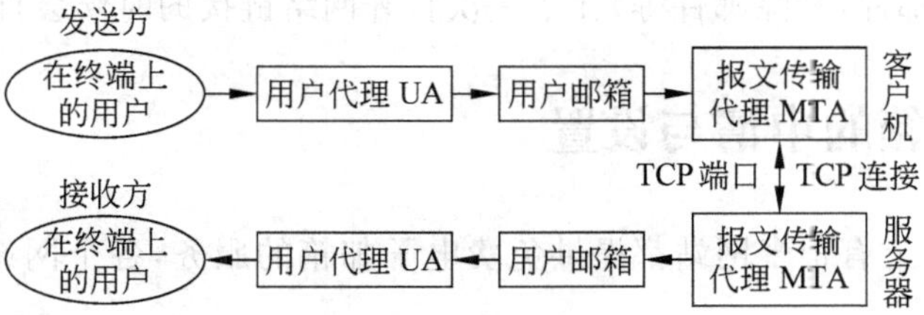

图 5-1 电子邮件的工作原理

电子邮件的工作过程遵循客户/服务器模式。每份电子邮件的发送都要涉及到发送方与接收方，发送方构成客户端，而接收方构成服务器，服务器含有众多用户的电子信箱。发送方通过邮件客户程序，将编辑好的电子邮件向邮局服务器(SMTP 服务器)发送。邮局服务器识别接收者的地址，并向管理该地址的邮件服务器(POP3 服务器)发送邮件。邮件服务器将邮件存放在接收者的电子信箱内，并告知接收者有新邮件到来。接收者通过邮件客户程序连接到服务器后，就会看到服务器的通知，进而打开自己的电子信箱来查收邮件。

通常 Internet 上的个人用户不能直接接收电子邮件，而是通过申请 ISP 主机的一个电子信箱，由 ISP 主机负责电子邮件的接收。一旦有用户的电子邮件到来，ISP 主机就将邮件移到用户的电子信箱内，并通知用户有新邮件。因此，当发送一条电子邮件给另一个客户时，电子邮件首先从用户计算机发送到 ISP 主机，再到 Internet，再到收件人的 ISP 主机，最后到收件人的个人计算机。

ISP 主机起着"邮局"的作用，管理着众多用户的电子信箱。每个用户的电子信箱实际上就是用户所申请的账号名。每个用户的电子邮件信箱都要占用 ISP 主机一定容量的硬盘空间，由于这一空间是有限的，因此用户要定期查收和阅读电子信箱中的邮件，以便腾出空间来接收新的邮件。

2. 电子邮件地址

在 Internet 中，邮件地址如同自己的身份，电子邮件地址分为两个部分：用户名@邮件服务器名，中间用"@"符号隔开，"@"的读法为 at。例如：一个邮件地址为"123@yojian.com"，那么它的用户名为"123"，邮件服务器是"yojian.com"。

一个电子邮件服务器上可以有很多的电子邮箱，每一个电子邮箱都是唯一的。

3. 电子邮件服务的主要协议

常见的电子邮件协议有以下几种，即 SMTP(简单邮件传输协议)、POP3(邮局协议)、IMAP(Internet 邮件访问协议)。这几种协议都是由 TCP/IP 协议簇定义的。

SMTP(Simple Mail Transfer Protocol)：SMTP 主要负责底层的邮件系统如何将邮件从一台机器传至另外一台机器。

POP(Post Office Protocol)：目前的版本为 POP3，POP3 是把邮件从电子邮箱中传输到本地计算机的协议。

IMAP(Internet Message Access Protocol)：目前的版本为 IMAP4，是 POP3 的一种替代

协议,提供了邮件检索和邮件处理的新功能,这样用户可以完全不必下载邮件正文就可以看到邮件的标题摘要,从邮件客户端软件就可以对服务器上的邮件和文件夹目录等进行操作。IMAP 协议增强了电子邮件的灵活性,同时也减少了垃圾邮件对本地系统的直接危害,同时相对节省了用户查看电子邮件的时间。除此之外,IMAP 协议可以记忆用户在脱机状态下对邮件的操作(例如移动邮件,删除邮件等)在下一次打开网络链接的时候会自动执行。

5.1.2 电子邮箱的申请与设置

现在在 Internet 上有很多网站都提供免费电子邮箱的服务,各个网站提供的免费邮箱的大小是不一样的。

目前国内最大的免费邮箱的提供者是网易的 126 网站,126 免费向用户提供无限容量的空间;附件支持高达 20MB。当用户使用浏览器或者 Outlook 等客户端软件发信时,一封信可以粘贴 20MB 的附件,同样也可以接收来自别人发送给用户的 20MB 的附件。

下面就以这个网站为例子来讲述免费电子邮箱的申请和使用。

1. 电子邮箱的申请

(1) 打开 IE 浏览器,在地址栏中输入"www. 126. com",按 Enter 键,浏览 126 网站,如图 5-2 所示。

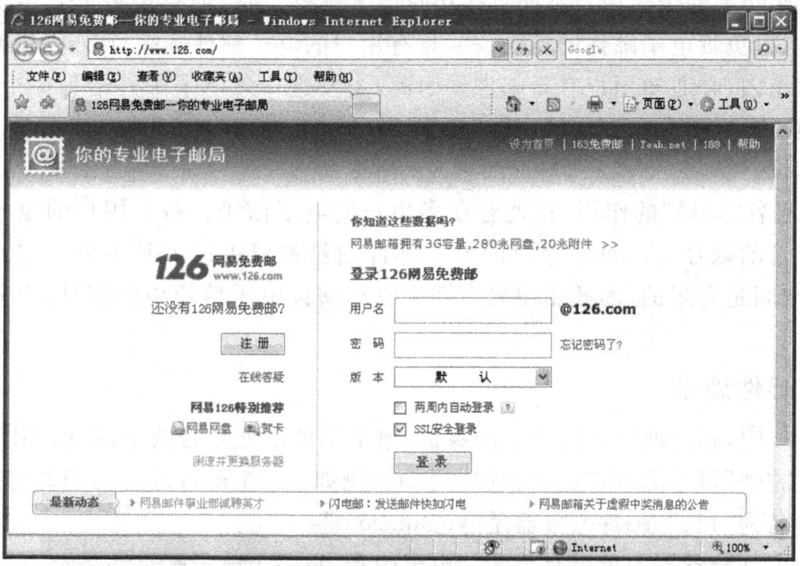

图 5-2 126 网站

(2) 单击"注册"按钮,进入下一页,如图 5-3 所示。

(3) 在"用户名"文本框中输入用户名,用户名必须按照下面规定选择:

用户名只能由英文字母 a~z(不区分大小写)、数字 0~9、下划线组成。

用户名的起始字符必须是英文字母,如 netease_2005。

用户名长度为 5~20 个字符。注意所填入的用户名就是电子邮件地址的名字,如果填入的名字已被别人先注册了,系统会提示一个信息,如图 5-4 所示,就需要重新选择一个新的用户名。"出生日期"这一栏必须认真输入,出生日期将会是用户拿回邮箱密码的重要凭证。

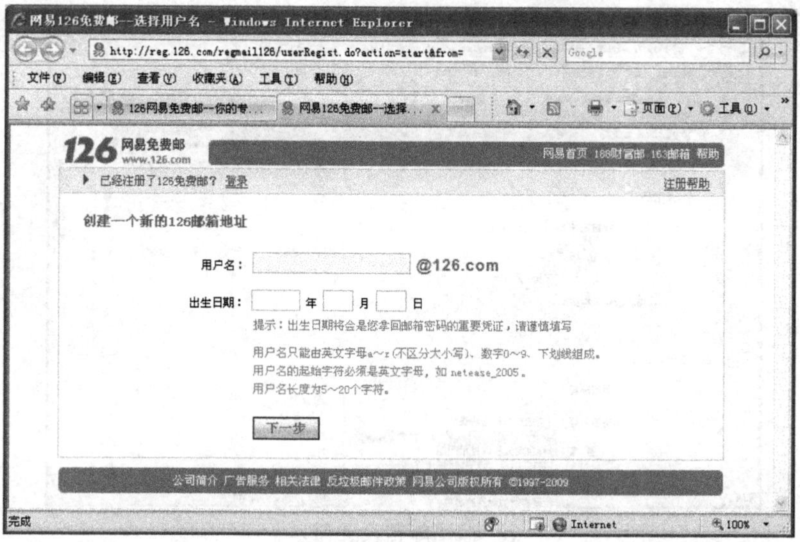

图 5-3　设置用户名

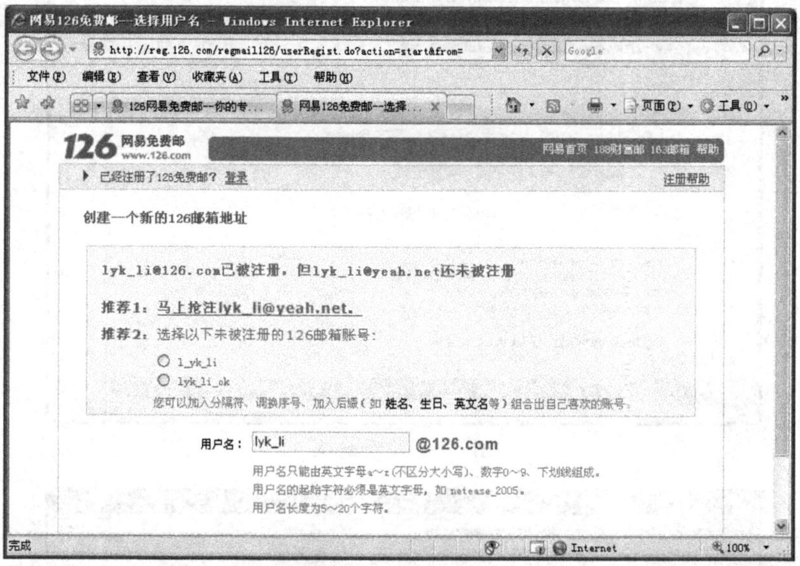

图 5-4　用户名已被注册

(4) 然后单击“下一步”按钮。如果填入的名字没有人注册，系统则出现设置页面，如图 5-5 所示。在这里要一步一步认真填写，在文字的左面带有“ * ”符号的是必须填写项，“密码提示问题”是一个下拉列表框选项，这是在用户忘记了密码时找回密码的关键，填写完成后一定要记住问题与答案。填好表相关资料后，还要注意的是有一个“注册确认”，如图 5-6 所示，这是现在比较流行的注册保护措施。一般是数字，在这里是汉字。然后阅读一下它的服务条款，单击“我接受下面的条款，并创建账号”按钮。

(5) 弹出“邮箱申请成功”窗口，并有一个提示“以下重要信息只显示一次！忘记密码时需要用到，请记录或打印”，如图 5-7 所示。选择“进入邮箱”就可以进入到邮箱进行各种操作，包括写信、收信、设置参数等。

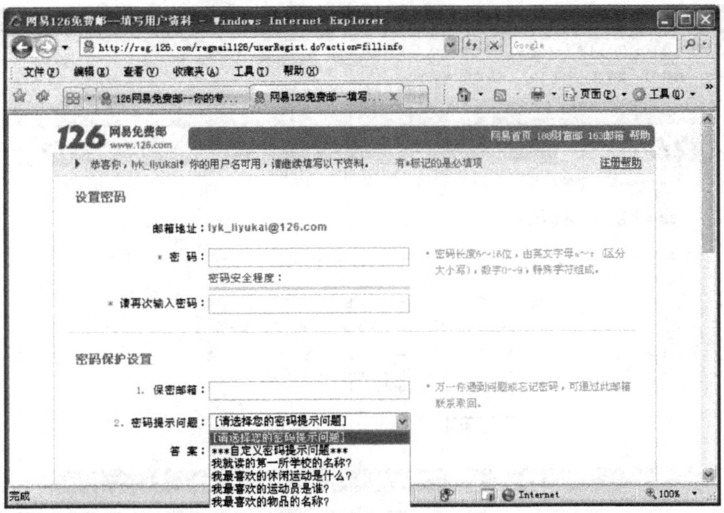

图 5-5　邮箱设置窗口

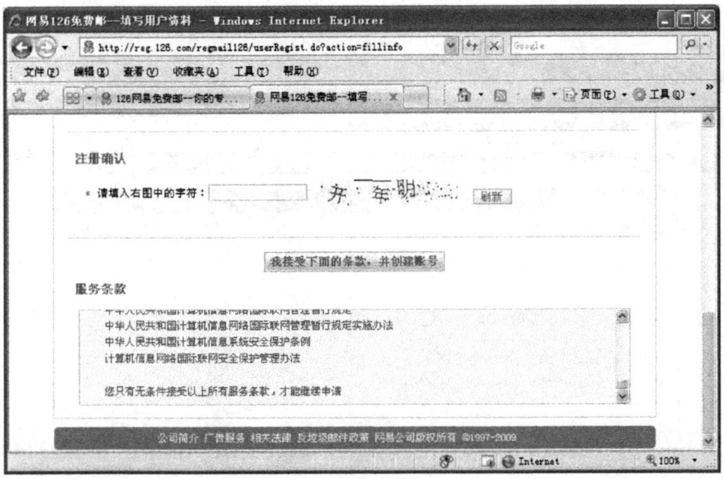

图 5-6　注册确认

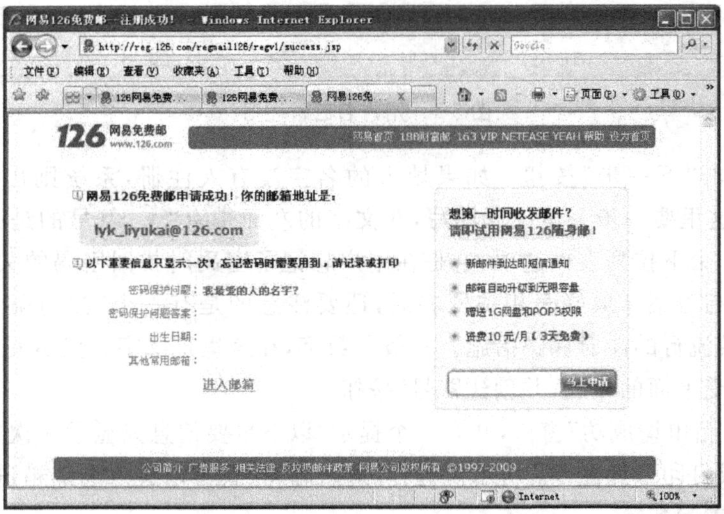

图 5-7　邮箱申请成功

2. 电子邮箱的使用与设置

进入邮箱的方法是打开 IE 浏览器后，在地址栏上输入“www. 126. com”，进入到网站后，输入刚才设置的用户名和密码后，单击“登录”按钮，就会出现如图 5-8 所示的窗口。

收邮件：单击页面左侧的“收信”，即可出现如图 5-9 所示的页面，这时右边页面上显示了收件箱的内容，每一列分别显示发信人地址、主题、日期及大小 4 个信息。单击选中的邮件即可显示该邮件的内容。

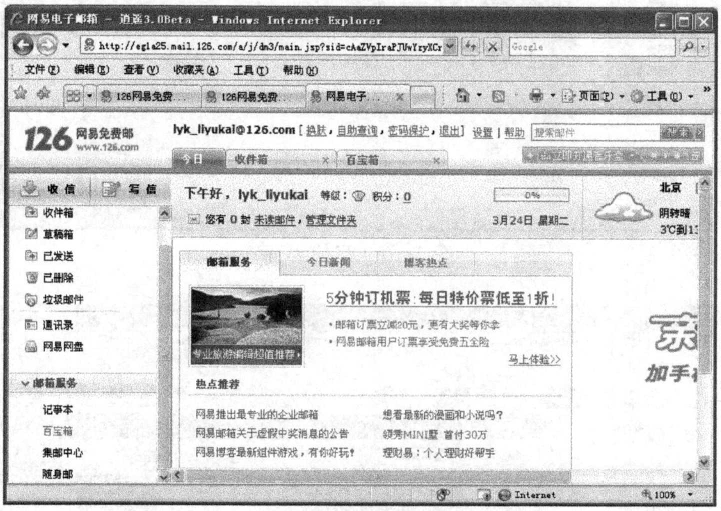

图 5-8　邮箱登录成功

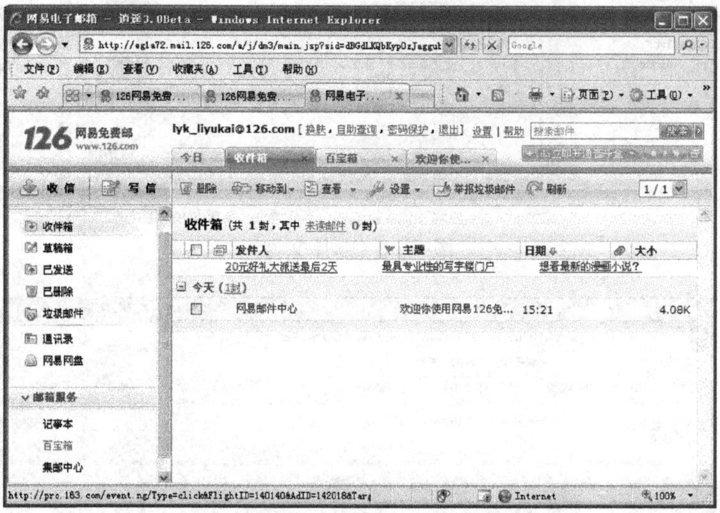

图 5-9　收件箱

发邮件：选择页面左侧的“写信”，出现写信页面，如图 5-10 所示。在右上方相应填入收件人的邮件地址、主题及附件等内容。

通过增加附件可以把一些其他的文件资料传送给收件人，但现在免费邮箱最大的附件只支持到 20MB。单击“添加附件”按钮，就会弹出“选择文件”对话框，如图 5-11 所示。选中相应的文件后，单击“打开”按钮，就可把该文件作为附件随邮件发送出去了。用户可以反复进行操作把多个文件作为附件，如图 5-12 所示。当所有的文件都放好后就可以单击“发送”按钮将

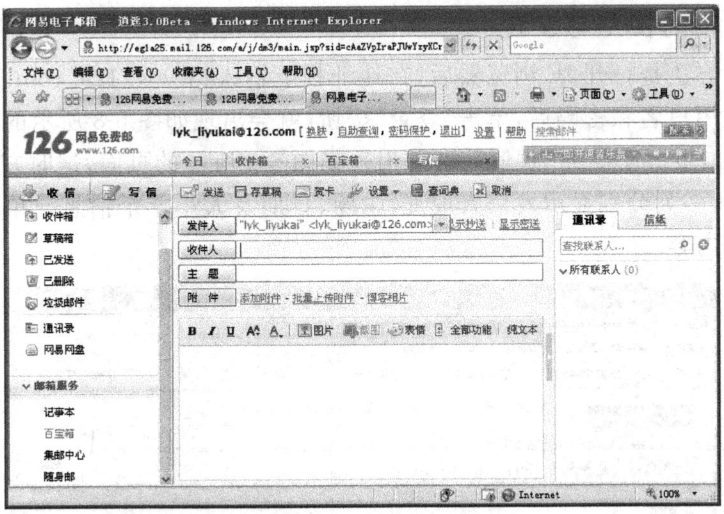

图 5-10　写信界面

图 5-11　选择文件

图 5-12　发送附件

邮件发送出去。

5.1.3 常用电子邮件软件介绍

1. Foxmail 简介

Foxmail 是一个中文版电子邮件客户端软件，支持全部的 Internet 电子邮件功能。电子邮件客户端软件一般都比 WebMail 系统（网页邮件系统）提供更为全面的功能。使用客户端软件收发邮件，登录时不用下载网站页面内容，速度更快；使用客户端软件收到的和曾经发送过的邮件都保存在自己的电脑中，不用上网就可以对旧邮件进行阅读和管理。正是由于电子邮件客户端软件的种种优点，它已经成为了人们工作和生活中进行交流必不可少的工具。

Foxmail 以其设计优秀、体贴用户、使用方便，提供全面而强大的邮件处理功能，具有很高的运行效率等特点，赢得了广大用户的青睐。

Foxmail 是近几年来最著名、最成功的国产软件之一，赢得了最具权威的 ZDNET 的五星级评价。

2. Foxmail 的安装

Foxmail 适合于运行在 Microsoft Windows 的各个版本下，包括 Windows 95/98、Windows Me、Windows NT、Windows 2000、Windows XP、Windows 2003 等平台。

Foxmail 现在提供的是 6.5 beta3 版本，可以从网站 http://fox.foxmail.com.cn 下载，其文件名为 foxmail6、5beta03.exe。

（1）双击下载的软件包，出现 Foxmail 6.5 的安装界面，如图 5-13 所示。

（2）单击“下一步”按钮，选择“我接受此协议”，如图 5-14 所示。单击“下一步”按钮，选择所要安装的目录，默认存放在 C 盘，在这里选择 D 盘，如图 5-15 所示。

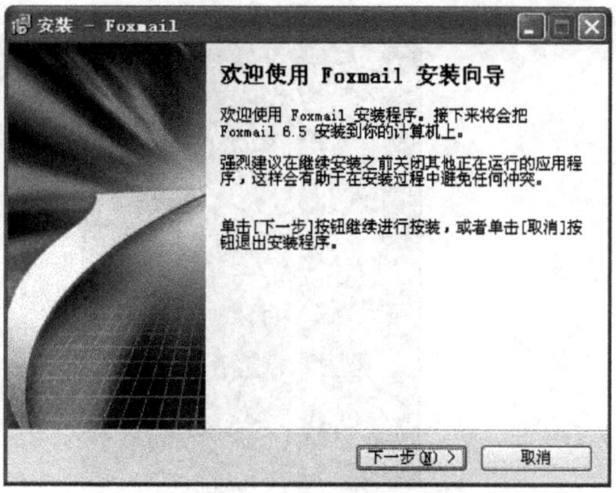

图 5-13 Foxmail 安装向导

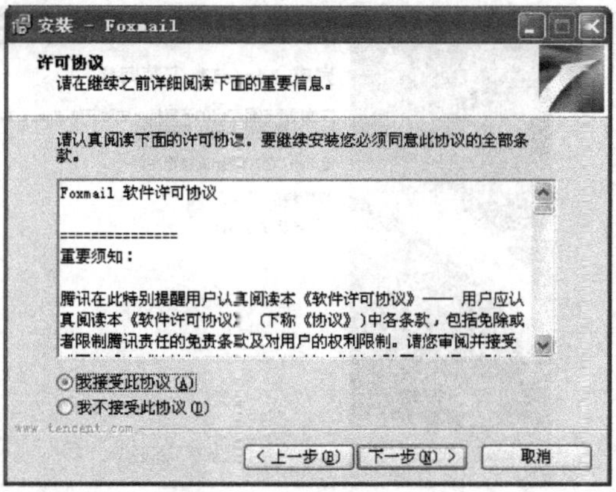

图 5-14 许可协议

（3）选择开始菜单文件，默认即可。如图 5-16 所示。单击“下一步”按钮，接着选择额外任务，如图 5-17 所示。

（4）单击“下一步”按钮，显示安装的有关信息，如图 5-18 所示。单击“安装”按钮，程序将安装在本地计算机上。安装完成后，可以查看产品说明或启动 Foxmail，如图 5-19 所示。

（5）安装完成后，桌面显示 Foxmail 红色的图标，如图 5-20 所示。

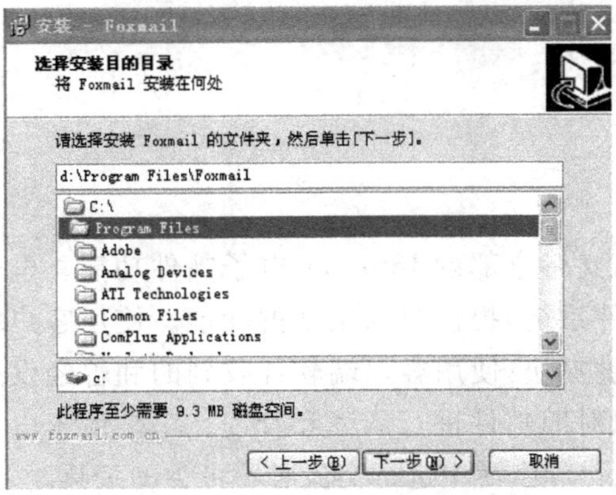

图 5-15　安装目录

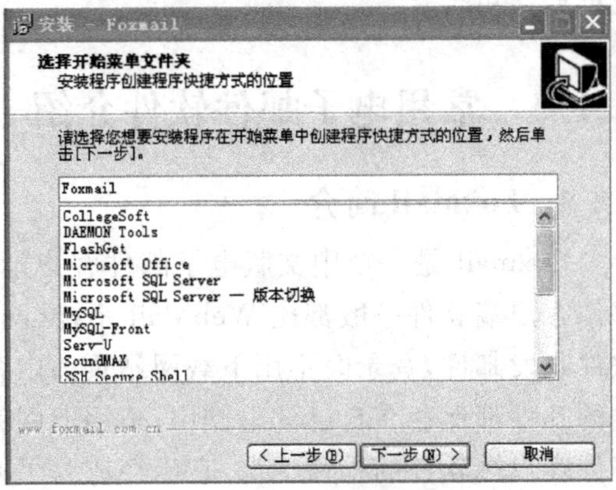

图 5-16　选择开始菜单文件夹

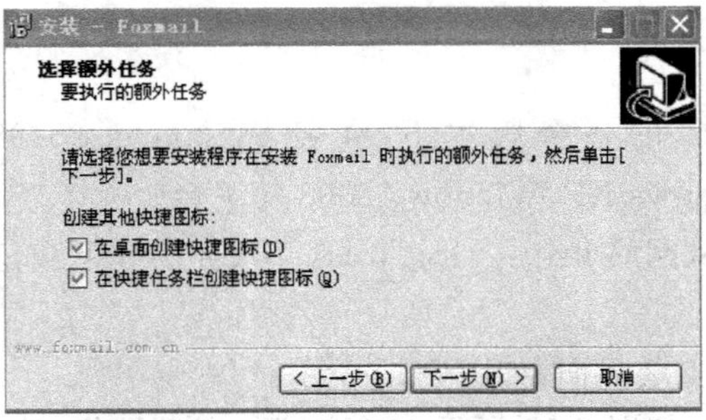

图 5-17　选择额外任务

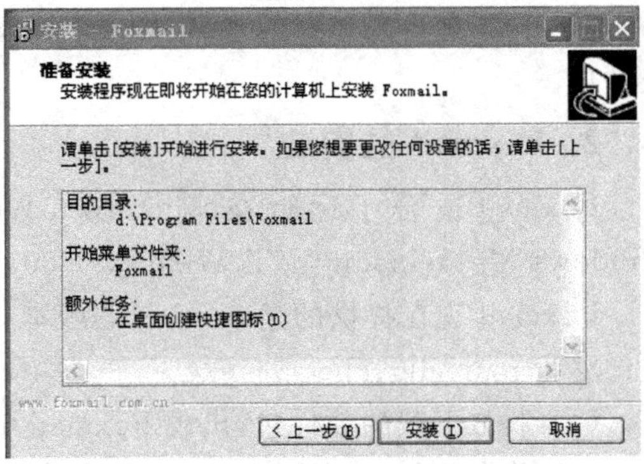

图 5-18　安装的有关信息

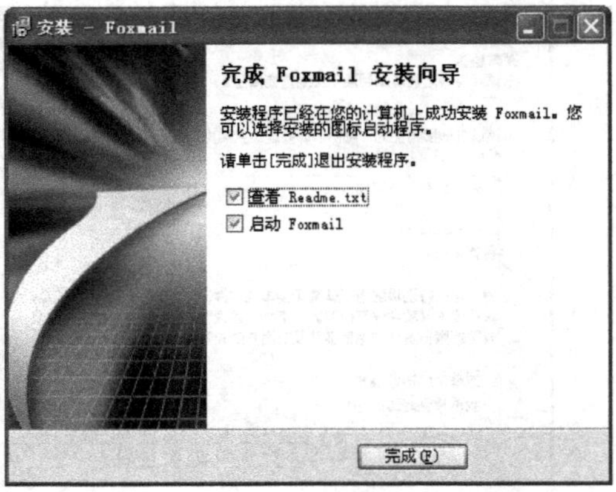

图 5-19　安装完成

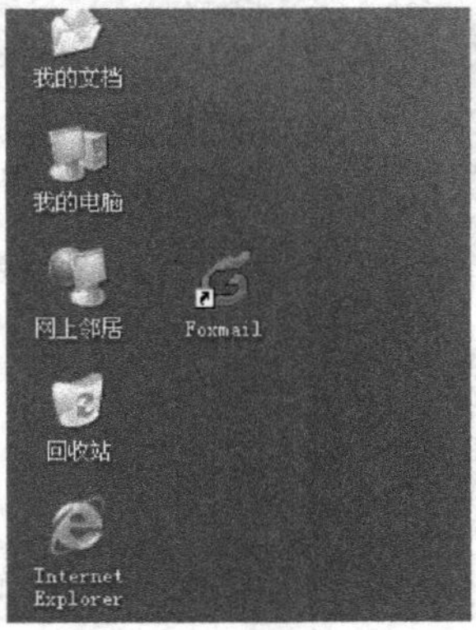

图 5-20　桌面上 Foxmail 图标

3. Foxmail 的设置

(1) 运行 Foxmail 之后将出现“建立新的用户账户”界面，新建的账号只在本地管理的时候使用(在此以上节申请到的邮箱 lyk_liyukai@126.com 为例)，如图 5-21 所示。

(2) 单击“下一步”按钮，弹出“指定邮件服务器”界面，在“接收服务器”和“发送邮件服务器”后面文本框中输入 pop3.126.com 和 smtp.126.com，如图 5-22 所示。

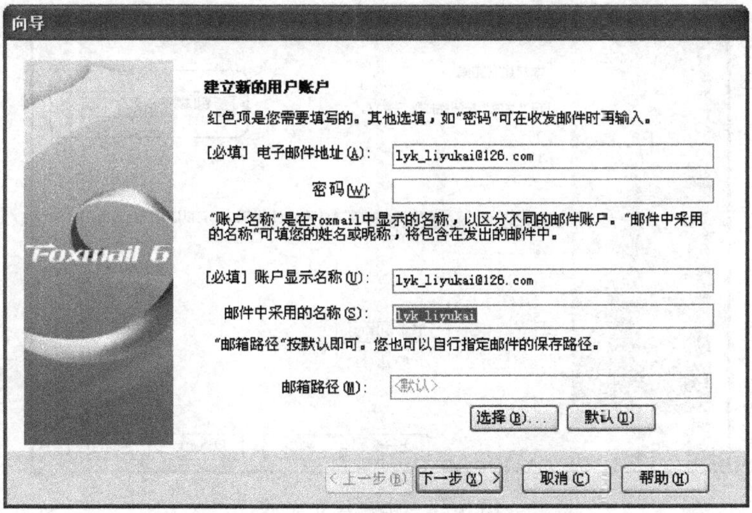

图 5-21　设置新的用户账户

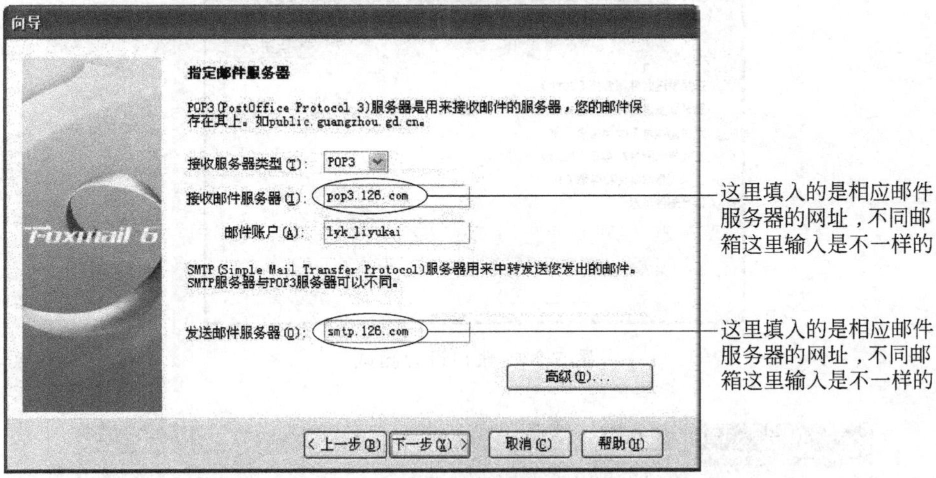

图 5-22　指定邮件服务器

（3）单击“下一步”按钮，弹出“账户建立完成”界面，如图 5-23 所示。在这里要先测试一下账户设置是否正确，单击“测试账户设置”按钮，弹出“测试账户设置”对话框，如图 5-24 所示。当全部测试完成后，单击“关闭”按钮，返回“账户建立完成”界面。

（4）单击“完成”按钮，将看到 Foxmail 的用户使用界面，如图 5-25 所示。

4. 邮件的接收和阅读

如果在建立账户过程时账户设置测试通过的话，接收邮件是非常简单的事情，只要选中某个账户，然后单击工具栏中的“收取”按钮。如果没有填写密码，系统会提示输入邮箱密码，如图 5-26 所示。接收过程中会显示进度条和邮件信息提示，如图 5-27 所示。

用鼠标单击邮件列表框中的一封邮件，邮件内容就会显示在邮件预览框。用鼠标拖动两个框之间的边界，可以调整它们的大小，如图 5-28 所示。双击邮件标题，将以邮件阅读窗口显示邮件，如图 5-29 所示。

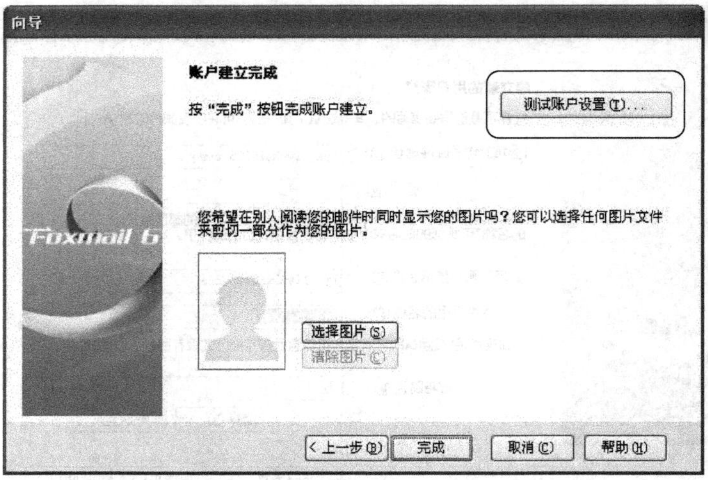

图 5-23　账户建立完成

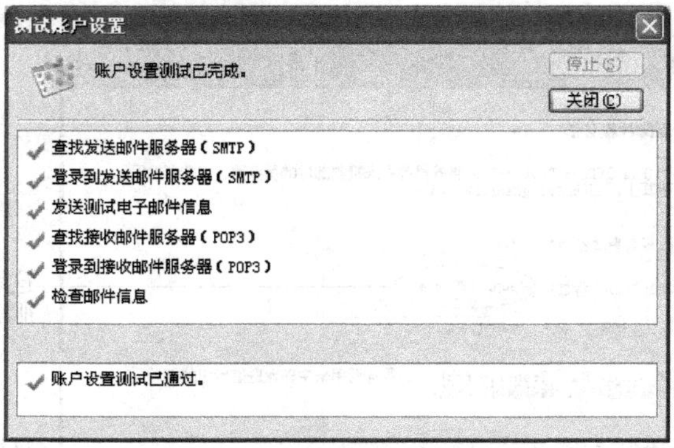

图 5-24　账户设置测试

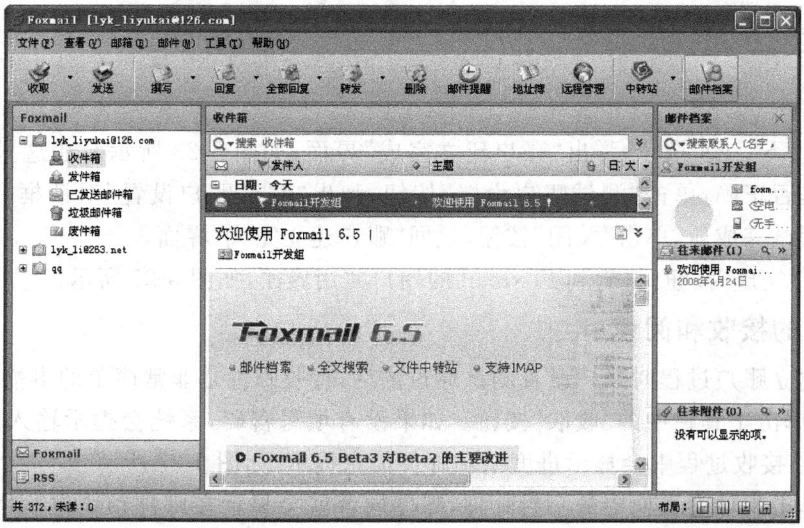

图 5-25　Foxmail 界面

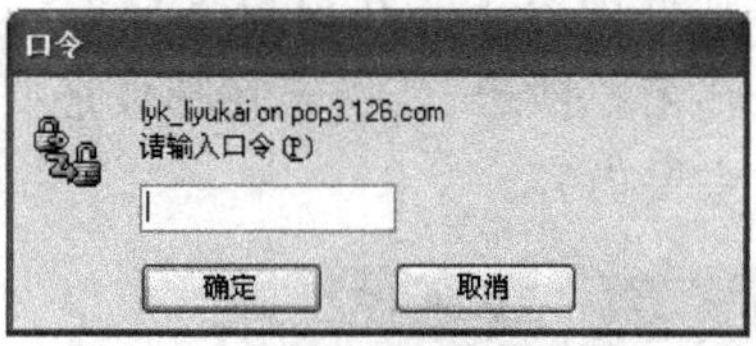

图 5-26　输入密码

图 5-27　邮件收取过程

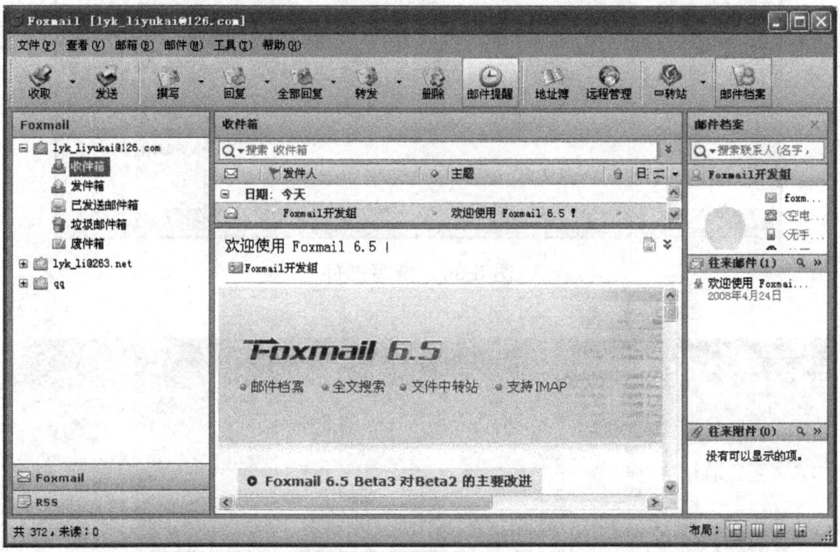

图 5-28　查看邮件内容

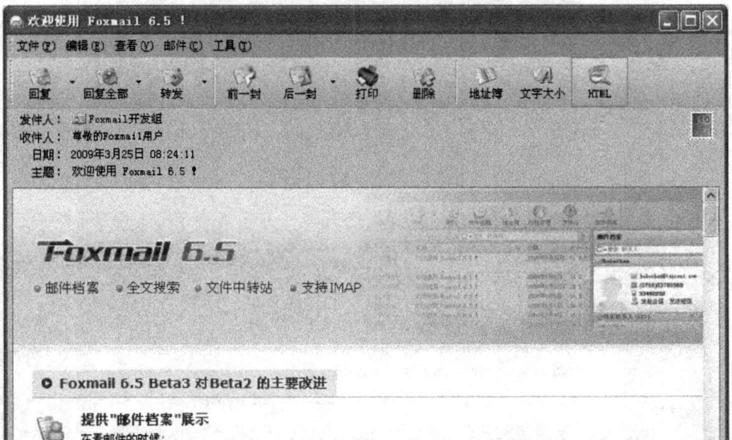

图 5-29　邮件阅读

5. 撰写邮件

单击工具栏中的“撰写”按钮，打开邮件编辑器，如图 5-30 所示。该邮件显示的是一张普通的信纸，Foxmail 还提供了特色信纸，单击工具栏中的“撰写”的下拉三角，弹出一个二级菜单，如图 5-31 所示。单击“物语”中的“枫叶”信纸，弹出“写邮件”窗口，邮件中的信纸就变成了枫叶图样，如图 5-32 所示。选择好信纸后，就可以撰写邮件内容了。在窗口下面的输入框里输入要写的内容，在“收件人”输入框输入收件人的电子邮箱，“抄送”是指这封邮件还要发给其他人，在这里输入其他人的邮箱。“主题”是这封邮件的主要内容。

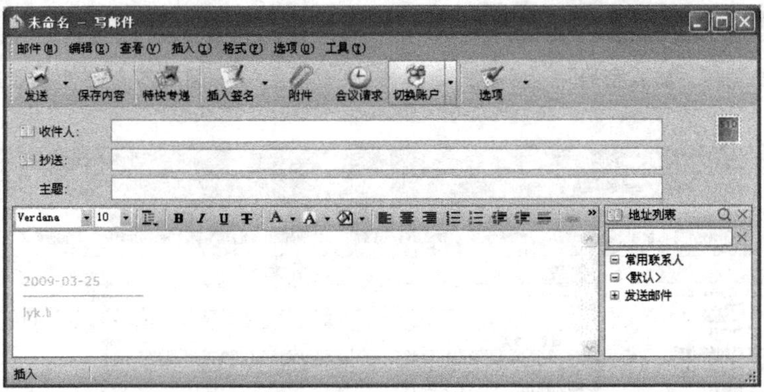

图 5-30　撰写邮件

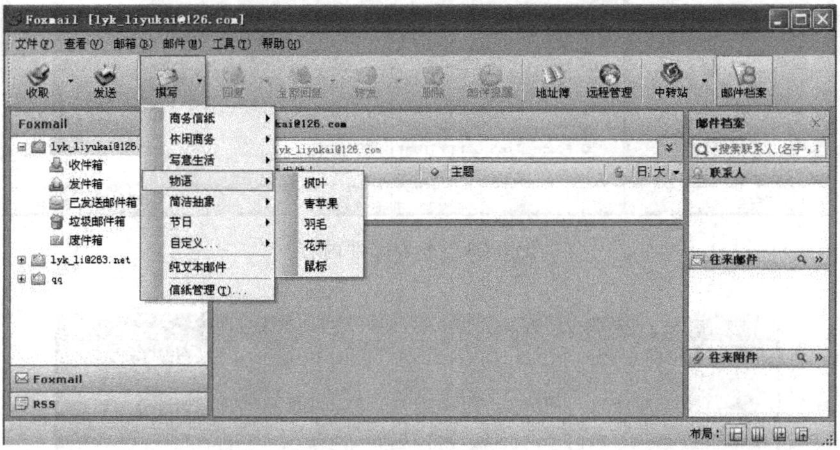

图 5-31　选择信纸

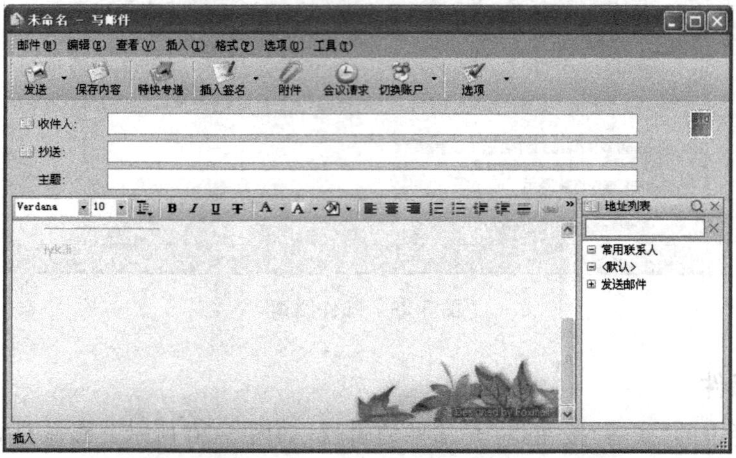

图 5-32　“枫叶”信纸

“特快专送”是 Foxmail 新增加的功能，顾名思义，就是发送速度特别快，它通过收件人邮箱所在的服务器，直接把邮件送到对方的邮箱。

如果发邮件时需要附带一些文件或者其他文档，可将这些文档作为邮件的附件一起发送。在图 5-32 所示的窗口上单击“附件”按钮，弹出“打开”对话框，如图 5-33 所示。找到作为附件的文件后，单击“打开”按钮，回到“邮件撰写”窗口，在窗口的下面显示出附件文件名和图标，如图 5-34 所示。可以选择多个附件。单击“发送”按钮，附件就和邮件一起发送出去了。

图 5-33　选择附件

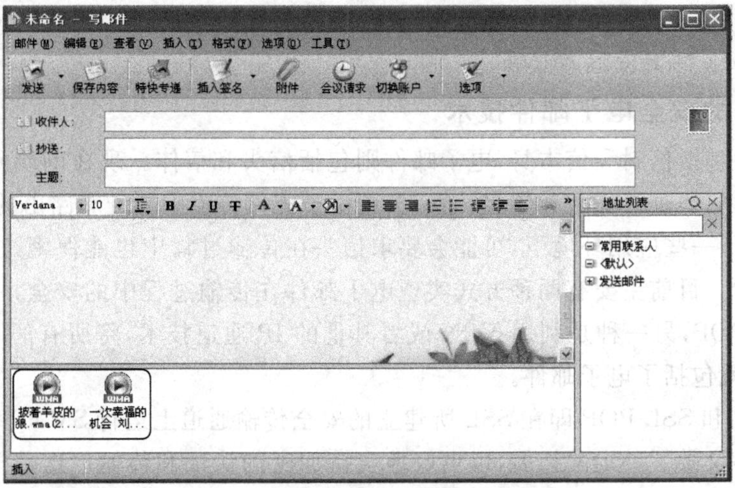

图 5-34　添加附件

5.1.4　电子邮件的安全

随着网络的进一步发展，电子邮件已经成为人们联系沟通的重要手段，而电子邮件的安全问题也越来越得到使用者的重视。对此专业的电子邮件系统供应商及时提出了安全电子邮件的全面解决方案。

1. 端到端的安全电子邮件技术

端到端的安全电子邮件技术，保证邮件从被发出到被接收的整个过程中，内容保密，无法修改，并且不可否认。目前的 Internet 上，有两套成型的端到端安全电子邮件标准：PGP 和 S/MIME。

PGP 是 Pretty Good Privacy 的简称，是一种长期一直在学术圈和技术圈内得到广泛使用的安全邮件标准。其特点是通过单向散列算法对邮件内容进行签名，以保证信件内容无法修改，使用公钥和私钥技术保证邮件内容保密且不可否认。发信人与收信人的公钥都分布在公开的地方，如 FTP 站点，而公钥本身的权威性(这把公钥是否代表发信人?)则可以由第三方、特别是收信人所熟悉或信任的第三方进行签名认证，没有统一的集中的机构进行公钥/私钥的签发。即在 PGP 系统中，信任是双方之间的直接关系，或是通过第三者、第四者的间接关系，但任意两方之间都是对等的，整个信任关系构成网状结构，这就是所谓的 Web of Trust。最近，基于 PGP 的模式又发展出了另一种类似的安全电子邮件标准，称为 GPG(Gnu Privacy Guard)。S/MIME 是 Secure Multi-Part Intermail Mail Extension 的简称。它是从 PEM (Privacy Enhanced Mail)和 MIME(Internet 邮件的附件标准)发展而来的。

同 PGP 一样，S/MIME 也利用单向散列算法和公钥与私钥的加密体系。与 PGP 不同的主要有两点：首先，它的认证机制依赖于层次结构的证书认证机构，所有下一级的组织和个人的证书由上一级的组织负责认证，而最上一级的组织(根证书)之间相互认证，整个信任关系基本是树状的，这就是所谓的 Tree of Trust。其次，S/MIME 将信件内容加密签名后作为特殊的附件传送。S/MIME 的证书格式也采用 X. 509，但与一般浏览器网上购物使用的 SSL 证书还有一定差异，支持的厂商相对少一些。在国外，Verisign 免费向个人提供 S/MIME 电子邮件证书；在国内也有公司提供支持该标准的产品。而在客户端，Netscape Messenger 和 Microsoft Outlook 都支持 S/MIME。

2. 传输层的安全电子邮件技术

传统的邮件包括信封和信本身，电子邮件则包括信头和信体。现在的端到端安全电子邮件技术一般只对信体进行加密和签名，而信头则由于邮件传输中寻址和路由的需要，必须保证原封不动。然而，一些应用环境下，可能会要求信头在传输过程中也能保密，这就需要传输层的技术作为后盾。目前主要有两种方式实现电子邮件在传输过程中的安全，一种是利用 SSL SMTP 和 SSL POP，另一种是利用 VPN 或者其他的 IP 通道技术，将所有的 TCP/IP 传输封装起来，当然也就包括了电子邮件。

SSL SMTP 和 SSL POP 即在 SSL 所建立的安全传输通道上运行 SMTP 和 POP 协议，同时又对这两种协议做了一定的扩展，以更好地支持加密的认证和传输。这种模式要求客户端的 EMAIL 软件和服务器端的 EMAIL 服务器都支持，而且都必须安装 SSL 证书。

基于 VPN 和其他 IP 通道技术，封装所有的 TCP/IP 服务，也是实现安全电子邮件传输的一种方法。这种模式往往是整体网络安全机制的一部分。

上面针对的是电子邮件系统供应商提出的安全电子邮件的解决方案，那么作为个人在使用电子邮件时又如何做到安全呢? 下面提出在使用过程中的几个注意事项。

(1) 关闭电子邮件地址自动处理功能。

由于软件中自动处理功能的日益增加，我们会越来越多地看到由于意外地选择了错误收件人而造成的安全事件了。微软 Outlook 中的“可怕的自动填写功能”就是一个很明显的例子，在使用下拉式清单的时候很容易不小心选择临近实际收件人的收件人。在讨论类似商业机密之类敏感信息的时候，这样的操作很容易导致各种安全事件的出现。

(2) 发送电子邮件给多个人的时候采用密送的设置。

从安全角度来说，将电子邮件地址与没有必要知道的人分享，是一个坏做法。在未经允许的情况下，将电子邮件地址与陌生人分享也是不礼貌的。在发送电子邮件给多个人的时候，可以选择收件人或者抄送的方式，这样的情况下，所有收件人可以分享所有的电子邮件地址。如果没有明确确认电子邮件地址应该被所有收件人分享的时候，应该使用密送的设置。这样的话，收件人不会知道还有其他接收者的存在。

(3) 只在一个确定安全的地方保存电子邮件。

加密传送电子邮件将有效地保护信息的安全，而接收和解密后保存为纯文本格式文件的电子邮件很有可能被系统中的其他用户获得。

(4) 只使用私人邮箱发送私人电子邮件。

你进行分享的任何电子邮件地址都会受到垃圾邮件发送者的关注，不论是发送电子邮件，还是利用电子邮件标题的地址进行欺骗。更多的垃圾邮件发送者和网络钓鱼攻击人会采用冒充网络服务提供商的垃圾邮件拦截器所使用的黑名单或者懒惰的邮件服务器系统管理员的方式从你这里骗取电子邮件地址。

(5) 每次发送邮件的时候，都要仔细检查收件人，特别是在发送邮件列表时。

在本来应该回复邮件列表的时候，不小心直接回复了单独发件人，并不是很大的安全问题。它可能带来一定程度的不便，但你甚至可能不会注意到你的邮件进入了邮件列表。相反，如果将应该发送给具体个人的邮件通过邮件列表进行发送，就会出现了真正的安全问题。最终的后果会有多糟糕，几乎没有人会知道，因为在无意中你向数以百计的甚至你不知道的人泄露了秘密。

这些注意事项可以帮助用户保证自己电子邮件安全，但并不能避免来自恶意黑客的攻击。与外界攻击相比，安全更容易被来自内部的忽视所破坏。不要让自己成为电子邮件安全的最大隐患。

5.2 远程登录

5.2.1 远程登录的基本概念

1. 远程登录

远程登录是 Internet 上较早提供的服务。用户通过 Telnet 命令使自己的计算机暂时成为远地计算机的终端，直接调用远地计算机的资源和服务。利用远程登录，用户可以实时使用远地计算机上对外开放的全部资源，可以查询数据库、检索资料，或利用远程计算完成只有巨型机才能做的工作。此外，Internet 的许多服务是通过 Telnet 访问来实现的。

Telnet 协议是 TCP/IP 协议簇中的一员，是 Internet 远程登录服务的标准协议和主要方式。它为用户提供了在本地计算机上完成远程主机工作的能力。在终端使用者的电脑上使用 Telnet 程序，用它连接到服务器。终端使用者可以在 Telnet 程序中输入命令，这些命令会在服务器上运行，就像直接在服务器的控制台上输入一样。可以在本地就能控制服务器。要开始一个 Telnet 会话，必须输入用户名和密码来登录服务器。Telnet 是常用的远程控制 Web 服务器的方法。

2. 远程登录的工作过程

使用 Telnet 协议进行远程登录时需要满足以下条件：在本地的计算机上必须装有包含 Telnet 协议的客户程序；必须知道远程主机的 IP 地址或域名；必须知道登录标识与口令。

Telnet 远程登录服务分为以下 4 个过程。

(1) 本地与远程主机建立连接。该过程实际上是建立一个 TCP 连接，用户必须知道远程主机的 IP 地址或域名。

(2) 将本地终端上输入的用户名和口令及以后输入的任何命令或字符以 NVT(Net Virtual Terminal)格式传送到远程主机。该过程实际上是从本地主机向远程主机发送一个 IP 数据包。

(3) 将远程主机输出的 NVT 格式的数据转化为本地所接受的格式送回本地终端，包括输入命令回显和命令执行结果。

(4) 最后，本地终端对远程主机进行撤销连接。该过程是撤销一个 TCP 连接。

远程登录的功能虽然比较简单，但当用户使用的计算机功能相对较弱、没有丰富的客户程序和服务程序时，就显示出它的作用。在 Internet 发展的早期，Telnet 的用途非常广泛，而现在只有黑客在使用它了。使用 Telnet 的最简单的方法是在命令行输入：

```
telnet remote-computer-name(or IP)
```

我们将在后面结合 BBS 介绍它的使用方法。

5.2.2 电子公告牌 BBS

BBS 的英文全称是 Bulletin Board System，翻译为中文就是“电子公告板”。BBS 最早是用来公布股市价格等类信息的，当时 BBS 连文件传输的功能都没有，而且只能在苹果计算机上运行。早期的 BBS 与一般街头和校园内的公告板性质相同，只不过是通过电脑来传播或获得消息而已。一直到个人计算机开始普及之后，有些人尝试将苹果计算机上的 BBS 转移到个人计算机上，BBS 才开始渐渐普及开来。近些年来，由于爱好者们的努力，BBS 的功能得到了很大的扩充。

目前，通过 BBS 系统可随时取得国际最新的软件及信息，也可以通过 BBS 系统来和别人讨论计算机软件、硬件、Internet、多媒体、程序设计以及医学等各种有趣的话题，更可以利用 BBS 系统来刊登一些“征友”、“廉价转让”及“公司产品”等启事，而且这个园地就在你我的身旁。

BBS 现在是 Internet 上发布信息、交流信息和获取信息的重要手段，它现在的功能有分类讨论、两人或多人讨论、电子邮件服务、发布信息、参加某一问题表决等。

BBS 是完全免费的，而且有很强的地域性。目前，BBS 大多数存在于高等院校中，所以用户中以学生居多，话题也多与校园生活、教学科研有关。

BBS 与最普遍的 WWW 服务一样，也是一种供大家交流信息的网络服务。BBS 站点都提供两种浏览方式：WWW 和 Telnet 方式。

WWW 方式是指通过浏览器(IE)直接看 BBS 上的文章参与讨论，其优点是使用比较简单，入门很容易，可以轻松地使用鼠标操作。但由于其自身的限制，不能自动刷新，而且有些 BBS 的功能(如聊天、发信息)难以在 WWW 下实现。

Telnet 方式是通过各种终端软件，直接远程登录到 BBS 服务器上去浏览、发表文章，还可以进入聊天室和网友聊天，或者发信息给别的使用 Telnet 上线的用户。这种方式传输的信息是纯文本，数据量小，信息交互的速度较快。习惯了窗口操作的用户使用这种方式浏览信息，会很费力的。

5.2.3 BBS 的使用方法

1. 使用 Telnet 登录 BBS

早期访问 BBS 主要是通过远程登录 Telnet 的方式进入。使用该方式的速度快，并且对计算机的硬件要求不高，现在仍有些 BBS 站点只能通过远程登录的方式访问。

使用 Telnet 方式访问 BBS 的基本步骤如下。

(1) 使用远程登录软件登录到 BBS 站点；

(2) 注册成为 BBS 站点用户；

(3) 以注册用户的身份或"guest"身份登录进入 BBS 站点并参与讨论。

基于 Telnet 方式的 BBS 站点很多，这里以水木清华站点为例，介绍访问 BBS 站点的方法。

Windows 98/2000/XP 操作系统内置了 Telnet 程序，使用该程序可以使计算机登录到网络或 Internet 的其他计算机上。

(1) 单击"开始"按钮，选择"运行"对话框，输入命令及网址，如图 5-35 所示。

图 5-35 "运行"对话框

(2) 单击"确定"按钮，计算机将与 BBS 站点主机连接并登录到 BBS 主机上。屏幕上出现连接成功的窗口，如图 5-36 所示。

图 5-36 水木清华 BBS 站点

(3) 登录到 BBS 站点之后，需要在 BBS 站点上进行登记，可以用户的身份在 BBS 上进行登记，也可以"guest"身份进行登记，之后才可以访问该站点。我们以"guest"身份进入该

BBS,如图 5-37 所示。

图 5-37　以 guest 登录

(4) 连续 4 次按任意键,进入水木清华站的主菜单界面,如图 5-38 所示,这时用户就可以以客人的身份先参观一下该 BBS 站。

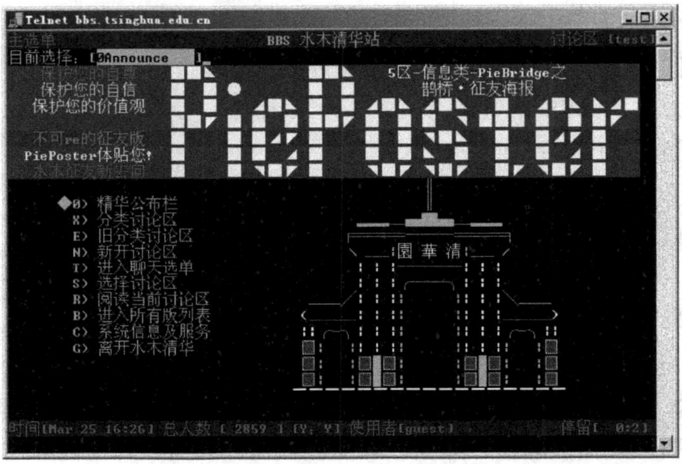

图 5-38　水木清华的主菜单界面

guest 的地位等级是最低的,通常系统会提示用户不具有 mail、post、talk、message 等权利。基本权利只有两个,一个是可以看别人的文章,另一个是可能参加网上交谈。即使是看文章,在某些 BBS 站上,一些精彩的文章也是 guest 看不到的,只有正式的成员才可以阅读。

对于习惯鼠标操作的人来说,在这种方式下可能会不习惯,因为大部分操作都必须依靠键盘。具体操作界面上会有提示,基本操作如下。

① 用方向键↑、↓可以在菜单中上下移动光标。

② 空格键可以使整个界面上翻一屏,菜单后翻一页,还可以进入下一篇文章。

③ 按 Q 键可以关闭现在阅读的文章或版面,回到上一级菜单。

④ 按方向键←或 E 键返回上一屏的内容。

⑤ 在菜单中将光标移到选定的题目上,按 R 键或 Enter 键即可开始阅读文章。

2. WWW 登录 BBS

很多 BBS 站点在提供远程登录的同时，也支持 WWW 方式访问。这种 BBS 站点上的内容非常丰富，图文并茂。

(1) 启动浏览器，在浏览器地址栏输入站点网址（以水木清华 http://bbs.tsinghua.edu.cn 为例），如图 5-39 所示。

图 5-39　WWW 方式访问 BBS

(2) 单击"匿名"按钮，同样以匿名用户进入 BBS 站点，如图 5-40 所示。用户可以在窗口左边的"分类讨论区"选择感兴趣的类别，例如选择"电脑信息"类别，这时将显示"电脑信息"列表，如图 5-41 所示，然后再选择自己感兴趣的子类别，直至实际讨论题。

图 5-40　以匿名用户进入 BBS

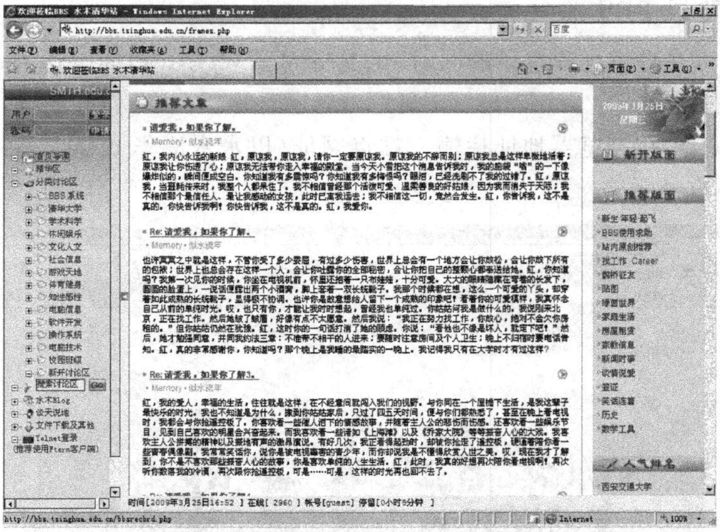

图 5-41　电脑信息

5.3　文件传输

5.3.1　文件传输基本概念

文件传输服务提供了 Internet 上两台计算机之间相互传输文件的机制，是广大用户获得丰富的 Internet 资源的重要方法之一。Internet 上除了有丰富的网页供用户浏览外，还有大量的程序、文字、图片、音乐、影视片段等多种不同功能、不同展现形式、不同格式的文件供用户下载；除此之外，还可以将文件上传到特定的网络，文件的上传与下载即为文件传输，它是 Internet 中广泛使用的一种服务。

文件传输服务是通过文件传输协议实现的。文件传输服务采用的协议是 FTP（File Transfer Protocol）。它是 TCP/IP 协议簇中应用层的基本协议之一。FTP 服务可将文件从一台计算机传送到另一台计算机上，无论这两台计算机在地理上相距多远，只要它们都支持 FTP 协议，它们之间就可以随意地互相传送文件，并且能保证传输的可靠性。通常人们也把 FTP 看做是用户执行文件传输协议所使用的应用程序。采用 FTP 传输文件时，不需要对文件进行格式转换，因此有较高的效率。

5.3.2　文件传输协议 FTP

FTP 协议基于客户机/服务器模式运行。一个 FTP 进程可以同时为多个客户进程提供服务。FTP 的服务进程由两部分组成：一个主进程，负责接受新的请求；多个从进程，负责处理单个请求。FTP 的传送使用 TCP 可靠传输服务，当主进程工作时，首先打开端口 21，使客户进程能够连接，然后主进程与从进程并行地工作。主进程等待接收客户进程发出的请求，从进程处理客户进程发来的请求。从进程对客户进程的请求处理完成后立即终止，但是从进程在运行期间可能会创建其他进程。文件传输的工作过程如图 5-42 所示。

FTP 在文件传输时，要在客户机和服务器之间建立控制连接和数据连接。系统在创建控制进程(从进程)时同时创建控制连接，控制连接创建后将一直保持，随时准备接收客户机的文件传输请求。控制进程接收客户文件传输请求后，创建数据传输进程同时创建数据连接，通过数据连接，数据传输进程完成文件传输。传输结束，关闭数据连接。

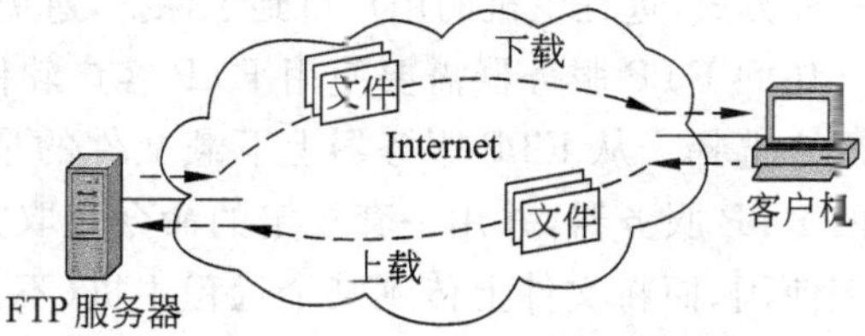

图 5-42 文件传输工作过程

FTP 的传输有两种方式：ASCII 传输模式和二进制数据传输模式。

(1) ASCII 传输模式：假定用户正在复制的文件包含简单的 ASCII 码文本，如果在远程机器上运行的不是 UNIX，当文件传输时 FTP 通常会自动地调整文件的内容以便把文件解释成另外那台计算机存储文本文件的格式。

但是常常有这样的情况，用户正在传输的文件包含的不是文本文件，它们可能是程序、数据库，字处理文件或者压缩文件(尽管字处理文件包含的大部分是文本，其中也包含有指示页尺寸，字库等信息的非打印字符)。在复制任何非文本文件之前，用 binary 命令告诉 FTP 逐字复制，不要对这些文件进行处理，这也是下面要讲的二进制传输。

(2) 二进制传输模式：在二进制传输中，保存文件的位序，以便原始和复制的是逐位一一对应的。即使目的地机器上包含位序列的文件也是没意义的。例如，macintosh 以二进制方式传送可执行文件到 Windows 系统，在对方系统上此文件不能执行。

如果在 ASCII 方式下传输二进制文件，即使不需要也仍会转译。这会使传输稍微变慢，也会损坏数据，使文件变得不能用(在大多数计算机上，ASCII 方式一般假设每一字符的第一有效位无意义，因为 ASCII 字符组合不使用它。如果传输二进制文件，所有的位都是重要的)。如果知道这两台机器是同样的，则二进制方式对文本文件和数据文件都是有效的。

使用 FTP 时必须首先登录，在远程主机上获得相应的权限以后，方可上载或下载文件。也就是说，要想同哪一台计算机传送文件，就必须具有哪一台计算机的适当授权。换言之，除非有用户 ID 和口令，否则便无法传送文件。这种情况违背了 Internet 的开放性，Internet 上的 FTP 主机何止千万，不可能要求每个用户在每一台主机上都拥有账号。匿名 FTP 就是为解决这个问题而产生的。匿名 FTP 是这样一种机制，用户可通过它连接到远程主机上，并从其下载文件，而无须成为其注册用户。系统管理员建立了一个特殊的用户 ID，名为 anonymous，Internet 上的任何人在任何地方都可使用该用户 ID。

通过 FTP 程序连接匿名 FTP 主机的方式同连接普通 FTP 主机的方式差不多，只是在要求提供用户标识 ID 时必须输入 anonymous，该用户 ID 的口令可以是任意的字符串。习惯上，用自己的 E-mail 地址作为口令，使系统维护程序能够记录下来谁在存取这些文件。

值得注意的是，匿名 FTP 不适用于所有 Internet 主机，它只适用于那些提供了这项服务的主机。

当远程主机提供匿名 FTP 服务时，会指定某些目录向公众开放，允许匿名存取。系统中的其余目录则处于隐匿状态。作为一种安全措施，大多数匿名 FTP 主机都允许用户从其下载文件，而不允许用户向其上载文件，也就是说，用户可将匿名 FTP 主机上的所有文件全部复制到自己的机器上，但不能将自己机器上的任何一个文件复制至匿名 FTP 主机上。即使有些匿名 FTP 主机确实允许用户上载文件，用户也只能将文件上载至某一指定上载目录中。随后，系统管理员会去检查这些文件，他会将这些文件移至另一个公共下载目录中，供其他用户下载，利用这种方式，远程主机的用户得到了保护，避免了有人上载有问题的文件，如带病毒的文件。

访问 FTP 服务器需要使用 FTP 客户软件，现在已有许多功能各异的专用 FTP 客户软件供用户选择。从 FTP 服务器上下载文件的早期方法是直接用 FTP 软件(即 ftp.exe)访问已知的 FTP 服务器，并用一套规定的命令获取文件，即命令方式。但这种方法使用不便，已很少有人使用，而将文件上传到某个远程主机(不是 FTP 服务器)上，使用该方法则比较普遍。目前，FTP 客户软件一般都是基于窗口方式，例如 WS_FTP、CuteFTP、Flashxp 等。

如果要下载 WWW 服务器上的文件，则可以使用如下两种方式下载。

(1) 直接使用 IE 下载。

(2) 使用专门的软件下载，例如 FlashGet(网际快车)。

5.3.3　直接使用 IE 下载

有些网页中建立了软件下载的超链接，这就可以直接通过超链接以保存的方式进行下载，方法如下。

在网页上单击该软件下载的链接(当鼠标指向软件下载链接时，状态栏中显示该程序所在的位置)。在弹出的“文件下载”对话框中，单击“保存”按钮，如图 5-43 所示，然后在“另存为”对话框中选择文件保存的位置，单击“确定”按钮。文件就从服务器下载到本地硬盘了。图 5-44 为文件下载进度。

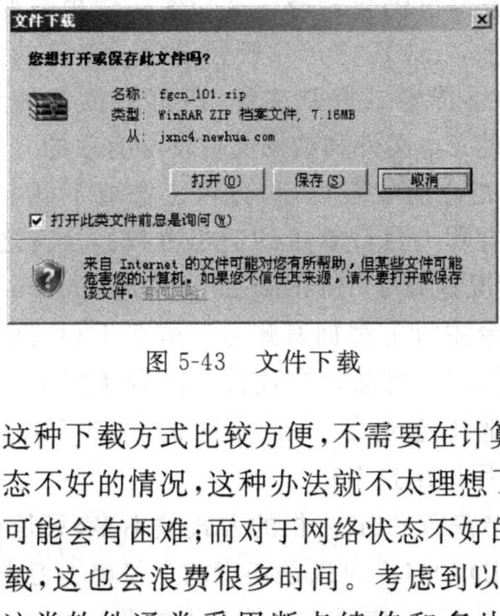

图 5-43　文件下载

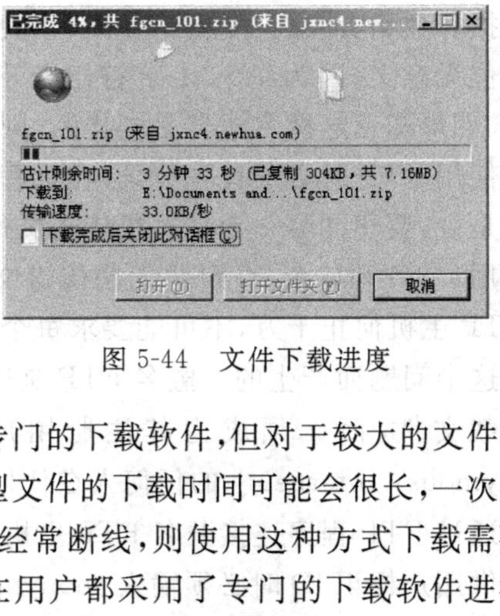

图 5-44　文件下载进度

这种下载方式比较方便，不需要在计算机上安装专门的下载软件，但对于较大的文件和网络状态不好的情况，这种办法就不太理想了。因为大型文件的下载时间可能会很长，一次完全下载可能会有困难；而对于网络状态不好的情况，如果经常断线，则使用这种方式下载需要从头下载，这也会浪费很多时间。考虑到以上情况，现在用户都采用了专门的下载软件进行下载。这类软件通常采用断点续传和多片段下载等技术保证安全、高效地进行下载操作。FlashGet 就是此类软件的典型代表。

5.3.4　使用专用下载工具下载

网际快车 FlashGet 是一款优秀的常用下载软件，通过把一个文件分成几个部分同时下载可以成倍地提高速度，下载速度可以提高 100%～500%。FlashGet 可以创建不限数目的类别，每个类别指定单独的文件目录，不同的类别保存到不同的目录中去，强大的管理功能包括支持拖曳、更名、添加描述、查找、文件名重复时可自动重命名等，而且下载前后均可轻易管理文件。新版本中更添加了镜像和自动镜像查找功能使得下载速度再上一个台阶。

1. FlashGet 下载与安装

用户可以直接从 http://www.flashget.com 下载 FlashGet 最新版本，在此以 FlashGet 2.4 为例，介绍安装、设置及主要使用方法。

(1) 双击已下载的 FlashGet 中文版安装文件 FlashGet24cn.exe，启动安装程序，如图 5-45 所示。单击“下一步”按钮，弹出“许可证协议”窗口，如图 5-46 所示。

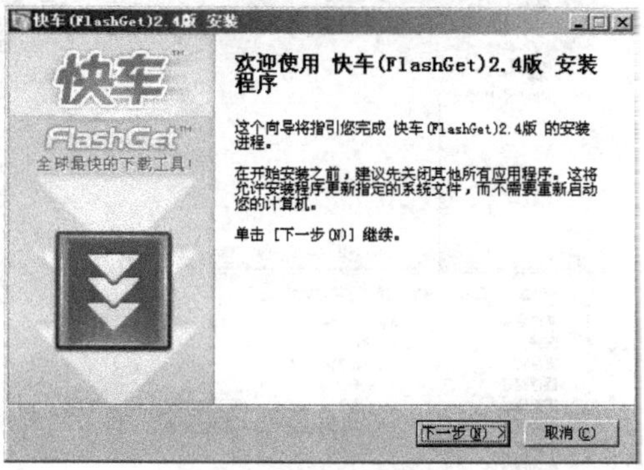

图 5-45　启动安装程序

(2) 单击“我接受”按钮，弹出“选择安装位置”窗口，如图 5-47 所示。单击“下一步”按钮，进入安装过程，如图 5-48 所示。完成安装文件的复制后，弹出“安装完成”窗口，如图 5-49 所示。单击“完成”按钮，完成安装过程。

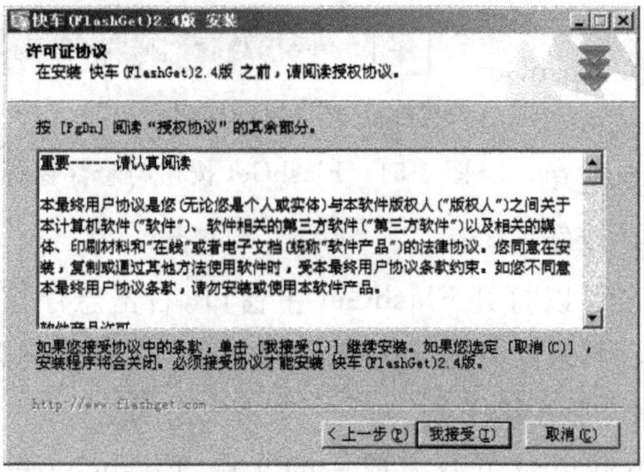

图 5-46　许可证协议

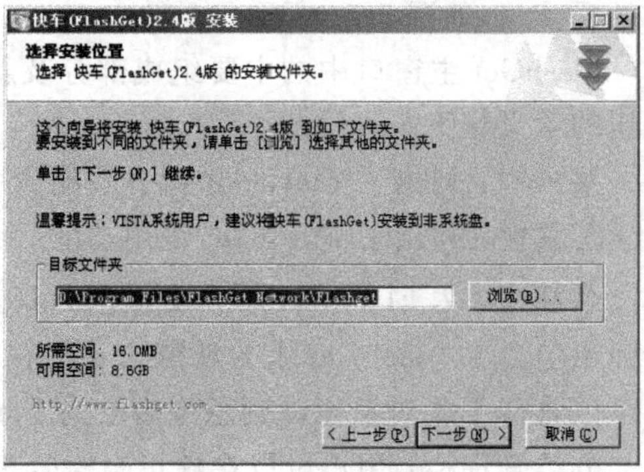

图 5-47　选择安装位置

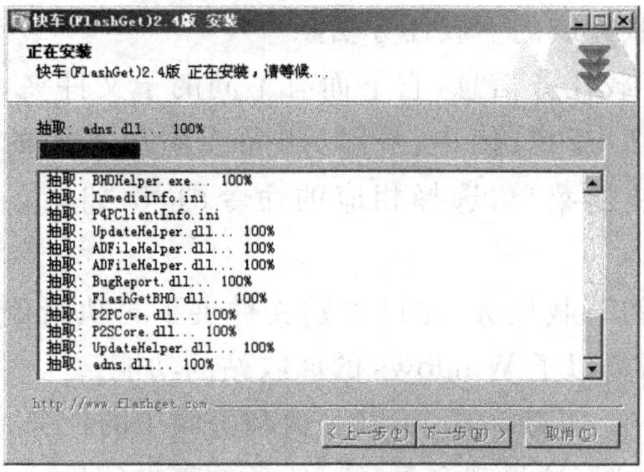

图 5-48　安装过程

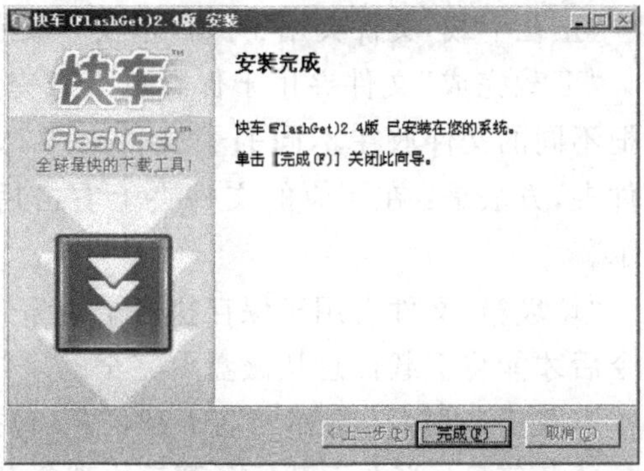

图 5-49　安装完成

2. FlashGet 的启动

FlashGet 安装成功后，启动图标出现在桌面上和开始菜单中。双击桌面上的 FlashGet 快捷方式图标，或选择"开始"→"所有程序"→"快车(FlashGet)"→"启动 FlashGet"选项启动 FlashGet，启动后的 FlashGet 主窗口如图 5-50 所示。

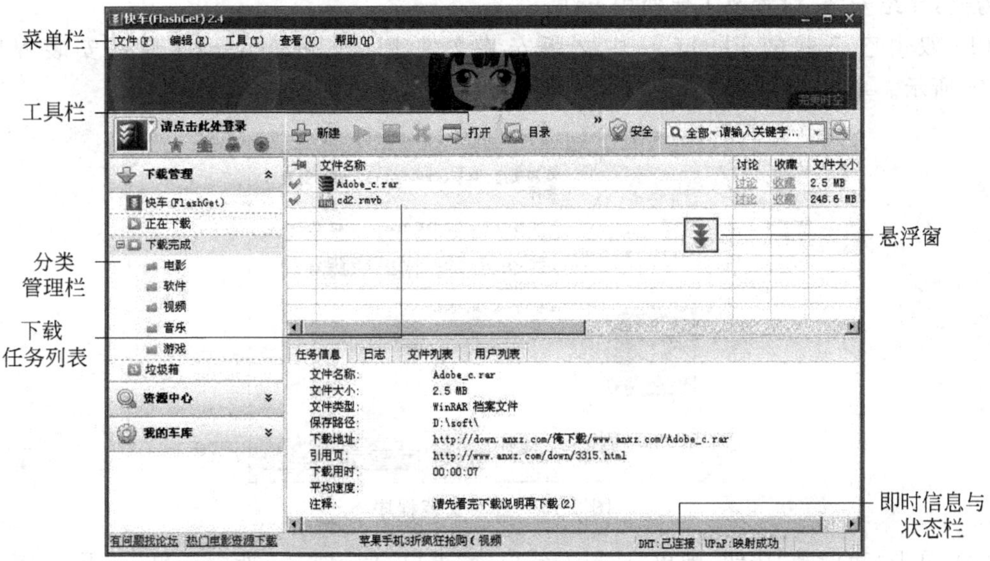

图 5-50　Flash Get 主窗口

FlashGet 启动后，在桌面任务栏右边托盘中出现 FlashGet 按钮以及 FlashGet 特色之一的悬浮窗口，如图 5-51 所示。

图 5-51　FlashGet 按钮与悬浮窗标志

FlashGet 主窗口中的主要组成部分及悬浮窗和 FlashGet 按钮的含义如下。

菜单栏：列出了 FlashGet 所有功能命令的分类菜单。

工具栏：列出了 FlashGet 常用功能命令的工具按钮。

悬浮窗：为 FlashGet 的重要特色。双击悬浮窗可以打开 FlashGet 主窗口，右击悬浮窗可以弹出包含了 FlashGet 主要功能命令的快捷菜单，下载文件过程中悬浮窗可显示下载信息，还可以将待下载对象拖动到悬浮窗上为 FlashGet 添加下载任务。

分类管理栏：用户可以在这里轻松管理正在下载以及下载完成后的文件，FlashGet 默认有 3 个类别文件夹。

"正在下载"文件夹用于保存正在下载或未下载完成的下载任务信息。

"下载完成"文件夹用于保存已下载完成的下载任务信息，它下面有不同的子文件夹，用户把不同的文件放在不同的子文件夹中，方便日后查找、使用。可以删除或添加不同的子文件夹，方法是：在相应的文件夹上右击后出现快捷菜单，选择相应的命令即可，如图 5-52 所示。

"垃圾箱"文件夹用于保存执行了删除命令后的下载任务，在该类别文件夹下再执行删除命令后才能将下载信息从磁盘上完全删除，其作用类似于 Windows 的回收站的功能。

下载任务列表：显示所有下载任务，包括进行中、下载完成、下载失败和等候中的任务。

任务信息：当在下载任务列表中选择某个任务时，这里就会显示该任务的基本信息。

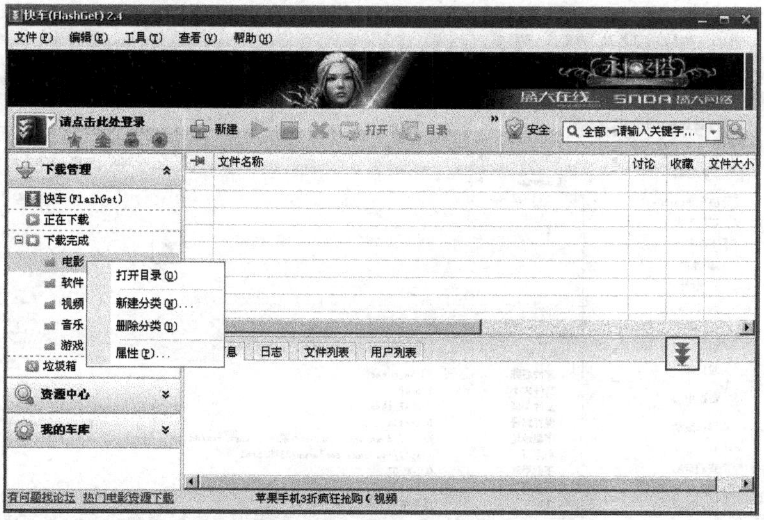

图 5-52 “下载完成”文件夹设置

日志：当开始下载某个任务时，这里就会显示该任务每个线程的连接信息。

文件列表：当开始下载 BT 任务时，这里就会显示该任务的种子每个文件下载的状况。

用户列表：当开始下载 BT 任务时，这里就会显示该任务每个线程的连接信息。

即时信息与状态栏：这里显示的是快车下载的开通 upnp 信息和即时速度信息。

3. FlashGet 的设置

FlashGet 的设置一般采用默认设置即可，以下几项用户可以根据需要重新设置。

(1) 类别文件夹的设置。

FlashGet 默认的所有类别文件夹均在 C:\Downloads 目录下，用户可以将其设置为其他磁盘下的某个文件夹。具体操作方法为：在 FlashGet 主窗口的分类管理栏中，在待修改的类别名上右击，如右击最高层类别名“下载完成”，在弹出的快捷菜单中选择“属性”命令，打开“分类属性”对话框，如图 5-53 所示。

图 5-53 设置下载文件夹

在该对话框的“默认目录”文本框中输入要设置的文件夹路径，如 D:\下载文件，或直接单击后面的“浏览”按钮，在打开的“文件夹选择”对话框中选择新文件夹，再单击“确定”按钮即可。

(2) 悬浮窗显示/隐藏属性设置。

只要在 FlashGet 主窗口中选择“查看”，在弹出的菜单中单击“悬浮窗”命令，即可在桌面上出现悬浮窗，否则就不会显示悬浮窗，如图 5-54 所示。

(3) 修改 XP 连接数。

由于 Windows XP 系统设计时限制了连接数，常导致用户下载时速度低下。使用带宽的极限速度下载，用户需要自行更改 Windows 限制的连接数，考虑到多数用户并不具备自行修改能力，快车特别集成了 XP 连接数修改工具。

使用方法很简单：选择快车菜单栏的“工具”→“XP 系统优化工具”选项，如图 5-55 所示。在弹出的界面中显示的是当前 Windows XP 的连接数，更改数值后单击“修改”按钮即可。

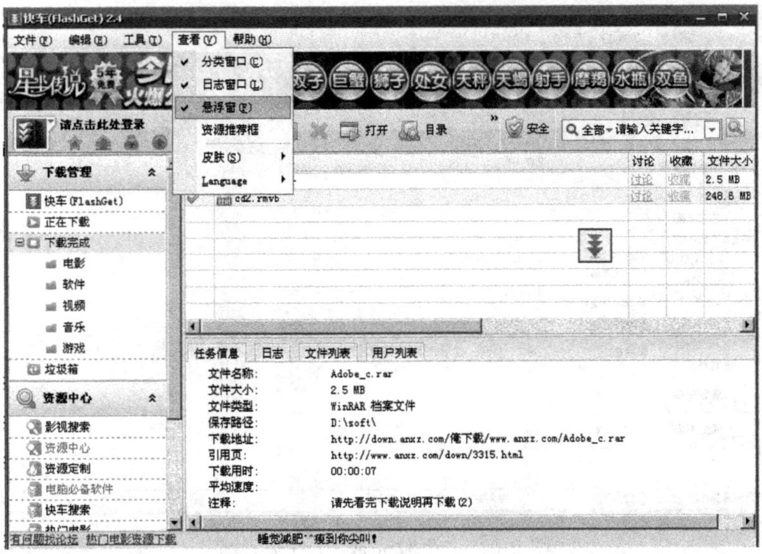

图 5-54　悬浮窗

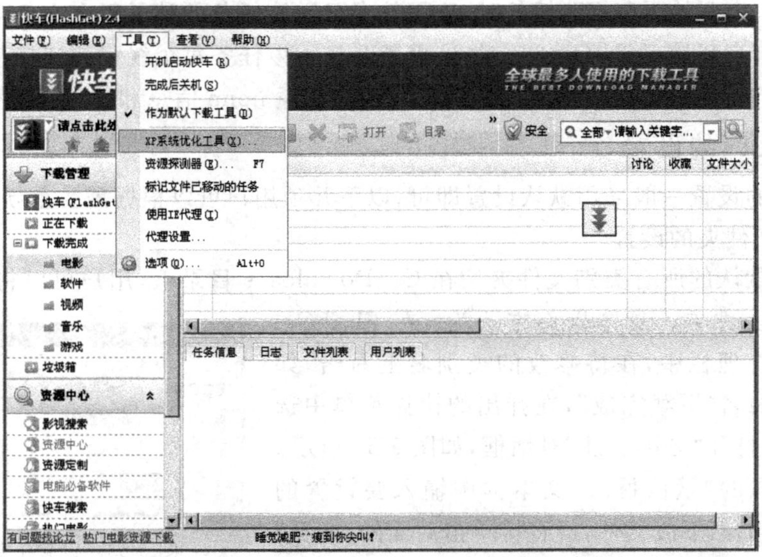

图 5-55　XP 系统优化工具

推荐修改至 256 或更高，可有效提高下载速度，如图 5-56 所示。

(4) 把 FlashGet 设置为系统默认下载工具。

将 FlashGet 设置为默认下载工具，可为用户自动将欲下载文件添加到 FlashGet 下载列队中，只需在资源链接上单击一次，即可完成添加下载任务操作。设置的具体方法是：单击 FlashGet 菜单栏中的“工具”，选择“作为默认下载工具”选项，设置成功后，此选项前会出现“√”。如需取消默认，重复上述操作，取消“√”即可，如图 5-57 所示。

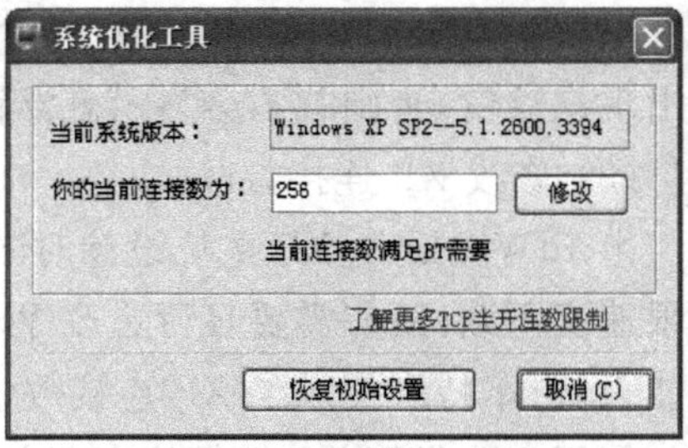

图 5-56　修改连接数

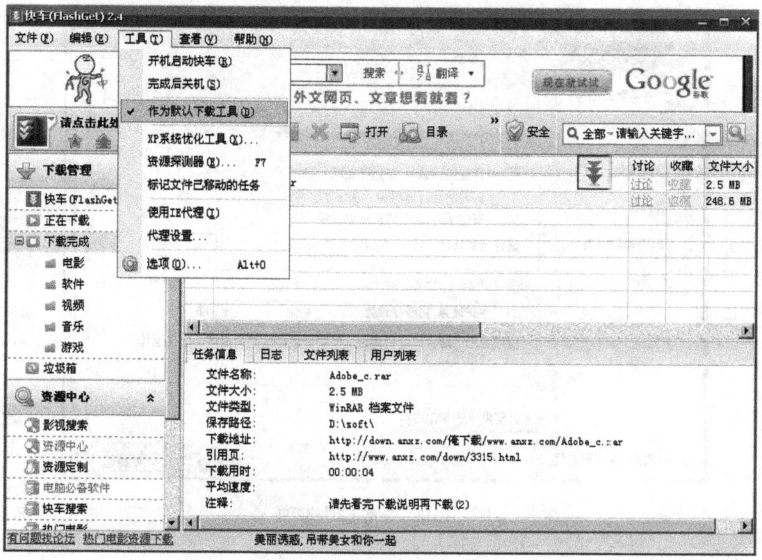

图 5-57　设置快车为默认下载工具

(5) 高级设置。

单击 FlashGet 菜单栏中的“工具”，选择“选项”命令，如图 5-58 所示。

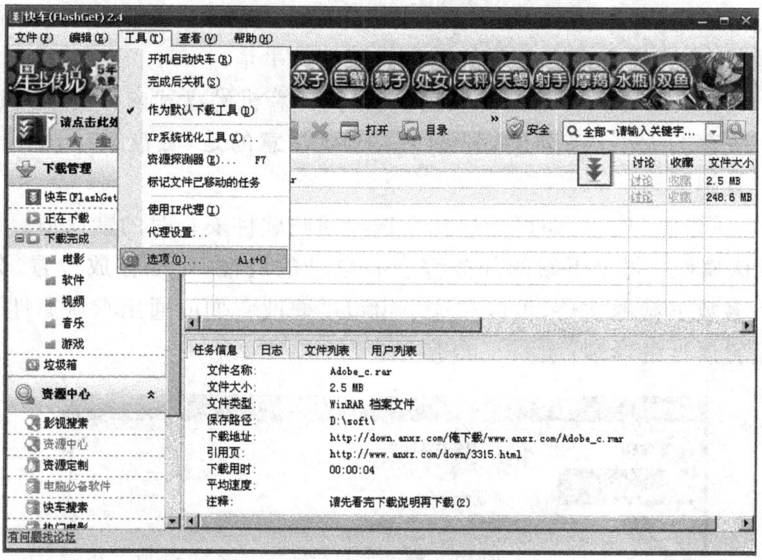

图 5-58　选择“选项”命令

弹出“选项”对话框，FlashGet 的高级选项就在这里设置，如图 5-59 所示。

下面分别对各个选项做一下介绍。

(1) 常规：该窗口中的选项，用于设置快车默认的下载方式。

“快车启动时，自动开始上次运行的任务”：选中该项后，快车每次启动时都会自动启动上次未完成的下载任务。如果不希望快车每次启动都自动开始下载，可取消该项目的勾选。

“开机后自动启动快车”：选中该项目后，每当 Windows 启动时，快车都会随系统自动启动。配合“快车启动时，自动开始上次运行的任务”功能，用户可以轻松实现无人值守的资源下

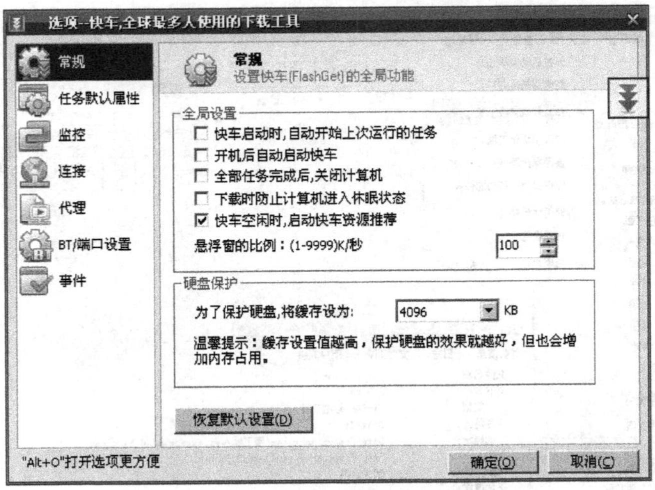

图 5-59 “常规”选项

载。当然,如果希望加快 Windows 的启动速度,也可以不选中。

“全部任务完成后,关闭计算机”：该功能可以让快车在完成全部下载任务后自动关机。需要注意的是,该功能只会在所有任务都下载完毕之后自动关机,如果有任务仍为“暂停”状态,这个功能就会失灵!

“下载时防止计算机进入休眠状态”：选中该项后,一旦有下载任务正在进行,计算机将不会自动进入休眠状态,这样方便在下载的同时做其他的事情。

“硬盘缓存设置”：为了保护计算机硬盘,可根据计算机硬盘和内存的大小适度调整,以达到最好的效果。缓存的大小从 256KB 到 8192KB,要注意的是,磁盘缓存设置得越大,下载时占用的内存相对就越多。

单击“恢复默认设置”按钮,即可让这几个选项回归软件安装时的默认值。

(2) 任务默认属性：每个下载的任务都会有自己的属性,比如存放位置、分为几段下载、注释等。对于大多数下载的文件,可以在这个窗口中修改它们的通用默认属性,从而避免为每一个文件下载设置属性的麻烦,如图 5-60 所示。

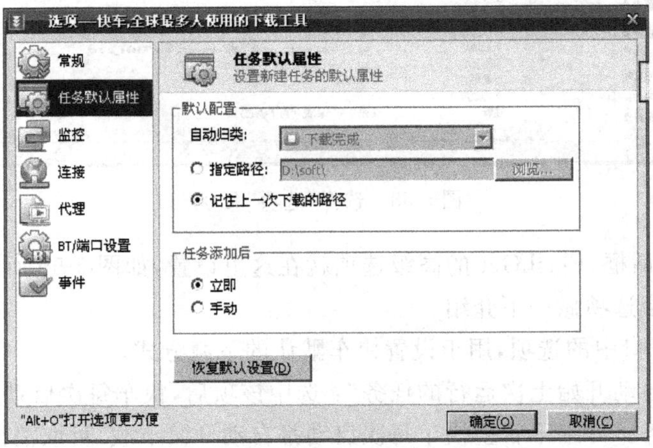

图 5-60 “任务默认属性”选项

“自动归类”：该功能用于自动判断下载的文件属于哪个类别，默认为“下载完成”。

“指定路径”：下载回来的文件，默认保存在哪个目录中呢？单击“浏览”按钮并选取一个新的位置即可。

“记住上一次下载的路径”：选择此项，则以后的下载都按以前下载保存的路径进行保存。

“任务添加后”：该功能是指当添加一个下载任务后，快车是应该立即下载，还是等待用户手动下载？如果是需要立刻使用或查看的文件，立即下载会比较方便；如果是计划一批下载任务，而且并不希望立刻开始的下载任务占据带宽甚至是拖慢系统运行速度，那么先添加，最后再批量开启下载任务。

(3) 监控：在这里可以设置快车对浏览器的监控功能，创造个性化的下载方式。如图 5-61 所示。

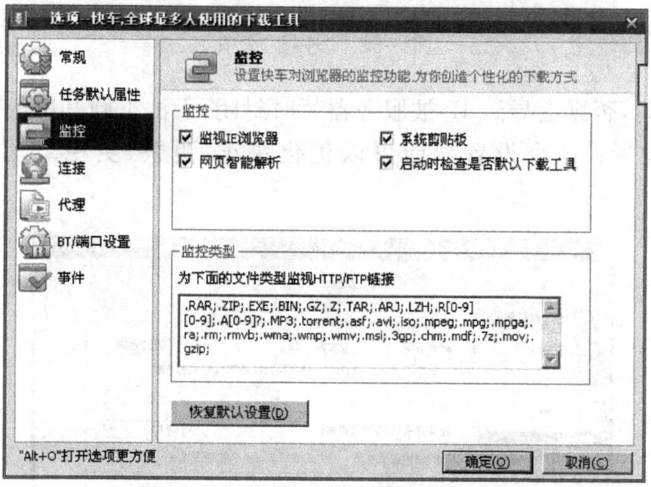

图 5-61 “监控”选项

“监视 IE 浏览器”：对所有的 IE 内核浏览器(包括 IE 7、Maxthon、腾讯 TT 等)中的单击行为进行监控。

“系统剪贴板”：当在复制网页内容时，其中可能包含有下载链接。

“网页智能解析”：一旦用户浏览的网页中包含有符合“监控类型”文本框中列出的文件类型，快车就将其添加为新下载任务。

“启动时检查是否默认下载工具”：选中该项可以在每次快车启动的时候检查快车是否为默认的下载工具，如果不是，并给出提示，用户可以自己选择是否使用快车作为默认下载工具。

“监控类型”：里面包含着可以添加到新下载任务中下载的文件类型，用户可以在该文本框中对文件类型进行增删等修改操作。勾选相应的项目后，一旦快车监控到该项目所对应的下载行为，就会自动弹出下载对话框，自动地添加任务了。

(4) 连接：我们可以在这个界面中优化下载连接，有效利用网络带宽，如图 5-62 所示。

“速度优化”：速度优化包括了所使用的网络类型，可以设置上传速度和下载速度的最大值，如果设置为 0，此时的快车速度为无限制。

“任务配置”：包括“最多同时进行的任务数”、“若任务失败重试前等待”、“数据连接等待”和“限制重试次数”，一般无须更改。但如果下载服务器对下载任务有要求，那么最好根据要求

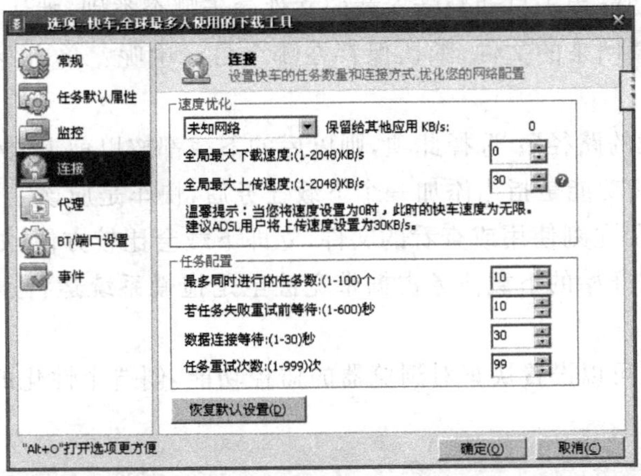

图 5-62 “连接”选项

来设置重试等待时间,否则会导致 IP 被服务器暂时封闭,无法下载其中的资源。

(5) BT/端口设置:这个设置功能可以优化快车,更快、更稳定地下载 BT 资源。如图 5-63 所示。

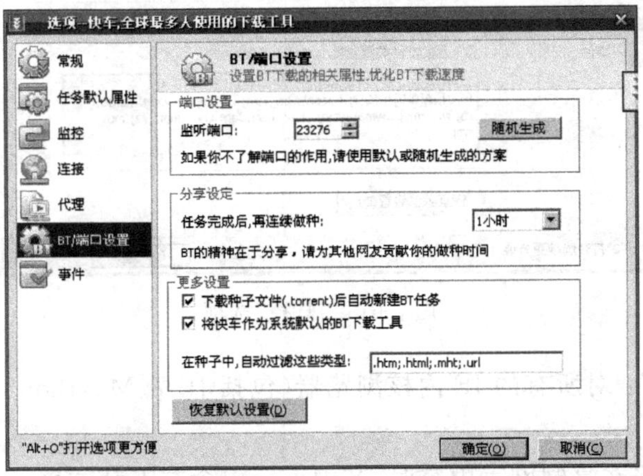

图 5-63 “BT/端口设置”选项

“端口设置”:设置需要监听的端口,如果不了解端口的作用,默认即可。

“分享设定”:BT 的精神在于大家都共享资源,所以在此设置做种时间,如果计算机的配置不是很好,可以选择少一点的时间。

另外还有“下载种子文件(.torrent)后自动新建 BT 任务”、“将快车作为系统默认的 BT 下载工具”等选项可以选择,还可以手动添加需要过滤的文件扩展名,以方便管理下载。

4. FlashGet 常用的下载操作

使用 FlashGet 进行快速文件下载的方法主要有以下几种。

(1) 若已将快车设置为默认下载工具,快车会自动捕获用户在浏览器中对下载链接的操作,并会打开如图 5-64 所示的“添加下载任务”对话框,单击“确定”按钮后即可进行文件下载。

(2) 在快车没有被设置为默认的下载工具时,用户可以在浏览器中右击下载链接,在弹出的快捷菜单中选择“使用快车(FlashGet)下载”命令,如图 5-65 所示,打开如图 5-64 所示的“添加下载任务”对话框,单击“确定”按钮后即可进行文件下载。

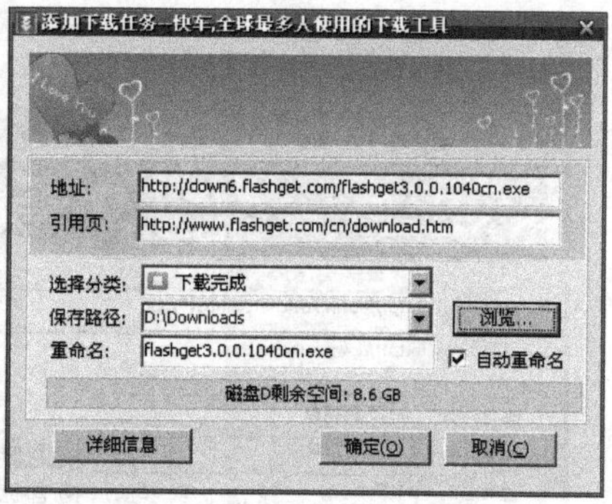

图 5-64　添加下载任务

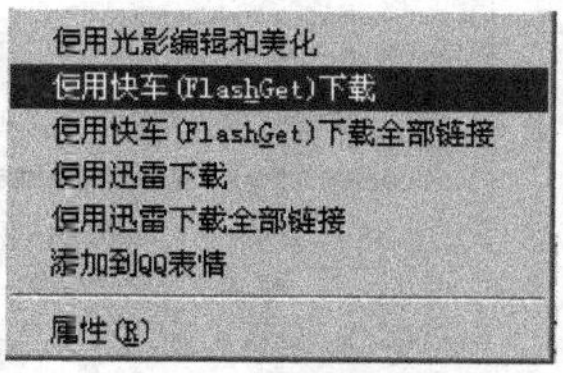

图 5-65　快捷菜单

(3) 将下载链接直接拖动到快车悬浮窗上,打开如图 5-64 所示的"添加下载任务"对话框,单击"确定"按钮后即可进行文件下载。

5. 批量下载文件

批量下载非常方便,一次操作即可添加多个(无数量限制)下载任务,是提高下载效率最有效的手段,快车的批量下载功能采用通配符填空机制,使用方便且操作简单。

批量下载前需要找到文件的链接规律,例如:

http://down.kuaiche.com/616.jpg

http://down.kuaiche.com/617.jpg

http://down.kuaiche.com/618.jpg

这 3 张图片的存放路径是一样的,只是文件名有所不同,这时就可以使用批量下载功能一次性下载这些文件。

首先启动 FlashGet,选择菜单栏中的"文件"→"新建批量下载"命令,如图 5-66 所示。弹出"新建批量任务"界面,如图 5-67 所示。在文本框中填入 http://down.kuaiche.com/61(*).jpg,用"(*)"代替 3 个地址中不同的部分,然后配置地址的通配符,此处我们填写从"6"到"8","通配符长"即替换位数,此处为"1"。配置完成后,可在下面的文本框中查看 FlashGet 生成的下载地址列表,单击"确定"按钮,弹出如图 5-68 所示的"添加下载任务"对话框,单击"确定"按钮后,快车会询问其他任务是否都使用相同设置,单击"是"按钮则完成添加任务,单击"否"按钮可分别设置每个任务的下载属性。

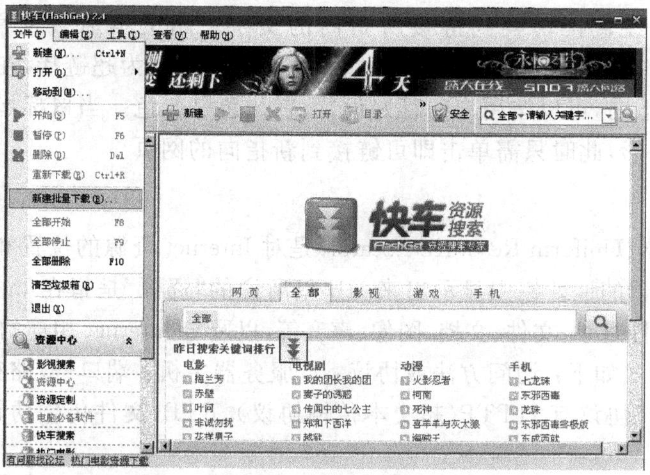

图 5-66　新建批量下载

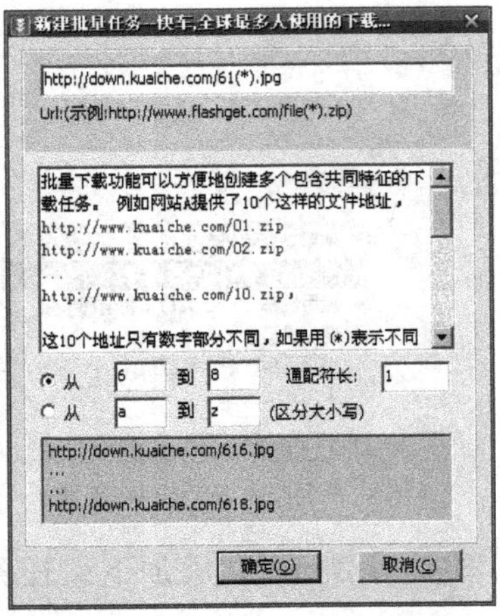

图 5-67 设置批量任务

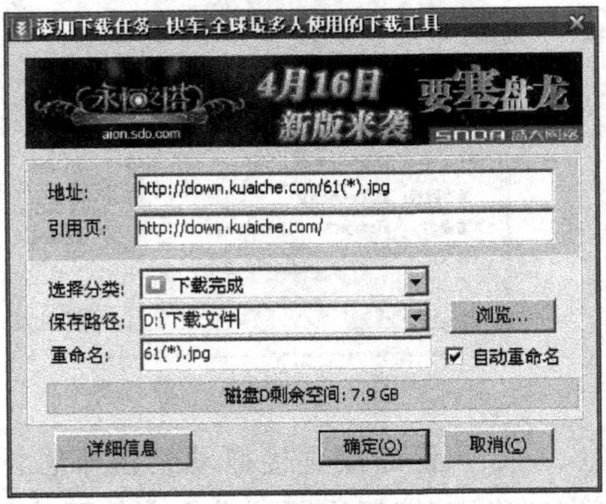

图 5-68 添加批量下载任务

5.4 WWW 浏览

5.4.1 WWW 浏览概述

1. WWW 的概念

WWW(World Wide Web,万维网)是一种连接到整个 Internet、遍布在成千上万的计算机上文献的架构。WWW 是环球网的缩写,或缩写为 W3 或 Web,有时又叫做全球信息网、环球信息网等。它并不是独立于 Internet 的另一个网络,而是基于超文本(hypertext)技术将许多信息资源连接成一个信息网,是由节点和超链接组成、方便用户在 Internet 上浏览和搜索信息的超媒体信息查询服务系统,是 Internet 的一部分。WWW 是以超文本标记语言(HyperText Markup Language,HTML)与超文本传输协议(HyperText Transfer Protocol,HTTP)为基础,能够提供面向 Internet 服务的、一致的用户界面的信息浏览系统。它的出现是 Internet 发展的一个里程碑。

2. 超文本

超文本实际上是一种电子文档,其中的文字包含有可以链接到其他字段或者文档的链接,允许从当前阅读位置直接切换到链接所指向的文字。超文本通常使用超文本标记语言 HTML 编写,其中的一些字符被超文本标记语言 HTML 标记为超链接,在显示时其颜色通常与其他文字的颜色不同,可以按用户的喜好设置,默认色是蓝色。当鼠标指针放在任一超链接上时,指针就变成手形,此时只需单击即可链接到新指向的网页。

3. URL

统一资源定位器(Uniform Resource Locator)是对 Internet 资源的位置和访问方法的一种简练表示,通常在浏览器的地址栏中显示出来。这里所说的"资源"是指在 Internet 上可以被访问的任何对象,包括文件目录、文件、文档、图像、声音等,以及与 Internet 相连的任何形式的数据。

URL 的一般形式如下:访问方法或协议://服务器主机:端口号/路径

常用访问方法或协议有 HTTP(超文本传输协议)、FTP(文件传输协议)、NEWS(Usenet 新闻)等。

服务器主机指出相应资源所在服务器的域名或 IP 地址,这一项是必需的。

端口标识主机中的不同应用进程，常用的应用程序都有一个固定的端口号，如 FTP：21、HTTP：80、TELNET：23。这些端口号可以省略。

路径指定用户所要获取的文件目录及文件名。默认时，服务器就把默认页或主页送到浏览器中。

例如，在浏览器中的地址栏输入 http://www.edu.cn/index.html 说明当前采用 HTTP 协议访问主机名为 www.edu.cn 的服务器上的超文本文件 index.html。

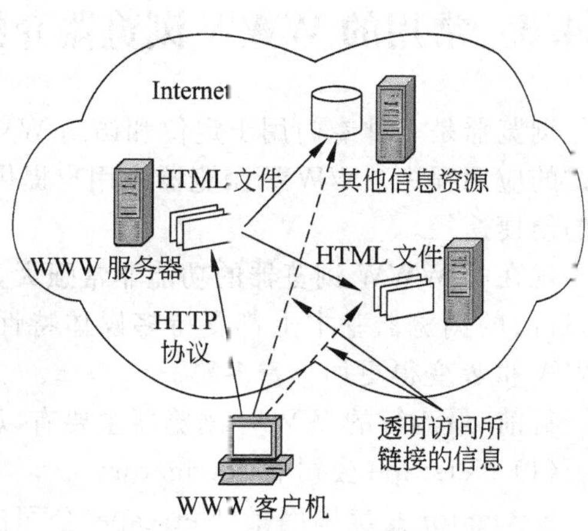

图 5-69　WWW 工作原理

4. WWW 的工作方式

WWW 系统的结构采用了客户机-服务器模式，其工作原理如图 5-69 所示。信息资源以主页(也称网页)的形式存储在 WWW 服务器中，用户通过 WWW 客户端程序(浏览器)的形式向 WWW 服务器发出请求，WWW 服务器根据客户端请求内容，将保存在 WWW 服务器中的某个页面发送给客户端，浏览器在接收到该页面后对其进行解释，最终将图、文、声并茂的画面呈现给用户。可以通过页面中的链接，方便地访问位于其他 WWW 服务器中的页面，或是其他类型的网络信息资源。

5.4.2　WWW 的应用

1. 搜索引擎

搜索引擎(search engine)是指根据一定的策略、运用特定的计算机程序搜集 Internet 上的信息，在对信息进行组织和处理后，为用户提供检索服务的系统。

从使用者的角度看，搜索引擎提供一个包含搜索框的页面，在搜索框中输入词语，通过浏览器提交给搜索引擎后，搜索引擎就会返回跟用户输入的内容相关的信息列表。

各搜索引擎的能力和偏好不同，所以提供的网页不尽相同，排序算法也各不相同。

国内著名搜索引擎网址如下。

- 百度 http://www.baidu.com/
- 雅虎 http://search.cn.yahoo.com/
- Google http://www.google.cn/
- 微软 http://cn.bing.com/
- 北京大学天网中英文搜索引擎 http://e.pku.edu.cn/

国外著名英文搜索引擎网址：

- Google http://www.google.com
- Yahoo http://www.yahoo.com
- Live http://www.live.com
- Microsoft http://www.bing.com/

2. 电子商务

电子商务通常是指在全球各地广泛的商业贸易活动中，在 Internet 开放的网络环境下，基于浏览器/服务器应用方式，买卖双方不谋面地进行各种商贸活动，实现消费者的网上购物、商户之间的网上交易和在线电子支付以及各种商务活动、交易活动、金融活动和相关的综合服务活动的一种新型的商业运营模式。

5.4.3 常用的 WWW 浏览器介绍

浏览器是一种专门用于定位和访问 WWW 信息以获取所需资源的导航工具，它是一种交互式的应用程序。WWW 浏览器为用户提供了寻找 Internet 上内容丰富、形式多样的信息资源的便捷途径。

现在的 WWW 浏览器的功能非常强大，利用它可访问 Internet 上的各类信息。更重要的是，目前的浏览器基本上都支持多媒体特性，可以通过浏览器来播放声音、动画与视频，使得 WWW 世界变得更加丰富多彩。

目前，最流行的 WWW 浏览器主要有以下几种。

(1) Netscape 公司的 Navigator。

Navigator 是美国网景(Netscape)公司出品的 Internet 浏览器软件之一。Navigator 的英文意思是“航海者、海上探险者”，寓意人们可以使用该软件在 Internet 网络的海洋中航行、探险。Navigator 不仅可以浏览 WWW，还具有电子邮件、文件传输、远程登录及新闻组、信息浏览等多种功能。它的出现给网络用户带来了很大的方便，得到了非常广泛的应用。

(2) Microsoft 公司的 Internet Explorer。

Internet Explorer，简称 IE 或 MSIE，是 Microsoft 公司推出的一款 WWW 浏览器。它是 Microsoft 的新版本 Windows 操作系统的一个组成部分。虽然它的出现比 Navigator 晚一些，但由于 Microsoft 公司在计算机操作系统上的优势，目前它是使用最广泛的 WWW 浏览器。

(3) Mozilla Firefox。

Mozilla Firefox(正式缩写为 Fx)，中文名为火狐，是由 Mozilla 基金会(谋智网络)与开源团体共同开发的 WWW 浏览器。Firefox 是从 Mozilla Application Suite 派生出来的 WWW 浏览器，从 2005 年开始，每年都被媒体 PC Magazine 选为年度最佳浏览器。根据 Net Applications 的统计，Firefox 全世界的浏览器市场份额突破 20%关口，仅次于 Internet Explorer。

5.4.4 IE 浏览器的界面与设置

本节以 Internet Explorer 7.0 为例，介绍 WWW 浏览器的使用。

IE 7.0 是由微软公司基于 Mosaic 开发的 WWW 浏览器。IE 7.0 是 Microsoft 公司最新发布的正式版本。新版本 IE 7.0 的兼容性比之前的 IE 6.0 更好，而且字体也比以前的好看了。

1. 启动 IE 7.0 浏览器

启动 IE 7.0 浏览器的常用方法有 3 种。

(1) 单击快速启动栏上的“启动 Internet Explorer 浏览器”图标，如图 5-70 所示。

(2) 双击 IE 7.0 的桌面图标。如图 5-71 所示。

图 5-70 快速启动栏的 IE 图标

图 5-71 桌面 IE 图标

(3) 选择“开始”→Internet Explorer 命令。

2. 窗口界面

IE 7.0 的界面整体感觉和 IE 6.0 有较大不同，基本布局有较大的改变。地址栏固定于界面最顶端不能拖动；菜单栏位于地址栏下方、工具栏与选项卡平行。工具栏中的按钮也有较大的变动，常见的按钮少了不少，在自定义命令栏中也只有少数的按钮可供选用。在 IE 6.0 中熟悉的前进、返回、停止、刷新、搜索等按钮都从工具栏中移动到别的地方，只剩下收藏中心按钮。前进、返回按钮位于地址栏前；刷新按钮位于地址栏后；搜索栏直接加入到了地址栏的后面，如图 5-72 所示。

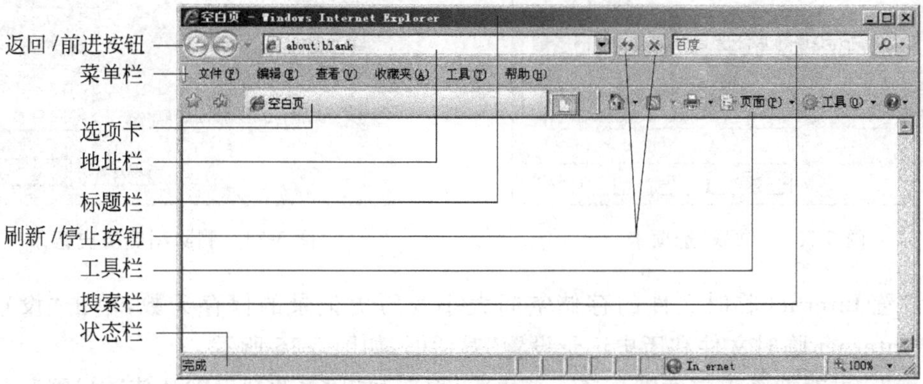

图 5-72 IE 7.0 的界面

标题栏：在标题栏中，可以看到当前正在浏览的主页名称。

菜单栏：在菜单栏中，通过不同菜单中的命令，可以完成 Internet Explorer 中几乎所有的操作。

工具栏：在工具栏中，可以利用其中的按钮快速完成一些常用的操作。

地址栏：在地址栏中，可以输入要访问主页的 URL 地址。

状态栏：在状态栏中显示了 Internet Explorer 的当前活动状态。

选项卡：这是 IE 7.0 新的功能，它支持多页面的浏览。每次浏览新的网页就会自动建立一个页面选项卡，这样就可以在一个窗口实现多页面浏览功能。

3. IE 7.0 的设置

IE 7.0 为用户提供了一个含有多种功能设置的“Internet 选项”对话框，其中包括“常规”、“安全”、“隐私”、“内容”、“连接”、“程序”和“高级”7 种选项，通过对这些选项的功能设置，可以提高浏览网页的质量，满足各类用户的上网需求。下面针对常用的“常规”、“安全”、“隐私”和“高级”选项设置进行说明。

(1) “常规”选项卡。

在 IE 7.0 浏览器的菜单栏中，选择“工具”→“Internet 选项”选项，弹出“Internet 选项”对话框，系统默认打开的是“常规”选项卡。如图 5-73 所示。

“主页”：设置 IE 启动时自动打开的网址。

“浏览历史记录”：

- 删除临时文件、历史记录、Cookie、保存的密码和网页表单信息。单击“删除”按钮，出现“删除浏览的历史记录”，如图 5-74 所示。选择要删除的内容即可，也可以单击“全部删除”按钮。

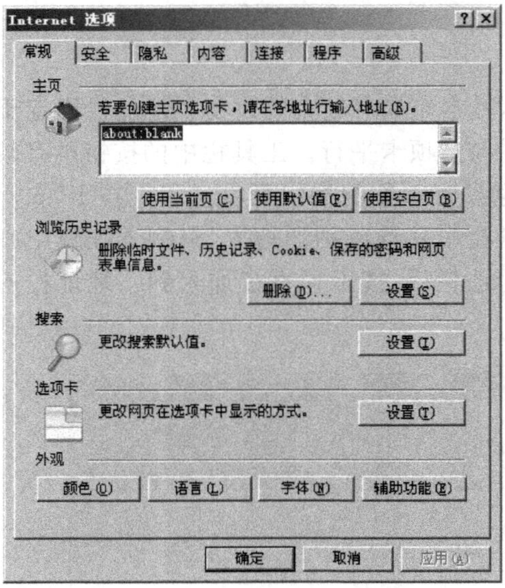

图 5-73 “常规”选项卡

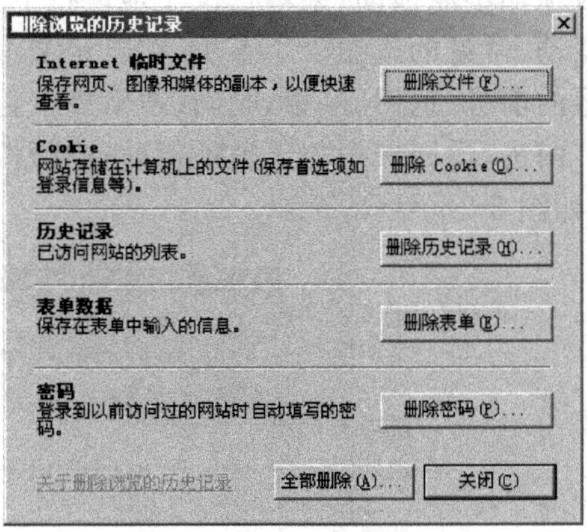

图 5-74 删除浏览历史记录

• 设置 Internet 临时文件的存储空间大小及历史记录的保存天数，单击“设置”，弹出“Internet 临时文件和历史记录设置”对话框，如图 5-75 所示。

“搜索”：更改搜索引擎的默认值。单击“设置”，弹出“更改搜索默认值”对话框，如图 5-76 所示，选择喜欢的搜索提供程序，单击“确定”按钮即可。

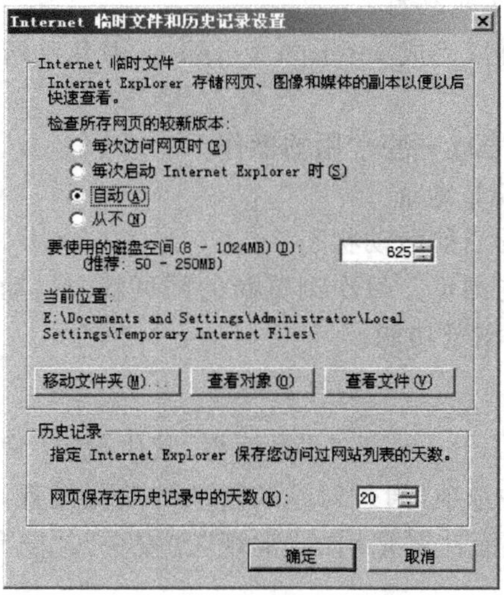

图 5-75 设置临时文件和历史记录

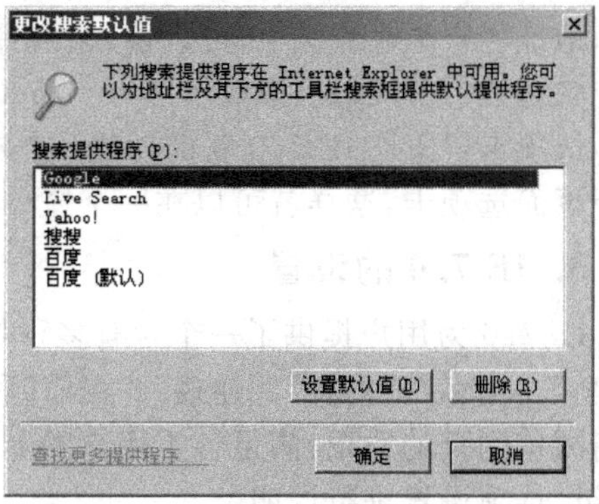

图 5-76 更改搜索默认值

“选项卡”：更改网页在选项卡中显示的方式。单击“设置”，弹出“选项卡浏览设置”对话框，如图 5-77 所示。设置相应的选项，单击“确定”按钮即可。

(2)“安全”选项卡。

在 IE 7.0 浏览器的菜单栏中，选择“工具”→“Internet 选项”选项，弹出“Internet 选项”对话框，打开“安全”选项卡，如图 5-78 所示。

IE 7.0 将信息来源分成 Internet、本地 Intranet、可信站点和受限站点 4 个区。Internet 区是指来自 Internet 的信息；本地 Intranet 是指来自企业内部网的信息；可信站点是指来自比较安全站点的信息；受限站点是指来自不安全站点的需要进行最高级别限制的信息。

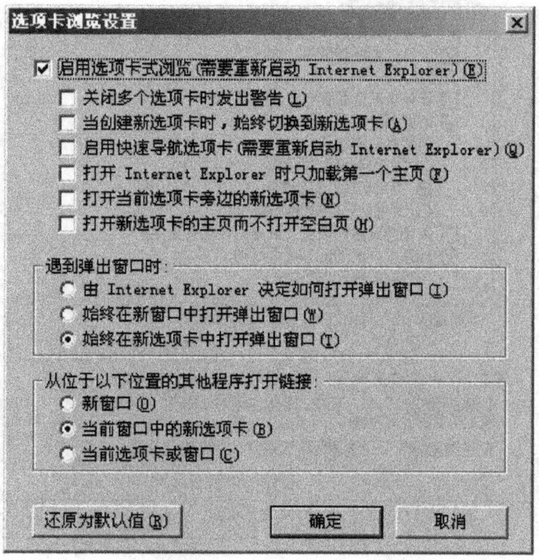

图 5-77　选项卡浏览设置

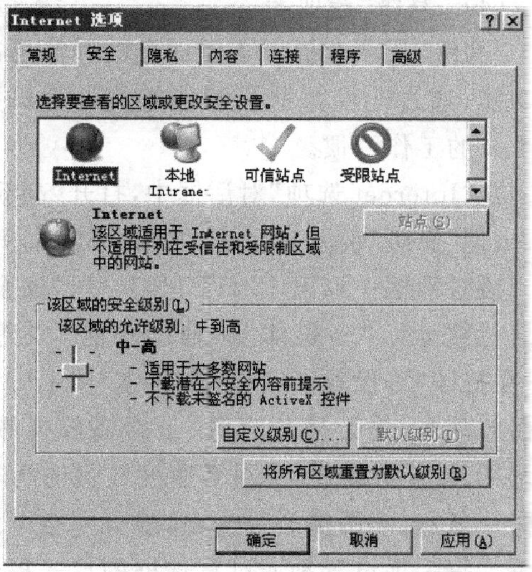

图 5-78　“安全”选项卡

对每一个区选择不同的安全级别设置。

Internet：“高”、“中-高”和“中”3 个级别。

本地 Intranet：“高”、“中-高”、“中”、“中低”和“低”5 个级别。

可信站点：“高”、“中-高”、“中”、“中低”和“低”5 个级别。

受限站点：只有“高”一个级别。

(3)“隐私”选项卡。

IE 7.0 通过对 Cookie 安全等级的设置，可以在不同程度上保护个人可识别信息的安全。

在 IE 7.0 浏览器的菜单栏中，选择“工具”→“Internet 选项”选项，弹出“Internet 选项”对话框，打开“隐私”选项卡，如图 5-79 所示。

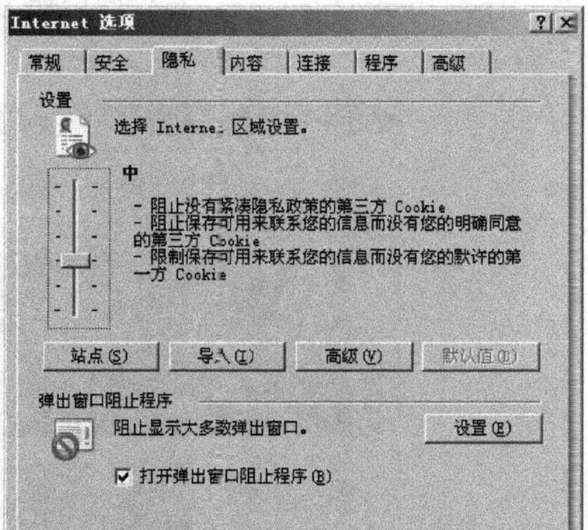

图 5-79　“安全”选项卡

“设置”分 6 个级别，即“阻止所有的 Cookie”、“高”、“中高”、“中”、“低”和“接受所有的 Cookie”。“阻止所有的 Cookie”为最高保护级别，可阻止来自所有网站的 Cookie，并且用户计算机现有的 Cookie 也不能被读取。“接受所有的 Cookie”为最低保护级别，选择该级别则所有的 Cookie 都将保存在计算机上，用户计算机上已有的 Cookie 也可以由创建 Cookie 的网站随时读取，这样的话用户个人信息的安全就没有保障。系统默认级别是“中”，该级别允许经过许可的 Cookie 保存在计算机中。如果用户需要自己设置级别，则可以移动滑块选择“隐私”的级别。

“弹出窗口阻止程序”可阻止显示大多数不需要的弹出窗口，在访问某些不信任的网站时会自动弹出一些广告网页,里面常常带有木马病毒,为了避免出现这种情况,一般就要在这里设置“打开弹出窗口阻止程序”。

(4)“高级”选项卡。

“高级”选项卡提供了更加全面和深层次的设置功能,通过改变这些设置能够使计算机更加符合个人的工作习惯。

在“Internet 选项”对话框中,打开“高级”选项卡,出现“高级”设置对话框,如图 5-80 所示。

该对话框中列出了“HTTP 1.1”、“安全”、“从地址栏搜索”、“多媒体”、“辅助功能”、“浏览”和“正在打印”等设置。其中“多媒体”项中可设置是否播放动画、是否播放声音、是否播放视频、是否显示图片等设定值,当网络速度较慢时可选择关闭图片显示、动画播放等选项,减少网络下载的信息量。每一项设置都通过复选框的形式提供给用户选择。

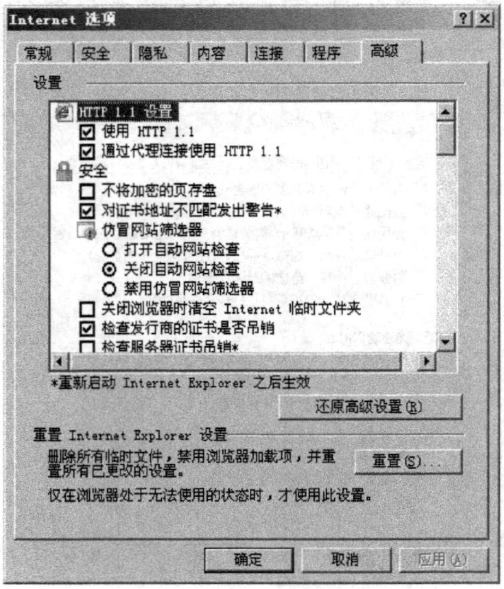

图 5-80 “高级”选项卡

5.4.5 浏览 Internet

通过 Internet Explore 浏览器,可以方便地浏览 Internet 站点。常用的浏览方法有以下几种。

(1) 直接在地址栏中输入网址。

如果知道某个 Internet 站点的网址,可以在地址栏中输入站点的网址(例如贵州大学的网址是 http://www.gzu.edu.cn),然后按 Enter 键。这时将会进入“贵州大学”站点的首页,如图 5-81 所示。

图 5-81 贵州大学网站

(2) 使用地址栏的下拉菜单。

如果要打开曾经访问过的站点网址，可以单击地址栏右侧的箭头，在弹出的下拉菜单中单击相应的网址，这时将会打开相应的站点，如图 5-82 所示。

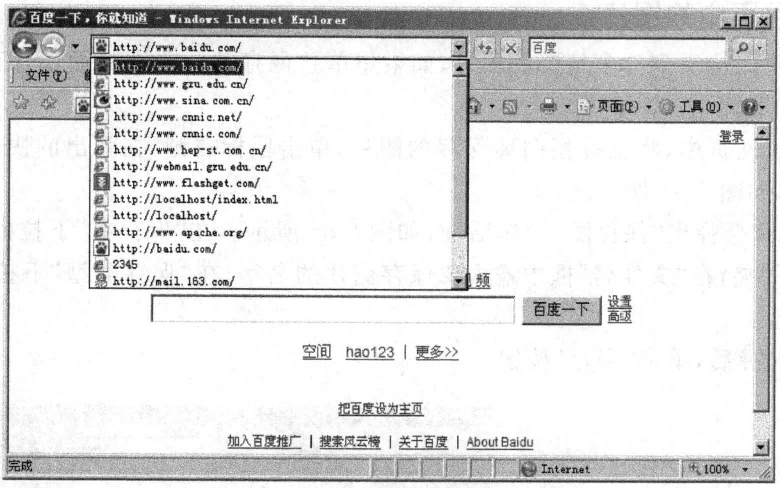

图 5-82　地址栏的下拉菜单

5.4.6　保存与打印 Web 信息

在上网浏览时，如果用户想将某些信息内容作为资料保存在计算机的硬盘上或打印出来，可以使用 IE 7.0 提供的保存网页和打印网页功能。

1. 保存整个网页

要保存整个网页，可以按以下步骤进行操作。

(1) 在浏览器打开要保存的网页，在菜单栏中选择“文件”→“另存为”选项，弹出“保存网页”对话框，如图 5-83 所示。

图 5-83　保存网页

（2）在“保存在”下拉框中，选择要将网页保存的文件夹；在“文件名”框中输入要保存网页的名字；在“保存类型”下拉框中，选择要保存的文件类型。

（3）完成选择后，单击“保存”按钮。

2. 保存网页中的图片

在浏览网页时会看到许多精美的图片，如果想单独保存某一张图片而不保存其他网页内容，操作步骤如下。

（1）在当前网页中，将鼠标指向要保存的图片，单击鼠标右键，在弹出的快捷菜单中选择“图片另存为”，如图 5-84 所示。

（2）这时，将会弹出“保存图片”对话框，如图 5-85 所示。在“保存在”下拉框中，选择要将图片保存的文件夹；在“文件名”框中输入要保存图片的名字；在“保存类型”下拉框中，选择要保存的文件类型。

（3）完成选择后，单击“保存”按钮。

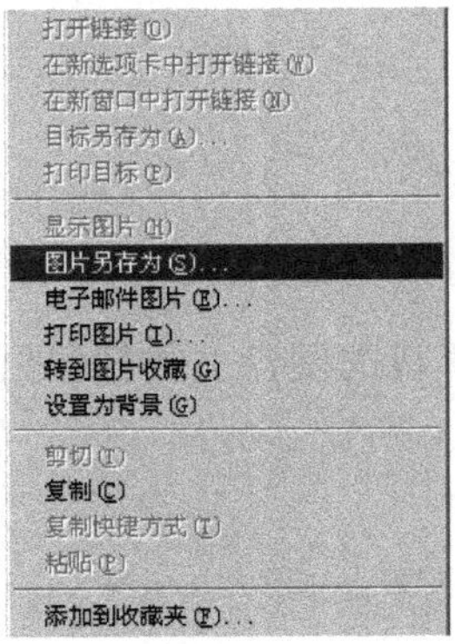

图 5-84　图片另存为

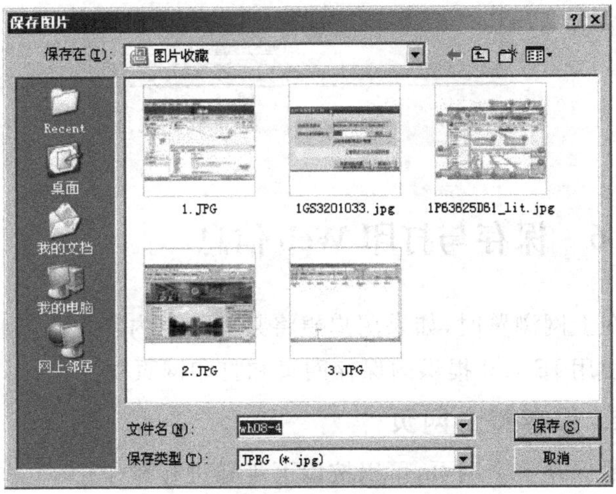

图 5-85　保存图片

3. 打印网页

IE 7.0 为用户提供了方便的打印功能，它既可以打印完整的网页，又可以打印网页中的某个框架，还可以打印网页中的所有链接列表，甚至可以打印网页上超级链接的所有主页。在打印前需根据实际要求进行“页面设置”和“打印”设置。

（1）页面设置。在菜单栏中，选择“文件”→“页面设置”选项，弹出“页面设置”对话框，如图 5-86 所示。

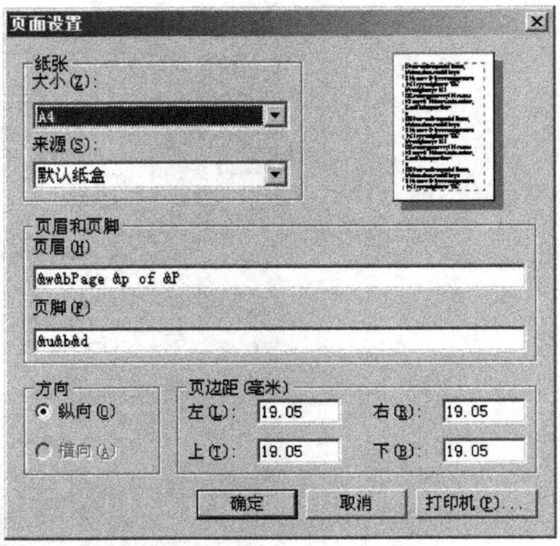

图 5-86　页面设置

在“页面设置”对话框中，“纸张”、“方向”和“页边距”3 个区域的设置与 Word 文件中的设置相同，页眉和页脚区需要进行参数设置，如表 5-1 所示。

表 5-1 页眉页脚参数设置

参　数	功　能
&w	打印窗口标题
&u	打印网页地址
&d	打印日期(短格式)
&D	打印日期(长格式)
&t	打印时间(由"控制面板"→"区域设置"指定格式)
&T	打印时间(24 小时时间格式)
&p	打印当前页码
&P	打印总页码
&b	紧跟在该字符后面的文本居中打印
&b&b	紧跟在第一个 &b 后面的文本居中打印,跟在第二个 &b 后面的文本右对齐打印

(2) 打印设置。在菜单栏中,选择"文件"→"打印"选项,弹出"打印"对话框,如图 5-87 所示。在"打印"对话框中,有"常规"和"选项"两项设置:"常规"包括"选择打印机"、"页面范围"和"份数"等,设置方法与 Word 文件中的设置方法相同;"选项"是在进行框架打印时使用的设置窗口,如图 5-88 所示。

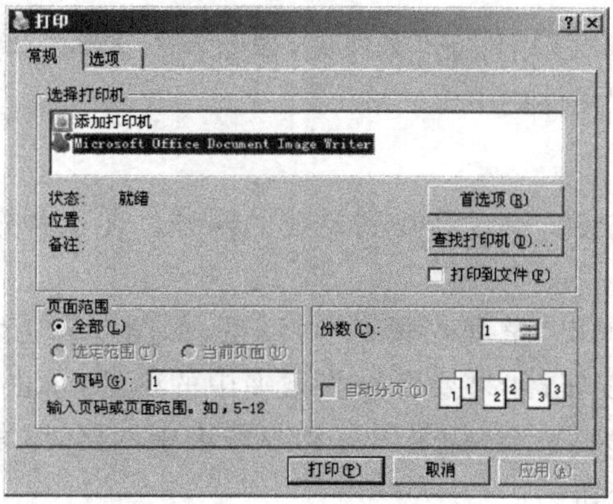

图 5-87 打印设置

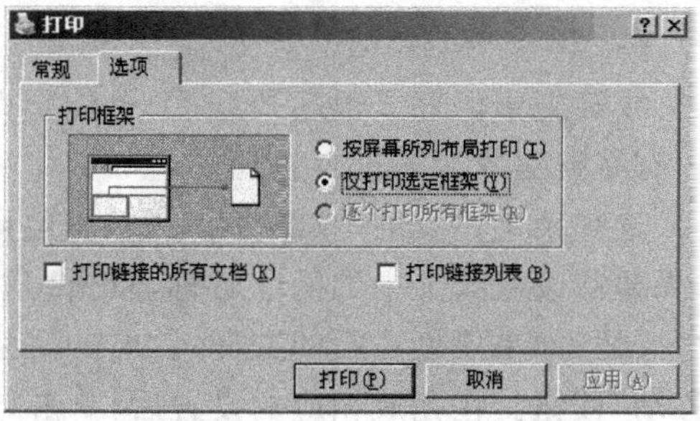

图 5-88 打印选项设置

"打印框架"区内有 3 个打印方式单选项,"打印框架"区下面有两个复选项,它们的功能分别如下。

选中"按屏幕所列布局打印"单选框,表示按照屏幕显示的样式打印整个网页。

选中"仅打印选定框架"单选框,表示打印范围仅限于选定的框架。

选中"逐个打印所有框架"单选框,表示将网页中所有的框架分别独立打印。

选中"打印链接的所有文档"复选框,表示将当前网页所链接的所有主页全部打印。

选中"打印链接列表"复选框,表示将当前网页所包含的链接以表格的形式打印在网页的最后。

(3) 打印。

方法一:在工具栏中,单击"打印"按钮,以系统默认方式打印。

方法二:在菜单栏中,选择"文件"→"打印"选项,按用户设置的方式打印。

方法三:单击鼠标右键,在快捷菜单中选择"打印"或"打印目标",按鼠标指定的项目打印。

5.4.7 收藏夹和历史记录的使用

对于经常要浏览的网站，可以分门别类地将其存放在收藏夹中。以后每次都可以从收藏夹中快速访问该网站，从而省去查找地址、输入地址的麻烦。要注意收藏夹不是存放网站的内容，而只是网站的一个地址。

1. 添加地址到收藏夹

用户进入到需要添加到收藏夹的站点，即打开要收藏的网站的主页，然后选择菜单栏中的“收藏夹”→“添加到收藏夹”选项，弹出“添加收藏”对话框，如图 5-89 所示。

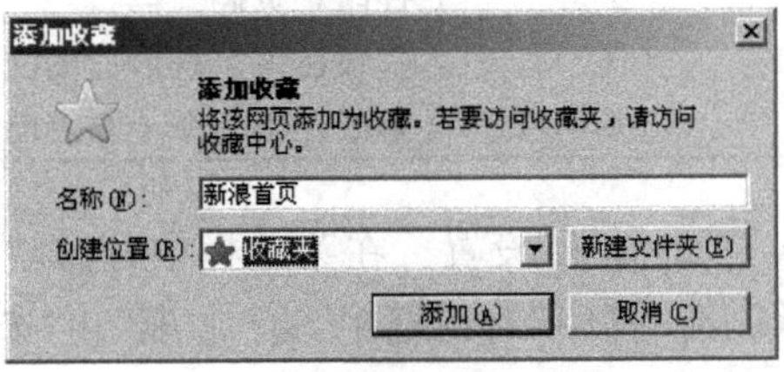

图 5-89 添加收藏

在“名称”框中，显示了当前主页的名称。单击“创建位置”右边下拉列表菜单，可以选择网址保存在的文件夹。用户自己可以新建文件夹，单击“新建文件夹”按钮，弹出“创建文件夹”对话框，在“文件夹名”框中输入文件夹名称，例如输入“常用网址”，如图 5-90 所示。单击“创建”按钮，返回“添加收藏”对话框，可以在“创建位置”右边下拉列表菜单中找到“常用网址”文件夹，如图 5-91 所示。单击“添加”按钮，即可把该网页地址添加到“常用网址”文件夹中。

2. 整理收藏夹

收藏夹中保存了很多网址后，可能会变得很杂乱，不容易找到要找的网址。在这种情况下，有必要对收藏夹进行整理。

选择菜单栏上的“收藏夹”→“整理收藏夹”，弹出“整理收藏夹”对话框，如图 5-92 所示。如果要修改收藏夹中的网址名称，单击“重命名”按钮；如果要删除收藏夹中的网址，单击“删除”按钮；如果要创建新的文件夹，单击“新建文件夹”按钮；如果要移动收藏夹中的网址，单击“移动”按钮。在完成相应的设置后，单击“关闭”按钮。

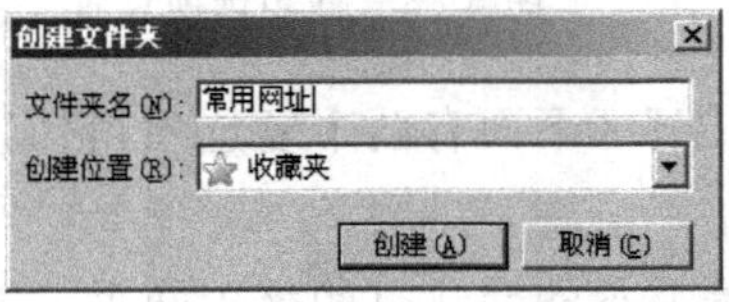

图 5-90 创建文件夹

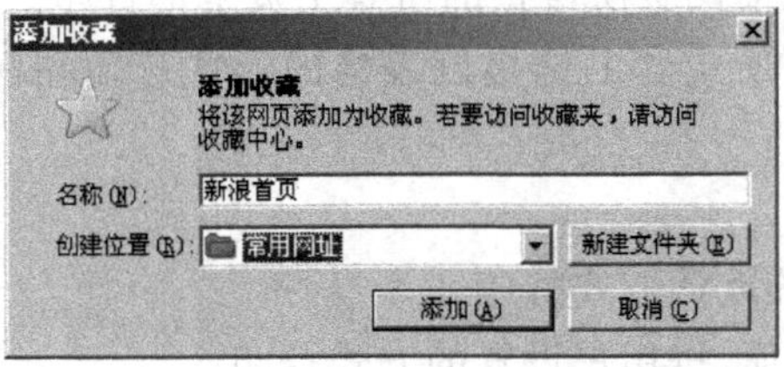

图 5-91 添加收藏位置

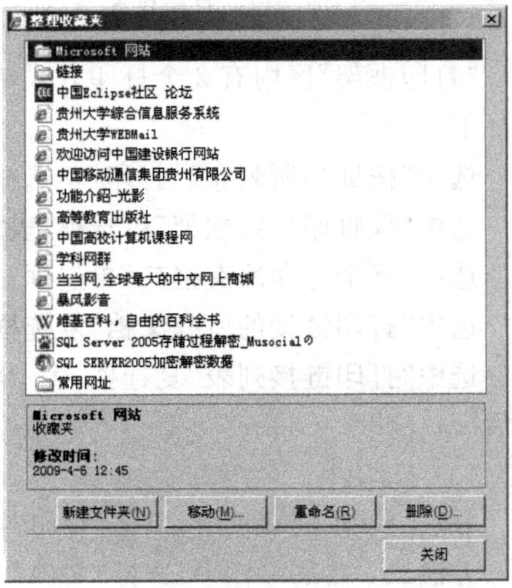

图 5-92 管理收藏夹

3. 历史记录

历史记录存放的是最近一段时间内浏览过的网站的内容。通过前面的介绍可以设置历史记录保存的天数。如果经常上网的话，天数为 3 天较为合适。如果不是太多，可设置为 7 天或是更长。

查看 IE 7.0 中的历史记录的方法如下。

单击在菜单栏"文件"下方的"收藏中心"(黄色五角形)，弹出"收藏中心"，如图 5-93 所示。单击"历史记录"按钮，在浏览区的左侧会出现历史记录窗口。如图 5-94 所示。

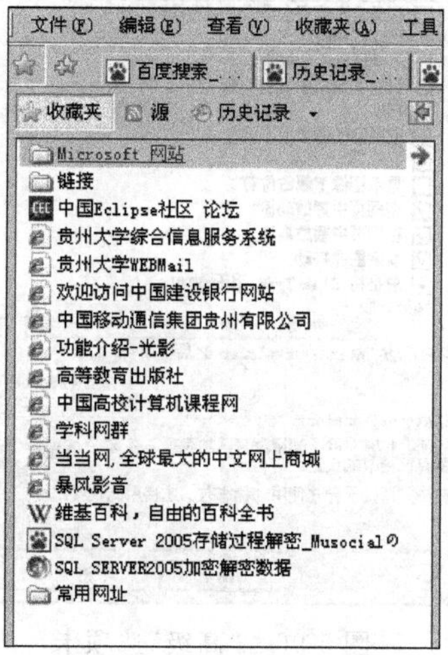

图 5-93 收藏中心

图 5-94 历史记录

里面记录了已经浏览过的网页链接，单击某一网站，就会弹出曾经在这个网站上浏览过的网页，单击后在浏览区中就会出现曾经浏览过的网页，如图 5-95 所示。

图 5-95 曾经浏览过的网页

5.4.8 浏览的技巧

1. 快速显示页面

IE 提供了关闭系统图像、动画、视频、声音、优化图像抖动等项目的功能，关闭这些功能能够加快浏览速度。我们只需选择“工具”→“Internet 选项”，打开“Internet 选项”对话框，然后打开“高级”选项卡，最后从“多媒体”框中取消不拟显示的项目即可达到目的，如图 5-96 所示。

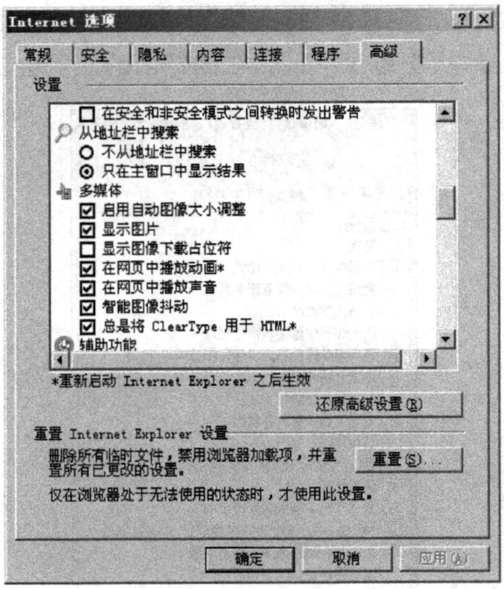

图 5-96 “高级”选项卡

2. 快速输入地址

在地址栏中输入某个单词，然后按 Ctrl+Enter 组合键在单词的两端自动添加 http://www. 和 .com 并且自动开始浏览，比如在地址栏中输入 yahoo 并且按 Ctrl+Enter 时，IE 将自动开始浏览 http://www.yahoo.com.cn。

3. 对 IE 添加自己的搜索引擎

IE 7.0 浏览器右上角的搜索栏里有很多内置的搜索提供商。单击搜索栏右边的下拉箭头就可以很容易地添加更多的搜索引擎进去，选择“查找更多提供程序”，接着在出现的页面上添加它们即可。

4. 快速到达 IE 根目录

如果我们正在用 IE 浏览网页的时候，突然想要到硬盘上查资料，这可怎么办呢？把浏览器最小化，再返回到资源管理器中查找，这是最常规的做法了。但是有没有想过有更简单的方法呢？

其实方法很简单。只要在地址栏中输入“\”，再敲 Enter 键，就可以到达硬盘的根目录了。如果又要返回原来浏览的网页，只要单击“返回”按钮即可。

5. 加速网页下载

如果浏览的网页为相对固定的一些网站，适当加大 cache 可加快浏览速度。如果每次浏览的网页都不固定，则 cache 应不要太大，防止浏览器在硬盘 cache 中浪费搜索时间。具体改变 cache 大小的方法为：找到“工具”中的“Internet 选项”，单击“常规”中“浏览历史记录”中的“设置”按钮，在“Internet 临时文件”中设置“要使用的磁盘空间”，单击“确定”按钮即可。

5.5 常用 Internet 服务器的架设

5.5.1 WWW 服务器的架设

WWW 服务已成为当前 Internet 上使用最广泛的一种服务。建立一个 WWW 服务器已成为一个 Internet 站点建设时需要考虑的第一件事情，提供 WWW 服务的服务器软件也非常丰富，使用较广泛的服务器软件有 Apache 的 Apache Server、Microsoft 的 IIS 等。

Apache 服务器具有良好的可移植性和稳定性，同时能与其他可扩建技术相结合，具有较好的扩展性。用户还可以根据自己的需求灵活地配置服务器，增强服务器的性能和安全性。而且 Apache Server 是一个自由的、免费的服务器软件，用户还可以下载该软件的源代码，可按自己的需要改编和优化源代码后编译成具有自己的特点的 WWW 服务器。

1. Apache HTTP Server 的安装

在 http://www.apache.org 根据系统硬件条件和需求下载所需的版本，如下载最新的 apache_2.2.11-win32-x86-no_ssl.msi，保存在本地计算机上。双击该文件，弹出安装窗口，如图 5-97 所示。

单击 Next 按钮，弹出 Apache HTTP Server 的版权说明窗口，如图 5-98 所示。

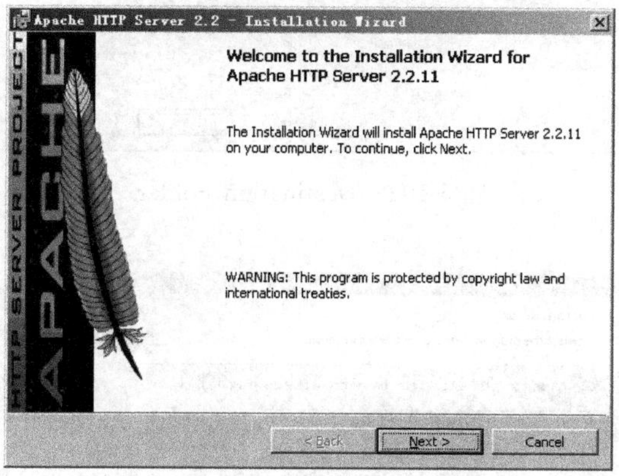

图 5-97　Apache 安装

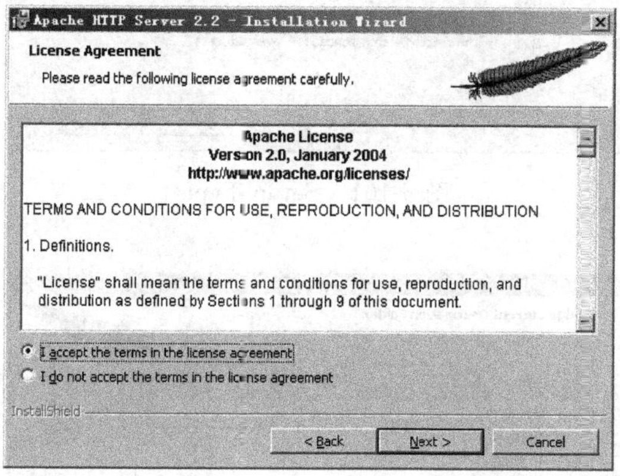

图 5-98　Apache 版权说明

认真阅读版权说明后，选择 I accept the terms in the license agreement，单击 Next 按钮，弹出 Read this first 界面，如图 5-99 所示。

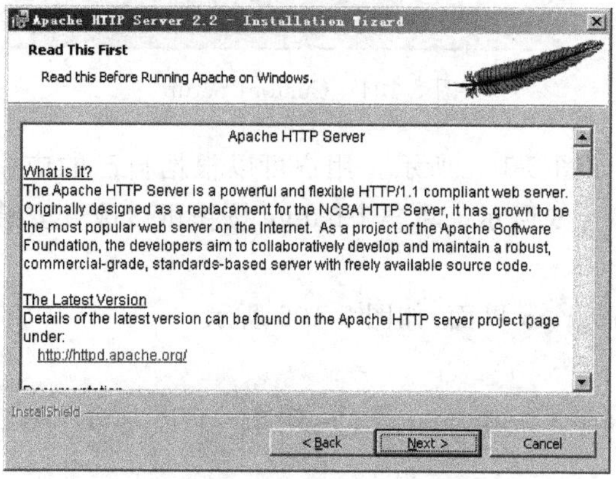

图 5-99　Apache 基本信息

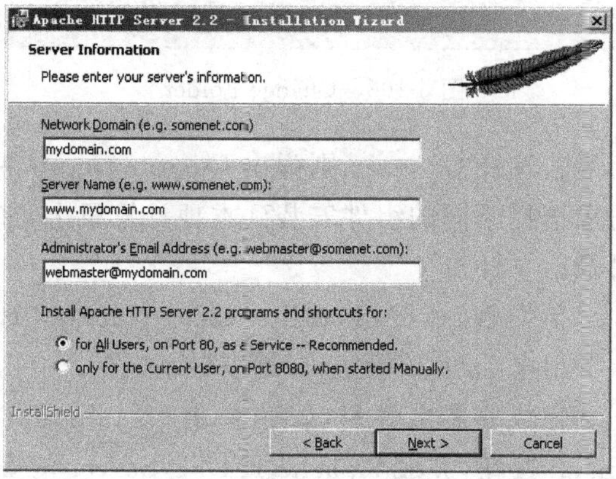

图 5-100　Apache 服务器信息

在这个界面中说明了 Apache HTTP Server 的一些基本信息，用户可以从中获得更多的使用信息，然后单击 Next 按钮，弹出服务器信息窗口，需要输入服务器的基本信息。在项目“Install Apache HTTP Server 2.2 programs and shortcuts to:”中选择 Apache 服务器是否作为一种服务加入到 Windows 的系统服务中，在此选择“for All User，on Port 80，as a Services—Recommended”，如图 5-100 所示。

单击 Next 按钮，弹出 Setup Type 界面，这里为用户提供了 Typical 和 Custom 两种选项，可以根据对服务器的熟悉程序选择。如图 5-101 所示。

若选择 Typical，则弹出 Destination Folder 界面，如图 5-102 所示。单击 Change 按钮可以改变安装目录，如图 5-103 所示。

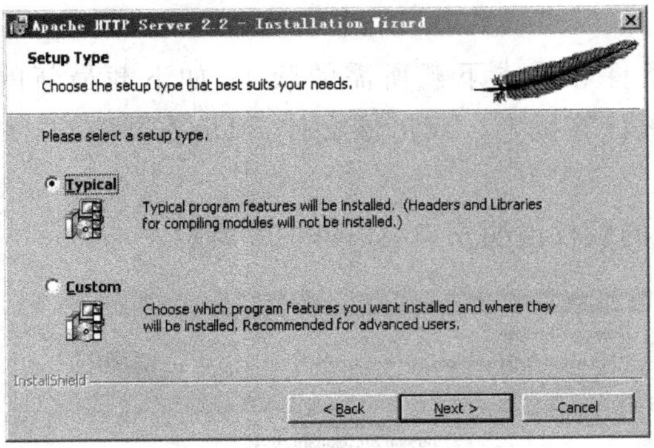

图 5-101　Setup Type

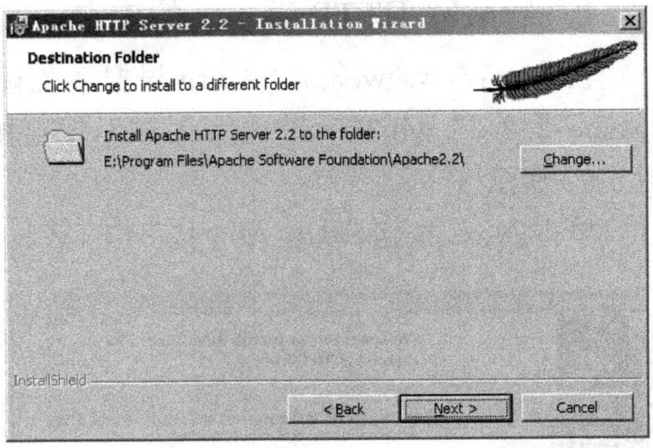

图 5-102　Destination Folder

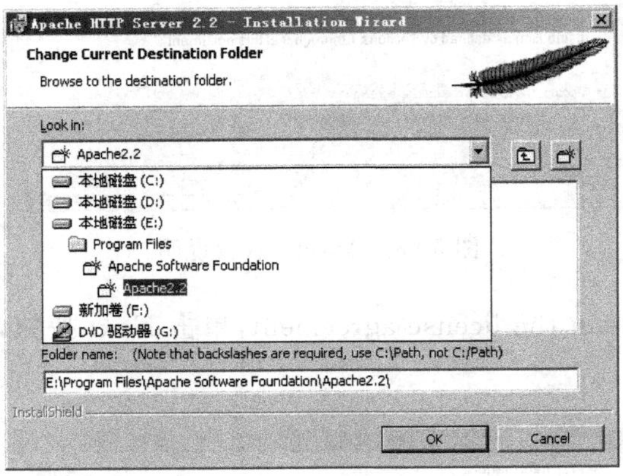

图 5-103　Change Folder

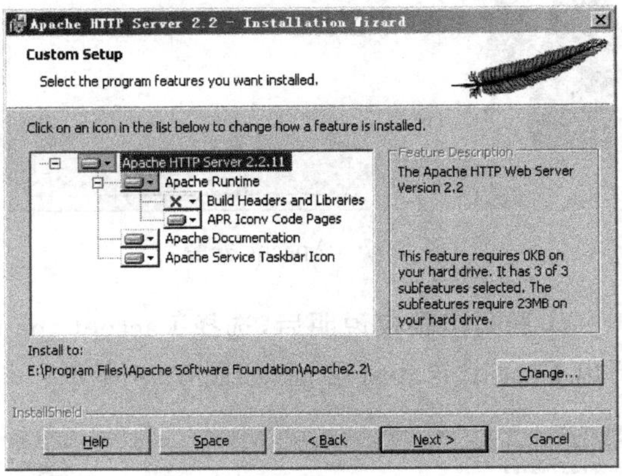

图 5-104　Custom Setup

若选择 Custom，则弹出 Custom Setup 界面，如图 5-104 所示。用户可以根据自己的应用需求选择不同的组件安装到本地计算机上，如图 5-105 所示。单击 Change 按钮可以改变安装目录。

单击 Next 按钮，弹出 Ready to Install the Program 界面，如图 5-106 所示。

单击 Install 按钮，开始安装，如图 5-107 所示。

完成安装文件复制后，弹出 Installation Wizard Completed 界面，如图 5-108 所示，单击 Finish 按钮，完成 Apache HTTP Server 的安装。

2. Apache HTTP Server 的启动与停止

安装成功后，会在桌面任务栏右边托盘中出现 Running all Apache Services 图标，如图 5-109 所示。

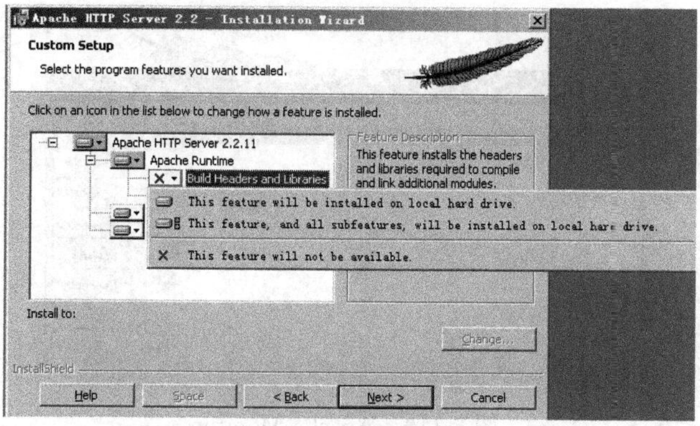

图 5-105　选择不同的组件

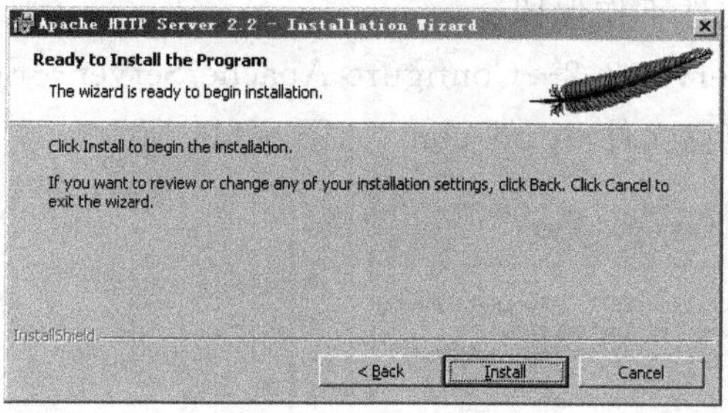

图 5-106　准备就绪

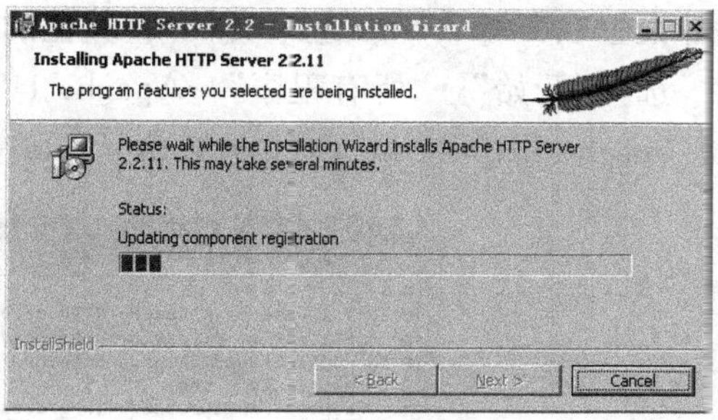

图 5-107　安装进度

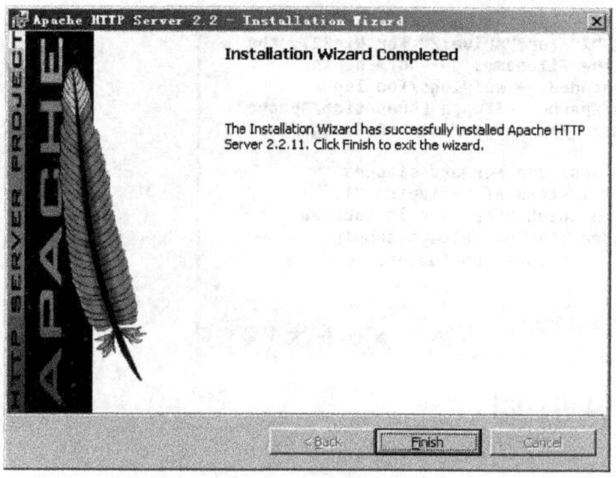

图 5-108　完成安装

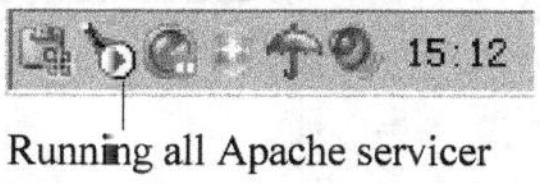

图 5-109　Apache 图标

右击该图标，在弹出的快捷菜单中选择 Apache Monitor，则弹出 Apache Monitor 对话框，如图 5-110 所示。Start 是灰色的，说明 Apache HTTP Server 已经启动，单击 Stop 按钮则停止 Apache HTTP Server。

3. WWW 服务器的配置

Apache HTTP Server 服务器的配置文件位于 Apache 根目录下的 conf 目录中，传统的 Apache 使用 httpd. conf、access. conf 和 srm. conf 文件来配置和管理 Apache HTTP Server。httpd. conf 提供最基本的服务器配置，是对服务程序如何运行的描述；access. conf 用于配置服务器的访问权限，控制不同的用户和计算机的访问控制；srm. conf 是服务器的资源映射文件，告诉服务器各种文件的 MIME 类型，以及如何支持这些文件。这 3 个文件的配置控制服

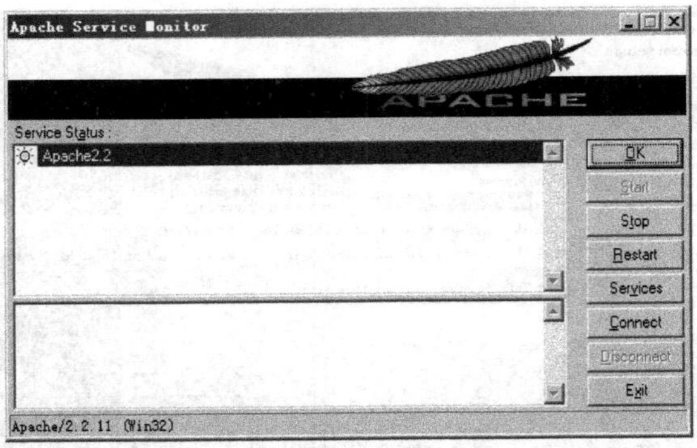

图 5-110　Apache Monitor

务器的各方面特征。在新版本的服务器中 Apache HTTP Server 已将这 3 个文件所有配置参数都设置在 httpd. conf 这个文件中,其他的两个文件不作保留。

选择“开始”→“所有程序”→Apache HTTP Server 2. 2→Configure Apache Server→Edit the Apache httpd. conf Configuration File,打开配置文件 httpd. conf,如图 5-111 所示。

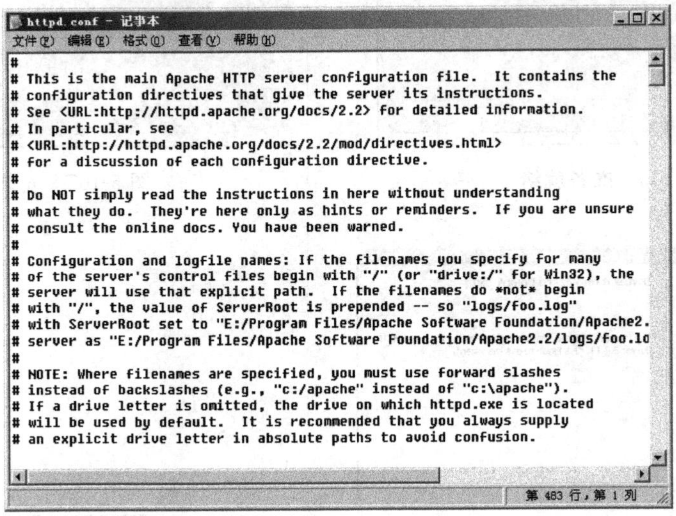


```
#
# This is the main Apache HTTP server configuration file.  It contains the
# configuration directives that give the server its instructions.
# See <URL:http://httpd.apache.org/docs/2.2> for detailed information.
# In particular, see
# <URL:http://httpd.apache.org/docs/2.2/mod/directives.html>
# for a discussion of each configuration directive.
#
# Do NOT simply read the instructions in here without understanding
# what they do.  They're here only as hints or reminders.  If you are unsure
# consult the online docs. You have been warned.
#
# Configuration and logfile names: If the filenames you specify for many
# of the server's control files begin with "/" (or "drive:/" for Win32), the
# server will use that explicit path.  If the filenames do *not* begin
# with "/", the value of ServerRoot is prepended -- so "logs/foo.log"
# with ServerRoot set to "E:/Program Files/Apache Software Foundation/Apache2.
# server as "E:/Program Files/Apache Software Foundation/Apache2.2/logs/foo.lo
#
# NOTE: Where filenames are specified, you must use forward slashes
# instead of backslashes (e.g., "c:/apache" instead of "c:\apache").
# If a drive letter is omitted, the drive on which httpd.exe is located
# will be used by default.  It is recommended that you always supply
# an explicit drive letter in absolute paths to avoid confusion.
```

图 5-111　httpd. conf

针对 httpd. conf 中常用的参数说明如下。

(1) ServerRoot "E:/Program Files/Apache Software Foundation/Apache2. 2"。

ServerRoot 参数指定 Apache 服务器进程 httpd 的运行目录,httpd 在启动之后将自动把进程的当前目录更改为该设置值。

(2) Listen 80。

定义工作于独立模式下 httpd 进程使用的端口号,标准端口号是 80。8000 和 8080 端口是 WWW 服务常用的另两个端口号。

(3) ServerAdmin webmaster@mydomain. com。

设置 WWW 服务器管理员的 E-mail 地址,在 HTTP 服务出现错误条件下是返回给客户端的浏览器,以便客户能和管理员联系,报告错误。

(4) DocumentRoot "E:/Program Files/Apache Software Foundation/Apache2. 2/

htdocs"。

定义服务器对外发布的超文本文档存放的路径，客户程序请求的 URL 将被映射为该目录下的文件。

(5) <Directory DIR>。

```
Options FollowSymLinks
AllowOverride None
</Directory>
```

这个选项用于设置目录"DIR"的访问权限，Options FollowSymLinks 表示允许符号连接；AllowOverride None 表示不允许"DIR"目录下的访问控制文件.htaccess 改变配置。Apache 服务器中对一个访问目录的控制设置能传递给它的下一级目录。

(6) < Directory " E:/Program Files/Apache Software Foundation/Apache2.2/htdocs">。

```
Options Indexes FollowSymLinks
AllowOverride None
</Directory>
```

定义 Apache 对外发布文档的目录的访问权限设置。

(7) <IfModule dir_module>。

```
DirectoryIndex index.html
</IfModule>
```

指定当客户端访问服务器没有指定访问的文件名时，Apache 服务器自动搜索这个目录下由 DirectoryIndex 定义的文件，并返回给客户端。如果 DirectoryIndex 定义的文件也不存在时，系统根据设置返回目录列表或拒绝访问。

(8) <FilesMatch "^\.ht">。

```
Order allow,deny
Deny from all
Satisfy All
</FilesMatch>
```

拒绝对.ht 开头文件的访问，以保护.htaccess 文件。

(9) ErrorLog "logs/error.log"。

设置记录错误信息日志文件名。

(10) LogLevel warn。

指定记录到错误日志的消息级别。

(11) DefaultType text/plain。

默认的文件 MIME 类型。

(12) <IfModule ssl_module>。

```
SSLRandomSeed startup builtin
SSLRandomSeed connect builtin
</IfModule>
```

SSL 默认配置。

在 httpd.conf 设置选项中还有许多其他功能选项，由于使用较少，在此省略。

5.5.2 FTP 服务器的架设

FTP 服务作为一种传统的 Internet 服务，由于其自身拥有的方便、灵活、快速的特点，因此仍然是 Internet 上一种不可缺少的服务之一。FTP 服务器软件产品比较多，如 Microsoft 公司提供的集成在 IIS 服务中的 FTP Server，IpSwitch 提供的 wu-ftp 等。每一种服务器都有它自身的特点，本节针对目前在 Windows 平台上较流行的 Serv-U FTP Server 进行介绍。

Serv-U FTP Server 主要具有以下功能。

- 符合 windows 标准的用户界面友好亲切，易于掌握。
- 支持实时的多用户连接，支持匿名用户的访问。
- 通过限制同一时间最大的用户访问人数确保 PC 的正常运转。
- 安全性能出众。在目录和文件层次都可以设置安全防范措施。
- 能够为不同用户提供不同设置，支持分组管理数量众多的用户。
- 可以基于 IP 对用户授予或拒绝访问权限。
- 支持文件上传和下载过程中的断点续传。
- 支持拥有多个 IP 地址的多宿主站点。
- 能够设置上传和下载的比率，硬盘空间配额，网络使用带宽等，从而能够保证用户有限的资源不被大量的 FTP 访问用户所消耗。
- 可作为系统服务后台运行。
- 可自行设置在用户登录或退出时的显示信息，支持具有 UNIX 风格的外部链接。

1. Serv-U FTP Server 的安装

在 http://www.serv-u.cn 上下载最新的服务器版本，双击下载下来的安装程序，选择适合的语言，如图 5-112 所示。

弹出“欢迎安装 Serv-U”对话框，如图 5-113 所示。单击“下一步”按钮，弹出“许可证”对话框，选择“我同意”，如图 5-114 所示。单击“下一步”按钮，弹出“选择安装文件夹”对话框，如图 5-115 所示。默认即可。

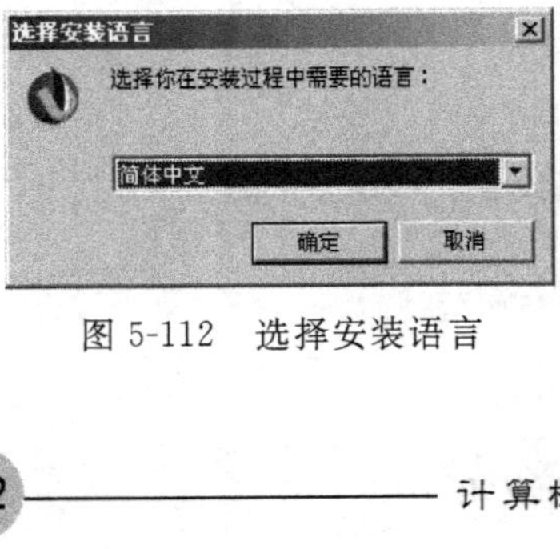

图 5-112　选择安装语言

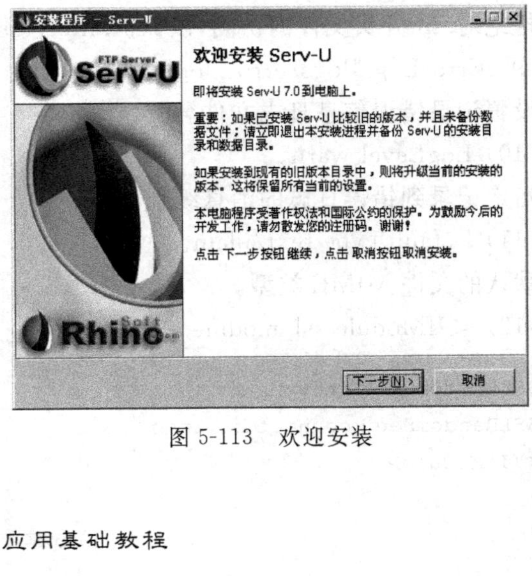

图 5-113　欢迎安装

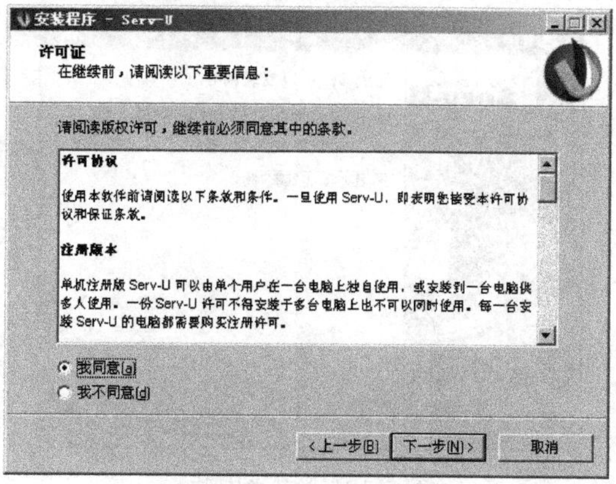

图 5-114　许可证

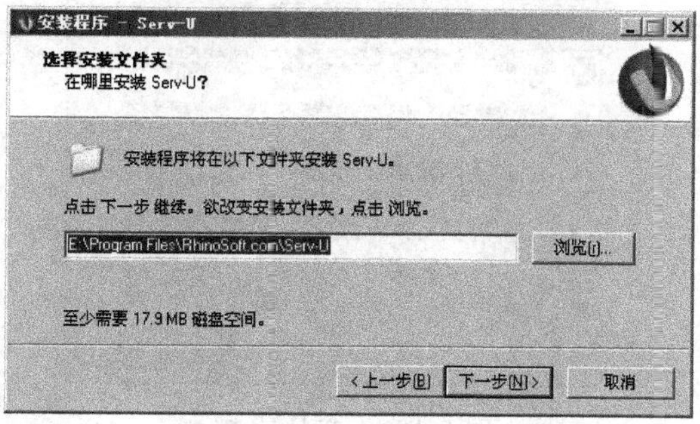

图 5-115　选择安装文件夹

单击“下一步”按钮，在开始程序创建快捷方式，如图 5-116 所示。

单击“下一步”按钮，弹出“选择额外任务”对话框，根据自己的情况选择，默认即可，如图 5-117 所示。

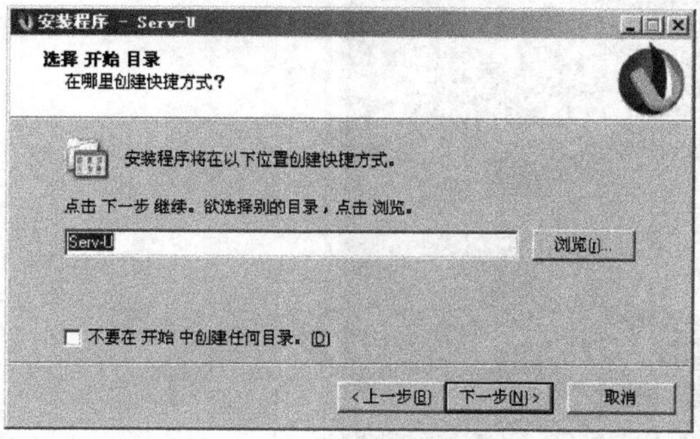

图 5-116　选择开始目录

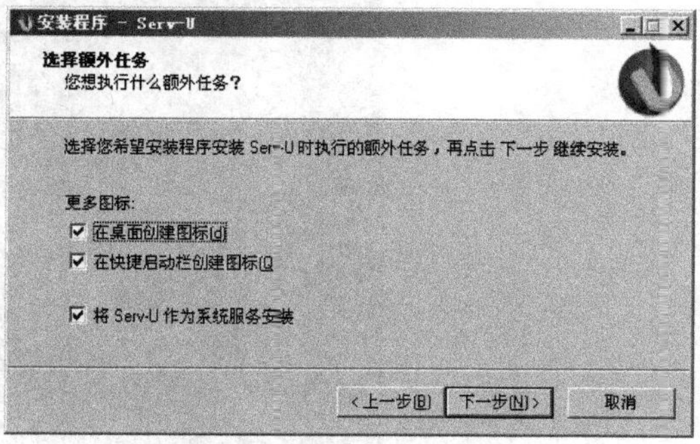

图 5-117　选择额外任务

单击“下一步”按钮，弹出“准备安装”对话框，如图 5-118 所示。

单击“安装”按钮，开始安装 Serv-U，如图 5-119 所示。

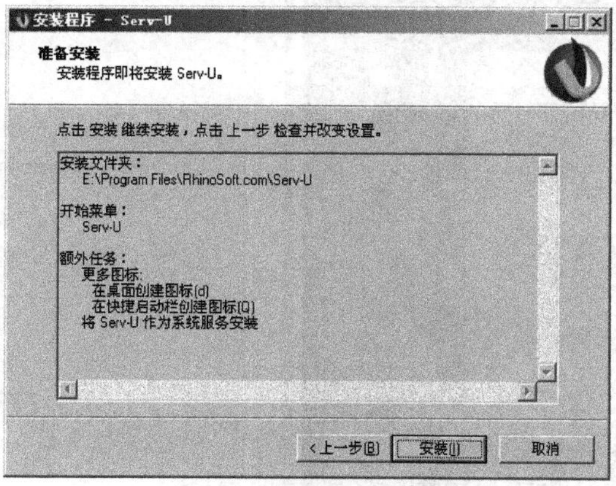

图 5-118　准备安装

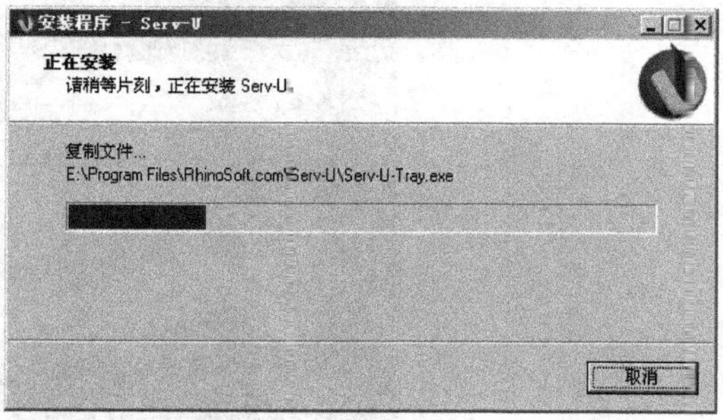

图 5-119　安装进度

安装完成之后，会显示相关产品的信息，如图 5-120 所示。

单击“关闭”按钮，弹出“完成 Serv-U 安装向导”，如图 5-121 所示。

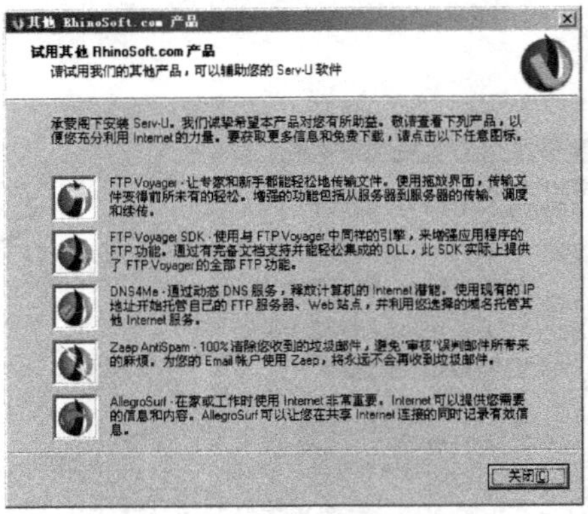

图 5-120　产品信息

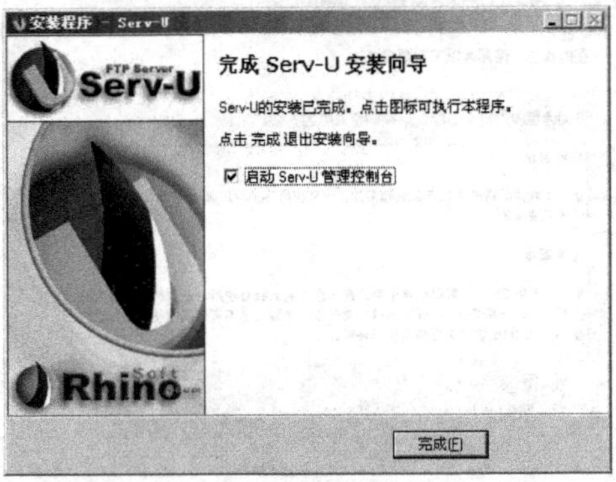

图 5-121　完成安装

单击"完成"按钮，同时启动了 Serv-U 管理控制台。这是全新的 7.0 版本的界面，会询问是否定义域？如图 5-122 所示。选择"是"按钮，输入域名和域信息，如图 5-123 所示。

图 5-122　定义域

图 5-123　输入域名

单击"下一步"按钮，根据自己情况开启端口，默认即可，如图 5-124 所示。单击"下一步"按钮，填写本服务器的 IP 地址，如果是动态的话就不填，如图 5-125 所示。

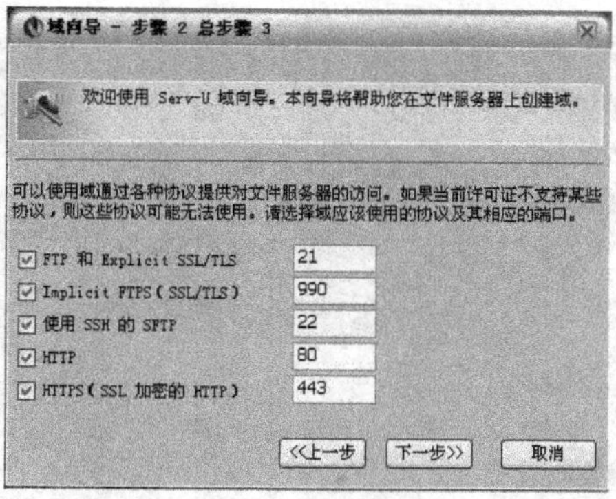

图 5-124　端口开启

单击“完成”按钮，域就已经建好了。接着会提示“域中暂无用户，您现在要为该域创建用户账户吗?”，如图 5-126 所示。单击“是”按钮，接着提示“您要使用向导创建用户吗?”，如图 5-127 所示。单击“是”按钮，然后在“用户名”下面文本框中输入要创建的用户名。如图 5-128 所示。

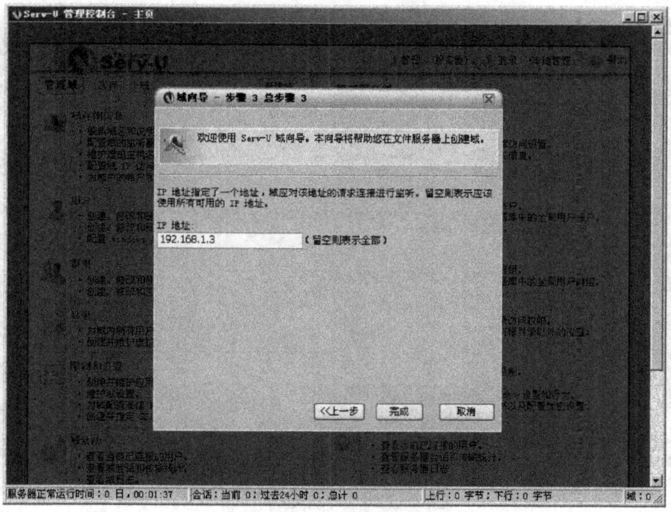

图 5-125　IP 地址

图 5-126　创建用户账户

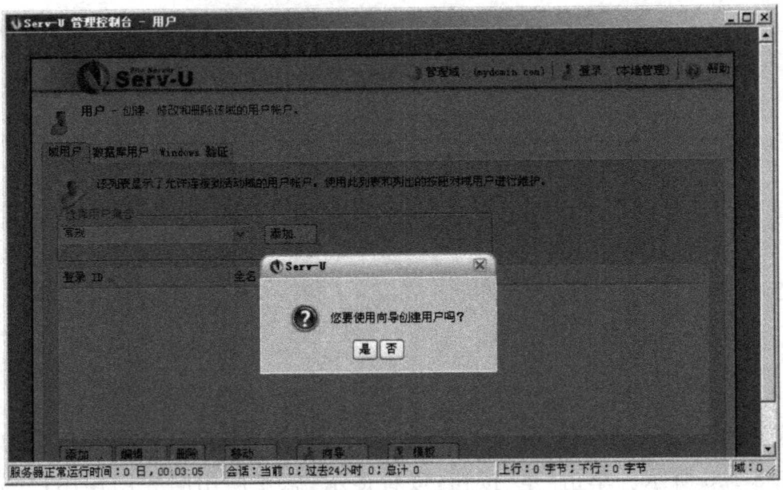

图 5-127　使用向导创建用户

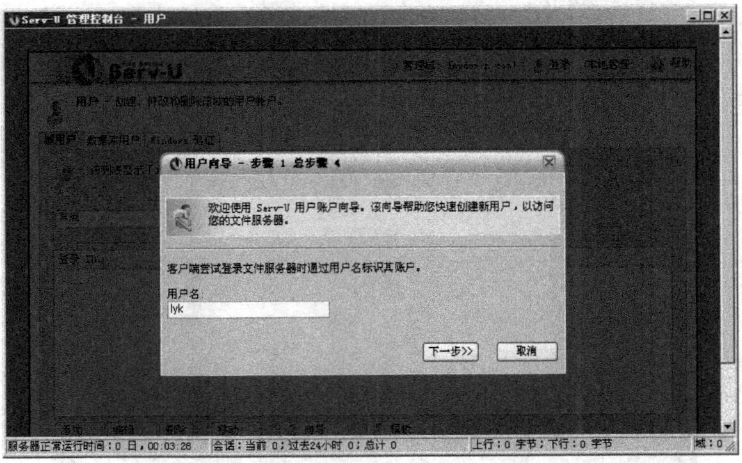

图 5-128　输入用户名

在“密码”框中输入用户登录时的密码，如图 5-129 所示。单击“下一步”按钮。

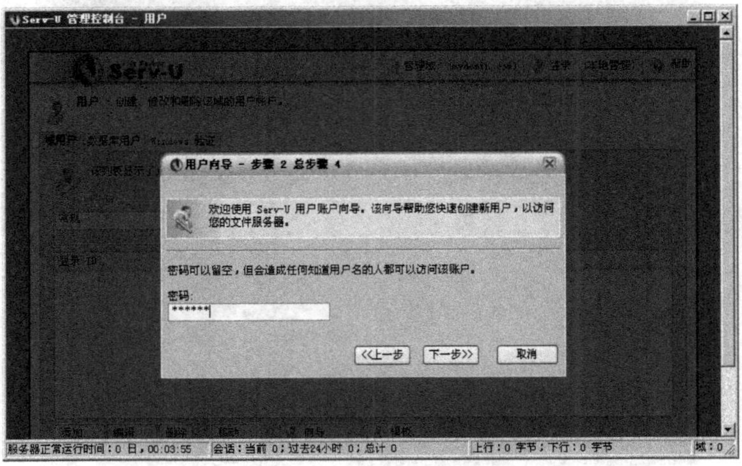

图 5-129　输入密码

“根目录”是用户成功登录服务器后所处的位置，如图 5-130 所示。单击“下一步”按钮。

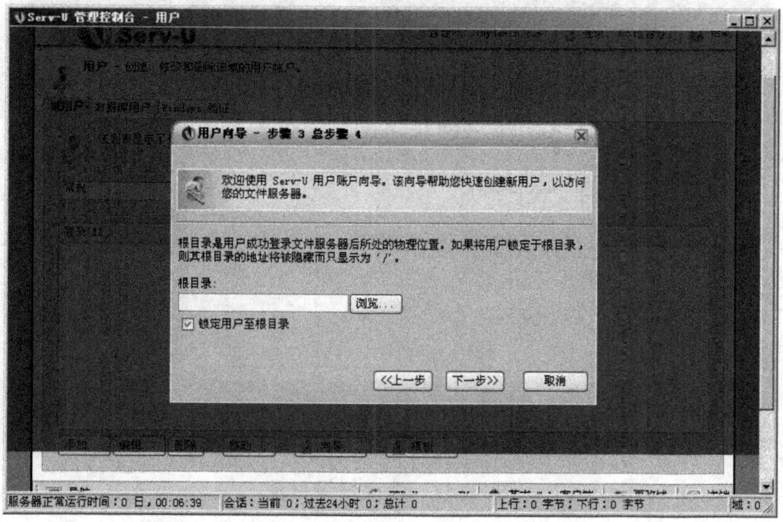

图 5-130　设置用户根目录

单击“浏览”按钮，为用户设置服务器目录。如图 5-131 所示。单击“下一步”按钮。

图 5-131　选择目录

单击“选择”，返回刚才的界面，在“根目录”框中显示选择的路径，如图 5-132 所示。

单击“下一步”按钮，进入“访问权限”，选择用户在其根目录的访问权限。只读访问允许用户浏览下载文件；完全访问使用户能够控制根目录下的文件和子目录，如图 5-133 所示。

单击“完成”按钮，新用户就创建成功，如图 5-134 所示。

2. Serv-U FTP Server 的启动与停止

Serv-U FTP Server 安装成功后，就作为系统服务，在系统启动时，它就会自动启动。启动成功后，会在桌面任务栏右边托盘中出现 Serv-U 图标，如图 5-135 所示。

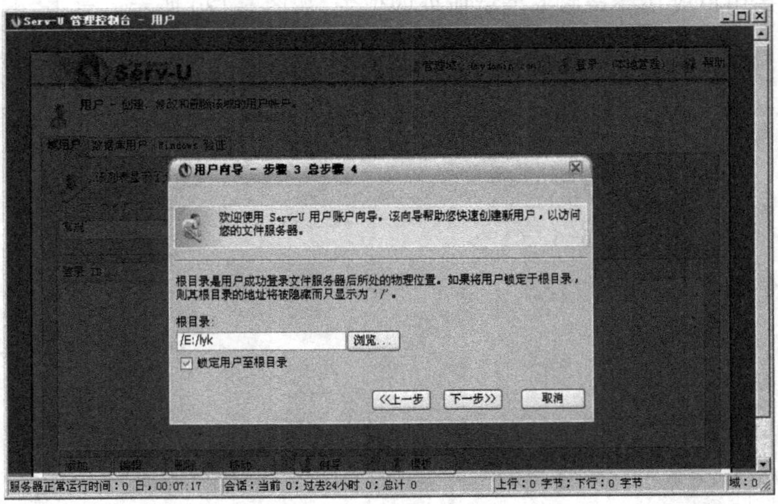

图 5-132 选定好根目录

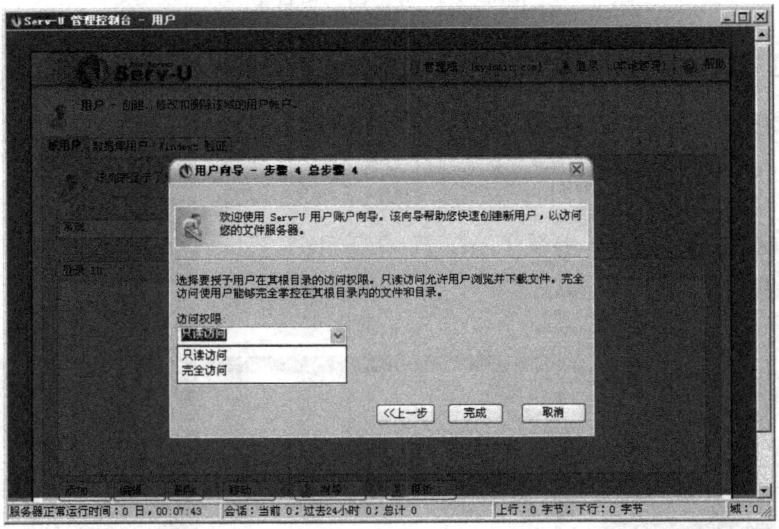

图 5-133 访问权限的设置

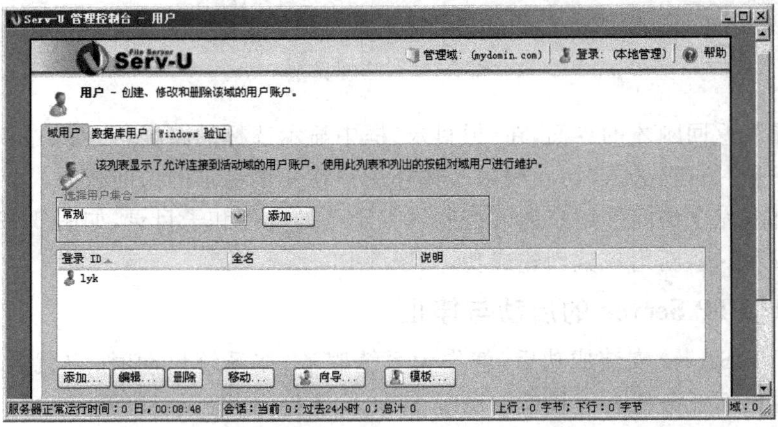

图 5-134 用户创建成功

右击 Serv-U 图标，在弹出的快捷菜单中单击“停止 Serv-U”，就可以停止 FTP 服务器，如图 5-136 所示。右击 Serv-U 图标，在弹出快捷菜单中单击“启动 Serv-U”，就可以重新启动 FTP 服务器，如图 5-137 所示。

图 5-135　Serv-U 图标

图 5-136　停止 Serv-U

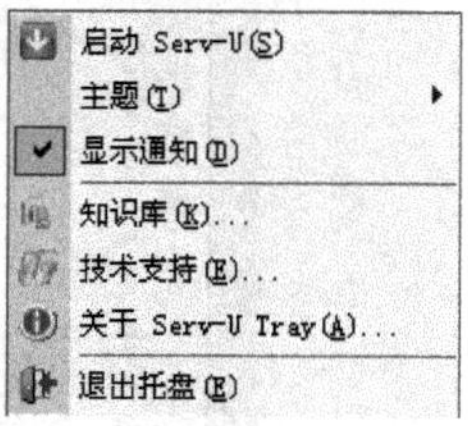

图 5-137　启动 Serv-U

3. Serv-U FTP Server 的管理

右击 Serv-U 图标，在弹出的快捷菜单中单击“启动管理控制台”，就可以对 Serv-U FTP Server 进行管理，如图 5-138 所示。

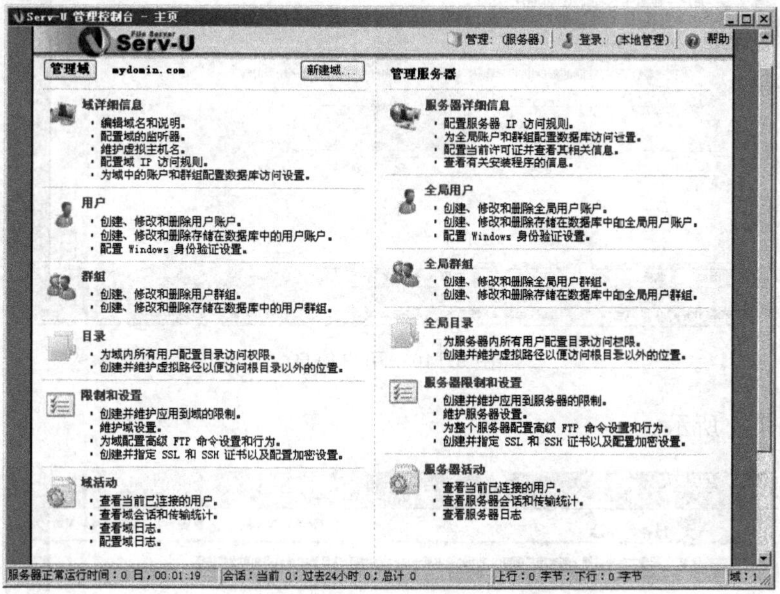

图 5-138　Serv-U 管理界面

（1）服务器详细信息。

显示关于整个 FTP 服务器的信息，包括访问规则、许可证和注册信息，如图 5-139 所示。

“IP 访问”设置能够访问 FTP 服务器的客户端 IP 地址范围，可以“添加”、“编辑”、“删除”。

（2）用户。

该列表显示了允许连接到活动域的用户账户。可以对域用户进行维护，包括添加、编辑和删除。如图 5-140 所示。

（3）目录。

配置 FTP 服务器上所有用户都可以使用的基本目录结构，包括默认的目录访问规则和虚

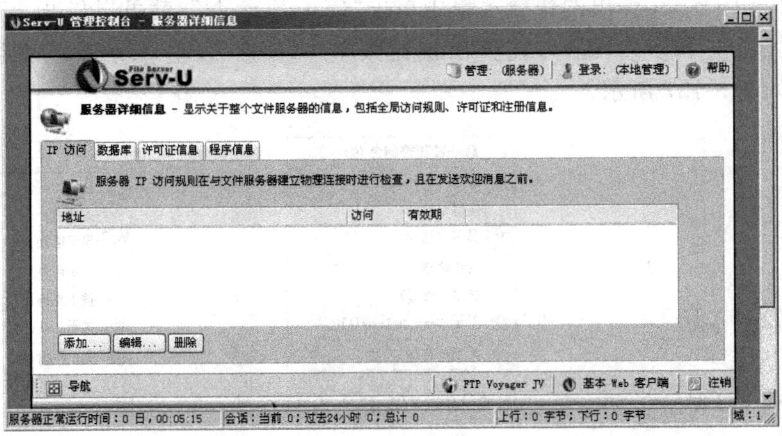

图 5-139　服务器详细信息

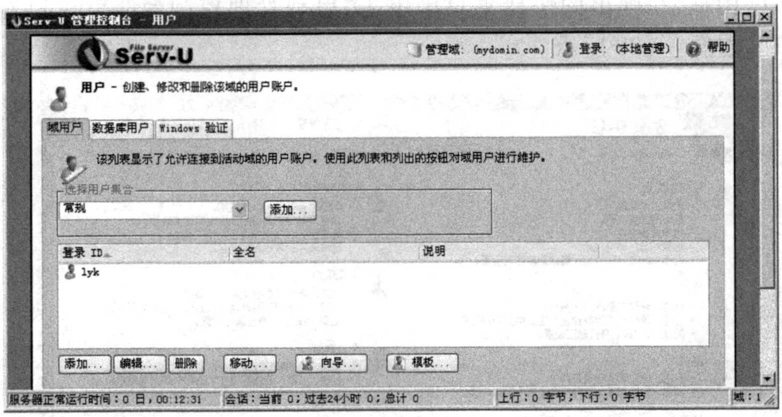

图 5-140　用户信息

拟路径，如图 5-141 所示。

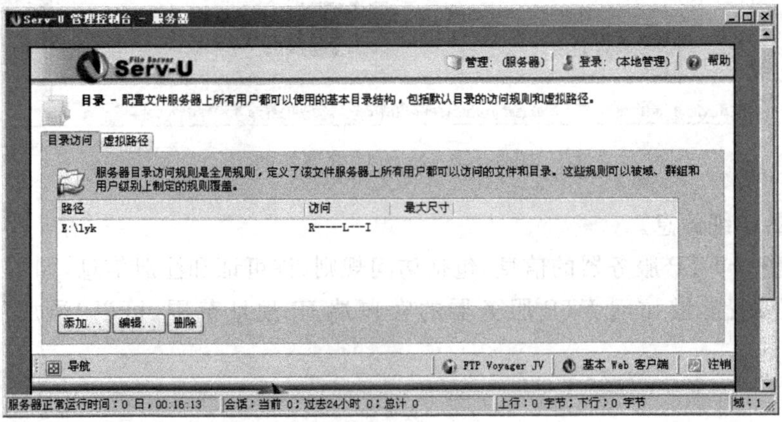

图 5-141　目录信息

（4）服务器限制和设置。

限制和设置用于配置整个 FTP 服务器的基本设置和行为，如图 5-142 所示。

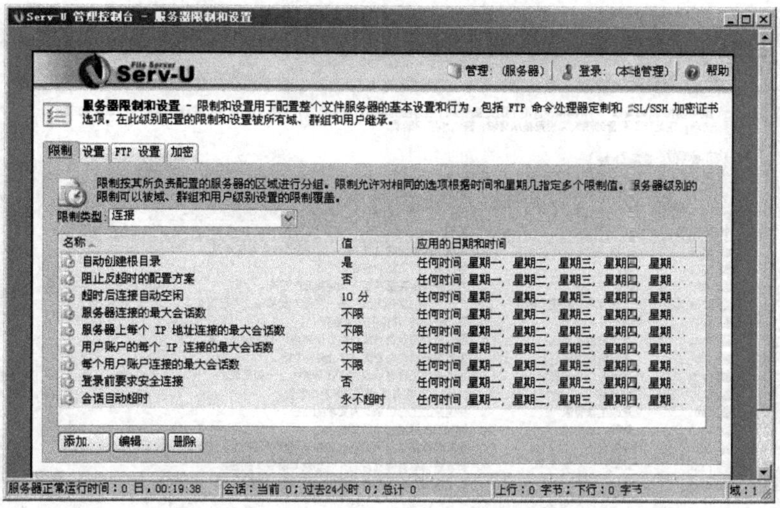

图 5-142　服务器限制

“限制”：限制按其所负责配置的服务器的区域进行分组。限制允许对相同的选项根据时间和星期几指定多个限制值。

“设置”：可以配置 FTP 服务器的全局行为，一些设置如果未被覆盖，则作为域、用户账户的默认值，如图 5-143 所示。

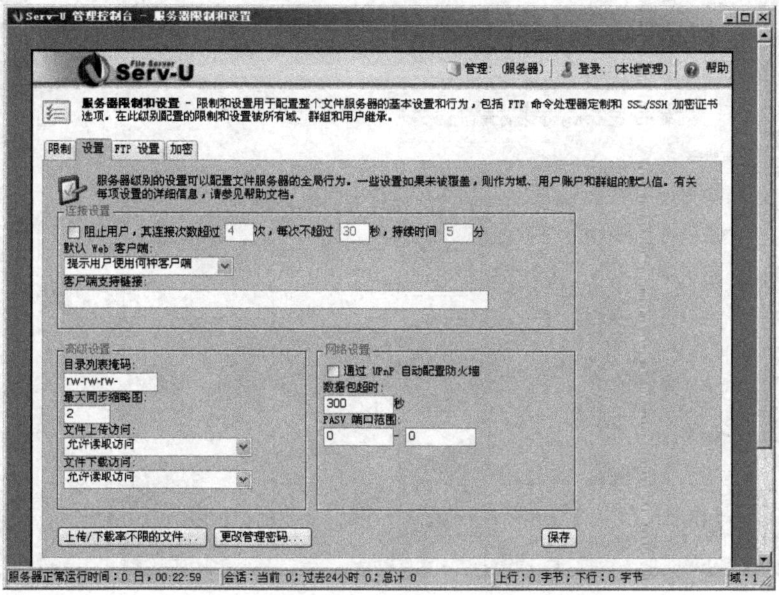

图 5-143　服务器设置

“FTP 设置”：设置 FTP 命令处理器，它可以配置高级行为，如对 FTP 命令的文本响应，FTP 命令设置等，如图 5-144 所示。

“加密”：配置 FTP 服务器的加密选项，高级 SSL 和 SSH 加密选项仅可以在此进行设置，如图 5-145 所示。

(5) 服务器活动。

显示关于 FTP 服务器上所有域的用户会话信息并对其进行管理。

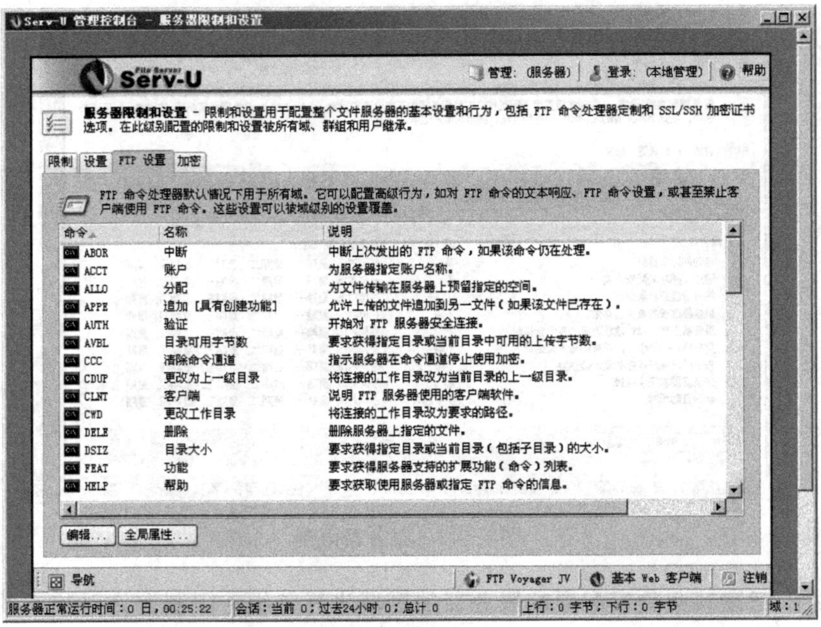

图 5-144　FTP 设置

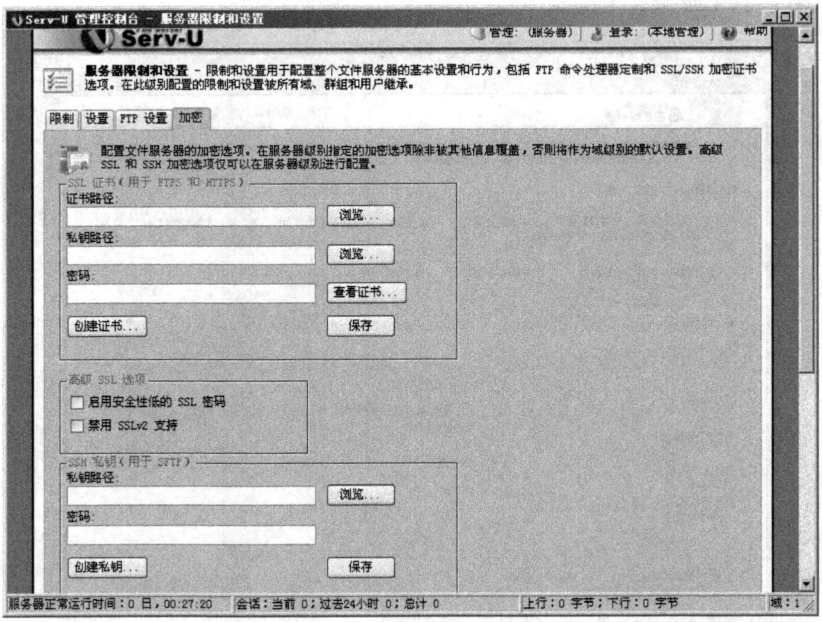

图 5-145　加密设置

“会话”：有关当前活动会话的信息会显示出来，在此可以查看会话信息、与用户交谈或阻止用户，如图 5-146 所示。

“统计”：查看整个 FTP 服务器中所有域的统计信息，包括会话信息、传输统计和当前活动的总数，如图 5-147 所示。

“日志”：这里显示 FTP 服务器的启动信息、全局消息和错误信息，如图 5-148 所示。

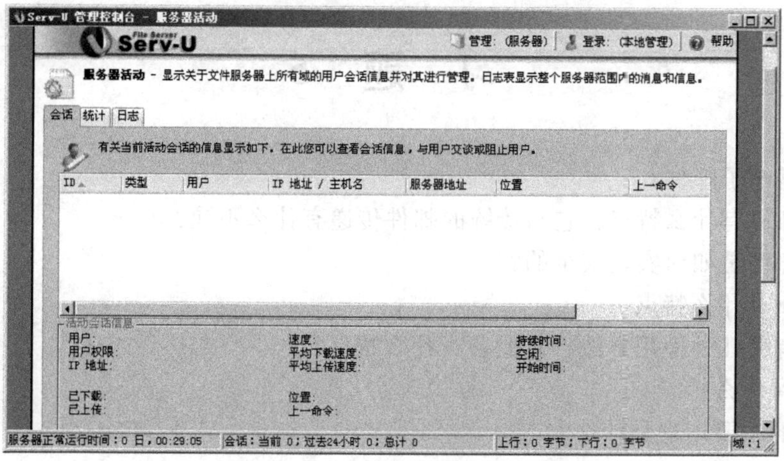

图 5-146　会话设置

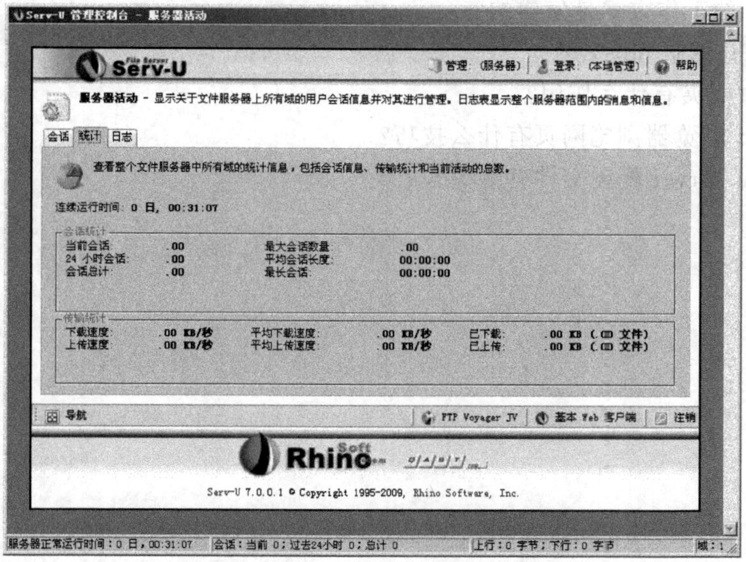

图 5-147　统计信息

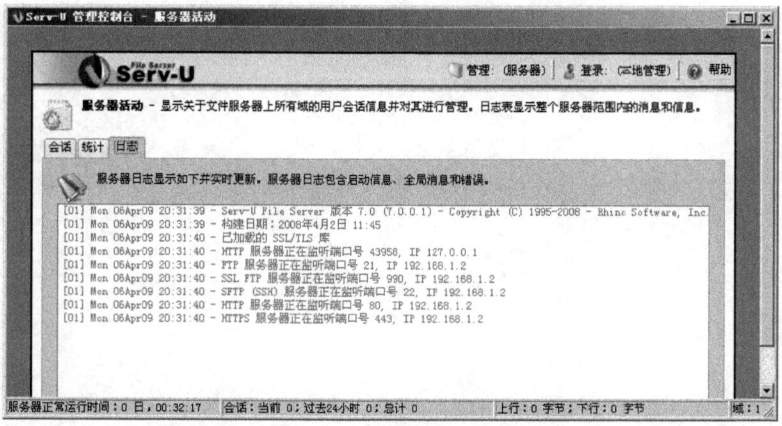

图 5-148　日志信息

习　题　5

1. 什么是电子邮件？
2. 电子邮件有什么特点？它与传统的邮件传递有什么不同？
3. 电子邮件是如何实现安全的？
4. Telnet 有什么特点？
5. BBS 有哪几种使用方法？它们各有什么特点？
6. FTP 有什么特点？
7. FTP 的主要用途是什么？
8. 直接使用 IE 下载有什么缺点？
9. FlashGet 有什么优点？
10. WWW 的工作方式是怎样的？
11. 如何保存网页和图片？
12. IE 的收藏夹有什么作用？
13. 使用 IE 浏览器浏览网页有什么技巧？
14. Apache Server 配置文件有哪些？

第 6 章 Windows 网络操作技术

本章要点

- Windows 2003 的网络类型；
- 活动目录的设置；
- 组织单位的创建；
- 域用户账号的建立和管理；
- 用户组的建立和管理；
- 网络资源的共享。

本章难点

- 活动目录的设置；
- 域用户账号的建立和管理；
- 网络资源的共享。

6.1 Windows Server 2003 简介

Windows Server 2003 是当前微软公司推出的使用广泛、功能全面的一款服务器操作系统，于 2003 年 3 月 28 日发布，并在同年 4 月底上市。最初命名为 Windows .NET Server，后改成 Windows .NET Server 2003，并最终定名为 Windows Server 2003。

Windows Server 2003 与早期的 Windows NT 4.0 及 Windows Server 2000 相比，扩大了自身应用的领域，并在安全性、可靠性、兼容性、扩展性等诸多领域进行了全新的设计，增加了许多新的功能。

6.1.1 Windows Server 2003 的不同版本

作为微软的服务器操作系统家族，Windows Server 2003 提供了多个版本，供用户选择。它们分别如下。

- Windows Server 2003 标准版；
- Windows Server 2003 企业版；

- Windows Server 2003 数据中心版；
- Windows Server 2003 Web 版。

1. Windows Server 2003 标准版(Windows Server 2003 Standard Edition)

面向中小型企业和部门级应用，支持文件和打印机共享，提供安全的 Internet 连接，允许集中化的桌面应用程序部署。支持 4 个处理器：最低支持 256MB 的内存，最高支持 4GB 的内存。

2. Windows Server 2003 企业版(Windows Server 2003 Enterprise Edition)

Windows Server 2003 企业版是为满足各种规模的企业的一般用途而设计的。它是各种应用程序、Web 服务和基础结构的理想平台，适合中心与大型组织使用，有 32 位和 64 位两个版本。Windows Server 2003 企业版支持高性能服务器，并且可以群集服务器，以便处理更大的负荷。通过这些功能实现了可靠性，有助于确保系统即使在出现问题时仍可用。提供企业级功能，在一个系统或分区中最多支持 8 个处理器、8 节点群集，可用于基于 Intel Itanium 系列的计算机；可用于能够支持 8 个处理器和 64 GB RAM 的 64 位计算平台。其中 32 位版支持 32GB 内存，64 位版支持 64GB 内存。

3. Windows Server 2003 数据中心版(Windows 2003 Datacenter Edition)

Windows Server 2003 数据中心版是面向要求强伸缩性和高可用性的企业，有 32 位和 64 位两个版本。32 位版支持 32 个处理器，支持 8 点集群；最低要求 128MB 内存，最高支持 512GB 的内存。64 位版支持 Itanium 和 Itanium2 两种处理器，支持 64 个处理器与支持 8 点集群；最低支持 1GB 的内存，最高支持 512GB 的内存。

4. Windows Server 2003 Web 版(Windows Server 2003 Web Edition)

Windows 操作系统系列中的新产品，Windows Server 2003 Web 版用于生成和承载 Web 应用程序、Web 页面以及 XML Web 服务。它主要使用 IIS 6.0 Web 服务器并提供快速开发和部署使用 XML Web 服务和应用程序的平台，这些服务和应用程序使用 ASP.NET 技术，该技术是 .NET 框架的关键部分。支持双处理器，最低支持 256MB 的内存，它最高支持 2GB 的内存。

6.1.2 Windows Server 2003 的主要特点

Windows Server 2003 是一个多任务操作系统，提供了可靠的网络操作系统。它对以前的版本做了很多改进，特别是改进了 Active Directory，如可以从 schema 中删除类，可以简单地实现 AD 的升级等；改进了 Group Policy 操作和管理，也对磁盘管理进行了改进。另外，Windows Server 2003 对硬件系统的支持更好，除支持一些比较新的硬件，如 Xeon 处理器、SCSI 320、千兆网卡外，还抛弃了许多老旧驱动和那些根本不会出现在服务器上的硬件的驱动，比如绝大多数的声卡、红外端口等。

Windows Server 2003 具备如下特点。

1. 便于部署、管理和使用

由于具有用户所熟悉的 Windows 界面，Windows Server 2003 非常易于使用。精简的新向导简化了特定服务器角色的安装和例程服务器管理任务，从而使即便是没有专职管理员的服务器，管理起来也很简单。

2. 安全的基础结构

在 Windows Server 2003 企业版中的 AD 对于 Windows 2000 的 AD 进行了很多的改进，改进后使得部署工作更加灵活与方便、更高的效率、更容易以及全面的管理、安全性更好。

3. 企业级可靠性、可用性、可伸缩性和性能

Windows Server 2003 提供集成结构，用于确保商业信息的安全性。通过一系列新功能和改进功能(包括内存镜像、热添加内存以及 Internet 信息服务 IIS 6.0 中的状态检测)，可靠性和性能都得到了增强。

4. 效率得到提高

Windows Server 2003 提供各种工具，允许对网络结构进行部署、管理和使用以获得最大效率。并利用灵活易用的工具，使设计和部署与组建网络的要求相匹配。并通过加强策略、使任务自动化以及简化升级来帮助管理员主动管理网络。通过让用户自行处理更多的任务来降低支持开销。

5. 改进的 Active Directory 服务

Active Directory 服务是一种网络服务，用于存储网络资源并使用户和应用程序能够访问这些资源。Windows Server 2003 中实现了从 Windows2000、Windows NT 的活动目录简单升级为 Windows Server 2003 活动目录，体现了其便利性；也支持重命名域：这个特性支持将现有森林中的域的 DNS 名称或者 NetBIOS 名称重命名，而不影响正常的使用等。

6. 便于创建动态 Intranet 和 Internet Web 站点

IIS 6.0 服务是捆绑在 Windows Server 2003 系统中的，它提供了更安全和可靠的结构(该结构独立于其他应用程序，并极大地提高了性能)，使文档和信息可以很容易地在企业内部网络或 Internet 上共享。用户也可以通过 Web 服务来部署 Web 的应用程序，亦即将已有的数据和应用程序存储到 Web 服务器上。

7. 用 Integrated Application Server 加快开发速度

Windows Server 2003 是完全基于 Microsoft .NET 架构的操作系统，具有.NET 跨平台、易操作的各种特性。

8. 便于查找、共享和重新利用 XML Web 服务

Windows Server 2003 包含了名为企业通用描述、发现与集成的服务。IT 管理人员可以分类管理网络中的编程资源。企业 UDDI 服务也帮助企业建立更智能、更可靠的应用。

9. 组策略配置

组策略为管理员提供了对网络中的用户和计算机的管理控制能力。通过对不同的对象定义和应用组策略，使管理员可以更好地部署并管理那些自动调整关键配置区域(如用户的桌面、设置、安全和漫游配置文件)的策略，极大地方便了用户对网络资源的管理。

10. 增强的安全性

Windows Server 2003 在用户身份验证、Active Directory、证书管理、防火墙等方面都有了明显提高，为企业提供了灵活的网络安全配置方案。

6.2 Windows Server 2003 操作系统的安装

Windows Server 2003 的安装过程比较简单，只有少数的参数需要用户设置，其余参数均可以采用默认设置，需要做更改时，再进入系统的相应操作界面完成重新设置即可。Windows Server 2003 的安装分升级安装和全新安装两种。

6.2.1 系统安装需求

在安装或升级 Windows Server 2003 操作系统之前，为了保证安装系统能够正确、稳定地运行各种服务，必须先要了解计算机的软硬件环境是否满足操作系统的基本要求。

1. Windows Server 2003 标准版系统需求

(1) CPU：要求带有 133MHz 处理器的 PC；建议 550MHz 或速度更快的处理器。

(2) 内存：要求 128MB RAM；建议 256MB 或更大空间；最大 4GB。

(3) 磁盘空间：1.25GB～2GB 的可用硬盘空间。

(4) 显示适配器：VGA，支持 800×600，最好支持 1024×768 以上。

(5) CD-ROM：必配，最好在 24X 以上。

(6) 网卡：至少需要一块兼容网卡。

2. Windows Server 2003 企业版系统需求

(1) CPU：133MHz 或速度更快的处理器(适用于基于 x86 的 PC)；733MHz(适用于基于 Itanium 的 PC)；32 位或 64 位版本可支持多达 8 个处理器。

(2) 内存：要求最小为 128MB RAM；最大 32GB(适用于基于 x86 的 32 位版本的 PC)；64GB(适用于基于 Itanium 的 64 位版本的 PC)。

(3) 磁盘空间：1.5GB 的可用硬盘空间(适用于基于 x86 的 PC)；2GB(适用于基于 Itanium 的 PC)；如果通过网络安装，则需要额外的空间。

(4) 显示适配器：VGA，支持 800×600，最好支持 1024×768 以上。

(5) CD-ROM：必配，最好在 24X 以上。

(6) 网卡：至少需要一块兼容网卡。

3. Windows Server 2003 数据中心版系统需求

(1) CPU：最小 400MHz 处理器(适用于基于 x86 的计算机)或 733MHz(适用于基于 Itanium 的计算机)；建议最好采用 733MHz 以上的 CPU。

(2) 内存：要求 512MB RAM；建议 1GB RAM；最大 128GB(适用于基于 x86 的计算机)；最大 2TB(适用于 x64 和 ia64 计算机)。

(3) 磁盘空间：1.5GB 的可用硬盘空间(适用于基于 x86 的 PC)；2GB(适用于基于 Itanium 的 PC)；如果通过网络安装，则需要额外的空间。

(4) 显示适配器：VGA，支持 800×600，最好支持 1024×768 以上。

(5) CD-ROM：必配，最好在 24X 以上。

(6) 网卡：至少需要一块兼容网卡。

另外，为了确保安装成功，在启动 Windows Server 2003 安装程序之前，还应确认计算机硬件与该系统的兼容性。可以通过“硬件兼容列表(HCL)”来确认,也可以通过 Microsoft 的相关网站查询 HCL 的更新,网址为 http://www.microsoft.com/whdc/hcl/default.mspx。

6.2.2 Windows Server 2003 的全新安装与升级安装

1. Windows Server 2003 的全新安装

由于 Windows Server 2003 支持光盘启动,所以无论计算机是否安装了其他操作系统,我们都可以利用光盘进行直接安装。

(1) 首先在 BIOS 中,将启动顺序改为光盘启动,将 Windows Server 2003 系统光盘插入光驱,进入光盘启动。

(2) 安装程序自动运行,出现“欢迎使用安装程序”界面,可以选择安装、恢复系统还是退出系统安装,如图 6-1 所示。

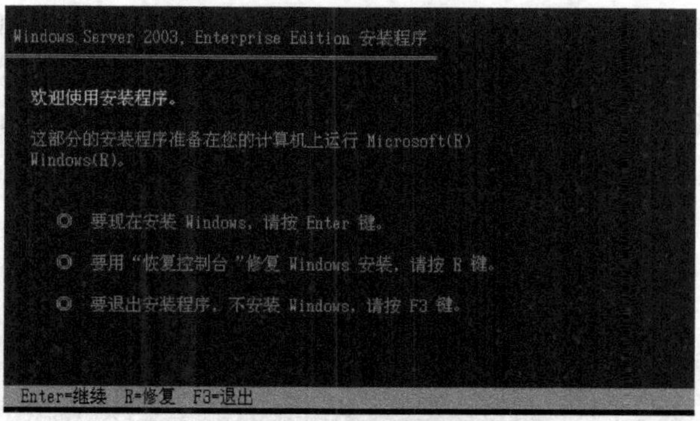

图 6-1 安装/修复界面

(3) 选择第 1 项,按 Enter 键继续安装,出现图 6-2 所示的授权协议界面,按 F8 键接受协议并继续安装。

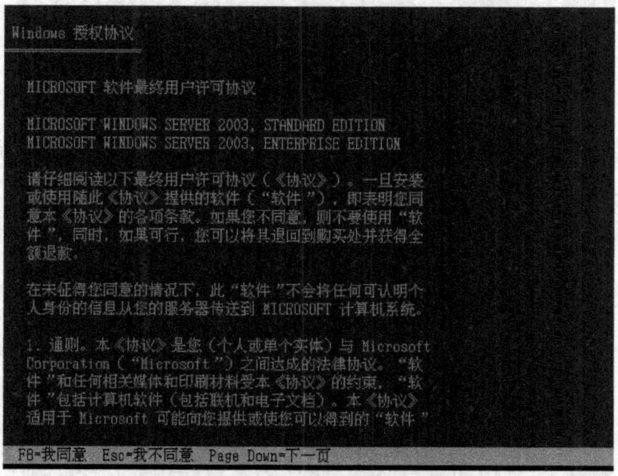

图 6-2 授权协议界面

(4) 出现磁盘分区信息界面,如图 6-3 所示。在此界面下,用户可以创建新的多个磁盘分区,并给磁盘分区分配空间大小,也可以仅创建一个主磁盘分区,对“未划分的空间”可以等系统安装完成后,利用“计算机管理”→“磁盘管理”进行创建磁盘分区。

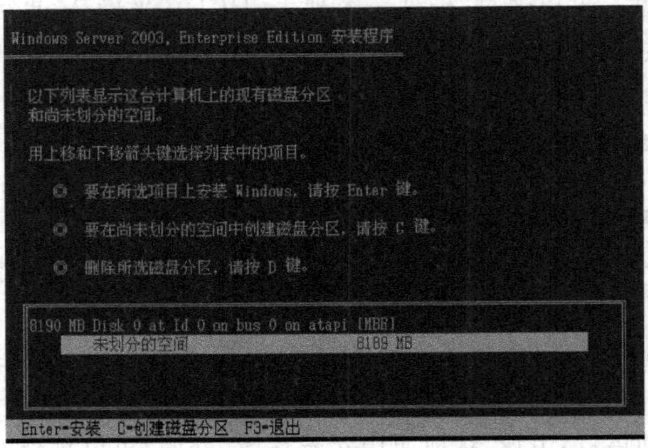

图 6-3 磁盘分区界面

（5）分区创建完成后，需对分区进行格式化操作，如图 6-4 所示。如果要支持活动目录、数据加密、用户的硬盘容量限制、设置域结构的网络，则必须选用 NTFS。如果此磁盘分区小于 2GB，则会自动将其格式化为 FAT；如果此磁盘分区等于或大于 2GB，则会自动将其格式化为 FAT32。考虑到服务器的安全，建议采用 NTFS 格式化分区。

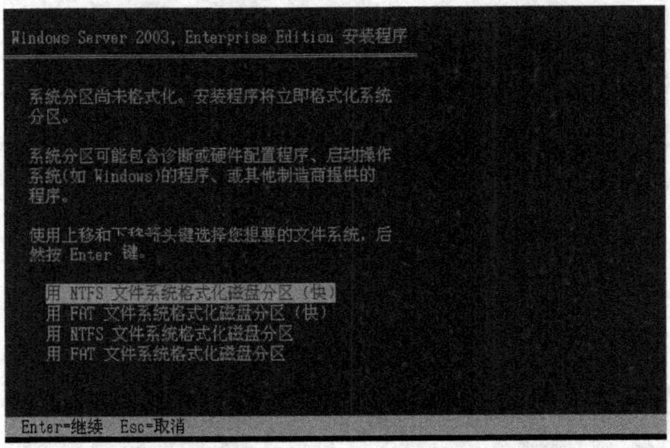

图 6-4 磁盘格式化界面

（6）计算机开始格式化磁盘，并检查磁盘状态，创建磁盘文件复制列表，并将文件从光盘复制到 Windows 安装文件夹，如图 6-5 所示。

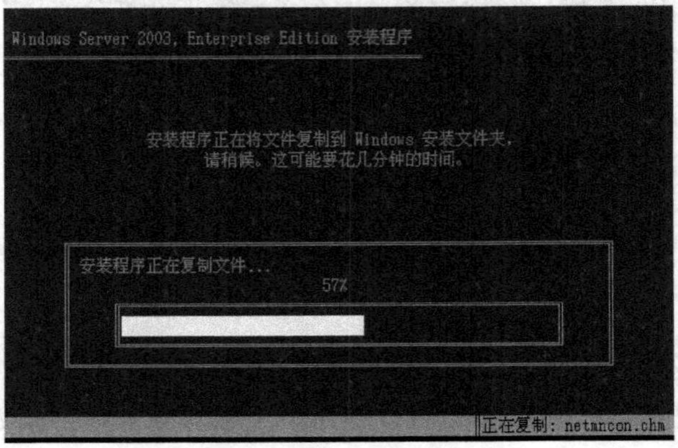

图 6-5 文件复制界面

（7）文件复制完成后，重新启动计算机，如图 6-6 所示。

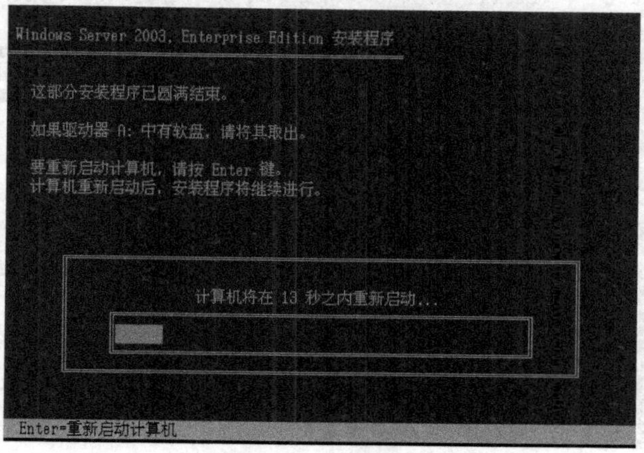

图 6-6　重新启动界面

（8）进入图形化安装配置阶段，如图 6-7 所示。依次要求输入“区域和语言”选择，个人信息和单位信息，分别如图 6-8 和图 6-9 所示。

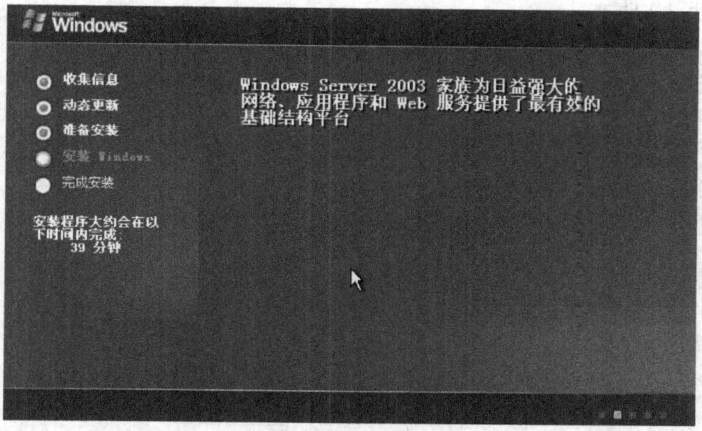

图 6-7　图形化安装界面

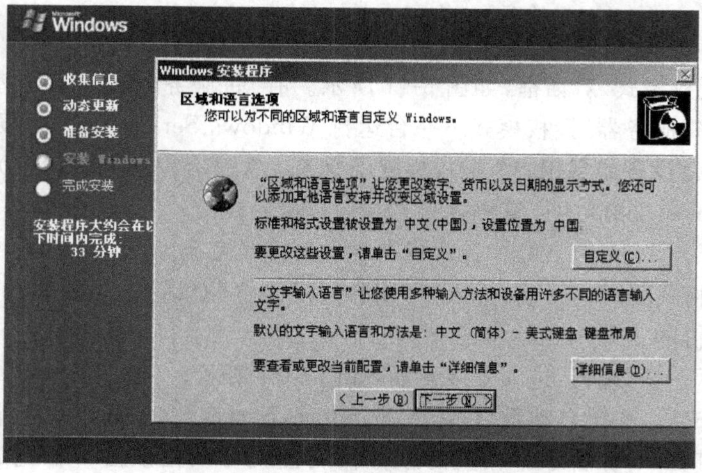

图 6-8　区域和语言选项窗口

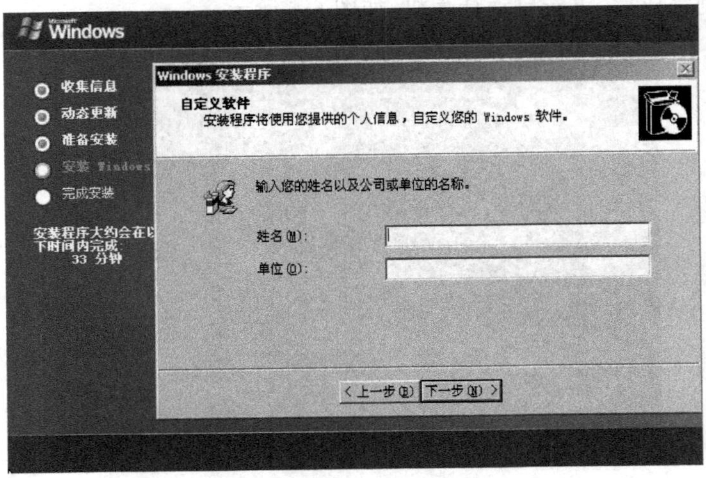

图 6-9　个人信息界面

(9) 单击“下一步”按钮，出现输入产品密钥窗口，用户在购买软件时，同时会从厂家得到一个产品授权书，在授权书上有产品密钥，即产品序列号，输入后，就可以继续安装，否则将退出安装程序，如图 6-10 所示。

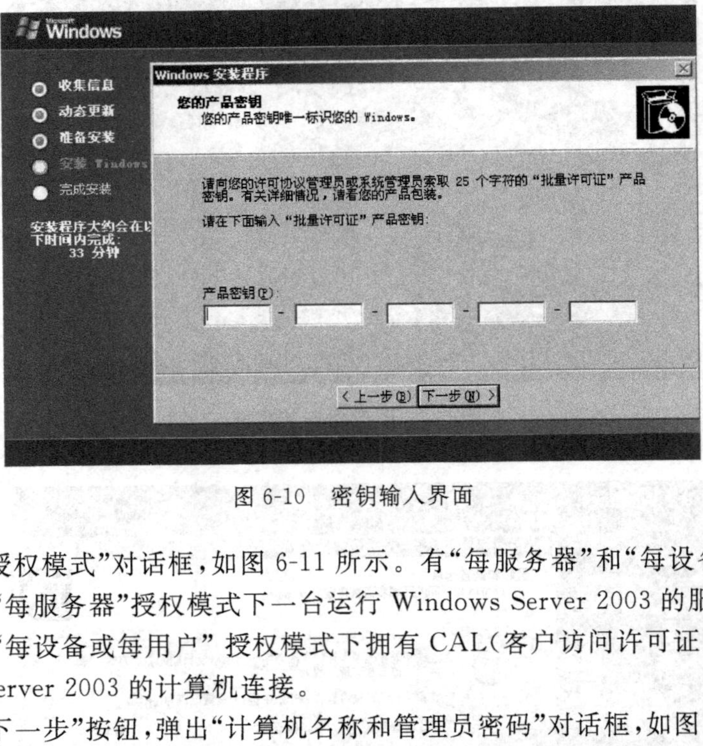

图 6-10　密钥输入界面

(10) 进入“授权模式”对话框，如图 6-11 所示。有“每服务器”和“每设备或每用户”两种可选授权模式。“每服务器”授权模式下一台运行 Windows Server 2003 的服务器支持的连接数量是固定的。“每设备或每用户” 授权模式下拥有 CAL(客户访问许可证)可与任意数量的运行 Windows Server 2003 的计算机连接。

(11) 单击“下一步”按钮，弹出“计算机名称和管理员密码”对话框，如图 6-12 所示。

(12) 按系统格式要求输入后，进入“日期和时间设置”对话框，如图 6-13 所示。默认时间是从 CMOS 中获得的。

(13) 单击“下一步”按钮，进入安装界面，如图 6-14 所示。

(14) 安装完成后，系统自动重启，进入 Windows Server 2003 操作系统界面，默认弹出“管理服务器”窗口，如图 6-15 所示。相关的服务器属性就可以在该窗口下完成设置，系统安装完成。

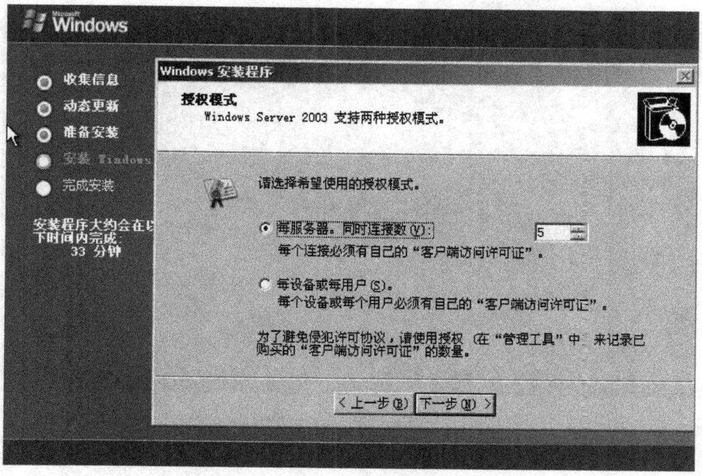

图 6-11　授权模式界面

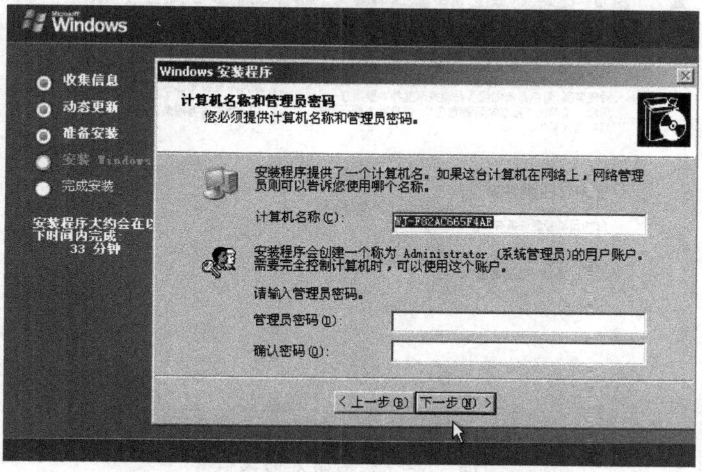

图 6-12　计算机名称和管理员密码设置界面

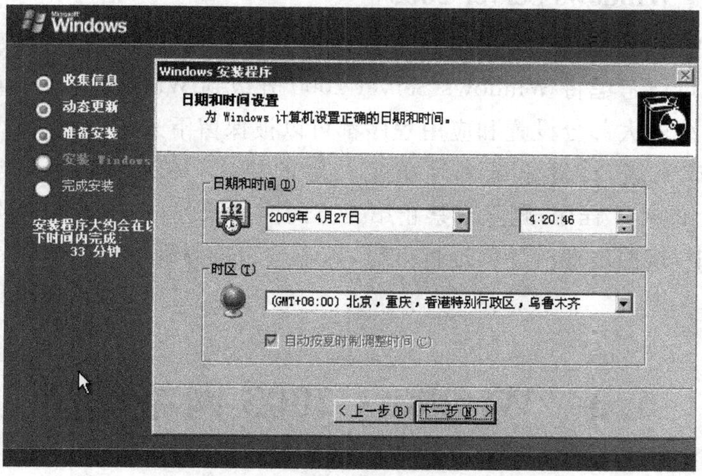

图 6-13　日期和时间设置对话框

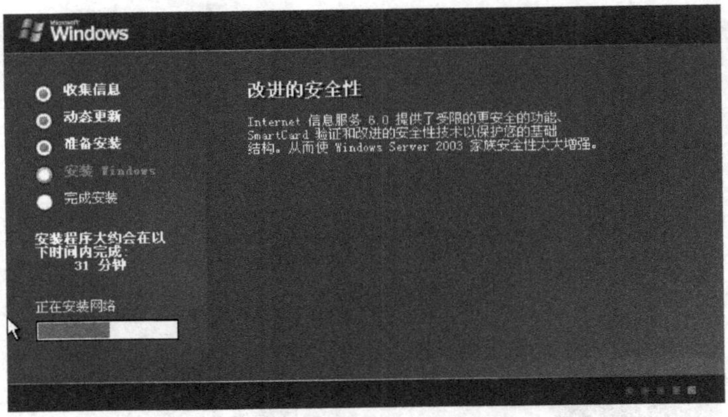

图 6-14　图形安装界面

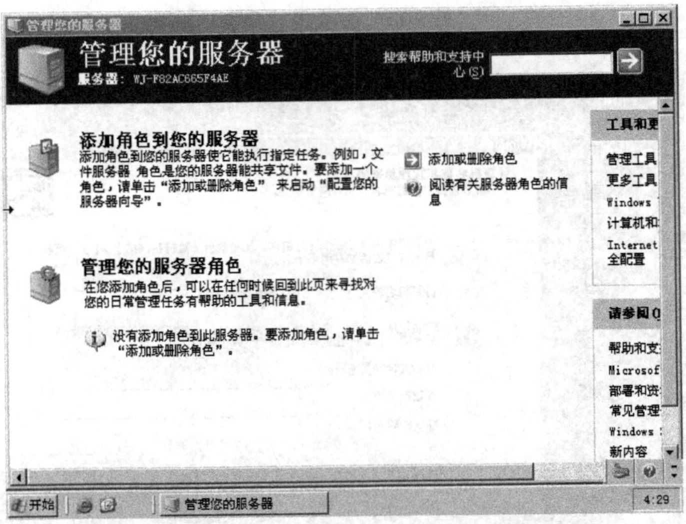

图 6-15　管理服务器窗口

2. 升级安装 Windows Server 2003

当网络中使用 Windows Server 2000 作为服务器操作系统时，为了提高服务器工作平台的效率和稳定性，可以考虑将 Windows Server 2000 升级到 Windows Server 2003。

在升级时，系统的大部分设置和应用程序都可以被保留下来，并且能够正常使用。但为了保证能够顺利完成升级，计算系统必须满足一定的要求，如为 Windows Server 2000 安装 ServicePack2 以上的补丁程序；删除或禁止第三方的网络服务，关闭防病毒软件等。

在升级过程中，按照出现的界面进行升级，只不过当检测到不兼容的软、硬件时，会删除或禁止使用。

6.3　Windows 2003 网络类型

当利用 Windows 主机搭建网络时，一般需要选择设置“工作组”或“域”结构的网络类型，而这两者之间的区别主要在于资源的共享方式和管理用户的方法不同，并且可根据网络的规模来区别使用。

6.3.1 域结构的 Windows 2003 网络

1. 域的基本概念

微软用一台服务器，把局域网中的各种可以用的资源信息收集整理，例如计算机、共享文件夹目录、用户账户、工作组、各种权限设置等，并用规范的目录列表的形式，发放给局域网中所有计算机使用，而且这个目录列表是很灵活的，可以很方便地管理维护，彻底改掉了工作组计算机的种种恶习。微软把这个灵活的目录列表，就叫做活动目录，也就是域。它还有一个英文名字 active directory，大伙为了方便，有时也管它叫做 ad，windows ad，计算机域等。域(Domain)是一个共用“目录服务数据库”的计算机和用户的集合，至少需要一台计算机安装 Windows 2003 Server 版本使其充当 DC，来实现集中式的管理，若考虑到容错的话，至少需要两台。域其实就是一个安全的边界。它主要是便于管理大型网络，可以进行统一的管理，统一发布组策略，统一安装某种软件等，并且域中的用户在登录的时候，身份验证的过程是在域控制器上完成的。

域是逻辑分组，与网络的物理拓扑无关，可以很小，比如只有一台 DC；也可以很大，包括遍布世界各地的计算机。

Windows 家族从 2000 开始，引入了活动目录 AD，DC 通过 AD 来提供目录的服务，例如它负责维护 AD 数据库、审核用户的账户和密码是否正确、将 AD 数据库复制到其他的 DC 等。AD 库的核心文件就是 winnt\ntds\ntds. dit 文件。由于所有域成员，计算机和域用户都共用这个域的“目录服务数据库”，域管理员就可以基于域的“目录服务数据库”来进行集中管理、共享资源，如用户、组、计算机账号、权限设置、组策略设置等。目录服务为管理员提供从网络上任何一个计算机上查看和管理用户和网络资源的能力。目录服务也为用户提供唯一的用户名和密码，用户只需一次登录，即可访问本域或有信任关系的其他域上的所有资源(当然用户要有权限才行)，而不需要多次提供用户名和密码登录。

在域结构的 Windows 2003 网络中，这个目录数据库存储在“域控制器”内，而在 Windows 2003 Server 系列中，只有 Windows Server 2003 Web Edition 版本只能是 AD 域中的成员服务器，而不能够做 DC(域控制器)，其余版本都可以作为域控制器来使用。

2. 域结构的 Windows2003 网络的特点

以域结构来组建的网络具备以下几个优势。

(1) 集中用户账户管理。

域用户账户是集中管理的，所有域用户账户都是在域控制器上集中管理的，而且各客户机都信任域控制器上管理的域账户，但各客户机都不具有域账户的管理权限。而且域账户是单击登录方式，这样做的好处是，用户一旦登录到域，则具有访问域中所有计算机共享资源的账户权限，无须输入任何账户信息。当然最后能否访问还是要看具体被访问计算机上共享资源的访问权限设置。

(2) 标准化管理。

在域网络中，可进行集中的资源服务器配置，如文件服务器、打印服务器等，并且服务器的访问权限和访问管理可以利用域用户来简单实现；对于桌面用户可以实现统一的标准管理，不允许桌面用户随意添加、删除软件或数据。

(3) 统一安全策略部署。

在域网络中,可以通过域组策略对整个域网络中成员计算机的安全策略进行统一部署。如用户账户权利、密码策略和安全选项等。只要在域组策略中统一部署即可在全网络中生效。对于外部网络的远程访问,还可以进行统一的安全认证,确保整个网络计算机的安全。

3. 计算机加入域结构

(1) 以管理员身份登录到计算机上。右键单击"我的电脑",并在随后出现的快捷菜单中选择"属性"。弹出"系统属性"对话框如图 6-16 所示。

(2) 在"计算机名"选项卡中单击"更改"按钮,弹出"计算机名称更改"对话框,如图 6-17 所示。输入计算机名称,选择该计算机隶属于域,并在相应的文本框中输入域名。

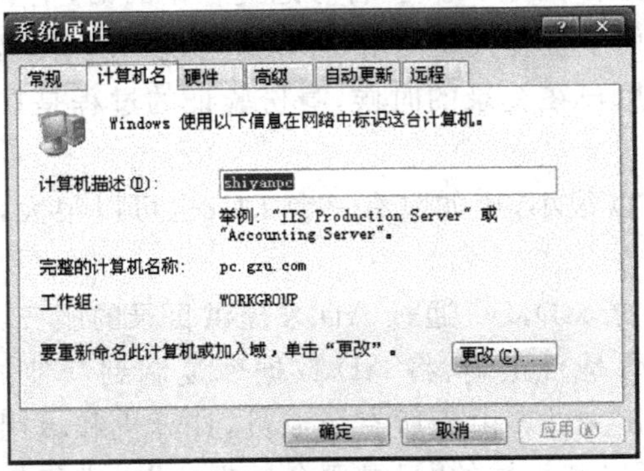

图 6-16　系统属性

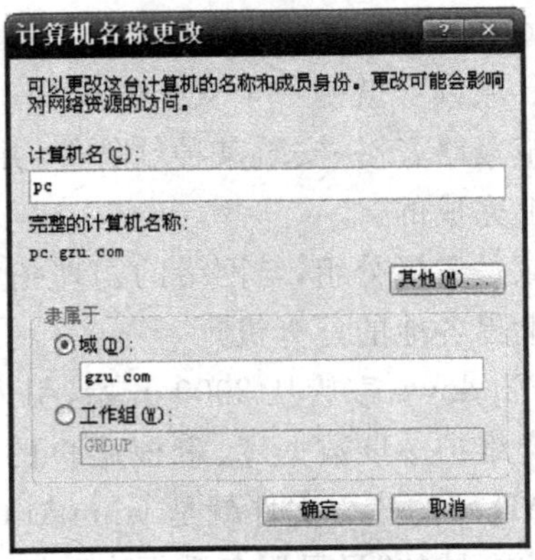

图 6-17　计算机名称更改框

(3) 输入用以进行身份验证的用户名及口令,以便证明用户具备加入到相关域中的适应权限。

(4) 当"欢迎加入到域中"的消息出现时,单击"确定"按钮。要使修改生效,必须重新启动计算机。

6.3.2　工作组结构的 Windows 2003 网络

1. 工作组的基本概念

用户可以利用 Windows 2003 将网络设置成工作组的结构。工作组由一群以网络连接在一起的计算机所组成,通常是一个由不多于 10 台(理论上)计算机组成的逻辑集合。它们将计算机内的资源(例如,文件与打印机)共享给其他人访问。这种工作组也被称为"对等式"的网络,因为网络上每台计算机的地位都是平等的,它们的资源与管理分散在网络内的各个计算机上。

当然如果网络规模很小,也可以使用 Windows 工作组模式来进行管理,但其管理功能极其有限。对于一台 Windows 计算机来讲,它要么隶属于工作组,要么隶属于域。工作组是微软的概念,一般的普遍称为对等网。

工作组的特点就是实现简单,不需要域控制器 DC,每台计算机自己管理自己,适用于距离很近的有限数目的计算机。顺便说明一下，工作组名并没有太多的实际意义，只是在网上邻居的列表中实现一个分组而已；再就是对于“计算机浏览服务”，每一个工作组中，会自动推选出一个主浏览器，负责维护本工作组所有计算机的 NetBIOS 名称列表。用户可以使用默认的工作组名 workgroup，也可以任意起个名字，同一工作组或不同工作组间在访问时也没有什么分别，都需要输入目标计算机上的用户名、口令进行验证。

在工作组模式下，用户要访问 10 台计算机上的资源，就需要记住至少 10 个用户名和口令，工作组的这种分散管理性是它和域的集中式管理相比最大的缺点。AD 域提供了对网络资源的集中控制，用户只需登录一次就可以访问整个活动目录的资源。

工作组实现简单，不需要域控制器 DC，每台计算机自己管理自己，不能集中管理所有网络资源，适用于距离很近的有限数目的计算机；每一台计算机都在本地存储用户的账户；一个账户只能登录到一台计算机；工作组中的计算机的地位都是平等的，对于其他计算机来说既是服务器，也是客户机。而工作组名并没有太多的实际意义，只是在网上邻居的列表中实现一个分组而已；再就是对于“计算机浏览服务”，每一个工作组中，会自动推选出一个主浏览器，负责维护本工作组所有计算机的 NetBIOS 名称列表。用户可以使用默认的 workgroup，也可以任意起个名字，同一工作组或不同工作组在访问时也没有什么分别。计算机可以自由加入或离开同一网络上的任何工作组，工作组的作用仅是提供一个空间，以方便网上共享资源的浏览。工作组就是一种对等网，它可以把一个网络中的计算机逻辑地划分成多个组，以方便用户查找资源。工作组有以下特点。

工作组中的计算机的地位都是平等的，对于其他计算机来说既是服务器，也是客户机；每一台计算机都独立维护自己的资源，不能集中管理所有网络资源；每一台计算机都在本地存储用户的账户；一个账户只能登录到一台计算机；工作组的网络规模一般少于 10 台计算机；工作组对操作系统基本上没有严格的要求，一个工作组里的计算机可以安装不同的操作系统，包括 Windows98/Me/2000/XP/2003 等；工作组只适用于家庭和小型网络。

2. 计算机加入工作组

(1) 确认网络连通后，右键单击“我的电脑”，并在随后出现的快捷菜单中选择“属性”。弹出“系统属性”对话框如图 6-16 所示。

(2) 在“计算机名”选项卡中，单击“更改”按钮，弹出“计算机名称更改”对话框，如图 6-18 所示。在打开的“计算机名称更改”对话框中，可以修改计算机名，也可以把计算机加入工作组，计算机名和工作组的长度都不能超过 15 个英文字符，可以输入汉字，但是也不能超过 7 个汉字。默认情况下计算机是属于 workgroup 工作组的：如果在网络中已经有同名的工作组，那么该计算机就会加入这个工作组；如果在网络中没有这个工作组，那么该计算机就创建了一个新的工作组，并把自己加入到该工作组。这里我们创建的工作组名为 GROUP。

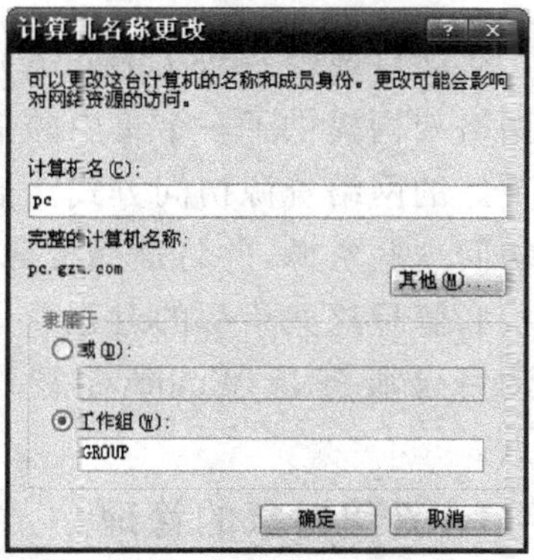

图 6-18 计算机加入工作组

(3) 单击“确定”按钮，弹出“欢迎加入 GROUP 工作组”的对话框，如图 6-19 所示，确定后弹出如图 6-20 所示的对话框，更改生效，要求重新启动计算机。

图 6-19　加入工作组对话框

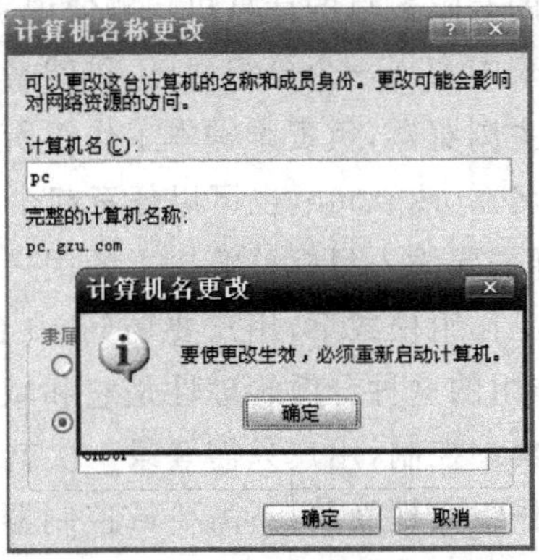

图 6-20　更改生效

(4) 重启计算机后，打开“网上邻居”，可以看见 GROUP 组，如图 6-21 所示。

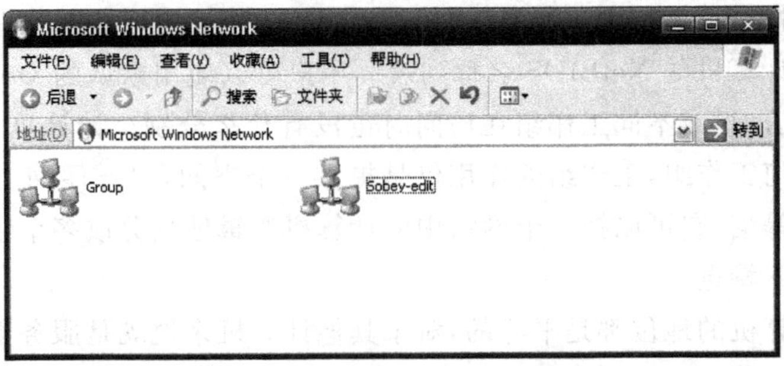

图 6-21　网上邻居窗口

6.4　活动目录概述

6.4.1　活动目录的基本概念

活动目录(Active Directory)是一种目录服务，提供了单一登录的能力，并且为用户的整个网络架构提供了一个集中的信息知识库。它大大地简化了用户和计算机的管理，并提供了更好的网络资源访问方式。活动目录一般用于识别网络上的资源，并使用户和应用程序能访问这些资源，并将这些资源集中存储、使用和管理这些资源的全部信息，因而，简化了查找和管理这些资源的过程。通过活动目录服务，管理员可以实现整个网络的集中管理。活动目录服务是 Windows 2003 Server 中最重要的核心任务之一。活动目录具有如下特点。

1. 采用对象的管理

Active Directory 可对网络上的资源全部以对象进行管理。管理员可以在任何一台计算机上登录，就能管理网上任何一台机器上的对象。创建对象时，属性就存储了描述该对象的信息。如用户类，包含许多属性，如用户名属性、描述属性、电话号码属性等。

2. 与 DNS 集成

活动目录使用域名服务 DNS 作为它的定位服务，同时对标准的 DNS 做了扩充。

3. 安全性高

由于与 Active Directory 集成，不仅可在目录中的每个对象上定义访问控制权限，而且还可在每个对象的属性上定义访问控制权限。

4. 应用程序目录分区

配置与控制器之间应用程序特定的数据的复制作用域。某些目录信息不需要在全局范围内来提供。这个特性通过控制复制的范围和副本放置等方式，从而在不影响网络性能的前提下，提供了在活动目录中放置数据的能力。

5. 便捷的网络资源访问

活动目录允许用户一次登录网络就可以访问网络中的所有该用户有权限访问的资源。并且，用户访问网络资源时不必知道资源所在的物理位置。活动目录允许快速、方便地查询网络资源。网络资源主要包括用户账户、组、共享文件夹、打印机等。

6. 可扩展性

活动目录具有很强大的可扩展性。目录可以随着公司或组织的增长而一同扩展，允许从一个网络对象较少的小型网络环境发展成大型的网络环境。

7. 通用组成员身份缓存

通过在身份验证域控制器上存储通用组成员身份信息，可以避免在登录时要求在广域网上定位全局编录的麻烦。

8. 保护 LDAP 通信

客户使用 LDAP 协议来访问活动目录中的对象，利用一个命名路径来保证其访问对象的位置，即标识名(DN)和相对标识名(RDN)。DN 为活动目录中的对象标识出 LDAP 命名的完整路径；RDN 用来标识容器中的一个对象，即它总是 DN 中的最前面一项。活动目录管理工具默认情况下对所有的 LDAP 通信进行签名和加密。

9. 用户和计算机账户的不同位置选项

可以对用户和计算机账户的默认位置进行重定向，也可以对 Users 和 Computers 容器中的位置重定向到可应用组策略的组织单位。

域是活动目录的一种实现形式，也是活动目录最核心的管理单位和复制单位，域是安全边界，保证域的管理员只能在该域内有必要的管理权限，除非得到其他域的明确授权。每个域都有自己的安全策略和与其他域的安全联系方式。一个域由域控制器和成员计算机组成，域控制器是安装了活动目录服务的一台计算机。在域控制器上，每一个成员计算机都拥有一个计算机账号，每一个域用户有一个域用户账号。域管理员可以在域控制器上实现对域用户账号和计算机账号以及其他资源的管理。

域还是一种复制单位，我们在域中可以安装多台域控制器，域管理员可以在任何一台域控制器上创建和修改活动目录对象。域控制器之间可以自动同步，或者是复制这样一种更新。

目录服务提供一定空间，用于存储与基于网络的实体相关的信息，例如应用程序、文件、打印机和人员。同时，该服务也提供用于命名、描述、定位、存取、管理及保证独立资源信息安全性的一致性方法。

活动目录使得组织机构可以有效地对有关网络资源和用户的信息进行共享和管理。另外，目录服务在网络安全方面也扮演着中心授权机构的角色，从而使操作系统可以轻松地验证用户身份并控制其对网络资源的访问。同等重要的是，活动目录还担当着系统集成和巩固管理任务的集合点。

正是由于所有域成员计算机和域用户都共用这个域的"目录服务数据库"，域管理员就可以基于域的"目录服务数据库"来进行集中管理、共享资源，如用户、组、计算机账号、权限设置、组策略设置等。目录服务为管理员提供从网络上任何一台计算机上查看和管理用户和网络资源的能力。目录服务也为用户提供唯一的用户名和密码，用户只需一次登录，即可访问本域或有信任关系的其他域上的所有资源(当然用户要有权限才行)，而不需要多次提供用户名和密码登录。

架构是关于AD对象类型属性的定义。一种类型AD对象应该有哪些属性是由架构来定义的，比如它定义了用户对象有姓、名、登录名、口令等一系列的属性。如果用户想增加一个"性别"属性，这就要修改架构，一般称之为扩展AD架构，这要求用户必须是林根域上的Schema Admins组成员才行。

整个活动目录的林中只有一个架构，因此在活动目录中创建的所有对象都遵从同样的规则。也就是说对架构的修改将影响到林中的所有域，用户没办法实现同一林中的一个域用户对象有"性别"属性，而另一个域没有。

运行活动目录安装向导将Windows 2003计算机升级为域控制器会创建一个新域或者向现有的域添加其他域控制器。

6.4.2 活动目录的安装

1. 安装前的准备工作

首先，必须具备安装活动目录的管理员权限，否则无法安装。在安装活动目录之前，要确保系统盘为NTFS分区。同时，已做好了DNS服务器的解析，如gzu.com。

2. 安装域控制器

在安装活动目录前首先确定DNS服务正常工作，下面我们来安装根域为gzu.com的域控制器。

(1) 依次单击"开始"→"控制面板"→"管理工具"菜单项，在"管理工具"项中，选择"管理您的服务器向导"选项，启动配置向导，如图6-22所示。

(2) 单击"添加或删除角色"选项，弹出"配置您的服务器向导"窗口，显示配置服务器所需的预备环境，单击"下一步"按钮，如图6-23所示。

(3) 在"服务器角色"对话框中，选择"域控制器(Active Directory)"选项，单击"下一步"按钮，如图6-24所示。

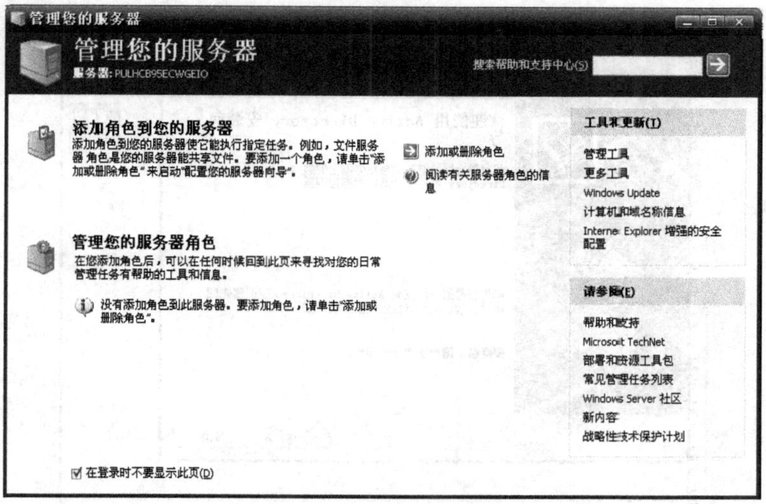

图 6-22　管理服务器窗口

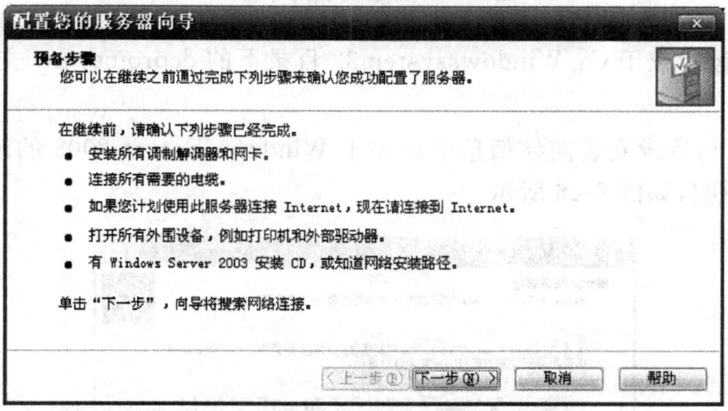

图 6-23　预备步骤窗口

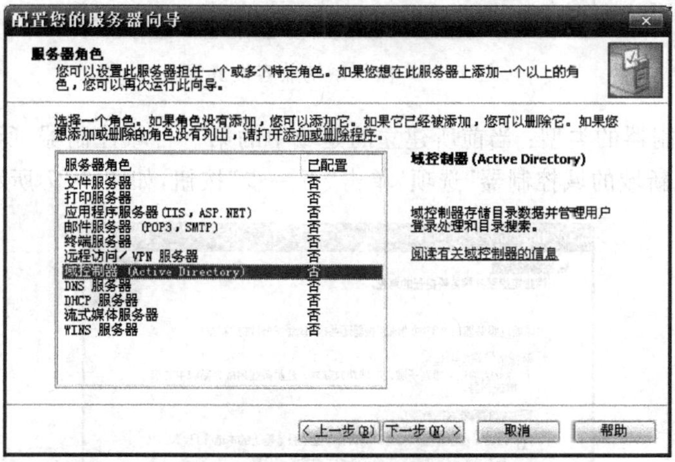

图 6-24　服务角色窗口

(4) 将启动活动目录安装向导，进行活动目录的安装，单击"下一步"按钮，如图 6-25

所示。

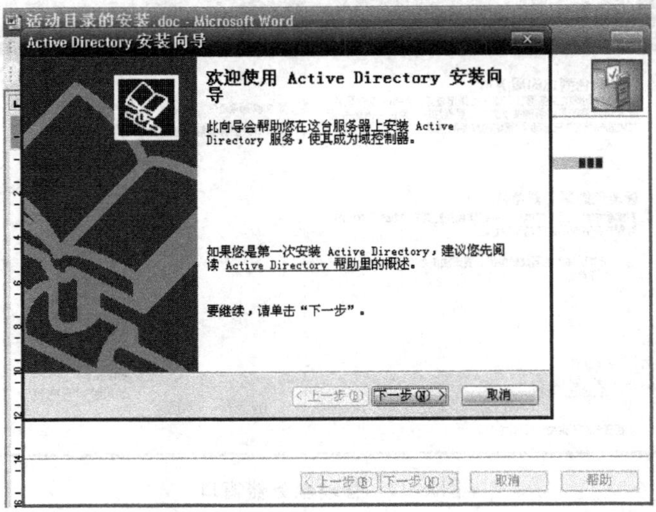

图 6-25　目录安装向导窗口

另外，也可以运行位于 C：Windowssystem32 目录下的 dcpromo.exe 文件，直接启动活动目录安装向导。

（5）弹出的活动目录安装向导信息中是关于 Windows Server 2003 的改进与较早一些操作系统的兼容性说明，如图 6-26 所示。

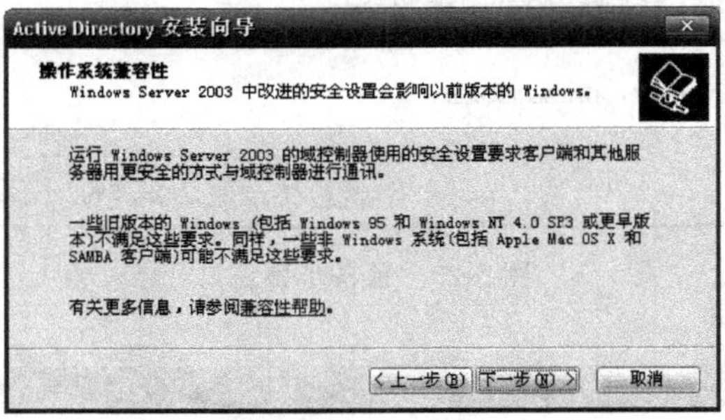

图 6-26　操作系统兼容性界面

（6）选择域控制器的类型：当前所建立的是域中的第一台域控制器，所以在“域控制器类型”对话框中选择“新域的域控制器”选项，单击“下一步”按钮，如图 6-27 所示。

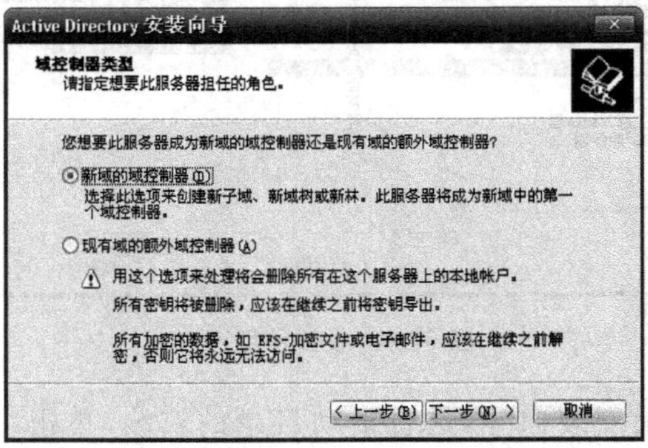

图 6-27　域控制器类型

(7) 选择创建域的类型：有 3 种域类型可供选择，“在新林中的域”、“在现有域树中的子域”、“在现有的林中的域树”，可根据自己的需要来选择创建类型。由于是首次安装，在“创建一个新域”对话框中选择“在新林中的域”选项，单击“下一步”按钮，如图 6-28 所示。

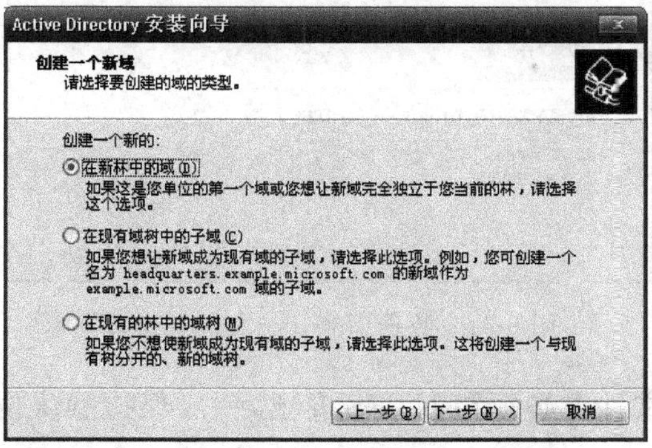

图 6-28　创建新域窗口

(8) 在“新的域名”对话框中的“新域的 DNS 全名”框中输入需要创建的域名 gzu.com，单击“下一步”按钮，如图 6-29 所示。

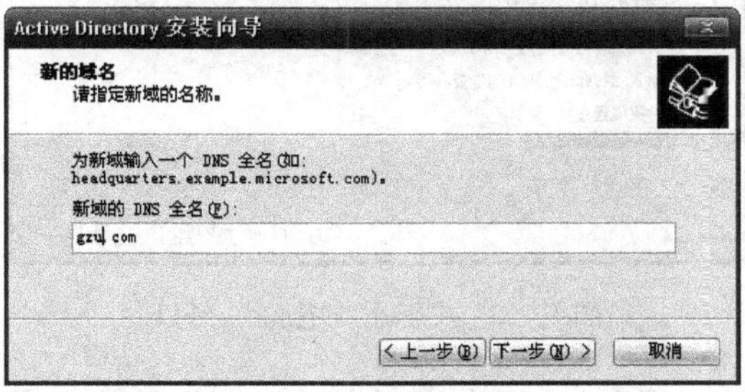

图 6-29　设置域名窗口

(9) 输入 NetBIOS 名称，在“NetBIOS 名”对话框中更改 NetBIOS 名称。运行非 Windows 操作系统客户端将使用 NetBIOS 域名，一般系统会自动选取域名的第一个字段作为 NetBIOS 名称。可保持默认设置，单击“下一步”按钮，如图 6-30 所示。

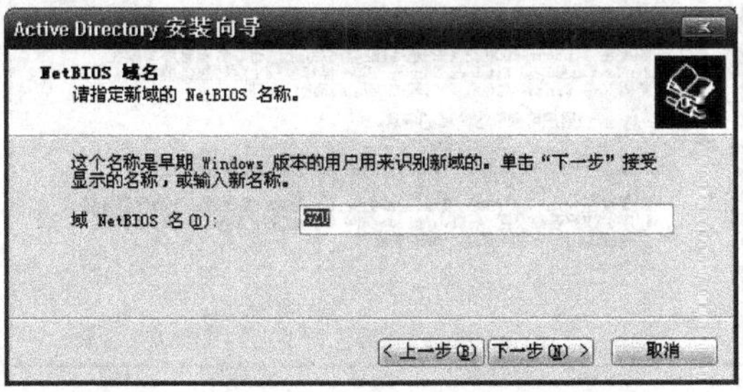

图 6-30　NetBIOS 名称框

(10) 设置活动目录数据库和日志文件的保存位置，一般不做修改，单击“下一步”按钮，如图 6-31 所示。

(11) 设置 SYSVOL 文件夹的位置。在“共享的系统卷”对话框中，指定作为系统卷共享的文件夹。SYSVOL 文件夹存放域的公用文件的服务器副本，SYSVOL 广播的内容被复制到

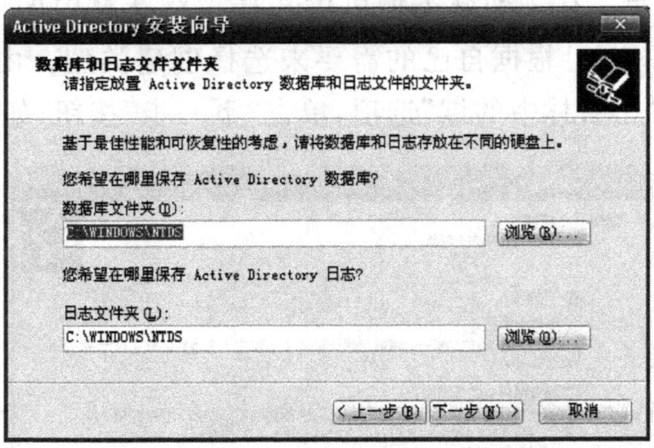

图 6-31　数据库和日志文件夹窗口

域中的所有域控制器，该文件夹必须在 NTFS 卷上，一般保持默认位置，单击“下一步”按钮，如图 6-32 所示。

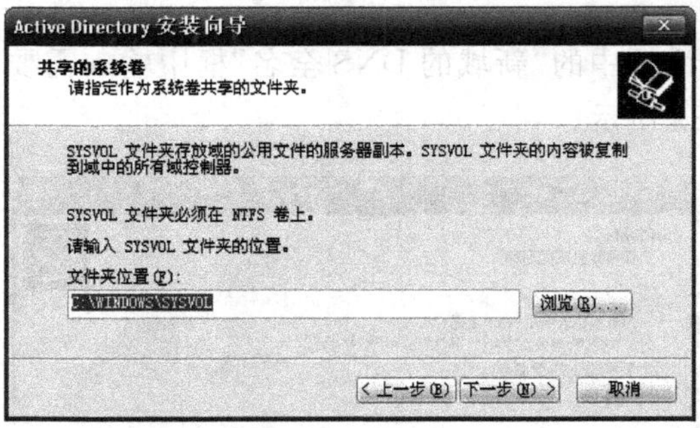

图 6-32　共享系统卷位置窗口

（12）权限的设置：在“权限”对话框中为用户和组选择默认权限，可根据网络中的服务器来选择，一般为了网络更安全，选择第二个选项。单击“下一步”按钮，如图 6-33 所示。

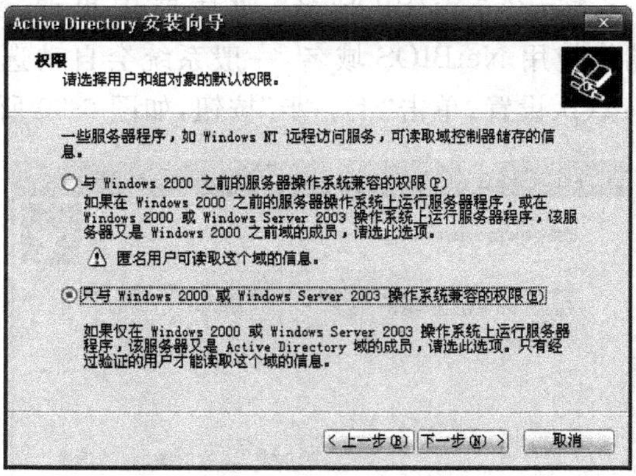

图 6-33　权限

（13）设置目录服务还原模式的管理员密码：在“目录服务还原模式的管理员密码”对话框中输入以目录恢复模式下的管理员密码，该密码是在活动目录恢复时使用。如果经常给活动目录做备份，而活动目录服务器出现致命故障，要恢复活动目录，就会用到这个密码，一定要牢记该密码，单击“下一步”按钮，如图 6-34 所示。

(14) 显示摘要信息，查看是否有错，有可以单击"上一步"按钮进行修改，若没有则单击"下一步"按钮开始活动目录的安装。

(15) 开始活动目录的安装：该过程根据设备的配置有不同的时间，大概需要几分钟的时间，如图 6-35 所示。

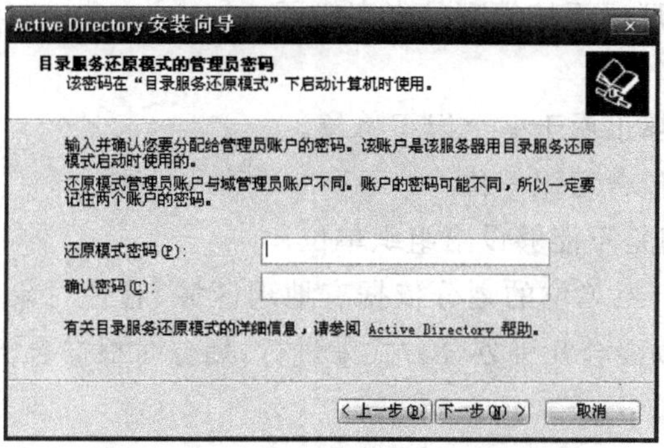

图 6-34　密码

图 6-35　AD 安装

安装完成之后，重新启动计算机。重启之后，就可以在登录窗口中看到域的名字，输入密码后登录到域。

另外，活动目录的删除可以直接运行 dcpromo.exe 文件，根据向导提示即可删除活动目录。

6.5　组织单位(OU)

6.5.1　组织单位概述

组织单位(OU)是活动目录中的一种对象，且是一种容器类型的对象，它可以包含其他对象。Windows 2003 Server 在活动目录中增加了组织单位这种对象，使得整个域的规划和管理更具弹性。组织单位就是一个比域还小的管理单位。若能善用组织单位，就可以有效避免形成多域架构，节约成本。

使用组织单位，可以在域中对对象分组，以方便对域的管理。比如对一个公司的域内的不同部门用户的账户管理。使用组织单位，还可以实现委派管理控制以及在不同的 OU 上实现不同的组策略。通过对每一个 OU 来指派一名或多名管理员，让 OU 管理员各自管理自己部门的对象。每一个 OU 可以实现不同的组策略设置，我们可以设置用户的工作环境，用户的软件安装等。

组织单位具有以下特性。

(1) 组织单位是一种容器。

它可以包含同一域内的 9 种对象，即用户、计算机、组、打印机、共享文件夹、联系人、组织单位、INETORGPERSON、MSMQ 路由别名。

(2) 组织单位可以组成层次化结构。

组织单位下可以包含对象组成层次化结构。

(3) 建立组织单位和授权管理关系密切。

当某部门由于人事变动较频繁，常要求系统管理员为他们删除、更改和建立账户。那么系统管理员可以通过为该部门建立组织单位，将该部门的全部用户与计算机都隶属于该组织单位，并赋予部门负责人新建、删除与修改用户账户和计算机账户的权限。这样该部门以后的账户变动就可以交给部门经理来调整而无须经常联系系统管理员来完成了。

(4) 组织单位与组有一定的区别。

① 一个用户可以隶属于多个组，但是只能够隶属于一个组织单位。

② 组织单位可以包含组，但是组内不能够包含组织单位。

③ 对网络资源设置权限时，可以设给组，但是不能够设给组织单位。

组织单位的划分具有一定的依据，常见的组织单位的划分依据有地理区域、管理对象、项目内容、企业专项内容、部门组织等，另外还可以混合几种划分方式来进行，划分时根据自己企业的特点来进行处理就行了。

主要默认的容器如下。

Users：包含域中的部分组及用户对象。

Builtin：包含域中由系统内置的一些本地域组，例如 Server Operators 组，其成员拥有管理域控制器的权限。

Computers：默认的域计算机组织单位，成员包括域中的客户机、成员服务器等。

Domain Controllers：域控制器所在的容器。

6.5.2 创建组织单位对象

(1) 通过依次单击“开始”、“管理工具”和“Active Directory 用户和计算机”，打开“Active Directory 用户和计算机”窗口，如图 6-36 所示。

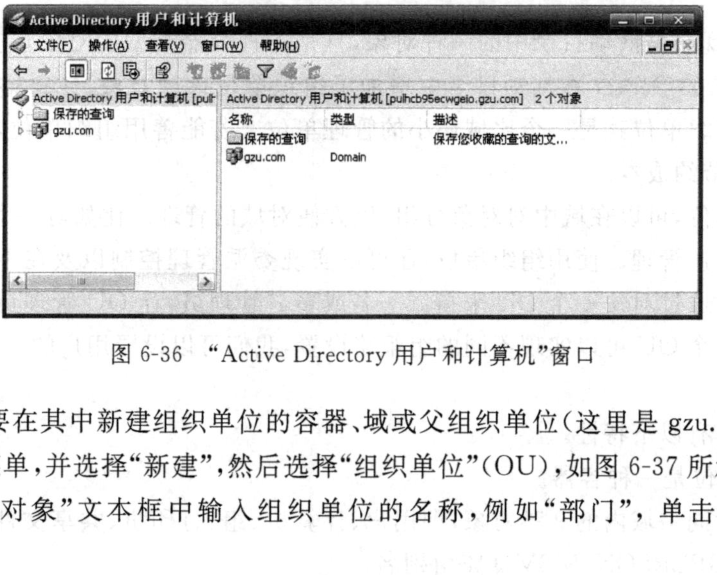

图 6-36 “Active Directory 用户和计算机”窗口

(2) 选定将要在其中新建组织单位的容器、域或父组织单位(这里是 gzu.com)，单击鼠标右键，弹出快捷菜单，并选择“新建”，然后选择“组织单位”(OU)，如图 6-37 所示。

(3) 在“新建对象”文本框中输入组织单位的名称，例如“部门”，单击“确定”按钮，如图 6-38 所示。

(4) 建立好了一个组织单位，如图 6-39 所示。

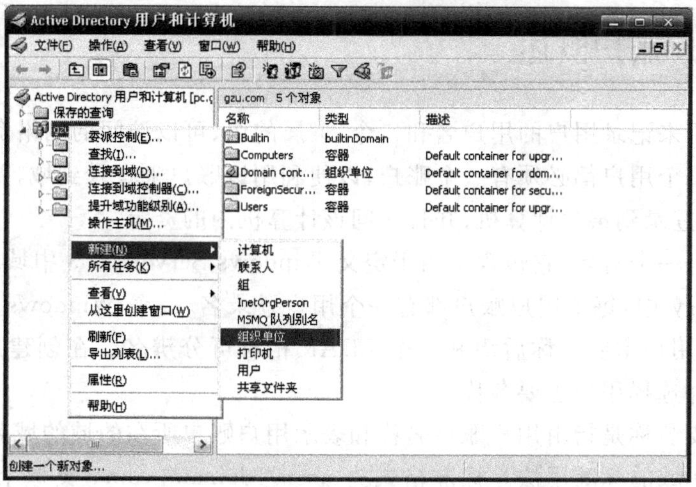

图 6-37　组织单位选择窗口

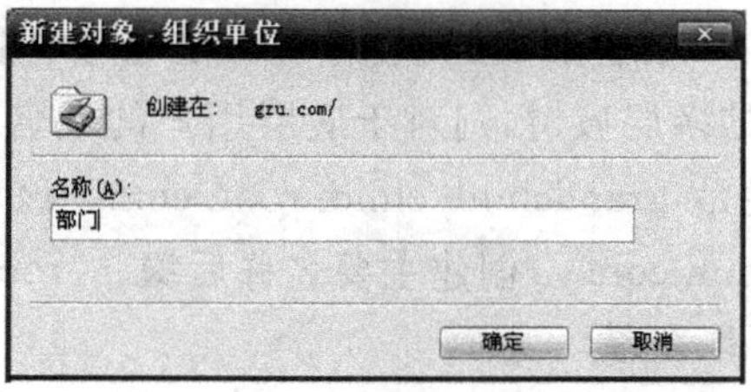

图 6-38　组织单位名称框

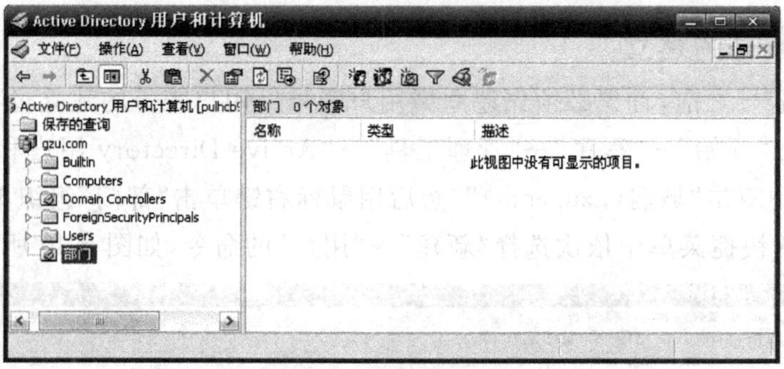

图 6-39　组织单位建立

6.6　域用户账户的建立和管理

Active Directory 用户和计算机账户代表物理实体，如计算机或人。用户账户和计算机账户(以及组)称为安全主体。安全主体是自动分配安全标识符的目录对象。带安全标识符的对象可登录到网络并访问域资源。用户或计算机账户用于验证用户或计算机的身份、授权或拒绝访问域资源、管理其他安全主体及审计使用用户或计算机账户执行的操作。

6.6.1 域用户账户概述

用户账户是用来记录用户的用户名和口令、隶属的组、可以访问的网络资源以及用户的个人文件和设置。每个用户都必须有一个账户，以便利用该账户来登录到域，并访问网络上的资源；或利用该账户登录到某台计算机，并且访问该计算机内的资源。

域用户账户是一个对象，它包含了用于定义 Windows Server 2003 中域用户的所有信息。在 Active Directory 中，每个用户账户都有一个用户登录名、一个 Windows 2000 以前版本的用户登录名、一个用户主要名称后缀和一个 LDAP 相对可分辨名。在创建用户账户时，管理员输入其登录名并选择用户主要名称。

所谓用户主要名称是指由用户账户名称和表示用户账户所在的域的域名组成。这是登录到 Windows 2000 域的标准用法。标准格式为 user@domain. com（类似个人的电子邮件地址）。但不要在用户登录名或用户主要名称中加入@。Active Directory 在创建用户主要名称时自动添加此符号。包含多个@的用户主要名称是无效的。

在 Active Directory 中，默认的用户主要名称后缀是域树中根域的 DNS 名。如果用户的单位使用由部门和区域组成的多层域树，则对于底层用户的域名可能很长。对于该域中的用户，默认的用户主要名称可能是 grandchild. child. root. com。该域中用户默认的登录名可能是 user@grandchild. child. root. com 。创建主要名称后缀 - "root" 使同一用户使用更简单的登录名 user@root. com 就可以登录。

6.6.2 域用户账号的建立及账户安全属性

1. 域用户账号的建立

使用域用户账号之前，首先必须先建立域用户账号。用户账号的建立过程如下。

(1) 依次选择“开始”→“程序”→“管理工具”→“Active Directory 用户和计算机”选项，并从弹出的对话框中双击“域名(gzu. com)”，然后用鼠标右键单击“部门”组织单位。

(2) 从弹出的快捷菜单中依次选择“新建”→“用户”的命令，如图 6-40 所示。

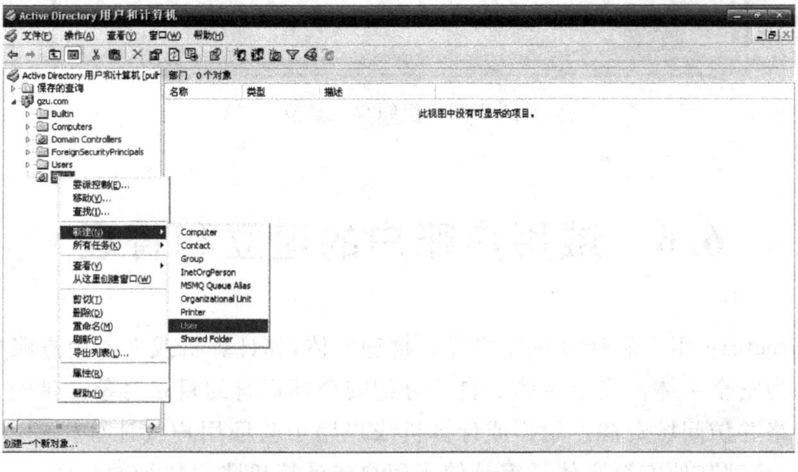

图 6-40 新建用户选择窗口

(3) 在弹出如图 6-41 所示的窗口时，进行如下的设置。

- “姓”与“名”：至少在这两个文本框之一输入信息。
- “姓名”：用户的全名，默认就是前面的姓与名两者的结合。
- “用户登录名”：这是用户用来登录域所使用的名称。在活动目录内，这个名称必须是唯一的。“用户登录名(Windows 2000 以前版本)”：这个名称是指使用 Windows 2000 以前版本的用户。

(4) 单击“下一步”按钮，弹出如图 6-42 所示的对话框，设置如下。

图 6-41　新建对象

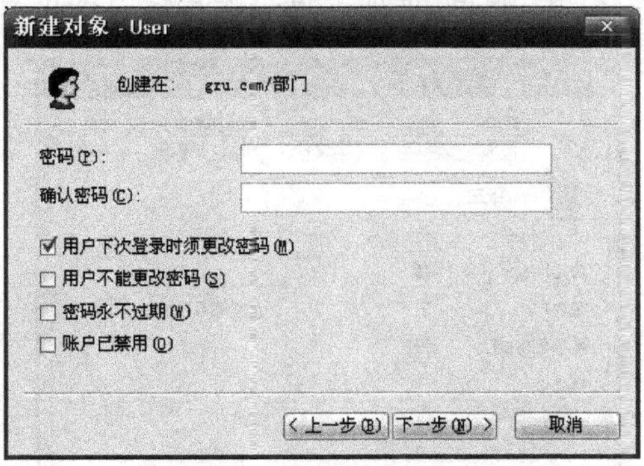

图 6-42　密码窗口

- “密码”与“确认密码”：输入用户账户的密码。为了避免在输入时被他人看到密码，因此在对话框中的密码只会以星号(*)显示。需要再次输入密码来确认所输入的密码是否正确。密码最多 128 个字符，密码的大小写是有区别的，并且在进行密码设置时，密码长度和复杂度有一定的要求。
- “用户下次登录时须更改密码”：强迫用户在下次登录时必须更改密码。该项设置可以确保只有该用户知道该密码。
- “用户不能更改密码”：它可防止用户更改密码，如果多人共享一个账户时(例如 guest)，则选择此复选框，避免发生被某个人更改密码后，造成其他人都无法登录的情况。一般用户若要自己更改账户密码，可以通过按 Alt+Ctrl+Del 键的方式来设置。
- “密码永不过期”：若选择此复选框，则系统永远不会要求该用户更改密码，即使在‘账户策略”的“密码最长存留期”中设置了所有用户必须定期更改密码，系统也不会要求这个用户更改密码。若同时选择了“用户下次登录时需更改密码”与“密码永不过期”复选框，则以“密码永不过期”作为设置。
- “账户已停用”：禁止用户利用此账户登录。

(5) 单击“下一步”按钮后，提示用户账户的信息。最后单击“完成”按钮，完成用户账户的创建。

2. 域用户账户的属性设置

每个域用户都有一些相关的属性可供设置，例如某地址、电话、传真、电子邮件、账户有效期限等。将用户的这些信息输入完毕后，就可以通过这些信息来查找活动目录内的用户。要设置用户账户的属性时，依次选择“选择该用户”→“单击鼠标右键”→“属性”选项，打开如图 6-43 所示的对话框。

(1) 用户个人信息的设置。

所谓“用户个人信息”,就是指姓名、地址、电话、传真、移动电话、公司、部门、职称、电子邮件、Web 页等。

① 常规:用来设置姓、名、显示名称、描述、办公室、电话号码、电子邮件和 Web 页等信息。

② 地址:用来设置国家(地区)、省/自治区、县市、街道、邮箱和邮政编码等信息。

③ 电话:用来设置家庭电话、寻呼机、移动电话、传真、IP 电话等信息。

④ 单位:用来设置职务、部门、公司、经理和直接下属等信息。

(2) 账户。

打开“账户”选项卡进行账户信息的设置,如图 6-44 所示。

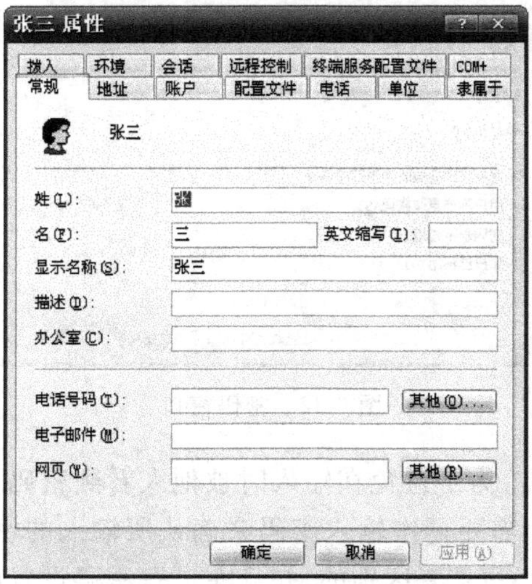

图 6-43　用户属性窗口

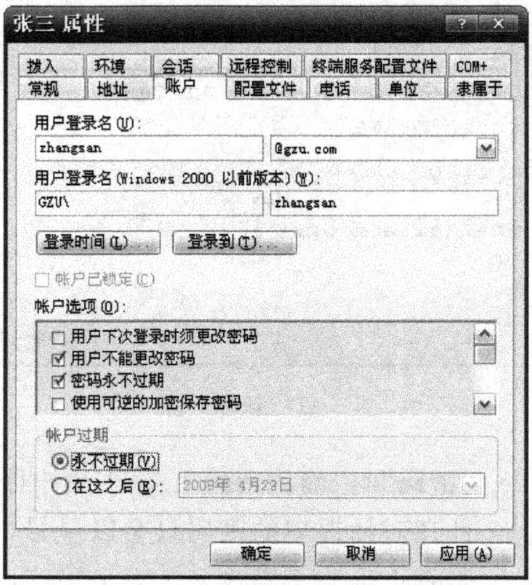

图 6-44　用户“账户”选项卡

用户登录名和前面设置一致。

① 账户过期。设置账户的有效期限,默认为账户永不过期,也可以选择“在这以后”单选框,并确定账户过期的时间。

② 登录时间的设置。“登录时间”用来设置允许用户登录到域的时段,默认是用户可以在任何时段登录域。设置时,单击图 6-44 中的“登录时间”按钮,弹出如图 6-45 所示的对话框。

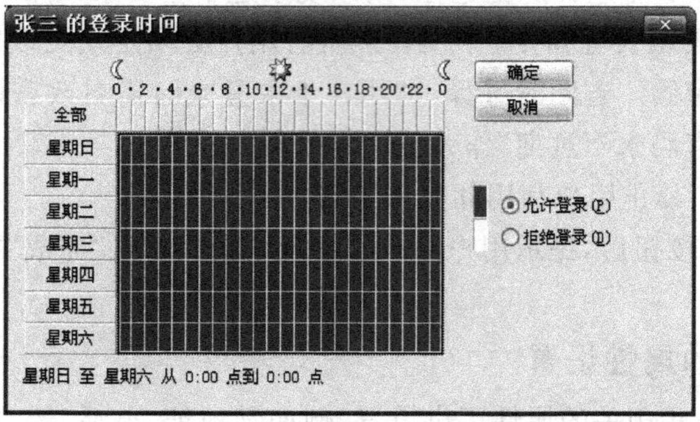

图 6-45　用户登录时间窗口

在图 6-45 中,每一方块代表 1 小时,纵轴每一方块代表 1 天,填充的方法表示允许此用户登录的时段，空格方块代表该时段不允许此用户登录。选择要设置的时段，若单击“允许登录”单选按钮，表示允许用户在该时段内登录；若单击“拒绝登录”单选按钮，表示在所选的时段内，不允许用户登录。当用户在允许使用的时段内登录连接，并且一直连接到超过允许使用的时段时，可能出现下面情况。

- 用户可以继续访问已经连接的资源，但是不允许再进行任何新的连接，而且用户注销后，就无法再次登录。
- 强迫中断用户的连接。至于发生哪一种情况，根据在“组策略”→“计算机配置”→“Windows 设置”→“安全设置”→“本地策略”→“安全选项”→“当登录时间用完时自动注销用户”的设置而定。

③ 限制用户只能够从某些工作站登录。“登录到”用来设置允许用户登录到域的计算机，系统默认为用户可从任何一台计算机登录域，也可以限制用户只能从某些计算机登录域。设置时单击图 6-44 中的“登录到”按钮，弹出如图 6-46 所示的对话框。若要限制用户只能够从某台计算机登录，则选择“下列计算机”单选框，并在“计算机名”处输入此计算机的名称后单击“添加”按钮，最后单击“确定”按钮完成设置。

(3) 配置文件。

单击图 6-47 中的“配置文件”标签，弹出如图 6-47 所示的对话框。

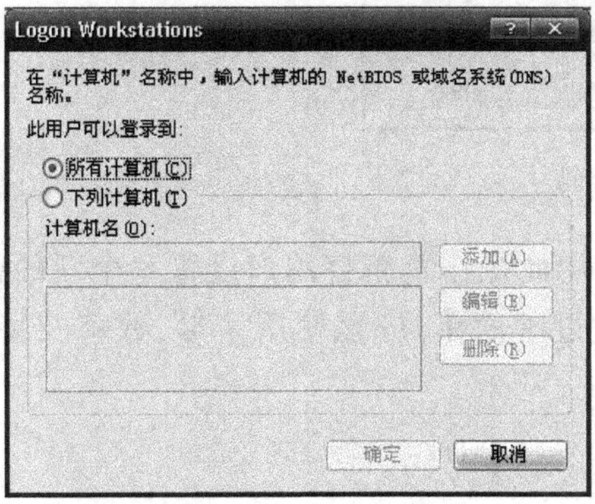

图 6-46　用户登录计算机窗口

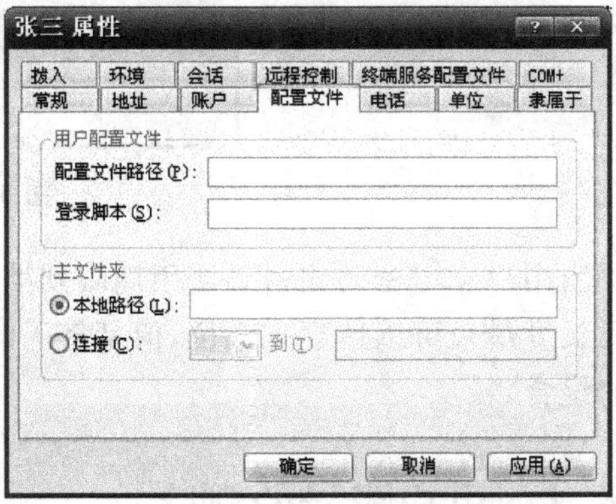

图 6-47　用户“配置文件”选项卡

配置用户文件的保存位置，可以指定每一个用户在不同的文件夹中保存自己的文件。

其他的属性设置如下。

隶属于：可以指定用户属于哪个组，给用户赋予该组拥有的权限。

拨入：对远程访问的权限和拨入方式进行设置。

环境：用于配置终端服务启动环境，这些设置会替代客户端所指定的设置。

会话、远程控制、终端服务配置文件：主要是对远程控制和终端服务的属性进行设置，用户可以根据需求进行设置。

COM+：指明用户属于哪个 COM+分区集成员。

6.6.3　用户账号密码的更改

当用户相对账号密码进行更改时，可按如下操作。

依次选择“开始”→“程序”→“管理工具”→“Active Directory 用户和计算机”选项，打开

"Active Directory 用户和计算机"对话框,如图 6-48 所示。

图 6-48 AD 用户和计算机窗口

选定用户账户并用鼠标右键单击,打开快捷菜单,选中"重设密码",弹出如图 6-49 所示的对话框。

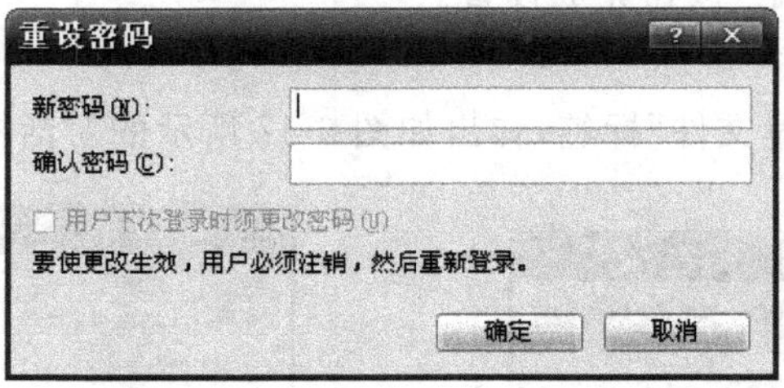

图 6-49 重设密码

当用户忘记密码或密码使用期限到期时,可以利用此操作重新替用户设置一个新的密码。密码长度最长可以达到 127 位,但是密码的设置不应过于简单,应该使用字母、数字及特殊符号的组合。

6.6.4 用户账号的删除

当某用户已不属于某活动目录,为了避免占用活动目录空间,可对该用户账号进行删除操作。具体操作过程如下。

依次选择"开始"→"程序"→"管理工具"→"Active Directory 用户和计算机"选项,打开"Active Directory 用户和计算机"对话框,如图 6-48 所示。

选定用户账户并用鼠标右键单击,打开如图 6-50 所示的快捷菜单,选中"删除",弹出确认对话框。单击鼠标左键,该用户被删除。

6.6.5 用户账号的更名

当用户对已有账号名称做更改时,可利用 AD 用户和计算机窗口来进行设置,但由于其安全识别码(SID)并没有改变,因此其账户的属性、权限设置与组关系都不会受到影响。具体操作如下。

打开 AD 用户和计算机窗口(与前面相同),选定用户账户并用鼠标右键单击,打开快捷菜

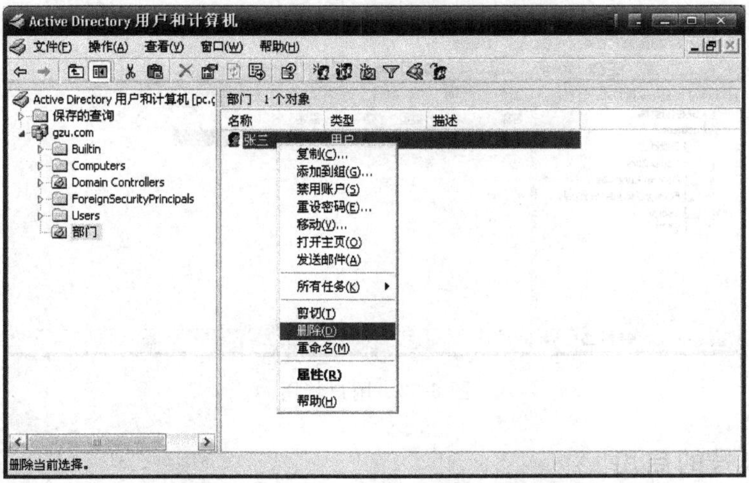

图 6-50 用户删除

单，选择“重命名”选项，弹出如图 6-51 所示的窗口。

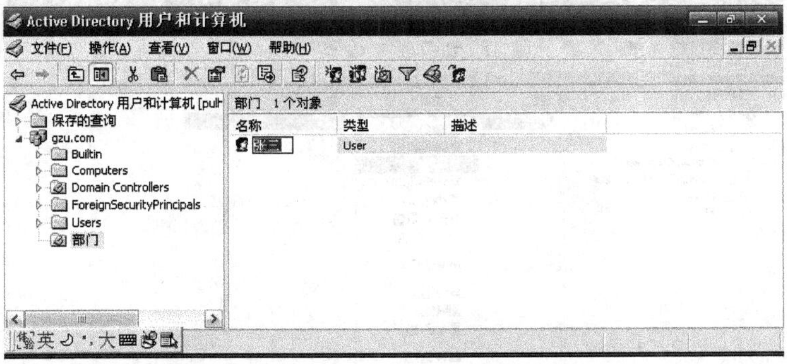

图 6-51 用户重命名

原用户名位置变为可改写状态，如图 6-51 所示。输入用户新的用户名，鼠标在空白处单击后，即完成用户账号的更名操作。

注意：用户名最长 20 字符，不区分大小写，可以使用中文、一些特殊字符（如“ / \ [ ] : ; | = , + * ? < >等，可以是用户的英文名或者姓名拼音，可以记录员工的个人信息和公司信息，如姓名和部门等）。

6.6.6 用户账号的停用和启用

当有某用户不希望被使用时，可对该用户采用停用操作，而当其想再次被使用时，就要将用户启用。禁用账户与删除账户不同。如果删除某个账户，则无法还原该账户。具体的操作如下。

1. 用户账号的停用

打开 AD 用户和计算机界面（与前面相同），选定用户账户并用鼠标右键单击，打开快捷菜单，选择“禁用账户”选项，弹出禁用账户信息，选择“禁用账户”后，用户名“张三”被禁用，如图 6-52 所示。

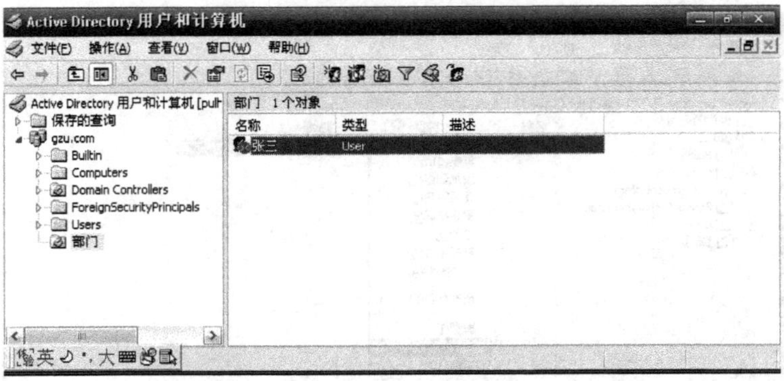

图 6-52 用户禁用

2. 用户账号的启用

在图 6-52 中，用鼠标右键单击该用户，弹出快捷菜单。此时，原来"禁用账户"位置的命令会变为"启用账户"，如图 6-53 所示，选择该选项后，账户被启用。

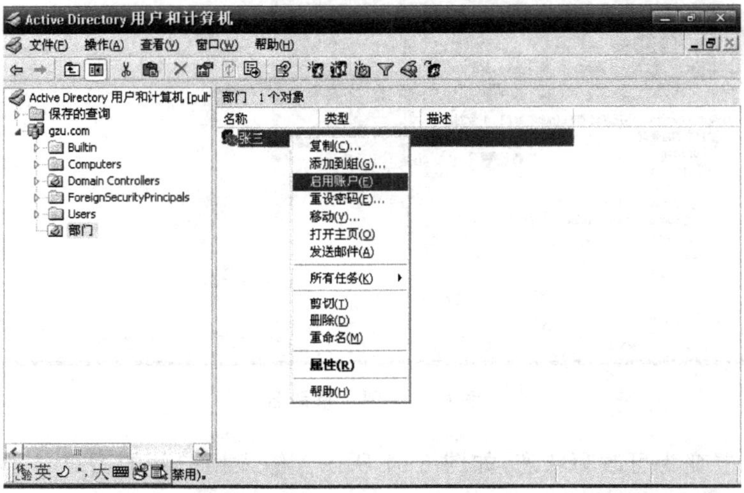

图 6-53 启用账户窗口

6.7 用户组的建立和管理

6.7.1 组概述

组是账户的集合，为管理提供了一种便利的操作方式(如权限的设定)，当一个用户加入到一个组以后，该用户会继承该组所拥有的权限，对组的操作就可以实现对组里所有用户的操作，并且一个用户账户可以同时加入到多个组，可同时继承多个组所拥有的权限。

1. 组的作用域

组的作用域决定了组的作用范围，组中可以拥有的成员以及组之间的嵌套关系。在 Windows Server 2003 域模式下组有 3 种组作用域，即全局组作用域、本地组作用域和通用组作用域。

(1) 全局组。

全局组主要用来组织用户,可以将多个权限相似的用户账号加入到同一全局组内。全局组内的成员,只能够包含该组所属的域内的用户账户与全局组。即只能够将同一域内的用户账户与其他全局组加入到全局组内。全局组可以访问任何一个域内的资源,即可以在任何一个域内设置某个全局组的使用权限,以便让此全局组具备权限来访问该域内的资源。如 Domain Admins、Domain Users、Domain Guests 等。

(2) 本地域组。

本地组主要用来指派其在所属域内的访问权限,以便可以访问该域内的资源。本地域组内的成员,能够包含任何一个域内的用户账户、通用组、全局组,它也能够包含同一域内的本地域组,但是无法包含其他域内的本地域组。本地域组只能够访问同一域内的资源,无法访问其他域内的资源。换句话说,在设置本地域组的权限时,只可以设置同一域内的资源的权限。但是无法设置其他域内的资源的权限。如 Adminstrators、Guests、Users、Account Operators、Print Operators 等。

(3) 通用组。

通用组主要用来指派在所属域内的访问权限,以便可以访问每一域内的资源。通用组内的成员,能够包含域树或林中任何域中的其他组和账户,而且可在该域树或林中的任何域中指派权限。但是它无法包含任何一个域内的本地域组。通用组可以访问任何一个域内的资源,也就是说,可以在一个域内设置通用组的权限,以便让此通用组具备权限来访问该域内的资源。

2. 组类型

Windows 2003 Server 所支持的组分为以下两种类型：安全式组和通讯式组。

(1) 安全式组：安全式组可以用来设置权限,简化网络的维护和管理。例如,可以设置某个安全组对某个文件具备“读取”的权限。安全式组也可以用在与安全无关的任务上,例如,将电子邮件发送给某个安全式组。

(2) 通讯式组：通讯式组只能用在与安全(权限的设置等)无关的任务上,例如,可以将电子邮件发送给某个通讯式组。通讯式组不能进行权限设置。

3. Windows 2003 内置用户组

Administrators：属于该组成员具有完全控制权限,并且可以向其他用户分配用户权利和访问控制权限,它们拥有对这台计算机最大的控制权限,可以执行整台计算机的管理任务。内置的系统管理员账户 Administrator 属于本地组的成员,而且无法将它从该组删除。如果这台计算机已加入域,则域的 Domain Admins 会自动地加入到该计算机的 Administrators 组内,域上的系统管理员在这台计算机上也具备着系统管理员的权限。

Backup Operators：加入该组的成员可以备份和还原服务器上的所有文件。

Guests：拥有一个在登录时创建的临时配置文件,在注销时该配置文件将被删除。该组是提供没有用户账户,但是需要访问本地计算机内资源的用户使用。该组的成员无法永久地改变其桌面的工作环境。该组最常见的默认成员为用户账号 Guest。

Users：该组成员可以执行一些常见任务,例如运行应用程序、使用本地和网络打印机以及锁定服务器用户不能共享目录或创建本地打印机。所有添加的本地用户账户自动属于该组。如果这台计算机已经加入域，则域的 Domain Users 会自动地被加入到该计算机的 Users 组。

Network Configuration Operators：该组内的用户可以在客户端执行一般的网络设置任务，可以更改 TCP/IP 设置并更新和发布 TCP/IP 地址，也可以执行与网络服务器设置有关的任务，例如 DNS 服务器、DHCP 服务器的设置。

Print Operators：该组内成员可以管理打印机。

Remote Desktop Users：该组的成员被授予远程登录计算机的权利，可以通过远程计算机登录，例如利用终端服务器从远程计算机登录。

可以依次选择"开始"→"程序"→"管理工具"→"Active Directory 用户和计算机"选项，打开"Active Directory 用户和计算机"对话框来添加、删除与管理域组。

6.7.2 用户组的创建

用户也可以根据自己的实际网络环境，进行新建组的创建，具体的操作过程如下。

(1) 在"Active Directory 用户和计算机"对话框中选择域名或某个组织单位(如部门)，单击鼠标右键，弹出快捷菜单，如图 6-54 所示。

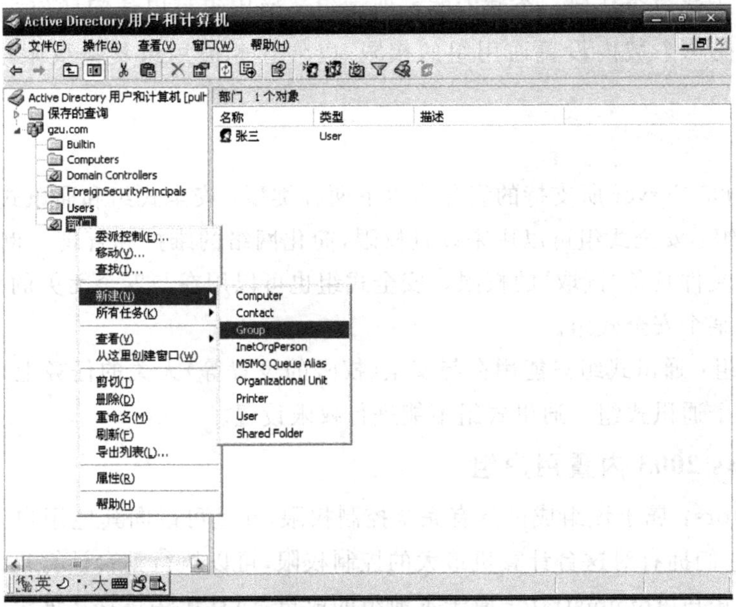

图 6-54　新建组选择窗口

(2) 从弹出的快捷菜单中依次选择"新建对象"→"组"命令，打开"新建对象"对话框，如图 6-55 所示。

① 在"组名"文本框中输入域组的名称，在"组名(Windows 2000 以前版本)"文本框中输入供旧操作系统访问的组名。

② 在"组作用域"复选框中选择组的使用领域："本地域"或"全局"。

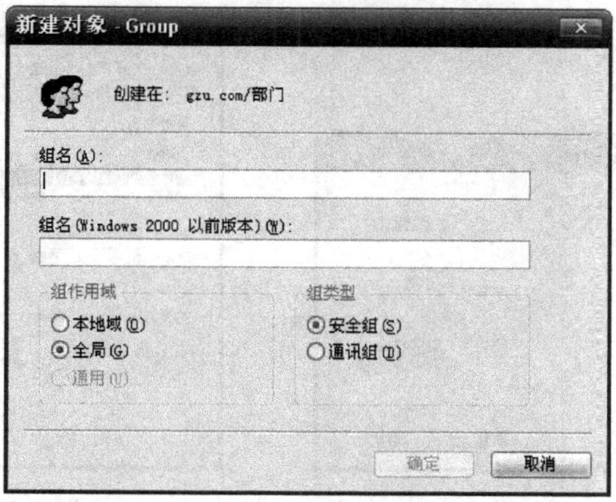

图 6-55　新建对象

③ 在“组类型”复选框中选择组的类型：“安全组”或“通讯组”。

④ 单击“确定”按钮，完成域组的建立。

6.7.3　增加用户到用户组

要将用户加入到用户组中，具体操作过程如下。

(1) 打开“Active Directory 用户和计算机”对话框，选中用户组，以组“研发”为例，选中“研发”，单击鼠标右键，弹出快捷菜单，选择“属性”，如图 6-56 所示。

(2) 弹出“研发属性”对话框，在“成员”选项卡中选定要被加入的成员，如图 6-57 所示。例如用户张三，然后单击“添加”按钮，最后单击“确定”按钮，完成设置。

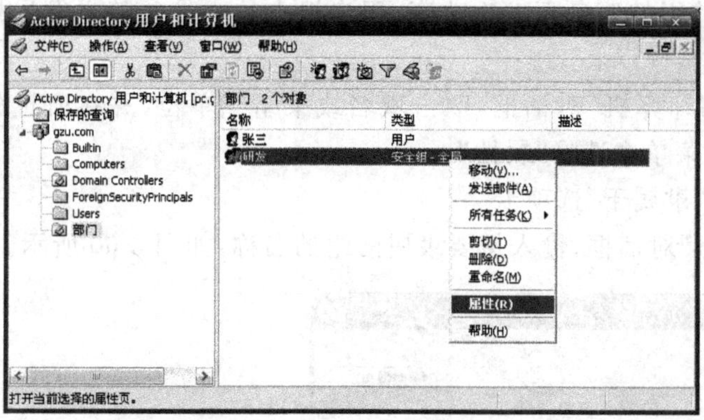

图 6-56　组属性选择

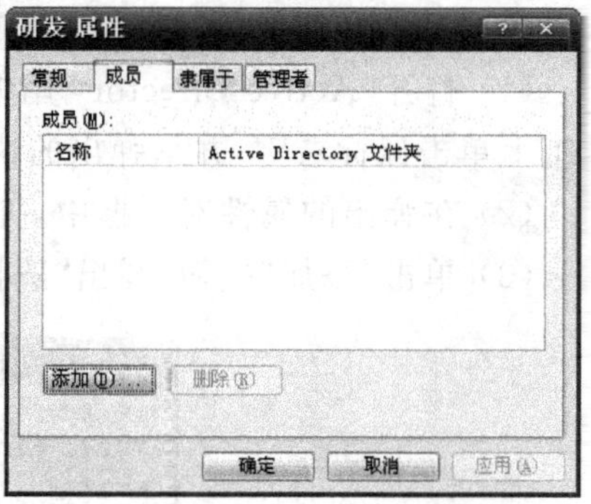

图 6-57　组属性“成员”选项卡

(3) 单击“添加”按钮，弹出如图 6-58 所示的对话框，输入对象名称，如张三，单击“确定”按钮。

(4) 用户查找到后，单击“确定”按钮，完成添加用户到组的操作。

通过查看用户张三的属性，可以看出其隶属的组发生了改变，如图 6-59 所示。

另外，对于用户增加到组的操作，也可以采用“用户”→“添加到组”的方式来完成。

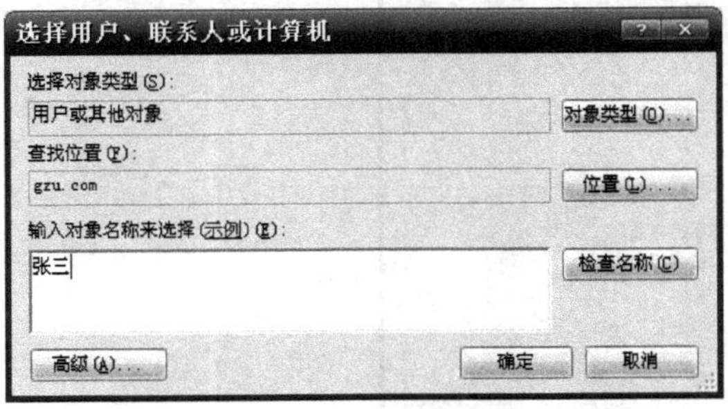

图 6-58　输入对象框

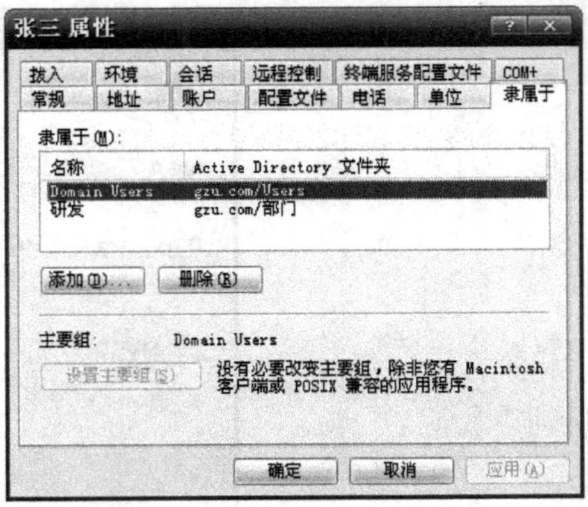

图 6-59　用户属性框

6.7.4　用户组的删除

当某用户组不再有用时，对用户组可以采用删除操作，具体操作如下。

(1) 打开“Active Directory 用户和计算机”对话框，双击域名或某组织单位，并在所选的域组上单击鼠标右键，并从弹出的快捷菜单中选择“删除”。

(2) 弹出对话框再次确认，选择“是”按钮，该组就被删除了。

组成员的隶属关系也自动取消。

6.7.5　用户组的更改

用户组的权限可以根据它所隶属的组的信息而发生改变，用户组中的成员也随之发生权限更改。具体操作如下。

(1) 打开“Active Directory 用户和计算机”对话框，双击域名或某组织单位，并在所选的域组上单击鼠标右键，并从弹出的快捷菜单中选择“属性”。

(2) 在弹出的属性对话框中，打开“隶属于”选项卡。

(3) 单击“添加”按钮，弹出“选择组”对话框，输入想要隶属的组的名称，如图 6-60 所示。

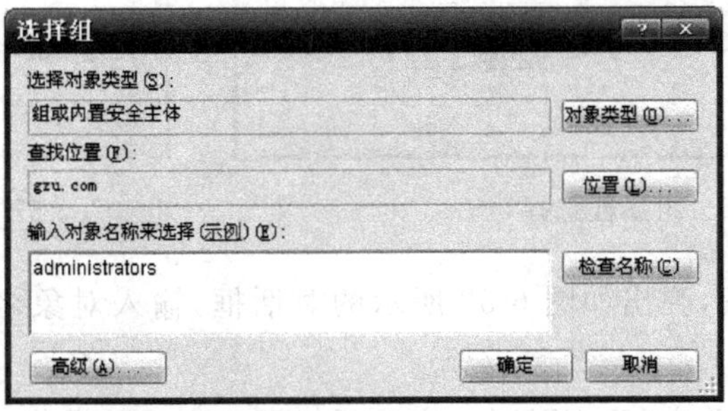

图 6-60　组对象选择框

(4) 单击“确定”按钮，完成组权限的更改。

6.8 Windows Server 2003 中常用的网络协议及常用设置

6.8.1 网络协议概述

为了能在计算机网络上成功地实现数据传输，必须在通信双方制定一定的规则，就好像人与人之间的交流需要语言的支持一样，而这种规则就称为协议。网络协议是网络设备之间一系列通信规则的集合，它规定了通信时信息必须采用的格式及格式的意义。一个网络协议至少包括三要素，即语法、语义和同步。语法，是用来定义协议具体的表现形式，如协议数据格式；语义，是用来说明通信双方具体执行的内容是什么，即做什么；同步，是指协议实现过程中具体的先后执行顺序，也称为时序。

一台计算机只有在遵守网络协议的前提下，才能在网络上与其他计算机进行正常的通信。大多数网络都采用分层的体系结构，每一层依靠它的下层提供的服务完成本层功能，并向它的上一层提供一定的服务。一个系统的第 n 层与某个系统的第 n 层进行通信的规则就是第 n 层协议。

网络中系统间的各层存在着许多协议，接收方和发送方同层的协议必须一致，否则一方将无法识别另一方发出的信息。常见的协议有 TCP/IP 协议、IPX/SPX 协议、NetBEUI 协议等。目前 TCP/IP 协议是应用得最广泛的一个网络协议。

TCP/IP(Transmission Control Protocol/Internet Protocol，传输控制协议/互联网协议)是 Internet 采用的一种标准网络协议，TCP/IP 规范了网络上的所有通信设备之间的数据传输格式以及传输方式。IP 协议是整个互联网传输的基础，它定义了用户数据在网络层上以标准数据格式(数据包)封装数据，采用一种尽力投递的方式在网上传输，并为了保证用户数据的正确到达，定义了 IP 地址来标识不同的设备接口。TCP 属于传输层协议，定义了一种在传输层提供可靠服务的一种协议。它将数据分割成一定大小的数据报文格式后，封装在 IP 数据包中进行传输。TCP 协议可以实现数据按顺序、无差错地进行传输。对于一般用户而言，可以不需要了解网络协议的整个结构，但必须要了解 IP 地址格式，实现本地 IP 协议属性的设置，实现网络通信。

6.8.2 Windows Server 2003 中的 TCP/IP 协议的设置

Windows Server 2003 中的 TCP/IP 协议的设置和 Windows 家族中的其他系统类似，只不过作为服务器版本而言，在设置 IP 地址时，要考虑到网络中客户机的地址关系。具体的设置过程如下。

首先选择“网上邻居”→“属性”→“本地连接”→“属性”选项，打开“本地连接属性”对话框，如图 6-61 所示。

其次，选中 Internet 协议(TCP/IP)，单击“属性”按钮，弹出 TCP/IP 属性对话框，如图 6-62 所示。

在属性对话框中，IP 地址的配置有两种方式：自动获取和静态指定。作为服务器的 IP 地址配置最好采用静态地址配置方式，运用固定 IP 地址提供相应的网络服务。

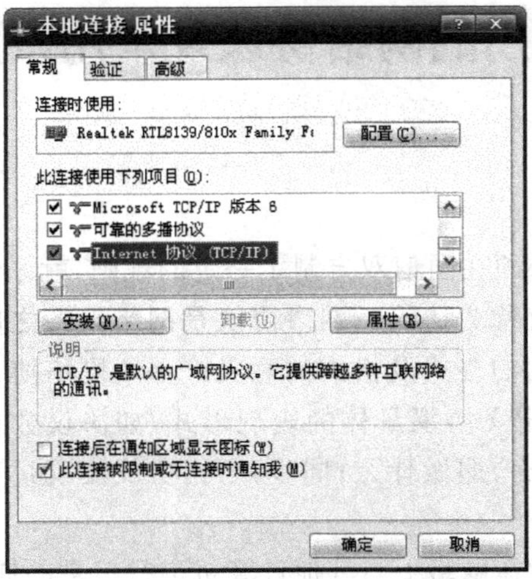

图 6-61　网络连接属性

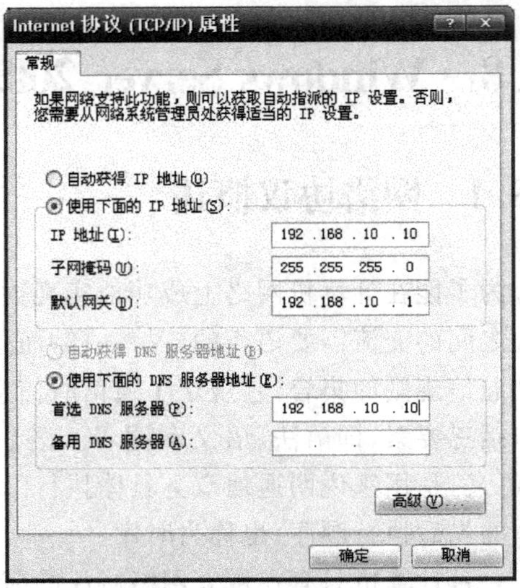

图 6-62　TCP/IP 属性框

配置完 IP 地址、子网掩码、默认网关、DNS 服务器地址后，单击“确定”按钮，设置完成。

6.8.3　其他网络协议

在 Windows Server 2003 中的本地连接属性窗口中，还可以添加其他几种协议来实现网络连接，主要有 TCP/IP 版本 6.0、IPX/SPX、NETBIOS 及 AppleTalk 协议。

1. TCP/IP 版本 6.0 协议

TCP/IP 版本 6.0 协议，是目前普遍使用的 TCP/IP 版本 4.0 协议的升级版，它扩展了 IPv4 的地址空间，从 32 位升级到了 128 位，地址空间从原来的($2^{32}-1$)个地址扩展到($2^{128}-1$)个地址。IPv6 使用更小的路由表。IPv6 的地址分配一开始就遵循聚类的原则，这使得路由器能在路由表中用一条记录可以表示多条连续的地址记录，大大减小了路由器中路由表的空间大小，提高了路由器转发数据包的速度。IPv6 增强了对组播支持以及对流的支持，这有利于网络多媒体的发展，为服务质量控制提供了良好的网络平台。IPv6 加入了对自动配置的支持。这是对 DHCP 协议的改进和扩展，使得网络(尤其是局域网)的管理更加方便和快捷。IPv6 具有更高的安全性。在使用 IPv6 网络中用户可以对网络层的数据进行加密并对 IP 报文进行校验，极大地增强了网络的安全性。可以说，IPv6 可以给我们提供一个可靠、安全、多业务的网络平台。

虽然该协议现在还没有被广泛使用，但是其优越的应用前景，使得许多厂家的设备、系统都对该协议提供支持。Windows Server 2003 直接支持 IPv6 协议，只需直接在本地连接属性窗口中，选择“安装”→“协议添加”，弹出选择网络协议界面，选择 TCP/IP 版本 6.0，如图 6-63 所示，单击“确定”按钮。

只不过 IPv6 不能直接在属性界面中设置，必须要在命令行模式下进行 IPv6 的相关信息配置。并且，该协议一旦安装好后，通过命令 Ipconfig/all，就会看到显示的网络连接中会生成一些相应的 IPv6 地址信息，如图 6-64 所示。

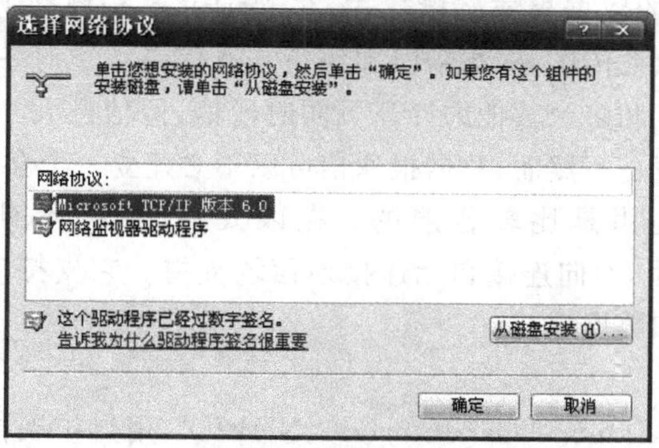

图 6-63　选择网络协议界面

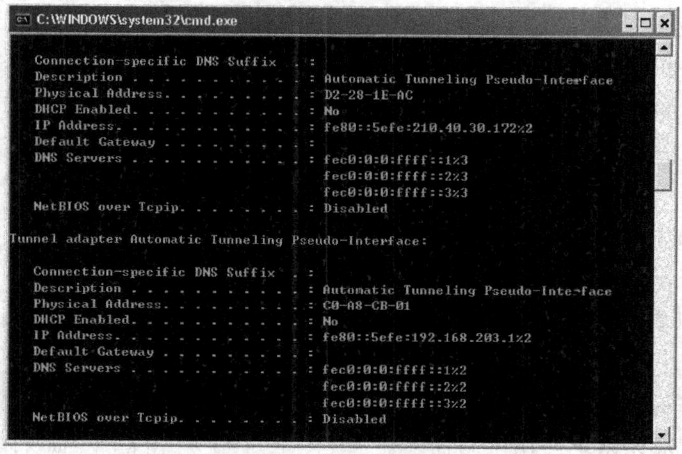

图 6-64　本地连接信息

2. NetBIOS 与 NetBEUI 协议

(1) NetBIOS 协议。

NetBIOS(Network Basic Input/Output System Services Protocols,网络基本输入/输出系统协议)是由 IBM 公司开发,主要用于数十台计算机的小型局域网。它是一种应用程序接口(API),系统可以利用 WINS 服务、广播及 LmHost 文件等多种模式将 NetBIOS 名解析为相应 IP 地址,实现信息通信,所以在局域网内部使用 NetBIOS 协议可以方便地实现消息通信及资源的共享。

NetBIOS 使程序和局域网操作能力之间的接口标准化。有它们,可以将程序细化到为 OSI 模型的哪一层所写,使程序能移植到其他网络上。在 NetBIOS 局域网环境下,计算机通过名字被系统知道。网络中每台计算机都有通过不同方法编的永久性名称。

NetBIOS 名称用来在网络上鉴别资源。程序用这些名称开始和结束会话。用户能用多个程序配置一台单独的机器,每个程序都有独特的 NetBIOS 名称。每台支持应用的 PC 也有用户定义或通过内部方法获得的 NetBIOS 站名。

NetBIOS 能包含至多 16 个阿尔法数字字母。在整个资源路由网络里,字母的组合必须唯一。一台使用 NetBIOS 的主机在网络上能完全工作起来之前,主机必须先登记 NetBIOS 名称。

通过使用 NetBIOS 的数据报或广播方式，在 NetBIOS 局域网上的 PC 建立会话彼此联络。会话允许更多的信息被传送，探测错误和纠正。通信是在一对一的基础上的。数据报或广播方式允许一台计算机和多台其他的计算机同时通信，但信息大小受限。使用数据报或广播方式没有探测错误和纠正。然而，数据报通信可以不必建立一个会话。

现在，NetBIOS 的使用是比较普遍的。在以太网、令牌环网、IBM PC 网中都支持 NetBIOS。在 NetBIOS 里，面向连接和无连接通信均支持。它支持广播和复播，支持 3 个分开的服务，即命名、会话和数据报。

(2) NetBEUI 协议。

NetBEUI(NetBIOS Extend User Interface，NetBIOS 用户扩展接口协议)是网络操作系统使用的 NetBIOS 协议的加强版本，它规范了在 NetBIOS 中未标准化的传输帧，还加了额外的功能。NetBEUI 协议是一种短小精悍、通信效率高的广播型协议，安装后不需要进行设置，是 Windows 98 之前的操作系统的默认协议。在 Windows Server 2003 中要利用添加协议对话框来添加，如图 6-65 所示。

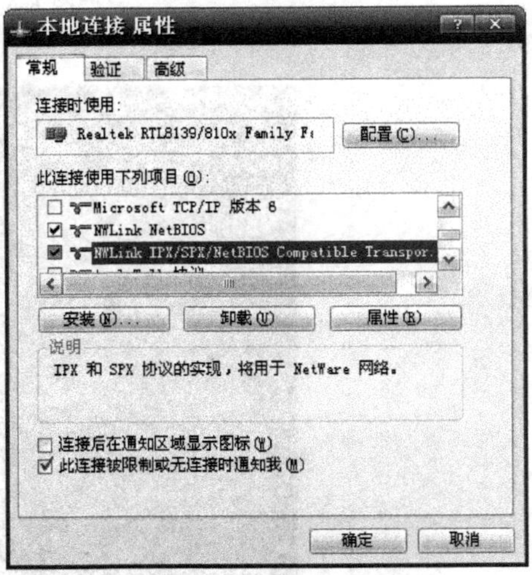

图 6-65　网络连接属性框

NetBEUI 不支持路由，主要用于本地局域网中，一般不能用于与其他网络的计算机的传输。NetBEUI 协议可以看作是 NetBIOS 协议的延伸、改良版本，具有体积小、效率高以及速度快等特点。NetBEUI 可以看作是一种传输协议，而 NetBIOS 仅仅是通过一组命令来让系统使用网络而已。

3. IPX/SPX 协议

IPX/SPX(Internetwork Packet Exchange/Sequences Packet Exchange，Internet 分组交换/顺序分组交换)是 Novell 公司为了适应网络的发展而开发的通信协议，具有很强的适应性，安装方便，同时还具有路由功能，可以实现多网段间的通信。其中，IPX 主要实现网络设备之间连接的建立维持和终止；SPX 协议是 IPX 的辅助协议，主要实现发出信息的分组、跟踪分组传输，保证信息完整无缺地传输。在微软的 NT 操作系统中，一般使用 NWLink IPX/SPX 兼容协议和 NWLink NetBIOS 两种 IPX/SPX 的兼容协议，即 NWLink 协议，该兼容协议继承了 IPX/SPX 协议的优点，更适应 Windows 的网络环境。IPX/SPX 协议一般可以应用于大型网络和局域网游戏环境，只是如果不是在 Novell 网络环境中，一般不使用 IPX/SPX 协议，而是使用 IPX/SPX 兼容协议，尤其是在 Windows 组成的对等网中。通常要在“高级 TCP/IP 设置\WINS”启用 TCP/IP 上的 NetBIOS，以加强局域网的兼容性。

4. AppleTalk 协议

Appletalk (AT)是由 APPLE 公司创建的一组网络协议的名字，它用于 APPLE 系列的个人计算机。它是一个多层协议，支持网络路由选择、事务服务、数据流服务以及域名服务，并且通过 Apple 硬件中的 LocalTalk 接口全面实现 APPLE 系统间的文件和打印共享服务。通过以太网网桥使用 LocalTalk 或者 APPLE 机制提供以太网扩展板(add-in boards)等途径能够实现其他网络媒体(如以太网)与 APPLE Talk 之间的连接。另外 APPLE Talk 协议中包含很多第三方应用程序。它也同时显示了协议之间的相互联系以及与 OSI 模型的联系。Cisco 路由器和交换机支持 Apple Talk 协议栈。通过使用 Cisco 网络设备，Apple Talk 网络能够使所有的 Apple 计算机用户享受全球的文件、打印和应用程序服务。

6.8.4 Windows Server 2003 域控制器的设置

通过前面内容的介绍，对于 Windows Server 2003 域控制器的相关设置有了一个初步的认识，接下来我们来介绍一下关于在 Windows Server 2003 中实现域控制器的设置。

(1) 配置 IP 地址：在选择作为域控制器的服务器上制定一个固定的 IP 地址，并将相关的地址信息配置完成。如计算机名称：Server，IP 地址：192.168.10.1，子网掩码：255.255.255.0，DNS：192.168.10.1，本机也作为 DNS 服务器使用。

(2) 安装 DNS 组件：在 Windows Server 2003 的默认安装过程中 DNS 没有被安装，所以需要手动添加，添加方法为：选择"开始"→"设置"→"控制面板"→"添加删除程序"→"添加/删除 Windows 组件"，选中"网络服务"，在"详细信息"中进行自定义安装，选择 DNS 安装即可。

(3) 安装 Active Directory：单击"开始"→"运行"，输入"dcpromo"，回车后，弹出"Active Directory 安装向导"界面，根据向导进行安装即可。

注意：安装过程中出现的 NetBIOS 名称，千万不能和客户端名称冲突，即保证其唯一性。

(4) 根据设置需要，添加 OU、用户。

6.8.5 Windows Server 2003 工作站的设置

Windows Server 2003 工作站可以采用 Windows 2000、XP 等操作系统，但是要将工作站加入到域控制器中，必须要分别在域控制器和工作站上设置。

1. 域控制器上的设置

(1) 管理员以域管理员账号，登录到域控制器，打开"开始"→"管理工具"→"AD 用户和计算机"管理控制台。

(2) 在"Users"组中新建一个用户"client1"，并将密码设置为"永不过期"，单击"确定"按钮，完成新建用户的设置。

(3) 在"AD 用户和计算机"管理控制台中，选中域控制器图标(以 gzu.com 为例)，单击鼠标右键，选中"委派控制"，如图 6-66 所示。

(4) 出现"委派控制"向导后，单击"下一步"按钮。弹出控制委派界面，单击"添加"按钮，并输入刚刚创建的"client1"账号，单击"确定"按钮，弹出如图 6-67 所示的界面。

(5) 单击"下一步"按钮，弹出如图 6-68 所示的界面，选择"将计算机加入到域"，然后单击"下一步"按钮。

弹出信息核对界面，如正确，单击"完成"按钮。

2. 工作站上的设置

工作站上以 Windows XP 为例，首先保证网络属性设置的正确。工作站名称：studentpc，IP 地址：192.168.10.20，子网掩码：255.255.225.0，DNS 服务器：192.168.10.1。

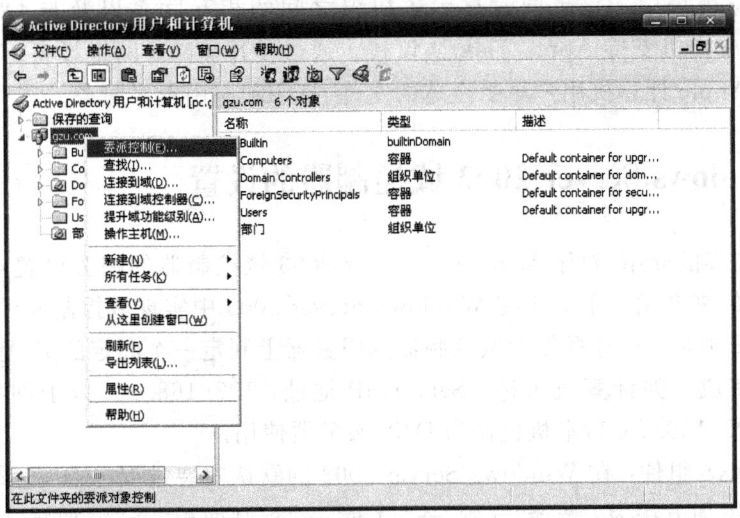

图 6-66 委派控制选择

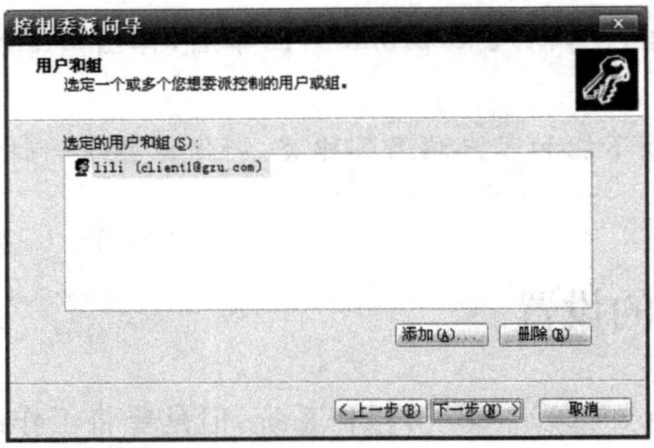

图 6-67 选定用户和组

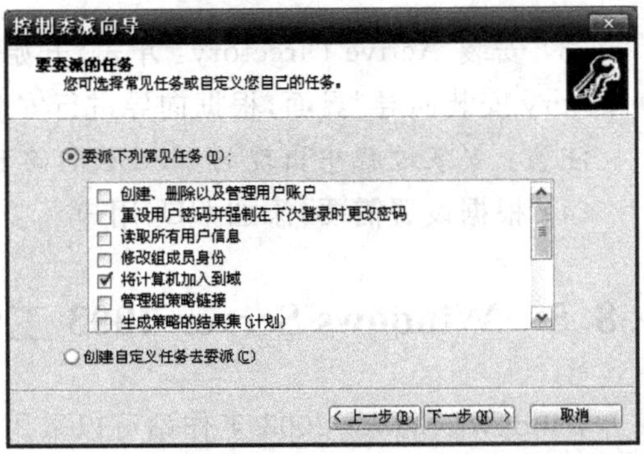

图 6-68 委派任务窗口

在“我的电脑”上单击鼠标右键，选择“属性”，选中“计算机名”，选择“更改”按钮，将“隶属于”改成域，输入 gzu.com，并单击“确定”按钮，出现刚才在域控制器上建立的账号“client1”，确定后，弹出成功加入界面后，完成工作站的设置。

登录时，选择登录域控制器 gzu.com 即可。

6.9 网络资源共享

现在的网络环境中，管理员和用户除了能使用本地资源外，还希望可以使用其他计算机上的资源，即资源共享。在资源使用的过程中，对于用户来说，不需要知道资源的位置；而对于共享资源来说，也不需要用户的位置，用户只要了解到网络中有自己所需要的资源，并且有资源的使用权限，就可以使用该资源。

资源共享极大地方便了用户，也有效地利用了资源，节省了资源的重复性浪费。通过计算机网络，不仅可以使用近距离的网络资源，还可以访问远程网络上的资源。用户可以使用远程的打印机、远程的 CD-ROM 及远程的硬盘等硬件资源，还可以使用远程计算机上的应用程序、数据等软件资源。在 Windows 2003 网络中，对软件资源的共享就是指创建共享文件夹，接下来主要介绍共享文件夹的相关操作和属性设置。

6.9.1 共享操作

Windows Server 2003 以用户和组账号为基础实现文件系统的许可权。每个文件、文件夹都有一个称为访问控制列表的许可清单，该清单列出了用户或组对该资源拥有的访问类型权限。文件访问只限于 NTFS 卷。利用“共享文件夹”可以查看本地和远程计算机的连接和资源使用情况的摘要，也可以创建、查看和设置共享资源的权限。查看通过网络连接到计算机的所有用户列表，并断开一个或全部用户。查看由远程用户打开的文件列表，并关闭一个或全部打开的文件。

而用户必须以 Administrators 组、Server Operators 组或 Power Users 组成员的身份登录才可使用“共享文件夹”。“共享文件夹”中的子文件夹包含有关计算机上所有共享资源、会话和打开文件的相关信息，并按列排列。如果已安装 Macintosh 服务，也会列出该服务管理的资源的信息。

可以通过输入“ $ ”作为共享资源名的最后一个字符（“ $ ”成为共享资源名的一部分）来对用户隐藏共享资源。用户可映射一个指向该共享资源的驱动器，但在远程计算机上的“Windows 资源管理器”或“我的电脑”中，或者在远程计算机上使用 net view 命令浏览该共享资源时，无法看到这些共享资源。

1. 添加共享文件夹

共享文件夹权限适用于通过网络访问共享文件夹的用户，而不会应用到本地登录的用户。具体的添加过程如下。

(1) 选择“开始”→“管理工具”→“计算机管理”命令，打开“计算机管理”窗口，如图 6-69 所示。

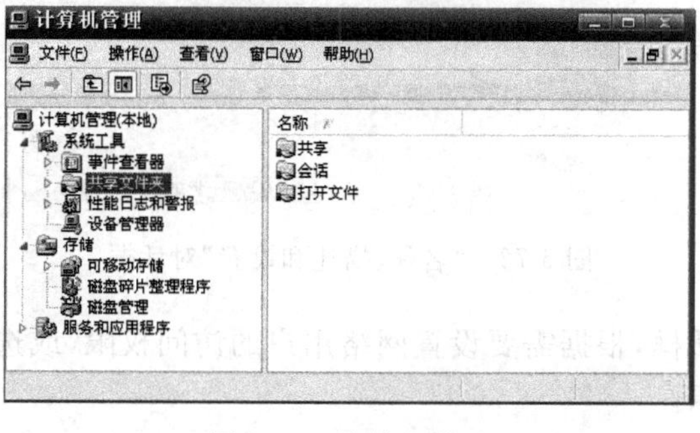

图 6-69 计算机管理

(2) 在窗口右边显示的共享文件夹信息中，选择“共享”，单击鼠标右键，在弹出的快捷菜单中，选择“新建共享”命令，如图 6-70 所示。

(3) 弹出“共享文件夹向导”对话框，单击“下一步”按钮，打开“文件夹”路径对话框，单击“浏览”按钮，找到要共享的文件，如图 6-71 所示。

(4) 单击“下一步”按钮，打开“名称、描述和设置”对话框，如图 6-72 所示。设置共享名、描述和脱机设置后，单击“下一步”按钮。

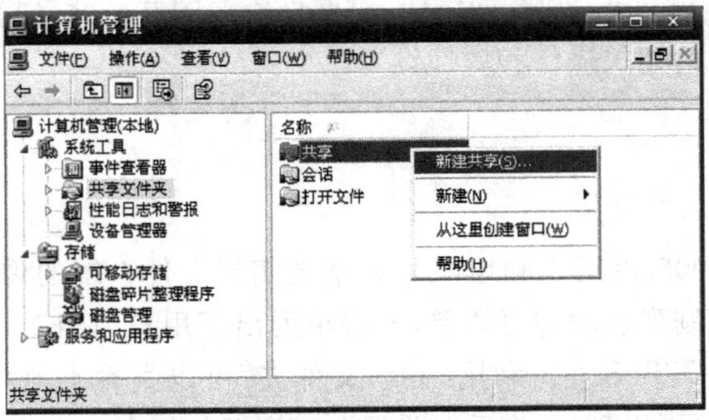

图 6-70　共享选项

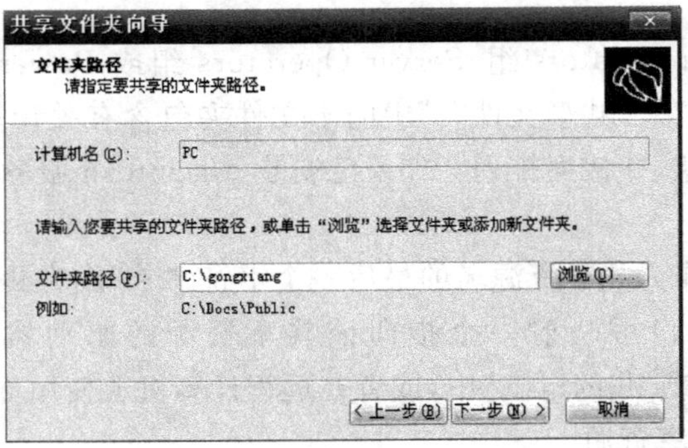

图 6-71　文件夹路径对话框

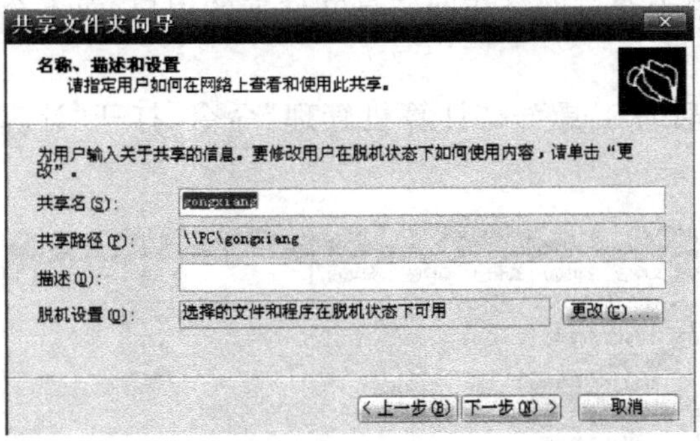

图 6-72　"名称、描述和设置"对话框

(5) 弹出"权限"对话框，根据需要设置网络用户的访问权限，或选择自己定义网络用户的访问权限，如图 6-73 所示。

单击"完成"按钮，即完成共享文件夹的添加，在计算机管理窗口中可以看到该共享文件夹。

2. 文件夹共享的停止

当用户不想共享某个文件夹时，可以停止对该文件夹的共享。在计算机管理窗口中，选中要停止共享的文件夹，单击鼠标右键，选择"停止共享"命令，如图 6-74 所示。在弹出的"确认"对话框中，单击"确定"按钮，完成文件夹共享的停止操作。

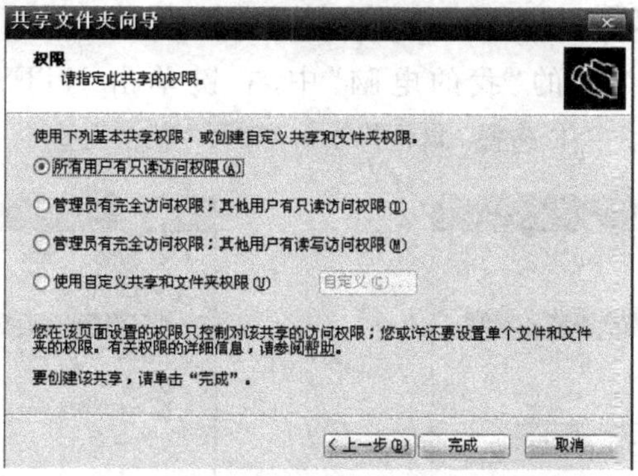

图 6-73 “权限”对话框

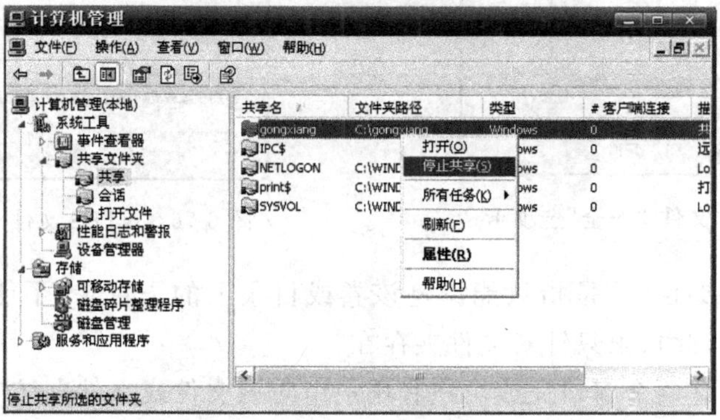

图 6-74 停止共享

6.9.2 共享权限的设置

NTFS 文件系统的安全属性可以用来指定哪些用户可以访问指定的文件和文件夹，也可以指定用户对文件和文件夹中的内容的操作，并且分别可以对文件和文件夹进行权限设置。

1. 共享文件权限的设置

在 Windows Server 2003 的“我的电脑”中，右键单击 NTFS 卷上的一个文件，如 1. bmp，在弹出的快捷菜单中选择“属性”命令，打开“安全”选项卡，如图 6-75 所示。可以在该对话框中设置用户和用户组对该文件的访问权限。

(1)“完全控制”：允许用户修改、执行所有 NTFS 文件权限允许的操作，选中它，下面的属性完全被选中。

(2)“修改”：允许用户修改、删除文件，以及执行“写入”和“读取和运行”权限所允许的操作，选中它，下面的 4 项属性被全部选中。

(3)“读取和运行”：允许用户运行应用程序和执行“读取”权限所允许的操作。

(4)“读取”：允许用户读取文件的内容，以及查看文件的属性、所有者权限等信息。

(5)“写入”：允许用户写入文件内容、修改文件属性、查看文件的所有者权限等信息。

(6)“特别的权限”：其他不常用权限，比如删除权限。

2. 文件夹权限的设置

在 Windows Server 2003 的“我的电脑”中，右键单击 NTFS 卷上的一个文件夹，如 gongxiang，在弹出的快捷菜单中选择“属性”命令，打开“安全”选项卡，如图 6-76 所示。

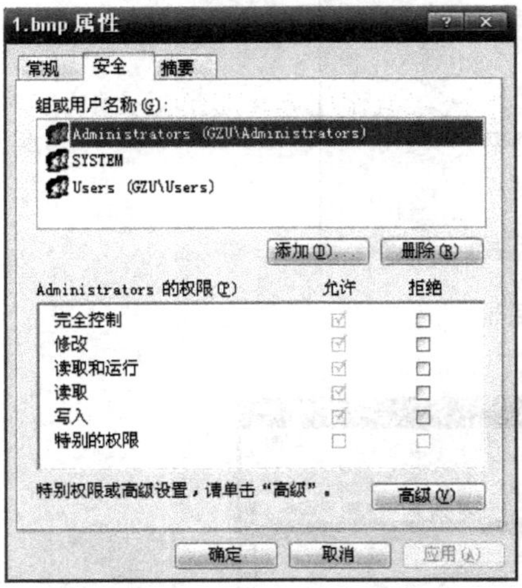

图 6-75 NTFS 文件“安全”选项卡

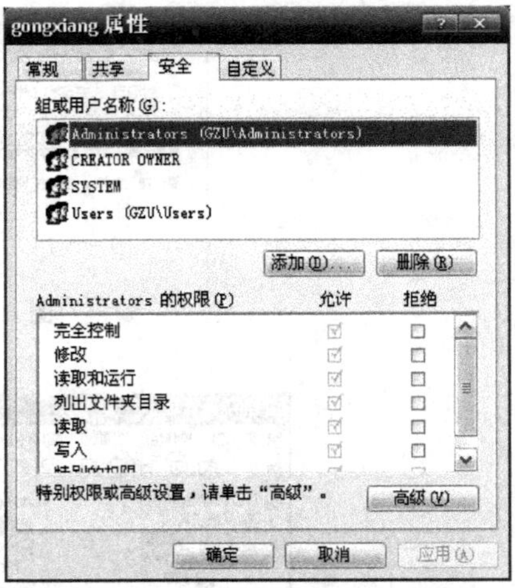

图 6-76 NTFS 文件夹“安全”选项卡

其中，“列出文件夹目录”是指只能浏览该卷或目录下的子目录，不能读取，也不能运行。可以列出文件夹内容，此权限只针对文件夹存在。

管理员可以根据这两个窗口完成用户和用户组对该文件或文件夹访问权限的设置。

3. 共享文件夹的 NTFS 权限

当一个用户试图访问一个文件或者文件夹的时候，NTFS 文件系统会检查用户使用的账户或者账户所属的组是否在此文件或者文件夹的访问控制列表(ACL)中，如果存在则进一步检查访问控制项(ACE)，然后根据控制项中的权限来判断用户最终的权限。如果访问控制列表中不存在用户使用的账户或者账户所属的组，就拒绝用户访问。

NTFS 的最大分区或卷比 FAT 的最大分区或卷大得多，当卷或分区大小增加时，NTFS 的性能并不会降低，而 FAT 的性能会降低。FAT 文件系统转换为 NTFS 文件系统并保留原有数据，在开始运行中输入 cmd，回车，然后在命令提示符下输入 convert 盘符 /fs：ntfs ，比如转换 e 盘：convert e：/fs：ntfs 。

在 FAT 分区上，用户可以访问他们有权访问的共享文件夹及其内容。而当用户访问 NTFS 分区上的共享文件夹时，应该使用共享权限或 NTFS 权限，但不要同时使用两个权限，最好使用 NTFS 权限。

新建的文件或者文件夹都有默认的 NTFS 权限，如果没有特别需要，一般不用改。

文件或者文件夹的默认权限是继承上一级文件夹的权限，如果是根目录(比如 c：\)下的文件夹，则权限是继承磁盘分区的权限。

设置各个账户以及组对当前文件或者文件夹的权限的方法是：选择要修改的账户或者组，然后在下面的控制项框中选择合适的权限就行了。权限可以进行组合、继承和拒绝等应用。

6.9.3 连接到 Windows 网络共享资源的各种方法

连接到 Windows 网络中的共享资源的访问方法主要有 4 种。

(1) 通过网上邻居访问。

访问时，直接打开网上邻居，找到要访问的主机下的共享资源，根据授予权限，直接进行访问就可以。

(2) 通过映射网络驱动器来访问。

可以先将网络上的资源通过映射为本地驱动器的方式来直接访问。具体的操作可以使鼠标选中“网上邻居”图标，单击鼠标右键，在弹出的快捷菜单中，选择“映射网络驱动器”，弹出“映射网络驱动器”对话框，选择驱动器盘符和映射的位置，如果网络资源位置正确，并拥有访问权限，就会在“我的电脑”中生成一个网络资源的本地映射，访问该映射的操作就变得好像是对本地资源的访问了。

(3) 通过 UNC 路径。

直接在“开始”→“运行”中输入要访问资源的 UNC 路径就可以了。格式为//server/文件名称。

(4) 通过命令 net use 来使用。

命令格式为 net use m：file\\192.168.1.1\sharefolder。

用户可根据自己的实际环境来作出具体的访问方法选择，能正确地访问网络资源。

习　题　6

1. 简答题

(1) Windows 2003 网络的网络类型有哪两种？它们之间的区别是什么？

(2) 什么是活动目录？

(3) 什么是本地域组？

(4) 什么是全局组？

(5) Windows 网络中共享资源的访问有哪些？

2. 上机操作题

(1) 练习 Windows Server 2003 中的 AD 安装。

(2) 练习在活动目录中创建组织单位、组、用户。

(3) 练习将客户端加入到域组中。

第7章 网站建立

本章要点

- 网站的规划；
- 配置服务器；
- 网站的管理和维护。

本章难点

- 站点的规划；
- 站点的管理。

网站是因特网上最基本的信息发布平台，无论是公司、企业、政府还是个人都纷纷建立自己的网站来发布和收集信息。不仅如此，越来越多的公司和企业还将自己的商务活动放到网站上，越来越多的政府部门也将政务活动放到网站上，从而使网站成为信息处理新平台。

7.1 网站建设概念

7.1.1 网站的概念

早期的互联网主要用于异地计算机之间的数据传递，但随着计算机技术和通信技术的不断发展，人们不再满足于简单的数据传输，因此许多Internet服务和技术被开发并得到广泛应用，如电子邮件服务(E-mail)、文件传输服务(FTP)、远程登录服务(Telent)等，但是这些服务仅仅适用于文本的形式。随着多媒体技术的快速发展，人们希望在网上不仅仅看到文字信息，更可以欣赏漂亮的图片或者优美的音乐，因此WWW(World Wide Web)技术诞生了，互联网因此得到了广泛应用，并深受用户的喜爱。

在Internet的发展过程中，超文本传输协议(Hyper Text Transport Proposal，HTTP)和超文本标识语言(Hyper Text Markup Language，HTML)以及XML(Extensible Markup Language)，使文字、声音、图像、音频以及视频等多媒体信息，源源不断地流向Internet的各个角落，并使互联网成为各种组织的信息获取和发布平台，使越来越多的企业和组织汇入到互联网的应用潮流中。

在互联网的应用中，网站是其中重要的一个部分。网站(WebSite)是指在网络网际上，根据一定的规则，使用 HTML 等工具制作的用于展示特定内容的相关网页的集合。简单地说，将大量网页放置在服务器中供 Internet 上的人浏览，就构成了一个网站。网站并不是简单地把网页放在一起，而是通过超级链接将网页有机地组织在一起，使网页之间形成一种逻辑关系，便于浏览。在网站内包含整个站点中所有的网页、图片、动画、下载文件等内容。人们可以通过网页浏览器来访问网站，获取自己需要的信息或者享受网络服务。网站包括具备独立服务器、独立 IP 地址等复杂的大型网站形式，也包括虚拟主机或具备鲜明主题的主页(HomePage)等简单的形式。

网站是企业或个人在因特网上建立的“信息中心”，通过网站，企业不仅可以宣传自身形象、推广产品、扩大影响力，而且能够寻求多方合作以及为客户提供快速优质的服务。企业通过建立各种类型的网站，能更好地实现其目标。

7.1.2 网站的规划与发展策略

一个成功的网站离不开良好的规划与发展策略。在建立网站时，对网站的各个组成部分和各项技术都要认真规划，并且网站成功除了技术因素以外，还具有用户行为、信息服务显示模式和信息链接等方面的特殊性，在进行系统规划时要特别注意。网站的系统规划与发展策略主要考虑以下几方面。

1. 服务对象

网站是给用户提供服务的，所以有关服务对象的信息是系统规划中最重要的信息。不管是商业性网站还是非商业性网站，只要是面对公众的网站，都需要一个服务对象群体。网站需要明确为哪个群体服务。尤其是商业性网站，有了目标用户群，才能创造真正的市场空间。准确把握网站用户的需求是系统规划成功的关键。

2. 目标

做网站肯定是有一个目标，为了达到这个目标就需要做好目标规划与发展策略。现在的网站从商业的性质看，可分为商业性网站和非商业性网站。商业性的网站以赢利为目标，而非商业性网站则服从于各种目标，比如政府网站、教育网站等。

3. 网站应用

它是指网站向用户提供的服务范围，实际它包括两个方面：对用户所提供的服务和对系统开发人员提供的服务。后者服务除了网络的各类联机信息外，还应包括有关的期刊和资料等。

4. 系统实现

主要是确定整个网站所需的开发时间和所需的计算机软硬件条件，在规划时，规划者要和网站系统管理员紧密合作：保证网站规划有足够的软硬件运行条件，保证足够的用户服务以及网站的安全，规划系统开发和实现的时间表(物理网络，Web 页面信息发布，网络安全测试模拟接入 Internet 网等)；建立试验性的模型以检测网络的功能、安全和效益等。

7.2 网站开发流程

网站开发设计，并不是将几个简单网页拼凑在一起而能完成的工作，它实际上也是一个软件工程。因此，网站开发设计应该按软件开发的基本流程进行。具体流程如图 7-1 所示。

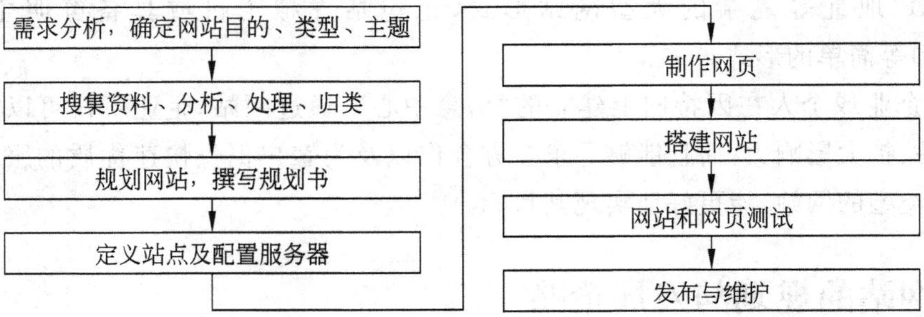

图 7-1 网站开发设计的基本流程

7.2.1 确定网站类型和主题

网站的开发与设计，首先要了解需要建站公司、企业或单位的建站需求，进行相应的需求分析确定网站的目标和网站的服务对象，并对网站的内容、网站设计、网站的易用性、网站技术、网站的推广和网站运营进行策划。

1. 确定网站的类型

确定网站的类型即是对网站进行定位，根据需要确定要建立的网站是普通网站，门户网站、媒体信息服务网站或电子商务网站等。

2. 确定网站建立的目的

根据网站的类型和服务对象，要确定网站提供的功能和服务有哪些从而确定建立网站的目的是什么。

3. 确定网站的主题与风格

网站的主题与风格主要是指网站的主要内容及表现形式。网站的风格是由网站要表达的理念和价值观决定的。网站的设计对于网站所要表达的理念起到很关键的作用。如新闻机构、政府机关、网上求职、娱乐艺术的电子商务等。一个网站要有一个明确的主题和适合的风格。本章所用示例“××学院”网站是一个教育网站。

7.2.2 搜集资料和素材

根据需求分析和前期规划所确定的建站目的、网站类型和网站主题等收集相关资料。资料包括文字资料、图片资料、视频资料和音频资料等。收集后对资料进行分析处理和归类，以供网站建设和网页设计时用。

网站建设资料收集主要包括以下几方面的内容。

1. 收集基本资料信息

收集公司、企业、单位或个人的有关资料信息，是网站建设的主要资料来源。

2. 收集优秀网站的有关资料

主要收集优秀网站版式、布局等有关资料，便于了解优秀网站的特点、建设过程中的一些经验和规律，博采众长，确定和形成自己网站的特点和风格。

3. 从其他媒体及互联网上收集可用的资料

图书、报纸、光盘、多媒体及互联网是资料信息的另一重要来源，通过这些媒体可以收集许多可用的资料，作为制作网页的素材。

4. 收集用户的反馈信息、意见和建议

网站建设的目的是介绍公司、企业、单位或个人，用户访问情况或访问量可以判断网站设计成功与否，用户反馈意见有助于网站的进一步修改和完善。

7.2.3 规划站点

一个网站的成功与否与网站的规划有着极为重要的关系。网站规划是指在网站建设前进行需求分析、确定网站的目的和功能，并根据需要对网站内容、网站结构、网站的栏目、网站的风格、颜色搭配、版面布局、文字图片运用和在网站建设中的技术、费用、测试、维护等做出规划。网站规划对网站建设起计划和指导的作用，对网站的内容和维护起定位作用。

网站规划的主要内容可以归纳为以下几个方面。

1. 规划网站的内容

根据网站建设的目的，分析浏览者的需求，确定网站的内容。网站的主要内容可以归为以下3类。

(1) 宣传介绍公司、企业、单位或个人的内容，如学校概况、校领导介绍、学校组织机构情况、重要活动和新闻等。

(2) 商务或事务活动内容，如公司的产品介绍、售后服务、产品论坛、合作广告等。

(3) 网站要素内容，即网站上普遍具有的要素，如搜索引擎、友情链接、留言簿等。

2. 规划网站的结构

网站的结构包括站点逻辑结构、目录结构、链接结构、组织结构、栏目结构和页面导航结构等。

(1) 规划站点的逻辑结构。

规划站点的逻辑结构就是规划网站的 Web 服务器(如 Internet Information Server, Apache)、后台数据库(如 Access,SQL Server)以及两者之间的联系。

(2) 规划网站的目录结构。

网站的目录是指建立网站时所创建的目录。网站目录最好按不同栏目内容来建立，根据网站的栏目对文档进行分类，按不同的分类将文档放入不同的文档目录，如图 7-2 所示。

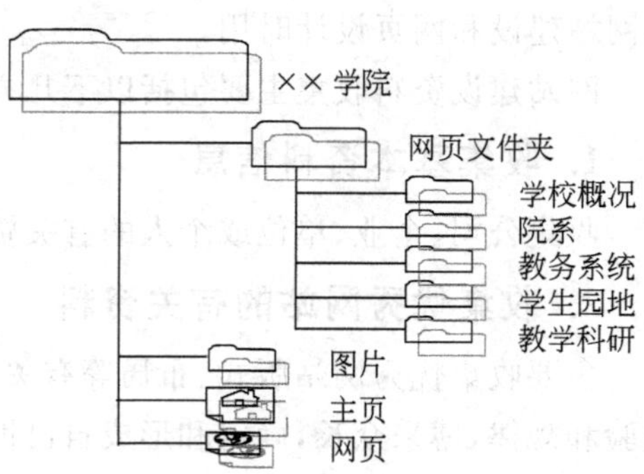

图 7-2 网站目录结构示例

(3) 规划网站的链接结构。

网站的链接结构是指页面之间相互链接的拓扑结构，分为树型结构和星型结构两种。根据实际需要，可以使用树型结构或星型结构，或两种结构兼用。

(4) 规划栏目结构与组织结构。

根据网站的内容和功能，可以确定网站的主要栏目，如校园风光、学校概况、党政文件、学生园地、网络中心、图书馆、科研概况、院系、教务系统、学生社团等；根据网站内容和栏目可以确定其组织结构。图 7-3 为××学院网站栏目与组织结构示意图。

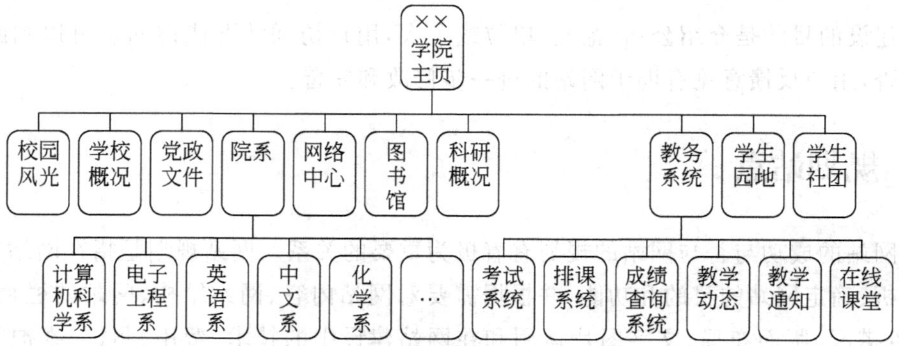

图 7-3 网站栏目与组织结构示例

(5) 页面导航结构。

一个站点的流程以主页为开始点，通过链接或导航来进入其他页面或部分。页面导航，就是网站设计者为站点访问者设计的浏览访问路线，用户可以根据页面导航访问网站的内容。页面导航主要有以下几种方式。

① 线性导航结构，类似于幻灯片演示方式，用户在页面之间一步一步前进或后退，线路清晰，结构简单明了，是网站导航的最基本形式。

② 非线性导航结构，主要有树型结构、对称结构和混合结构几种形式。

树型导航结构也是网站建设中最基本的一种结构，其导航方式是从主页开始，然后指引用户沿着主页这棵树分出的分支页面进行访问浏览。

对称导航结构是非线性导航结构中使用最为普遍的导航结构，网站中的每个页面都与其他网页直接链接，无论用户从什么地方访问网页，都可以在当前页中直接跳转到目标网页中。

混合导航结构实际上是线性导航结构、树型导航结构与对称导航结构的结合，目前许多网站都采用这种导航结构。本章所用的实例"××学院"网站就是采用混合导航结构。

3. 明确网站的表现形式和风格

网站的风格是指网站的整体形象，如网站的企业形象(Corporate Identity，CI)标志、网站的文字排版、平面设计、三维立体设计、静态图文设计、动态影像设计等。不同性质的网站，其网页风格不同，如政府部门的网页风格一般应该比较庄重，娱乐行业则可以活泼一些，文化教育部门的网页风格应该高雅大方，而商务网页则可以贴近民俗，使大众喜闻乐见。

网站的风格设计可以从以下几个方面加以考虑。

(1) 突出网站的标志(Logo)。

网站标志可以是文字(包括汉字、英文字母)，也可以是符号、图案等。应该根据网站的名称和内容来进行网站标志的设计和创意，并且尽可能地将标志放在网页的突出位置。

(2) 突出标准色彩。

标准色彩是指能体现网站形象和延伸内涵的色彩，主要用于网站的标志、标题、主菜单和主色块。选择好标准色彩，实际也是网页设计一项重要的工作。

(3) 使用标准字体。

标准字体是指用于网站的标志、标题、主菜单的特有字体。一般网页选择宋体作为标准字体。

(4) 图片使用和处理。

网页中使用图片可以强化网页效果，但要考虑图片与网页的整体搭配、图片的色彩、图片的大小、图片的处理等。

4. 明确有关的命名规则

主要对网站中的网页和图片等文件资料按一定规则进行命名。

7.2.4 定义站点及配置服务器

在规划了站点后，就需要定义站点及配置服务器了。定义站点主要是进行域名的注册。注册域名是在因特网上建立任何服务的基础。企业要上网，首先要注册域名。这就像现实生活中开公司要起公司名一样。域名是企业网上信息、业务往来的基础，所以说域名是企业在因特网上的商标，也是企业在因特网上的门牌号码。

域名的一般格式是：计算机名.组织结构名.网络名.最高层域名(各个部分之间用点号间隔开)。人们按用途把它们分为几个大类，并分别以不同的后缀结尾，如表 7-1 所示。

表 7-1 域名后缀对照表

后　缀	代表意义	后　缀	代表意义
com	商业组织	net	网络技术组织
edu	教育机构	mil	军队系统机构
gov	政府机构	org	研究或非商业机构

现在又新推出了一个国际顶级域名“cc”，它具有和“net”、“com”及“org”完全一样的性质及功能。“cc”是岛国“Cocos (Keeling) Islands”的缩写，但也可以把它看成英文“Commercial Company”(商业公司)或“Chinese Company”(中国公司)的缩写。在美国“cc”域名已成为继“com”和“net”之后的第三大顶级域名，是真正的全球域名新贵。

1. 选择域名

对于一个网站来说，特别是对于商业网站来说，选择一个好的域名非常重要，这样可以让访问者很容易地记住网站的网址。

在选择域名时应遵守以下两个原则。

(1) 简短、切题、通俗。

网易认为,英文并非中国的母语,对于绝大多数中国人来说,用英文作域名并不容易记忆。唯有数字简单好记,所以网易注册了163、263、126、127、188、990等多个域名。因此,一个简短易记、反映站点性质的响亮域名往往会给用户留下深刻的印象。

(2) 域名与公司密切相关。

一个好的域名应该与企业的性质、企业的商标及企业平时的宣传风格一致,如用单位名称的中英文缩写、企业的产品注册商标、企业商品或服务类别名称等。这样的域名易记,也能成为网络上的活广告,并在无形中宣传企业的形象,保护企业的利益。

2. 域名注册

选择好一个合适的域名之后就应该马上进行注册。如果迟了,用户想要申请的域名可能会被别人抢先注册了。要知道域名的注册是遵循"先申请先注册"的原则,没有预留服务。因此在选择好了合适的域名之后,应当马上进行注册。

在注册一个域名之前,应当访问有关机构的网站,查询自己选择的域名是否已经被他人注册。如果尚未有他人注册,便可以注册并使用该域名了。

如需查询一个国际域名是否已被他人注册,一般可以到InterNIC(国际互联网络信息中心)进行查询。它的网址是http://www.Internic.net/whois.html。该网页外观如图7-4所示。可以将某个欲注册的国际域名输入查询文本框中,然后单击"提交查询内容"按钮。如果这个域名已被他人注册,那么该网页上将显示有关的注册信息。否则网页上会显示"域名尚未注册"的提示信息(英文)。

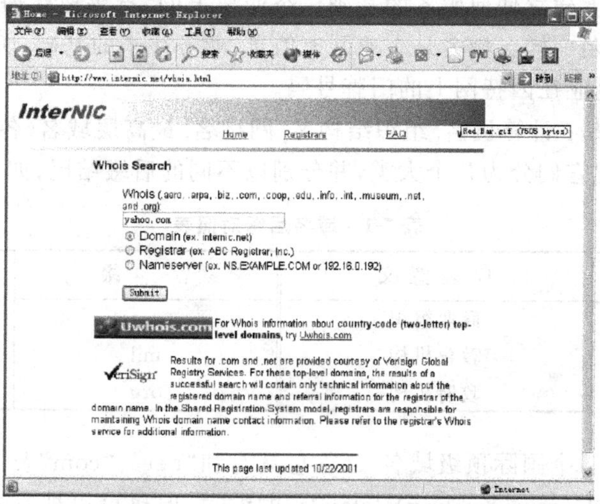

图7-4 InterNIC网页外观

查询一个国内域名是否已被他人注册,一般是在CNNIC(中国互联网络信息中心)进行查询。它的网址是http://www.cnnic.net.cn/或http://www.cnnic.com.cn。

如果自己的域名还没有被他人注册,接下来的工作就是申请注册。

CNNIC并不直接受理用户提交的中文域名注册申请,而是将这个工作交给了由CNNIC正式认证和授权的中文域名注册服务商。大家可以到CNNIC的网站上查询域名注册服务商的信息。注册国际域名没有条件限制，单位和个人均可以申请。注册国内域名则必须具备法人资格。申请人需将申请表加盖公章，连同单位营业执照副本（或政府机构条码证书复印件）提交给相关注册服务商才能申请注册。国际域名与国内域名在功能上没有任何区别，都是互联网上唯一的企业标识。只是在最终管理机构上有所区别，国际域名由美国商业部授权的ICANN负责注册和管理；而国内域名则由中科院计算机网络中心CNNIC负责注册和管理。习惯上国内域名的使用费为一年一交，而国际域名的使用费是在注册时一次性交纳两年的费用，域名的长度在30个字符以内，并且允许使用中文、英文、阿拉伯数字及“-”等字符。中文通用域名兼容简体与繁体，无须重复注册。CNNIC作为中文域名注册管理者第三年起一年一交。

中文通用域名是由CNNIC推出并管理的诸如“中文.cn”、“.公司”、“.网络”格式的域名。中文通用域名，负责维护中文域名注册数据库，以确保互联网络的稳定运作。

3. 配置服务器

当注册了域名之后，下一步就是为网站建一间“屋”，即要有空间存放所要展示的内容，让世界各地的访客登门来访。这里所谓的“屋”，其实就是人们经常说的主机。这个主机，必须是一台功能相当的服务器级的计算机，并且要用专线或以其他的形式24小时与互联网相连。这种网络服务器除可以存放公司的网页，为浏览者提供浏览服务之外，还可以同时充当“电子邮局”的角色，负责收发公司的电子邮件。另外，还可以在服务器上添加各种各样的网络服务功能，前提是要有足够的技术支持。由于网站必须放置在服务器上才能供浏览者访问，所以需要考虑如何获取服务器。一般可以采取以下的几种方式：

(1) 空间租赁。

对于一般的企业和个人用户，很显然拥有自己的服务器是没有必要的。因为那样就需要专门的人员去维护和管理。企业和个人只需要向ISP申请和租赁空间就可以了。

对于ISP来说，它并不是将一台服务器全部分配给一个租赁用户，而是采用了虚拟主机的软硬件技术，将一台服务器分成若干台“虚拟主机”。虚拟主机是使用特殊的软硬件技术，把一台计算机主机分成多台“虚拟”的主机，每一台虚拟主机都具有独立的域名和IP地址（或共享的IP地址）且有完整的Internet服务器（包括WWW、FTP、E-mail等服务）功能。在这种模式下，同一台硬件、同一个操作系统之上，运行着为多个用户启动的不同的服务器程序，且互不干扰；而各个用户又拥有自己的系统资源（IP地址、文件存储空间、内存、CPU时间等）。虚拟主机之间完全独立，并可由用户自行管理。在外界看来，每一台虚拟主机和一台独立的主机完全一样。

使用网络公司的“虚拟主机”服务，就是在别人的主机上租用一定的网站空间以架设自己的网站。例如，如果自己建立的主机是互联网上的一间屋，那么网络公司就是互联网上一间大屋，而虚拟主机就是这间大屋里面分租给你的一间小房间。网络公司不仅可以为客户提供存放网页的空间，同时也可以开设数目不定的电子邮件账号。此外，绝大部分的公司还会提供网站策划、网页设计、程序编写、网站推广等一条龙服务。使用虚拟主机，不仅节省了大笔购买相关软硬设施的费用，而且公司也无须招聘或培训更多的专业人员，因而其成本也较主机托管低得多。不过，虚拟主机模式只适合于一些小型的、结构较简单的网站，对于大型网站来说还是应该采用主机托管的形式，否则在网站管理上会十分麻烦。申请虚拟主机可以在网上直接进行。网络上有很多公司都提供虚拟主机这项服务。以时代互联网为例，首先进入时代互联网（http：//www.now.net.cn），如图7-5所示，单击虚拟主机链接，进入其链接页面。里面有很多关于虚拟主机的介绍，然后可以按照提示查找感兴趣的类型，一步步申请。

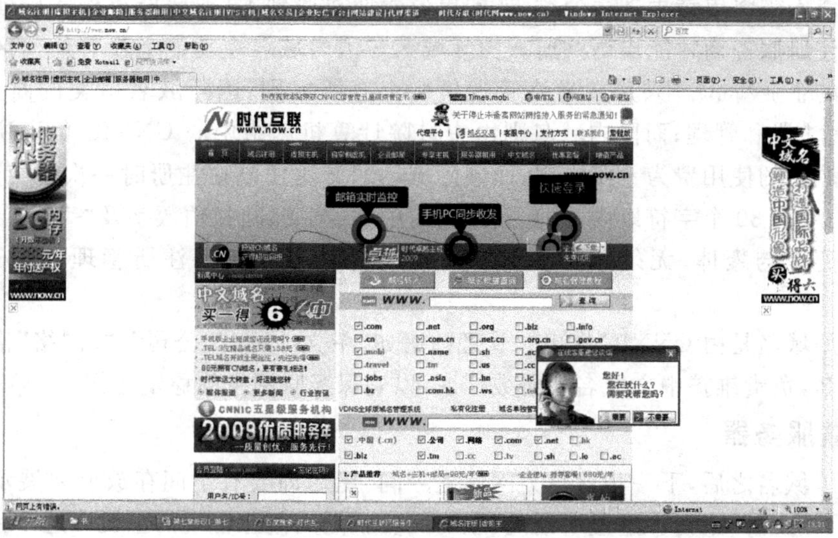

图 7-5　时代互联网

以前注册域名与租用虚拟主机是两项独立的工作，需要分别进行。也就是说，先到有关机构注册域名，再到有关公司租用虚拟主机。目前，为了方便客户建立网站，几乎所有的ISP都将这两项工作结合起来了。客户通过同一个ISP，既可以注册域名，也可以租用虚拟主机。

(2) 主机托管。

主机托管是指自己购买一台服务器，安装并调试好相关软件后，将服务器交给ISP保管，按月或按年交纳一定的托管费。

这种方法适合访问量大，内容多的中型网站，它的费用较高，需专门的技术人员安装及设置服务器。但对企业来说这种管理模式的自由度较大，访问速度也相对较快。

(3) 申请专线。

申请专线就是在ISP那里申请一条专门的通信线路，然后自己购买设备架设服务器，自己有专门的人员进行管理和维护。现在一般申请的专线为DDN和ADSL。按其带宽来分，DDN又分为64Kbps、128Kbps等，ADSL一般也分为5Mbps、10Mbps等。

这种方法可以使用户对网站拥有最大限度的管理权，可以放置多台服务器，甚至可以扮演ISP的角色，对外租赁空间。但这种方式的技术性较高，安装设置复杂，还要考虑网站的安全性等一系列问题，同时还需要专门的技术人员维护。

对于个人用户来说，考虑到技术和资金的问题，一般都选择空间租赁的方法。现在还有一些网站向个人提供免费个人主页空间，帮助个人建立自己的网站。但是，此类服务常常受到很多限制，例如，网站空间小、网页文件不能超过一定数量等。

7.2.5　制作网页

网页设计和制作是整个网站建设和网页设计最重要的，也是最基本的工作。网页设计主要是指网页的整体设计，包括网页的风格设计、网页的版面设计和网页的色彩处理等。总的原则是：网页层次要分明，网页内容要易读，网页导航要清晰，网页风格要统一，网页色彩要协调，页面容量要尽量小，页面内容要新颖。

网页能够给浏览者带来最直接的视觉感受，也是能否吸引浏览者继续深入浏览网站的关键，从设计上来说网页应该是文字与图形、文学与美学的巧妙结合体。如果网站要达到别具匠心而且颇有创意，除了在网页设计上要有个性外，一般还具备主题内容鲜明突出、页面设计简洁明快、色彩搭配调和清晰、图片精巧富有含义、文字图形搭配得当，文字排版合理等特点。

网页设计必须考虑到目前 Internet 的制约因素，如网络传输速率、服务器性能指标以及客户端浏览模式等，切不可为了单纯追求页面的奢华而加大网络传输图片的负荷。浏览网页图片显示不应等待太长时间。图片虽然能使整个页面生动，但不能过多，而且动态图片更应该少之又少，只是起点睛之用，不要造成页面到处跳跃，影响视觉，使视觉没有重点。

网页整体设计完成后，则进入网页的实际制作阶段。选择网页制作工具 FrontPage、Dreamweaver 制作网页，选择 HTML 及脚本语言等编写网页程序代码，选择图形图像及动画工具如 Fireworks、Photoshop、Flash 等制作图形图像、图片、动画等。

7.2.6 搭建网站

通过程序设计实现网站的各种功能，如论坛、聊天室、留言板、电子商务等。现在常用的动态网站主要使用的脚本语言有 ASP(Active Server Pages)、JSP(Javaserver Pages)和 PHP(Hypertext Preprocessor)。

7.2.7 测试与调试

网站和网页在发布前要进行细致和周密的测试，以保证客户的正常浏览访问和使用。测试的主要内容包括服务器稳定性、安全性测试，程序代码及数据库测试，网页兼容性测试(如浏览器、显示器)以及其他测试等。对于远程站点，则要将网站和网页上传，进行测试。

7.2.8 发布及维护

当网站网页测试完成后，进行网站的发布和推广。如通过广告、公关、在主要搜索网站上注册登记等，来介绍和推广网站，以便更多用户了解和浏览访问。

1. 传统媒体推广

一般来讲，我国传统媒体宣传的影响还远大于网络，所以借助电视、报纸、杂志等媒体进行宣传推广，仍是一种收效明显的方式。另外，企业网站的推广应该融入整个企业的宣传工作中，在企业的广告、展览、展示以及其他各种活动中都会在突出位置加入公司网址。

2. 网址宣传融入日常工作

除以上传统媒体的宣传推广外，还可以将宣传工作融入大量的日常工作中，如把网址印在办公用品(如信封、信纸、名片、手提袋等)、企业内外部建筑环境(如企业招牌、公共标识等)、交通工具、员工服装、产品包装袋上等。

3. 在网络上推广

网络宣传快捷,成本低,并且推广面大。网络宣传推广的方法很多,具体方法主要如下。

(1) 在门户网站上注册推广,让 Internet 用户搜索访问。比较有名的搜索网站有 Yahoo、Google、搜狐、百度等。

(2) 使用定向的电子邮件列表推广。

(3) 在 BBS 中宣传推广。

(4) 通过网络广告进行宣传推广。网络广告最常见的表现方式是图形或动画广告,如门户网站主页上的横幅广告。

(5) 与其他网站合作,推广自己的网站。

网站发布后,更重要的工作就是网站的维护和更新。网站的维护工作主要包括服务器维护、网站内容维护、相关数据库维护和网站安全维护。

- 网站服务器维护:网站服务器维护主要包括服务器硬件维护、软件维护、日志文件管理与备份等。
- 网站内容维护:网页维护的一个重要内容就是查看留言板等处用户的反馈意见。用户在浏览网站时会在留言板中反映网站和网页中存在的问题。另外,在网站正常运行期间,也要经常使用浏览器查看和测试网站中的页面链接,及时发现其中的问题并加以解决。
- 数据库维护:网站内容由大量的数据信息组成,所以有效地使用数据库是网站维护的重要工作。
- 网站安全维护:网站安全维护的内容主要是防止网站被非法侵入,包括黑客攻击、病毒袭击、机密资料被盗等。Web 网站的安全实际应该考虑源于外部(客户端)的和内部(Web 服务器本身)的因素。对于外部的安全问题可以设置防火墙、进行网络安全设置等加以解决;对于内部的安全问题则可以对 Web 服务器、服务器软件、操作系统等进行设置和防护。
- 网页更新:网页发布后,应该根据需要对网页进行更新。网页中的实时性内容应该及时更新(如新闻)。

7.3 网站的管理与维护

网站的日常管理与维护包括对网站内容的更新。良好的维护与及时的更新是一个网站能够顺利运行的重要基础。一个网站创建完成并上传到服务器后,仅完成了真正意义上网站的一小部分,接下来会有大量的网站维护与更新工作要做。网站的维护是关系到一个网站能否正常运行的关键,其中更新就显得尤为重要。网络的安全更是一个网站的关键。只有协调好这三者之间的关系,才能保证一个网站能够良好地运行,才能够吸引更多的访问者,从而达到创建网站的最终目的。

7.3.1 导入和导出网站

网站管理及维护的软件很多,以 Dreamweaver 为例,我们来学习一下导入和导出站点的方法。

1. 导入站点

在“站点”菜单中选择“管理站点”子菜单，在弹出的对话框中选中要导入的站点，然后选择“导入”菜单项进行导入，如图 7-6、图 7-7 所示。

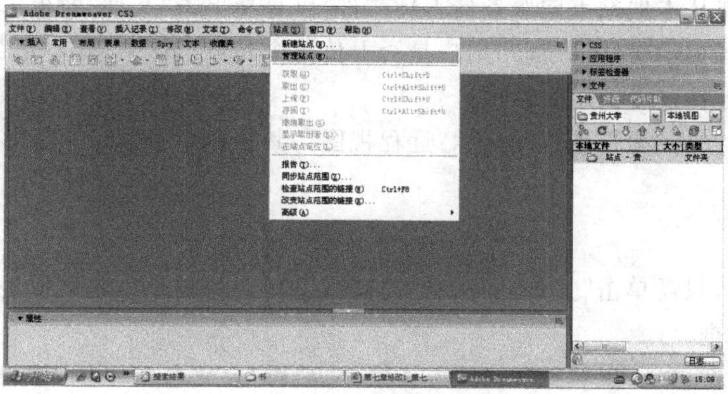

图 7-6　“站点”菜单

图 7-7　导入站点

2. 导出站点

导出站点方法与导入站点方法类似，在“站点”菜单中选择“管理站点”子菜单，在弹出的对话框中选择要导出的站点名，然后单击右边的“导出”按钮，找到目标位置后进行导出。

7.3.2 删除网站

具有“完全控制”权限级别的网站管理员可以删除网站集中的特定子网站或整个网站集。例如，在门户网站的主页上，单击“网站操作”菜单，将指针停留在“网站设置”上，然后单击“修改所有网站设置”。在“网站设置”页面上的“网站管理”部分中，单击“网站和工作区”。在要删除的网站的名称旁边，单击“删除”按钮，然后在确认网页对话框中再次单击“删除”按钮即可。

注意：当删除顶级网站时，也会删除其下的所有子网站。删除网站前，一定要确认其下没有任何子网站，或者用户不再需要其下的任何子网站。子网站在删除后无法恢复，除非用户有其备份版本。

7.3.3 上传和获取网页文件

上传和获取网页文件可以通过专业的 FTP 软件来进行。专业的 FTP 软件通常都具有支持断点续传、下载或上传整个目录而不会因闲置过久被站台踢出、可以上传或下载队列、本地和远程目录比较、修改文件属性、显示隐含文件等功能。

这样的软件有很多，最常用的有 cuteftp、leapftp、flashfxp 等，按照 4 个参数服务器 IP、用户名、密码、端口(21)来设置。或者用 IE 浏览器直接上传，命令格式为 ftp: //yourpassword @ip。

以 Dreamweaver 为例，我们来看一下具体操作。无论是从本地站点上传文件到远程服务器，还是从远程服务器获取网页文件，都应首先建立本地站点和远程服务器之间的连接。为此，可单击"站点"面板工具栏上的"连接到远端主机"按钮来连接本地站点与远程服务器。如果与服务器的连接成功，该按钮左侧的绿灯会被点亮。再次单击该按钮，将断开与服务器的连接。

1. 上传文件

与服务器成功连接后，如果要从本地站点向服务器上传文件，可直接单击"文件"面板中的"上传文件"按钮，此时系统会打开提示对话框，询问用户是否上传整个站点。如果单击"是"按钮，系统将开始上传文件并显示上传进度提示对话框。

上传文件结束后，系统会在"文件"面板中自动显示"远程视图"，其中显示了远程服务器上的文件列表。

2. 获取网页文件

要从远程服务器中取回文件，只需单击"文件"面板中的"获取文件"按钮即可，此时将显示"状态"（取回文件进度提示）对话框。

注意： 成功上传或获取文件后，要记住单击"文件"面板中的"刷新"按钮来刷新当前视图。

7.3.4 同步本地和远程网站上的文件

同步本地和远程网站上的文件，指的是从远程站点将文件复制到本地，然后在本地完成对文件的编辑修改操作后，再上传到远程站点中（也就是服务器中），也可完成对文件的更新操作。

如果将 Dreamweaver 中的"Enable File Check In and Check Out"属性设为打开，那么使用 Get 命令得到的该文件的本地副本仅是只读的，留在远程站点上的该文件仍然可以被其他团队成员迁出。反之如果将"Enable File Check In and Check Out"属性设为关闭，则下载回来的文件则是可读/写的。

如果是在协作环境中工作，也就是如果其他人正在处理同一文件，那么就不要关闭"EnableFile Check In and Check Out"功能，尤其是如果其他人在本站点正在使用 Check In/Out（迁入或迁出）系统。

需要注意的是，在单击 Get（下载）命令时，复制回来的文件是站点窗口当前处于活动状态的窗格中被选定的文件。

- 如果 Remote（远程）窗格正处于活动状态，那么被选取的远程站点的文件就会被复制回本地站点。
- 如果 Local（本地）窗格正处于活动状态，那么被选取的本地窗格中的文件将被复制到本地站点。如果是在写作环境中工作，且希望使用 Get 命令复制回来的文件可读/写，那就要关闭该站点的"Enable File Check In and Check Out"（启用迁入或迁出功能）选项。

7.3.5 更新网站中的文件和文件夹

在连入 FTP 服务器之后，就可以更新网站中的文件和文件夹。第一次用户需要将整个本地站点中的所有文件都上传到服务器上，这不是更新。但在随后如果需要对服务器中某个单独的文件进行修改，只需先在本地对该文件进行编辑修改，然后再将该文件上传到服务器上，这便完成了对该文件的更新。

更新网站也就是把在本地已经修改编辑好的文件从本地上传（复制）到远程站点上。当在本地完成了某些文件或文件夹内容的编辑修改等更新操作后，便可向远程服务器上传这些文件或文件夹了。完成了对文件的上传，也就完成了对网站内容的更新操作。

注意：不要在上传到服务器的文件名中使用一些特殊字符（如 é、? 或￥）或者标点符号，许多服务器会在上传这些文件时改变这些字符，这样就会导致指向这些文件的链接中断。

习　题　7

1. 建立一个网站，需考虑的因素有哪些？
2. 设计一个美观的网站，要从哪些方面进行考虑？
3. 网站的日常管理与维护应注意哪些方面？
4. 简述导入、导出、删除网站的具体步骤。
5. 简述上传、获取、更新同步文件和文件夹的具体步骤。

第8章 客户端控制技术

本章要点

- HTML语言；
- CSS样式表；
- XML语言。

本章难点

- HTML标记；
- CSS样式表的运用。

8.1 HTML语言

HTML是超文本标记语言(Hypertext Markup Language)的缩写，是一种用来制作超文本文档的简单标记语言。超文本传输协议规定了浏览器在运行Html文档时所遵循的规则，这些规则对文档的各个部分进行描述，HTML是Web页面的描述语言，是所有网页制作的基础和核心。

8.1.1 HTML概述

Hypertext markup language(超文本标记语言)是SGML(Standard Generalized Markup language)语言的一个应用。HTML主要应用在Web服务中，用来描述、组织和发布网络信息。HTML的普遍应用也带来了超文本的技术的普遍应用——从一个主题转入另一个主题，不是线性地阅读和寻找信息，通过单击超链接直接取得相关的主题。正是HTML使得文档的访问、阅读及使用如此方便、快捷和有效。无论Web页面包括动画、多媒体、图形等各种复杂的元素，基础架构都是HTML。

一个HTML文档分为文档头和文档主体两个部分。在文档头里，包含了一些有关该页面的信息，如文档的标题，文档中脚本文件的类型以及导入样式表的信息，等等。这些信息都被包含在头标记＜head＞中，表示它们处于文档头的位置。而＜body＞标记则包含的是HTML文档的主体部分。

HTML 的结构包括头部(Head)、主体(Body)两大部分。头部描述浏览器所需的信息,如文档的标题,文档中脚本文件的类型以及导入样式表的信息,等等。主体包含所要说明的具体内容。HTML 文档的扩展名为.htm 或.html,可以使用任何文本编辑器(如 Windows 的记事本、写字板等)来编辑,然后保存为.htm 或.html 文件。

HTML 文档都包含相同的整体结构,其格式如下:

```
<html>
  <head>
  <title>网页标题</title>
  …
  </head>
  <body>
   …(网页需要显示的内容)
  </body>
</html>
```

在 HTML 文档中,通过各种标记(Tag)按照语言的语法规划来描述文档。标记在 HTML 文档中起重要作用,它的使用贯穿整个文档,涉及文档的各个部分。在用浏览器打开一个 HTML 文档时,它将根据文档中标记的含义及其属性的详细描述,将文档标记解释成网页,并且在客户浏览器显示出来。在超文本中以符号"<"表示标记的开始,以">"表示标记的结束,标记符号括起的部分是标记的名称和各种属性的值。

8.1.2 HTML 页面修饰标记

在这一节中列出了文档中的一些常用标记和它们的作用,以及它们在页面中产生的效果。

1. <html>… </html>

该标记向浏览器表明这个文档中包含超文本文档的成分。HTML 文档文件以".htm"或".html"为扩展名。

2. <head> …</head>

该标记所包含的部分属于 HTML 文档的文档头。它包含一些初始化的信息,很多对 HTML 文档的定义、说明和描述都在这一部分完成。这些信息包括 title 信息,JavaScript 信息和 meta 信息等。

3. <title>… </title>

title 标记中包含的是 HTML 页面的标题。这个信息并不出现在实际的浏览器中,而是显示在浏览器窗口的标题上。比如,在一个页面中,有这样的标记代码:<title>知道网站建设吗?</title>则在浏览器的标题栏上会出现如图 8-1 所示的页面标题。

4. <body>…</body>

该标记包含的部分是 HTML 文档中的主体。页面里具体实现的信息都将在这里完成。它里面可以包含文本、脚本语言和层叠样式表等内容。

5. <h1>…</h1>、<h2>…</h2>、…、<h6>…</h6>

该标记表示 HTML 页面中的各级标题。所谓标题,就像是我们平时写文章中的用较大

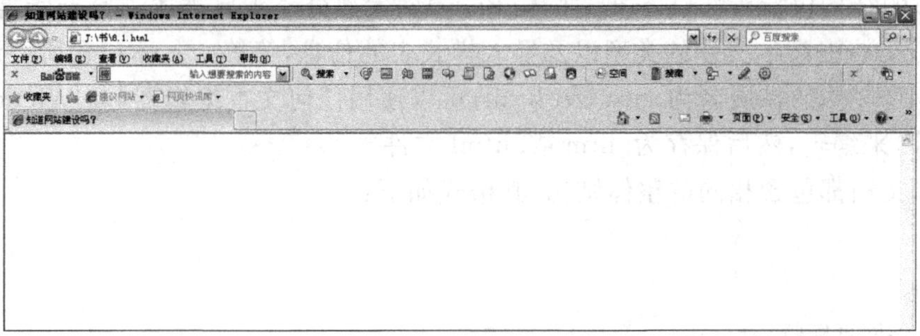

图 8-1　在浏览器中显示页面的标题

或加黑、加粗的字体显示的各种字符。标题共有 6 级，用<h1>到<h6>来分别表示。它们的实际大小效果如图 8-2 中的 HTML 文档标题所示。

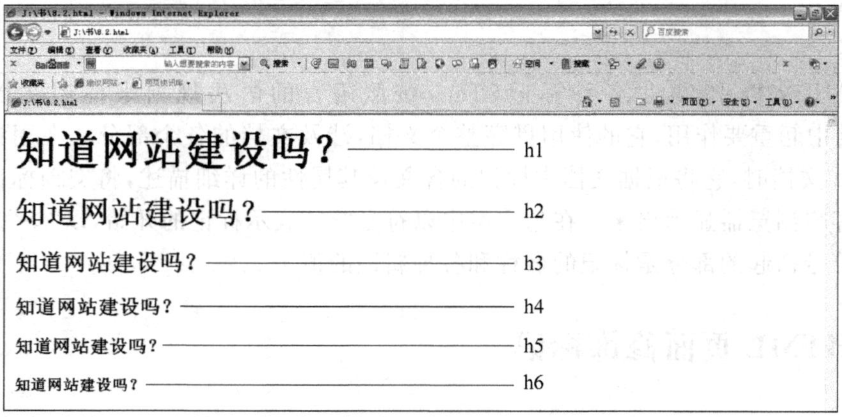

图 8-2　HTML 文档中的标题

6. <p>…</p>

在编辑 Word 文档或其他文本文档的时候，按 Enter 键就表示另换一行。但是在编辑 HTML 文档的时候却并非如此。超文本中不支持自动换行，在 HTML 源代码中的任何回车都会被忽略。当一行的长度不满屏幕的宽度时，下一行就会自动接在后面显示，并且当一行或者几行的长度达到屏幕宽时，浏览器会一起进行显示。因此，我们在制作页面的时候，要特别注意使用<p>标记来进行换行。

通常，我们用<p>和</p>标记将单独的一段括起来，但是在实际使用的时候，我们只要用一个<p>标记就可以了，无须再用</p>来和它配对。这是因为当浏览器遇到<p>时就会理解为另换一行显示。

<p>还有一个属性：align，用来指定字符显示时的排列方式，它的属性值有 center、left 和 right 三种，分别用来表示居中、左对齐和右对齐。

下面让我们用一个实例来理解这一标记。

【例 8-1】

```
<p align="left">大家好</p>
<p align="center">大家好</p>
<p align="right">大家好</p>
```

在浏览器中，其显示效果如图 8-3 所示。

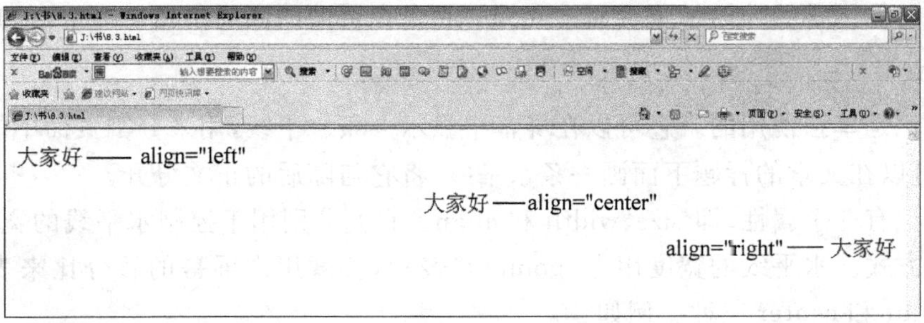

图 8-3　例 8-1 显示效果

7. <pre>…</pre>

前面我们讲到在 HTML 文档中不支持自动换行，文档中的所有回车都不会起换行的作用。但是，在用了预定义标记<pre>…</pre>之后，被包含在这对标记中的内容就会按照其目前的格式显示，也就是说，在<pre>和</pre>之间的回车就代表换行，空格符就可以在浏览器中显示出空格，其他特殊字符如大于、小于符号也会以所见即所得的方式在浏览器中显示。

【例 8-2】

```
<pre>
可以
换行
显示
</pre>
<p>
不能
换行
显示
</p>
```

通过例 8-2，我们发现将段落文字放在不同的标记中，其显示方式也会有所不同，如图 8-4 所示。

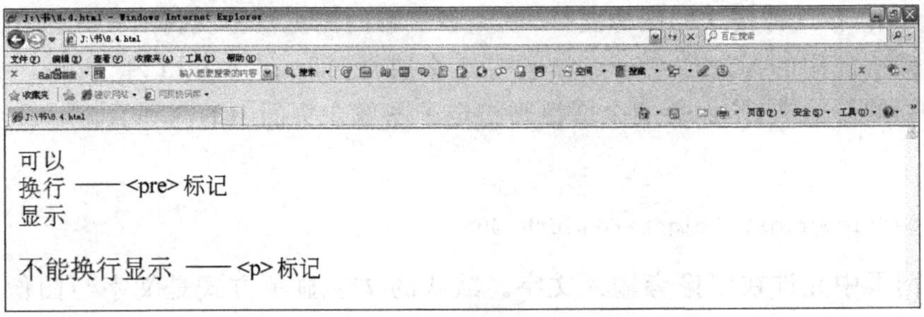

图 8-4　例 8-2 显示效果

使用以上标记让我们在 HTML 文本中方便地对要显示的内容进行控制。

8. <blockquote>…</blockquote>

该标记的作用是纯粹为了美观而设立的。它会在页面的四周留出一些空白的边缘。

9. <hr>

这个标记是单独使用的。它可以在屏幕中显示一条水平线，用来分割页面中的不同部分。比如，我们可以在文章的标题下面画一条水平线，将它与随后的正文分开。

这个标记有 3 个属性，即 size、width 和 align。它们分别用于控制水平线的宽和长以及水平线的对齐方式。水平线的宽度用点(point)来表示，长度用占屏幕的百分比来表示，对齐方式有 left、right 和 center 三种。例如：

```
<hr size=3 width=75% align=center>
```

10. <b>…</b>、<i>…</i>、<tt>…</tt>

除了正常格式的字体之外，还有黑体、斜体和印刷体三种字体格式，它们可以任意组合混合使用。其效果如图 8-5 所示。

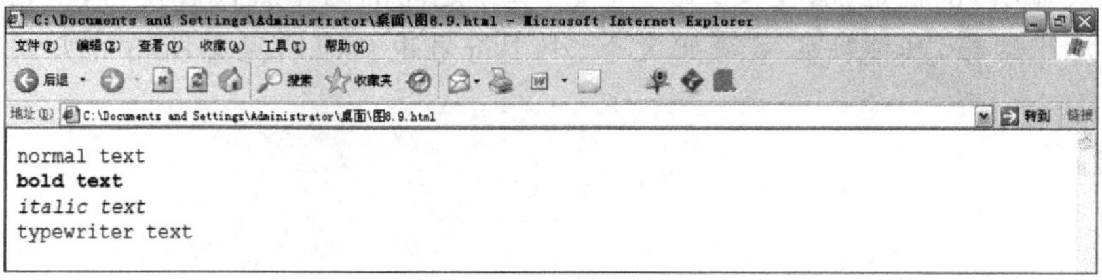

图 8-5 文字格式标记

8.1.3 页面多媒体技术

我们在页面中除了可以书写文字外，还可以插入图像、声音等多媒体技术。

1. 插入图像

HTML 文档所支持的图像格式一般有 bmp、gif、jpeg 三种。有的浏览器还可以支持一些其他格式的图像文件，如 portable network graphic(png)等。还有的浏览器支持 plug-in，它的一些附加程序也支持其他不同类型的图像文件格式。但是，我们在制作网页的时候还是应该使用 bmp、gif、jpeg 三种格式的图像文件，以免客户端的浏览器不支持所使用的格式。

插入图像所使用的标记是<img>，它有三个属性，即 src、height 和 wide。src 属性指明了所要连接到的图像文件，而后两个属性则指定了图像在页面中的高和宽。

例如：

```
<img src="flower.gif" height=60 width=40>
```

通常在网页中允许在图像旁输入文字。默认的文字显示方式是文字与图像的下边缘对齐，但我们也可以通过 align 属性来改变文字的对齐方式。

例如：

```
<img src="flower.gif" height=69 width=70 align=top>
<img src="flower.gif" height=69 width=70 align=center>
```

```
<img src="flower.gif" height=69 width=70 align=bottom>
```

这 3 种设置分别规定了文字显示在图像的上部、中间和下部。值得注意的是，无论是哪一种文字对齐方式，文字只能显示一行，从第二行开始，文字就只能从图像的下方显示。

另外，图像标记<img>还有一个属性，就是 alt。它对图像内容可以提供说明性文字。在有的情况下，浏览者有可能看不到图像，或浏览者虽然可以看到图像，但是为了加快下载页面的速度，主动将图像显示功能给关闭了。这时，就有必要在浏览者看不到图像的时候对原图像以文字方式做一些解释。

alt 的用法如下：

```
<img src="flower.gif" height=60 width=40 alt="sunflower">
```

2. 插入音频

用浏览器可以播放的音频格式有 midi 音乐、wav 音乐、au 格式。

- 点播音乐<a>…</a>

将音乐做成一个超链接，只需单击该链接，就可以听到音乐了。其格式为：

```
<a href="音频文件地址">热点文本</a>
```

例如：播放一段 midi 音乐

```
<a href="ourlove.midi">我们的爱</a>
```

- IE 中的背景音乐

可以插入背景音乐格式，不过只有在 IE 浏览器中才可以听到。其格式为：

```
<bgsound src="声音文件地址" loop="播放次数">
```

注意：播放次数取－1 或 infinite 时，声音将一直播放直到关闭该网页为止。

3. 插入视频

用浏览器可以播放的格式有 mov 格式、avi 格式。

- 链接一个视频文件<a>…</a>

```
<a href="视频文件地址">热点文本</a>
```

例如：播放一段视频：

```
<a href="welcome.avi">欢迎光临</a>
```

8.1.4 表格与列表标记

1. 表格

在 HTML 文档中，要生成表格，我们使用<table>…</table>标记。该标记有一些属性，常用的如 border，用来指定表格的边框。如果要使表格没有边框，则将 border 的属性值设为 0。

在一个表格中，我们通常用 3 个标记来定义行和列。如例 8-3。

【例 8-3】

```
<table border="1">
<tr>
<th></th>
<th>html</th>
<th>dhtml</th>
</tr>
<tr>
<td>english</td>
<td>hyper text markup language</td>
<td>dynamic hyper text markup language</td>
</tr>
<tr>
<td>chinese</td>
<td>超文本标记语言</td>
<td>动态超文本标记语言</td>
</tr>
</table>
```

在上面的例子中,<tr>…</tr>定义了一行表格;<th>…</th> 定义了一个表头,即一行或者一列表格内容的标题;<td>…</td>则定义了表格中的数据。在 HTML 文档的表格中,表格单元的大小如果没有特别指定的话,是根据数据的多少和旁边表格单元的大小自动调整的。例 8-3 在浏览器中的显示效果如图 8-6 所示。

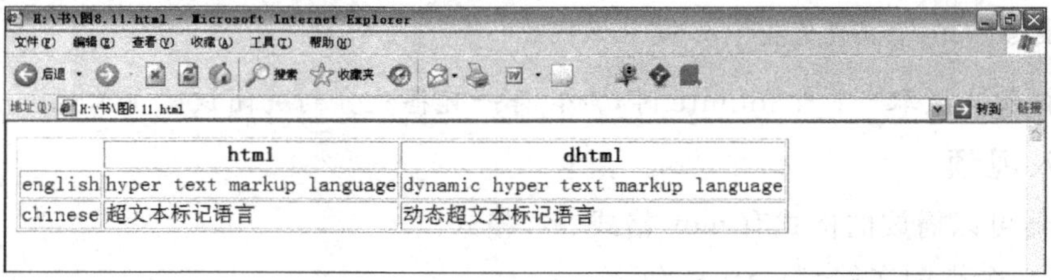

图 8-6　例 8-3 显示效果

在创建好表格之后,我们可以进一步排列数据(即表格数据)在表格中的布局以达到美观的效果。在 HTML 表格中,我们在水平和垂直方向上放置数据可以有许多选择。

- 水平定位属性 align:决定数据在表格单元中的对齐方式是左对齐(left)、右对齐(right)还是居中(center)。
- 垂直定位属性 valign:决定数据是置于表格单元边框的上沿(top)、下沿(bottom)还是中间(center)。在 netscape 中,还支持 valign=baseline,相当于 valign=top。

在没有指定数据对齐方式的情况下,默认的方式是水平方向左对齐,垂直方向居中。如果希望表格的一整行都具有相同的对齐属性,则可以在<tr>中定义 align 和 valign。

我们还可以通过 bgcolor 属性来定义表格单元的背景颜色,并用 colspan 和 rowspan 来合并单元格,制作特殊样式的表格,如图 8-7 所示。

以下是例 8-3 的源代码,供大家对照参考:

```
<table border="1">
```

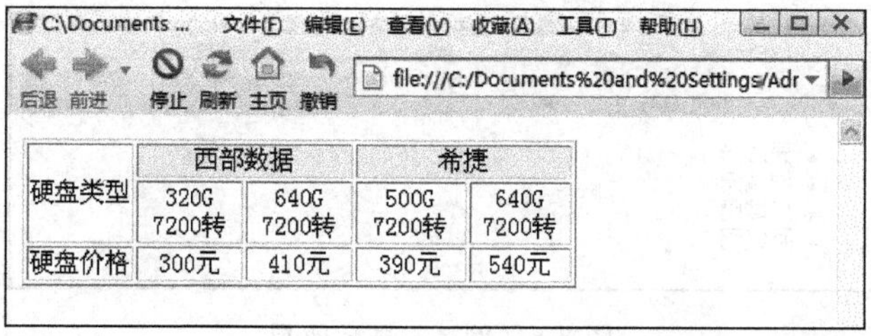

图 8-7　特殊样式的表格

```
<tr>
<td width="20%" height="20" rowspan="2" align="center">硬盘类型</td>
<td width="40%" colspan="2" height="20" bgcolor="# ffff00" align="center">西部数据</td>
<td width="40%" colspan="2" height="20" bgcolor="# ffff00" align="center">希捷</td>
</tr>
<tr>
<td width="19%" height="1" align="center">320G<br>7200 转</td>
<td width="20%" height="1"align="center">640G<br>7200 转</td>
<td width="21%" height="1" align="center">500G<br>7200 转 </td>
<td width="20%" height="1" align="center">640G<br>7200 转</td>
</tr>
<td width="20%"height="16"align="center">硬盘价格</td>
<td width="20%"height="16"align="center">300 元</td>
<td width="20%"height="16"align="center">410 元</td>
<td width="20%"height="16"align="center">390 元</td>
<td width="20%"height="16"align="center">540 元</td>
</tr>
</table>
```

2. 列表标记

在 HTML 文档中的列表有 3 种，即无序列表、有序列表和定义性列表。

(1) 无序列表：<ul>…</ul>。

无序列表使用的一对标记是<ul>…</ul>。ul 是 unnumbered list 的缩写。包含在这一对标记中的内容每一行都用<li>标记(list)来表示。<li>标记可以单独使用，无须</li>来对应。下面是一个无序列表的例子：

【例 8-4】 无序列表标记<ul>…</ul>使用。

```
<ul>
<li>局域网
<li>城域网
<li>广域网
<li>互联网
</ul>
```

在浏览器中的显示效果如图 8-8 所示。

(2) 有序列表：<ol>…</ol>。

有序列表的用法和无序列表的相同，只需把<ul>和</ul>换成<ol>和</ol>就可以

图 8-8　例 8-4 显示效果

了。其列表项也同样使用<li>来表示。

【例 8-5】 有序列表标记<ol>…</ol>使用。

```
<ol>
<li>局域网
<li>城域网
<li>广域网
<li>互联网
</ol>
```

在浏览器中的显示效果如图 8-9 所示。

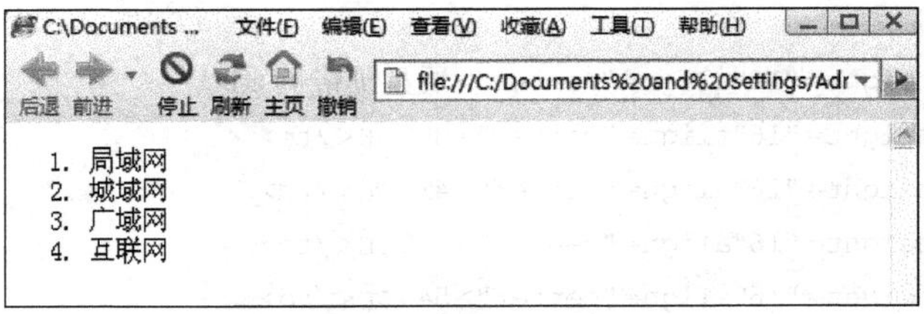

图 8-9　例 8-5 显示效果

(3) 定义性列表：<dl>…</dl>。

定义性列表可以用来给每一个列表项再加上一段说明性文字。说明文字独立于列表项另起一行显示。在应用中，列表项使用标记<dt>标明，说明性文字使用<dd>表示。

【例 8-6】

```
<dl>
<dt>www
<dd>world wide web
</dl>
```

在浏览器中的显示效果如图 8-10 所示。

图 8-10　例 8-6 显示效果

对于列表的使用，还需要说明的是，在列表项和说明文字中都可以使用<p>标记进行分段，并且各种列表都是可以嵌套使用的。

嵌套使用列表的实例如例 8-7。

【例 8-7】

```
<ul>
<li>信息系：
<ul>
<li>计算机网络专业
<li>计算机系统维护专业
<li>电子信息专业
</ul>
<li>经济系：
<ul>
<li>经济管理
<li>会计电算化
<li>电子商务
</ul>
</ul>
```

在浏览器中的显示效果如图 8-11 所示。

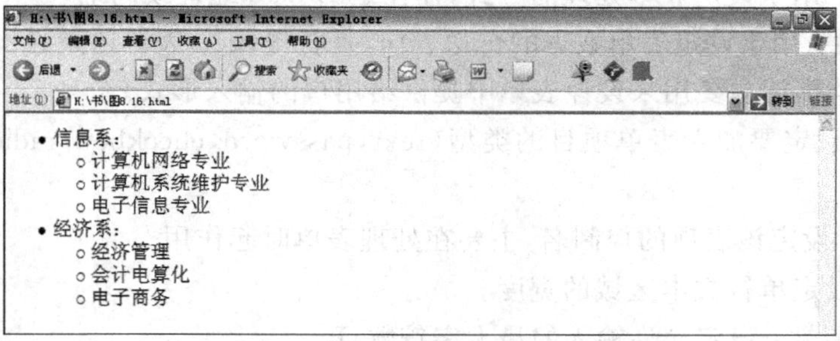

图 8-11　例 8-7 显示效果

8.1.5　超链接标记

超链接(hyperlink)是网页互相联系的桥梁，超链接可以看做是一个“热点”，它可以从当前网页定义的位置跳转到其他位置，包括当前页的某个位置，Internet 以及本地硬盘或局域网上的其他文件，甚至跳转到声音、图片等多媒体文件。浏览网页是超链接最普遍的一种应用，通过超链接还可以获得不同形态的服务，如文件传输、资料查询、电子邮件、远程访问等。

当网页包含超链接时，网页中的外观形式为彩色(一般为蓝色)且带下划线的文本或图片。单击这些文本或图片，可跳转到相应位置。鼠标指针指向超链接的显示文本或图片时，鼠标指针将变成手形。

超链接使用锚点标记来定义。锚点(anchor)标记由＜a＞定义，它在网页上建立超链接。通过单击一个词、句或图片，可从此处转到另一个链接资源(目标资源)，这个目标资源有唯一的地址(URL)。具有以上特点的词、句或图片就称为热点。＜a＞标记的格式为：

```
<a href ="url" target="打开窗口方式">热点</a>
```

href 属性的值为一个 URL，是目标资源的有效地址。如果要创建一个不链接到其他位置的空超链接，可用"#"代替 URL，即<a href ="#">热点</a>。

target 属性用于设定单击超链接后目标窗口的打开方式。可选值为：_blank，_parent，_self，_top。

8.1.6 表单标记

网页上具有可输入表项及项目选择等控制所组成的栏目称为表单。在网页中，通过表单交流和反馈信息从而实现交互操作。

与表单有关的标记有<form>和<input>，表单的基本语法及格式为：

```
<form name="表单名" action="url" method="get/post">
<input type="表项类型" name="表项名" value= 默认值" size="x" maxlength="y">
…
</form>
```

- <form>标记：主要处理表单结果的处理和传送。

name 属性：用于设定表单的名字，在一个网页中用于唯一识别一个表单。

action 属性：用于设定表单处理的方式，往往是 E-mail 地址或网址。

method 属性：用于设定表单数据的传送方向，是获得(get)表单还是送出(post)表单。

- <input>标记主要用来设计表单中提供给用户的输入形式。

type 属性：设定要加入表单项目的类型(text，password，checkbox，radio，image，hidden，submit，reset)。

name 属性：设定该表项的控制名，主要在处理表单时起作用。

size 属性：设定单行文本区域的宽度。

maxlength 属性：设定允许输入的最大字符数目。

8.1.7 窗口框架标记

框架(frame)也称多窗口页面或帧，是在同一浏览器窗口中显示多个相互隔离的 HTML 页的结构，每个区域显示一个 HTML 文件。利用框架结构可以在页面中同时浏览多个页面，还可以在一个区域中显示所有页面的总索引，通过单击该区域中的超链接，相关网页就会显示在另一个区域中，非常直观，使得用户在浏览局部内容时，仍对整个网站的结构有清晰的认识，不至于进入多层链接后而迷失方向。

框架的建立使用<frameset>和<frame>两个标记。所有框架标记需要放在一个 HTML 文件中，这个文件只记录了该框架如何划分，不会显示具体页面内容，所以只是用<frameset>标记取代<body>标记，用来声明框架的定义。<frameset>用来划分窗格，每一个窗格由一个<frame>标记来定义，<frame>必须在<frameset>范围中使用。<frame>标记用来声明其中框架页面的内容。框架的基本结构为：

```
<html>
<head>……</head>
```

```
<frameset>                <!--划分窗格-->
<frame src= "url">        <!--定义第一个窗格-->
<frame src= "url">        <!--定义第二个窗格-->
…
</frameset>
</html>
```

8.1.8 HTML中的特殊显示效果

1. 用图片作为超链接

图片也可作为热点,单击图片则跳转到被链接的文本或其他文件。格式为:

```
<a href="url"><img src="图片文件名"></a>
```

例如,下面代码:

```
<a href="vb_book.html">
<img src="vb.jpg" alt="vb封面" width=140 height=190 hspace=10 vspace=5>
</a>
```

2. 滚动字幕标记<marquee>

格式为:

```
<marquee direction="left/right/down" behavior="scroll/sice/alternate" loop="i/-1/infinite">流动文字(图片)</marquee>
```

8.2 CSS样式表

8.2.1 CSS概述

CSS的全称是Cascading Style Sheet,可翻译为“级联式样式单”或“串接式样式单”。它是一组显示规则的集合,其中每一条规则都规定了适用的对象以及应用到该对象的显示方案。

CSS样式表有如下一些优点。

(1) 简单,易学易用。CSS的语法非常简单,简单得甚至可以说没有什么语法。需要掌握的就是它所内置的属性、这些属性可能的属性值以及各种属性值对显示结果的影响等。掌握这些东西需要的是了解和记忆,而不是理解。所以CSS的规则比较容易学习。XSL相对于CSS就复杂得多,它更像一门编程语言,但相应地其能力也更强大。

(2) 能够满足XML文档的基本显示要求。用CSS显示XML文档,不可能达到HTML那种多姿多彩的效果,但起码能够对文档的内容进行清晰、醒目的显示。而且,如果有一定的经验和技巧,使用CSS也能创作出足够复杂、美观的版面,这全在于个人的能力。与其极其简单的语法和规则相比,CSS所能做的其实已经够多的了。

(3) 标准稳定,得到较为全面的支持。CSS是W3C推荐使用的标准,该标准非常成熟和稳定，且得到了浏览器厂商的较为全面的支持。与之相比，XSL 目前还处于草案阶段，现在所公布的标准在将来可能会有不同程度的修订。而且至今没有一个软件能够实现其大部分内容，在浏览器产品中，只有 IE 5.x 能够支持部分 XSL 标准。

当然，CSS 也有局限性。对 CSS 来讲，其优点来源于其简单，但其缺点和局限同样来源于其简单；对 XSL 来讲，复杂是其缺点，但其优点也来源于其复杂。CSS 根据 XML 文档中的控制标记定制显示方案，所显示的内容由文档决定，CSS 所能做的就是为文档中的内容一一设计显示方案，仅此而已，无法进行更多的干预，比如对显示的内容进行排序、组合、选择等。这使得 CSS 对 XML 文档显示的控制缺乏灵活性和弹性。

8.2.2 CSS 的种类

CSS 的种类有 3 种，分别是外部样式表、内部样式表和行内样式表。

实际上 CSS 就是以样式表的存在位置来分类的。外部样式表存在于 HTML 文件的外部，是另外的一个后缀名为.css 的文件；内部样式表存在于 HTML 文件的内部，在<head> 标签内，有具体的样式定义；行内样式表也处于 HTML 文件的内部，但是在<body>标签管辖范围内，以属性的形式设置某一个标签的样式。

图 8-12 描述了 3 种 CSS 和 HTML 文件的关系。

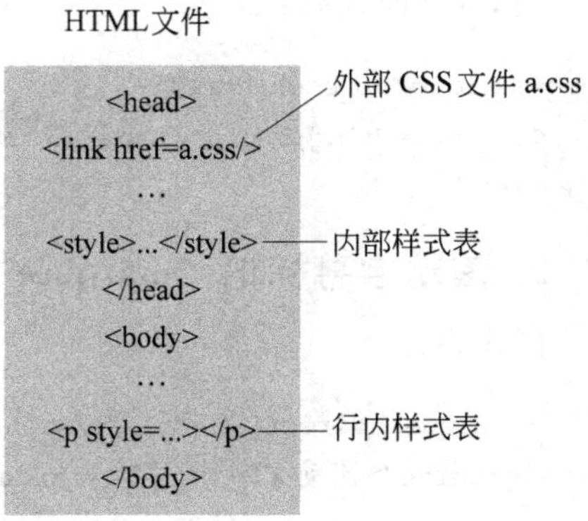

图 8-12　CSS 和 HTML 的关系

8.2.3 新建 CSS 样式表

我们可以按照如下方法直接创建样式。

(1) 在“CSS 样式”面板中单击“新建 CSS 样式”按钮，打开“新建 CSS 样式”对话框。

(2) 在“选择器类型”区选择要创建的 CSS 类型，如果要创建可作为 class 属性应用于文本的类样式，请选择“类(可应用于任何标签)”，然后在“名称”文本框中输入样式名称。

(3) 指定保存样式的位置。其中，要创建外部样式表，请选择“新建样式表文件”；要将新建样式保存在当前站点中的现有样式表文件中，可以打开“定义在”下拉列表，然后选择样式表文件；要在当前文档中嵌入样式，请选择“仅对该文档”单选按钮。

(4) 单击“确定”按钮。

8.2.4 从外部导入 CSS 样式表

导入外部样式表(imported style)就是当浏览器在读取 HTML 文件时，复制一份样式表到这个 HTML 文件中。导入外部样式表是指在内部样式表的<style>里导入一个外部样式表文件。其格式为：

```
<style type="text/css">
<!--
@import url("外部样式表的文件名 1.css");
```

```
@import url("外部样式表的文件名 2.css");
其他样式表的声明
-->
</style>
```

"外部样式表的文件名"指出要导入的样式表文件，扩展名为.css。其方法与链入样式表文件的方法相似，但导入外部样式表的输入方式更有优势，实质上它相当于保存在内部样式表中。

注意：@import 语句后的";"不能省略。所有@import 声明必须放在样式表的开始部分，在其他样式表声明的前面，其他的 CSS 规则放在其后的 style 中。

8.2.5 编辑 CSS 样式表

样式表是通过其属性来编辑样式的，CSS 的属性很多，下面仅列出一些常用属性。它们均是在 CSS 样式表的"分类"列表中选择的。

1. 类型属性

用来定义字体、大小、粗细、斜体、行高和颜色等设置。该设置主要针对网页中的文字有效。

2. 背景属性

用来定义背景设置。它可以对网页中的任何元素应用背景属性，还可以设置背景图像的位置，其部分选项的含义如下。

- 重复(background-repeat)：确定是否以及如何重复背景图像。"不重复"表示在元素开始处显示一次图像；"重复"表示在元素的后面水平和垂直平铺图像；"横向重复"和"纵向重复"分别表示背景图像在水平方向或垂直方向上平铺图像。
- 附件(background-attachment)：确定背景图像是固定在它的原始位置还是随内容一起滚动。
- 水平位置和垂直位置(background-position)：指定背景图像相对于元素的初始位置。这可以用于将背景图像与页面中心垂直和水平对齐。如果附件属性为"固定"，则位置相对于"文档"窗口而不是元素。

3. 区块属性

这类属性用来定义文字的排列格式。

4. 方框属性

用来控制元素在页面上的放置方式，其主要选项的含义如下。

- 宽(width)和高(height)：设置元素的宽度和高度。
- 浮动(float)：设置其他元素(如文本、层、表格等)在哪个边围绕元素浮动。
- 清除(clear)：定义层的清除边。如果清除边上出现层(或其他元素)，则带清除设置的元素移到该层的下方。
- 填充(padding)：指定元素内容与元素边框之间的间距。
- 边界(margin)：指定一个元素的边框与另一个元素之间的间距。仅当应用于块级元素(如段落、标题、列表等)时，该属性才有效。

5. 边框属性

用来定义元素周围边框的设置，如边框宽度、颜色和样式。

6. 列表属性

用来为列表标签定义列表设置(如项目符号外观、自定义图像和位置)。

7. 定位属性

定位属性用于使用“层”首选参数中定义的层的默认标签，将标签或所选文本块更改为新层。

8.2.6 CSS 控制面板

在 Dreamweaver 中，我们可以借助“CSS 样式”面板来新建、删除、编辑和应用样式，以及附加外部样式表等，选择“窗口”菜单中的“CSS 样式”命令，如图 8-13 所示。打开 CSS 样式控制面板，如图 8-14 所示。

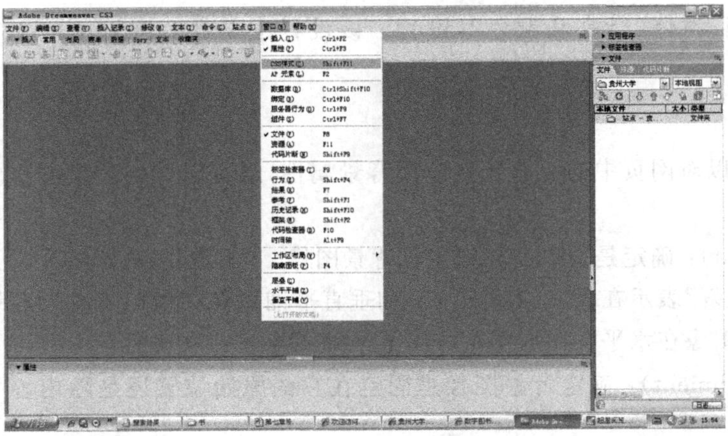

图 8-13 打开 CSS 样式命令菜单

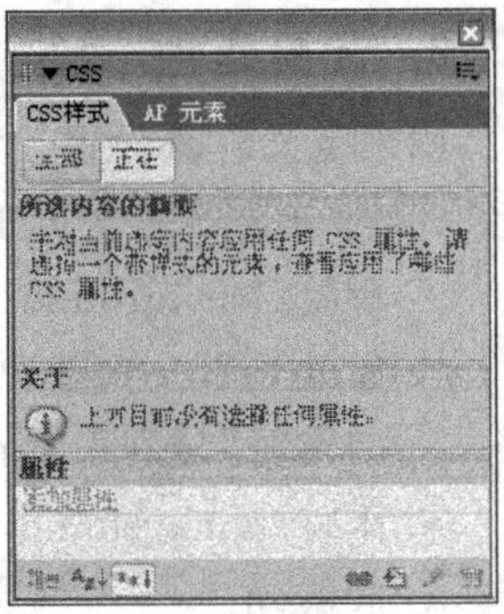

图 8-14 CSS 控制面板

在 CSS 样式面板的右下角有一排按钮，通过它们可以对 CSS 样式进行相关的操作。

- “附加样式表”按钮：单击该按钮，弹出“链接外部样式表”对话框，可以选择要链接到或导入到当前网页的外部样式表。
- “新建 CSS 样式”按钮：单击该按钮，弹出“新建 CSS 样式”对话框，可以创建不同类型的 CSS 样式。
- “编辑样式表”按钮：单击该按钮，弹出“编辑样式表”对话框，可以编辑当前网页或外部样式表中的任何样式。
- “删除 CSS 样式”按钮：单击该按钮，可以删除 CSS 样式面板中的样式，同时取消应用了该样式的格式设置。

8.2.7 CSS 应用案例——在同一页面中使用不同风格的超链接

如果读者是一个追求个性的人，肯定会为网页上千篇一律的超链接样式所厌烦。蓝色下划线已经成为了所有超链接的标志。现在，CSS 技术的运用使网页的面貌焕然一新，可以使用样式表方便地控制网页中每个区域内的超链接，甚至可以随心所欲地改变指定的超链接在各种不同状态下的字体、大小、颜色和修饰等。很多人就是在探索超链接标记时开始接触到 CSS 样式表的。

下面就来看一个例子。

【例 8-8】 先使用记事本建立一个外部样式表文件，在这里为网页建立许多超链接的样式。将文件取名为 mystyle. css：

```
A.title: link {color: #808080}
A.title: visited {color: #808080}
A.title: hover {color: #000000; text-decoration: none; font-weight: bold}
A.red: link {color: red;background-color: pink}
A.red: visited {color: red}
A.red: hover {color: red; text-decoration: none; font-weight: bold}
```

下面是本例的 HTML 代码。

```
<html>
<head>
<title>举例</title>
<link rel= "stylesheet" href= "mystyle.css">
<style>
body {font-family: "宋体", "Arial Narrow", "Times New Roman"; font-size: 9pt}
A: link {color: #223E44; text-decoretion: none}
A: visited {color: #112234; text-decoretion: none}
A: hover {color: #FF0033; text-decoretion: underline}
</style>
</head>
<body>
<p>在同一种网页中可以为不同的超链接设置不同的样式：</p>
<ul>
<li><a href= "http: //www.5dmedia.com">这是灰色的鼠标浮动上去时是红色的超链接</a></li>
<li><a class= "title" href= "http: //www.5dmedia.com">这是一个鼠标浮动上去时将加粗加黑的
超链接</a></li>
<li><a class= "red" href= "http: //www.5dmedia.com">这是一个鼠标浮动上去时加粗变色并加背
景色的超链接</a></li>
</ul>
</body>
</html>
```

本文档在浏览器中的显示效果如图 8-15 所示。

超文本网页的最大特色就是方便灵活的超链接方式，可以说网络就是由无数超链接链接起来的。现在可以通过 CSS 技术控制超链接的显示，也就是掌握了制作成功网页的关键所在。

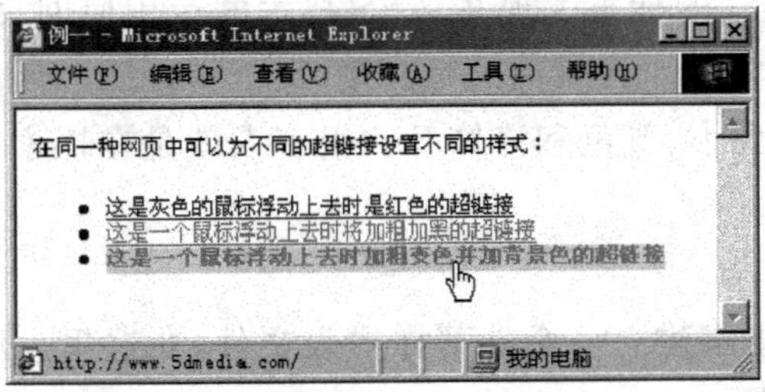

图 8-15 例 8-8 显示效果

8.3 XML 扩展标记语言

8.3.1 XML 概述

可扩展标记语言(Extensible Markup Language ,XML)称为可延伸的标记语言，事实上它并不仅是一种标记语言，而且是一种允许用户对自己的标记语言进行自定义扩展的源语言。XML 语言可以让信息提供者根据需要，自行定义标记及属性名，也可以包含描述法，从而使 XML 文件的结构可以复杂到任意程度。与 HTML 不同，作为一种可扩展性语言，XML 允许文档开发人员自行创建描述数据的标记，并使开发人员可以创建被称为文档类型定义(dm)的规则集合。任何标准的 HTML 语法分析器都可以读取、解码和检验这种基于文本的自描述文档，并以独立于平台的方式提取数据元素，因此使应用程序可以通过另一种名为文档对象模型(dom)的标准访问数据对象。

为了使编写的 Web 页面成为有效的 XML 文档，文中每一添加的标记必须记入一个独立的文档类型定义(dtd)文件中。dtd 的采用为 XML 页面带来了强大的功能。

8.3.2 HTML 与 XML

XML 同 HTML 一样，都是用标记来描述文档资料的通用语言(SGML)。XML 保留了 SGML 的可扩展功能，这使 XML 从根本上有别于 HTML。XML 要比 HTML 强大得多，强大的超链接再生能力、高度结构化、良好的数据存储格式、完善的字符兼容性、可扩展性好成为 XML 主要的特点。它不再是固定的标记，而是允许定义数量不限的标记来描述文档中的资料，允许嵌套的信息结构。HTML 只是 Web 显示数据的通用方法，而 XML 提供了一个直接处理 Web 数据的通用方法。HTML 着重描述 Web 页面的显示格式，而 XML 着重描述的是 Web 页面的内容。

8.3.3 XML 基本语法

1. XML 文件的基本结构

XML 文件由声明区、定义区和主体区 3 个部分构成。由于 XML 没有固定的标记，不像 HTML 那样必须把整个文档放置在<html><body>…</body></html>结构中，所以

XML 文档的基本结构中没有固定的结束标记。它的 3 个主要部分在文档中的基本结构如下：

声明区
定义区
主体区

下面先给出一个样本文档。

【例 8-9】

```
<?xml version= "1.0" encoding= "GB2312" standalone= "yes" ?>
<!DOCTYPE 书架 [
<!ELEMENT 书架 (书+)>
<!ELEMENT 书 (书名,作者,售价)>
<!ELEMENT  书名 (#PCDATA)>
<!ELEMENT  作者 (#PCDATA)>
<!ELEMENT  书名 (#PCDATA)>
]>
<书架>
    <书>
      <书名>计算机网络基础应用教程</书名>
      <作者>林 川</作者>
      <售价>37.00 元</售价>
    </书>
</书架>
```

对上例结构的说明如下：

XML 的声明区

```
<?xml version= "1.0" encoding= "UTF-8" standalone= "yes" ?>
```

XML 的定义区

```
<!DOCTYPE 书架 [
<!ELEMENT 书架(书+)>
<!ELEMENT 书(书名,作者,售价)>
<!ELEMENT  书名(#PCDATA)>
<!ELEMENT  作者(#PCDATA)>
<!ELEMENT  书名(#PCDATA)>
]>
```

XML 的主体区

```
<书架>
    <书>
      <书名>计算机网络基础应用教程</书名>
      <作者>林 川</作者>
      <售价>37.00 元</售价>
    </书>
</书架>
```

在浏览器中的显示效果如图 8-16 所示。

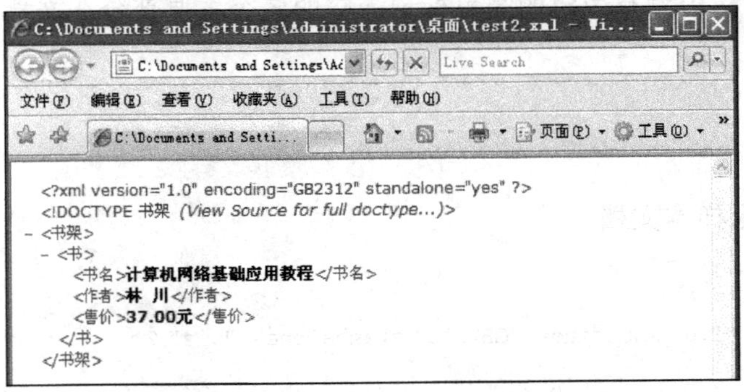

图 8-16　例 8-9 显示效果

2. XML 的声明

(1) 声明格式。

所有 XML 文档的第一行是 XML 的声明，表明这个文档是一个 XML 文档，并指定这个 XML 文档使用的 XML 版本、适用的语言规范等。XML 的声明以“＜? xml”开始，以“? ＞”结束，标志着 XML 的开始。声明格式如下：

```
<?xml version="版本号" [encoding="字符编码方式"] [standalone="yes|no"] ?>
```

(2) 声明格式的说明。

- version：说明文档的版本规范，目前只有 XML 1.0 版本。在 XML 文档中，version 是必不可少的。
- encoding：说明文档字符的编码方式，这是一个可选项。如果默认，则采用通用字符编码格式 utf-16。采用这种编码格式时，文档中不能使用中文标记。要在文档中使用中文字体，必须使用 GB2312(简体中文)或 Big5(繁体中文)编码格式。当然，不同的语言都有各自不同的编码格式。
- standalone：说明文档实体是否使用外部标记声明，这是一个可选项。Standalone 有两个取值：yes 表示没有外部标记声明；no 表示有外部标记声明。

【例 8-10】 XML 的声明。

```
<?xml version="1.0" encoding="GB2312" standalone="yes" ?>
<声明>
<格式>声明</格式>
</声明>
```

在浏览器中的显示效果如图 8-17 所示。

图 8-17　XML 声明

(3) 声明注意事项。

- 在声明中，version 是必选项，encoding 与 standalone 是可选项。如果选择其中两个或三个属性，则使用顺序不能改变，且相互之间有一个空格。
- 在使用 version、encoding 与 standalone 时，必须用小写字母。
- 声明中属性值必须用“”括起来。

【例 8-11】 XML 声明时错误。

```
<?xml Version="1.0" encoding="GB2312" standalone="yes" ?>
<!--声明错误-->
<声明>
<格式>声明的格式</格式>
</声明>
```

在这个例子中，第一行第 6 个字符不符合 XML 的声明要求，即 version 写成了 Version。解析器解析时会发现错误，并报告错误信息的内容与错误发生的位置。在浏览器中的显示效果如图 8-18 所示。

图 8-18 XML 声明错误

3. XML 的注释与处理指令

(1) 注释格式。

注释是为了对文档代码或内容进行说明性描述，在 XML 文档中添加附件信息，以便于阅读和理解。与 HTML 相似，XML 的注释以“<！- -”开始，以“- - >”结束。注释的格式为：

```
<!-- 注释内容 -->
```

对于注释内容，解析器不对其进行任何处理，并且不会被程序解释或者浏览器显示。

(2) 使用注释时的注意事项。

- XML 文档第一行不允许使用注释。
- 标记中不允许使用注释。
- 注释与注释不能互相嵌套。
- 不能在注释中使用“--”。

(3) 处理指令。

XML 的处理指令是用来指示解析器，文档中可以包含由应用程序来处理的指令，处理指令以“<?”开始，以“? >”结束。如：

```
<?xml version="1.0" encoding="GB2312"?>
```

这条指令的作用是指示浏览器执行 XML 的 1.0 版本，文档采用 GB2312 编码方式。

4. 标记

作为元标记语言，XML 可以在文档中创建和使用新的标记（Tags），如＜NotebookComputer＞…＜\NotebookComputer＞和＜Style＞…＜/Style＞等。新标记的创建和使用要遵循一定的规则。

（1）标记的构成。

XML 文档中的标记由如下 3 部分组成：

- 标记起始字符“＜”；
- 标记的名称；
- 标记终止字符“＞”。

如＜NotebookComputer＞、＜Style＞、＜Monitor＞等。

标记的起始和终止字符分别为 ASCII 码的“小于号”和“大于号”，又称为定界符，用于将置标和字符数据分开。在使用中文标记时，要注意不要把这两个字符输入成中文的全角符号“＜”和“＞”。同样需要注意的是所有置标中的分号、逗号和双引号等，它们都应该是半角的 ASCII 码。

（2）标记的命名规则。

标记的名称必须符合以下规则：

- 英文名称必须以英文字母或者下划线“_”开头，中文名称必须以中文文字或者下划线“_”开头。
- 在使用默认编码集的情况下，名称可以由英文字母、数字、下划线“_”、连接符“-”和点“.”构成。在指定了编码集的情况下，则名称中除上述字符外，还可以出现该字符集中的合法字符。例如，如果在 XML 声明中包含了“encoding＝GB2312”的设定，则在标记的名称中就可以出现大陆简体汉字。
- 名称中不能含有空格。
- 名称中含有英文字母时，对大小写是敏感的。如＜NotebookComputer＞和＜notebookcomputer＞是不同的标记。

例如，以下标记的命名是正确的：

```
<NotebookComputer>
<_NotebookComputer>
<Notebook-Computer>
<Notebook_Computer>
<Notebook.Computer>
<NotebookComputer123>
```

而以下标记的命名是错误的：

```
<123NotebookComputer>          不能以数字开头
<Notebook Computer>            不能含有空格
<Notebook#Computer>            不能含有“#”
```

(3) 标记的种类。

在 XML 标准中有两种合法的标记。

- 成对出现的对称型标记：如<NotebookComputer>…<\NotebookComputer>和<Style>…</Style>等。前面的标记，如<Style>，称为起始标记；后面的，如</Style>，称为结束标记。起始标记和结束标记同名，唯一的差别是结束标记中，在定界符"<"后和标记名前有一个"/"符。在文档中，起始标记和结束标记之间，一定有其他内容、字符数据或者是其他的标记，如：

```
<NotebookComputer>
<Style>lenovo-Y550A-PEI</Style>
<!--Notice the space in the element of CPU、RAM、Monitor-->
<CPU>Inter P8600</CPU>
<RAM>4GB</RAM>
<Monitor>15.6LED WXGA</Monitor>
<Price MoneyKind="RMB">8300</Price>
</NotebookComputer>
```

因为 XML 的名称对大小写是敏感的，所以要特别注意起始标记和结束标记的匹配。如<NotebookComputer>…</Notebookcomputer>就是非法的标记。

- 空标记或者说空元素(empty element)：如果对称型标记间无任何内容，既无字符数据，又无其他标记，则该标记称为"空标记"。空标记可以用两个对称的标记来表示，如<RAM></RAM>，但一般表示为一个单独的标记，在标记名和定界符">"之间加入一个"/"符号，如<RAM/>。空标记一般都有属性，有属性的空标记表示如下：

```
<元素名 属性名="属性值",属性名="属性值",……/>,例如<RAM width="100"/>。
```

5. 元素

(1) 元素的构成。

元素相当于盛放了 XML 文档内容的容器。在 XML 文档中，所有的"内容"都必须被各种各样、大大小小的容器封装起来，然后在容器上贴上对所盛内容进行说明的标签。这些各种各样、大大小小的容器，连同容器上的标签、容器中所盛放的具体的内容，表示出了文档的意义和逻辑结构。当然，这种对于意义和逻辑结构的表示是否准确、清晰，分解得正确与否、标签标示得贴切与否有直接的关系。容器、标签和所盛放的内容三者构成了元素，如图 8-19 所示。

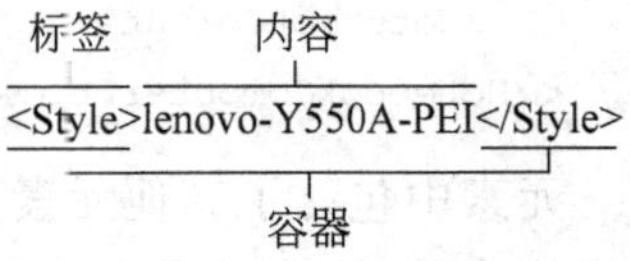

图 8-19 元素构成图

作为元素构成要素之一的容器，实际上就是前一节所介绍过的标记。标记提供了元素描述内容的框架。

标签实际上就是标记名，同时也是元素名。前一节介绍了标记的命名原则，在此原则下，可以为标记任意地命名。但从元素的角度看，为了更准确、清晰地描述文档的内容，这个名称最好与内容是有联系的，而不是随机的。如元素<Style> lenovo-Y550A-PEI </Style>就明显比<S> lenovo-Y550A-PEI </S>更能够清晰地传达关于文档内容的一些信息，但也许<ComputerStyle> lenovo-Y550A-PEI </ComputerStyle>会做得更好。在 XML 中，与简洁性相比更重要的是准确和清晰，这是 XML 的原则之一，这与编程中变量的命名原则是相似的。

(2) 元素的嵌套。

前面说过，各种元素描述了文档的逻辑结构。对于一个稍微复杂点的文档来说，一些并列如下的元素是无法准确描述其结构的：

```
<Style>lenovo-Y550A-PEI</Style>
    <CPU>Inter P8600</CPU>
    <RAM>4GB</RAM>
    <Monitor>15.6LED WXGA</Monitor>
<Price MoneyKind="RMB">8300</Price>
```

要更好地描述文档的逻辑结构，元素所封装的内容要求不仅仅是文档的原始数据，而要包含其他的元素，如下所示：

```
<NotebookComputerPrice>
  <Ti>The NEWEST Price of &quot; Notebook Computer &quot; </Ti>
  <NotebookComputer>
    <Style>lenovo-Y550A-PEI</Style>
    <!--Notice the space in the element of CPU、RAM、Monitor -->
    <CPU>Intel P8600</CPU>
    <RAM>4GB</RAM>
    <Monitor>15.6LED WXGA</Monitor>
  <Price MoneyKind="RMB">8300</Price>
    </NotebookComputer>
    <NotebookComputer>
      <Style >Y450G-TFO</Style>
      <CPU>Intel T4200</CPU>
      <RAM>2GB</RAM>
    <Monitor>14LEN WXGA</Monitor>
    <Price MoneyKind="RMB">4800</Price>
  </NotebookComputer>
</NotebookComputerPrice>
```

元素中包含了其他元素，这就构成了元素的嵌套。几乎所有的 XML 文档都是由嵌套的元素构成的(除非整个文档只有一个元素)。XML 规定，不管文档中有多少元素，也不管这些元素是如何排列、嵌套的，最后所有的元素都必须被包含在一个称为“根元素(Root element)”的元素中，如图 8-20 所示。

对于元素的嵌套，有如下原则。

- 所有 XML 文档都从一个根节点 DOCUMENT 开始，该根节点代表文档本身，根节点包含了一个根元素。
- 文档内所有其他元素都包含在根元素中。
- 包含在根元素中的第一个元素称为根元素的子元素。如果不止一个子元素，且子元素没有嵌套在第一个子元素内，则这些子元素互为兄弟。
- 子元素还可以包含子元素。
- 包含子元素的元素称为分支，没有子元素的元素称为树叶。

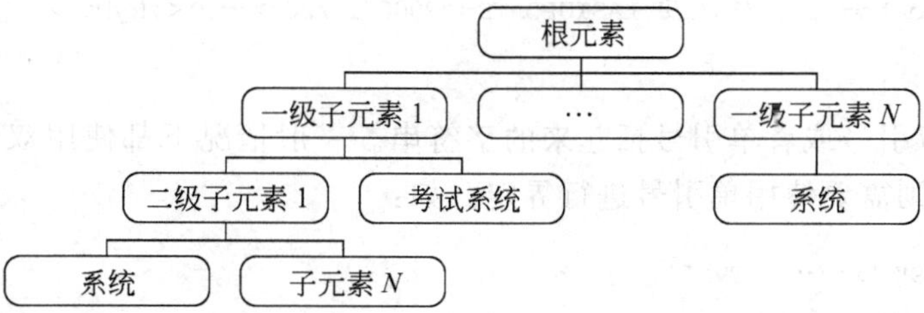

图 8-20　XML 元素树状结构图

6. 属性

(1) 属性的构成。

属性是元素的可选组成部分，其作用是对元素及其内容的附加性信息进行描述，由“＝”分隔开的名称-数值对构成，如下所示：

```
<元素名 属性名="属性值"……>内容</元素名>
```

例如：<Price MoneyKindRMB＝"RMB">22000</Price>

```
<元素名 属性名="属性值"……/>
```

例如：<Rectangle Width＝"100"Height＝"80"/>

什么样的信息是元素或内容的“附加性”信息呢？没有一个明确的规定，一般来讲，具有下述特征的信息可以考虑使用属性进行表示。

- 与文档读者无关的简单信息。所谓“简单”，是指没有子结构。如<Rectangle Width＝"100"Height＝"80"/>中的 Rectangle 元素，其目的是向读者展示一个矩形，但矩形的大小对读者来讲是无所谓的，在这种情况下，就可以将矩形的长、宽信息作为元素的属性。
- 与文档有关而与文档的内容无关的简单信息。如下面的元素：

```
<MyDocument LastUpdate="2000/10/19">…</MyDocument >
```

(2) 属性名。

属性的命名规则与标记和元素的命名规则相似。

- 英文名称必须以英文字母或者下划线“_”开头，中文名称必须以中文文字或者下划线“_”开头。
- 在使用默认编码集的情况下，名称可以由英文字母、数字、下划线“_”、连接符“-”和点“.”构成。在指定了编码集的情况下，名称中除上述字符外，还可以出现该字符集中的合法字符。
- 名称中不能含有空格。
- 名称对大小写敏感。
- 同一个元素不能有多个同名的属性。

针对上述规则举例，下边的元素是不合法的：

```
<MyDoc LastUpdate="2000/10/19" LastUpdate="2000/11/20">……</MyDoc>
```

而下边的元素则是合法的：

```
<MyDoc LastUpdate="2000/10/19" LASTUPDATE="2000/11/20">……</MyDoc>
```

(3) 属性值。

属性值是被双引号或者单引号括起来的字符串。一般情况下都使用双引号,如果字符串中就含有双引号,则需要使用单引号进行界定。如:

```
<TV Size=' "29" '>……</TV>
```

如果属性值中既包含双引号又包含单引号,则最好定界符使用双引号,属性值中的引号用预定义实体引用代替。如作为属性值的经度和纬度可以表示如下:

```
<Position Longitude="120&quot;34&apos;" Latitude="112&quot;21&apos;" />
```

预定义实体引用将在本章稍后介绍。

如果需要编写处理 XML 文档的程序,则要注意 XML 元素的属性值都是字符串,对于"Width="120"、Price="29.8""这样的属性值,若需要在程序中当作整数、实数进行处理,则必须先进行"字符串→整数或实数"的转换。

7. 元素和属性

从前面对元素和属性的介绍可以知道,在某些情况下,只能使用元素而不能使用属性来表示信息,比如要表示的数据比较复杂、含有子结构的时候。在某些情况下,所表示的信息都很简单,不含有子结构的时候则可以使用元素,也可以使用属性来表示数据。如:

```
<售价>
<单位>元<单位>
<价格>8300<价格>
</售价>
```

可以使用属性重新表示为:

```
<售价 单位="元">8300</售价>
```

原本作为元素的单位信息变成了元素的属性,这样做没有问题,完全符合 XML 的语法规则。这就产生了一个问题,即在使用元素也可、使用属性也行的两种的情况下,到底使用哪一种方式更好、更准确呢? XML 规则没有提供明确的答案,具体使用哪一方式,全在于文档编写者的经验。下面向大家所介绍的也只是基于经验的一般性总结,而不是规则。

- 在将已有文档处理为 XML 文档的时候,文档的原始内容应全部表示为元素。编写者所增加的一些附加信息,如对于文档某一点内容的说明、注释,文档的某些背景材料等,可以表示为属性,当然前提是这些信息非常简单。
- 在创建和编写 XML 文档时,希望读者看到的内容应表示为元素,反之表示为属性。
- 实在没有明确的理由表示为元素或属性时,就表示为元素。因为对于文档的最后处理来讲,元素比属性具有更大的灵活性。

8.3.4 XML 的显示格式

样式单文件确定了 XML 文档的显示方案。在样式单中,确定了文档中每一个元素的显示方案,如字体、字号、字型、对齐方式等。

XML 文档也可以不带样式单文件，即不规定文档的显示方案。在文档需要显示时，由显示文档的应用程序确定显示方案。

有两种样式单文件，一种为 CSS(Cascading Style Sheet)，即“级联式样式单”；另一种为 XSL(Extensible Stylesheet Language)，即“可扩展样式单语言”。

1. CSS 显示格式

CSS 允许在 XML 和 HTML 文档中加入诸如字体、颜色和空格等这样的样式。某些编程语言也许对于初学者来说比较枯燥难懂，它们过于频繁地使用缩写，让用户有些无所适从。但是 CSS 语言是一种直接可读可写的并且能够用普通桌面出版术语表达的语言，通俗易懂是它的最大特点(第 8.3.3 节已详细介绍)。

CSS 的基本特征之一是样式表单的层叠。作者可以附带一个样式，同时浏览者也可以拥有个人的自定义样式表单来为某些人为的或客观上的障碍做调整。

基本的样式表单指令如下：

```
<?xml-stylesheet type="text/css" href="mystyle.css" ?>
```

当 Internet Explorer 浏览 XML 文档时，浏览器会搜寻这个指令(PI)并下载样式表，然后使用它显示 XML。

注意：仅当直接在浏览器中显示 XML 时，样式表指令才被自动加载，其他使用 XML 的场合(例如数据岛)将忽略指令。

每个样式表指令必须含有一个 type 属性。这个属性的值描述了样式表应用的具体类型：“text/css”表示是一个 CSS 样式表，“text/xsl”表示使用了一个 XSL 样式表。

href 属性是一个样式表的 URL，相对 URL 是指相对于 XML 文档的 URL。

一个 XML 文档可以包括多个样式表指令。Internet Explorer 5.0 以上版本首先搜寻 type 属性为“text/xsl”的指令，并且使用它找到的第一个指令。否则，再查找“text/css”指令，然后使用和 HTML LINK 元素的同样处理方式将它们层叠起来。在<LINK>上允许的属性也能在样式表指令中指定。在使用 XSL 或者使用<LINK>元素时将这些属性忽略。

XML 页面使用 CSS 样式表

【例 8-12】 XML 页面使用 CSS 样式表。定义 E12.XML 文件标记如下：

```
<?xml version="1.0" encoding="GB2312"?>
<?xml-stylesheet type="text/css" href="eysb.css"?>
<book>
      <name>计算机网络实用技术</name>
      <author>向洪生</author>
      <price MoneyKindRMB="RMB">32</price>
</book>
```

定义 eysb.css 样式文件如下：

```
name{ margin-left:2px;
      font-size:80px;
      text-align:center;
      color:red;  }
author{margin-left:2px;
```

```
        font-size:60px;
        text-align:center;
         color:blue;  }
price{margin-left:2px;
        font-size:40px;
        text-align:center;
         color:black;  }
```

2. XML

E12.XML 文件的显示效果如图 8-21 所示。

图 8-21 例 8-12 显示结果

XML 文档最终目标是作为一个信息的基础类来存储信息,再被转换成不同的格式用于各种应用。全球万维网联盟(The World Wide Web Consortium,简称 W3C)提出了扩展样式语言规范来实现上述目的,XSL 即是用于 XML 文本的转换和格式化的标准语言。XSL 分为两个主要部分:一个为 XML 文档转换语言,另一个是 XML 的语义格式化字典。

XSL 转换对 XML 提出了如下一些要求:

第一,允许显示 XSL 转换语言。允许通过将 XML 转换为符合显示要求的语法和结构,或者转换成 HTML 以及 XSL 格式化对象语言来使 XML 数据的显示成为可能。

第二,直接浏览 XML 文档。Internet Explorer 5.0 以上版本能应用 XSL 样式表产生 HTML 文档,允许直接浏览 XML 文件。

第三,内容递送给下级浏览者。XSL 转换语言能在服务器上执行。以向客户级浏览者提供 HTML 文档。

第四,XML 大纲(XML Schema)翻译。XSL 转换语言处理过程独立于任何详细的输出语法,它能用于把 XML 数据从一种 XML 大纲翻译为另一种大纲。

第五,通过查询、排序、过滤转换 XML 文档。转换语言能用于在一个单一的语法中实现包括过滤、排序、汇总数据等多用途的转换。

总之,CSS 可以展现 HTML 和 XML 文件,而 XSL 可以展现 XML 和 Transformation(转换语言),它们各有所长。

【例 8-13】 使用 XSL 样式表来显示 XML 文件。

定义 E13.XML 文件标记如下:

```
<?xml version= "1.0" encoding= "GB2312"?>
```

```
<?xml-stylesheet type="text/xsl" href="exsl.xsl"?>
<company>
<compname>星辰公司</compname>
<product>
<name>联想昭阳 K43(AP8600)</name>
<os>Microsoft Windows Vista</os>
<price>8500</price>
</product>
<product>
<name>HP Compaq 6531s(NN835PA)</name>
<os>Microsoft Windows Vista Home</os>
<price>5400</price>
</product>
</company>
```

定义 exsl. xsl 格式表文件如下：

```
<?xml version="1.0" encoding="GB2312"?>
<xsl:stylesheet xmlns:xsl="http://www.w3.org/TR/WD-xsl">
<xsl:template match="/">
<HTML>
<HEAD>
<H1 align="center"><xsl:value-of select="//compname"/></H1>
</HEAD>
<BODY>
<TABLE BORDER="1" CELLPADDING="6" align="center">
<TR><TH>产品名称</TH><TH>操作系统</TH><TH>价格</TH></TR>
<xsl:for-each select="//product" order-by="price">
<TR>
<TD><xsl:value-of select="name"/></TD>
<TD align="center"><xsl:value-of select="os"/></TD>
<TD><xsl:value-of select="price"/></TD>
</TR>
</xsl:for-each>
</TABLE></BODY></HTML>
</xsl:template></xsl:stylesheet>
```

显示效果如图 8-22 所示。

8.3.5 XML 应用案例

【例 8-14】 内部包含 XML 标记的 HTML 文档。

```
<HTML><HEAD><TITLE>包含 XML 标记的 HTML 文件</TITLE>
</HEAD>
```

图 8-22　例 8-13 显示结果

```
<BODY>
<H1 align="center" style="color:blue">联想笔记本</H1>
<XML ID="xmlconf">
<?xml version="1.0" encoding="GB2312"?>
<notebookcomputers>
      <notebookcomputer>
        <title>联想昭阳 K43(AP8600)</title><CPU>Core 2 Duo P8600</CPU><RAM>4G</RAM>
       <HD>320G</HD><MONITOR>TFT LCD</MONITOR>
      </notebookcomputer>
      <notebookcomputer>
        <title>联想 3000 G430(LT1600)</title><CPU>celeron Duo T1600</CPU><RAM>4G
        </RAM><HD>250G</HD><MONITOR>TFT LCD</MONITOR>
      </notebookcomputer>
       <notebookcomputer>
        <title>联想 3000 G430(AT3400)</title><CPU>Core Duo T3400</CPU><RAM>4G</RAM>
       <HD>250G</HD><MONITOR>TFT LCD</MONITOR>
      </notebookcomputer>
</notebookcomputers>
</XML>
<CERNET>
<TABLE datasrc="#xmlconf" border="1">
<THEAD><TH>产品名称</TH><TH>处理器</TH><TH>内存</TH><TH>硬盘</TH><TH>显示器</TH>
</THEAD><TR>
<TD align="center"><DIV datafld="title"></DIV></TD>
<TD><DIV datafld="CPU"></DIV></TD>
<TD><DIV datafld="RAM"></DIV></TD>
<TD><DIV datafld="HD"></DIV></TD>
<TD><DIV datafld="MONITOR"></DIV></TD>
</TR></TABLE></CENTER></BODY></HTML>
```

其显示结果如图 8-23 所示。

图 8-23　例 8-14 显示结果

习　题　8

1. 分别用有序和无序的方法把你班的所有学生名单排列出来。

2. HTML 的文档处理涉及哪些内容？举例说明。

3. 在网页设计中使用 CSS 有什么好处？

4. 列出大学所学的几科科目，并使用 CSS 的文字与文本属性，对不同内容进行处理，使显示效果多样化。

5. 写出 XML 的声明格式，并说明格式中每项的作用以及声明中的注意事项。

6. 说明 XML 元素间的关系，使用元素时有哪些注意事项？

第9章 Dreamweaver CS3 网页设计技术

本章要点

- Dreamweaver CS3 的使用；
- 在网页中插入文本；
- 表格的处理；
- 在网页中插入对象；
- 数据库的处理。

本章难点

- 在网页中插入对象；
- 数据库的处理。

9.1 Dreamweaver CS3 入门

Dreamweaver 是世界上最优秀的可视化网页设计制作工具和网站管理工具之一，它支持最新的 Web 技术。使用 Adobe Dreamweaver CS3 软件，可以快速轻松地完成设计、开发和维护网站的工作。

9.1.1 Dreamweaver CS3 的安装、启动与退出

Dreamweaver CS3 被集合在 Adobe Design Premium CS3 中，Adobe Design Premium CS3 是一个集合了多个软件的安装程序，在安装盘中双击 setup.exe 文件，将启动安装程序。在打开的窗口中用户可根据自己的实际需要进行安装。

安装好 Dreamweaver CS3 后，即可以启动它。启动 Dreamweaver CS3 的方法主要有 3 种，分别是通过桌面快捷方式图标启动、通过快速启动栏启动和通过选择命令启动。

当不使用 Dreamweaver CS3 时，需要将其退出，单击窗口右上角的☒按钮或选择“文件”→“退出”命令即可退出 Dreamweaver CS3。

9.1.2 Dreamweaver CS3 的工作界面

Dreamweaver CS3 与以前的 Dreamweaver 8.0 版本相比，在其界面和功能上都有较大的改善。在启动 Dreamweaver CS3 时，首先将打开一个起始页，在其中选择新建或打开一个网页后将进入 Dreamweaver CS3 的标准工作界面。Dreamweaver CS3 的标准工作界面包括标题栏、菜单栏、插入栏、文档工具栏、编辑窗口、标签选择器、状态栏、属性面板和浮动面板，如图 9-1 所示。

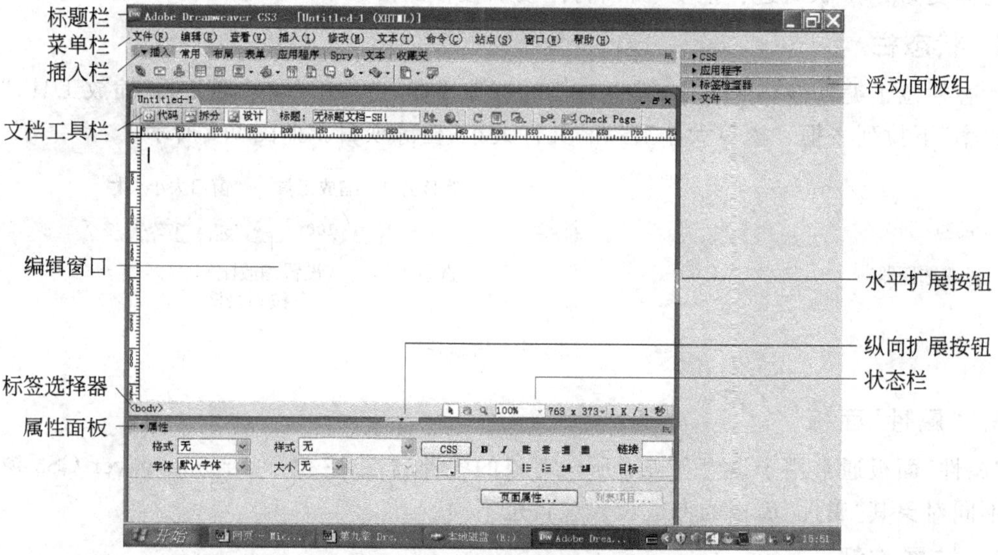

图 9-1　Dreamweaver CS3 工作界面

下面将分别讲解与网页制作密切相关的各组成部分的作用。

1. 插入栏

插入栏主要用于在网页中插入各类网页元素，主要有“常用”、“布局”、“表单”、“数据”、Spry、“文本”和“收藏夹”7 个选项卡。打开某个选项卡，即可看到相应的工具栏，单击工具栏中相应的工具选项即可执行相应的命令。如图 9-2 所示。其中，“常用”插入栏主要用于在网页中添加超链接、图像和日期等常见元素；“布局”插入栏主要用于进行页面布局，可添加表格、层、框架以及窗口模式的切换等操作；“表单”插入栏主要用于插入表单对象，如文字字段、单选按钮和复选框等；“文本”插入栏主要用于设置文本格式以及添加特殊字符。

图 9-2　插入栏

2. 文档工具栏

文档工具栏主要用于切换编辑区视图模式、设置网页标题、进行标签验证以及在浏览器中浏览网页等。如图 9-3 所示。

3. 浮动面板组

浮动面板组是指编辑窗口右侧的所有浮动面板的集合。通常用于管理站点和添加事件等操作。单击面板中的▶图标即可打开浮动面板并显示其内容，同时▶图标变成▼图标，再单

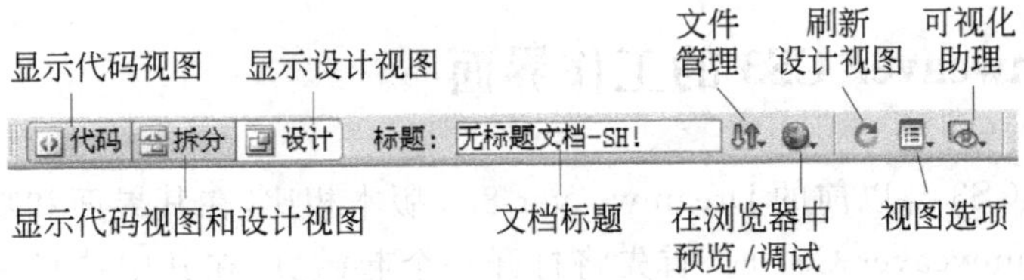

图 9-3 文档工具栏

击图标则收回面板，只显示该浮动面板的名称。将鼠标光标移到浮动面板的图标上，当鼠标光标变为形状时进行拖动，可以将浮动面板移到窗口中的任意位置。

4. 状态栏

状态栏位于编辑窗口的下方，其中包括标签选择器、选取工具、手形工具、缩放工具、“设置缩放比率”下拉列表框、“窗口大小”栏和“文件大小”栏等项目。如图 9-4 所示。

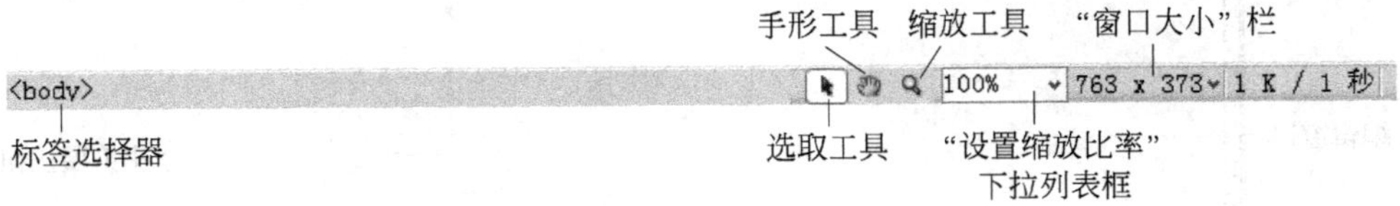

图 9-4 状态栏

5. “属性”面板

“属性”面板通常用于设置和查看所选对象的各种属性，它位于 Dreamweaver CS3 窗口底部。不同对象其“属性”面板的参数设置项目也不同。

6. 扩展按钮

扩展按钮有水平和纵向两种，分别用于隐藏浮动面板组和显示“属性”面板。

9.1.3 站点的规划

站点就是将多个网页文档通过各种链接关联起来。在 Dreamweaver CS3 中提供了本地站点、远程站点和测试站点 3 类。通过本地站点和远程站点可以在本地磁盘和 Web 服务器之间传输文件，通过测试站点可以对动态站点进行测试。

规划站点就是将站点合理地进行组织，利用不同的文件夹将不同的网页内容进行分类，从而达到提高工作效率，加快网页设计速度的目的。

在制作站点时应先在本地磁盘创建一个文件夹作为站点的根目录，所有的网页、图像文件以及网页中用到的文件都应保存在该文件夹中。在发布站点时，只需将该文件夹中的所有内容上传到 Web 服务器中即可。如果站点内容较多，还需要建立子文件夹来存放不同的内容。合理的文件名称和文件夹名称也是很重要的，好的名称容易理解，能够清晰地表达出网页内容。在命名时可采用与其内容相同的英文或拼音来命名，应避免使用长文件名和中文。

9.1.4 站点的管理

站点定义完成后，只是在 Dreamweaver CS3 中创建了一个空白的站点，还需要为站点创建下一级框架，如文件、文件夹等。所以我们需要对站点进行管理，这样才能井井有条，使后面的网页制作工作更顺利。

在管理站点时，通常包括新建文件和文件夹、删除文件或文件夹、重命名文件或文件夹、重命名站点以及删除站点等操作。

1. 新建文件和文件夹

创建站点以后，在 Dreamweaver CS3 操作界面右边的“文件”面板中，将显示用户创建的面板，为站点添加文件或文件夹的方法非常简单，只需要用鼠标右键单击创建的站点，在弹出的快捷菜单中选择相应的命令即可。

2. 删除文件或文件夹

若站点中的某个文件或文件夹不能使用，可将其删除。删除文件和文件夹的方法是：选择需要删除的文件或文件夹，按 Delete 键将其删除或用鼠标右键单击需要删除的文件或文件夹，在弹出的快捷菜单中选择“编辑”→“删除”命令即可。

3. 重命名文件或文件夹

在编辑制作网页的过程中，有时会遇到需要重命名文件或文件夹的情况。在 Dreamweaver CS3 中重命名文件或文件夹的方法主要有以下两种。

(1) 选中要重命名的文件或文件夹后，单击文件或文件夹的名称使其处于可改写状态，然后重新输入新名称即可。

(2) 选中要重命名的文件或文件夹，单击鼠标右键，在弹出的快捷菜单中选择“编辑”→“重命名”命令，使文件或文件夹进入可改写状态，然后输入新的名称即可。

4. 重命名站点

站点创建后如发现该名称不再符合要求，可再对其重命名。要执行该操作，必须选择“站点”→“管理站点”命令，然后在打开的对话框中单击“编辑”按钮，打开“站点定义”对话框，输入站点名称。

5. 删除站点

当不再需要某个站点或对某个站点无须再进行操作时，可以将该站点从站点列表中进行删除。其操作方法为：选择“站点”→“管理站点”命令，然后在打开的对话框中单击“删除”按钮。

注意：从“管理站点”对话框中删除的站点并没有从硬盘上删除，当需要恢复站点时，在“管理站点”窗口中单击“新建”按钮，然后指向原站点的位置即可进行恢复。

9.2 插入文本

文本就是常说的文字，它是网页中运用最广泛的元素之一，它可以将网页制作者要表达的意思通过文字展现出来，在网页中的文本主要包括普通文本和特殊字符等。其信息传载的方式是其他任何一种网页元素都无法替代的。

9.2.1 插入网页标题

由于网页标题对搜索引擎检索具有重要影响，因此很多网站都比较重视网页标题(尤其是网站首页标题)的设计。在 Dreamweaver CS3 中插入网页标题的操作方法为：在“属性”面板中选择“页面属性”按钮，然后在打开的对话框中选择“标题/编码”，在标题框中输入网页标题，如图 9-5 所示。另外，还可以利用文档工具栏快速设置网页标题，如图 9-6 所示。

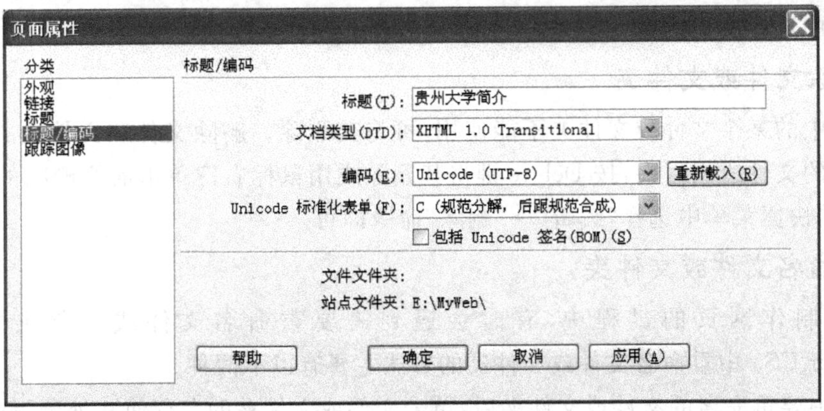

图 9-5 “页面属性”对话框

图 9-6 快速设置网页标题

9.2.2 插入普通文本

在 Dreamweaver CS3 中为网页添加文本的方法主要有 3 种，即直接输入文本、复制文本和导入文本。

1. 直接输入文本

在 Dreamweaver CS3 中直接输入文本的方法和在 Word 中输入文本的方法完全相同，只需将鼠标光标定位在需添加文本的位置，直接输入文本即可。

2. 复制文本

在制作网页过程中，使用复制文本的方法可节省输入文本的时间，从而提高制作网页的速度。将文本复制到 Dreamweaver CS3 中的方法是：先选择要复制的文本，再选择“编辑”→“复制”命令或按 Ctrl+C 组合键进行原文本的复制，然后切换到 Dreamweaver CS3 中，将光标定位在需添加文本的位置，再选择“编辑”→“粘贴”命令或按 Ctrl+V 组合键进行粘贴即可。

3. 导入文本

在 Dreamweaver CS3 中，除了可以复制文本以外，还可以直接导入 XML 模板、表格式数据、Word 及 Excel 格式的文档。在 Dreamweaver CS3 中导入文本的方法非常简单，只需要选择“文件”→“导入”命令，在弹出的菜单中选择需要导入文档的格式，在打开的对话框中选择需要的文档即可。

9.2.3 插入特殊字符

在制作网页时，常需要插入一些特殊字符，比如©（版权）、®（注册商标）、£（英镑符号）、¥（日元符号）、€（欧元符号）等特殊的字母。在 Dreamweaver CS3 中通过简单操作就可以轻松实现。

下面以插入版权符号“©”为例，说明在 Dreamweaver CS3 中如何插入特殊字符。在打开的编辑窗口中，将鼠标光标定位在需插入特殊符号的位置，然后选择“插入”→HTML→“特殊字符”→“版权”命令，插入版权符号即可。如图 9-7 所示。

图 9-7 插入特殊字符

9.3 设置文本样式

在页面中输入文本后，为了使输入的文本更加美观，用户可以设置文本的格式，通过设置文本的格式使文本的字体、颜色及段落样式发生变化，从而使网页更具魅力。在 Dreamweaver CS3 中，文本的属性一般都是在“属性”面板中设置的。

9.3.1 设置标题和段落格式

1. 设置标题格式

网页中默认存在 6 种标题，它们依次为标题 1、标题 2、标题 3、标题 4、标题 5 和标题 6。使用这些标题，可以标注文本内容的不同层次。设置标题格式需要使用属性面板的“格式”下拉列表。

2. 设置段落格式

设置文本段落主要包括段落缩进方式和对齐方式等。

(1) 设置段落缩进。

设置段落缩进包括增加段落的缩进和减少段落的缩进两种。将鼠标光标定位在需要设置格式的段落中，在“属性”面板中单击“文本缩进”按钮，将增加段落的缩进，单击“文本凸出”按钮将减少段落的缩进，再次单击可取消相应的缩进设置。

(2) 设置对齐方式。

为了使网页更美观，常常需要对文本进行对齐操作。在 Dreamweaver CS3 中，提供了 4 种对齐方式，即左对齐、居中对齐、右对齐和两端对齐。设置文本对齐的方法是：将鼠标光标定位在需要设置对齐方式的段落中，再单击“属性”面板中的对齐按钮，即可设置相应的对齐。

9.3.2 设置文本字号

在网页制作过程中有时为了让网页中某部分文本更加突出，此时就需要设置文本的字号，即字体的大小。在 Dreamweaver CS3 中，字体大小的设置也是通过“属性”面板来完成的，如图 9-8 所示。字体大小的设置主要有以下两种方法：一种是使用具体值的方法，也就是直接输入字体的大小，如 12px 或 12pt；另一种是用一定的范围或相对值来确定，如“较大”选项表示在原字号的基础上更大一点，而“中”选项则表示介于 12～14px 之间的字号。

在实际操作中一般使用具体值的表示方式来设置字体的大小。另外，字体的度量单位较多，相同的数值，不同的度量单位所得到的字体大小是不一样的，常用的度量单位有“像素(px)”及“点数(pt)”两种。在 Dreamweaver CS3 中默认正文文本通常设置为 12px 或 9pt。

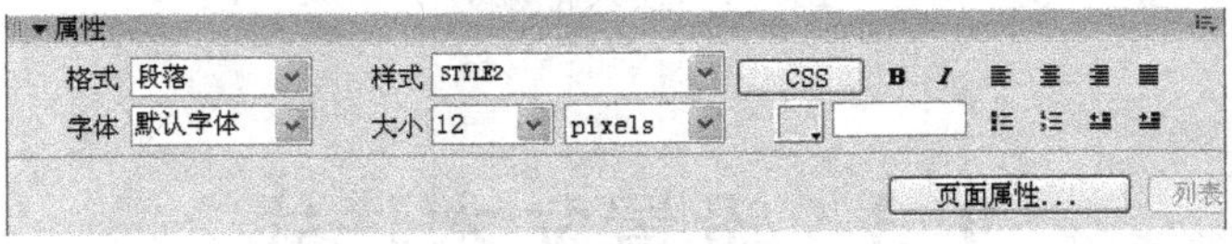

图 9-8 设置文本字号

9.3.3 设置文本字体

在 Dreamweaver CS3 中设置字体的方法是：选择需要设置字体的文本，在“属性”面板的“字体”下拉列表框中选择需要的字体即可，如图 9-9 所示。

在默认情况下，“字体”下拉列表框中可供选择的字体非常少，不能满足大多数网页文本的编辑要求，这时可以在“字体”下拉列表框中选择“编辑字体列表”选项，在打开的“编辑字体列表”对话框中添加字体，如图 9-10 所示。

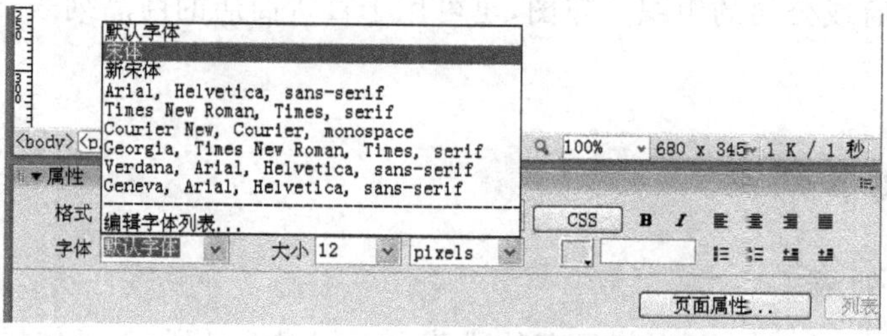

图 9-9 设置文本字体

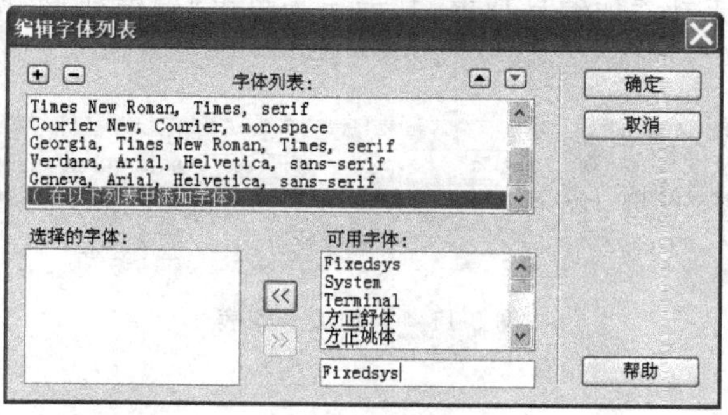

图 9-10 “编辑字体列表”对话框

9.3.4 设置文本颜色

在 Dreamweaver CS3 中，除了可以对网页中的文本进行字体和大小的设置外，还可对文本的颜色进行设置。文本颜色的设置方法是：选择需要设置颜色的文本，在其“属性”面板中单击按钮，在弹出的颜色列表中选择需要的颜色即可。

9.4 设置文本列表

列表可以将具有相似特性或某种顺序的文本进行排列。列表常应用在条款或列举等类型的文本中，通过列表可以使信息的层次关系更明确。

9.4.1 文本列表的类型

Dreamweaver CS3 中有编号列表和项目列表两种。

1. 编号列表

编号列表是以数字编号开头，一般列表项目都是有明确的先后顺序，所以又称为有序列表，它可以用在作息时间表、工作进度表、书籍大纲目录等实际应用中。

2. 项目列表

项目列表是以项目符号开头，在列表项之间没有先后次序时使用，所以又称为无序列表，它可以用于一个政府或公司的组织分布图，也可用于百货商店的商品列表，还可用于学习科目上的分类等。

9.4.2 添加文本列表

1. 添加编号列表

在 Dreamweaver CS3 中，可以将已有的段落文本创建编号列表，具体操作为：首先在打开的编辑窗口中，选择要创建编号列表的所有段落文本，然后在“属性”面板中单击“编号列表”按钮；也可以在输入时手动添加编号列表，其方法为单击“编辑列表”按钮，然后输入内容即可。如图 9-11 所示。

图 9-11 添加编号列表

2. 添加项目列表

在 Dreamweaver CS3 中，同样也可以将已有的段落文本创建项目列表，其方法和自动创建编号列表相同。首先选择要创建项目列表的文本，然后在“属性”面板中单击“项目列表”按钮即可自动创建项目列表。也可以在输入时创建项目列表，其方法是将鼠标光标定位在需插入项目列表的位置，在“属性”面板中单击“项目列表”按钮，Dreamweaver CS3 自动添加前导字符，并进入项目编号创建状态。如图 9-12 所示。

图 9-12 添加项目列表

9.4.3 设置文本列表的编号形式

在创建列表时，可以根据自己的需要对文本列表的编号形式进行编辑，如将项目列表的前导符设置为正方形等。在 Dreamweaver CS3 中主要是通过“列表属性”对话框对文本列表的编号形式进行设置，如图 9-13 所示。

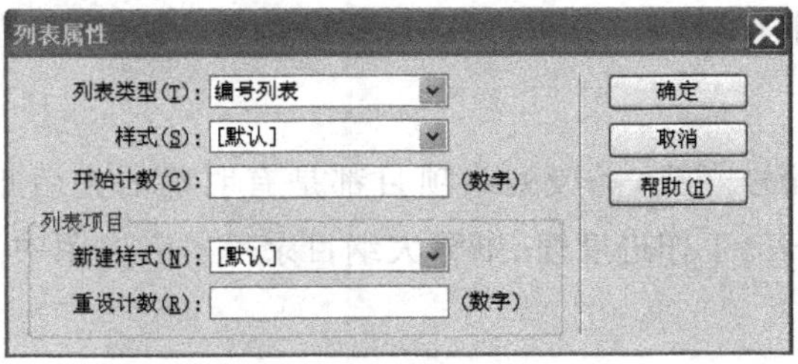

图 9-13 “列表属性”对话框

下面对“列表属性”对话框中各个选项的作用进行说明。

- “列表类型”下拉列表框：用来选择列表类型的样式。
- “样式”下拉列表框：用来选择项目列表的前导符样式。
- “开始计数”文本框：用来选择第一项编号列表的起始编号。

9.5 表格处理

9.5.1 插入表格

在网页中通过插入表格可对网页中的元素进行精确的定位，从而达到页面美观的效果。插入表格分为插入普通表格和插入嵌套表格两种。

1. 插入普通表格

普通表格即传统意义上的表格，通常用来显示信息。在 Dreamweaver CS3 中插入表格的方法很多，但一般常用“表格”对话框插入表格。插入表格的方法是：选择“插入记录”→“表格”命令打开“表格”对话框，如图 9-14 所示。其中，“行数”和“列数”可设置表格的行数和列数；“表格宽度”可设置表格的宽度，一般外层表格单位用像素，嵌套表格用百分比；“边框粗细”可设置单元格边框线的大小，通常设置为 0；“单元格边距”可设置单元格边框和单元格内容之间相距的距离；“单元格间距”可设置相邻的表格单元格之间相距像素值。根据各选项的作用对插入的表格进行属性设置，设置好表格后，单击“确定”按钮即可插入表格。

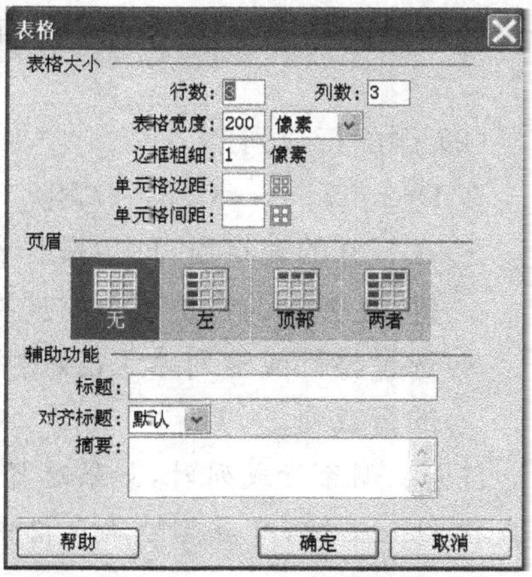

图 9-14 “表格”对话框

2. 插入嵌套表格

嵌套表格是指在表格的某个单元格中再插入一个表格，其宽度受所在单元格的宽度限制。在制作页面较为复杂的网页时，可以使用嵌套表格来对其进行布局。在 Dreamweaver CS3 中插入嵌套表格的方法与插入普通表格的方法相同。

9.5.2 表格编辑

表格创建好后，有时并不完全符合设计者的要求，这时可以通过对表格进行编辑，达到更理想的效果。在 Dreamweaver CS3 中编辑表格主要包括选择表格元素、插入和删除行或列、拆分与合并单元格、添加表格内容等。

1. 选择表格元素

选择表格元素包括选择整个表格、选择行或列和选择单元格。其操作方法分别如下。

(1) 选择整个表格：将鼠标光标移到表格边框线上，当边框线变为红色且鼠标光标变为形状时，单击鼠标左键即可将其选中。

(2) 选择表格中的行或列：将鼠标光标移到需要选择行的左侧，当鼠标光标变为➡形状且该行的边框线变为红色时，单击鼠标左键即可选中该行；将鼠标光标移到所要选择列的上侧，当鼠标光标变为⬇形状且该列的边框线变为红色时，单击鼠标左键即可选中该列。

(3) 选择单元格：选择单元格分为选择相邻单元格和选择不相邻单元格。按住鼠标左键不放，从要选择的单元格区域对角拖动鼠标，如从左下角到右上角最后一个单元格释放鼠标即可选中相邻的单元格区域；选择任意单元格后，按住 Ctrl 键不放，在表格中用鼠标左键单击要选中的单元格，即可选择不相邻的单元格。

2. 插入和删除行或列

(1) 插入行或列。

在 Dreamweaver CS3 中行或列的插入可分为插入单行、单列和插入多行或多列两种情况。单行或单列的插入较简单，只需将鼠标光标定位到所需的单元格中，单击鼠标右键，在弹出的快捷菜单中选择"表格"→"插入行"或"表格"→"插入列"命令即可。多行或多列的插入与单行或单列的插入方法类似，将鼠标光标定位到所需的单元格中，单击鼠标右键，在弹出的快捷菜单中选择"表格"→"插入行或列"命令，在弹出的"插入行或列"对话框中进行设置。

(2) 删除行或列。

在 Dreamweaver CS3 中，删除行或列的方法非常简单，主要有如下两种。

- 在打开的编辑窗口中，按住鼠标左键不放，拖动选取要删除的多行表格，单击鼠标右键，在弹出的快捷菜单中选择"表格"→"删除行"命令完成多行的删除。
- 选择整行或整列单元格，然后选择"编辑"→"清除"命令或按 Delete 键也可以删除选择的行或列。

注意： 删除行或列时，如果选择的不是整行或整列的单元格，那么选择"编辑"→"清除"命令或按 Delete 键，只会删除单元格中的内容，而不会删除单元格。

3. 单元格的合并及拆分

(1) 合并单元格。

合并单元格是指将两个或多个单元格组合成一个单元格。合并单元格的操作只能对相邻的多个单元格进行合并。其方法是：选择相邻的单元格区域，然后单击"属性"面板左下角的□按钮即可。

(2) 拆分单元格。

拆分单元格与合并单元格相反，它是将一个单元格拆分为多个单元格的操作。其方法是：将鼠标光标定位在需要拆分的单元格位置，单击"属性"面板左下角的䷀按钮，或单击鼠标右键，在弹出的快捷菜单中选择"表格"→"拆分单元格"命令，在打开的"拆分单元格"对话框中设置拆分的数值即可。

4. 添加表格内容

通常情况下，表格中可插入文本和图像，但也可以插入一些其他元素，如 Flash 和表单元素等。其添加方法很简单，只需将鼠标光标定位在需要添加对象的单元格中，然后输入文本或选择"插入"→"图像"命令进行图像的插入。

9.6 插入对象

在网页创建站点和文件以后，就需要为页面插入对象。在页百中可插入的对象主要有文本对象、图形对象、Flash动画和背景音乐等，为页面插入对象以后又需要为插入的对象设置超级链接，以实现对象和对象之间的相互转换。本节将主要介绍在页面中插入对象的方法。

9.6.1 插入超级链接

网站都是由一个个的超级链接将不同的页面连接在一起而成的。超级链接是网站中不可或缺的组成部分。在制作网站时常用的超级链接主要有普通链接、热点链接和电子邮件链接3种。

1. 插入普通链接

普通超级链接主要包括文本超级链接和图像超级链接，它们的插入方法相似。其方法是：选择要创建超级链接的文本或图像后，在“属性”面板的“链接”下拉列表框中选择或输入链接地址即可。

2. 插入热点链接

在网页中如果要在一幅图像的不同区域中设置多个超级链接时就必须创建热点链接。热点链接的创建方法是：首先选择热点工具，在图像上绘制热点区域，然后分别选中这些热点区域，在“属性”面板的“链接”下拉列表框中选择或输入链接地址即可。

下面对创建热点链接的各种工具及使用方法进行说明。

- 指针热点工具：用于对热点进行操作，如选择、移动和调整图像热点区域范围。
- 矩形热点工具：用于创建规则的矩形或正方形热点区域，选择该工具后，将鼠标光标移动到要创建矩形热点区域的图像左上角位置，按住鼠标左键不放，向右下角拖动到覆盖整个的热点区域范围后释放鼠标，完成矩形热点区域的创建。
- 椭圆形热点工具：用于绘制圆形热点区域，其使用方法与矩形热点工具的使用方法相同。
- 多边形热点工具：用于绘制不规则的热点区域，选择该工具后，将鼠标光标定位到要绘制的热点区域图像的某一位置上单击鼠标，然后将鼠标光标定位到下一位置后再单击鼠标，以形成一个封闭的区域，完成多边形热点区域的绘制。

3. 插入电子邮件链接

使用电子邮件链接可以方便地进行发送电子邮件的操作，在Dreamweaver CS3中插入电子邮件超级链接的方法主要有两种：一种是在“属性”面板的“链接”文本框中直接输入邮箱地址，如输入mailto：zyy1205@163.com；另外一种方法是通过选择“插入”→“电子邮件链接”命令打开“电子邮件链接”对话框来创建电子邮件链接。

9.6.2 插入图片

在制作网页的过程中，为了使制作的网页更加美观，更能吸引浏览者的目光，可以在网页中插入漂亮的图片。在网页中插入图片不仅能起到美化页面的作用，而且图片能更加直观地表现网页的内容。

在网页中的图像一般有两种存在方式，一是作为网页的内容，二是作为网页或其他对象的背景。在 Dreamweaver CS3 中插入图像的方法主要有直接插入图像和用占位符插入图像两种方法。在网页中插入图像的格式主要有 GIF、JPG 和 PNG 三种。

1. 直接插入图像

直接插入图像就是将图像直接插入到网页中，它是网页中最常用的图像插入方式，在插入图像时通常将要插入的图像事先保存在站点的某文件夹（如 images）中，再在 Dreamweaver CS3 中插入图像。其操作方法是：首先将鼠标光标定位在需要插入图像的位置，然后选择“插入记录”→“图像”命令，打开“选择图像源文件”对话框，如图 9-15 所示，在对话框中进行选择，单击“确定”按钮后，即完成图像的插入。

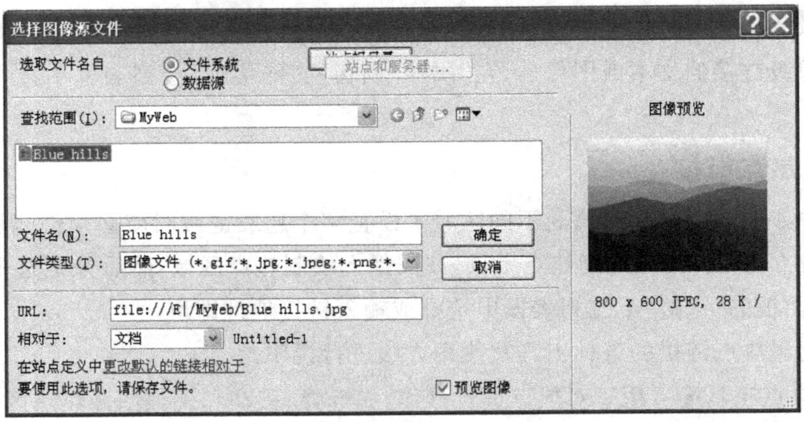

图 9-15 “选择图像源文件”对话框

2. 用占位符插入图像

在网页制作过程中，如果还没想好要插入什么图像时，可以插入图像占位符来解决这个问题。图像占位符在网页中只占据一个位置，当确定插入的图像后再使用图像占位符将图像插入。其操作方法是：首先将鼠标光标定位在要插入图像的位置，然后选择“插入记录”→“图像对象”→“图像占位符”命令，打开“图像占位符”对话框，在对话框中设置图像占位符的“名称”、“宽度”等属性，单击“确定”按钮，插入占位符。双击图像占位符，即可打开“选择图像源文件”对话框进行图像插入。

9.6.3 插入 Flash 动画

Flash 动画是一种矢量图形动画，其生成的动画具有文件较小、表现效果好并能够实现交互等特点，因此被广泛运用于网页动画的制作中。

Flash 动画的插入和插入图像非常相似，其方法是选择“插入”→“媒体”→Flash 命令，或单击“常用”插入栏中的按钮，在弹出的菜单中选择 Flash 命令。在页面中，Flash 动画以符号表示。选择插入的 Flash 动画，其属性检查器如图 9-16 所示。

图 9-16　Flash 动画属性检查器

- 循环：选中此复选框，使影片连续播放。一般选中此复选框，否则 Flash 动画将只播放一次。
- 自动播放：选中此复选框，在加载动画时自动播放动画；否则，浏览者需手动播放。
- 垂直边距：设置动画区域和页面其他元素的垂直距离。
- 水平边距：设置动画区域和页面其他元素的水平距离。
- 品质：设置动画播放的画面品质。设置越高，动画的画面效果就越好，设置越低，画面效果越差，但加载速度较快。
- 比例：设置动画和用户设定的“宽”和“高”的匹配尺寸。选择“默认”选项，则显示整个动画；选择“无边框”，则使动画适合设定的尺寸，不显示任何边框，并保持影片原始的长宽比；选择“严格匹配”选项，则对动画进行缩放，以适合设定的尺寸，如果设定的尺寸和动画原始的长宽比不同，则动画播放时会失真。
- 播放：单击该按钮，可在 Dreamweaver CS3 的编辑窗口中预览动画效果。
- 停止：单击该按钮，停止正在播放的动画。

9.6.4　插入其他视频和音频文件

在 Dreamweaver CS3 中不仅可以为页面插入图像和 Flash 动画，还可以为其添加视频和音频文件。

1. 插入 Shockwave 影片

Shockwave 影片具有文件小、下载速度快以及被目前主流的浏览器所支持等优点，已经被广泛应用于网页中。在 Dreamweaver CS3 中插入 Shockwave 影片的方法和插入 Flash 动画的方法相似：选择“插入记录”→“媒体”→Shockwave 命令，打开“选择文件”对话框，在“查找范围”下拉列表框中选择 Shockwave 影片所在的文件夹，在文件列表框中选择影片文件，然后单击“确定”按钮，即可在页面中插入 Shockwave 影片。

2. 插入插件

使用插件可以扩展 Dreamweaver 功能，如在网页中插入更多类型的媒体，实现更多效果等。插件包括的范围很广，如音乐文件、视频文件及动画文件等。具体操作方法是：首先将鼠标光标定位在需要插入插件的位置，然后选择“插入记录”→“媒体”→“插件”命令，在弹出的“选择文件”对话框中，选择要插入的文件。

9.7 Dreamweaver CS3 数据库操作

有了 Dreamweaver CS3,除了可以做专业的网页编辑、版面设计,也可以轻松地与数据库链接,几乎不用写一行程序代码就能开发出功能完整的网站应用程序。

9.7.1 服务器配置

在进行系统开发前,应该先对服务器进行配置,构建好开发环境。在 Windows XP 或 Windows 2000 中集成了一个很有用的 Web 应用开发组件 IIS(Internet Information Service, Internet 信息服务),下面以 Microsoft Windows XP 的 IIS 为例来讲述如何安装和配置本地服务器。具体步骤如下。

(1) 在控制面板中启动“添加/删除程序”。

(2) 在“添加或删除程序”对话框中,单击“添加/删除 Windows 组件”按钮。

(3) 选中“Internet 信息服务(IIS)”,单击“详细信息”按钮可以进一步选择 IIS 的子组件。

(4) 设置完毕后,单击“下一步”按钮,即开始安装程序。

(5) IIS 安装成功后,单击“开始”→“所有程序”→“管理工具”→“Internet 信息服务(IIS)管理器”命令,打开“Internet 信息服务”窗口,如图 9-17 所示。

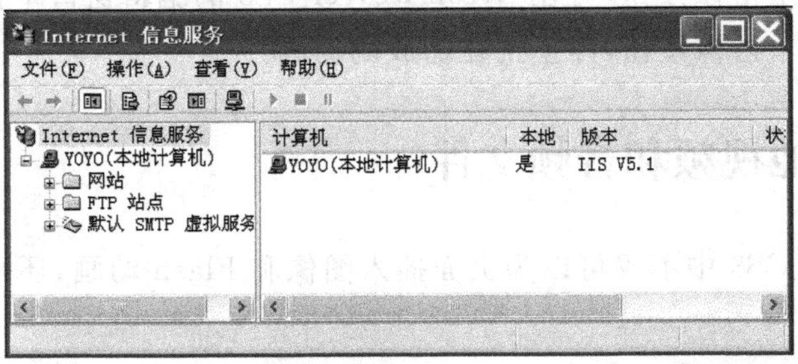

图 9-17 “Internet 信息服务”窗口

(6) 选中“默认网站”,单击鼠标右键,在弹出的快捷菜单中选择“属性”选项,打开“默认网站属性”对话框,如图 9-18 所示。

(7) 打开“主目录”选项卡,在“本地路径”文本框中输入本地站点的路径,分别选中“读取”选项和“写入”选项。

(8)打开“文档”选项卡,选中“启用默认内容文档”选项。

(9) 单击“确定”按钮,关闭“默认站点属性”对话框。

(10) 打开 Dreamweaver CS3 的设计界面,单击“站点”→“新建站点”命令,在弹出的“站点定义”对话框中定义站点名称,如图 9-19 所示。

(11) 单击“下一步”按钮,在“编辑文件”对话框中选择“是,我想使用服务器技术”,并在下拉列表中选择 ASP VBScript,如图 9-20 所示。

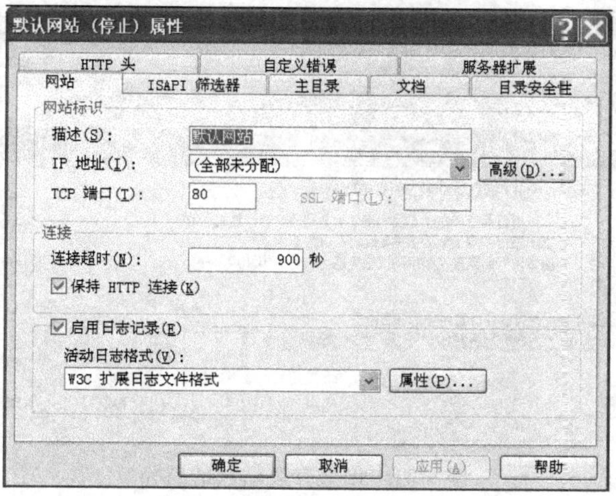

图 9-18 “默认网站”属性对话框

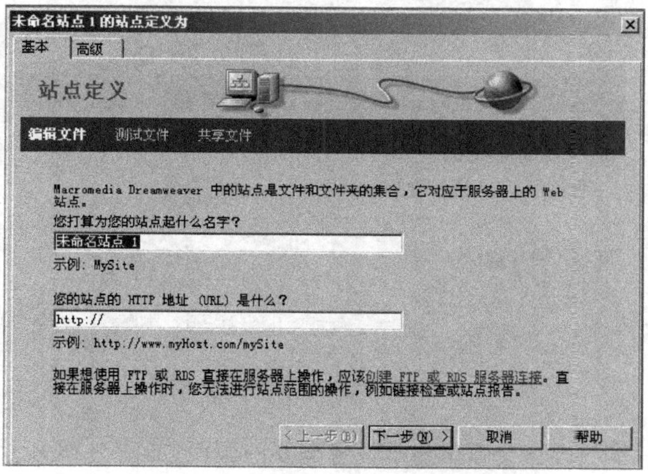

图 9-19 “站点定义”对话框

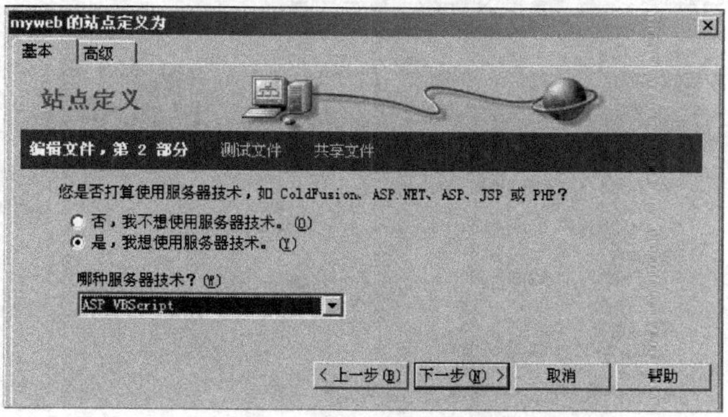

图 9-20 设置使用的服务器技术

(12) 单击“下一步”按钮，设置存放站点的路径，如图 9-21 所示。

(13) 单击“下一步”按钮，测试文件，如图 9-22 所示。

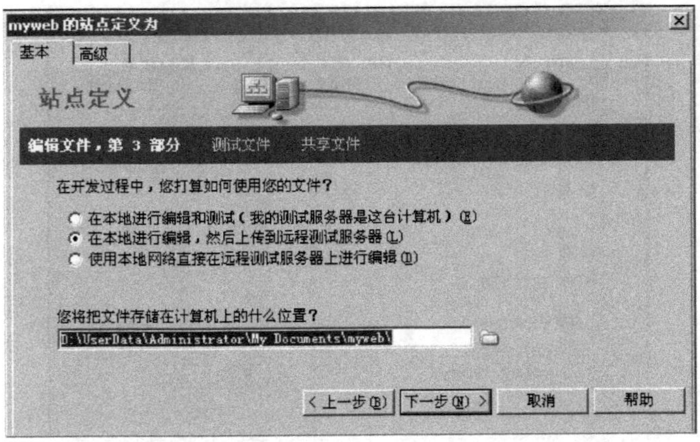

图 9-21　设置存放站点的路径

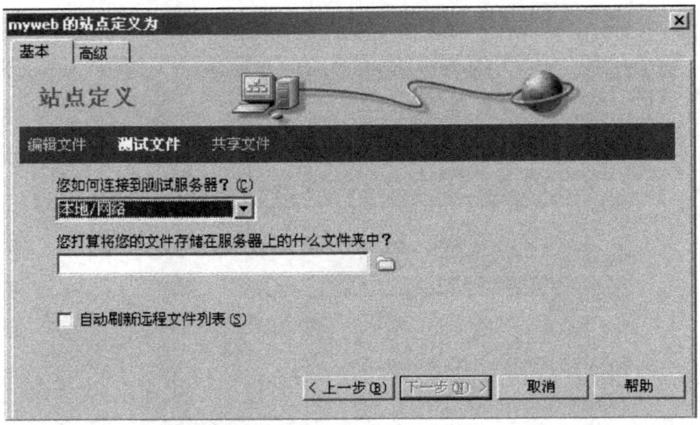

图 9-22　"测试文件"对话框

(14) 单击"下一步"按钮，会弹出显示设置概要的画面，如图 9-23 所示。

(15) 单击"完成"按钮，关闭设置对话框，完成站点定义。

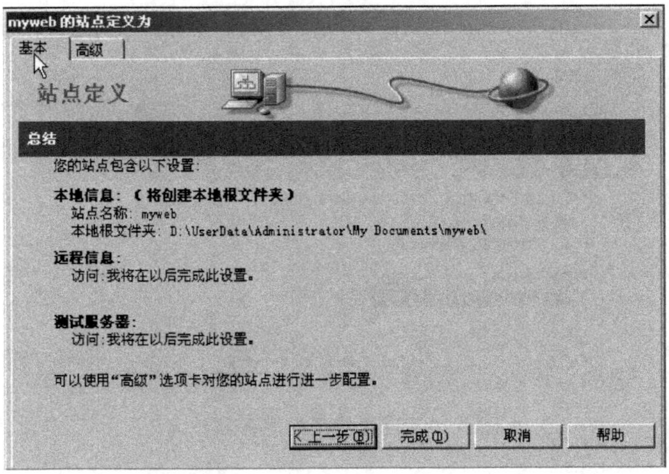

图 9-23　"站点定义总结"对话框

9.7.2 建立数据源

下面仍以 Windows XP 环境为例，说明在 Dreamweaver 中如何进行数据库的连接。具体步骤如下。

(1) 启动控制面板中的“管理工具”，选择“ODBC 数据源”。

(2) 选择“系统数据 DSN”页，然后单击“添加”按钮，数据库的驱动程序选择 Microsoft Access Driver(＊.mdb)，单击“完成”按钮，如图 9-24 所示。

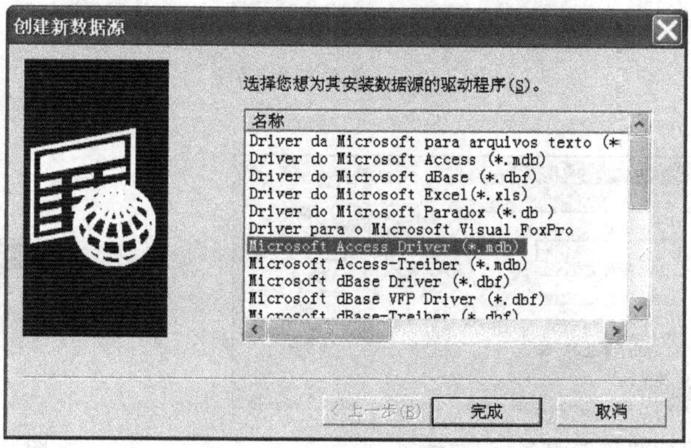

图 9-24 创建新数据源

(3) 在安装对话框中输入数据来源名称，单击数据库“选择”，选择网站根目录中的数据库文件，单击“确定”按钮即可，如图 9-25 所示。在系统数据源名称中可以查看到添加的数据源，如图 9-26 所示。

图 9-25 数据源的安装

(4) 在 Dreamweaver CS3 中打开“文件”面板，在站点管理窗口中双击新数据源即可开启并编辑。

(5) 展开右边的“应用程序”面板，选择“数据库”标签，单击“加号”按钮，选择“数据源名称(DSN)”。

(6) 在定义数据源名称的对话框中，在“连接名称”处输入数据源名称，在“数据源名称”处选择之前定义好的数据源，如图 9-27 所示。

(7) 单击“测试”按钮，系统弹出成功连接的信息则表明数据库连接成功，如图 9-28 所示。

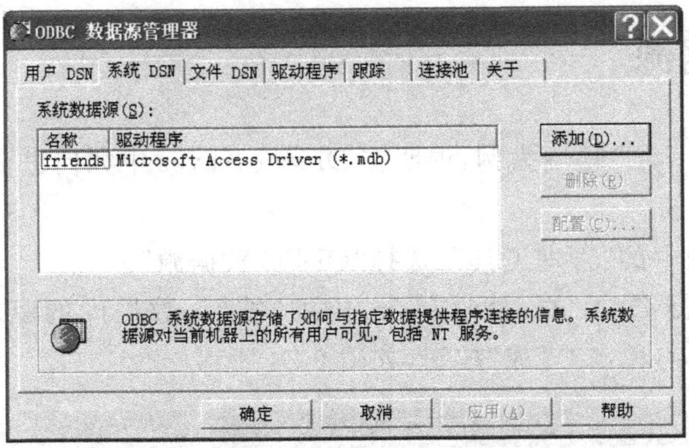

图 9-26　查看新数据源

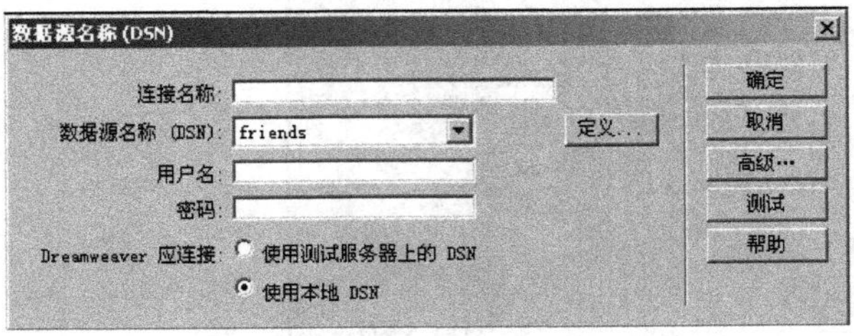

图 9-27　“数据源名称”对话框

图 9-28　成功连接信息

9.7.3　创建记录集对象

建立数据源后，网页中就有了数据的来源，但是这时还不能直接访问数据，需使用记录集对象来获取数据，进行相应的处理。在 Dreamweaver CS3 中建立记录集对象操作非常方便。用户只要使用绑定功能，就可以为网页添加记录集对象。具体操作如下。

（1）打开 Dreamweaver CS3 的设计界面，单击“文件”→“新建”命令，新建一个标准 ASP 文件。

（2）单击“窗口”→“绑定”命令，弹出“应用程序”窗口，单击“加号”按钮，选择“记录集(查询)”命令，弹出“记录集”对话框，根据选项进行设置，如图 9-29 所示。

（3）单击“确定”按钮，关闭“记录集”对话框，返回“应用程序”对话框，向导将自动在其下拉列表中添加一条记录集列表选项，如图 9-30 所示。

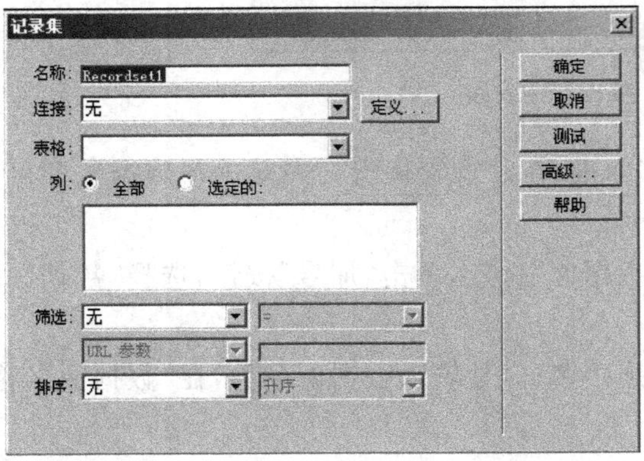

图 9-29　“记录集”对话框

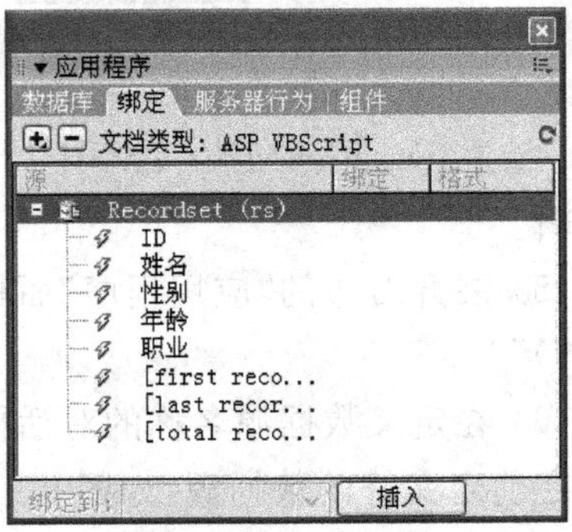

图 9-30　添加“记录集”对象

9.7.4 显示数据库中的记录

建立记录集对象后，就可以对记录集中的各项记录进行操作了。在开发中，常用的数据操作包括显示记录、添加记录、修改记录和删除记录。

在 Dreamweaver CS3 中如何显示数据库中的记录，具体步骤如下。

(1) 打开 Dreamweaver CS3 的设计界面，单击“文件”→“新建”命令，新建一个标准 ASP 文件。

(2) 单击“窗口”→“绑定”命令，弹出“应用程序”窗口。

(3) 选中记录集的字段，单击面板下方的“插入”按钮，将数据表中的字段逐一插入网页表格相应的位置。

(4) 选择“服务器行为”面板，单击面板上的“加号”按钮，选择“重复区域”命令，弹出“重复区域”对话框，通过对“重复区域”对话框的设置，实现数据库中所有记录的显示。

(5) 单击“确定”按钮，关闭对话框。

9.7.5 增加数据库记录

在页面中增加记录的具体操作步骤如下。

(1) 打开“服务器行为”面板，单击“加号”按钮，选择“插入记录”。

(2) 在弹出的“插入记录”对话框中，按照要求进行设置。

(3) 单击“确定”按钮，完成插入。

9.7.6 删除数据库记录

在页面中删除记录的方法与插入记录相同，只需在“服务器行为”面板中单击“加号”按钮，选择“删除记录”即可。

9.7.7 修改数据库记录

数据库记录在提交后才发现出错，可以通过 Web 方式来修改数据库里的内容。其方法与插入记录和删除记录相同，仍在“服务器行为”面板中，单击“加号”按钮，选择“更新记录”即可。

习　题　9

一、选择题

1. 在 Dreamweaver CS3 中，可以使用________面板对站点进行编辑操作。

   A. 数据库　　B. 文件　　C. 站点　　D. 资源

2. 如果要新建一个段落，应按下________键。

   A. Enter　　B. Ctrl+Enter　　C. Alt+Enter　　D. Shift+Enter

3. 网页中常用的 Flash 动画，其扩展名为________。

A. .fla　　B. .swf　　C. .swt　　D. .flv

4. 可以使用一个或多个________来分隔文本或对象，从而使网页更有条理和层次感。

A. 空格　　B. 水平线　　C. 列表　　D. 表单

5. 要在页面的指定位置上创建链接，应选用________。

A. 外部链接　　B. 内部链接　　C. 局部链接　　D. 脚本链接

6. 当需要用户从大量选项中互斥地选择一个时，可以使用________来实现。

A. 文本框　　B. 密码框　　C. 单选按钮　　D. 复选框

7. 关于表单，下列说法正确的是________。

A. 在 Dreamweaver 中，可以在网页的局部使用表单，但不能将整个页面作为表单

B. 表单只能通过内置的按钮来进行提交或重置

C. 表单的具体功能是通过表单对象来实现的

D. 跳转菜单只能位于表单中

8. 在对指定对象创建链接时，若希望弹出新浏览器窗口打开网页时，需要在对象属性面板的“目标”下拉列表框中选择________选项。

A. _blank　　B. _self　　C. _parent　　D. _top

9. 要想合并单元格，首先选中要合并的单元格，然后单击属性面板中的________按钮。

A. 　　B. 　　C. 　　D. 

10. 在 Dreamweaver CS3 中，若要选择不相邻的单元格，则必须按住________键的同时单击要选的单元格、行或列。

A. Ctrl　　B. Shift　　C. Command　　D. Del

二、填空题

1. 用户通过________来访问网页。

2. Dreamweaver CS3 的工作界面主要由________、________、________、________、________和________组成。

3. 超级链接实现了站点内页面之间及不同站点页面间的________。

4. 对于具有相似性质或某种顺序的文本，用户可以对它们应用________方式。

5. 如果要插入特殊字符，可选择“插入”→HTML→________命令。

6. 网页中图像有两种显示方式，一种是插入式图像，一种是________。

7. Dreamweaver CS3 中站点分为________、________和测试站点 3 种。

8. 根据目标端点的位置及方式的不同，可以将超级链接分为________、________、局部链接和电子邮件链接 4 种。

9. 在“表格”对话框中，表格宽度有两种可选择的单位，一种是像素，另一种是________。

10. 在添加表单对象之前，为了给表单一个总体结构外观，设计者通常是插入一个________来容纳各种表单对象。

第10章 Flash动画制作

本章要点

- Flash 8 的使用；
- 基础动画的制作；
- 特殊动画的制作；
- 交互式动画的应用；
- 音频和视频的使用；
- 动画的输入与发布。

本章难点

- 基础动画的制作；
- 特殊动画的制作。

10.1 Flash入门

10.1.1 Flash 8的安装与卸载

要想使用Flash 8为自己服务，首先需要安装这款软件，不需要的时候可以将其卸载。

Flash 8同Macromedia公司的其他产品一样，具有一个统一的安装标准，其安装的过程也不例外。

下面对安装步骤进行具体说明。

(1) 首先找到安装程序图标并双击，系统开始读取软件包中的内容，如图10-1所示。

(2) 读取内容完毕，系统提示正在进行安装前的准备工作，此时程序并未正式安装，如图10-2所示。

(3) 稍后会弹出“欢迎使用Macromedia Flash 8 InstallShield Wizard”对话框，如图10-3所示。

(4) 单击“下一步”按钮继续安装，这时会弹出“许可证协议”对话框，询问是否接受协议，在此选中“我接受该许可证协议中的条款”单选按钮，这样才能继续安装，如图10-4所示。

(5) 单击“下一步”按钮弹出“目的地文件夹”对话框，如图10-5所示。单击“更改”按钮打

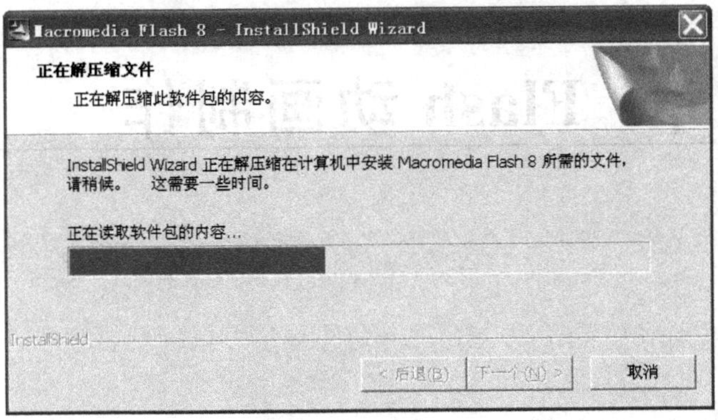

图 10-1 安装过程(一)

图 10-2 安装过程(二)

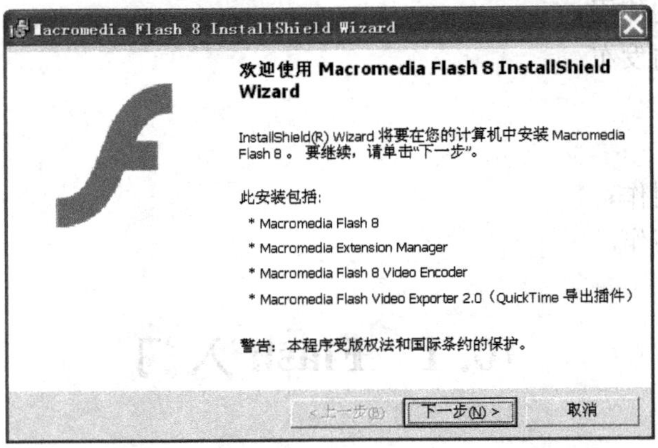

图 10-3 安装过程(三)

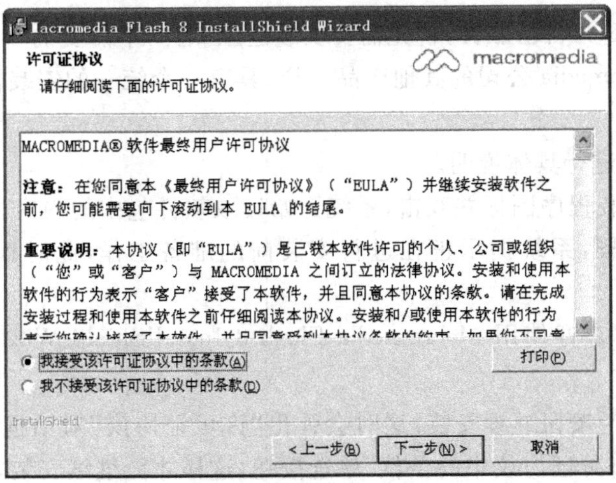

图 10-4 安装过程(四)

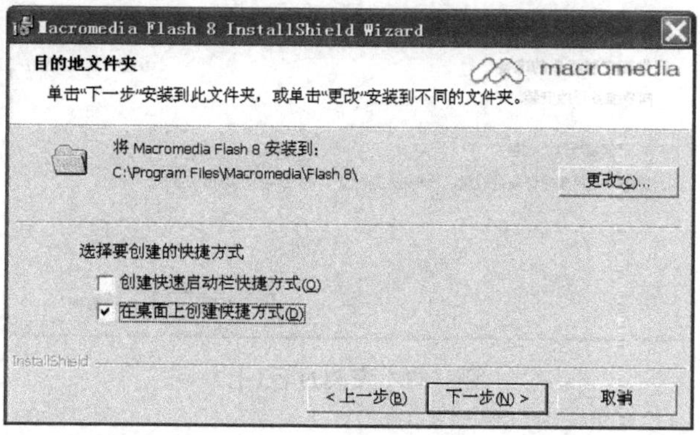

图 10-5　安装过程(五)

开“更改当前目的地文件夹”对话框，然后在“搜索范围”下拉列表中设置系统的安装路径，如图 10-6 所示。单击“确定”按钮返回“目的地文件夹”对话框。在此还可以根据需要选择要创建的快捷方式。

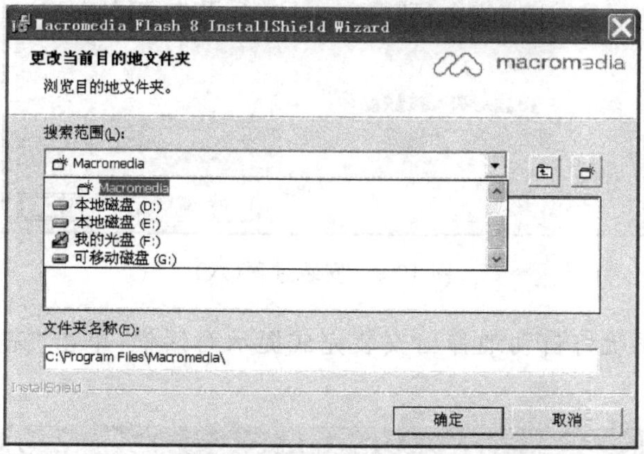

图 10-6　“更改当前目的地文件夹”对话框

(6) 单击“下一步”按钮继续安装，此时会弹出“安装 Macromedia Flash Player”对话框，系统默认选中“安装 Macromedia Flash Player”复选框，这样将在安装 Flash 程序的同时安装 Flash 播放器，完成安装后在浏览器中就可以直接观看动画了，如图 10-7 所示。

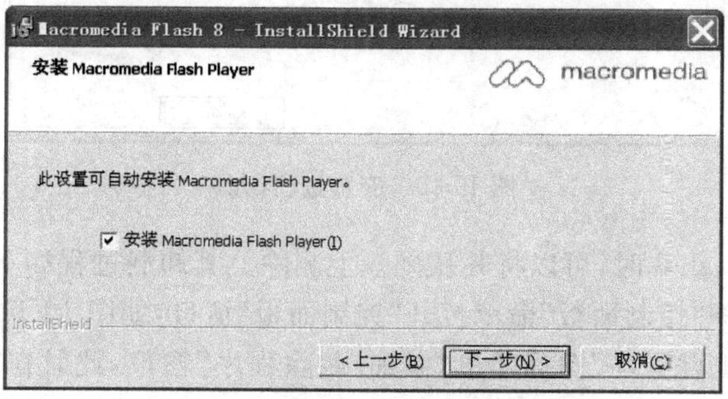

图 10-7　安装过程(六)

(7) 单击“下一步”按钮弹出“已做好安装程序的准备”对话框，然后单击“安装”按钮开始安装，如图 10-8 所示。

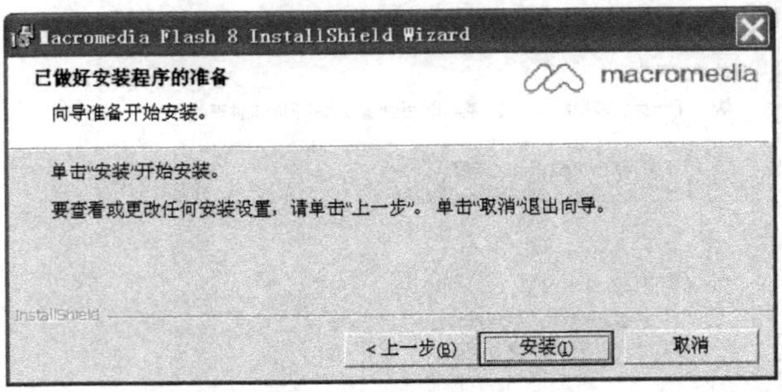

图 10-8　安装过程(七)

(8) 这时会弹出"正在安装 Macromedia Flash 8"对话框，这才真正是程序安装过程，如图 10-9 所示。

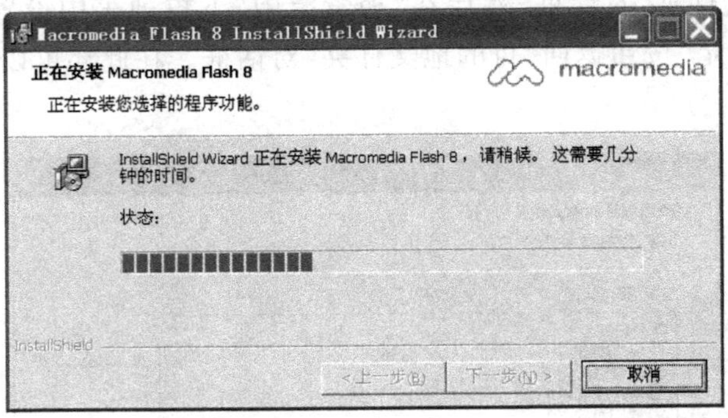

图 10-9　安装过程(八)

(9) 安装完成后系统将自动地弹出安装完成提示对话框，单击"完成"按钮完成安装，如图 10-10 所示。

图 10-10　安装过程(九)

当不需要使用 Flash 8 时，可以将其从硬盘上删除。其卸载过程如下。

(1) 选择"开始"→"控制面板"命令打开"控制面板"窗口，如图 10-11 所示。

(2) 双击"添加/删除程序"图标弹出"添加/删除程序"窗口，此时在"当前安装的程序"列表框中会显示出 Flash 8 的安装程序项，如图 10-12 所示。

(3) 选中"Macromedia Flash 8"图标，然后单击"删除"按钮打开"删除"对话框，如图 10-13 所示。

(4) 单击"是"按钮，当删除进度条走完，对话框消失后即完成 Macromedia Flash 8 程序的删除，如图 10-14 所示。

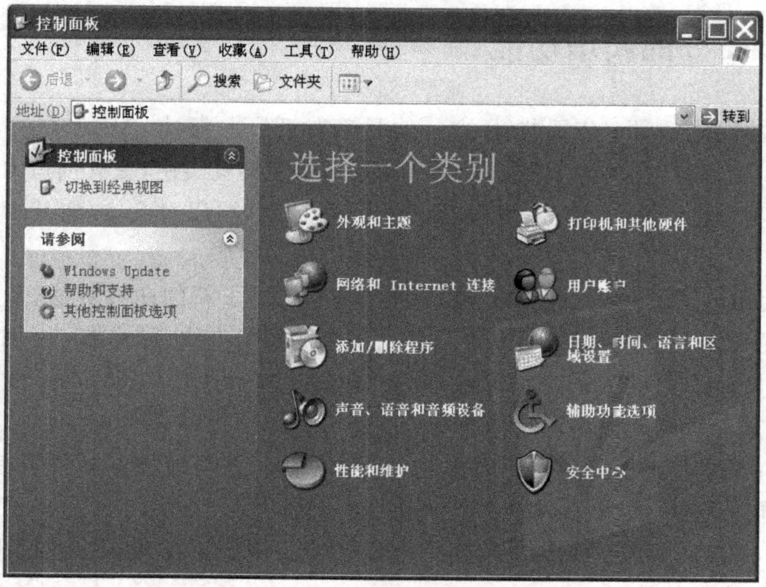

图 10-11 控制面板

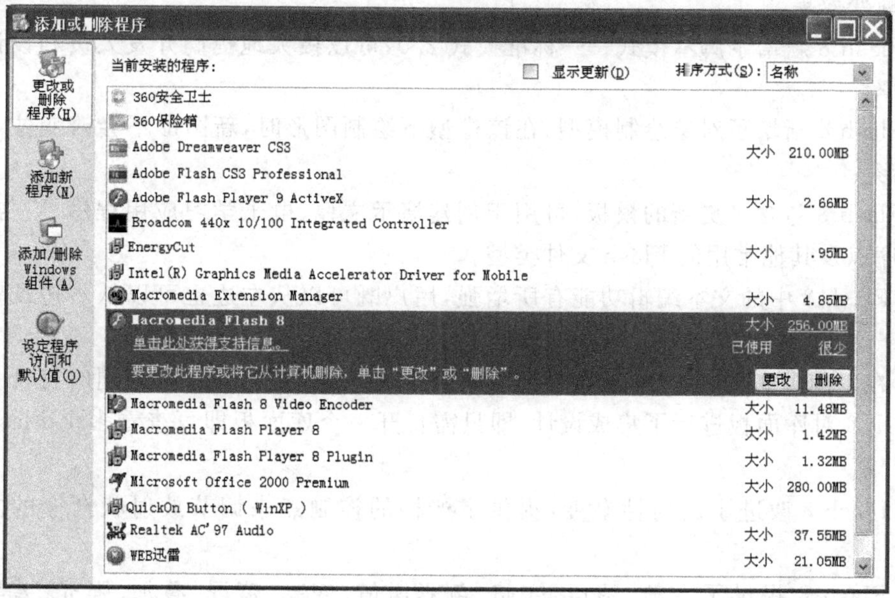

图 10-12 "添加或删除程序"对话框

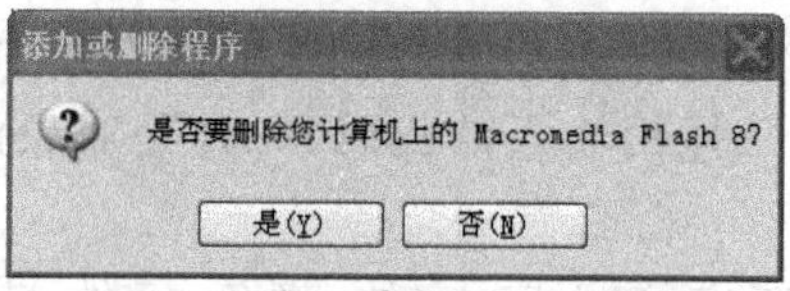

图 10-13 "删除"对话框

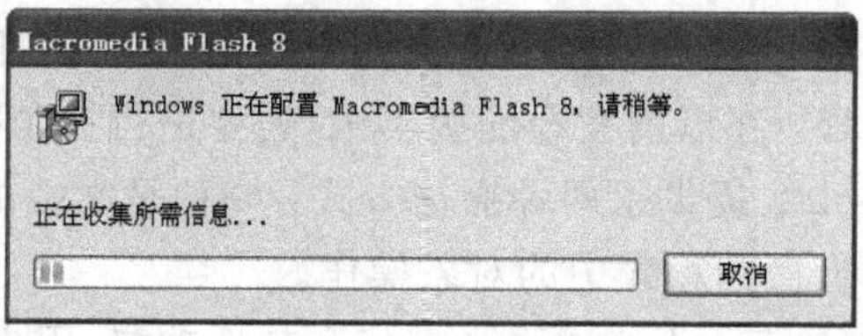

图 10-14 删除进程

10.1.2 Flash 8的新增功能

Flash 8是Macromedia公司推出的一款最新的Flash版本，Macromedia公司在原来Flash MX 2004的版本上又为其增添了一些新的功能，使其更实用，更有创造力。

(1) Flash 8内建了投影、模糊、发光、斜角等多种滤镜，可以对文本、影片剪辑和按钮进行实时渲染。

(2) 在使用铅笔工具和刷子工具绘图时，Flash 8采用了新的曲线算法，允许用户在属性面板中设置平滑度，从而通过增加平滑度的数值减少曲线的点线，最终缩小文件的大小。

(3) Flash 8新增了位图缓存功能，允许用户通过属性面板或ActionScript将影片剪辑指定为一个位图，从而提高动画播放的速度。

(4) Flash 8提供了自定义缓入/缓出功能，允许用户直观地控制动作补间动画的属性。例如对动画对象的位置、大小、速率等进行调整。

(5) Flash 8对工作区进行了扩展，使用户能够使用该区域存储更多的图形和其他对象，而在播放时不会显示它们。

(6) 在Flash 8中，允许用户向渐变添加多达15种颜色，因此，可以对舞台上的对象添加更复杂的渐变效果。

(7) Flash 8新增了脚本模式——标准模式2.0，可以极大地提高开发人员和设计师输入代码的效率。

(8) Flash 8新增了对象绘制模型，在该模型下绘制图形时，新图形不会改变位于它下面的其他图形。

(9) Flash 8包含了更新的模板，可用于创建演示文稿、电子学习应用程序、广告、移动设备应用程序以及其他常用的Flash文件类型。

(10) Flash 8中的文本编辑功能有所增强，用户既可以从左边也可以从右边调整文本框的大小。

(11) 在以前发布的版本中，若要查看多个Flash文件的库元素，必须同时打开多个库面板，而Flash 8对库面板进行了集成设计，即只需打开一个库面板即可查看多个Flash文件的库元素。

(12) Flash 8改进了放射性渐变，提供了严格的控制点来调节放射状渐变的方向和大小等。

(13) Flash 8提供了一般、图层、变暗、色彩增值、变亮、荧屏、叠加、强光、差异、反转、Alpha和擦除等多种混合模式，使用它们可以改变多个对象的透明度和颜色关系，从而创建独特的混合效果。

(14) 在Flash 8中，Flash Player在视频脚本等方面的运行性能提升了2～5倍。

(15) 在以前发布的版本中，若要进行撤销操作，会一步一步地将所有的代码和对象撤销，而Flash 8提供了两种撤销方式：一种是文档的撤销，如只撤销输入的代码，一种是对象的撤销，如只撤销场景中的对象操作。

(16) Flash 8增强了查找和替换功能，用户可以查找和替换文字、字体、颜色、元件、声音、视频和导入的位图等多种对象。

10.1.3 Flash 8 的工作界面

启动 Flash 8，打开或新建一个文档后，将出现 Flash 8 的工作界面，它的界面与以前的版本界面一样，也是由标题栏、菜单栏、工具栏、时间轴、工具箱、工作区域、属性面板以及其他的浮动面板等组成，如图 10-15 所示。

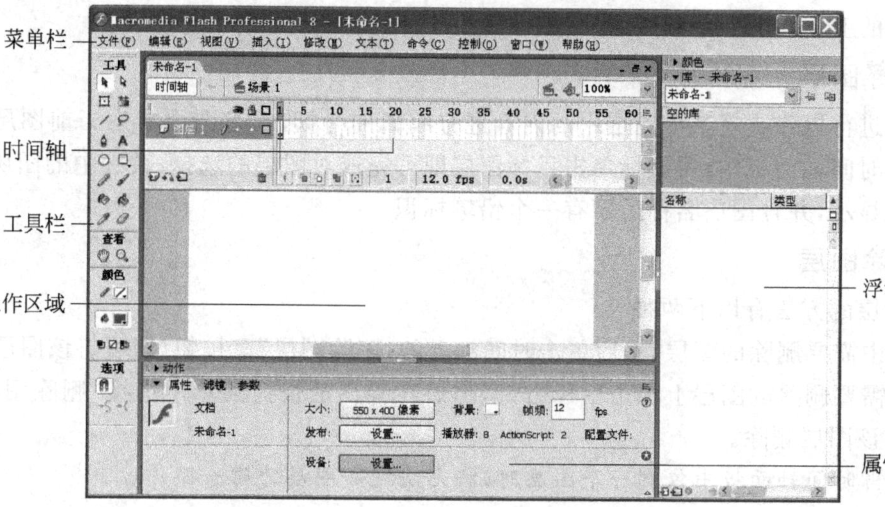

图 10-15 工作界面

通常情况下，使用 Flash 创建或编辑动画时，将涉及如下几个关键的区域。

- 菜单栏：主要位于工作界面中标题栏的下方，包括文件、编辑、视图、插入、修改、文本、命令、控制、调试、窗口和帮助等。
- 工具栏：主要用于放置绘图工具及编辑工具。
- 时间轴：主要用于放置帧中的内容和播放帧，时间轴的左侧为图层区，该区域用于控制和管理动画中的图层；右侧为帧控制区，由播放指针、帧、时间轴标尺以及时间轴视图等部分组成。
- 工作区域：进行动画编辑和播放的主要区域。
- 属性面板：显示与相应工具相关联的设置。
- 浮动面板：有助于查看、组织和更改文档中的元素。

10.2 基础动画

10.2.1 图层的基本操作

图层就像是透明的胶片，它可以编辑和绘制图层中的对象，在一个图层中进行的操作不会影响其他图层中的对象。在一个场景中可以添加无数个图层，每个图层上都可以包含任意数量的对象。

下面介绍图层的基本操作。

1. 新建图层

新建文档时，Flash 8 会自动新建一个名称为“图层 1”的图层，如果需要添加新的图层，方法有以下 3 种。

(1) 单击“时间轴”面板上的“插入图层”按钮，即可新建一个图层。

(2) 选择“插入”→“时间轴”→“图层”命令，即可新建一个图层。

(3) 在现有图层的某一图层上单击右键，在弹出的快捷菜单中选择“插入图层”菜单项，即可在该图层的上方添加一个新图层。

2. 选择图层

对图层进行操作或对某个图层中的内容进行编辑的时候，只有图层成为当前图层才能进行编辑。在时间轴面板中，用鼠标单击目标图层即可完成对图层的选择，被选中的图层图标会以蓝色背景显示，并且图层名称后面有一个铅笔标识。

3. 删除图层

删除图层的方法有以下两种。

(1) 选中需要删除的图层，然后单击时间轴上的“删除图层”按钮，即可将该图层删除。

(2) 在需要删除的图层上单击鼠标右键，然后在弹出的快捷菜单中选择“删除图层”菜单项也可以将该图层删除。

注意：当时间轴面板中仅剩一个图层时，将无法完成图层的删除操作。

4. 重命名图层

在时间轴中直接添加的图层是按照“图层 1”、“图层 2”、……的顺序依次命名的，有时可以根据图层内容的不同分别对图层进行重命名。其方法有两种。

(1) 在需要更名的图层的名称上双击鼠标，图层名称即会处于可编辑状态，然后直接输入名称即可。

(2) 用鼠标右键单击要更名的图层，在弹出的快捷菜单中选择“属性”菜单项，打开“图层属性”对话框，然后在“名称”文本框中输入新的名称即可，如图 10-16 所示。

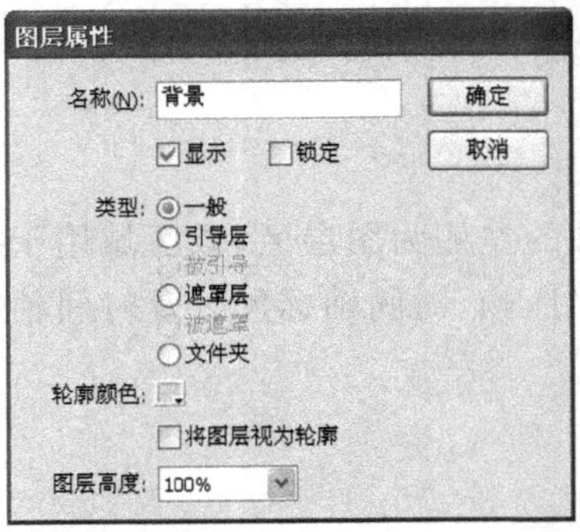

图 10-16 “图层属性”对话框

5. 改变图层顺序

默认状态下，新建的图层会在旧图层上面，但在动画制作过程中，可以根据动画的实际需要对图层的顺序进行调整。具体操作为：在时间轴中，选择要移动的图层，按住鼠标左键将图层向上或向下拖动，当高亮线在想要的位置出现时，释放鼠标，即完成图层的移动。

6. 图层的显示状态

在 Flash 8 中，图层有 4 种状态，即当前图层、隐藏、锁定和轮廓。

(1) 当前图层：即当前的工作图层，任何新创建的对象或导入的元件都将放在当前图层上，当图层的名称栏上显示一个铅笔标识时，表示这一图层为当前图层。

(2) 隐藏：当图层的名称栏上有一个红色叉号标识时，表示当前该图层为隐藏模式。隐藏模式下，图层上的所有元素为不可见。可以通过单击图层列表顶部的隐藏标识打开或关闭隐藏模式。

(3) 锁定：当图层的名称栏上有一个锁状标识🔒时，表示当前该图层被锁定。图层被锁定时，可以看见图层上的对象，但无法编辑锁定图层上的对象，通过单击图层列表顶部的锁定标识🔒，可以锁定或解除锁定图层。

(4) 轮廓：当图层名称栏以彩色方框表示，代表图层处于轮廓模式，即只显示该图层上对象的外形轮廓；当彩色方框以实心块表示时，显示该图层上对象的整体形象，可以通过单击轮廓标识□改变图层的显示状态。

7. 设置图层属性

在 Flash 8 中，通过“图层属性”对话框可以对图层进行设置。将鼠标移动到任意图层的上方，单击鼠标右键，在弹出的快捷菜单中选择“属性”命令，即可打开“图层属性”对话框，在此对话框中可设置图层的所有属性，如图 10-16 所示。

下面具体介绍“图层属性”对话框中各选项的功能。

- 名称：在此文本框中设置图层的名称。
- 显示：设置图层的内容是否显示在场景中。
- 锁定：设置是否可以编辑层里的内容，即图层是否处于锁定状态。
- 类型：设置图层的种类。选中“一般”单选按钮图层将变为普通层；选中“引导层”单选按钮，选中图层将被设置为引导层；选中“被引导”单选按钮，选中图层将与引导层建立路径关系，成为被引导层；选中“遮罩层”单选按钮，选中图层将被设为遮罩层。选中“被遮罩”单选按钮，选中图层将被设为被遮罩层；选中“文件夹”单选按钮，选中图层将被设为文件夹。
- 轮廓颜色：用于设置该图层上对象的轮廓颜色。
- 图层高度：设置图层的高度，这在层中处理波形(如声波)时很实用，有 100%、200%和 300% 3 种高度。

10.2.2 帧的基本概念和操作

帧就像是一个容器，它主要用于承载动画中的各种元素，Flash 动画都是由一个个的帧通过连续的播放而形成的。

在 Flash 8 中，根据帧的不同用途可以将帧分为帧、关键帧和空白关键帧 3 种，其中帧主要用于复制关键帧中的内容，关键帧主要是定义动画中的关键动作，空白关键帧中没有内容。

在 Flash 8 中帧的基本操作主要包括创建帧、选择帧、移动帧、复制帧、删除帧和清除帧、翻转帧以及设置帧频。

1. 创建帧

在 Flash 8 中创建帧的方法主要有以下两种。

(1) 选择“插入”→“时间轴”命令，在弹出的子菜单中选择相应命令，可插入帧、关键帧和空白关键帧。

(2) 选择需要创建的帧，单击鼠标右键，在弹出的快捷菜单中选择相应命令插入帧、关键帧和空白关键帧。

2. 选择帧

在编辑帧之前，必须先选择它。在 Flash 8 选择帧的方法主要有直接选择、选择不相邻的帧和选择相邻的帧 3 种。

(1) 直接选择：将鼠标光标移动到时间轴中需要选择帧的上方，单击鼠标左键即可选择该帧。

(2) 选择不相邻的帧：选择一帧后，按住 Ctrl 键的同时单击要选择的帧即可选择不连续的多个帧。

(3) 选择相邻的帧：选择一帧后，按住 Shift 键的同时单击要选择的连续帧的最后帧，即可将两帧之间的所有帧选中。

3. 移动帧

在 Flash 8 中移动帧的方法主要有以下两种方法。

(1) 选择要移动的帧，按住鼠标左键不放将其拖到需要放置的地方即可。

(2) 选择要移动的帧后单击鼠标右键，在弹出的快捷菜单中选择"剪切帧"命令，然后在目标位置单击鼠标右键，在弹出的快捷菜单中选择"粘贴帧"命令即可。

4. 复制帧

在 Flash 8 中复制帧的方法是：选择要复制的帧，单击鼠标右键，在弹出的快捷菜单中选择"复制帧"命令，将鼠标移动到需要粘贴帧的目标位置，再单击鼠标右键，在弹出的快捷菜单中选择"粘贴帧"命令，即可将复制的帧及其内容复制到目标位置。

5. 删除帧和清除帧

在 Flash 8 中，删除帧就是将帧及其内容彻底删除；清除帧只是将帧中的内容清除而保留帧。删除帧的方法是：将鼠标移动到需要删除的帧上，单击鼠标右键，在弹出的快捷菜单中选择"删除帧"命令即可删除选中的帧。清除帧的方法与删除帧的操作相似，不同之处为单击鼠标右键后在弹出的快捷菜单中选择"清除帧"命令。

6. 翻转帧

翻转帧就是将帧的运动顺序颠倒，如一个向左移动的小球在执行了翻转帧命令后，小球将向右移动。翻转帧的方法是：选中要翻转的帧，单击鼠标右键，在弹出的快捷菜单中选择"翻转帧"命令，即可将选择的帧的播放顺序进行翻转。翻转帧后，帧中的动作将反向变化。

7. 设置帧频

帧频就是动画在播放时的播放速度，帧频越大动画播放速度越快，帧频越小动画播放速度越慢。系统默认的帧频为 12fps(帧/秒)，也就是说动画播放时每一秒钟将播放 12 帧。设置帧频的方法是：直接在"属性"面板的"帧频"文本框中输入帧频数值即可，如图 10-17 所示。

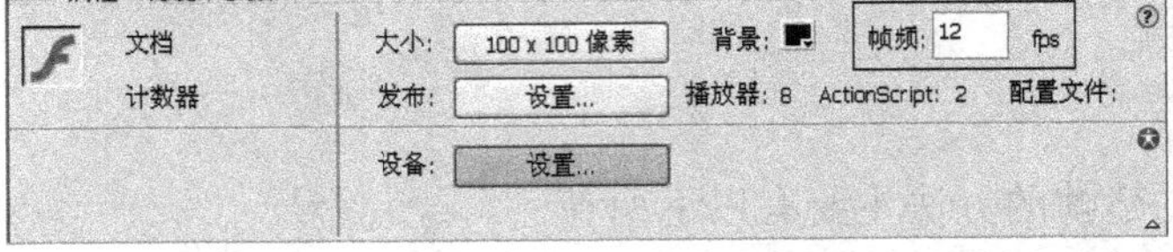

图 10-17　设置帧频

10.2.3　简单形状动画

1. 基本制作方法

形状动画也叫变形动画，它是由一种形状对象逐渐变为另一种形状对象。Flash 8 可以将图形、分离的文字、分离后的点阵图和由点阵图转换的矢量图形进行变形。Flash 8 不能将实例、未分离的文字、点阵图像、群组对象进行变形。在形状动画中，对象位置和颜色的变换是在两个对象之间发生的。

下面制作一个动画以说明形状动画的制作方法，动画要求将小球变换成矩形，再换成平行四边形，其具体操作步骤如下。

(1) 新建 Flash 文档并将其命名为“变换”，在“属性”面板中单击“大小”按钮，随即会弹出“文档属性”对话框，在该对话框中将动画“尺寸”设置为“500px×300px”，如图 10-18 所示。

(2) 单击“确定”按钮，然后单击工具箱中的“椭圆”工具，将填充色设置为“红色”，在工作区左侧绘制一个带色的小球，如图 10-19 所示。

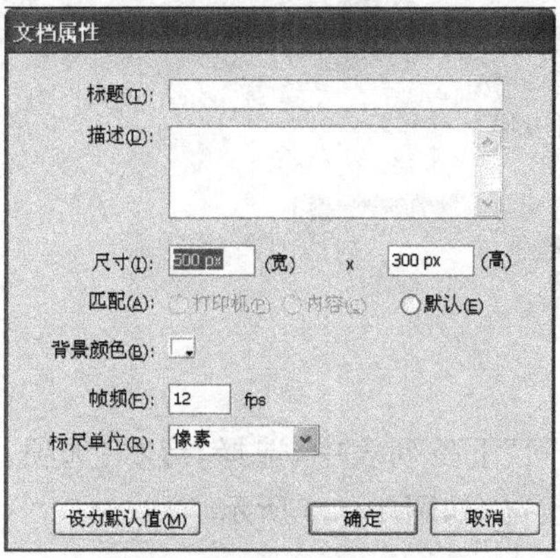

图 10-18 “文档属性”对话框

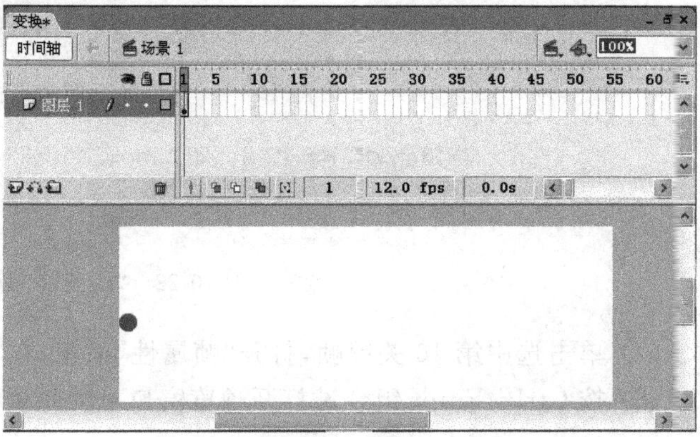

图 10-19 绘制红色小球

(3) 在第 10 帧单击鼠标右键，打开快捷菜单，执行“插入关键帧”命令，然后按 Del 键，删除该“小球”图片。

(4) 单击工具箱中的“矩形”工具，将填充色设置为“绿色”，在二作区中央位置绘制一个带色的矩形，如图 10-20 所示。

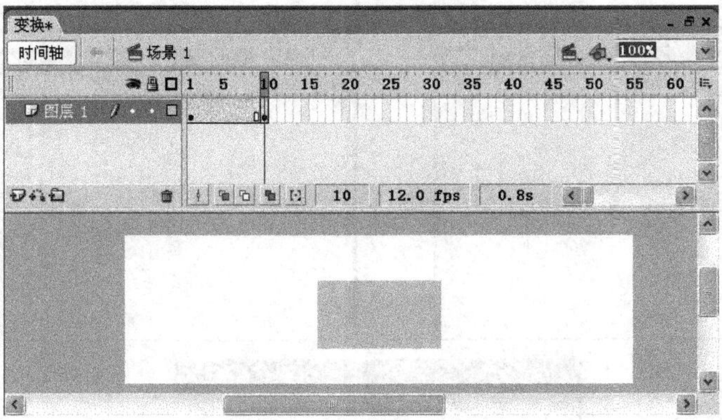

图 10-20 绘制绿色矩形

(5) 将第 20 帧设置为关键帧，并使用工具箱上的“变形”工具，当鼠标指向矩形的边缘时，出现“错移”标志，拖放鼠标，可将矩形变为平行四边形，如图 10-21 所示。最后将平行四边形拖动到工作区右侧。

(6) 单击选中第 1 关键帧，打开“帧属性”面板，在“补间”下拉列表中，选择“形状”选项，如图 10-22 所示。

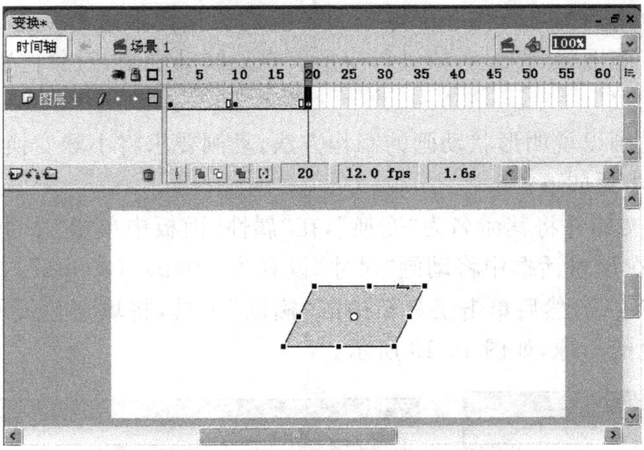

图 10-21　将矩形变形为平行四边形

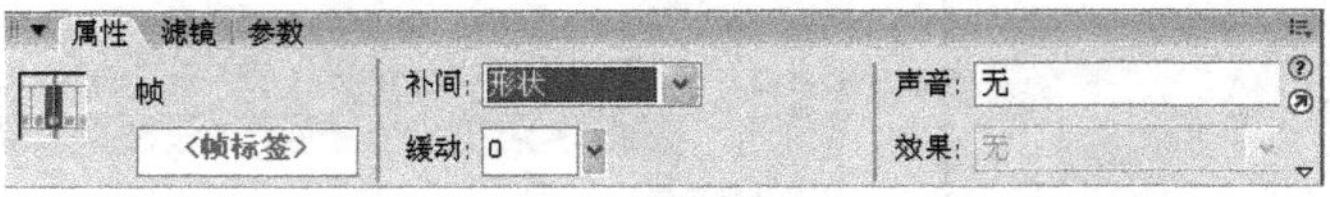

图 10-22　“帧属性”面板

(7) 单击选中第 10 关键帧，打开“帧属性”面板，在“补间”下拉列表中，选择“形状”选项。

(8) 按 Ctrl+Enter 组合键打开预览窗口对动画进行预览，如图 10-23 所示。

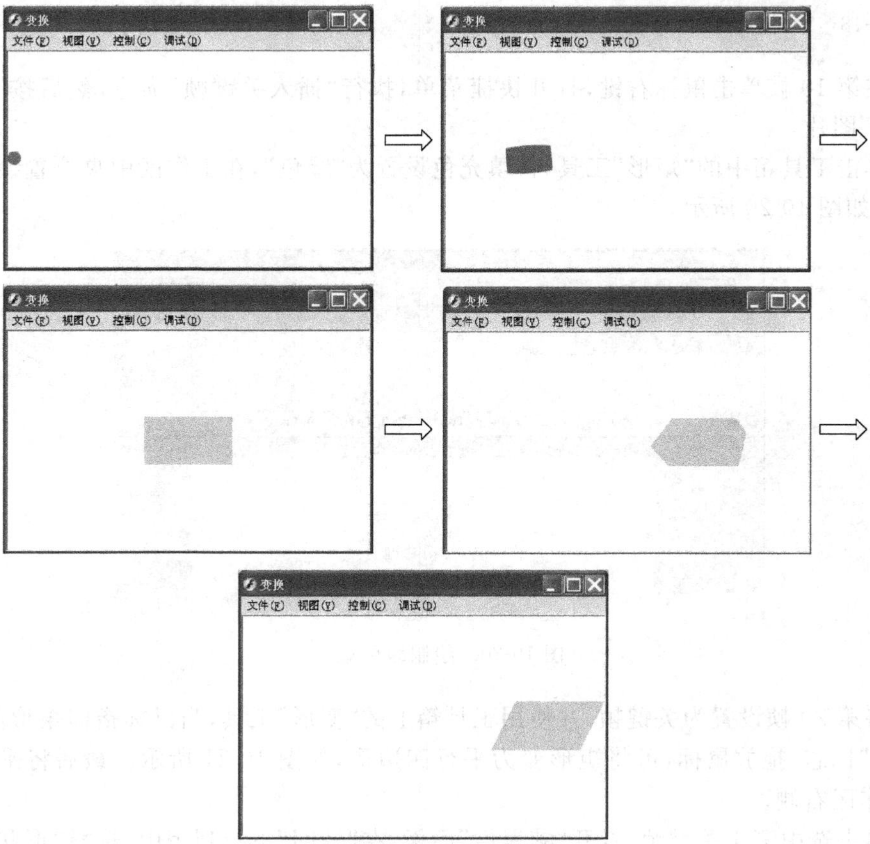

图 10-23　变换过程

注意：一定先创建新对象，再删除原对象，关键帧内创建的对象必须是图形、打散的文字或打散的点阵图像。

2. 添加形状提示

为了使形状动画中间过程不一样，可以使用形状提示来控制复杂或特殊的变形过程。形状提示就是在形状的初始图形与结束图形上，分别指定一些形状的关键点，并使这些关键点在起始帧中和结束帧中一一对应，这样 Flash 就会根据这些关键点的对应关系来计算形状变化的过程。

对上例添加形状提示的具体步骤如下。

(1) 单击选中时间轴上的第 1 帧，选择"修改"→"形状"→"添加形状提示"命令，或按 Ctrl＋Shift＋H 组合键即可在第 1 帧的小球中加入一个形状标记"a"，再重复上述过程，可以继续增加"b"到"z"25 个形状标记，此处再增加一个形状标记。

(2) 用鼠标拖动这些标记，分别放置在如图 10-24 所示的位置上。

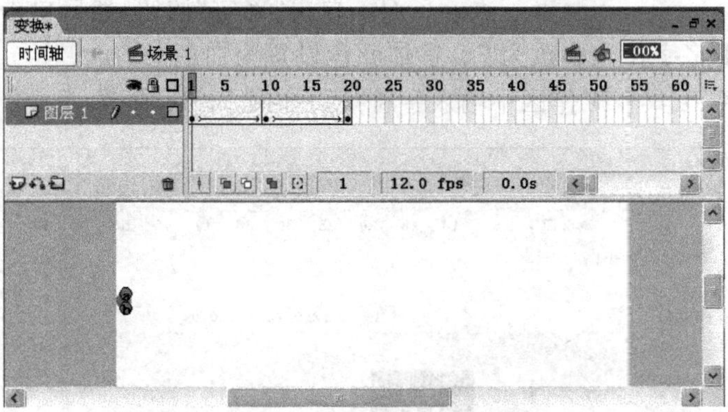

图 10-24　对小球添加形状提示标记

(3) 再单击第 10 帧，这时会看到该帧矩形中也有"a"和"b"关键点标记(两个标记重叠)，用鼠标拖动这些标记，分别放置在矩形的适当位置，如图 10-25 所示。如果没有关键点标记显示，可选择"视图"→"显示形状提示"命令。

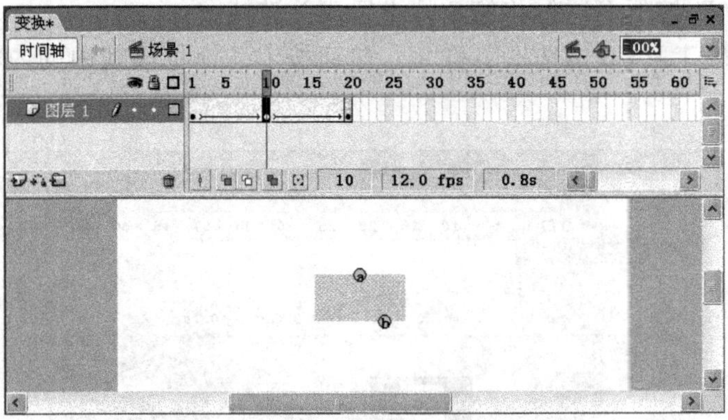

图 10-25　对矩形添加形状提示标记

10.2.4　逐帧动画

逐帧动画也叫"帧帧动画"，顾名思义，它需要具体定义每一帧的内容，以完成动画的创建。

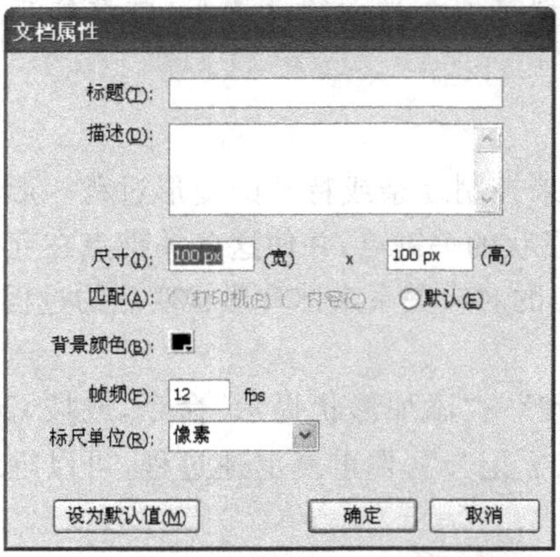

图 10-26 “文档属性”对话框

逐帧动画是一种常见的动画制作手法，现在播放的许多动画片都是采用这种方法制作而成的。因为逐帧动画需要更改每一帧中的舞台内容，并保存每个完整帧的值。所以，对于相同帧数的动画，逐帧动画比其他类型动画的文件大得多。

下面制作一个逐帧动画，要求实现从 0 跳动到 9 的简单计数器功能。其制作方法和步骤如下。

(1) 新建 Flash 文档并将其命名为“计数器”，在属性面板中单击“大小”按钮，随即会弹出“文档属性”对话框，在该对话框中将动画“尺寸”设置为“100px×100px”，将背景颜色设置为“黑色”，如图 10-26 所示。

(2) 单击“确定”按钮，然后单击工具箱中的“文字”工具，在属性面板中将字体大小改为 72，字体颜色设置为白色。

(3) 使用“文字”工具在工作区中输入字符“0”，如图 10-27 所示。

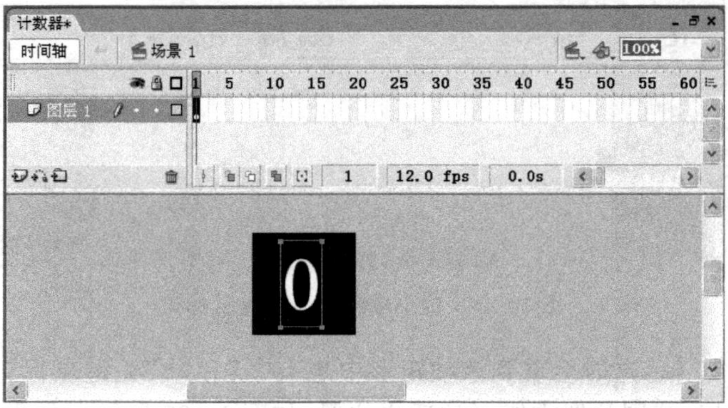

图 10-27 输入字符“0”

(4) 单击第 2 帧，按下 F6 键，将第 2 帧设置成关键帧。

(5) 使用“选择”工具，双击选中字符“0”，然后按 Del 键将该帧中的内容清除，如图 10-28 所示。

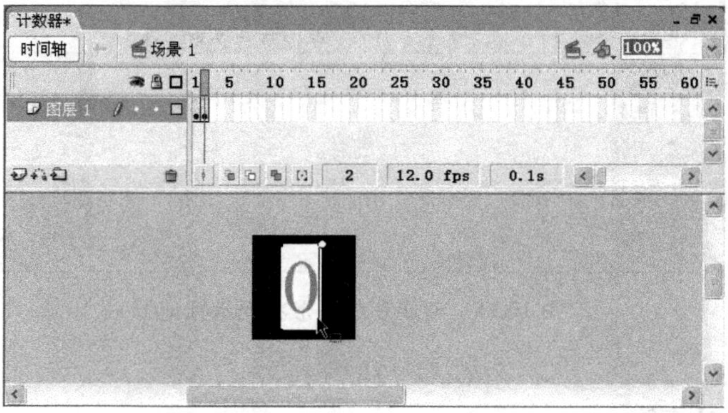

图 10-28 选中字符“0”

(6) 在工作区中输入字符“1”，如图 10-29 所示。

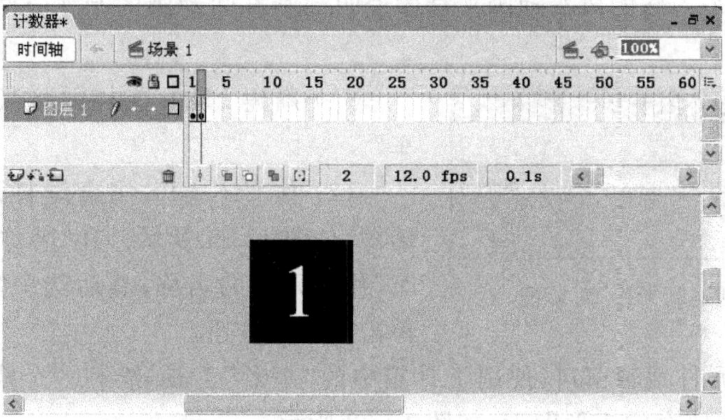

图 10-29　输入字符“1”

(7) 重复同样的步骤，直至在第 10 帧中输入字符“9”，如图 10-30 所示。

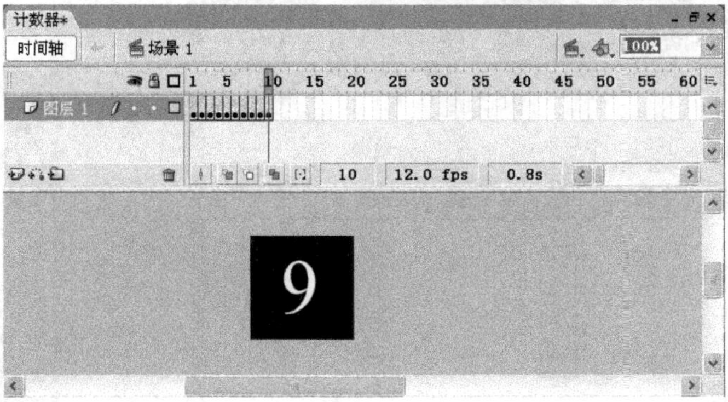

图 10-30　输入字符“9”

(8) 按 Ctrl+Enter 组合键打开预览窗口对动画进行预览。

10.2.5　补间动画

补间动画是 Flash 动画制作中使用最频繁的一种动画制作效果，通常用于在两个关键帧之间创建相同或不同图形，然后为图形赋予移动、旋转、变形等效果。在 Flash 8 中常用的补间动画分为动画补间动画和形状补间动画两种。

1. 制作动画补间动画

动画补间动画就是在两个关键帧中创建相同的对象，然后为这两个对象创建大小、旋转、移动等对象自身属性的变化。

2. 制作形状补间动画

在制作形状补间动画时，可以为一个关键帧中的对象指定属性，然后在下一个关键帧中绘制另一个对象，最后在两个关键帧之间创建动画，动画效果是第 1 个关键帧的对象慢慢向第 2 个关键帧转变。

注意：在形状补间动画中，图形间的变化是慢慢地自然过渡；而动画补间动画中，图形本身并没有发生改变，只是图形的大小、位置等发生了变化。

下面以制作一个旋转的风车动画来具体说明动画补间动画的制作方法，其具体操作步骤如下。

图 10-31 “创建新元件”对话框

(1) 新建 Flash 文档并将其命名为“旋转的风车”。

(2) 按 Ctrl+F8 组合键打开“创建新元件”对话框，如图 10-31 所示。在“名称”文本框中输入“风车”作为元件的名称，然后选中“图形”单选按钮并单击“确定”按钮。

(3) 进入图形元件编辑窗口，使用工具箱中的“矩形”工具，绘制一个线条颜色为黑色、笔触样式为极细线、无填充的矩形图形，如图 10-32 所示。

(4) 选择“窗口”→“混色器”命令，调出“混色器”面板，设置其填充色为浅红色到红色再到深红色的线性填充。此时，“混色器”面板设置如图 10-33 所示。

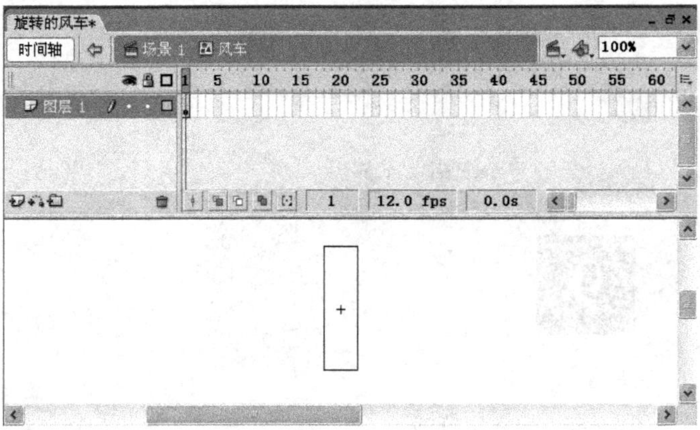

图 10-32 绘制矩形

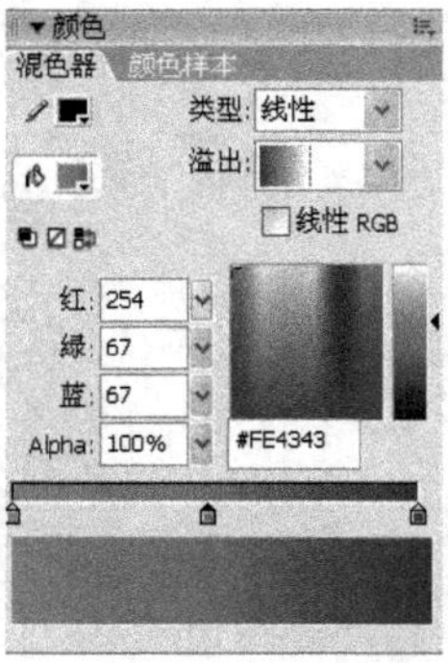

图 10-33 “混色器”面板

(5) 使用工具箱中的“颜料桶”工具，对矩形图形进行填充，如图 10-34 所示。

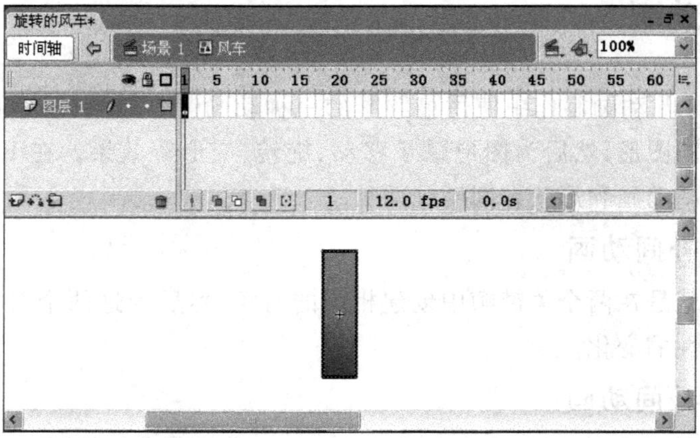

图 10-34 对矩形进行填充

(6) 使用工具箱中的“选择”工具，将鼠标移动到矩形的左上角，拖动鼠标将矩形形状修改为如图 10-35 所示。

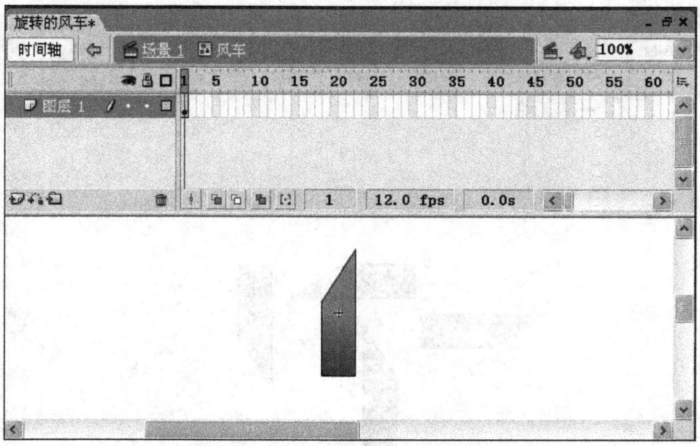

图 10-35　对矩形形状进行修改

(7) 绘制一个三角形图形并进行填充，使用工具箱中的“选择”工具，拖动选中所有图形，按 Ctrl+G 组合键将选中的对象进行组合，形成风车的一瓣，如图 10-36 所示。

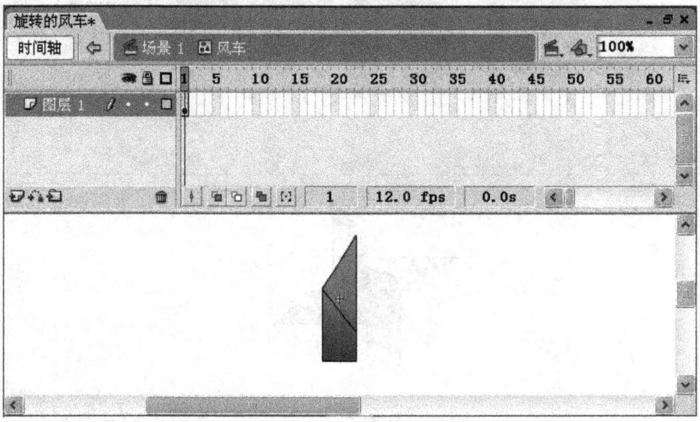

图 10-36　风车的一瓣

(8) 使用工具箱中的“任意变形”工具，旋转图形对象，调出“变形”面板，在该面板中的“旋转”文本框中输入 90，3 次单击该面板内的“复制并应用变形”按钮，复制 3 个旋转 90 度、180 度和 270 度的图形，使用工具箱的“选择”工具，将复制的图形移开，如图 10-37 所示。

(9) 调整 4 个风车瓣的位置，组成一个风车图形，如图 10-38 所示。然后将它们进行组合。

(10) 单击 Ctrl+E 组合键返回主场景，选中“图层 1”的第 1 帧，将“库”面板中的“风车”图形元件拖动到工作区的中心位置。

(11) 用鼠标右击“图层 1”的第 1 帧，在弹出的快捷菜单中选择“创建补间动画”命令，在其“属性”面板中“旋转”下拉列表框中选择“顺时针”选项，在其右边的文本框中输入 3，表示动画围绕对象的中心点顺时针旋转 3 次。

(12) 单击“图层 1”的第 100 帧，按下 F6 键，创建关键帧。

(13) 在“图层 1”下新建一个“图层 2”，单击选中“图层 2”的第 1 帧，使用工具箱中的“矩形”工具，绘制一个线条颜色为黑色、笔触样式为极细、黑色到黄色再到黑色的线性填充的长条矩形图形，作为风车支棍，如图 10-39 所示。

(14) 单击选择“图层 2”的第 50 帧，按下 F5 键，使第 1 帧到第 50 帧的所有帧与第 1 帧内

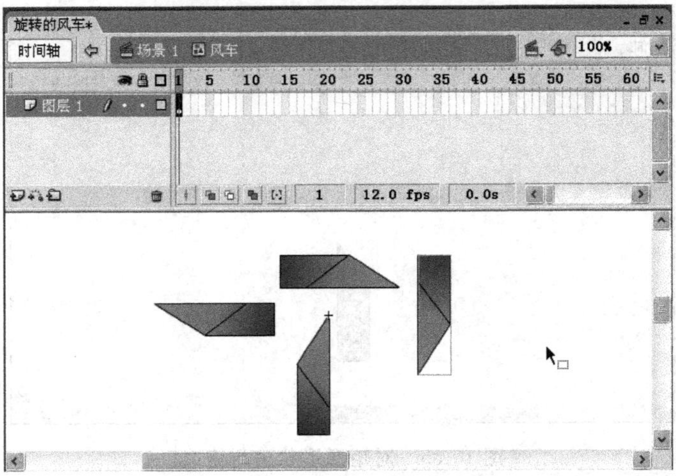

图 10-37　复制图形

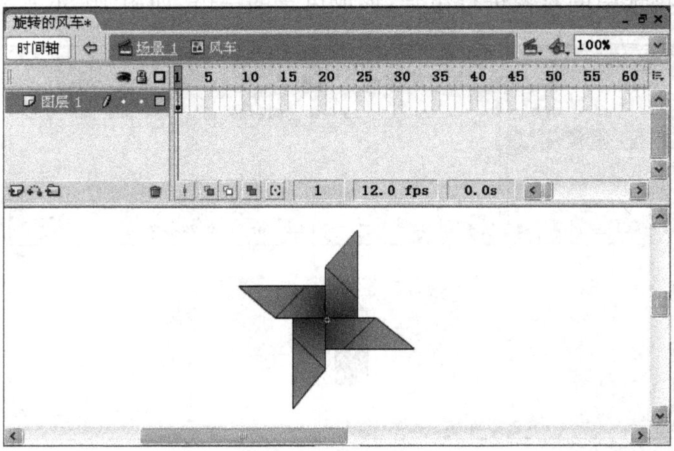

图 10-38　组合后的风车图形

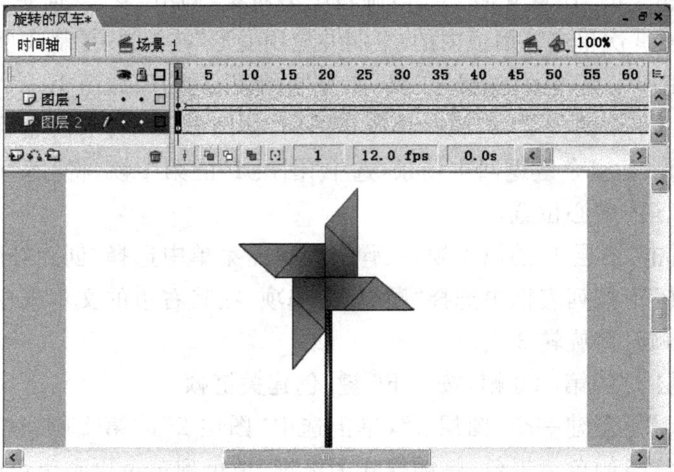

图 10-39　绘制风车支棍

容一样。

(15) 按 Ctrl+Enter 组合键打开预览窗口对动画进行预览，如图 10-40 所示。

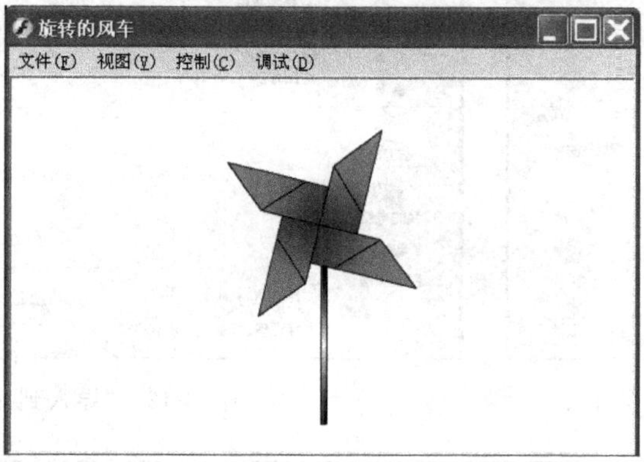

图 10-40 预览窗口

10.3 特殊动画

10.3.1 遮罩动画

所谓遮罩动画，就是在动画中创建一个遮罩层，用来遮盖动画中的对象，用户利用动作和行为，让遮罩层动起来，这样便可以创建各种各样的动态效果的动画。

1. 遮罩动画制作原理

遮罩层是 Flash 8 中的一种特殊图层，在遮罩层中用户可绘制任意形状的图形作为动画播放时的外观，但遮罩层本身并不会显示出来。

2. 制作遮罩动画

创建遮罩动画的方法是：在图层中绘制动画需要的对象，单击图层区域中的 按钮，在其上方新建一个图层，然后在该图层中绘制用于遮罩的对象，在图层区中选择该图层，单击鼠标右键在弹出的快捷菜单中选择"遮罩层"命令，即创建遮罩层动画。

下面以"百叶窗"效果为例来介绍一下遮罩动画的制作方法和操作步骤。

(1) 新建 Flash 文档并将其命名为"百叶窗效果"，然后将舞台尺寸设置为"530px×420px"，如图 10-41 所示。

(2) 选择"文件"→"导入"→"导入到库"命令，打开"导入到库"对话框，然后将图片 1、图片 2 导入到 Flash 中，如图 10-42 所示。

(3) 在"图层 1"的第 1 帧处单击，将位图元件"图片 1"从"库"面板中拖曳到舞台中，然后在"变形"面板中将其缩放为原先大小的 60%，在第 8 帧处按下 F6 键插入关键帧，如图 10-43 所示。

(4) 单击"插入图层"按钮添加一个新图层"图层 2"，在"图层 2"的第 15 帧处按下 F7 键插入空白关键帧，将位图元件"图片 2"从"库"面板中拖曳到舞台中，然后在第 80 帧处按下 F6 键插入关键帧，如图 10-44 所示。

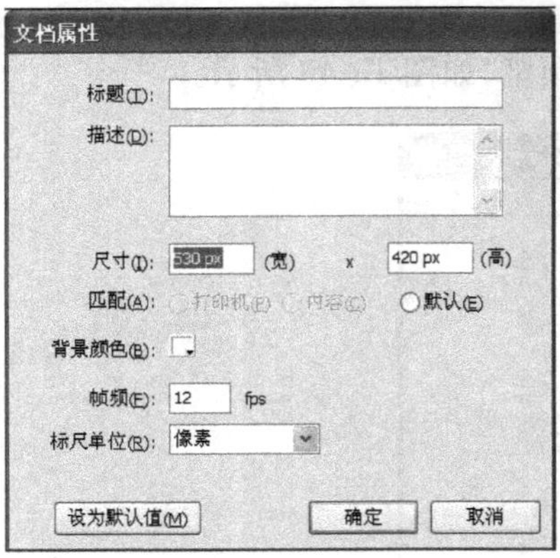

图 10-41 设置舞台尺寸

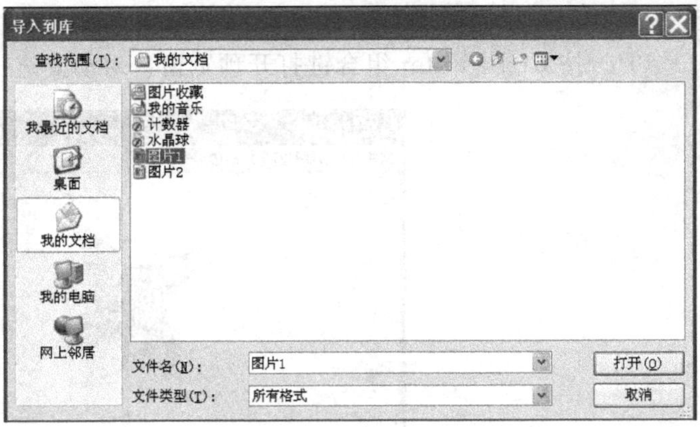

图 10-42 “导入到库”对话框

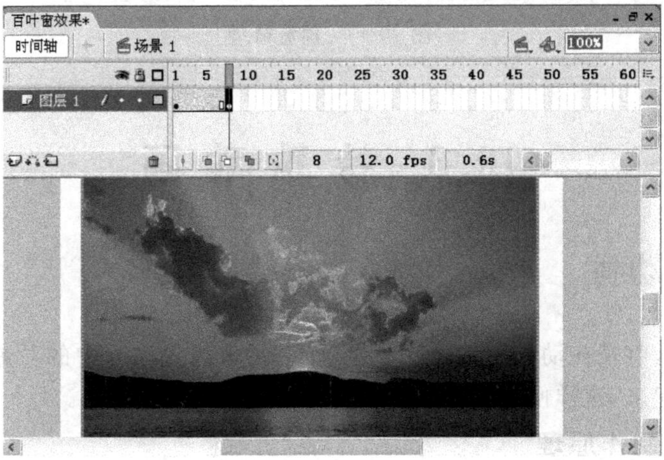

图 10-43 将图片 1 拖曳到舞台中

图 10-44 在图层 2 中插入图片 2

(5) 按 Ctrl+F8 组合键打开“创建新元件”对话框，如图 10-45 所示。在“名称”文本框中输入“遮罩”作为元件的名称，然后选中“图形”单选按钮并单击“确定”按钮进入图形元件编辑窗口，如图 10-46 所示。

图 10-45 “创建新元件”对话框

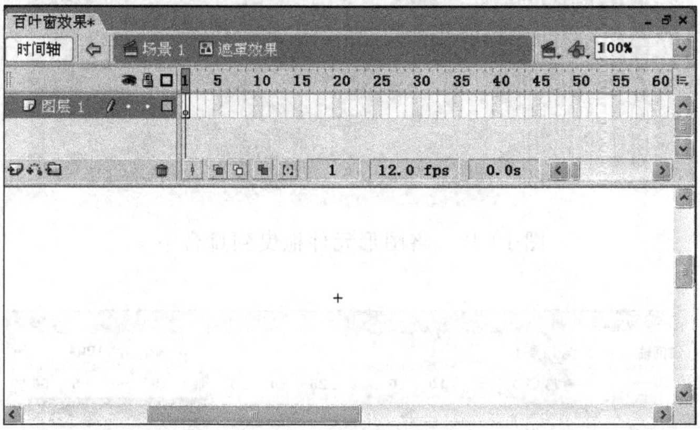

图 10-46 图形元件编辑窗口

(6) 单击“工具箱”中的“矩形”工具，将填充色设置为“黑色”，在工作区中绘制一系列连续的矩形，矩形的宽度和排列方式如图 10-47 所示。

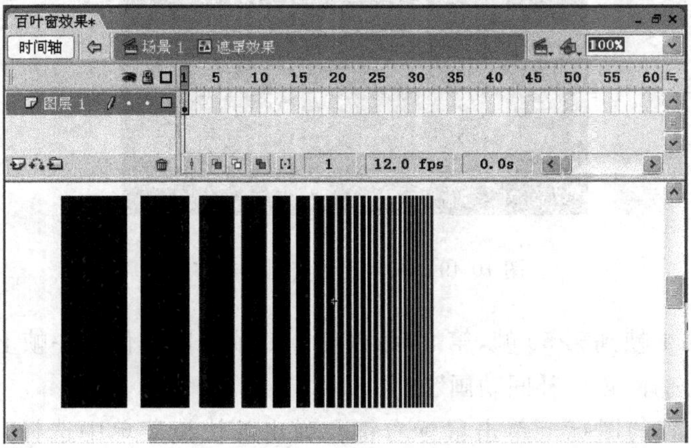

图 10-47 绘制一系列连续的矩形

(7) 按 Ctrl+E 组合键返回主场景中，单击插入图层按钮添加一个新图层“图层 3”，在该图层的第 15 帧处按下 F6 键插入关键帧，然后将图形元件“遮罩”从“库”面板中拖曳到舞台中并适当地调整其大小和舞台的位置，使元件实例的右端与图片的左端相连，如图 10-48 所示。

(8) 在“图层 3”的第 40 帧处按下 F6 键插入关键帧，然后使用“选择”工具拖动元件实例“遮罩效果”向右移动，将图片完全遮盖住，如图 10-49 所示。

(9) 在“图层 3”的第 50 帧处按下 F6 键插入关键帧，然后将第 1 帧中的内容复制到第 80 帧中。

图 10-48　将图形元件拖曳到舞台中

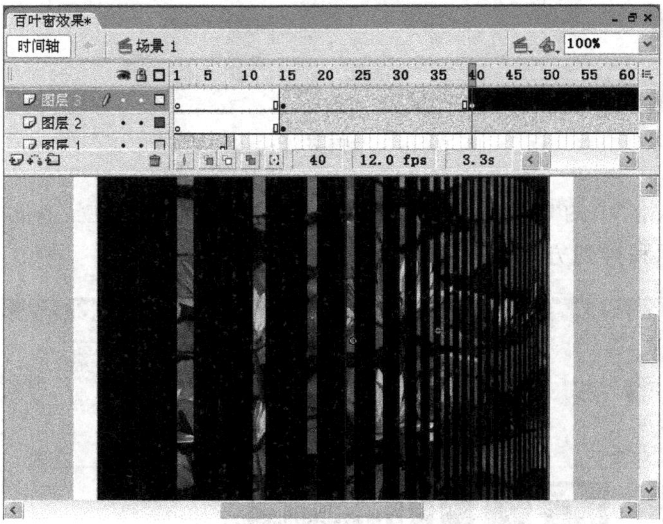

图 10-49　拖动元件实例向右移动

(10) 分别在第 1 帧到第 50 帧，第 50 帧到第 100 帧之间的任意一帧上单击鼠标右键，在弹出的快捷菜单中选择“创建补间动画”命令。

(11) 在“图层 3”的图标上单击鼠标右键在弹出的快捷菜单中选择“遮罩层”菜单项将该图层设置为“遮罩层”，此时“图层 3”的图标则变为的形状，“图层 2”的图标则变为的形状。

(12) 按 Ctrl+Enter 组合键打开预览窗口对影片进行测试，此时就会看到百叶窗效果的图片转换，如图 10-50 所示。

10.3.2　运动引导线动画

单纯依靠设置“时间轴”上的补间动画，有时仍然无法实现一些复杂的动画效果，有很多运动是弧线或不规则的路线，如月亮围绕地球旋转、鱼儿在大海里遨游等，这样的不规则运动效

图 10-50 预览窗口

果，可以通过运动引导线动画来实现。

运动引导线动画可以控制对象的移动轨迹，主要是通过引导层和引导线两部分完成的，这两部分都是不可缺少的。

1. 引导线

引导线即物体运动的轨迹，一般使用“钢笔工具”或“铅笔工具”来绘制，主要起到轨迹或辅助线的作用，可以让物体沿着引导线路径运动。

2. 引导层

引导层是 Flash 8 中一种特殊的图层，它可以分为普通引导层和运动引导层，运动引导层主要用于制作使对象沿着特定路径移动的动画。引导线必须绘制在运动引导层中，而需要使用引导线作为轨迹线的物体，所在层必须在引导层的下方，一个引导层可以为多个图层提供运动轨迹，同时在一个引导层中可以有多条运动轨迹。

下面以一个具体的实例来说明运动引导线动画的特点和制作方法。

(1) 新建 Flash 文档并将其命名为“蝴蝶飞舞”。

(2) 选择“文件”→“导入”→“导入到舞台”命令，打开“导入”对话框，然后将图片 pic1 导入到 Flash 中作为背景，如图 10-51 所示。

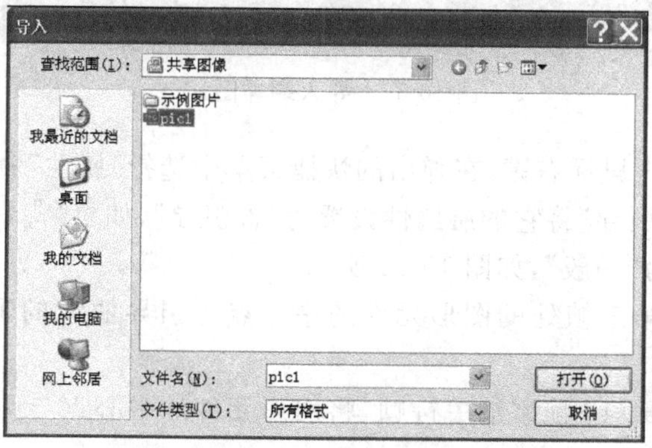

图 10-51 导入图片

(3) 在该图层的第 45 帧插入帧。

(4) 单击时间轴左侧的“添加运动引导层”按钮，在“背景”图层的上方新建一个引导层，并在引导层中利用工具箱中的铅笔工具画一条曲线，如图 10-52 所示。

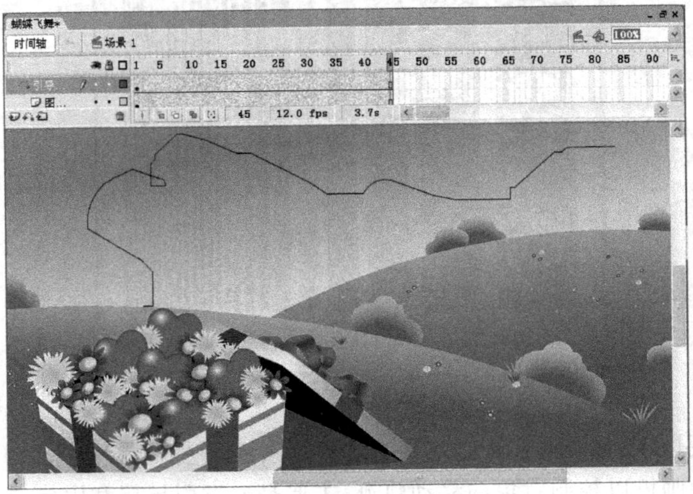

图 10-52　在引导层中绘制曲线

(5) 在引导层下方创建一个新的图层，选择“文件”→“导入”→“导入到库”命令，导入一张蝴蝶图片，将图片元件拖入舞台中，调整图片大小和方向，如图 10-53 所示。

图 10-53　导入蝴蝶图片

(6) 在该图层上单击鼠标右键，在弹出的快捷菜单中选择“属性”命令，弹出“图层属性”对话框，在类型中选择“被引导”将它的层属性设置为“被引导”，如果“背景”图层这时也是被引导层，则将“背景”图层设为“一般”，如图 10-54 所示。

(7) 将被引导层的第 1 帧处的图形元件的中心点与引导曲线的顶端点对齐，如图 10-55 所示。

(8) 在被引导层的第 40 帧添加关键帧，将图形元件的中心点与引导曲线的底端点对齐，如图 10-56 所示。

(9) 在被引导层的第 1 帧处单击鼠标右键，在弹出的快捷菜单中选择“创建补间动画”，在

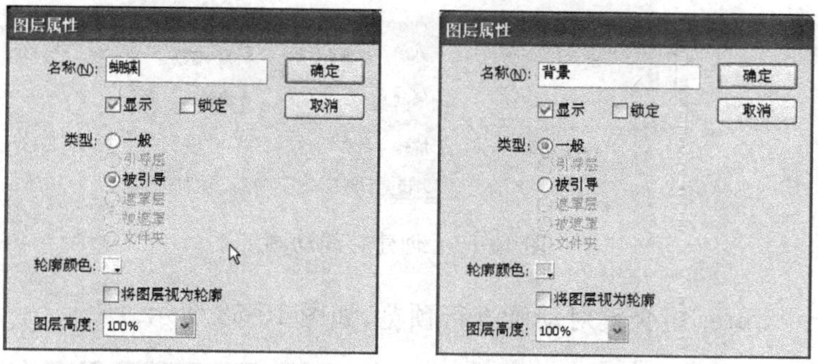

(a) 设置蝴蝶图层属性　　(b) 设置背景图层属性

图 10-54　设置图层属性

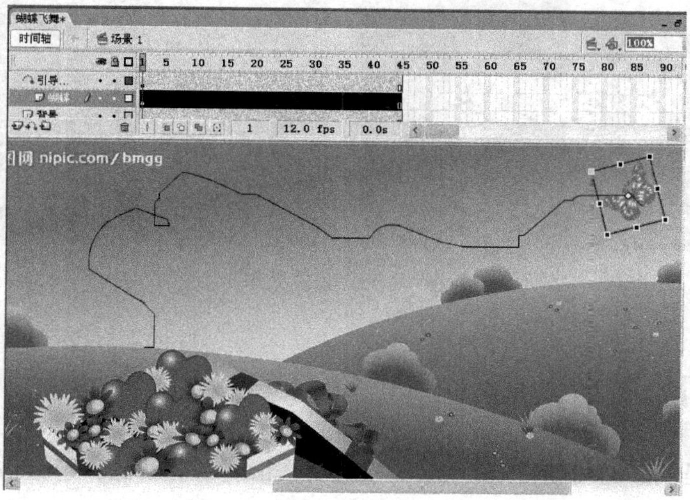

图 10-55　将蝴蝶与引导曲线顶端点对齐

图 10-56　将蝴蝶与引导曲线底端点对齐

“属性”面板中勾选“调整到路径”选项，如图 10-57 所示。

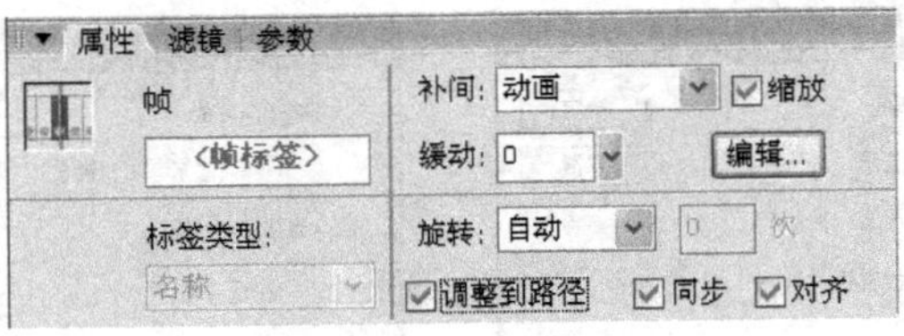

图 10-57　创建补间动画

(10) 按 Ctrl+Enter 组合键对动画进行预览，如图 10-58 所示。

图 10-58　预览效果

10.3.3　时间轴特效动画

使用 Flash 提供的时间轴特效，可以轻松地制作出复杂的动画。Flash 内建的时间轴特效有变形、转换、分布式直接复制、复制到网格、分立、展开、投影和模糊。通过设置时间轴特效的参数，即可轻松获得所需效果。

下面分别说明这几种时间轴特效的参数及设置方法。

1. 变形

使用“变形”命令可以创建淡入淡出、飞进飞出、膨胀收缩和左旋右旋特效。

单击“插入”→“时间轴特效”→“变形/转换”→“变形”命令，打开“变形”面板，如图 10-59 所示。

其各项参数的含义如下。

- 效果持续时间：以帧为单位，设置效果的持续时间。
- 更改位置方式：有移动位置和更改位置两种方式。可以在 x 和 y 输入栏中输入偏移量，确定对象位移的最终位置。
- 缩放比例：锁定状态下，x 轴和 y 轴使用相同的比例缩放；解锁状态下，可以分别设置 x 轴和 y 轴的缩放比例。
- 旋转度数：设置对象的旋转角度。
- 旋转次数：设置对象的旋转次数。
- 更改颜色：勾选该复选框，会改变对象的颜色；取消该复选框的选择，不改变对象的颜色。

图 10-59 “变形”面板

- 最终颜色：单击该按钮，可以指定对象的最终颜色。
- 最终的 Alpha：设置对象的 Alpha 值(透明度)，可以在它右边的文本框中直接输入，也可以左右拖曳下面的滑块进行调整。
- 移动减慢：可以设置开始时慢速，然后逐渐变快；或开始时快速，然后逐渐变慢。

2. 转换

使用“转换”命令可以创建擦除和淡入淡出的渐变过渡特效。

单击“插入”→“时间轴特效”→“变形/转换”→“转换”命令，打开“转换”面板，如图 10-60 所示。

图 10-60 “转换”面板

其各项参数的含义如下。

- 效果持续时间：以帧为单位，设置效果的持续时间。
- 方向：选择“入”或“出”并单击该项图标中的方向按钮，可以设置过渡特效的方向。
- 淡化：选择此复选框和“入”选项，获得淡入效果；选择此复选框和“出”选项，获得淡出效果；取消此复选框选择，不进行淡化处理。
- 涂抹：选择此复选框和“入”选项，获得逐渐显示效果；选择此复选框和“出”选项，获得逐渐消失效果；取消此复选框选择，不进行涂抹处理。
- 移动减慢：可以设置开始时慢速，然后逐渐变快；或开始时快速，然后逐渐变慢。

3. 分散式直接复制

使用“分散式直接复制”命令可以创建层叠特效，即按设定好的偏移参数复制对象。

单击“插入”→“时间轴特效”→“帮助”→“分散式直接复制”命令，打开“分散式重制”面板，如图 10-61 所示。

图 10-61 “分散式重制”面板

其各项参数的含义如下。

- 副本数量：设置当前对象的复件数。
- 偏移距离：设置 x 轴方向的偏移量和 y 轴方向的偏移量。
- 偏移旋转：设置旋转的角度。
- 偏移起始帧：设置开始偏移帧。
- 缩放比例：设置缩放的方式和百分数。
- 更改颜色：勾选该复选框，会改变对象的颜色；取消该复选框的选择，不改变对象的颜色。
- 最终颜色：单击该按钮，可以指定对象的最终颜色。
- 最终的 Alpha：设置对象的 Alpha 值(透明度)，可以在它右边的文本框中直接输入，也可以左右拖曳下面的滑块进行调整。

4. 复制到网格

使用“复制到网格”命令，可以按行和列为参数复制对象，作出对象展开平铺的网格特效。

单击“插入”→“时间轴特效”→“帮助”→“复制到网格”命令，打开“复制到网格”面板，如图 10-62 所示。

其各项参数的含义如下。

- 网格尺寸：“行数”设置复制对象的行数；“列数”设置复制对象的列数。
- 网格间距：“行数”设置行间距；“列数”设置列间距。

5. 分离

使用“分离”命令，可以制作出爆炸特效。

单击“插入”→“时间轴特效”→“效果”→“分离”命令，打开“分离”面板，如图 10-63 所示。

图 10-62 “复制到网格”面板

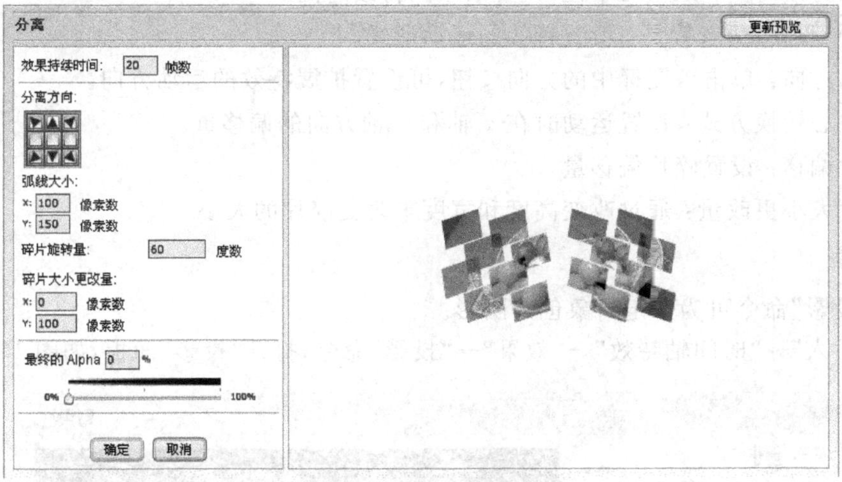

图 10-63 “分离”面板

其各项参数的含义如下。

- 效果持续时间：以帧为单位，设置效果的持续时间。
- 分离方向：单击该项图标中的方向按钮，可设置分离特效的运动方向。
- 弧线大小：设置分离对象在 x 轴和 y 轴方向的偏移量。
- 碎片旋转量：设置碎片的旋转角度。
- 碎片大小更改量：设置碎片的大小。
- 最终的 Alpha：设置对象的 Alpha 值（透明度），可以在它右边的文本框中直接输入，也可以左右拖曳下面的滑块进行调整。

6. 展开

使用“展开”命令可以制作扩展、收缩特效。

单击“插入”→“时间轴特效”→“效果”→“展开”命令，打开“展开”面板，如图 10-64 所示。

其各项参数的含义如下。

图 10-64 “展开”面板

- 效果持续时间：以帧为单位，设置效果的持续时间。
- 展开、压缩、两者皆是：设置特效的运动形式。
- 移动方向：单击该图标中的方向按钮，可设置扩展特效的运动方向。
- 组中心转换方式：设置运动时在 x 轴和 y 轴方向的偏移量。
- 碎片偏移：设置碎片偏移量。
- 碎片大小更改量：通过改变高度和宽度来改变碎片的大小。

7. 投影

使用“投影”命令可为选定对象创建阴影。

单击“插入”→“时间轴特效”→“效果”→“投影”命令，打开“投影”面板，如图 10-65 所示。

图 10-65 “投影”面板

其各项参数的含义如下。

- 颜色：单击该按钮，可以设置阴影的颜色。
- Alpha 透明度：设置阴影的 Alpha(透明度)百分数。可以在它右边的文本框中直接输入，也可以左右拖曳下面的滑块进行调整。
- 阴影偏移：设置阴影在 x 轴和 y 轴方向的偏移量。

8. 模糊

使用“模糊”命令可以创建运动模糊效果。

单击“插入”→“时间轴特效”→“效果”→“模糊”命令，打开“模糊”面板，如图 10-66 所示。

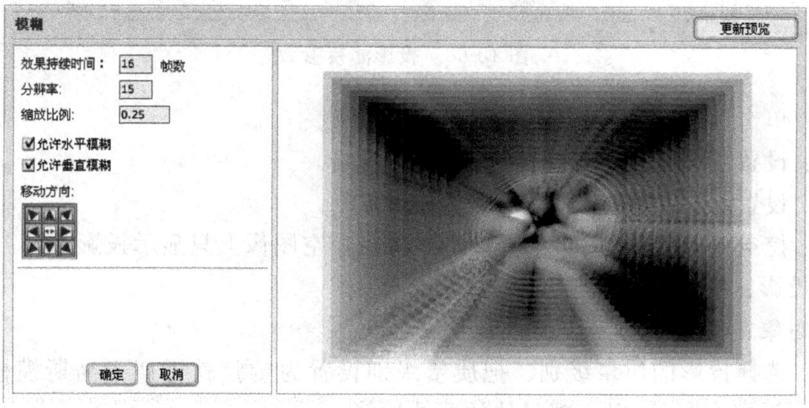

图 10-66 “模糊”面板

其各项参数的含义如下。

- 效果持续时间：以帧为单位，设置效果的持续时间。
- 允许水平模糊：勾选此复选框，设置在水平方向上产生模糊效果。
- 允许垂直模糊：勾选此复选框，设置在垂直方向上产生模糊效果。
- 移动方向：单击该图标中的方向按钮，可以设置运动模糊的方向。

10.3.4 使用滤镜制作动画

滤镜是 Flash 8 的新增功能，它只对文本、影片剪辑和按钮有效。使用滤镜，可以为文本、影片剪辑和按钮增添有趣的视觉效果，并且可以将投影、模糊、发光和斜角等图形效果应用于图形元素。Flash 所独有的一个功能是可以使用补间动画让应用的滤镜活动起来。

执行“窗口”→“属性”→“滤镜”命令，可以打开“滤镜”面板。在 Flash 默认界面中滤镜与“属性”面板绑定在一起，所以也可以通过直接单击该面板组中的“滤镜”按钮，切换到“滤镜”面板。用户在“滤镜”面板上可以通过不同的设置获得所需的效果。如图 10-67 所示。

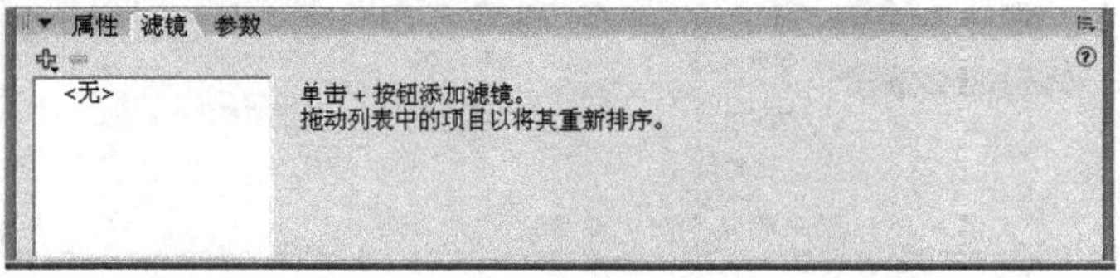

图 10-67 “滤镜”面板

1. 投影滤镜

投影滤镜可模拟对象向一个表面投影的效果，或者在背景中剪出一个形似对象的洞，来模拟对象的外观。滤镜参数如图 10-68 所示。

- 模糊 X、模糊 Y：设置投影的宽度和高度。
- 距离：设置阴影与对象之间的距离。

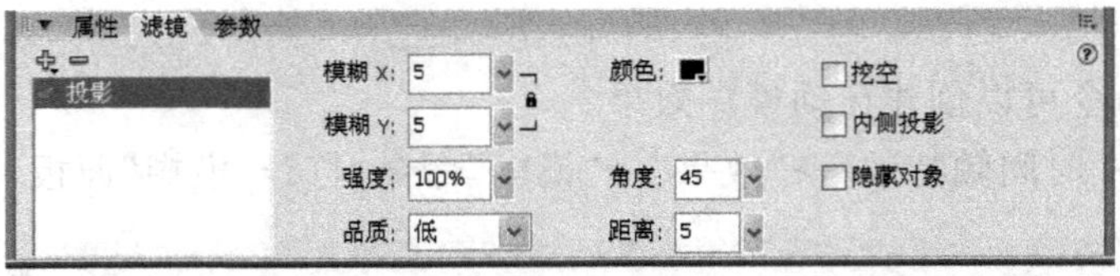

图 10-68　投影滤镜参数

- 颜色：单击该按钮，可以设置阴影的颜色。
- 强度：设置阴影暗度。数值越大，阴影就越暗。
- 角度：设置阴影的角度。
- 挖空：挖空（即从视觉上隐藏）原对象，并在挖空图像上只显示投影。
- 内侧投影：在对象边界内应用投影。
- 隐藏对象：隐藏对象，并只显示其阴影。
- 品质：选择投影的质量级别。把质量级别设置为“高”就近似于高斯模糊。建议把质量级别设置为“低”，以实现最佳的回放性能。

2. 模糊滤镜

模糊滤镜可以柔化对象的边缘和细节。将模糊应用于对象，可以让它看起来好像位于其他对象的后面，或者使对象看起来好像是运动的。滤镜参数如图 10-69 所示。

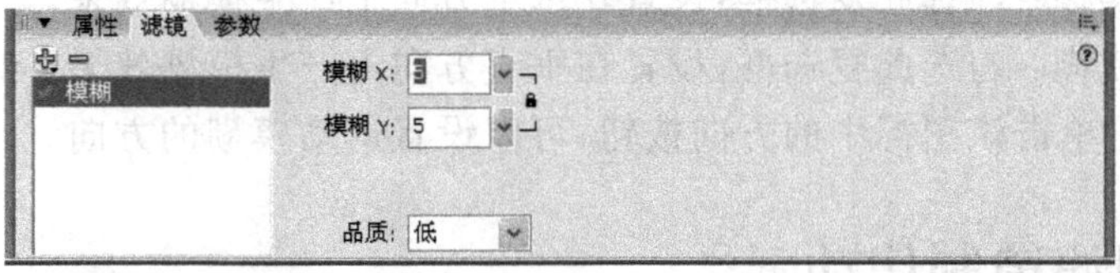

图 10-69　模糊滤镜参数

- 模糊 X、模糊 Y：设置模糊的宽度和高度。
- 品质：选择模糊的质量级别。把质量级别设置为“高”就近似于高斯模糊。建议把质量级别设置为“低”，以实现最佳的回放性能。

3. 发光滤镜

使用发光滤镜，可以为对象的整个边缘应用颜色。滤镜参数如图 10-70 所示。

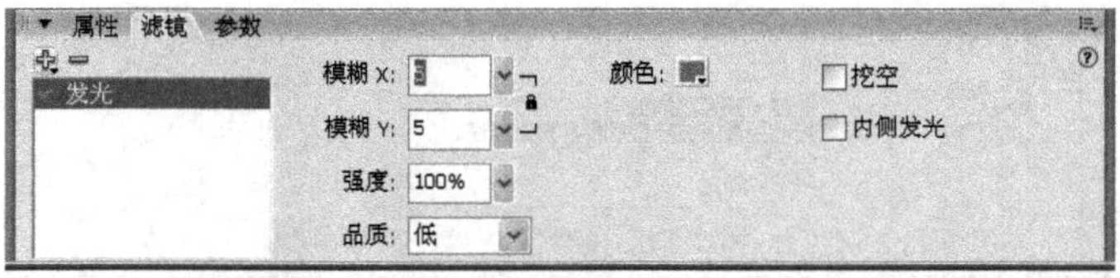

图 10-70　发光滤镜参数

- 模糊 X、模糊 Y：设置发光的宽度和高度。
- 颜色：单击该按钮，可以设置发光的颜色。
- 强度：设置发光的清晰度。
- 挖空：挖空（即从视觉上隐藏）原对象，并在挖空图像上只显示发光。
- 内侧发光：在对象边界内应用发光。

- 品质：选择发光的质量级别。把质量级别设置为“高”就近似于高斯模糊。建议把质量级别设置为“低”，以实现最佳的回放性能。

4. 斜角滤镜

应用斜角，就是向对象应用加亮效果，使其看起来凸出于背景表面。可以创建内斜角、外斜角或者完全斜角。滤镜参数如图 10-71 所示。

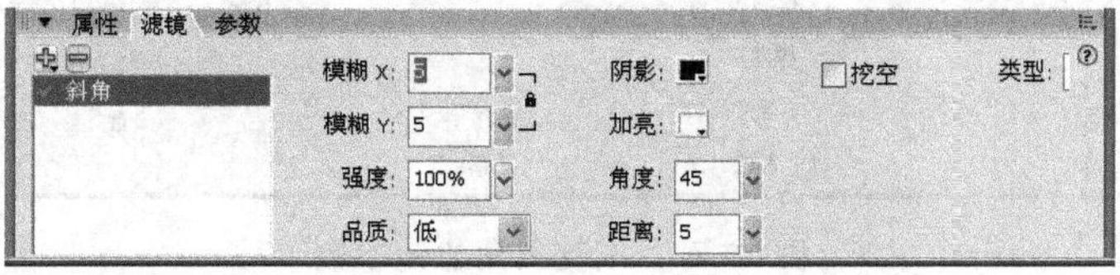

图 10-71 斜角滤镜参数

- 类型：选择要应用到对象的斜角类型。可以选择内斜角、外斜角或者完全斜角。
- 模糊 X、模糊 Y：设置斜角的宽度和高度。
- 阴影、加亮：选择斜角的阴影和加亮颜色。
- 强度：设置斜角的不透明度，而不影响其宽度。
- 角度：更改斜边投下的阴影角度。
- 距离：定义斜角的宽度。
- 挖空：挖空（即从视觉上隐藏）原对象，并在挖空图像上只显示斜角。
- 品质：选择斜角的质量级别。把质量级别设置为“高”就近似于高斯模糊。建议把质量级别设置为“低”，以实现最佳的回放性能。

5. 渐变发光滤镜

应用渐变发光，可以在发光表面产生带渐变颜色的发光效果。渐变发光要求选择一种颜色作为渐变开始的颜色，该颜色的 Alpha 值为 0。滤镜参数如图 10-72 所示。

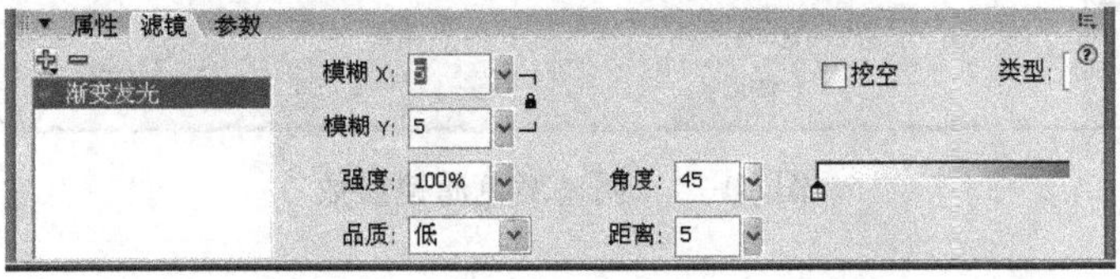

图 10-72 渐变发光滤镜参数

- 类型：从下拉列表框中选择要为对象应用的发光类型。可以选择“内侧”、“外侧”或者“整个”选项。
- 模糊 X、模糊 Y：设置发光的宽度和高度。
- 强度：设置发光的不透明度，而不影响其宽度。
- 角度：更改发光投下的阴影角度。
- 距离：设置阴影与对象之间的距离。
- 挖空：挖空（即从视觉上隐藏）原对象，并在挖空图像上只显示渐变发光。
- 指定发光的渐变颜色：渐变包含两种或多种可相互淡入或混合的颜色。
- 品质：选择渐变发光的质量级别。把质量级别设置为“高”就近似于高斯模糊。建议把质量级别设置为“低”，以实现最佳的回放性能。

6. 渐变斜角滤镜

应用渐变斜角，可以产生一种凸起效果，使得对象看起来好像从背景上凸起，且斜角表面有渐变颜色。渐变斜角要求渐变的中间有一个颜色，颜色的 Alpha 值为 0。滤镜参数如图 10-73 所示。

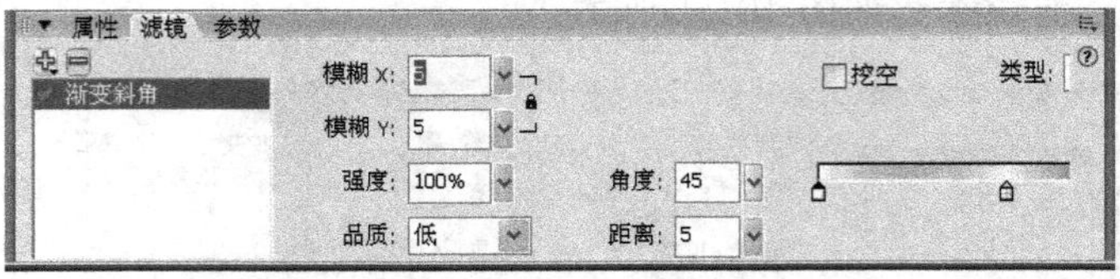

图 10-73　渐变斜角滤镜参数

- 类型：从下拉列表框中选择要应用到对象的斜角类型。可以选择“内侧”、“外侧”或者“整个”选项。
- 模糊 X、模糊 Y：设置斜角的宽度和高度。
- 强度：输入一个值以影响其平滑度，而不影响斜角宽度。
- 角度：设置光源的角度。
- 挖空：挖空(即从视觉上隐藏)原对象，并在挖空图像上只显示渐变斜角。
- 指定斜角的渐变颜色：渐变包含两种或多种可相互淡入或混合的颜色。
- 品质：选择渐变斜角的质量级别。把质量级别设置为“高”就近似于高斯模糊。建议把质量级别设置为“低”，以实现最佳的回放性能。

7. 调整颜色滤镜

使用调整颜色，可以调整对象的亮度、对比度、色相和饱和度。滤镜参数如图 10-74 所示。

图 10-74　调整颜色滤镜参数

- 亮度：调整对象的亮度。
- 对比度：调整对象的对比度。
- 饱和度：调整对象的饱和度。
- 色相：调整对象的色相。

10.4　交互式动画的应用

10.4.1　按钮应用

按钮是 Flash 元件中的一种，使用按钮是根据用户鼠标的动作，使得动画可以做出相应的反应。通过不同种类、不同作用的按钮，可以实现人与 Flash 之间的交互。

普通按钮的创建方法是非常简单的。新建一个 Flash 文档，按 Ctrl+F8 组合键打开"创建新元件"对话框，然后在"名称"文本框中输入按钮元件的名称，并选中"按钮"单选按钮，如图 10-75 所示。单击"确定"按钮进入按钮元件编辑窗口，在工作区中随意地绘制一个对象，然后分别在"指针经过"帧、"按下"帧和"单击"帧处插入关键帧，这样一个完整的按钮就创建完成了。

按钮元件是仅由 4 个帧构成的，特殊的交互式影片剪辑元件，按钮元件包含一个 4 帧的时间轴，每一帧都有如下特定的功能。

第 1 帧是弹起状态，代表指针没有经过按钮时该按钮的状态。

第 2 帧是指针经过状态，代表当指针滑过按钮时该按钮的外观。

第 3 帧是按下状态，代表单击按钮时该按钮的外观。

第 4 帧是单击状态，定义响应鼠标单击的区域。

创建的按钮要具有一定的交互效果，即能够在某种程度上响应用户的鼠标或者键盘事件。下面制作一个水晶球的按钮效果，要求将鼠标指针移至水晶球上的时候，水晶球会发出一层柔和的光芒。具体操作步骤如下。

(1) 新建 Flash 文档并将其命名为"水晶球.fla"，在"属性"面板中单击"大小"按钮，随即会弹出"文档属性"对话框，在该对话框中将影片的"尺寸"设置为"400px×450px"，将背景颜色设置为"黑色"，如图 10-76 所示。

图 10-75 "创建新元件"对话框

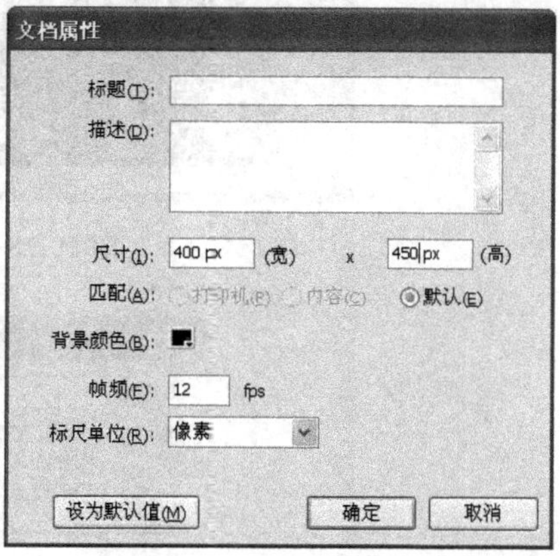

图 10-76 "文档属性"对话框

(2) 单击"确定"按钮，然后单击工具箱中的"矩形"工具，将笔触颜色设置为无色，将填充色设置为"#CCCCFF"。

(3) 使用"矩形"工具在舞台上绘制一个无边框的矩形，如图 10-77 所示。

(4) 使用"选择"工具对矩形的上边缘和左右边缘进行调整，使其具有一定的圆弧，如图 10-78 所示。

(5) 按 Ctrl+F8 组合键打开"创建新元件"对话框，在"名称"文本框中输入 button 作为元件的名称，然后选中"按钮"单选按钮，如图 10-79 所示。

(6) 单击"确定"按钮进入按钮元件编辑窗口，单击工具箱中的"椭圆"工具，将笔触颜色设置为无色，将填充色设置为白色，然后按住 Shift 键不放在工作区中绘制一个合适大小的圆形，并使该圆形的中心与工作区的中心重合，如图 10-80 所示。

(7) 在"指针经过"帧和"按下"帧处分别按下 F6 键插入关键帧。

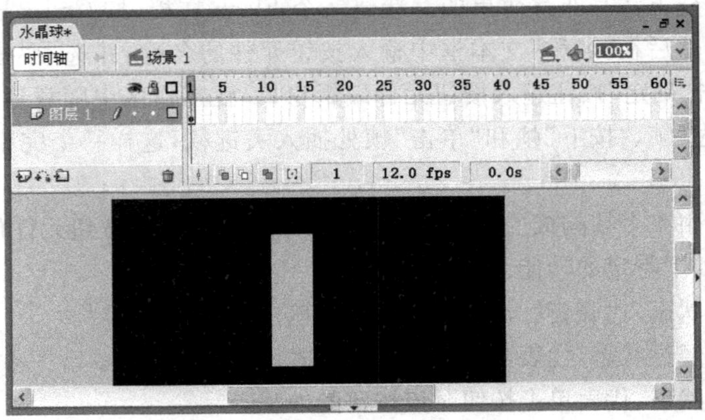

图 10-77　绘制无边框矩形

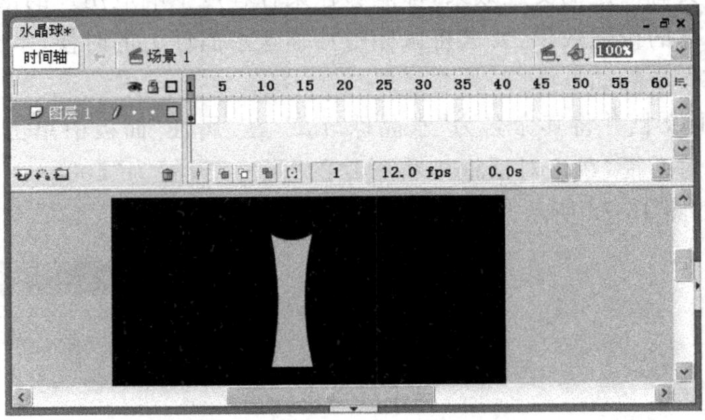

图 10-78　对矩形边缘进行调整

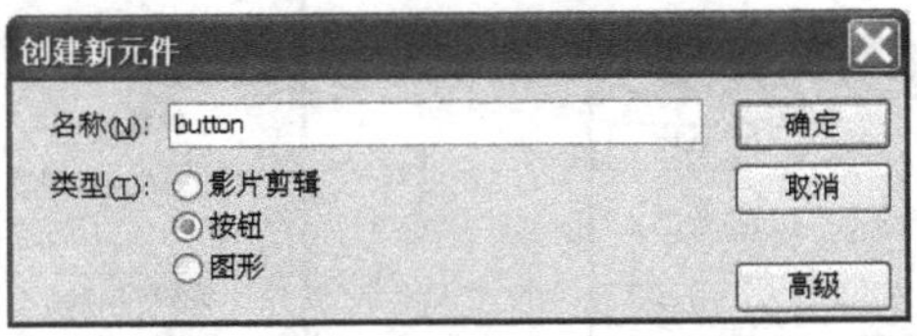

图 10-79　“创建新元件”对话框

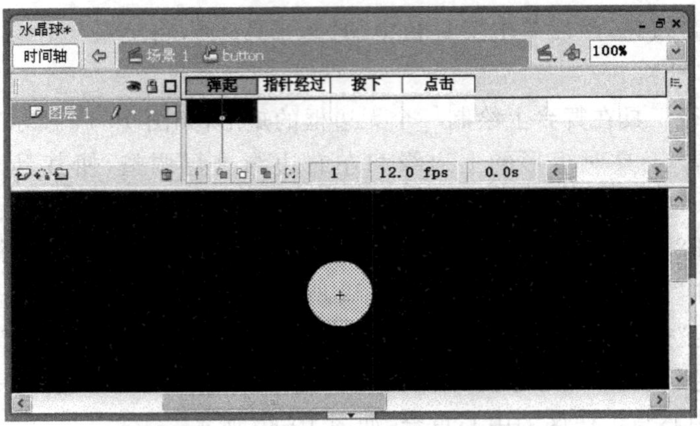

图 10-80　绘制圆形

(8) 回到“指针经过”帧并选中工作区中的圆形，然后选择“修改”→“形状”→“柔化填充边缘”命令，如图 10-81 所示。

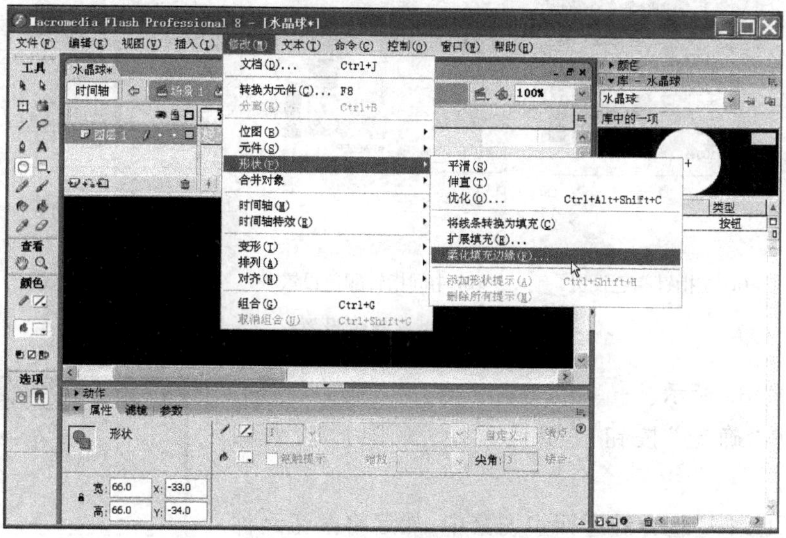

图 10-81 对圆形进行处理

(9) 随即会打开“柔化填充边缘”对话框，在“距离”文本框中输入“35px”，在“步骤数”文本框中输入“20”，然后选中“扩展”单选按钮，如图 10-82 所示。

(10) 单击“确定”按钮应用设置，打开“混色器”面板，在“类型”下拉列表中选择“放射状”选项，首先在下面的渐变色控制带的中间位置单击鼠标左键添加一个渐变指针，然后分别单击这 3 个渐变指针对其颜色进行设置，如图 10-83(a)、图 10-83(b)、图 10-83(c)所示。

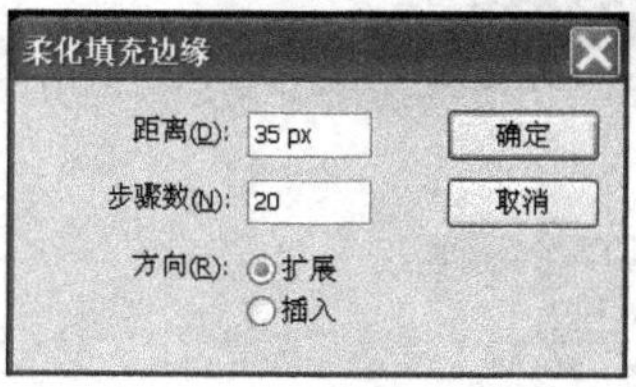

图 10-82 “柔化填充边缘”对话框

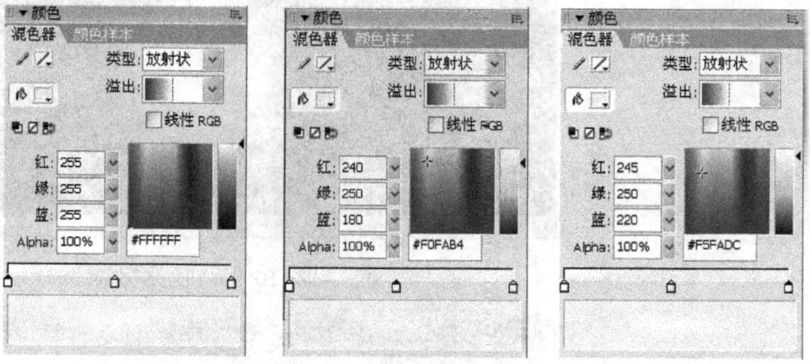

(a) 左指针颜色设置　(b) 中间指针颜色设置　(c) 右指针颜色设置

图 10-83 颜色设置 1

(11) 单击“工具箱”中的“颜料桶”工具，然后将指针移至工作区中圆形的中心位置并单击，对圆形进行颜色填充。

(12) 将播放头拖放到“按下”帧，然后对“混色器”面板中的渐变色控制带中的 3 个渐变指针的颜色进行设置，左、中、右 3 个渐变指针的设置分别如图 10-84(a)、(b)、(c)所示。

(13) 单击“工具箱”中的“颜料桶”工具，然后将指针移至工作区中圆形的中心位置并单击，对圆形进行颜色填充。

(14) 选中工作区中的对象，选择“修改”→“形状”→“柔化填充边缘”命令，打开“柔化填充边缘”对话框，在“距离”文本框中输入 50px，在“步骤数”文本框中输入 30，然后选中“扩展”单

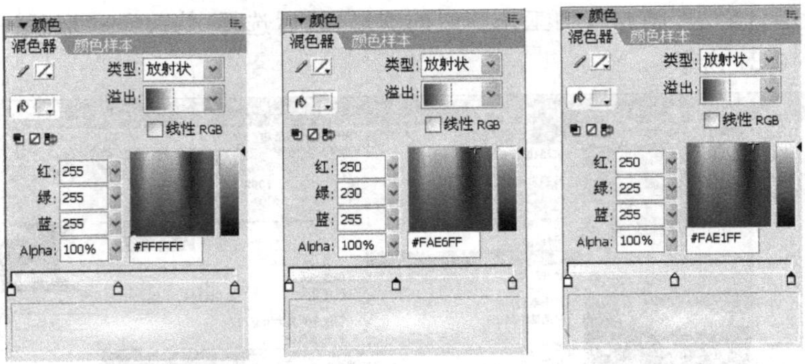

(a) 左指针颜色设置　　(b) 中间指针颜色设置　　(c) 右指针颜色设置

图 10-84　颜色设置 2

选按钮，如图 10-85 所示。

(15) 单击“确定”按钮应用设置，此时圆形效果如图 10-86 所示。

(16) 按 Ctrl+E 组合键返回主场景中，然后将按钮元件 button 从“库”面板中拖曳到舞台中，如图 10-87 所示。

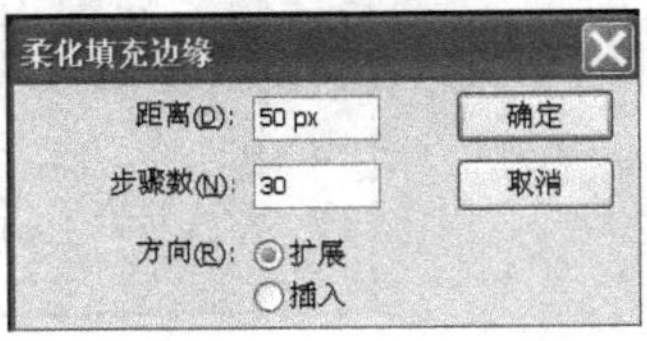

图 10-85　“柔化填充边缘”对话框

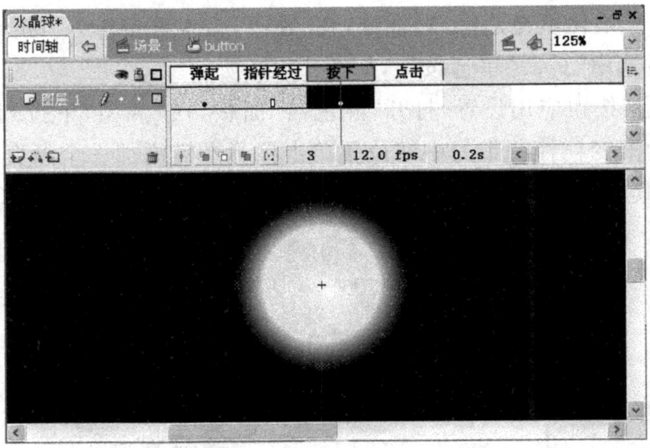

图 10-86　圆形效果

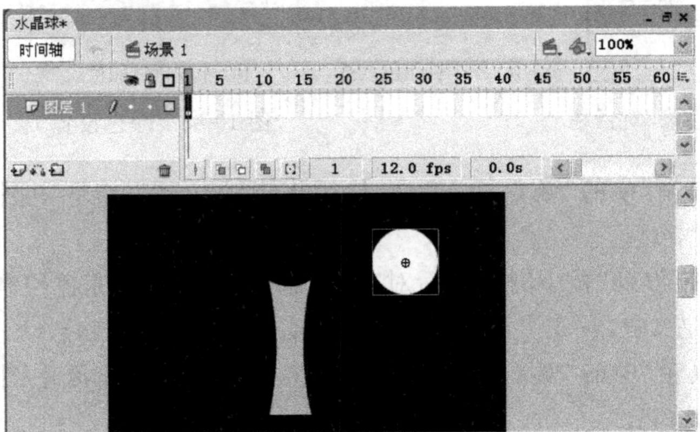

图 10-87　拖曳按钮到舞台中

(17) 使用“选择”工具和“缩放”工具对按钮实例 button 的位置和大小进行适当的调整，如图 10-88 所示。

(18) 按 Ctrl＋Enter 组合键打开预览窗口对影片进行预览，如图 10-89 所示。

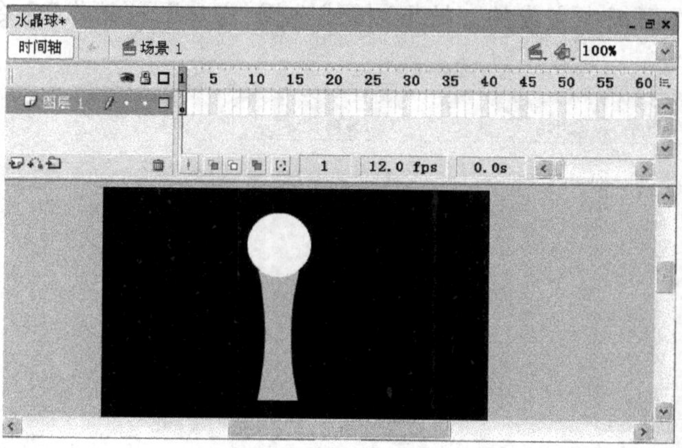

图 10-88 对按钮进行调整

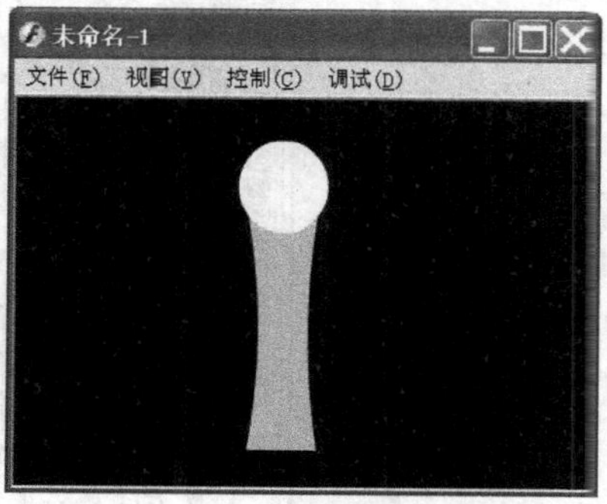

图 10-89 预览影片

(19) 这样当属标指针移至按钮上时，圆球就会发出柔和的光芒，如图 10-90(a)所示（即按钮的“指针经过”状态），按下鼠标左键不放，圆球的颜色就会发生变化，并且会发出更加灿烂的光芒（即按钮的“按下”状态），如图 10-90(b)所示。

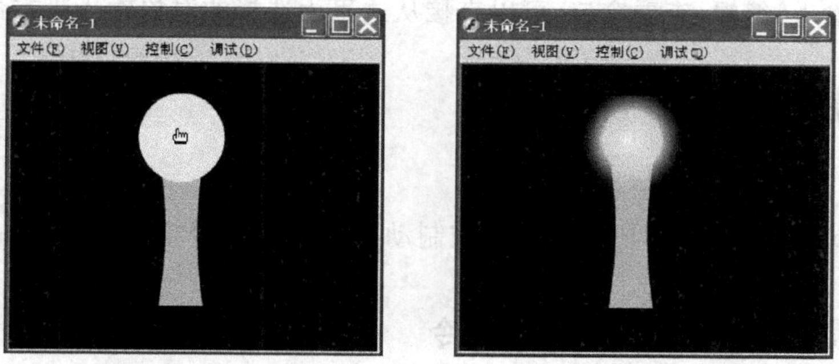

(a) “指针经过”状态效果　　(b) “按下”状态效果

图 10-90 效果

10.4.2 ActionScript 简介

ActionScript（动作脚本）是一种专用的 Flash 程序语言，是 Flash 的一个重要组成部分。通过使用 ActionScript 脚本编程，可以实现根据运行时间和加载数据等事件来控制 Flash 文档播放的效果；还有，为 Flash 文档添加交互性，使之能够响应按键、单击等用户操作；还可以将内置对象（如按钮对象）与内置的相关方法、属性和事件结合使用；并且允许用户创建自定义类和对象；创建更加短小精悍的应用程序，所有这些都可以通过可重复利用的脚本代码来完成。并且 ActionScript 是一种面向对象的脚本语言，可用于控制 Flash 内容的播放方式。因此，在使用 ActionScript 的时候，只要有一个清晰的思路，通过简单的 ActionScript 代码语言的组合，就可以实现很多相当精彩的动画效果。

10.4.3 动作面板

在 Flash 中进行的编程，都是在动作面板中完成的。按 F9 键或选择“窗口”→“动作”命令即可打开动作面板，如图 10-91 所示。

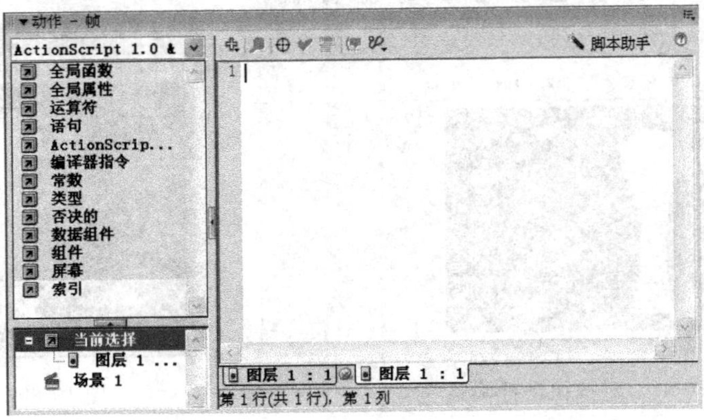

图 10-91 动作面板

动作面板包括 3 个组成部分：左侧上方为命令列表框，分类列出了 Flash 中能用到的所有动作脚本命令；左侧下方为对象查看列表框，可以查看动画中已添加脚本的对象的具体信息；右侧为脚本输入、编辑、查看窗口，可以直接从这里为选择的对象输入脚本命令。

10.4.4 常用动作命令讲解

1. play 和 stop 命令

play 和 stop 命令在 Flash 中分别用于控制动画的播放和停止，是 Flash 中控制动画的最基本命令。

2. gotoAndPlay 和 gotoAndStop 命令

gotoAndPlay 命令用来控制动画跳转到一个特定的帧或场景，并开始播放；gotoAndStop 命令用来控制动画跳转到一个特定的帧或场景，并停止播放。

3. stopAllSounds 命令

在不停止播放动画的情况下，使当前播放的所有声音停止播放。

4. loadMovie 和 unloadMovie 命令

使用 loadMovie 和 unloadMovie 动作来播放附加的电影而不关闭 Flash 播放器。通常情况下，Flash 播放器仅显示一个 Flash 动画(.swf)文件，loadMovie 让用户一次显示几个动画，或者不用载入其他的 HTML 文档就在动画中随意切换。unloadMovie 可以移除前面在 loadMovie 中载入的动画。

5. duplicateMovieClip 和 removeMovieClip 命令

duplicateMovieClip 命令用来复制电影剪辑实例；removeMovieClip 命令用来删除复制的影片剪辑实例。

6. fscommand 命令

fscommand 是 Flash 用来与支持它的其他应用程序(指那些可以播放 Flash 动画的应用

程序，如独立播放器或安装了插件的浏览器)互相传达命令的工具。

10.5 音频和视频的使用

10.5.1 音频的使用

声音是 Flash 动画中一个重要的元素，Flash 提供了多种音频文件的使用方法，例如，让音频文件独立于时间轴单独播放或者声音与动画同步播放；让声音播放的时候产生渐出渐入的效果；让声音配合按钮的交互性操作播放等。Flash 中的声音类型分为两种，分别是事件声音和音频流。它们两者的不同之处在于：事件声音必须完全下载后才能播放，除非强制其停止，否则会一直连续播放；而音频流的播放则与 Flash 动画息息相关，它是随动画的播放而播放，随动画的停止而停止，即只要下载足够的数据就可以播放，而不必等待数据全部读取完毕，做到了实时播放。

一般在 Flash 动画中，声音主要用于按钮和关键帧两个方面。制作好动画后，如果需要添加声音必须先将声音导入到库中，其方法为：选择"文件"→"导入"→"导入到库"命令，打开"导入到库"对话框，选择需要导入的音频文件，单击"打开"按钮即可，如图 10-92 所示。这时用户就可以在"库"面板中查看所导入的声音，并可以通过单击预览窗口中的"播放"按钮 ▶ 进行试听，如图 10-93 所示。将声音导入到库中后，即可在动画中添加声音，其添加方法也非常简单，只需要将导入到"库"中的声音文件直接拖曳到动画中即可。

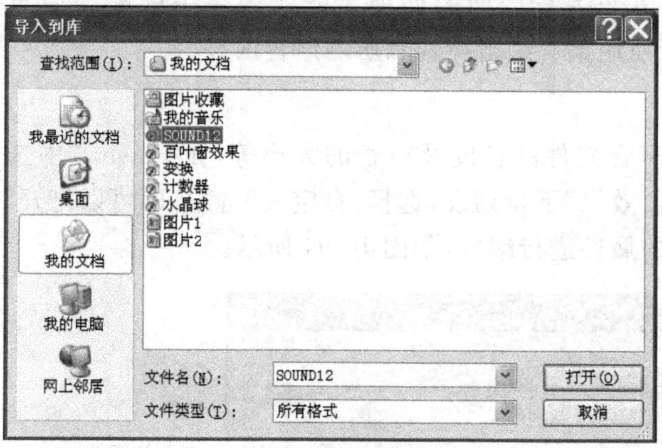

图 10-92 "导入到库"对话框

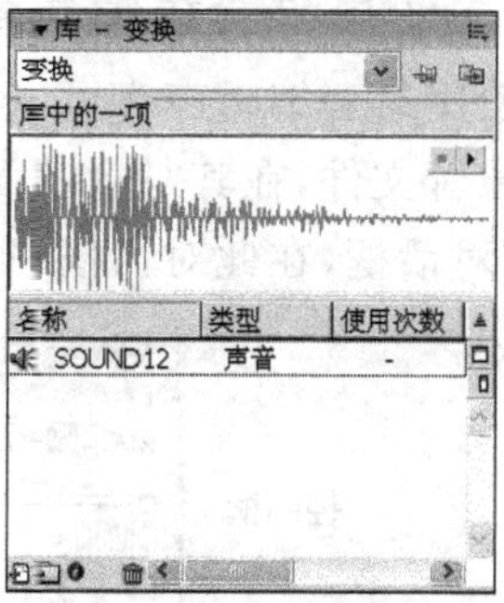

图 10-93 "库"面板

10.5.2 视频的使用

Flash 8 提供了多种集成和传送视频内容的方法，既可以将本地存储的视频剪辑导入到 Flash 文档中，也可以将视频剪辑导入为 Flash 中的嵌入文件或者链接文件，并且可以控制它们的回放。

在导入嵌入视频时，Flash 支持的视频文件格式有以下几种。

(1) 音频视频交叉格式，扩展名为.avi。

(2) 运动图像专家组格式,扩展名为.mpg、.mpeg。

(3) Windows Media 文件,扩展名为.wmv、.asf。

向当前的编辑环境中导入视频文件的步骤如下。

(1) 选择"文件"→"导入"→"导入视频"命令,打开"导入视频"对话框,选择要导入的视频剪辑。可以选择存储在本地计算机上的视频剪辑,也可以选择已上载到 Web 服务器的视频。

(2) 单击"浏览"按钮,找到要导入的文件,单击"下一个"按钮。

(3) 在打开的对话框中进行"部署"设置。

(4) 单击"下一个"按钮,设置视频文件的相关选项。

- 编码方案:选择 Flash 视频的编码方案。
- 视频:设置和视频相关的选项。
- 音频:设置和音频相关的选项。
- 提示点:设置影片的提示点。
- 裁切与调整大小:设置影片的裁切选项。

(5) 单击"下一个"按钮,加载视频文件的外观。

- 外观:设置视频导航控制的外观。
- URL:设置自定义视频导航外观时的 URL 地址。

(6) 单击"保存"按钮,进入视频解码。解码完成后,影片被导入到舞台中。

10.5.3 自定义声音

在动画中添加声音后,还需要对声音进行后期的处理才能达到完美的配音效果。在 Flash 8 中对声音文件的编辑主要包括使用封套编辑声音和压缩声音两种。

1. 使用封套编辑声音

使用封套编辑声音可以修改导入声音文件的长度及声音的大小等,在 Flash 8 中选择添加的声音文件,在其"属性"面板中单击"效果"下拉列表,选择"自定义"选项,即可以打开"编辑封套"对话框,在此对话框中可对声音的属性进行编辑,如图 10-94 所示。

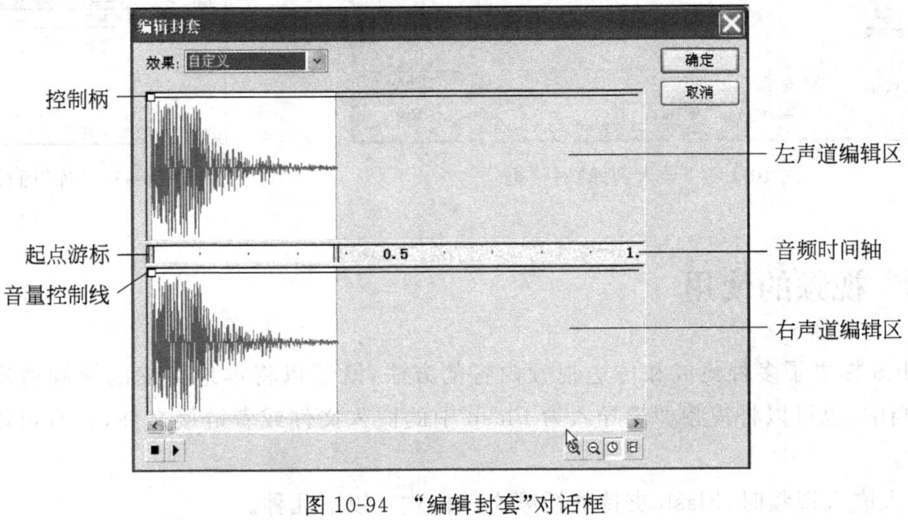

图 10-94 "编辑封套"对话框

"编辑封套"对话框中的各组成部分的作用分别如下。

- 控制柄：通过拖动编辑区左上角的正方形控制柄，可以调整声音的大小，将控制柄移至最上面声音为最大，移至最下面声音消失，左右声道可以独立调整。
- 起点游标：调整其位置可以定义声音开始和结束的地方。
- 音量控制线：左、右声道各有一条音量控制线，单击控制线可增加一个方形控制柄，最多可以添加 8 个，通过拖动控制线和控制柄可以调节各部分声音段的音量大小和声音播放的长短。
- 左右声道编辑区：该区主要用于显示左右声道中的音频波形及编辑状态。
- 音频时间轴：该时间轴主要用于显示声音的播放时间。
- ■：单击该按钮，可以终止声音的播放。
- ▶：单击该按钮，可以测试声音的播放效果。
- 🔍+：单击该按钮，可以使窗口中的声音波形在水平方向放大，从而对声音进行更细致的调整。
- 🔍-：单击该按钮，可以使窗口中的声音波形在水平方向缩小，从而方便查看波形很长的声音文件。
- ⏱：单击该按钮，可以使窗口中的水平轴以秒为单位显示，这是 Flash 的默认显示状态。
- 🎞：单击该按钮，可以使窗口中的水平轴以帧为单位显示。

2. 压缩声音文件大小

在制作 Flash 动画的过程中，为了减小 Flash 动画的文件大小，在编辑动画的过程中一般都会对导入的声音压缩。在 Flash 8 中，对声音文件的压缩主要有两种：在"声音属性"对话框中压缩声音和在编辑动画的过程中压缩。

（1）在"声音属性"对话框中压缩声音。

双击"库"面板中的声音文件图标，在打开的"声音属性"对话框的"压缩"下拉列表框中选择需要的选项即可对声音进行压缩，如图 10-95 所示。采样率和压缩都会造成导出的 SWF 文件中声音的品质和大小有很大的不同，声音的压缩倍数越大，采样率越低，声音文件就越小，声音品质也越差。

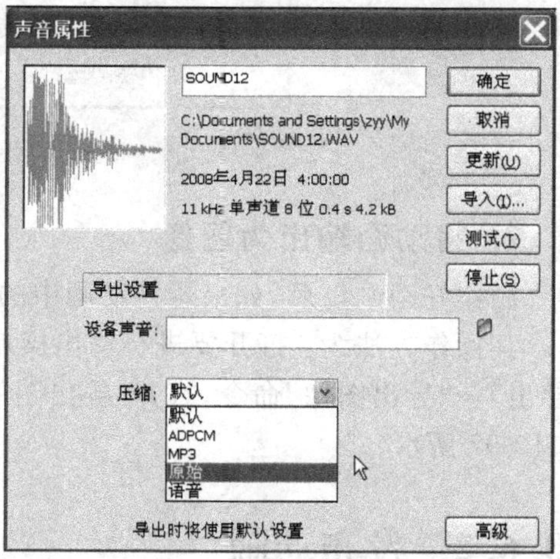

图 10-95 "声音属性"对话框

（2）在编辑动画的过程中压缩声音。

在制作动画的过程中，使用最频繁的声音压缩方法即是在编辑制作动画的过程中压缩声音。在制作动画的过程中压缩声音的方法主要有以下 3 种。

- 设置音频的起点游标和终点游标，将音频文件中的无声部分删除。
- 在不同关键帧上尽量使用相同的音频，并对它们设置不同的效果，这样只用一个音频文件就可设置多种声音，因此能大大减小文件的体积。
- 利用循环效果将长度很短的音频组织成背景音乐。

10.6 动画的输出与发布

10.6.1 输出动画

输出 Flash 动画的作用是产生单独格式的 Flash 文件，以便观看或运用。动画优化并测试完下载性能后，通过输出命令即可将动画输出。输出 Flash 动画主要包括将动画输出为影片和输出为图像。

1. 将动画输出为影片

将动画输出为影片是指将制作好的 Flash 动画输出为其他影片格式，并将输出的影片保存，然后在文件输出位置找到该影片文件，双击该文件即可自动播放。其操作方法为：打开要进行输出的动画文档，选择"文件"→"导出"→"导出影片"命令，打开"导出影片"对话框，根据要求进行设置即可完成输出操作，如图 10-96 所示。

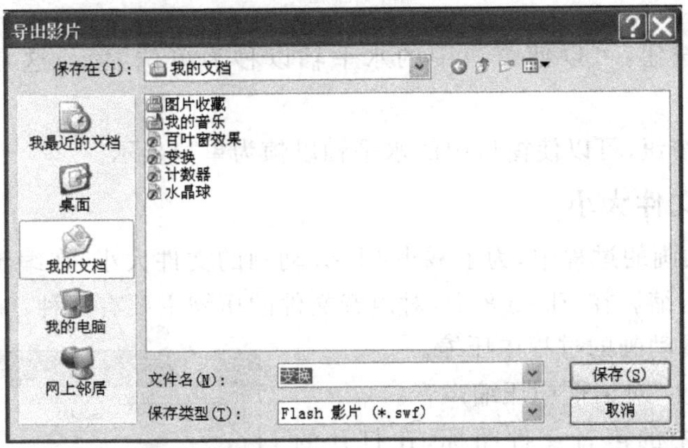

图 10-96 "导出影片"对话框

2. 将动画输出为图像

制作好动画以后，如果想将动画中的某个图像输出存储为图片格式，可执行输出图像的操作。其操作方法为：打开要进行输出操作的动画文档，选择"图层 1"的第 1 帧，选择"文件"→"导出"→"导出图像"命令，打开"导出图像"对话框，根据要求进行设置即可完成输出操作，如图 10-97 所示。

10.6.2 发布动画

当对制作完成的动画进行完测试、优化等一系列前期工作后，可以将动画发布出来，便于人们的浏览和观看。默认情况下动画将发布为 swf 格式的播放文件，这是为了方便没有安装 Flash Player 播放器的用户观看动画的播放效果。在 Flash 中也可以将动画发布成 Flash、HTML、GIF、JPEG 和 PNG 等几种格式。

在正式发布动画作品之前，选择"文件"→"发布设置"命令打开"发布设置"对话框，如图 10-98 所示。在"发布设置"对话框中可根据需要对动画的发布格式进行设置，设置好动画发布

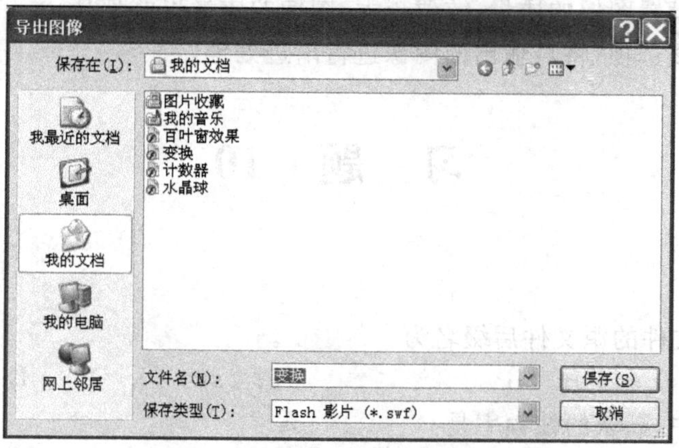

图 10-97 “导出图像”对话框

属性并预览后，如果预览动画效果满意，就可以将动画发布了。发布动画的方法主要有以下两种。

- 选择“文件”→“发布”命令。
- 按 Shift+F12 快捷键。

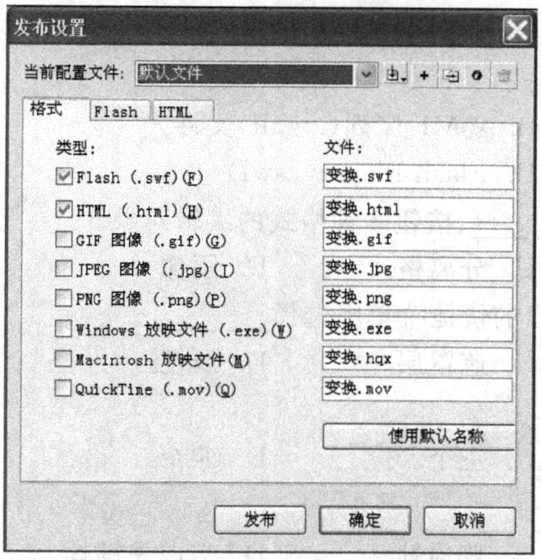

图 10-98 “发布设置”对话框

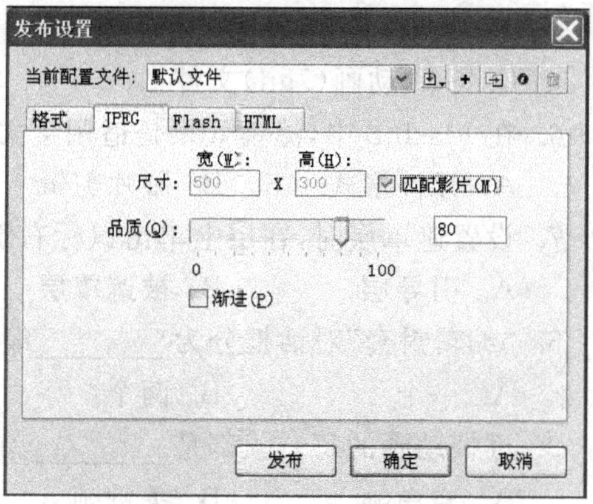

图 10-99 JPEG 发布设置界面

10.6.3 将动画输出为 JPEG 图像

JPEG(Joint Photographic Experts Group)全称为“联合图像专家组”，它最适用于摄影或连续色调图像的彩色照片，是一种高效的压缩图像文件格式。JPEG 格式不仅可处理大量的颜色，还能最大程度地减小文件的大小；JPEG 文件还可以调整图像的品质，随着 JPEG 图像品质的提高，文件的大小和下载时间会随之增加。

将动画输出为 JPEG 图像，需要在“发布设置”对话框的“格式”选项卡中，勾选发布 JPEG 格式的文件后，单击 JPEG 标签，将界面转换为 JPEG 的发布设置界面，如图 10-99 所示。其各参数含义如下。

- 尺寸：设置要发布的图像的尺寸。

• 品质：用于设置图像的质量，数值越大，图像的质量也就越高。
• 渐进：选中该选项，将对输出的图像进行渐进处理。

习　题　10

一、选择题

1. Flash 动画文件的源文件后缀名为________。
   A. .spa　　B. .fla　　C. .swf　　D. .jpg
2. 在 Flash 8 中，默认的帧频率是________ fps。
   A. 20　　B. 15　　C. 30　　D. 12
3. Flash 中的帧可以分为 3 种类型，即________。
   A. 普通帧、关键帧和空白关键帧　　B. 普通帧、关键帧和弹起帧
   C. 普通帧、关键帧和按下帧　　D. 普通帧、弹起帧和按下帧
4. 引导层可分为________。
   A. 动作引导层和遮罩层　　B. 普通引导层和运动引导层
   C. 普通引导层和隐藏层　　D. 运动引导层和遮罩层
5. ________文件是 Flash 8 默认的作品导出格式。
   A. JPEG 序列(.jpg)文件　　B. WMF 序列(.wmf)文件
   C. GIF 动画(.gif)文件　　D. Flash Player(.swf)
6. 在 Flash 8 中，滤镜效果是适用于文本、________、按钮 3 种格式的编辑对象。
   A. 元件格式　　B. 影片剪辑　　C. 分离格式　　D. 图像
7. 设置遮罩层时，在层上单击鼠标右键，在弹出的快捷菜单中选择________。
   A. 引导层　　B. 被遮罩层　　C. 遮罩层　　D. 属性
8. “编辑封套”对话框分为________编辑区。
   A. 一个　　B. 两个　　C. 三个　　D. 四个
9. 逐帧动画的每一帧都是________。
   A. 空白帧　　B. 关键帧　　C. 普通帧　　D. 空白关键帧

二、填空题

1. Flash 8 是________推出的一种优秀的矢量动画编辑软件。
2. 常见的按钮元件具有________、________、________三种状态。
3. 选择多个连续的图层应按________键，选择多个不连续的图层应按住________键。
4. 动画制作完之后就要进行测试，选择主菜单“控制”→“测试影片”命令，或直接按________组合键测试动画。
5. 在 Flash 8 中，滤镜效果选择都集中在________面板。
6. 在 Flash 8 中，补间动画分为________和________两种。

第11章 ASP动态页面技术

本章要点

- IIS的安装；
- VBScript中常用数据类型与运算符；
- VBScript中的流程控制结构；
- ASP中的常用对象的属性与方法；
- ASP中的数据库操作。

本章难点

- Request对象和Response对象的使用；
- 在ASP中对数据库的查询、插入和删除操作。

11.1 ASP概述及运行环境

ASP全称是Active Server Pages，中文叫动态服务器网页，其功能是可以用它来开发运行在服务器端的动态网页和网站。ASP是一种开发动态网页的技术，它既不是一种编程语言，也不是一种开发工具软件，同样也不是一种应用程序。ASP定义服务器端动态网页的开发模型，使用ASP可以组合HTML和ActiveX组件，以创建交互的Web页和基于Web的功能强大的应用程序。ASP是一种包含了使用VBScript或JScript脚本程序代码的网页。当浏览器浏览ASP网页时，Web服务器就会根据请求生成相应的HTML代码，然后再返回给浏览器，这样浏览器端看到的就是动态生成的网页。它可以与数据库和其他程序进行交互。

11.1.1 IIS的安装

ASP运行的环境是Windows Web服务器IIS(Internet Information Server)，IIS是微软开发的一款功能强大的Web服务器，默认安装在Windows 2000 Server或Windows 2003 Server中，如果用户的系统是服务器版，则不需要再安装IIS；如果不是服务器版操作系统，则在默认情况下没有安装，需要准备好对IIS进行安装。在此以Windows XP+IIS 5.1的安装为例，安装步骤如下。

(1) 将Windows XP的安装盘插入到光驱中。

（2）单击“开始”→“控制面板”→“添加/删除程序”。

（3）单击“添加/删除 Windows 组件”按钮，在弹出的“Windows 组件向导”对话框中，选中“Internet 信息服务(IIS)”复选框，如图 11-1 所示。接下来定位 IIS 安装文件的位置，如图 11-2 所示。单击“下一步”按钮，系统会提示安装 IIS 正在运行中，如图 11-3 所示。

图 11-1　Internet 信息服务安装界面

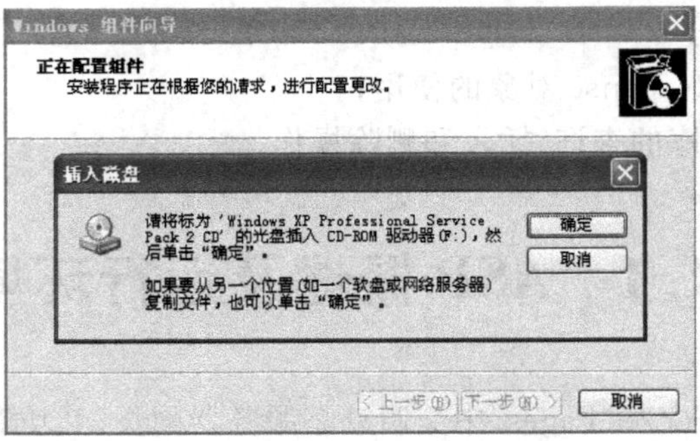

图 11-2　IIS 文件定位对话框

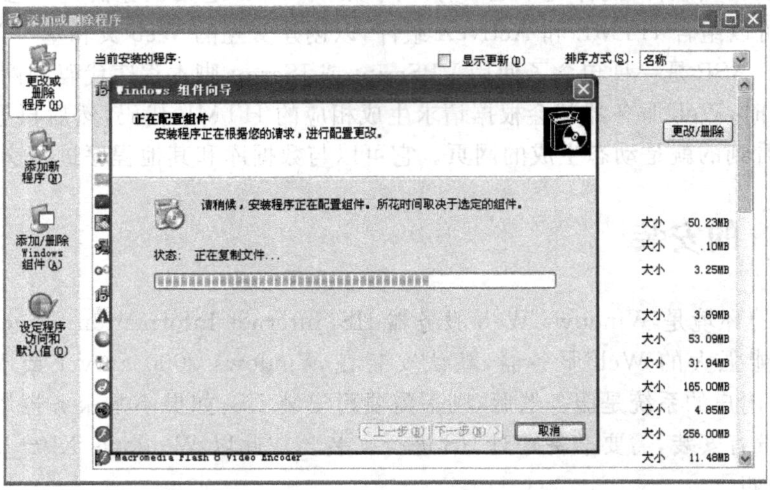

图 11-3　IIS 安装进行对话框

(4) 单击“完成”按钮，完成 IIS 的安装。

(5) 安装完成之后，可以打开浏览器，在地址栏输入 localhost，如果出现如图 11-4 所示的界面，就说明 Internet 信息服务已经安装成功，安装成功的计算机就是一台功能强大的 Web 服务器了。

图 11-4　Internet 信息服务界面

注意：IIS 组件安装后，本计算机就可以作为 Web 服务器使用，此时在计算机的 C 盘上将会出现一个名为 Inetpub 的文件夹，该文件夹下有一个名为 wwwroot 的子文件夹，该文件夹即为本机 Web 站点的主目录，即编写的 HTML 文件或 ASP 文件可以放入该文件夹。

11.1.2　Web 站点配置

(1) 选择“开始”→“控制面板”→“管理工具”→“Internet 信息服务”命令，可以打开“Internet 信息服务”窗口，如图 11-5 所示。

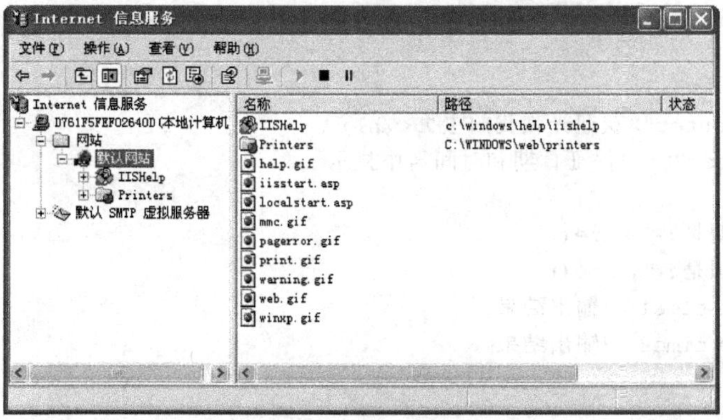

图 11-5　Internet 信息服务窗口

(2) 单击“Internet 信息服务”，在弹出的“Internet 信息服务”对话框中，右击“默认网站”，选择“属性”，如图 11-6 所示。

(3) 网站基本属性设置包括描述、IP 地址和 TCP 端口。在“描述”后的文本框中输入文本“我的站点”,其他不变。

(4) 主目录与站点访问权限设置。网站的主目录默认为 c:\inetpub\wwwroot,用户可以进行修改。

(5) 打开“主目录”选项卡,在“本地路径”内设置网页文件存放的目录(例如 D:\MyPage),选中“读取”、“记录访问”、“索引资源”复选框。

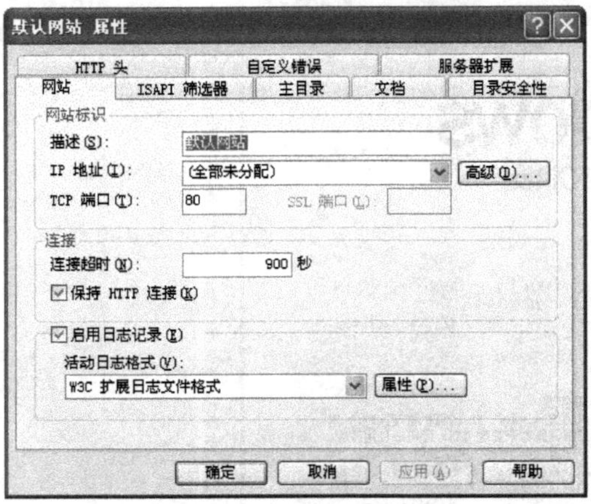

图 11-6 默认网站属性

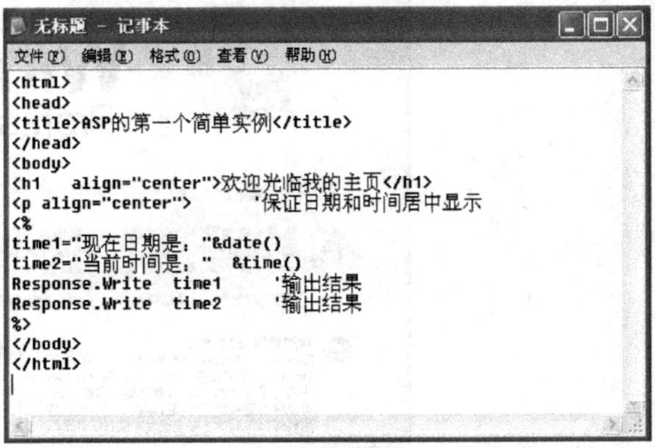

图 11-7 在记事本窗口输入代码

11.1.3 初识 ASP 程序

1. 编写一个 ASP 程序

下面通过举一个简单的例子,让大家先体会制作一个 ASP 文件的完整过程。该例子的功能是显示当前日期和时间。打开“记事本”编写如下的 ASP 程序,如图 11-7 所示。

【例 11-1】 显示当前的日期和时间的 ASP 程序。

```
<html>
<head>
<title>ASP 的第一个简单实例</title>
</head>
<body>
<h1  align="center">欢迎光临我的主页</h1>
<p align="center">   '保证日期和时间居中显示
<%
time1="现在日期是: "&date()
time2="当前时间是: "&time()
Response.Write time1   '输出结果
Response.Write time2   '输出结果
%>
</body>
</html>
```

2. 保存 ASP 文件

选择 File→Save 命令,弹出如图 11-8 所示的“另存为”对话框,将该文件命名为 ch1-1. asp 。

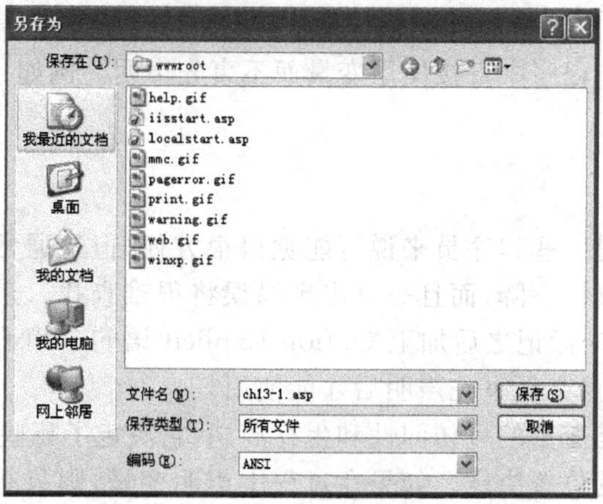

图 11-8　程序保存对话框

3. 在浏览器中解析 ASP 文件

打开浏览器软件，在地址栏中输入 localhost://ch1-1.asp 就能运行以上输入的 asp 程序。

11.2　VBScript 变量及数据类型

11.2.1　注释脚本

为了使源程序具有较强的可读性，源代码重要或关键的语句需要加入注释。注释是非可执行语句，只是对相关的内容加以说明。在 VBScript 中注释有两种方式：Rem 注释内容或“'”注释内容。如：

```
<%
  studentid     '学生编号
  studentname  Rem 学生姓名
%>
```

11.2.2　简单变量的声明

变量是任何编程语言的基础。它可以作为应用程序中临时的存储空间，以实现对数据的各种操作。每个变量在内存中都被分配了一段空间，但变量的标识不是通过它的内存地址来实现的，而是通过变量名。在 VBScript 中变量名是不区分大小写的。

在 VBScript 中，声明变量的方式分为显式和隐式两种。显示的声明方式可以使用 Dim 语句、Public 语句或 Private 语句来实现。变量命名必须遵循 VBScript 的命名规则。即必须遵循：第一个字符必须是字母；不能包含嵌入的句点；长度不能超过 255 个字符；在被声明的作用域内必须唯一。例如：

```
Dim price
```

声明多个变量时，使用逗号分隔变量。例如：

```
Dim Left,Right,Top,Bottom
```

隐式变量声明是指在程序中直接使用变量而不事先声明。例如：可以采用下面的语句直接定义变量 Stuid。

```
Stuid="00004"
```

隐式变量声明方式对一些程序员来说可能觉得很方便,但这通常不是一个好的习惯。因为这样将导致程序的可读性下降,而且一旦出现错误将很难查找。避免使用隐式声明的最好方法是在第一个<script>标记之后加上 Option Explicit 语句来声明所有变量。这样就避免了隐式声明,保证所有变量必须事先声明后才能使用。

变量的作用域指的是变量的可访问性和生存周期,它决定了哪些脚本命令可以访问变量。变量的作用域由声明它的位置决定。如果在过程中声明变量,则只有该过程中的代码可以访问或更改变量的值,此时变量具有局部作用域并被称为过程级变量。如果在过程之外声明变量,则该变量可以被 Script 中所有过程所识别,称为脚本级变量(Script 级变量),具有 Script 级作用域。

变量存在的时间称为存活期。脚本级变量的存活期从被声明的那一刻起,直到 Script 运行结束。对于过程级变量,其存活期仅是该过程运行的时间,该过程结束后,变量随之消失。在执行过程时,局部变量是理想的临时存储空间。可以在不同过程中使用同名的局部变量,这是因为每个局部变量只被声明它的过程识别。

当为变量赋值时,变量在表达式左边,要赋的值在表达式右边。例如：

```
Stuname="Tom"
```

11.2.3 变量的类型

VBScript 只有一种数据类型,称为 Variant。Variant 是一种特殊的数据类型,根据使用的方式,它可以包含不同类别的信息。因为 Variant 是 VBScript 中唯一的数据类型,所以它也是 VBScript 中所有函数的返回值的数据类型。

Variant 可以包含数字或字符串信息。Variant 用于数字上下文中时作为数字处理,用于字符串上下文中时作为字符串处理。例如：看起来像是数字的数据,则 VBScript 会假定其为数字并以适用于数字的方式处理。与此类似,如果使用的数据只可能是字符串,则 VBScript 将按字符串处理。当然,也可以将数字包含在引号("")中使其成为字符串。

除简单数字或字符串外,Variant 可以进一步区分数值信息的特殊含义。例如：使用数值信息表示日期或时间,从 boolean 值到浮点数,数值信息是多种多样的。Variant 包含的数值信息类型如表 11-1 所示。

表 11-1 Variant 数据类型

类　型	描　述
Empty	未初始化的 Variant。对于数值变量,值为 0;对于字符串变量,值为零长度字符串("")
Null	不包含任何有效数据的 Variant
Boolean	True 或 False

类　型	描　　述
Byte	包含 0 到 255 之间的整数
Integer	包含－32768 到 32767 之间的整数
Long	包含－2147483648 到 2147483647 之间的整数
Single	单精度浮点数，负数－3.402823E38 到－1.401298E－45，正数 1.401298E－45 到 3.402823E38
Double	双精度浮点数，负数－1.79769313486232E308 到－4.94065645841247E－324，正数 4.94065645841247E－324 到 1.79769313486232E308
Date(Time)	表示日期的数字
String	变长字符串
Object	对象
Error	错误号

【例 11-2】 求圆的周长。

```
<html>
<head>
<title>常量</title>
</head>
<body>
<script language="VBScript">
    const Pi=3.14                              '定义圆周率为常量
    dim r,length
    r=5
    length=2*Pi*r
    MsgBox "圆的半径为:" & r & vbCrLf & "圆的周长为:" & length
</script>
</body>
</html>
```

11.2.4　数组变量的声明

将一组相同类型的数据存放于一个变量中，则称其为一个数组变量。数组变量的声明方式和简单变量的声明方式基本相同。唯一的区别是定义数组变量时变量名后需要附带一个括号。括号内为元素的个数，即数组的大小。下边声明了一个包含 11 个元素的一维数组：

```
Dim B(10)
```

虽然括号中显示的数字是 10，但由于在 VBScript 中所有数组都是基于 0 的，所以这个数组实际上包含 11 个元素。在基于 0 的数组中，数组元素的数目总是括号中显示的数目加 1。这种数组被称为固定大小的数组。

通过数组名和下标可以唯一指定一个数组元素。数组变量 B 可以通过下面的方式给其中的元素指定数据：

```
B(0)=5
B(1)=13
B(2)=25
…
B(10)=127
```

与此类似，使用相同的方式也可获得数组元素的数据。例如：

```
Varvalue=B(3)
```

数组变量可分为一维数组变量和多维数组变量，大于一维的数组都称为多维数组。在二维数组中，括号中包含用逗号分开的两个数，第一个数字表示行数，第二个数字表示列数。例如：

```
Dim A(4,6)
```

在运行脚本时大小发生变化的数组，称为动态数组。对数组的最初声明使用 Dim 语句或 ReDim 语句。但是对于动态数组，括号中不包含任何数字。例如：

```
Dim Stunumber()
ReDim teachernum()
```

使用动态数组，必须随后使用 ReDim 确定维数和每一维的大小。在下例中，ReDim 将动态数组的初始大小设置为 30，而后面的 ReDim 语句将数组的大小重新调整为 40，同时使用 Preserve 关键字在重新调整大小时保留数组的内容。

```
ReDim Stunumber(30)
…
ReDim preserve Stunumber(40)
```

11.2.5 VBScript 中的常量

VBScript 既可以声明变量，也可以声明常量。常量与变量有相似之处，都是用来表示一个值。二者的区别是：声明了一个常量后，该常量的值将不能改变；声明了一个变量后，可以给它赋不同的值，其值是可以变化的。可以通过声明常量来代替数字、日期或者字符串等数值。其声明的语法如下所示：

```
Const constname=expression
```

其中，constname 是常量的名称，expression 是常量的值。例如：

```
Const Pi=3.14
```

也可以一次定义多个常量，每个常量之间用逗号隔开，例如：

```
Const a=3,b=6,c=14
```

需要说明的是，字符串文字包含在两个引号之间，日期文字和时间文字包含在两个＃号字符之间。例如：

```
Const stuname="Tom"
Const studate=#8.1.90#
```

11.3 VBScript 中的运算符

VBScript 有一套完整的运算符，包括算术运算符、比较运算符和逻辑运算符。根据操作数的个数不同，运算符又分为两类：双目运算符和单目运算符。双目运算符由两个操作数和一个运算符组成。例如：3＋5。单目运算符只需要一个操作数，其运算符可在前或后。如－5。

11.3.1 算术运算符

在 VBScript 中，算术运算符用以完成简单的数学运算。它的语法如下：

```
NumResult=Exp1 Operator Exp2
```

其中，NumResult、Exp1 和 Exp2 均为数值表达式，Operator 为算术运算符。VBScript 中常用的算术运算符如表 11-2 所示。

表 11-2 算术运算符

运算符	运 算	表 达 式	例 子	例子结果
＋	加法	X＋Y	3＋5	8
－	减法	X－Y	10－7	3
*	乘法	X * Y	7 * 8	56
/	除法	X/Y	15/3	5
\	整数除法	X\Y	9\4	2
^	指数	X^Y	4^3	64
Mod	求余数	X MOD Y	18MOD7	4
＋	正号	＋X	＋7	＋7
－	负号	－Y	－9	－9
&	字符串连接	X$&Y$	“同”&“学”	“同学”

11.3.2 比较运算符

比较运算符用来对两个表达式的值进行比较（可以是数值的比较，也可以是字符串的比较）。如果比较的结果是正确的，就会返回“True(真值)”，如果比较结果是错误的，就会返回“False(假值)”。比较运算符的语法与算术运算符一样，如下：

```
Result=Exp1 Operator Exp2
```

其中，Result、Exp1 和 Exp2 均为数值表达式，Operator 为比较运算符。VBScript 中的比较运算符如表 11-3 所示。

表 11-3　比较运算符

运算符	运　算	表 达 式	例　子	例子结果
＝	相等	X＝Y	3＝6	False
<>	不相等	X<>Y	5<>7	True
>	大于	X>Y	8>3	True
<	小于	X<Y	7<2	False
>＝	大于等于	X>＝Y	8>＝7＋1	True
<＝	小于等于	X<＝Y	9<＝2＋6	False

11.3.3　逻辑运算符

逻辑运算符可以把布尔类型的表达式组合起来，完成逻辑运算操作，然后返回其结果——“真”或“假”，这样就可以完成比较复杂的逻辑判断工作，一般情况下，逻辑运算符的语法如下所示：

```
Result=Exp1 Operator Exp2
```

其中，Result 是表达式运算结果，Operator 是逻辑运算符，Exp1 和 Exp2 则是表达式中的操作数。而对于逻辑运算符中的“非”运算符(Not)，则只有一个操作数。在 VBScript 中逻辑运算符如表 11-4 所示。

表 11-4　逻辑运算符

运 算 符	运　算	表　达　式
Not	逻辑非	Not 表达式
And	逻辑与	表达式 1 And 表达式 2
Or	逻辑或	表达式 1 Or 表达式 2
Xor	异或	表达式 1 Xor 表达式 2
Eqv	逻辑等价	表达式 1 Eqv 表达式 2
Imp	逻辑蕴涵	表达式 1 Imp 表达式 2

11.3.4　运算符优先级

在 VBScript 中，一个表达式中可以存在多个运算符，当表达式具有多个运算符的时候，VBScript 将按照预定的顺序计算表达式的各个部分，这个预定顺序被称为运算符优先级。如果在表达式中有括号，那么首先将对括号内的表达式进行运算，在括号内表达式的运算过程中，也遵循运算符的优先级关系。

在优先级顺序中，算术运算符的优先级最高，然后是连接运算符，再往后是比较运算符，逻辑运算符的优先级最低。即当表达式包含多种运算符时，首先计算算术运算符，然后计算比较运算符，最后计算逻辑运算符。所有比较运算符的优先级相同，按照从左到右的顺序计算比较运算符。在表 11-5 中列举了运算符的优先级顺序，在表中自上至下是优先级从高到低的顺序。

表 11-5　运算符优先级

运算符类型	运 算 符	说 明
算术运算符	^	幂运算符
算术运算符	－or＋	负号或正号
算术运算符	＊和/	乘法运算符和除法运算符
算术运算符	\	整除运算符
算术运算符	Mod	模运算符
算术运算符	＋和－	加法运算符和减法运算符
连接运算符	&	字符串连接
关系运算符	=、<>、>、>=、<、<=、IS	所有关系运算符优先级相同
逻辑运算符	Not	逻辑非运算符
逻辑运算符	And	逻辑与运算符
逻辑运算符	Or	逻辑或运算符
逻辑运算符	Xor	异或运算符
逻辑运算符	Eqv	等价运算符
逻辑运算符	Imp	蕴涵运算符

当乘法和浮点除法同时出现在一个表达式中时，按从左到右的顺序计算乘、除运算符。同样，当加与减同时出现在一个表达式中时，按从左到右的顺序计算加、减运算符。

11.4　VBScript 中的流程控制结构

计算机语言有 3 种基本结构，即顺序结构、分支结构和循环结构。任何算法都可以通过这 3 种结构和表达式计算实现。

11.4.1　条件语句

使用条件语句和循环语句可以控制程序的流程。使用条件语句可以编写进行判断和重复操作的 VBScript 代码。在 VBScript 中可使用条件语句，其主要有 3 种条件控制语句：If…Then 语句、If…Then…Else 语句和 Select Case 语句。

1. If…Then 语句

If…Then 语句是控制结构中最常用的一种。利用它来检查条件，并基于检查的结果来执行一段程序语句。其语法格式如下：

```
If (条件表达式) Then
  … (代码段)
End If
```

如果条件表达式的值为 True，则执行“代码段”。代码段可以是多行代码。

2. If…Then…Else 语句

If…Then…Else 语句是 If…Then 语句的扩展。如果条件表达式的返回值是 True，则执行“代码段 1”，如果返回值为 False，则执行“代码段 2”，执行的代码可以是一行，也可以是多行。其语法格式如下：

```
If (条件表达式) Then
  … (代码段 1)
Else
  … (代码段 2)
End If
```

3. Select Case 语句

Select Case 语句提供了 If…Then…Else 语句的一个变通形式，可以从多个语句块中选择执行其中的一个。如果需要判断的条件比较多，建议使用 Select Case 语句，当然用 If 语句也可以判断多个条件，不过条件过多时不建议使用。其语法格式如下：

```
Select Case (条件表达式)
  Case 值 1:
      代码段 1
  Case 值 2:
      代码段 2
…
  Case 值 n:
      代码段 n
  Case Else
      代码段 n+1
  End Select
```

条件表达式根据变量的值的不同，可能有 n 个取值。当取值为 1 时，执行代码段 1；当取值为 2 时，执行代码段 2；当取值为 n 时，执行代码段 n。如果取值不在值 1 到值 n 内，则执行 Case Else 语句后的代码段 $n+1$。

【例 11-3】 编写 ASP 程序，实现根据当前日期计算是星期几。

```
<html>
<head>
<title>Select Case 语句使用示例</title>
</head>
<body>
    <p align=center>
      <%   dim y,m,d,t,w,str
        y=year(date())                        '取得当前年
        m=month(date())                       '取得当前月
        d=day(date())                         '取得当前日
        t=time()                              '取得当前时间
  select case weekday(date())                 '判断 weekday()函数的值形成中文"星期几"信息
          case 1
              w="星期日"
          case 2
              w="星期一"
          case 3
```

```
            w="星期二"
        case 4
            w="星期三"
        case 5
            w="星期四"
        case 6
            w="星期五"
        case 7
            w="星期六"
    end select
    str="现在日期时间为: "& y &"年"& m &"月"& d &"日"& w & t &"<br>"
    response.write str                    '输出当前日期时间和星期信息
  %>
</body>
</html>
```

11.4.2 循环语句

循环用于重复执行一组语句。循环可分为3类：一类在条件为False之前重复执行语句，一类在条件变为True之前重复执行语句，另一类按照指定的次数重复执行语句。

1. Do…Loop 循环

其语法格式如下：

```
Do While (条件表达式)
  代码段
Loop
```

或

```
Do
  代码段
Loop While (条件表达式)
```

随着While位置的变化，这两种循环控制执行的效果也不同。当While在Do后面时，它将先执行表达式，如果表达式的返回值为True，就执行循环体内的代码，如果为False则不执行代码。当While在Loop后面时，会先执行"代码段"，然后再判断条件表达式，如果条件表达式返回值为False，退出循环，如果为True，则继续执行"代码段"。

【例 11-4】 用Do…Loop循环语句求1到100的平方和。

```
<html>
<head>
<Title>Do…Loop 循环</Title>
</head>
<body>
<script Language="VbScript">
  n=1
```

```
s=0
Do while n<=100
s=s+n^2
n=n+1
Loop
Msgbox "1的平方到100的平方的累加和为:" & s
</script>
</body>
</html>
```

2. For…Next 循环

For…Next 语句是 VBScript 中最直观的循环语句。它语法简单，在程序中应用的频率很高。该语句用于将语句块运行指定的次数。在循环中使用计数器变量，该变量的值随每一次循环增加或减少。一般用于指定次数的计算或输出内容。

```
For 变量名=起始值 To 结束值 Step 增量或减量
  …代码段
Next
```

For Each…Next 循环与 For…Next 循环类似。For Each…Next 循环不是将语句运行指定的次数，而是对于数组中的每个元素或对象集合中的每一项重复一组语句。这在不知道集合中元素的数目时非常有用。

3. 退出循环

Exit Do 语句用于退出 Do…Loop 循环。因为通常是在某些特殊情况下要退出循环(例如要避免死循环)，所以可在 If…Then…Else 语句的 True 语句块中使用 Exit Do 语句。如果条件为 False，循环将照常运行。

Exit For 语句用于在计数器达到其终止值之前退出 For…Next 语句。因为通常只是在某些特殊情况下(例如在发生错误时)要退出循环，所以可以在 If…Then…Else 语句的 True 语句块中使用 Exit For 语句。如果条件为 False，循环将照常运行。

11.4.3 VBScript 中的过程

一个较大的程序一般应分为若干个程序模块，每个模块用来实现某一特定的功能，在脚本编写中，常常将一些常用的功能模块编写成过程供公共调用，其目的是为了减少脚本中的冗余代码，同时也能增强脚本的可读性和紧凑性，从而提高脚本开发的效率。

在 VBScript 中，过程被分为两类：Sub 过程和 Function 过程。两者很相似，Sub 过程是以 Sub 开始的，以 End Sub 结束的；Function 过程是以 Functiong 开始的，以 End Function 结束的，两个过程都可以使用参数，多个参数之间用逗号隔开，并且放在过程后的括号里，即使没有参数，过程名后面的括号也要保留。它们的不同之处在于 Sub 过程没有返回值，Function 过程有返回值，并且 Function 过程通过函数名返回一个值，这个值是在过程的语句中赋给函数名的。Function 返回的数据类型总是 Variant。

1. Sub 过程

Sub 过程也被称为子程序。它是将一段具有某种特定功能的语句区块单独编写成一个独立的程序，给予特定名称，它的格式如下：

```
Sub 子程序名称[(参数 1, 参数 2, …)]
  程序代码
End Sub
```

子程序一定要有名称，调用子程序时就会使用到它的名称。如果没有调用它，子程序自己并不会执行。调用子程序有下列两种方法：

方法一：CALL 子程序名称[(参数 1,参数 2,…)]

方法二：子程序名称 参数 1,参数 2,…

【例 11-5】 无参数子过程的定义及调用。

```
<html>
<head>
<title>无参数子过程的定义及调用</title>
</head>
<body>
<script language="VbScript">
  a
  msgbox "现在执行子过程外的语句"
  Sub a
    msgbox "现在执行子过程内的语句"
  End Sub
</script>
</body>
</html>
```

2. Function 过程

在程序设计过程中，也可以定义 Function 过程，以减少重复使用的程序代码长度。Function 过程也称为函数。定义 Function 过程的方法如下：

```
Function 函数名称[(参数 1、参数 2、…)]
  程序代码序列
  函数名称=返回值
End Function
```

【例 11-6】 Function 过程的定义及调用。

```
<body>
<script language="VbScript">
  dim a,b,c
  a=15
  b=20
  c=4
  msgbox("最大数是:" & maxnum(a,b,c))
  Function maxnum(x,y,z)
    dim max
```

```
    if x>y then
      max=x
    else
      max=y
    end if
    if z>max then
      max=z
    end if
    maxnum=max
  End Function
</script>
</body>
```

11.4.4 错误处理

当编写的程序发生错误时,程序会自动终止执行,系统会自动给出错误信息,而编程人员往往不希望这样。这时就要用到错误处理语句,格式如下:

```
On Error Resume Next
```

在程序的开始加上这样一条语句,即使程序发生错误,也不会把错误信息暴露给访问者,而是跳过错误语句,继续执行下一条语句。

有时候的确可以用这个办法来避免错误信息的出现,但如果程序还没有完全写好,就不要使用这个语法,因为这时错误信息是相当重要的,知道错误信息才能知道程序哪里写错了,所以这个语句在什么时候使用要看具体的情况而定了。

11.4.5 事件驱动

在 VBScript 中,子程序不仅能重复动作,它还可以侦测到用户对浏览器所做的操作,即不管用户在浏览器上移动鼠标或是单击了某个超级链接,都可以编写子程序来对应,这使得网页设计师可以针对浏览者不同的操作而加以响应。

【例 11-7】 鼠标单击事件侦测。

```
<html>
  <head>
    <title>事件侦测</title>
  </head>
<script language="VBScript">
  Sub Document_onClick
    MsgBox "你单击了鼠标左键"
  End Sub
</script>
<body><H2>请你单击一下鼠标左键</H2></body>
</html>
```

11.5 ASP 中的常用对象

11.5.1 Request 对象

Request 对象用于接受从浏览器发送到 Web 服务器请求的所有信息，包括从 HTML 表格用 POST 方法或 GET 方法传递的参数、Cookie 和用户认证等，同时 Request 对象能够访问客户端发送给 Web 服务器的二进制数据。Request 对象是 ASP 中最基本和最常用的对象。Request 对象的属性和方法分别只有一个，而且不常使用。但是 Request 对象提供若干个集合，这些集合却是很有用的，可以通过其访问客户端请求的各种信息。

1. Request 对象的集合

(1) Form 集合。

Form 数据集合可以取得客户端表单上的各项对象内容值。这些表单的对象是由 HTML 的<Form>标签所组合而成的，它们包括单行文本(Text)、文本块(TextArea)、复选框(CheckBox)、单选按钮(Radio)、下拉式选择框(Select)或按钮(Button)等，其语法如下：

```
Request.Form(element)[(index)→.count]
```

element：指定 Form 集合要检索的表单中某一元素的名称。

index：这是一个可选参数，使用该参数可访问某参数中多个值中的一个。它可以是从 1 到 Request. Form(element). count 之间的任意整数。

count：集合中元素的个数。如果找不到该元素，计数为 0。

在网站系统设计中，应用最多的就是使用表单填写相关信息，用 POST 方法提交到处理页将数据保存到数据库。在这里使用 Request. Form("表单域名称")以获取填写或选择的表单数据，再对获取的数据进行处理。

【例 11-8】 本例示范如何利用 Request 对象的 Form 数据集合来取得用户在表单中所填写的内容，然后在浏览器中显示出来。

第一步：建立一个文件名为 Input. asp 的 HTML 的表单输入程序，主要包括用户名、密码、性别、学历等用户信息。

```
<html>
<head><title> 用户注册信息</title></head>
<body>
  <h2 align="center">学生注册信息</h2>
<form action="Output.asp" method="post">
<p>学号：<input type="text" size="8" name="xh"></p>
<p>姓名：<input type="text" size="8" name="xm"></p>
<p>性别：<input type="radio" value="男" checked name="sex">男<input type="radio"
value="女" name="sex">女</p>
<p>政治面貌：<select size="1" name="zzmm">
  <option selected value="群众">群众</option>
  <option value="共青团员">共青团员</option>
```

```
  <option value="共产党员">共产党员</option>
</select></p>
<p>喜爱的运动:<input type="checkbox" name="hobbies" value="足球">足球
<input type="checkbox" name="hobbies" value="篮球">篮球
<input type="checkbox" name="hobbies" value="游泳">游泳
<input type="checkbox" name="hobbies" value="羽毛球">羽毛球
<input type="checkbox" name="hobbies" value="乒乓球">乒乓球</p>
<p><input type="submit" name="b1" value="提交">
<input type="reset" name="b2" value="重写"></p>
</form>
</body></html>
```

第二步：接收表单信息并输出的 Output. asp 代码

```
<%@Language=VBScript%>
<html>
<head><title>接收并显示输出学生信息</title></head>
<body>
输入学生的学号为:<%=Request.Form("xh")%><p>
输入学生的姓名为:<%=Request.Form("xm")%><p>
    学生的性别为:<%=Request.Form("sex")%><p>
学生的政治面貌是:<%=Request.Form("zzmm")%><p>
学生的爱好是:
<%For i=1 to Request.Form("hobbies").count%>
<%=Request.Form("hobbies")(i)&" "%>
<%Next%>
</body>
</html>
```

(2) QueryString 集合。

使用 Form 集合可以将客户端在一个页面中输入的信息传送到另一个页面，但有时候需要将并不是客户端输入的内容从一个页面传送到另一个页面，就像代码附带一些参数一样。Querystring 数据集合与 Form 数据集合在使用上并没有太大的区别，其最主要的不同在于后者是通过 HTML 表单来传递数据，而前者可以取得 HTTP 的附加参数，这些附加参数通常是使用“?”来连接，“?”后可以带多个变量参数，之间用“&”连接。

【例 11-9】 用 QueryString 从客户端获取信息。

第一步：编写传送信息的 Send. html 文件。

```
<html>
<head>
<title>QueryString用法示例</title>
</head>
<body>
    请用鼠标单击下面文字<p>
    <a href="Show.asp?name=向洪生 &sex=男>传送信息</a>
</body>
```

```
</html>
```

第二步：通过 Show.asp 文件显示传递过来的信息。

```
<html>
<head>
<title>QueryString用法示例</title>
</head>
<body>
<%dim xm,xb
xm=Request.QueryString("name")
xb=Request.QueryString("sex")
response.Write "姓名:" &xm&",性别"&xb%>
</body>
  </html>
```

该例也可以直接在浏览器地址栏中直接输入"http://localhcst/show.asp? nam=向洪生&sex=男"执行。

注意：读取表单数据的方法取决于表单数据返回服务器端的方式，若在＜Form＞标记中将 Method 属性设为 Get，表单数据将以字符串的方式附加在网址的后面返回服务器端。

(3) ServerVaribles 集合。

使用 Request. ServerVaribles(Server Environment Variable)可以获取服务器端环境变量的集合。允许读取 HTTP 标头，可以通过使用 HTTP_ 前缀来读取任何头信息。比如，HTTP_USER_AGENT 接受客户代理 HTTP 头，表 11-6 所示的是一些常见的环境变量。

表 11-6　常用的环境变量

环境变量名称	说　明
ALL_HTTP	客户端发送的所有 HTTP 标头，它的结果都有前缀 HTTP_
ALL_RAW	客户端发送的所有 HTTP 标头，其结果和客户端发送时一样，没有前缀 HTTP_
APPL_MD_PATH	应用程序的元数据库路径
APPL_PHYSICAL_PATH	与应用程序元数据库路径相应的物理路径
AUTH_PASSWORD	当使用基本验证模式时，客户在密码对话框中输入的密码
AUTH_TYPE	这是用户访问受保护的脚本时，服务器用于检验用户的验证方法
AUTH_USER	待验证的用户名
CERT_COOKIE	唯一的客户证书 ID 号
CERT_FLAG	客户证书标志，如有客户端证书，则 bit0 为 0。如果客户端证书验证无效，bit1 被设置为 1
CERT_ISSUER	用户证书中的发行者字段
CERT_KEYSIZE	安全套接字层连接关键字的位数。如 128
CERT_SECRETKEYSIZE	服务器验证私人关键字的位数。如 1024

续表

环境变量名称	说　明
CERT_SERIALNUMBER	客户证书的序列号字段
CERT_SERVER_ISSUER	服务器证书的发行者字段
CERT_SERVER_SUBJECT	服务器证书的主题字段
CERT_SUBJECT	客户端证书的主题字段
CONTENT_LENGTH	客户端发出内容的长度
CONTENT_TYPE	客户发送的 form 内容或 HTTP PUT 的数据类型
GATEWAY_INTERFACE	服务器使用的网关界面
HTTPS	如果请求穿过安全通道(SSL),则返回 ON。如果请求来自非安全通道,则返回 OFF
HTTPS_KEYSIZE	安全套接字层连接关键字的位数。如 128
HTTPS_SECRETKEYSIZE	服务器验证私人关键字的位数。如 1024
HTTPS_SERVER_ISSUER	服务器证书的发行者字段
HTTPS_SERVER_SUBJECT	服务器证书的主题字段
INSTANCE_ID	IIS 实例的 ID 号
INSTANCE_META_PATH	响应请求的 IIS 实例的元数据库路径
LOCAL_ADDR	返回接受请求的服务器地址
LOGON_USER	用户登录 Windows NT 的账号
PATH_INFO	客户端提供的路径信息
PATH_TRANSLATED	通过由虚拟至物理的映射后得到的路径
QUERY_STRING	查询字符串内容
REMOTE_ADDR	发出请求的远程主机的 IP 地址
REMOTE_HOST	发出请求的远程主机名称
REQUEST_METHOD	提出请求的方法。比如 GET、HEAD、POST 等
SCRIPT_NAME	执行脚本的名称
SERVER_NAME	服务器的主机名、DNS 地址或 IP 地址
SERVER_PORT	接受请求的服务器端口号
SERVER_PORT_SECURE	如果接受请求的服务器端口为安全端口,则为 1,否则为 0
SERVER_PROTOCOL	服务器使用的协议的名称和版本
SERVER_SOFTWARE	应答请求并运行网关的服务器软件的名称和版本
URL	链接地址内容

【例 11-10】 获取并显示网页虚拟路径、远程主机名称、服务器名称或 IP、服务器连接口、服务器 HTTP 版本、服务器软件版本的 ASP 代码。

```
Showserver.asp
```

```
<%@Language=VBScript%>
  <html>
    <body>
    网页虚拟路径：<%=Request.Servervariables("Path_Info")%><BR>
    远程主机名称：<%=Request.Servervariables("Remote_Host")%><BR>
    服务器名称或 IP<%=Request.Servervariables("Server_Name")%><BR>
    服务器连接端口：<%=Request.Servervariables("Server_Port")%><BR>
    服务器 HTTP 版本：<%=Request.Servervariables("Server_Protocol")%><BR>
    服务器软件版本：<%=Request.Servervariables("Server_Software")%><BR>
    </body>
</html>
```

2. Request 对象的方法

Request 对象只有一个方法，Request. BinaryRead(Count)。其作用是接收一个 HTML 表单的未经处理的内容。调用此方法时，Count 指明要接收的字节数，调用后 Count 指明实际接收到多少个字节。该方法一般在接收二进制数据时使用，如上传文件时等。

3. Request 对象的属性

Request 对象也只有一个属性，Request. TotalBytes 属性。其作用是查询接收用户提交内容的长度，以字节为单位。

11.5.2 Response 对象

Response 对象用于向客户浏览器发送服务器端的数据。用户可以使用该对象将服务器端的数据用 HTML 的格式发送到客户端的浏览器。该对象的功能与 Request 对象的功能恰恰相反。Request 对象是用于得到用户提交的数据，而 Response 对象用于将服务器的数据发送到用户的浏览器，这是实现动态交互的基础。

1. Response 对象的属性

(1) Buffer 属性。

Response 对象的 Buffer 属性可以用来设置网页的输入、输出缓冲区，其语法如下：

```
Response.Buffer=布尔值
```

其默认值为 False，表示此网页并没有启动缓冲区，因此 Web 服务器会依据运行的结果，随时将数据传送到客户端。相反，如果 Response 对象的 Buffer 属性被设为 True，则表示此网页将启动缓冲区来处理 Web 服务器运行的结果。

(2) Expires 属性。

Response 对象的 Expires 属性可以用来设置网页将保留在客户端浏览器 Cache 中的时间长短，这个时间的长短会直接影响浏览器直接读取客户端浏览器 Cache 中的数据，或是直接从 Web 服务器中重新取得数据。此时间单位为分钟，如果将其设置为 0，那么这些网页数据将不会被保留在客户端的 Cache 中。例如：当用户通过 ASP 的登录界面进入 Web 站点后，应该利用该属性使登录界面立即过期，以确保安全。其语法如下：

```
Response.Expires=分钟数
```

Response 对象的常用属性如表 11-7 所示。

表 11-7　Response 对象的常用属性

Response 属性名称	说　明
CacheControl	设置代理服务器能否缓存 ASP 页面。默认值是 False
CharSet	设置当前页面的字符集。如 Response. CharSet＝"GB2312"，设置为 GB2312 字符集
ContentType	设置服务器响应 HTTP 内容的类型。默认值为 TEXT/HTML
ExpiresAbsolute	设置缓存页面失效的具体日期时间
IsClientConnected	设置某一客户浏览器是否还与服务器连接，返回值是 True 或 False
PICS	设置网页内容的 PICS 等级，如暴力和色情级别等
Status	返回服务器的状态

2. Response 对象的方法

(1) Write 方法。

Response 对象的 Write 方法是负责将字符串信息输出至用户端，其语法如下：

```
Response.Write 变量或字符串
```

如：＜%Response. write "Hello，world!"%＞将在用户浏览器端显示 Hello，world 字符串。只要是 ASP 中任何合法的数据类型，都可以通过 Response 的 Write 方法来显示。但字符串中不能包含“%＞”字符或“"”。前者必须使用退出符(escape)来显示，而后者则必须重复使用“""”字符来显示。

(2) Redirect 方法。

该方法使浏览器可以重新定位到另一个 URL 上，这样，当客户发出 Web 请求时，客户端的浏览器类型已经确定，客户被重新定位到相应的页面。其语法如下：

```
Response.Redirect URL 字符串
```

例如：

```
<%   x=70
    If(x>=60) then
        Response.Redirect "page1.asp"
    Else
        Response.Redirect "page2.asp"
    End if
%>
```

(3) Clear 方法。

Clear 方法是删除缓冲区中的所有 HTML 输出。当 Response 对象的 Buffer 属性被设置为 True 时，则在使用 Clear 方法以后，在服务器的缓冲区将被置为空，所有的数据将会丢失。若 Response 对象的 Buffer 属性没有被设置为 True，则在使用 Clear 方法时会产生一个运行模式的错误。其语法如下：

```
Response.Clear
```

(4) Flush 方法。

Flush 方法是将服务器缓冲区内的所有数据发送到客户端的浏览器。由于设置了Response 对象的 Buffer 属性为 True，那么所有的 ASP 程序将在服务器完全释放后才被发送到浏览器中，如果程序员需要控制在某个断点并符合特定条件时将已经完成的页面发送到客户端，就可以使用这种方法来完成。其语法如下：

```
Response.Flush
```

(5) End 方法。

该方法用于告知 ASP 当遇到该方法时停止处理 ASP 文件。如果 Response 对象的 Buffer 属性设置为 True，则 End 方法即把缓冲区中的内容发送到客户端并清除缓冲区。所以要取消所有向客户的输出名，可以先清除缓冲区，然后利用 End 方法实现操作。其语法是：

```
Response.End
```

例如：

```
<%Response.buffer=true
On error resume next
Err.clear
If Err.number<>0 then
Response.Clear
Response.End
End If
%>
```

3. 使用 Cookies 在客户端保存信息

(1) Cookies 的基本知识。

编写网络应用程序时，经常需要保存一些用户数据。例如，该月户是否已经浏览过某些网站，是否曾经输入过个人信息等。Cookies 是数据包，可以让网页具有记忆功能，在某台电脑上记忆一定的信息。Cookies 的工作原理是：第一次由服务器端写入到客户端的系统中，以后每次访问这个网页，都是先由客户端将 Cookies 发送到服务器端，再由服务器端进行判断，然后再产生 HTML 代码返回给客户端。

如果服务器没有检测到与用户的对话对应的独一无二的 ID，它将生成一个 ID 并以 Cookies 的形式发送至客户端。因此，如果用户接受此 Cookies，只需接受一次即可。如果不接受此 Cookies，伴随每一次单击，都将收到同样的 Cookies 接受请求，直至接受为止。

Cookies 应用的地方很多，比如浏览网上商店时，如果选择了几款货物放到购物车里，然后离开。借助 Cookies，几天以后再回来时，可以不必重复以前的操作，所选择的货物会仍然保存在购物车中。此外，借助 Cookies 技术，还可以更好地使用广告页面或网站特定访问区域提供的信息。总体上说，Cookies 能够让我们通过分析数据流检测到什么对自己有用，什么没有用，因此可以帮助网站开发者提供更好的网站。

(2) 使用 Response 对象设置 Cookies。

Cookies 是通过 Response 对象的 Cookies 来创建的。Cookies 共有 5 个属性，如表 11-8 所示。

语法：

```
Response.Cookies(Cookies名)[key].[属性]=值
```

表 11-8　Cookies 属性

属性名称	说　明
Domain	若被指定，则 Cookie 将被发送到对该域的请求中去。若没被指定，就用产生该 Cookie 的域来代替
Expires	设置 Cookie 的过期日期
HasKeys	判断 Cookies 目录下是否还包含其他 Cookies
Path	Cookie 将只发送到对该路径的请求中。如果未设置该属性，则使用应用程序的路径
Secure	指定 Cookie 是否安全。默认为 False

下面是几个具体实例。

设置一个不含 key 的 Cookies。

```
<%Response.Cookies("username")="王星"%>
```

设置一个含 key 的 Cookies。

```
<%Response.Cookies("username")(name1)="刘云"%>
```

设置 Cookies 有效期。

```
<%Response.Cookies("username").Expires=#2009-7-15#%>
```

(3) 使用 Request 对象设置 Cookies。

利用 Request 对象的 Cookies 集合的目的在于获取 Cookies 的值。语法：

```
Request.Cookies (Cookies名)[key].[属性]
```

例如：不指定 key 的用法为了获取一个叫 memname 的值：

```
<%=Request.Cookies("memname")%>
```

指定 key 的用法为了获取一个叫 memname 的值：

```
<%Response.Writer Request.Cookies("memname")("name")%>
```

(4) Cookies 的综合实例。

【例 11-11】 Cookies 应用。

```
<html>
<head><title>Cookies用法示例</title>
</head>
<body>
<%
dim visitetimes
dim i
visitetimes=request.cookies("visitetimes")
if myvisitetimes=" " then
```

```
i=1
else
i=i+1
end if
response.write"你是第" &i&"次访问本站!"
%>
</body>
</html>
```

11.5.3 Server 对象

Server 对象提供了对服务器方法和属性的访问,其中大多数方法和属性是为实用程序的功能服务的。使用 Server 对象,可以在服务器上启动 ActiveX 对象例程等。

1. Server 对象的属性

Server 对象只有一个属性：ScriptTimeout 超时属性。脚本运行超过一定时间后即作超时处理,如果服务器执行组件时,超时限制将不会生效。超时属性默认值为 90 秒。如下代码表示服务器处理脚本在 100 秒后做超时处理。

```
<%  Server.ScriptTimeout=100  %>
```

2. Server 对象的方法

(1) CreateObject。

语法：

```
Server.CreateObject(ObjectName)
```

创建已经注册到服务器上的 ActiveX 组件实例,参数 ObjectName 为要创建的对象名称。该方法是一个很重要的方法,用 ActiveX 组件能够轻松地扩展 ActiveX 的功能和作用。创建一个文件系统对象 fileobj 如下：

```
<% Set fileobj=Server.CreateObject("Scripting.FileSystemObject") %>
```

(2) HTMLEncode。

语法：

```
Server.HTMLEncode(String)
```

对字符串 String 进行 HTML 编码显示。当需要显示包含 HTML 标记中所使用的字符串时,就需要该方法。

例如：需要显示标记<p>的 HTML 编码可以用如下代码：

```
<%=Server.HTMLEncode("显示<p>编码:") %>
```

代码运行的输出结果为：

```
显示<p>编码: &lt;p&gt;
```

即"<"和">"的编码为"<"和">"。

(3) MapPath。

语法：

```
Server.MapPath(Path)
```

返回相对或虚拟路径 Path 映射到服务器上的对应物理目录。

(4) URLEncode 方法。

语法：

```
Server.URLEncode(String)
```

将字符串 String 根据 URL 规则进行正确编码。比如空格、转义字符等，编译成对应的字符串。

11.5.4 Application 对象

Application 对象可以在所有用户之间共享信息，并在服务器运行期间持久地保存数据。而且，Application 对象还有控制访问应用层数据的方法和可用于在应用程序启动和停止时触发过程的事件。

1. Application 对象的属性

Application 对象没有内置的属性，但是用户可以自行创建其属性，使用<% Application("属性名")＝值 %>。其实大部分 Application 变量都存放在 Contents 集合中，当用户创建一个新的 Application 变量时，其实就是在 Contents 集合中添加了一项。

2. Application 对象的方法

Application 的方法包括 Lock 和 Unlock。其中 Lock 方法用于保证同一时刻只能有一个用户对 Application 对象进行操作；Unlock 则用于取消 Lock 方法的限制。

【例 11-12】 编写一个简单的计数器 ASP 代码。

```
<html>
<head><title>计数器示例</title></head>
<%Application.Lock
  Application("Counter")=Application("Counter")+1
Application.Unlock%>
<body>
  你是第<%=Application("Counter")%>位访问客
</body>
</html>
```

3. Application 对象的事件

(1) Application_OnStart()事件。

当 ASP 应用程序启动时触发，在用户请求的网页执行之前和任何用户创建 Session 对象之前。用于初始化变量、创建对象或运行其他代码。Application_OnStart()事件的处理过程必须写在 Global.asa 文件之中。

(2) Application_OnEnd()事件。

当 ASP 应用程序结束时触发。在最后一个用户会话已经结束并且该会话的 OnEnd 事件中的所有代码已经执行之后发生。其结束时，应用程序中存在的所有变量被取消。Application_OnEnd()事件的处理过程也必须写在 Global. asa 文件之中。

11.5.5 Session 对象

在 ASP 中另一个非常重要的对象就是 Session 对象。Session 其实指的就是访问者从到达某个特定网页到离开为止的那段时间，每个访问者都会单独获得一个 Session。

可以使用 Session 对象存储指定用户会话的信息。每一个客户端都获得一个唯一的 Session。这样，当用户在同一个 Web 链接期间，在不同的 Web 页之间跳转时，存储在 Session 对象中的变量信息可以共享，在整个用户会话中会一直存在下去。例如，如果希望链接到某个站点后，打开的每个网页都显示出自己的用户名，就可以通过 Session 对象来实现。

在 Web 应用程序中，一个用户访问该应用时，Session 变量可以在该 Web 应用的所有页面共享变量数据，但两个不同的用户之间不能共享 Session 变量数据，而 Application 的变量在站点多个用户之间的所有页面共享数据，这也是 Session 对象和 Application 对象的区别。

1. Session 对象的属性

(1) SessionID 属性。

SessionID 为只读。长整型。返回这个会话的会话标识符，创建会话时，该标识符由服务器产生。只在父 Application 对象的生存期内是唯一的，因此当一个新的应用程序启动时可重新使用。

(2) Timeout 属性。

Timeout 为可读/可写，整型，会话定义以分钟为单位的超时限定。如果用户在指定时间内没有请求或刷新应用程序中的任何页，会话将自动结束。这段时间的默认值是 20 分钟。

(3) CodePage 属性。

CodePag 为可读/可写，整型，定义用于在浏览器中显示页内容的代码页。代码页是字符集的数字值，不同的语言使用不同的代码页。例如，ANSI 代码页为 1252，日文代码页为 932，简体中文代码页为 936。

(4) LCID 属性。

LCID 为可读/可写，整型，定义发送给浏览器的页面地区标识。LCID 是唯一地标识地区的一个国际标准缩写。

2. Session 对象的方法

Session 对象的方法如表 11-9 所示。

表 11-9 Session 对象的方法

方 法 名	说 明
Contents. Remove(“variable_name”)	从 Session. Content 集合中删除一个名为 variable_name 的变量
Contents. RemoveAll()	从 Session. Content 集合中删除所有变量
Abandon()	当网页的执行完成时，结束当前用户会话并撤销当前 Session 对象。但即使在调用该方法以后，仍可访问该页中的当前会话的变量。当用户请求下一个页面时将启动一个新的会话，并建立一个新的 Session 对象(如果存在的话)。 注意的是，在运行期间不能从 Session. StaticObjects 集合中删除变量

3. Session 对象的事件

Session 对象有 Session_OnStart 和 Session_OnEnd 两个事件。和 Application 一样，当对象的例程每一次启动时触发 Session_OnStart 事件，然后运行 Session_OnStart 事件的处理过程。也就是说，当服务器接收到应用程序中 URL 的 HTTP 请求时，触发此事件，并建立一个 Session 对象。同理，这个事件也必须定义在 Global. asa 文件中。

调用 Session. Abandon 方法或在 TimeOut 的时间内没有刷新，即会触发 Session_OnEnd 事件，然后执行其中的脚本。Session 变量与特定的用户相联系，针对某一个用户赋值的 Session 变量和其他用户的 Session 变量是完全独立的，不存在相互影响。

11.5.6 Global. asa 文件

Global. asa 文件是 ASP Web 应用程序的可选文件，是一个位于 Web 站点主目录下的文件。在这个文件中，可以定义事件脚本和使用 Session 和 Application 对象。Global. asa 文件是一个纯文本文件，可以用任意的文本编辑器创建。Global. asa 文件只能包含以下内容：

- Application 事件。
- Session 事件。
- ＜OBJECT＞的声明。
- 类库的声明。

当 Application 对象和 Session 对象被第一次调用或结束时，就会运行 Global. asa 文件中对应的程序。例如，当第一次启动或关闭服务器时，就会启动 Application_OnStart 和 Application_OnEnd 事件；当一个客户登录应用程序时，就会启动 Session_OnStart 事件；当一个客户离开该应用程序时，就会启动 Session_OnEnd 事件。

标准的 Global. asa 文件如下：

```
<SCRIPT LANGUAGE="VBScript" RUNAT="Server">
'Session_OnStart 当客户首次运行 ASP 应用程序中的任何一个页面时运行
'Session_OnEnd 当一个客户的会话超时或退出应用程序时运行
'Application_OnStart 当任何客户首次访问该应用程序的首页时运行
'Application_OnEnd 当该站点的 Web 服务器关闭时运行
</SCRIPT>
<SCRIPT LANGUAGE="VBScript" RUNAT="Server">
Sub Application_OnStart
    Application_OnStart 事件代码
End Sub
'===========================================================
SUB Application_OnEnd
    Application_OnEnd 事件代码
End Sub
'===========================================================
Sub Session_OnStart
Session_OnStart 事件代码
End Sub
'===========================================================
```

```
Sub Session_OnEnd
Session_OnEnd 事件代码
End Sub
< /SCRIPT>
```

注意：每一个应用程序只能有一个 Global.asa 文件，并且不能更改该文件的名字。

11.6 ASP 中的数据库操作

在利用 ASP 开发动态网站时，必须要连接数据库，通过连接数据库可以对网站中的各种数据进行有效的管理。ASP 可以通过一组统称为 ADO(ActiveX Data Objects)的对象模块来存取数据库，无论采用的是 Access、SQL Server、Oracle、dBase 或其他数据库，只要该数据库具有对应的 ODBC 或 OLE DB 驱动程序，ADO 对象就能加以存取。甚至可以使用 ADC 从 Microsoft Excel 表格中读取数据。

ADO 是微软公司提供网页开发者在网页中存取数据库的最新技术，ADO 主要是由 Connection 对象、Command 对象、Parameter 对象、Recordset 对象、Field 对象、Property 对象及 Error 对象等 7 个对象与 Fields 数据集合、Properties 数据集合、Parameters 数据集合及 Errors 数据集合等 4 个数据集合所组合而成，其功能如表 11-10 和表 11-11 所示。

表 11-10 ADO 对象的名称及功能

对象名称	说明
Connection 对象	打开或关闭数据库连接，同时还可以通过事务来确保在事务中所有数据源变更的全部成功
Recordset 对象	存取表记录(读取、插入、删除、更新)
Fields 对象	表示指定 RecordSet 对象的数据字段
Command 对象	负责对数据库提出请求，也就是传递指定的 SQL 命令
Parameter 对象	用来表示 Command 对象所需要的某一个参数
Property 对象	表示 ADO 的各项对象属性值
Error 对象	负责记录连接过程所发生的错误信息

表 11-11 ADO 数据集合名称及功能

集合名称	说明
Fields 集合	RecordSet 对象包含 Fields 数据集合，在 Fields 数据集合中包含 RecordSet 对象的所有 Field 数据字段对象
Parameters 集合	Command 对象包含 Parameters 数据集合，在 Parameters 数据集合中包括 Command 对象所有的 Parameter 对象
Errors 集合	Connection 对象包含 Errors 数据集合，在 Errors 数据集合中包含数据源响应失败时所建立的 Error 对象
Properties 集合	在 Properties 数据集合中包含所对应 Connection 对象、Command 对象、RecordSet 对象与 Field 对象的 Property 对象

11.6.1 数据库的连接

在存取数据库之前,必须使用 ADO 对象模块的 Connection 对象打开数据库连接。

```
Dim objConn
Set objConn=Server.CreateObject("ADODB.connection")
```

成功地建立 Connection 对象实例之后,就可以通过这个对象实例存取 Connection 对象提供的方法和属性。Connection 对象提供了丰富的属性和方法,用来创建、保存和设置连接信息。表 11-12 和表 11-13 分别列出了 Connection 对象的属性和方法。

表 11-12 Connection 对象的属性

属　性	说　明
Attibutes	用于指定一个对象的一个或多个属性
CommandTimeOut	决定等待一条命令处理的时间,默认值为 30 秒。设置值为 0 时,则无限期等待
ConnectionString	为一个字符串,包含了对一个数据源建立连接所用到的信息。这些信息包括 DSN、用户姓名、口令及文件名等
ConnectionTimeOut	决定等待连接到数据库的时间,默认值为 15 秒。设置值为 0 时,则无限期等待
CursorLocation	用于设定或返回游标的位置
DefaultDatabase	用于指定连接对象的默认数据库
IsolationgLevel	用于指定连接对象的孤立级别
Mode	用于设置连接的权限,例如只读或只写
Provider	用于指定数据提供者的名称
State	返回数据库连接时打开还是关闭的状态
Version	用于指定当前使用的 ADO 的版本

表 11-13 Connection 对象的方法

方　法	说　明
BeginTrans	用于生成一个新的事务
Close	用于关闭与一个数据库连接
CommitTrans	用于保存当前事务的所有修改,也可以用于生成一个新的事务
Execute	执行指定的查询、SQL 语句、存储过程或特定提供者的文本等内容
Open	用于打开与一个数据库的连接
OpenSchema	用于打开服务器端数据库的计划信息
RollbackTrans	用于取消当前事务所做的修改并结束该事务,也可以用来生成一个新事务

1. 打开和关闭数据库连接

ASP 中有两种最常用的连接数据库的方法,一是使用 ODBC 驱动程序方式连接,二是使用 OLE DB 驱动程序方式连接。

【例 11-13】 用 ODBC 驱动程序方式打开一个名 Student.mdb 的 Access 数据库文件。

```
<%
    Dim objConn
    Set objConn=Server.CreateObject("ADODB.Connection")
    objConn.ConnectionString="DRIVER={Microsoft Access Driver(*.mdb)};"&_
                            "DBQ="&Server.MapPath("Student.mdb")
objConn.Open
%>
```

据微软表示，OLE DB 驱动程序的效率比 ODBC 驱动程序好。如果使用 Access OLE DB 驱动程序代替 Access ODBC 驱动程序，那么例 11-13 可以改为：

```
<%
    Dim objConn
    Set objConn=Server.CreateObject("ADODB.Connection")
    objConn.ConnectionString="Provider=Microsoft.Jet.OLEDB.4.0;"&_
                            "Data Source="&Server.MapPath("Student.mdb")
objConn.Open
%>
```

打开数据库连接之后，就可以存取表的记录，等数据存取完毕之后，要在程序代码的最后加上如下语句，关闭数据库连接并释放 Connection 对象实例所占用的空间。

```
objConn.Close                 '关闭数据库连接
Set objConn=Nothing           '释放 Connection 对象实例所占用的空间
```

2. Recordset 对象

在使用 Connection 对象建立连接、实现数据库操作后，多数情况下将会返回一定的结果，例如在进行查询后往往得到的结果是一个记录集合。这个记录集合可以保存在一个 RecordSet 对象中。RecordSet 对象负责浏览和操作从数据库取出来的数据，即 RecordSet 对象就像是一个二维的数组，数组的每一列表示数据库中的一个数据列，而每个数据列包含一个或多个数据字段，这里的一个数据字段就表示一个 Field 对象。用户在自己的 ASP 文档中再对 RecordSet 对象的内容进行处理，例如进一步的运算、在客户端显示数据等。甚至可以对 RecordSet 对象的内容进行添加、修改或删除，以实现数据库的更改操作。

(1) 创建 RecordSet 对象。

创建 RecordSet 对象的语法如下：

```
Set Recordset 对象=Server.CreateObject("ADODB.Recordset")
```

然后利用 RecordSet 对象的 Open()方法打开一个数据库创建一个记录集：

RecordSet 对象. Open [Source][, ActiveConnection][, CursorType][, LockType][. Options]

说明：

Source：表示数据源，可以是数据库中的表名、存储过程、SQL 语句或 Command 对象。

ActiveConnection：表示记录集使用的连接，可以是一个连接字符串或一个创建的 Connection 对象。

CursorType：RecordSet 对象记录集中的指针类型。

LockType：RecordSet 对象使用的锁定类型。

Options：用来通知提供者 Source 参数的内容是什么，如表、文本字符串等。

大部分情况下，可以省略后面的 3 个参数，但有些情况是不允许的。比如：若不设置 CursorType，在记录集中就只能向前移动记录指针，而不能向后移动。如果要省略中间的参数，也要给它们留出位置。

【例 11-14】 使用 Open()方法打开 RecordSet 对象的实例。

```
<% Dim objConn
Set objConn=Server.CreateObject("ADODB.Connection")
objConn.ConnectionString="Provider=Microsoft.Jet.OLEDB.4.0;"&_
                        "Data Source="&Server.MapPath("Student.mdb")
objConn.Open
Set rs=Server.createObject("ADODB.RecordSet")              '创建 RecordSet 对象
rs.Open "select * from grade",objConn,adOpenForwardOnly
rs.close                                                   '关闭 RecordSet 对象
objConn.Close                                              '关闭数据库
%>
```

(2) 显示记录集。

创建记录集之后，就要显示记录集中的记录。显示记录集需要用到 RecordSet 对象的多个属性和方法，其中用得最多的是 EOF、BOF、MoveNext()和 RecordCount 等。显示记录集的方法有很多，主要是采用循环语句来实现。

首先来看使用 Do While 循环语句来显示记录集。例 11-15 实现了一个记录集在页面上的显示。用 Do while 条件语句来判断当前指针所指的记录是否已经超出该记录集的范围，如果超出范围，则跳出循环。如果没有超出范围，则读取并显示某一记录的值，然后使用 MoveNext()方法指向下一条记录。

【例 11-15】 通过 RecordSet 对象显示数据记录。

```
<HTML>
  <BODY>
<%
Dim objConn
    Set objConn=Server.CreateObject("ADODB.Connection")
    objConn.ConnectionString="Provider=Microsoft.Jet.OLEDB.4.0;"&_
                            "Data Source="&Server.MapPath("Student.mdb")
    objConn.Open
    Set rs=Server.createObject("ADODB.RecordSet")          '创建 RecordSet 对象
    rs.Open "select * from grade",objConn,adOpenForwardOnly
    %>
    <table border="1">
    <tr>
      <th>学号</th>
      <th>姓名</th>
      <th>年龄</th>
      <th>性别</th>
```

```
        <th>所在学院</th>
      </tr>
<%
  Do While Not rs.EOF
   Response.Write"<TR><TD>"&rs("学号")&"</TD>"
   Response.Write"<TD>"&rs("姓名")&"</TD>"
   Response.Write"<TD>"&rs("年龄")&"</TD>"
   Response.Write"<TD>"&rs("性别")&"</TD>"
   Response.Write"<TD>"&rs("所在学院")&"</TD></TR>"
  Rs.MoveNext
  Loop
  Rs.close
  Set rs=Nothing
  objConn.close
  Set objConn=Nothing
%>
</TABLE>
</BODY>
</HTML>
```

11.6.2 数据库记录的添加、删除、修改

在 ASP 中添加、删除、修改数据记录的方法有两种。一种是使用 RecordSet 对象的 AddNew 方法、Delete 方法和 Update 方法来分别完成对数据记录的添加、删除和修改。另一种方法是使用 Connection 对象的 Execute 方法运行一段 SQL 的 Insert 命令、Delete 命令和 Update 命令来分别完成对数据记录的添加、删除和修改。

1. 添加数据记录

通过网页增加记录到数据库中，可以使用两种方法。在例 11-16 中主要利用 RecordSet 对象的 AddNew 方法来增加记录到数据库中。在例 11-17 中则是使用 Connection 对象的 Execute 方法运行一段 SQL 的 Insert 命令，通过 SQL 将数据写回到数据库。

AddNew：向数据库中添加一个新记录。

使用语法：

```
Rs.AddNew([Fields,values])
```

【例 11-16】 用 RecordSet 对象的 AddNew 方法来添加数据。

```
<%
   Const adOpenKeyset=1
   Const adLockOptimistic=3
   Dim objConn
   Set objConn=Server.CreateObject("ADODB.Connection")
   objConn.ConnectionString="Provider=Microsoft.Jet.OLEDB.4.0;"&_
                            "Data Source="&Server.MapPath("Student.mdb")
   objConn.Open
```

```
    Set rs=Server.createObject("ADODB.RecordSet")              '创建 RecordSet 对象
    rs.Open "grade",objConn,adOpenKeyset,adLockOptimistic
    '添加一条数据
    Rs.AddNew
    rs("学号").value="0013"
    rs("姓名").value="王星"
    rs("年龄").value=17
    rs("性别").value="女"
    rs("所在学院").value="计算机学院"
    '将数据回存至数据库
    rs.Update
    rs.close
    '释放对象
    Set rs=Nothing
    objConn.close
    Set objConn=Nothing
%>
```

【例 11-17】 用 Connection 对象的 Execute 方法运行一段 SQL 的 Insert 命令将数据增加到数据库。

```
<%
    Const adCmdText=1
    Const RecordsAffected=0
    Dim objConn
    Set objConn=Server.CreateObject("ADODB.Connection")
    objConn.ConnectionString="Provider=Microsoft.Jet.OLEDB.4.0;"&_
                             "Data Source="&Server.MapPath("Student.mdb")
    objConn.Open
    CommandText="insert into grade(学号,姓名,年龄,性别,所在学院)values('0013','王星',
    17,'女','计算机学院')"
    Objconn.Execute CommandText,RecordsAffected,adCmdText
    IF Conn.Errors.Count>0 Then
    Response.write "系统发生" &Conn.Errors.Count&"个错误,其说明如下:<br>"
    For I=0 To Conn.Errors.Count-1
    Response.write "第"&I+1&"个错误说明为:"&Conn.Error(I).Description&"<br>"
    Next
    Else
    Response.write"数据已经增加成功"
    End If
    Set objConn=nothing
%>
```

2. 修改记录

通过网页修改数据库中的数据,可以使用两种方法。在例 11-18 中主要利用 RecordSet 对象的 Update 方法来增加记录到数据库中。在例 11-19 中则是使用 Connection 对象的 Execute 方法运行一段 SQL 的 Update 命令,通过 SQL 修改数据库中的数据。

【例 11-18】 用 RecordSet 对象的 Update 方法来修改数据库中的数据。

```
<%
    Const adOpenKeyset=1
    Const adLockOptimistic=3
    Dim objConn
    Set objConn=Server.CreateObject("ADODB.Connection")
    objConn.ConnectionString="Provider=Microsoft.Jet.OLEDB.4.0;"&_
                            "Data Source="&Server.MapPath("Student.mdb")
    objConn.Open
    Set rs=Server.createObject("ADODB.RecordSet")                    '创建 RecordSet 对象
    rs.Open "grade",objConn,adOpenKeyset,adLockOptimistic
    Do While Not rs.EOF
    IF rs("姓名").value="王星" Then
    Rs("姓名").value="王雯"
    End IF
    rs.MoveNext
    Loop
    rs.Update
    rs.Close
    Set rs=Nothing
    Set objConn=Nothing
%>
```

【例 11-19】 用 Connection 对象的 Execute 方法运行一段 SQL 的 Update 命令来修改数据库中的数据。

```
<%
    Const adCmdText=1
    Const RecordsAffected=0
    Dim objConn
    Set objConn=Server.CreateObject("ADODB.Connection")
    objConn.ConnectionString="Provider=Microsoft.Jet.OLEDB.4.0;"&_
                                      "Data Source="&Server.MapPath("Student.mdb")
    objConn.Open
    ConnandText="Update grade Set 姓名='王雯' where 姓名='王星'"
    Objconn.Execute CommandText,RecordsAffected,adCmdText
    Set objConn=Nothing
%>
```

3. 删除记录

通过网页删除数据库中的数据,可以使用两种方法:在例 11-20 中主要利用 RecordSet 对象的 Delete 方法来删除数据库中的数据。在例 11-21 中则是使用 Connection 对象的 Execute 方法运行一段 SQL 的 Delete 命令,通过 SQL 来删除数据库中的数据。

【例 11-20】 用 RecordSet 对象的 Delete 方法来删除数据库中的数据。

```
<%
    Const adOpenKeyset=1
```

```
    Const adLockOptimistic=3
    Dim objConn
    Set objConn=Server.CreateObject("ADODB.Connection")
    objConn.ConnectionString="Provider=Microsoft.Jet.OLEDB.4.0;"&_
                                  "Data Source="&Server.MapPath("Student.mdb")
    objConn.Open
    Set rs=Server.createObject("ADODB.RecordSet")          '创建 RecordSet 对象
    rs.Open "grade",objConn,adOpenKeyset,adLockOptimistic
    Do While Not rs.EOF
    IF rs("姓名").value="王星" Then
    rs.delete
    End IF
    rs.MoveNext
    Loop
    rs.Update
    rs.Close
    Set rs=Nothing
    Set objConn=Nothing
%>
```

【例 11-21】 用 Connection 对象的 Execute 方法运行一段 SQL 的 Delete 命令来删除数据库中的数据。

```
<%
    Const adCmdText=1
    Const RecordsAffected=0
    Dim objConn
    Set objConn=Server.CreateObject("ADODB.Connection")
    objConn.ConnectionString="Provider=Microsoft.Jet.OLEDB.4.0;"&_
                                  "Data Source="&Server.MapPath("Student.
                              mdb")
    objConn.Open
    ConnandText="Delete grade where 姓名='王星'"
    Objconn.Execute CommandText,RecordsAffected,adCmdText
    Set objConn=Nothing
%>
```

11.6.3 数据库数据的查询

SQL 的主要功能之一就是实现数据库查询。SQL 查询使用 Select 语句,其语法基本格式如下:

```
Select select_list
[INTO new_table]
FROM table_source
[WHERE search_condition]
[GROUP BY group_by_expression]
```

```
[HAVING search_condition]
[ORDER BY order_expression][ASC→DESC]
```

Select 语法说明：

Select 主要用于说明要查询的数据；

From 主要用于说明要查询的数据来自于哪些表；

Where 主要用于说明筛选记录的条件；

GROUP BY 短语主要用于对查询结果进行分组；

HAVING 主要用于限定分组必须满足的条件；

ORDER BY 短语主要用于对查询结果进行排序。

最简单的 Select 语句可以只包含一个 Select 列表和 From 子句，其余的子句可以省略。

【例 11-22】 查询所有学生的信息。

```
Select * from grade
```

【例 11-23】 查询学号为“0013”的学生的姓名和所在学院。

```
Select 姓名,所在学院 from grade where 学号="0013"
```

【例 11-24】 查询年龄大于 17 岁的女学生的所有信息。

```
Select * from grade where 年龄>17 and 性别="女"
```

【例 11-25】 查询学生的所有信息并按年龄降序排列。

```
Select * from grade order by 年龄 desc
```

11.7 ASP 应用实例——在线考试系统的设计

在本节中，介绍一个具体的 ASP 应用实例，该实例是作者为本校的“大学计算机基础”课程开发的一个网络考试系统。

11.7.1 网络考试系统开发的目的和意义

传统的书面笔试每次都要组织老师出题，考试前安排考场、监考老师和考试时间，考试完成以后还要组织老师改卷，整个考试过程较复杂，而且会浪费大量的人力和财力。而网络考试系统使用方便、操作简单，具有用户注册，多用户同时在线考试、动态随机生成试卷、自动控制考试时间、自动评分等功能。实现了学生在计算机上的无纸化考试，能为任何考试学生随时生成考试试题并能立即得出考试成绩，大大减轻了教师出题和判卷的繁重工作。随着 Internet 的迅速发展，传统的高校考试模式越来越不适应高校教育改革的深入发展，在教育科研计算机网络发展的推动下，很多院校建立了自己的校园网、网络教室，并开始实施网上教学和网上考试，所以现在很多学校都开发了不同考试科目的网络考试系统。

11.7.2 网络考试系统的开发方法的分析和比较

基于网络的考试系统在设计的过程中主要采用 Client/Server(客户端、服务器)和 Brower/Server(浏览器、服务器)两种开发模式。

1. C/S 结构

C/S 即客户机/服务器结构也称两层结构，它是由服务器提供应用服务，多台客户机进行连接。由于 C/S 结构在逻辑结构上比 B/S 结构少一层，对于相同的任务机，C/S 结构完成的速度比 B/S 速度快。C/S 结构配备的是点对点的结构模式，提高了系统的安全性。但该结构的程序是针对性开发，变更不灵活，投资及维护成本大，通常适用于局域网，不利于扩展。

2. B/S 结构

B/S 的三层结构是在客户与服务器两层结构的基础上加入中间层，即应用服务层。在该模式下，客户端只负责显示用户界面，当需要进行数据访问或者复杂计算时，客户端向应用服务器发出请求，应用服务器响应客户端的请求，完成相应的数据处理或向数据服务器发出 SQL 命令，由数据服务器完成相应的数据操作，最后应用服务器将结果返回客户端。采用B/S 三层结构的优点是客户端采用浏览器来完成考试全过程，所有的系统升级和更新只要在服务器端完成即可，这样可较灵活地适应计算机考试更新，从而减少系统升级、更新的工作量，同时可进行远程系统维护和管理。

基于 B/S 模式的网络考试系统开发简单、共享性强；一般需要后台数据库系统用于保存题目和学生答卷；考生通过浏览器访问服务器，取得试题页面，并递交答卷；功能扩展简单方便，通过增加网页即可增加服务器功能；维护简单方便，只需要改变网页，即可实现所有用户的同步更新。基于 B/S 结构的考试系统，其优点在于无须客户端程序的安装，易于系统维护和升级，适合基于 Internet/Intranet 的考试。

3. C/S 结构与 B/S 结构相结合

网上考试系统需要很高的保密性，不能出现差错，这就要求数据的访问和存储既要安全又要保密。保密性是指考生在网上的所有信息应有一定的保密度，不同考号的考生之间的内容要相互保密；安全性是指确保考试过程准确无误，不能因为系统问题而影响考生成绩。同时，对于大学计算机基础等具有实际操作题目考核的一些考试科目，只用 B/S 结构来开发是很难实现的。

从以上对 C/S 结构和 B/S 结构优缺点的分析，以及网络考试系统对实际数据传输、高速交互和安全性等方面的要求，在设计网络考试系统时，可考虑建立一种 C/S 结构与 B/S 结构相结合的模式，发挥各自的优点，相互弥补二者的不足，从而开发出一个高效安全可行的网络考试系统。使用该系统可使学生考试更规范，更科学，同时也可减轻教师的工作量，节约时间，提高工作效率。

11.7.3 系统总体结构设计

1. 系统概述

网络考试系统一般被设计为用于对用户注册、登录、参加在线考试以及管理员进行试题录入、修改、删除、成绩查询、管理用户的应用程序。考生进行有效的身份验证登录后，即可进行考试，并在规定的时间内答题，当到达考试规定的时间以后，系统将自动锁定屏幕，考生将不能再答题。如果有特殊情况，可通过延时密码增加考试时间。管理员不仅可以轻松地向题库增加、修改和删除试题，一个设计较通用的考试系统可以对题库做相应的变化以后，还能用于别的科目的上机考试。

对于大学计算机基础等课程的网络考试系统的设计中除了传统的选择、判断等题目以外，还有很重要的一部分是对学生实际操作和应用能力的考核，所以系统可采用 B/S 结构和 C/S 相结合的模式。即考试中要在每个学生机中安装一个用于考核学生的 Windows、Word、Excel 和 PPT 操作的程序，该程序主要完成对以上题目的随机生成和评分。然后该程序调用在 Web 服务器中的 ASP 代码，该 ASP 代码主要是完成对单选、多选和判断题的随机生成和评分的功能。在该系统的设计中，还考虑了在考试进行过程中由于网络不通和机器死机重启引起的重新抽题而造成学生考试题目不同的问题。整个系统的设计是由客户端程序作为考试系统的主界面，提供学生输入学号进入考试系统，然后提供按钮调用 IE 自动运行在 Web 服务器端的 ASP 代码进入单项选择等客观题部分。

2. 系统功能模块设计

根据系统功能的要求，网络考试系统一般分为在线的考试系统、在线的用户管理系统和在线的评分查询系统 3 个大的功能模块。

(1) 在线的用户管理系统主要完成以下功能：
- 用户注册；
- 用户信息管理。

(2) 在线的考试系统主要完成以下功能：
- 试题的数量和分值的设定；
- 试卷的生成；
- 在线考试。

(3) 在线的评分查询系统主要完成以下功能：
- 计算机自动阅卷；
- 考生考试分数的查询。

11.7.4 网络考试系统开发中的关键问题

1. 开发模式的选择

现在很多网络考试系统题型少、考试灵活度不够，例如：有的没有多选题，有的没有操作题，所以系统在设计的时候应该充分考虑到考试科目的特点，做出相应的调整和补充。在计算机基础考试中，考虑到要对学生的 Word、Excel 和 PowerPoint 等实际操作题的考核，系统开发的时候可以考虑用 C/S 模式和 B/S 模式混合开发，即 Word、Excel 和 Powerpoint 等操作题可以用客户端的程序考试，然后在客户端再调用服务器端的 ASP 代码进行单项选择题、多项选择题和判断等题的考试。

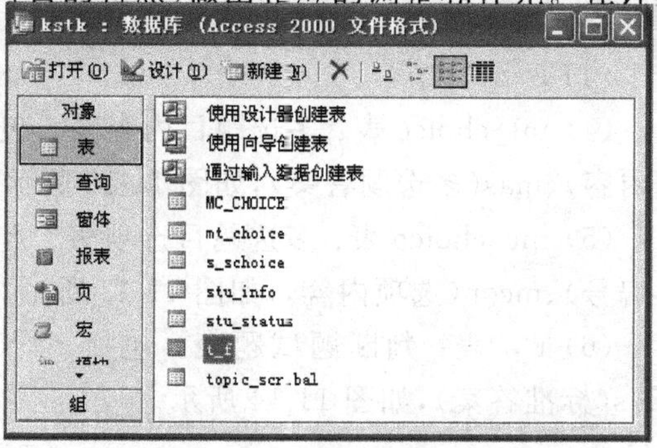

图 11-9 试题数据库的表组成

2. 数据库的设计

网络考试系统中，题库的设计是其关键。

题库的建立必须以课程的知识点为依据，确定各知识点代码，为此系统应有一个试题描述表。试题数量要足够多，还应注意试题在题型上和难易度上的合理分布，即完成单选择题表()，多选题表()和判断题表()这 3 种题型的试题库，如图 11-9 所示。系统在数据库的设计过程中主要考虑考试试卷组成时试题的合理性和学生考试中重复抽取题目的情况。具体的设计如下。

为了让随机生成的考试题目能覆盖整个教材，数据库在设计的时候把教材按章节分为很多知识点，然后用一个题目描述表来记录下每章题目的知识点和分值。在多选题部分为了增加试题的灵活性，设计过程可考虑把多选题的题干部分和候选项部分用两张表来分别存放，这样可以保证每一道多选题的候选项的数目可以不相同。

主要表结构如下。

(1) stu_info 表：用于存放学生信息。包括 6 个字段：stuid(学生学号)、stuname(学生姓名)、stugrade(学生年级)、stuclass(学生班级)、stucoll(学生所在学院)、stumajor(学生所学专业)。

(2) topic_scribal 表(试题描述表)：用于描述试题相关信息。包括 4 个字段，即 types(试题类型)、infopoint(试题所在的知识点)、totalnum(该知识点总的试题数量)、point(试题分值)，如图 11-10 所示。

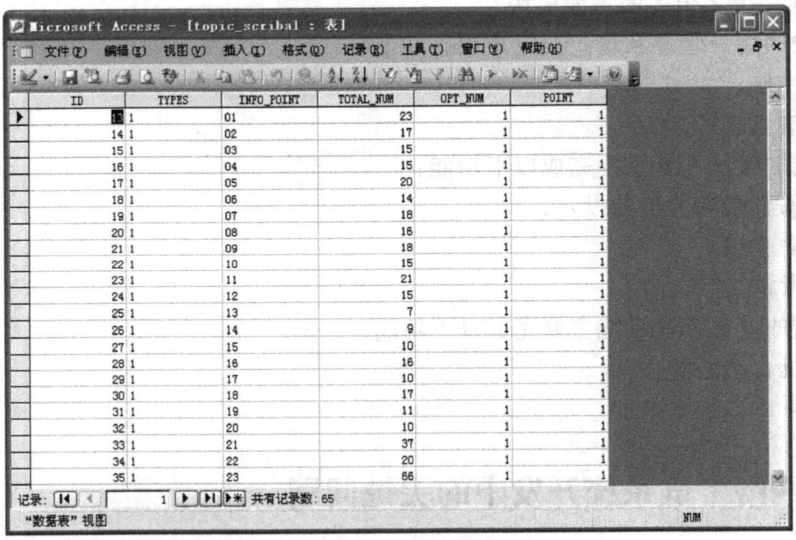

ID	TYPES	INFO_POINT	TOTAL_NUM	OPT_NUM	POINT
13	1	01	23	1	1
14	1	02	17	1	1
15	1	03	15	1	1
16	1	04	15	1	1
17	1	05	20	1	1
18	1	06	14	1	1
19	1	07	18	1	1
20	1	08	16	1	1
21	1	09	18	1	1
22	1	10	15	1	1
23	1	11	21	1	1
24	1	12	15	1	1
25	1	13	7	1	1
26	1	14	9	1	1
27	1	15	10	1	1
28	1	16	16	1	1
29	1	17	10	1	1
30	1	18	17	1	1
31	1	19	11	1	1
32	1	20	10	1	1
33	1	21	37	1	1
34	1	22	20	1	1
35	1	23	66	1	1

图 11-10 试题描述表内容

(3) s_choice 表：单选题目试题表。包括 7 个字段，即 qcode(试题代码)、qt(试题内容)、opa(备选答案 A)、opb(备选答案 B)、opc(备选答案 C)、opd(备选答案 D)、as(标准答案)，如图 11-11 所示。

(4) mt_choice 表：多选题目内容表。包括 3 个字段，即 mqcode(试题代码)、mqt(多选题目内容)、mas(多选题答案)，如图 11-12 所示。

(5) mc_choice 表：多选题目选项表。包括 3 个字段，即 mqcode(试题代码)、mcnum(选项编号)、mcop(选项内容)，如图 11-13 所示。

(6) t_f 表：判断题试题表。包括 3 个字段，即 tfqcode(试题代码)、ftq_t(试题内容)、fta_s(标准答案)，如图 11-14 所示。

3. 考试异常中断、刷新和后退问题处理

考试的过程中会有一些异常问题发生。例如：机器死机、考试停电、网络中断后考生的二次登录问题。还有在B/S的开发模式中，由于加载试题页面时将从数据库中随机抽取试题，所以必须考虑对于浏览器的刷新和后退操作的处理问题。对于以上问题的解决，开发过程中

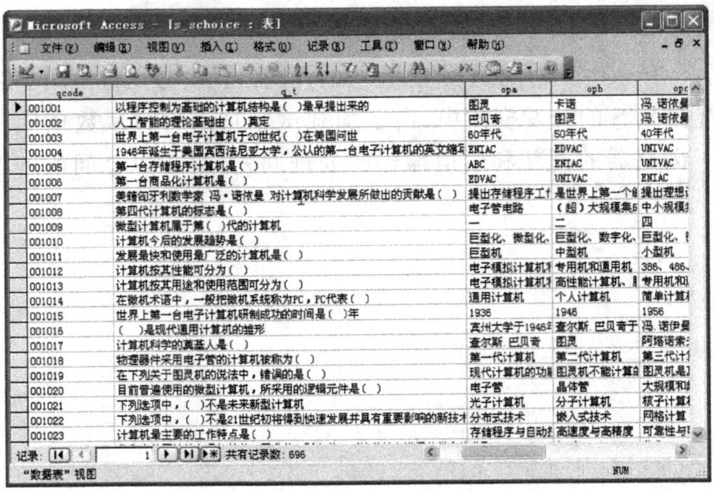

图 11-11 单项选择题的表内容

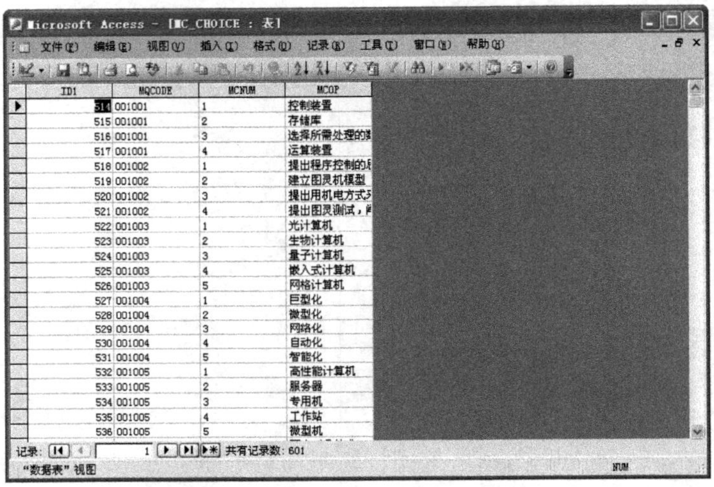

图 11-12 多项选择题题目内容表

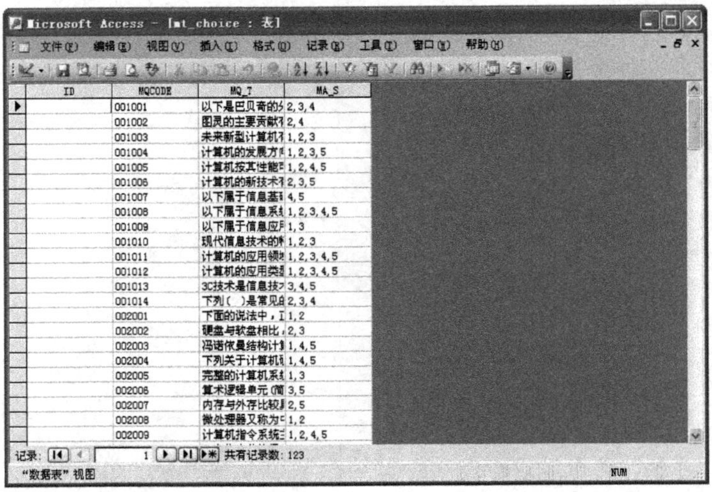

图 11-13 多项选择试题选项表内容

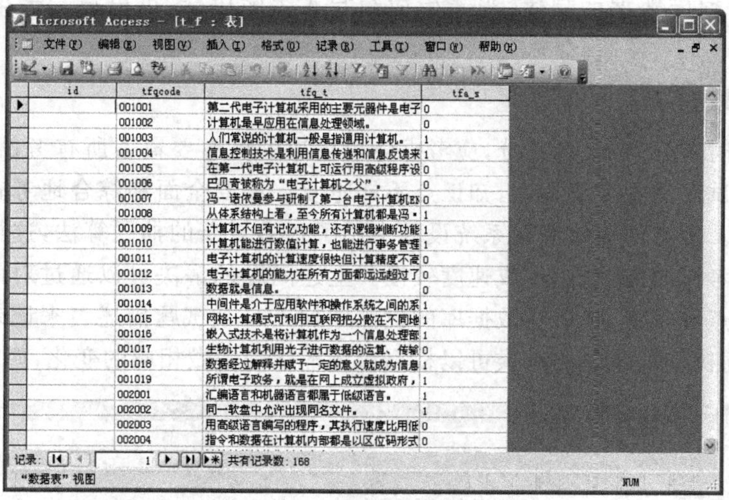

id	tfqcode	tfq_t	tfa_s
	001001	第二代电子计算机采用的主要元器件是电子	0
	001002	计算机最早应用在信息处理领域。	0
	001003	人们常说的计算机一般是指通用计算机。	1
	001004	信息控制技术是利用信息传递和信息反馈来	1
	001005	在第一代电子计算机上可运行用高级程序设	0
	001006	巴贝奇被称为“电子计算机之父”。	0
	001007	冯-诺依曼参与研制了第一台电子计算机EI	0
	001008	从体系结构上看，至今所有计算机都是冯·	1
	001009	计算机不但有记忆功能，还有逻辑判断功能	1
	001010	计算机能进行数值计算，也能进行事务管理	1
	001011	电子计算机的计算速度很快但计算精度不高	0
	001012	电子计算机的能力在所有方面都远远超过了	0
	001013	数据就是信息。	0
	001014	中间件是介于应用软件和操作系统之间的系	1
	001015	网格计算模式可利用互联网把分散在不同地	1
	001016	嵌入式技术是将计算机作为一个信息处理部	1
	001017	生物计算机利用光子进行数据的运算、传输	0
	001018	数据经过解释并赋予一定的意义就成为信息	1
	001019	所谓电子政务，就是在网上成立虚拟政府，	1
	002001	汇编语言和机器语言都属于低级语言。	1
	002002	同一软盘中允许出现同名文件。	1
	002003	用高级语言编写的程序，其执行速度比用低	0
	002004	指令和数据在计算机内部都是以区位码形式	0

图 11-14　判断题表内容

可以考虑把每一个考生的试题单独建立文件夹保存下来，所以在数据库设计时采用了 Access 的数据库，这样可以单独产生一个存放考试题目的 Access 文件，因此当考试中断以后再次登录时可以到考生文件夹里把原来已经抽取出来的题目找到。这样也解决了刷新操作带来的重新抽取题目的问题。系统如果用 C/S 和 B/S 混合开发的模式，那么当客户端程序调用服务器上的 ASP 代码以后，系统也就不会出现后退操作带来的问题了。

4. 考试系统的安全问题

(1) 注入型攻击的防止。

单一的 B/S 结构采用点对多点、多点对多点的开放结构模式，并采用 TCP/IP 协议，其安全性只能靠数据服务器上管理密码的数据库来保证，但这样的安全保证又容易受注入型攻击的破坏。系统在开发的时候用 C/S 模式和 B/S 模式混合开发，这样可以避免使用单一 B/S 模式开发带来的如注入型攻击的问题，因为采用 C/S 模式和 B/S 模式混合开发，服务器端的 ASP 代码由学生机的客户端程序调用，并且在调用过程中对调用参数进行加密。系统没有提供给学生在浏览器上登录的接口，避免了注入型攻击产生的可能。

(2) 学生考试成绩的加密。

在考试系统的开发的过程中，学生考试成绩是很重要的。用数据库自身带的加密功能可以对数据起到一定的保护作用，但效果不是太好。可以考虑自己设计一些简单的加密程序，对数据可以起到双重保护的作用。由于是用 C/S 模式和 B/S 模式混合开发，系统在考试过程中单机的对 Windows、Word、Excel 等的考试分数要通过调用的方法传递到 Web 服务器端的计算总分的 ASP 代码，所以在传递过程中为防止人为地更改分数，作者对传递的分数进行了简单的加密处理。

本校使用大学计算机基础的教材一共有 11 章，在考试系统的单选、多选及判断题的抽题过程中要保证每一章题目的抽取要平均。

5. 学生成绩收取

学生在考试完成，计算机判卷完成以后会通过网络把考试分数写入服务器端的数据库中，但由于网络和机器的原因，可能会导致个别学生的成绩写入失败，所以系统在设计的时候应考虑有一个检查数据库数据的程序，当考生成绩写入失败以后，可以提示考生再做一次交卷操作。

6. 随机抽取试题

系统在设计时，在随机组卷部分，应考虑随机生成的试卷要覆盖所有考试范围的知识点，同时要保证每套试卷的难度要均衡，知识点不能重复。即要全面和综合地考查学生对书本知识的掌握与理解。现有的一些考试系统设计中用了很多复杂的抽题算法，这样的结果是当大量学生同时开始考试时，试题的生成速度较慢。上述问题的解决可以通过对考试内容按教材章节来划分知识点和难度，然后在数据库的设计中加入一个试题描述表来记录考题的知识点和难度来完成，随机抽取题目的时候可以根据试题描述表来做相应的变化，如图 11-15 所示。

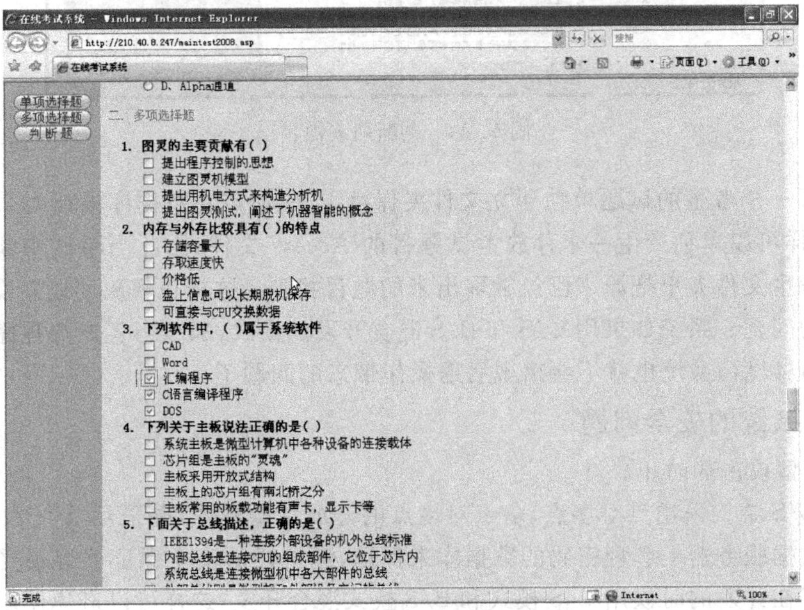

图 11-15　多项选择题考试界面

11.7.5　系统实现核心部分

1. 随机抽取题目部分

```
<%  Set conn=Server.CreateObject("ADODB.Connection")
     conn.Open "driver={Microsoft Access Driver (*.mdb)};pwd=jszxyxstt;dbq =" &
     Server.MapPath("kstk.mdb")
    Set conn1=Server.CreateObject("ADODB.Connection")
    conn1.Open "driver={Microsoft Access Driver (*.mdb)};dbq="&"e:\"&stu_no&"\"&stu
    _no&".mdb"
    set rs1=server.CreateObject("adodb.recordset")
      dim sql1
      sql1="select * from topic_scribal"
      set rs=conn.execute(sql1)
      do while not rs.eof
          dim tm_type
```

```
        tm_type=rs("types")
    if trim(tm_type)="1" then
        tm_point=rs("info_point")
        sql1="select * from s_schoice where mid(trim(qcode),2,2)='"&tm_point&"'"
        Set rss=conn.Execute( sql1 )
        tm_num=rs("total_num")
    randomize
    count1=tm_num
    temp=fix(count1 * rnd(10))
    rss.move temp
    tempquestionid=rss("qcode")
    tempquestion=rss("q_t")
    tempA=rss("opa")
    tempB=rss("opb")
    tempC=rss("opc")
    tempD=rss("opd")
    tempanswer=rss("a_s")
    rs1.update
    rs1.close
    rss.close
    set rss=nothing
    conn1.close
    set conn1=nothing
    end if    %>
    …
```

2. 考试中断后学生重考部分

```
<%  Set conn2=Server.CreateObject("ADODB.Connection")
    conn2.Open "driver={Microsoft Access Driver (*.mdb)};dbq="&"e:\"&stu_no&"\"&stu_
    no&".mdb"
   response.write "<p id='多项选择题'></p> "
   response.write "<FONT color=red face=''>"
   response.write "<p id='多项选择题'>二. 多项选择题</FONT></p> "
   sql1="select * from mt_choice"
   Set rs=conn2.Execute( sql1 )
   i=1
do while not rs.eof
   if rs("stu_a")<>"" then
           mjxks=rs("stu_a")
         th=rs("mqcode")
     strmultid=strmultid & rs("mqcode") & ","%>
<table border="0" cellspacing="1" style="border-collapse: collapse" bordercolor="#
C0C0C0" width="100%"  cellpadding="0">
            <tr>
              <td width="100%" bgcolor="#FFDCDC" height="20">  <b><%
=i%>、<%=rs("mq_t")%></b></td>
```

```
</tr>
<% sql2="select * from mc_choice where mqcode='"&th&"'"
   Set rs1=conn2.Execute(sql2)
do while not rs1.eof
        count2=rs1("mcnum")
        rs1.movenext
loop
  rs1.movefirst
 for j=1 to count2
      locati=instr(mjxks,j)
   if rs1("mcop")<>"" and locati<>0 then%>
 <tr>
   <td width="100%">    
      <input type="checkbox" name="no<%=rs("mqcode")%>2" value=<%=j%>
      checked>
     <%=rs1("mcop")%></td>
</tr>
   <%else %>
    <tr>
   <td width="100%">    
      <input type="checkbox" name="no<%=rs("mqcode")%>2" value=<%=j%
>>
     <%=rs1("mcop")%></td>
 </tr>
<% end if
rs1.movenext
next
    rs.movenext
   else
th=rs("mqcode")
 strmultid=strmultid & rs("mqcode") &"," %>
<table border="0" cellspacing="1" style="border-collapse: collapse" bordercolor="#
C0C0C0" width="100%"  cellpadding="0">
     <tr>
       <td width="100%" bgcolor="#FFDCDC" height="20">  <b>
      <%=i%>、<%=rs("mq_t")%></b></td>
     </tr>
     <% sql2="select * from mc_choice where mqcode='"&th&"'"
        Set rs1=conn2.Execute(sql2)
    do while not rs1.eof
             count2=rs1("mcnum")
             rs1.movenext
    loop
      rs1.movefirst
       for j=1 to count2
       if rs1("mcop")<>"" then %>
```

```
            <tr>
              <td width="100%">    
                  <input type="checkbox" name="no<%=rs("mqcode")%>2" value=<%=j%>>
                <%=rs1("mcop")%></td>
            </tr>
            <%end if
             rs1.movenext
             next
           rs.movenext
            end if
         i=i+1
            loop
     conn2.close
set conn2=nothing %>
…
```

习　题　11

1. 什么是脚本语言？它有什么特点？

2. VBScript 语言中常量和变量的定义规则是什么？

3. 编写一个显示当前日期的 ASP 网页并运行。

4. 用 3 次循环输出 Hello World 字符串，要求字体由小变大。

5. 使用循环语句，计算 1＋2＋3＋…＋100 并输出结果。

6. 使用子函数，计算 100!。

7. 使用 Request 取得服务器端的环境变量。

8. 利用 Response 在网页中输出由 1 累加到 50 的计算结果。

9. 利用 Application 对象做一个简单的计数器。要求当计数器到达 5 时，显示"当前数字为 5!"。

10. 设计一个网页，当上网者由输入框输入姓名后，能显示含有用户姓名的欢迎信息对话框。

11. 设计一个网页，能显示出今天是星期几。

12. Session 对象的作用是什么？它在什么范围内共享信息？描述 ADO 对象模型，说明 ADO 对象之间有怎样的关系。

13. Application 对象的作用是什么？它在什么范围内共享信息？

14. 设计一个能随机改变页面背景色的网页。

15. 编写一个网页能显示当前在线人数和到目前为止总共的访问人数。

第12章 网络安全与网络管理技术

本章要点

- 网络安全概念；
- 计算机病毒的特征与分类；
- 数据加密技术；
- 防火墙的功能与分类；
- 入侵检测技术；
- 网络管理的基本概念与模型。

本章难点

- DES 加密算法；
- RSA 加密算法；
- 入侵检测系统的构成。

12.1 网络安全概述

随着计算机网络的日益普及，网络在日常生活、工作中的作用也就越来越明显。计算机网络逐步改变了人们的生活方式，提高了人们的工作效率。人们在使用 Internet 获得诸多便利和好处的同时，也受到了来自黑客、计算机病毒的侵袭和威胁，使个人和单位蒙受了巨大的损失，特别是近年来网络上各种新业务(如电子政务、电子商务、网络银行等)的兴起，使得如何保障计算机的网络安全成为目前一个需要解决的问题。

12.1.1 网络安全概念

1. 什么是网络安全

网络安全是指网络系统的硬件、软件及其系统中的数据受到保护，不会由于偶然或恶意的原因而遭到破坏、更改、泄露等意外发生，可靠和正常运行，网络服务不中断。网络安全是一个涉及计算机科学、网络技术、通信技术、密码技术、信息安全技术、应用数学、数论和信息论等的综合性学科。具体来说，网络安全包括以下 5 个基本要素。

(1) 机密性：确保信息不泄露给未经授权的人或应用进程。

(2) 完整性：只有得到允许的人或应用进程才能修改数据，并且能够判别出数据是否已被更改。

(3) 可用性：只有得到授权的用户在需要时才可以访问数据，即使在网络被攻击时也不能阻碍授权用户对网络的使用。

(4) 可控性：能够对授权范围内的信息流向和行为方式进行控制。

(5) 可审查性：当网络出现安全问题时，能够提供调查的依据和手段。

2. 网络安全的重要性

在当今信息化的社会中，人们对计算机网络的依赖日益增强，越来越多的信息和重要数据资源出现在网络中。通过网络获取信息的方式已成为当前主要的信息沟通方式之一，这种趋势还在不断地发展。然而开放的网络技术，任何一个人、任何团体都可能获得，因而开放性的网络所面临的破坏和攻击可能是多方面的，例如，攻击物理传输线路、攻击网络通信协议、攻击软件、攻击硬件。国际性网络还意味着受到的网络攻击不仅仅来自本地网络的用户，还可以来自互联网上的任何一个机器，也就是说，网络安全所面临的是一个国际化的挑战。据统计，2009 年 1 月至 3 月，互联网上出现的被木马病毒感染的网页累计达 1 亿 9 千多万个，平均每天有 889 万余人次网民访问这些网页，累计有 8 亿人次网民遭木马攻击。大型网站、浏览器和流行软件成为黑客窥测的对象，一季度有 24 202 个大型网站被植入木马，这已经成为威胁国内互联网安全的最主要因素之一。

3. 网络安全级别

美国国防部发布的计算机安全标准《可信计算机系统标准评价准则》将安全级别分为 4 类 7 级。

D1 级（安全的最低级）：该级不设置任何安全保护措施，软硬件都容易被侵袭。MS-DOS、Windows 95/98 等系统为 D1 级（缺乏保护）。

C1 级（选择性安全保护级）：硬件采取简单安全措施（加锁），登录认证和访问权限制不能控制已登录用户的访问级别。早期的 UNIX/Xenix、NetWare 3. x 等属于该级。

C2 级（访问控制环境级）：比 C1 级增加了系统审计、跟踪记录、安全事件等特性。UNIX、NetWare 4. x 及以上版、Windows NT 等属于该级。是保证敏感信息安全的最低级。

B1 级（标记安全保护级）：B 级中有 3 个级别，B1 级即标志安全保护，是支持多级安全（例如秘密和绝密）的第一个级别，这个级别说明处于强制性访问控制之下的对象，系统不允许文件的拥有者改变其许可权限。

B2 级：又叫做结构保护（structured protection），它要求计算机系统中所有的对象都要加上标签，而且给设备（磁盘、磁带和终端）分配单个或多个安全级别。它是提供较高安全级别的对象与较低安全级别的对象相互通信的第一个级别。

B3 级：B3 级又称安全域级别（security domain），使用安装硬件的方式来加强域的安全，例如，内存管理硬件用于保护安全域免遭无授权访问或其他安全域对象的修改。

A1 级：验证设计级（verity design），最高安全级。A 级又称验证设计（verity design）是当前橙皮书的最高级别，它包括了一个严格的设计、控制和验证过程。与前面所提到的各级别一样，该级别包含了较低级别的所有特性。

12.1.2 网络中存在的威胁

计算机网络中必然存在一定的安全缺陷，这些缺陷一旦被利用，就产生相应的安全威胁。网络安全威胁既可能来自于内部网，也可能来自于外部网。常见的安全威胁有以下几种情况。

(1) 窃听。

攻击者通过监视网络数据获得敏感信息。

(2) 重传。

攻击者事先获得发送方发送的部分或全部信息，延迟一段时间之后再将此信息发送给接收者。

(3) 伪造。

攻击者将伪造的信息发送给接收者。

(4) 篡改。

攻击者对合法用户之间的通信信息进行修改、删除、插入，然后再发给接收者。

(5) 拒绝服务。

攻击者通过某种方法使系统响应减慢甚至瘫痪，阻止合法用户获得服务。

(6) 行为否定。

通信实体否认已经发生的行为。

(7) 非授权访问。

没有预先经过同意，非法用户使用网络或计算机资源。

(8) 传播病毒。

通过网络传播计算机病毒，其破坏性非常高，而且用户很难防范。

12.1.3 OSI 信息安全体系

1989 年 12 月国际标准化组织 ISO 颁布了信息处理系统开放系统互连基本参考模型(OSI)第 2 部分安全体系结构 ISO7498—2 标准，是目前国际上普遍遵循的计算机信息系统互连标准，我国将其作为 GB/T9387—2 标准并予以执行。ISO7498－2 标准包括 5 类安全服务以及提供这些服务所需要的 8 类安全机制。

1. 安全服务

安全服务是在 OSI 参考模型框架中能提供的可选的安全服务，它确保了该系统或数据传输具有足够的安全性。ISO7498—2 确定了以下 5 大类安全服务。

(1) 鉴别服务。

鉴别服务可以鉴别参与通信的对等实体和数据源的合法性。

(2) 访问控制服务。

访问控制服务能够防止未经授权而利用 OSI 可访问的资源。这种服务可用于对某个资源的各类访问，或用于对所有资源的某类访问。

(3) 数据保密性。

这种安全服务能够防止数据未经授权而被泄露，防止在系统之间交换数据时，数据被截获。它包括连接保密性、无连接保密性、选择字段保密性、业务流保密性 4 项服务。

(4) 数据完整性。

这种安全服务是用于对付主动威胁的，用来防止在系统之间交换数据时，数据被修改、插入，或造成数据丢失。它包括带恢复的连接完整性、不带恢复的连接完整性、选择字段连接完整性、无连接完整性、选择字段无连接完整性。

(5) 抗否认服务。

这种安全服务是防止数据发送方发送数据后又否认发送数据的行为，或接收方接收到数据后又否认接收到数据的行为，即防止通信双方否认发送或接收数据的行为。它包括带数据源证明的禁止否认，带递交证明的禁止否认。

2. 安全机制

ISO7498—2 确定了以下 8 类安全机制。

(1) 加密机制。

加密是提供数据保护最常用的方法，加密可向数据或业务流信息提供保密性，并能对其他安全机制起作用或对它们进行补充。加密机制包括加密的保密性、加密算法、密钥管理等。

(2) 数字签名机制。

数字签名主要用来解决通信双方发生否认、伪造、篡改和冒充等问题。这种安全机制决定两个过程。

① 对数据单元签名。

② 验证签过名的数据单元。

(3) 访问控制机制。

访问控制机制可以控制哪些用户可以访问哪些资源，对这些资源可以访问到什么程度。如非法用户企图访问资源，该机制就会加以拒绝，并将这一非法事件记录在审计报告中。访问控制可以直接支持数据的保密性、完整性、可用性。访问控制机制主要利用访问控制表、口令、安全标记、能力表等表示合法访问权。

(4) 数据完整性机制。

数据完整机制包括以下两个方面。

① 单个的数据单元或字段的完整性。

② 数据单元串或字段串的完整性，即要求数据编号的连续性和时间标记的正确性等。

确定单个数据单元的完整性可以利用分组校验码或密码校验值防止信息被修改；保护数据单元串或字段串的完整性，可以利用顺序号、时间标记或密码链等防止信息被扰乱、丢失、插入等。

(5) 鉴别交换机制。

可用于鉴别交换的一些技术是：使用鉴别信息，例如口令，由发送实体提供而由接收实体验证、密码技术、使用该实体的特征或占有物。这种机制可设置在 N 层以提供对等实体鉴别。如果在鉴别实体时，这一机制得到否定的结果，就会导致连接的拒绝或终止，也可能使在安全审计跟踪中增加一个记录，或给安全管理中心一个报告。当采用密码技术时，这些技术可以与"握手"协议结合起来以防止重放(即确保存活期)。鉴别交换技术的选用取决于使用它们的环境。在许多场合，它们必须与下列各项结合使用：时间标记与同步时钟；双方握手和三方握手(分别对应于单方鉴别和相互鉴别)；由数字签名和公证机制实现的抗否认服务。

(6) 业务填充机制。

这是一种造假的通信实例，产生欺骗性数据单元或在数据单元中产生假数据的安全机制。

如在无信息传输时，发送伪随机序列信号，使非法监听者无法确认哪些是有用信息，哪些是无用信息。该机制只有在业务填充受到保密性服务保护时才有效。可以用来抵抗监听者在通信线路监听数据并对其业务流量和流向进行分析。

(7) 路由控制机制。

一个大型网络中，从源节点到目的节点可能有多条线路可以到达，有些线路是安全的，而另一些线路可能不安全。路由控制机制可使信息发送者动态地或预定地选择特殊的路由，以便只使用物理上安全的子网络、中继站或链路。在检测到持续的操作攻击时，端系统可指示网络服务的提供者经不同的路由建立连接。带有某些安全标记的数据可能被安全策略禁止通过某些子网络、中继或链路。连接的发起者(或无连接数据单元的发送者)可以指定路由选择说明，由它请求回避某些特定的子网络、链路或中继。

(8) 公正机制。

有关在两个或多个实体之间通信的数据的性质，如它的完整性、原发、时间和目的地等能够借助公证机制得到确保。这种保证是由第三方公证人提供的。公证人为通信实体所信任，并掌握必要信息以一种可证实方式提供所需的保证。每个通信实例可使用数字签名、加密和完整性机制以适应公证人提供的那种服务。当这种公证机制被用到时，数据便在参与通信的实体之间经由受保护的通信实体和公证方进行通信。

12.2 计算机病毒及其防治

12.2.1 计算机病毒的定义与特征

1. 什么是计算机病毒

根据 1994 年 2 月 18 日我国正式颁布实施的《中华人民共和国计算机信息系统安全保护条例》第二十八条对计算机病毒的定义是："计算机病毒，是指编制或者在计算机程序中插入的破坏计算机功能或者毁坏数据，影响计算机使用，并能自我复制的一组计算机指令或者程序代码。"这个定义明确表明了计算机病毒就是具有破坏性的计算机程序。

事实上计算机病毒与我们平时所使用的各种软件程序没有什么本质区别，只不过正常的程序或软件是用来帮助人们解决某些问题的。而病毒程序是专门用来搞破坏的，也就是说病毒程序是一种有害的程序。

2. 计算机病毒的特征

(1) 破坏性。任何病毒侵入计算机后，都会或多或少地对计算机的正常使用造成一定的影响，轻者降低计算机的性能和占用系统资源，重者破坏数据，导致系统崩溃，造成不可挽回的损失。

有些计算机病毒在发作时只是显示一些图片，放一段音乐或开个玩笑，这类病毒只是干扰了我们的工作，不会对系统造成破坏，这类病毒通常称为良性病毒；而有些病毒则含有明确的破坏目的，如破坏数据、删除文件、格式化磁盘等，这类病毒就是恶性病毒。

(2) 隐蔽性。病毒程序一般都设计得非常小巧、短小精干的一段代码，躲在合法程序中。如果不经过代码分析，病毒程序与正常程序是很难区别开的。当它附带在文件中、隐藏在磁盘上或在传播过程中时，用户不会感到任何异常，不经过杀毒软件的查找，一般用户是不会发现的。这就是病毒的隐蔽性。

(3) 传染性。病毒能通过自身复制来感染正常文件,达到破坏计算机正常运行的目的。但是它的传染是有条件的,也就是病毒程序必须被执行之后它才具有传染性,才能感染其他文件。病毒一旦进入计算机系统中就会开始寻找机会感染其他文件。计算机病毒的破坏性、隐蔽性、传染性是计算机病毒的基本特征。

(4) 潜伏性。计算机病毒进入系统之后一般不会马上发作,它有一个潜伏期。病毒可以在几周或几个月隐藏在正常的程序中。病毒的内部有一种触发机制,一旦触发条件得到满足,病毒便开始表现,如格式化磁盘、删除文件、损坏系统等。触发条件可能是预订的时间或日期、特定的操作或特定事件发生等。

(5) 可触发性。计算机病毒因某个事件或某个操作,诱发病毒进行感染或进行破坏,称为病毒的可触发性。每个病毒都有自己的触发条件,如果满足触发条件,病毒就进行感染或破坏,如果还没有满足条件,就像其他没有被执行的程序一样,没有杀伤力,它会继续潜伏。这些特定的触发条件一般都是病毒制造者事先设定的,它可能是某个具体的时间、日期、文件类型或某些特定的数据等。

(6) 不可预见性。病毒种类多种多样,病毒代码千差万别,而且新的病毒制作技术也不断涌现,因此对于已知病毒可以检测、查杀,而对于一些新的病毒却没有未卜先知的能力,尽管这些新病毒有某些病毒的共性,但是它采用的手段和技术将更加复杂,更不可预见。

12.2.2 计算机病毒的分类

目前计算机病毒的数量很多,根据各种计算机病毒的特点,计算机病毒有不同的分类方法,这里把计算机病毒大致归结为 7 种类型,即引导型病毒、可执行文件病毒、宏病毒、蠕虫病毒、特洛伊木马型病毒、网页病毒和混合病毒。

(1) 引导型病毒。引导型病毒是指寄生在磁盘引导区或主引导区的计算机病毒。主要通过感染软盘、硬盘上的引导扇区或改写磁盘分区表来感染系统。引导型病毒分为主引导扇区病毒和引导扇区病毒,二者的区别在于引导扇区病毒的传染目标是软盘和 U 盘,而主引导扇区病毒的传染目标是硬盘。引导型病毒是一种开机即可启动的病毒,优先于操作系统而存在。早期的计算机病毒大多数属于这类病毒。

(2) 可执行文件型病毒。它主要是以感染 COM、EXE 等可执行文件为主,被感染的可执行文件在执行的同时,病毒被加载并向其他正常的可执行文件传染或执行破坏操作。文件型病毒大多数也是常驻内存的,它的特点是附着在正常程序文件中,成为程序文件的一部分。

(3) 宏病毒。宏病毒是一种基于微软 Office 办公软件中使用的宏产生的计算机病毒。实际上,宏是嵌入在一个字处理文档或其他类型文件中的一段可执行程序。宏病毒在传播时,首先通过宏命令依附到一个 Office 文档中,然后通过电子邮件或磁盘,把它输入到一个系统中。在文档打开以后的某个时候执行该宏。宏把自身复制到全局宏文件中。当下一次启动 Office 文档的时候就会激活受感染的全局宏,当这个宏执行时就会进行自我复制,并破坏系统。宏病毒一般仅传染给微软的 Word、Excel 等 Office 办公自动化处理文档,由于 Office 软件在全球存在着广泛的用户,所以宏病毒的传播十分迅速和广泛。

(4) 蠕虫病毒。蠕虫病毒是自包含的程序(或是一套程序),它能传播它自身功能的复制或它(蠕虫病毒)的某些部分到其他的计算机系统中(通常是经过网络连接)。请注意,与一般病毒不同，它不采用将自身复制附加到其他程序中的方法来复制自己，也就是说蠕虫病毒不需要将其自身附着到宿主程序上。蠕虫病毒主要通过网络传播，具有极强的自我复制能力、传播性和破坏性。由于蠕虫病毒可以使用脚本语言编写，制作相对简单容易，所以有更多的人参与病毒的制造。因此，目前对计算机威胁最大的就属网络蠕虫病毒。现在最为流行的蠕虫病毒有“尼姆达”、“熊猫烧香”以及其变种。这一病毒利用了微软视窗操作系统的漏洞，计算机感染这一病毒后，会不断自动拨号上网，并利用文件中的地址信息或者网络共享进行传播，最终破坏用户的大部分重要数据。

(5) 特洛伊木马型病毒。特洛伊木马型病毒是一种恶意程序，它们悄悄地在宿主机器上运行，就在用户毫无察觉的情况下，让攻击者获得了远程访问和控制系统的权限。攻击者经常把特洛伊木马隐藏在一些游戏或小软件之中，诱使粗心的用户在自己的机器上运行。最常见的情况是，上当的用户要么从不正规的网站下载和运行了带恶意代码的软件，要么不小心单击了带恶意代码的邮件附件。典型的特洛伊木马型病毒一般不对计算机系统进行直接破坏，而是通过网络任意控制其他计算机，包括窃取国家、部门或个人宝贵的秘密信息，占用其他计算机系统资源等现象。

(6) 网页病毒。网页病毒一般也是使用脚本语言将有害代码直接写在网页上，当浏览网页时会立即破坏本地计算机系统，轻者修改或锁定网页，重者格式化硬盘，使人防不胜防。

12.2.3 计算机病毒的检测与防范

1. 计算机病毒的检测

病毒在发作前是难以发现的，因此所有的防病毒技术都是在系统后台运行的，先于病毒获得系统的控制权，对系统进行实时监控，一旦发现可疑行为，就阻止非法程序的运行，利用一些专门的技术进行判别，然后加以清除。反病毒技术包括检测病毒和清除病毒两方面，而病毒的清除都是以有效的病毒探测为基础的。目前广泛使用的主要检测病毒的方法有以下 6 种技术。

(1) 病毒码扫描法。

将新发现的病毒加以分析，根据其特征，编成病毒码，加入资料库中。以后每当执行扫描病毒程序时，能立刻扫描目标文件，并做出与病毒代码对比，即能查出是否有病毒。大多数防毒软件均采用这种方式，其缺点是无法扫描新病毒以及变种病毒。

(2) 加总比对法。

根据每个程序的文件名称、大小、时间及内容，加总为一个检查码，再将检查码附于程序的后面或是将所有检查码放在同一个资料库中，再利用此校验和系统，追踪并记录每个程序的检查码是否遇到更改，以判断是否中毒。这种技术可查到各种病毒，但最大的缺点是误判较高，且无法确认是哪一种病毒感染的。

(3) 人工智能陷阱。

人工智能陷阱是一种监测计算机行为的常驻内存扫描技术。它将所有病毒所产生的行为归纳起来，一旦发现内存的程序有任何不当的行为，系统就会有所警觉。这种技术的优点是执行速度快，且可以侦察到各种病毒；其缺点是程序设计难度大。

(4) 软件模拟扫描法。

软件模拟扫描技术专门用来对付一些特殊的病毒，如“千面人”病毒。千面人病毒在每次传染时,都以不同的随机乱码加密于每个中毒文件中,传统病毒码比对方式根本就无法找到这种病毒。

(5) 先知扫描法(VICE,Virus Instruction Code Emulation)。

软件模拟技术可以建立一个保护模式下的DOS虚拟机器,模拟CPU动作并通过执行程序以解开变体引擎病毒,类似的技术也可以用来分析一般程序检查可疑的病毒码。因此,VICE可用来判断程序有无病毒码存在的方法,分析专家系统知识库,再利用软件工程模拟技术加上病毒运行机制,则可分析出新的病毒码以对付以后的病毒。

(6) 实时I/O扫描。

实时I/O扫描的目的是及时地对数据的输入输出动作做病毒码对比,希望能够在病毒尚未被执行之前,就能够截留下来。实时扫描技术会影响到数据的输入输出速度,但使用实时扫描技术后,文件一旦传入就已经被扫描和清除过病毒了。

2. 计算机病毒的防范

在防范计算机病毒时,需要注意以下几点。

(1) 留心邮件的附件。

对于邮件附件尽可能小心,安装一套杀毒软件,在打开邮件之前对附件进行预扫描。因为有的病毒邮件恶毒之极,只要将鼠标移至邮件上,即使没有打开它,也会自动执行和感染。更不要打开陌生人来信中的附件文件,当收到陌生人寄来的一些邮件名称极具吸引力的邮件时,千万不要贸然打开它。

(2) 注意文件扩展名。

因为Windows允许用户在文件命名时使用多个扩展名,而许多电子邮件程序只显示第一个扩展名,有时会造成一些假象。所以可以在"文件夹选项"中,设置显示文件名的扩展名,这样一些有害文件,如vbs文件就会原形毕露。注意的是,千万别打开扩展名为vbs、shs和pif的邮件附件,因为一般情况下,这些扩展名的文件几乎不会在正常附件中使用,但它们经常被病毒和蠕虫使用。例如,看到的邮件附件名称是new.jpg,而它的全名实际是new.jpg.vbs,打开这个附件意味着运行一个恶意的VBScript病毒,而不是jpg查看器。

(3) 不要轻易运行来历不明的程序。

对于一般人寄来的程序,都不要运行,就算是比较熟悉,了解的朋友们寄来的信件,如果其信中夹带了程序附件,但是他却没有在信中提及或是说明,也不要轻易运行。因为有些病毒是偷偷地附着上去的,可他自己却不知道。

(4) 及时安装系统更新。

使用Windows Update下载安装所有重要更新。不少用户在屏幕右下角出现Windows Update下载程序的图标后,会把它关掉。所以用户在更新杀毒软件的同时,最好使用Windows Update下载所有更新。

(5) 堵住系统漏洞。

现在很多网络病毒都是利用了微软的IE和Outlook的漏洞进行传播的,因此需要特别注意微软网站提供的补丁,必须安装补丁文件或安装升级版本来消除这些漏洞。及时打补丁是一个良好的习惯,可以让系统时时保持最新、最安全,但是要注意最好从信任度高的网站下载补丁。

(6) 谨慎设置系统共享权限。

一般情况下不要将磁盘上的文件夹设置为共享,如果确有必要,应将权限设置为只读,操作时需要指定口令。也不要用共享的软盘安装软件,或者是复制共享的软盘。这是导致病毒从一台机器传播到另一台机器的方式。

(7) 使用最新杀毒软件。

要养成用最新杀毒软件及时查毒的好习惯，但是千万不要以为安装了杀毒软件就可以高枕无忧了，一定要及时更新病毒库，否则杀毒软件就会形同虚设；另外，要正确设置杀毒软件的各项功能，充分发挥它的功效。

12.3 网络安全技术

12.3.1 数据加密技术

从常见的网络威胁来看，由于因特网本身的不安全性，保护网络信息安全可靠地传输，要采取相应的网络安全控制措施。数据加密技术就是重要的一个安全措施。一般数据加密解密模型如图 12-1 所示，在加密阶段，发送者将明文 X 用加密算法 E 和加密密钥 Ke 进行加密。得到密文 $Y=E(Ke,X)$，然后发送者将密文 Y 通过不安全信道传送给接收者，接收者收到密文 Y 后，通过解密算法 D 和解密密钥 Kd 进行解密，得到明文 $X=D(Kd,Y)$，在这里加密密钥 Ke 和解密密钥 Kd 可以相同也可以不同。由于是通过不安全信息传输，中间可能会有截取者进行窃听，但他只能获得密文 Y，由于没有密钥 Kd，无法还原出明文 X，从而保障了通信的安全。

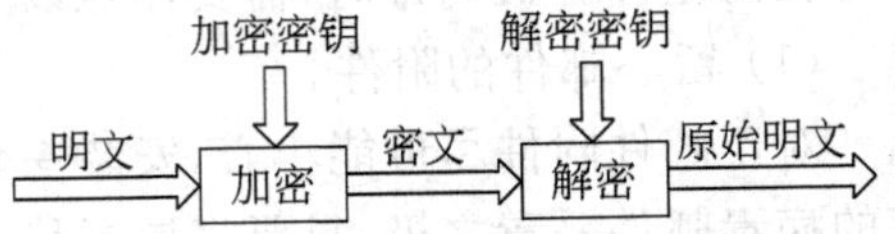

图 12-1　信息加密、解密过程

数据加密的技术可分为两类，即对称加密和非对称加密。对称加密的加密密钥和解密密钥相同，因此又称为单钥密码体制或常规密钥加密机制；非对称加密的加密密钥和解密密钥不相同，通常这种双钥密码体制的加密密钥是公开的，而解密密钥则是保密的，因此又称为双钥密码体制或公开密钥加密机制。

根据不同的标准，密码体制的分类方法很多，其中最常用的分类是将密码体制分为对称密码体制(也叫做单钥密码体制、秘密密钥密码体制、对称密钥密码体制)和非对称密码体制(也叫做双钥密码体制、公开密钥密码体制、非对称密钥密码体制)。

1. 对称密钥密码体制

在对称密码体制中，加密密钥与解密密钥是相同的。早期使用的加密算法大多是对称密码体制，所以对称密码体制通常也称为传统密码体制(常规密码体制)。在这种密码体制下，有加密(或者解密)的能力就意味着必然也有解密(或者加密)的能力。对称密码体制的优点是具有很高的保密强度，但它的密钥必须通过安全可靠的途径传播。密钥管理成为影响使用对称密码体制系统安全的关键性因素，因而难以满足 Internet 网络系统的开放性要求。

(1) DES 算法。

数据加密标准 DES(Data Encryption Standard)是迄今为止使用最为广泛的经典加密算法。1973 年 5 月 13 日美国国家标准局 NBS(National Bureau of Standards)公布了一项公告，征求国家密码标准方案。IBM 提交了他们研制的一种密码算法，该算法是由早期的 LUCIFER 密码改进而得的。在经过大量的公开讨论之后该密码算法于 1977 年 1 月 15 日被正式批准为美国联邦信息处理标准，即 FIPS—46，同年 7 月 15 日生效，并规定每隔 5 年由美国国家保密局(National Security Agency)重新评估它是否继续作为联邦加密标准。最近的一次评估是在 1994 年 1 月，当时决定在 1998 年 12 月以后，DES 不再作为联邦加密标准。新的美国联邦加密标准称为高级加密标准 AES(Advanced Encryption Standard)。尽管如此，DES 对推进密码理论的发展和应用仍起了重要作用，并对学习和研究分组密码的基本理论、设计思想和实际应用有着珍贵的参考价值。

DES 是分组长度为 64 位的分组密码算法，密钥长度也是 64 位，其中每 8 位有一位奇偶校验位，因此有效密钥长度为 56 位。DES 算法是公开的，其安全性依赖于密钥的保密程度。

如图 12-2 所示，DES 算法有以下一些主要步骤。

① 将 64 位明文块送入初始置换函数，对明文进行初始置换。

② 子密钥生成。由 64bit 外部输入密钥组通过置换选择和移位操作生成加密和解密所需的 16 组子密钥，每组 56bit。

③ 初始置换产生转换块的两个部分，分别为左明文和右明文。

④ 每个左明文与右明文利用各自不同的密钥经过 16 轮加密。它采用的是分组密码。通过 16 次重复的代替、移位、异或和置换来打乱原输入数据组。

⑤ 交换左、右 32 比特。

⑥ 逆初始置换。逆初始置换与初始置换处理过程相同，只是置换矩阵是初始置换的逆矩阵。

⑦ 最后得到 64 位密文。

(2) 三重 DES。

DES 的唯一密码学缺点就是密钥长度较短。解决密钥长度的问题的办法之一是采用三重 DES。三重 DES 方法需要执行三次常规的 DES 加密步骤，但最常用的三重 DES 算法中仅仅用两个 56 位 DES 密钥。设这两个密钥为 K_1 和 K_2，其算法的步骤是：

① 用密钥 K_1 进行 DES 加密；

② 用步骤①的结果使用密钥 K_2 进行 DES 解密；

③ 用步骤②的结果使用密钥 K_1 进行 DES 加密。

如图 12-3 所示，这个过程称为 EDE，因为它是由加密—解密—加密(Encrypt Decrypt Encrypt)步骤组成的。在 EDE 中，中间步骤是解密，所以，可以使 $K_1=K_2$ 来用三重 DES 方法执行常规的 DES 加密。

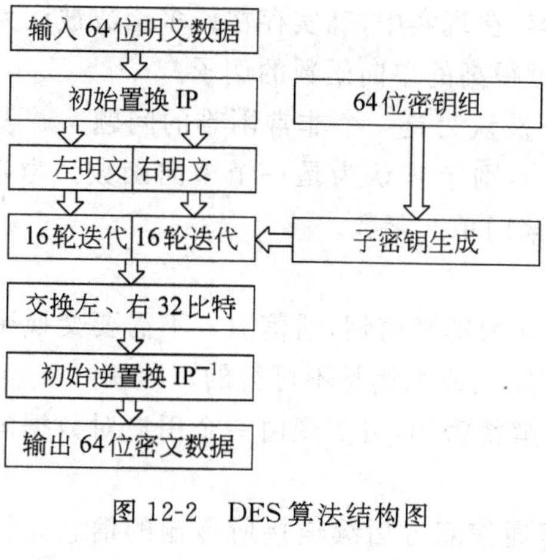

图 12-2 DES 算法结构图

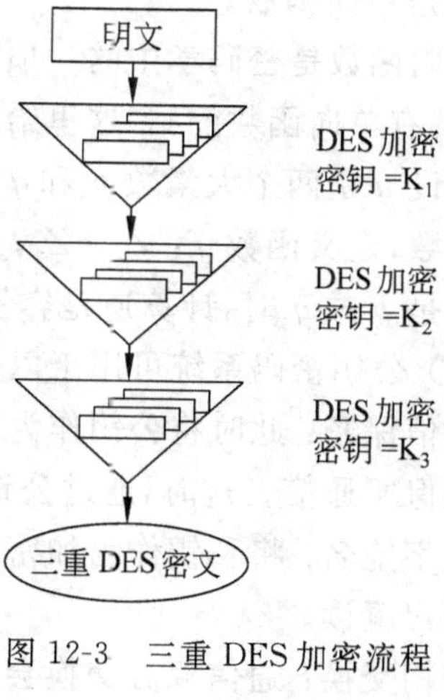

图 12-3 三重 DES 加密流程

2. 非对称密钥密码体制

20 世纪 70 年代产生了非对称密码体制。在这种密码体制下,人们把加密过程和解密过程设计成不同的途径。当密码算法公开时,在计算上不可能由加密密钥求得解密密钥,因而加密密钥可以公开,而只需要秘密保存解密密钥即可,如图 12-4 所示。

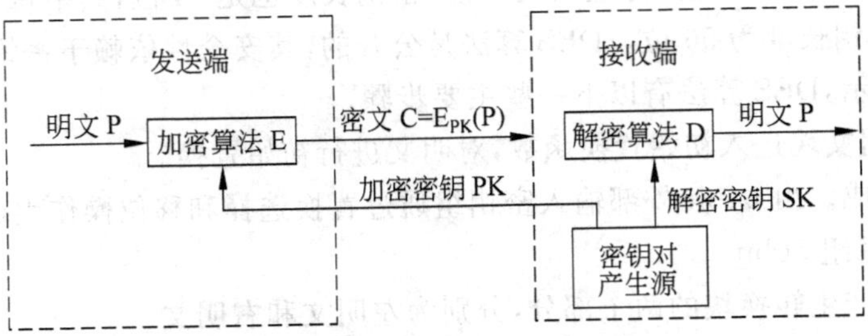

图 12-4　公开密钥加密体制的加密流程

(1) 公钥加密原理。

公用密钥密码通过使用两个数字互补密钥。这两个密钥,一个是尽人皆知的,而另一个只有拥有者才知道,尽人皆知的密钥叫做公用密钥,而只有密钥拥有者才知道的密钥叫做私有密钥,或称专用密钥。这两种密钥合在一起称为密钥对。

(2) 如何用公开密钥进行加、解密。

现在考虑两个用户 A 和 B,两者从未联系过,而要想在 A 和 B 之间建立保密信道。A 所确定的加密密钥为 E_A,B 的加密密钥为 E_B,并将 E_A 和 E_B 放在网上作为公共可读文件(共享文件)内。现在 A 要发送报文 P 给 B,首先算出密文 $C=E_B(P)$,即用 B 方的公开密钥进行加密,并把它发送给 B。B 收到密文 $C= E_B(P)$后,使用密钥 D_B 进行解密,即:

$$D_B(E_B(P))=P$$

在这里,E_B 是公开的而 D_B 是不公开的,从而达到保密的目的。因为解密算法 D_B 只有 B 才知道,所以只有 B 才能对密文 $E_B(P)$进行解密。其加密/解密过程如图 12-4 所示。

在介绍公开密钥算法之前,先介绍一个术语“单向函数”:如果对一个函数 f 的定义域上的任意一个 x 容易计算出 $f(x)$的值,但对 f 的值域上的任意一个 y,$f^{-1}(y)$在计算上不可行,就称 f 是单向函数。

单向函数是密码学中的一项重要的研究内容,在现实中,确实存在许多函数被认为是单向的(即具有单向函数的)。这里给出一个可信程度很高的单向函数的例子。

假设 n 是两个大素数 p 和 q 的乘积,分解 n 被认为是一个非常困难的问题。并设 b 是一个正整数,定义函数 f: $Z_n \to Z_n$, $f(x)=x^b \bmod n$,则 f 被认为是一个单向函数。当知道了 n 的因子是 p 或 q 时,计算逆是容易的,因而 f 是陷门单向函数。

(3) 公钥密码系统可用于以下 3 个方面。

通信保密:此时将公钥作为加密密钥,私钥作为解密密钥,通信双方不需要交换密钥就可以实现保密通信。这时,通过公钥或密文分析出明文或私钥是不可行的。

数字签名:将私钥作为加密密钥,公钥作为解密密钥,可实现由一个用户对数据加密而使多个用户解读。

密钥交换:通信双方交换会话密钥,以加密通信双方后续连接所传输的信息。每次逻辑连接使用一把新的会话密钥,用完就丢弃。

(4) RSA 密码系统。

在这里，我们介绍的是 RSA 公开密钥加密体制，该算法是由 R. Rivest、A. Shamir 和 L. Adleman 三个人在 1977 年共同提出的，我们称为 RSA(RSA 是取这三位研制者姓的首字母的组合)算法。

在 RSA 密钥体制的运行中，当 A 用户发文件给 B 用户时，A 用户用 B 用户公开的密钥加密明文，B 用户则用解密密钥解读密文，其特点如下。

(1) 密钥配发十分方便，用户的公用密钥可以像电话本那样公开，使用方便，每个用户只需持有一对密钥即可实现与网络中任何一个用户的保密通信。

(2) RSA 加密原理基于单向函数，非法接收者利用公用密钥不可能在有限时间内推算出秘密密钥。

(3) RSA 在用户确认和实现数字签名方面优于现有的其他加密机制。

RSA 算法正是利用了陷门单向函数的一种可逆模指数运算。它的安全性是基于大整数分解因子的困难性的理论基础。

① RSA 密码体制的建立

建立一个 RSA 密码体制的过程如下：

- 选择两个大素数 p 和 q；
- 计算乘积 $n=pq$ 和 $\phi(n)=(p-1)(q-1)$；
- 选择一个大于 1 而小于 $\phi(n)$ 的随机整数 e，使得 $\gcd(e,\phi(n))=1$（这里的 gcd() 为互质函数）；
- 计算 d 使得 $de=1 \bmod \phi(n)$，即 $de \bmod \phi(n)=1$
- 对每一个密钥 $k=(n,p,q,d,e)$，定义加密变换为 $y=E_k(x)=x^e mod\ n$，解密变换为 $D_k(x)=y^d \bmod n$，这里 $x,y\in Z_n$；

将 $\{e,n\}$ 作为公开密钥，$\{d,n\}$ 作为私有密钥。

② RSA 算法实例

用两个小素数 7 和 17 来建立一个简单的 RSA 算法：

- 选择两个素数 $p=7$ 和 $q=17$；
- 计算得：$n=p\times q=7\times 17=119$，$\phi(n)=(p-1)\times(q-1)=6\times 16=96$；
- 选择一个随机整数 $e=5$，$e>1$ 且小于 $\phi(n)$ 并且与 $\phi(n)$ 互质；
- 求出 d，使得 $de=1 \bmod 96$ 且 $d<96$，此处求出 $d=77$，因为 $77*5=385=4*96+1$；
- 设 $P=19$，计算 19 模 119 的 5 次幂，$P^e=19^5 \bmod 119=66$，即密文 $C=66$；
- 接收方收到密文 66 后，计算 66 模 119 的 77 次幂：$P=C^d=66^{77} \bmod 119$ 得到明文 19。

当然，在实际应用中 p、q、n、e 和 d 都要取很大的值，通常 p 和 q 的值应是 100 位以上的十进制整数。

12.3.2 数字签名

1. 数字签名的基本概念

数据加密可以防止信息在传输过程中被截获，但是如何确定发送人的身份问题，就需要使用数字签名技术来解决。亲笔签名是用来保证文件或资料真实性的一种方法。在网络环境中,通常使用数字签名技术来模拟日常生活中的亲笔签名。数字签名将信息发送人的身份与信息传送结合起来,可以保证信息在传输过程中的完整性,并提供信息发送者的身份认证,以防止信息发送者抵赖行为的发生。

数字签名(Digital Signature)是通过一个单向函数对要传送的报文进行处理得到的用于认证报文来源并核实报文是否发生变化的一个字母数字串。用这几个字符串来代替书写签名或印章,起到和书写签名或印章同样的法律效用。数字签名提供了一种签别方法,普遍用于银行、电子商业等,以解决下列问题。

伪造:接收者伪造一份文件,声称是对方发送的。

冒充:网上的某个用户冒充另一个用户发送或接收文件。

篡改:接收者对收到的文件进行局部的修改。

抵赖:发送者或接收者最后不承认自己发送或接收的文件。

2. 消息摘要

非对称加密算法通常比较复杂,加密速度也很慢,并对加密的信息块长度有一定的限制,不适合处理大数据块信息。能不能将一个大数据块映射到一个小信息块,然后对这个小信息块签名呢?这就是消息摘要技术的原理。

在数字签名中,为了解决非对称加密算法不适合处理较大数据块的问题,一般需要将一个较大数据块映射到一个小消息块,形成所谓的消息摘要。通过消息摘要的签名来保证整个信息的完整性、真实性和不可否认性。消息摘要可以利用单向散列函数对要签名的数据进行运算生成。然而,单向散列函数对数据块进行运算并不是一种加密机制,它仅能提取数据块的某些关键信息。单向散列函数具有以下主要特性。

(1) 单向散列函数能处理任意大小的信息,其生成的消息摘要块长度总是具有固定的大小,而且对同一个数据源反复执行该函数得到的消息摘要相同。

(2) 单向散列函数生成的消息摘要是不可预见的,产生的消息摘要的大小与原始数据信息块的大小没有任何联系,消息摘要看起来与原始数据也没有明显关系,而且原始数据信息的一个微小变化都会对新产生的消息摘要产生很大的影响。

(3) 它具有不可逆性,没有办法通过生成的消息摘要重新生成原始数据消息。

3. 数字签名的过程

数字签名的工作过程如图 12-5 所示。

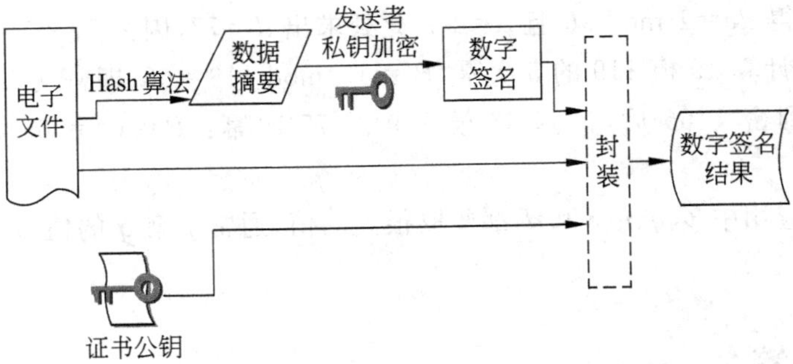

图 12-5 数字签名过程

- 发送方使用单向散列函数对要发送的信息进行运算,生成信息摘要。
- 发送方使用自己的私钥,利用非对称加密算法,对生成的信息摘要进行数字签名。
- 发送方通过网络将信息本身和已进行数字签名的信息摘要发送给接收方。

- 接收方使用与发送方相同的单向散列函数，对收到的信息进行运算，重新生成信息摘要。
- 接收方使用发送方的公钥对接收的信息摘要解密。
- 将解密的信息摘要与重新生成的信息摘要进行比较，以判断信息在发送过程中是否被篡改过。

12.3.3 数字证书

1. 什么是数字证书

数字证书又称为数字凭证，是用电子手段来证实一个用户的身份和对网络资源访问的权限。数字证书是一段包含用户身份信息、用户公钥信息以及身份验证机构数字签名的数据。身份验证机构的数字签名可以确保证书信息的真实性。数字证书就是参与网上各项业务与活动的各方（例如个人、企业、商户、银行）的身份证，每次交易或传递信息时，都要通过数字证书对各方的身份进行验证、确认。

数字安全证书利用一对互相匹配的密钥进行加密、解密。私有密钥（私钥）用于解密和签名；公共密钥（公钥）公开，用于加密和验证签名。

从证书的用途来看，数字证书可分为签名证书和加密证书。签名证书主要用于对用户信息进行签名，以保证信息的真实性和不可否认性；加密证书主要月于对用户传送信息进行加密，以保证信息的保密性和完整性。

从证书使用对象分，主要包括个人数字证书、单位数字证书、单位员工数字证书、服务器证书、VPN 证书、WAP 证书、代码签名证书和表单签名证书。

一般情况下，数字证书中还包括密钥的有效时间、发证机关（证书授权中心）的名称和证书的序列号等信息，证书的格式遵循 ITU－T X. 509 国际标准。X. 509 数字证书包含的内容如下。

- 证书的版本信息；
- 证书的序列号；
- 证书所使用的签名算法；
- 证书的发行机构名称；
- 证书的有效期；
- 证书所有人的名称；
- 证书所有人的公开密钥；
- 证书发行者对证书的签名。

2. 数字证书原理介绍

数字证书采用公钥体制，即利用一对互相匹配的密钥进行加密、解密。每个用户自己设定一把特定的仅为本人所知的私有密钥（私钥），用它进行解密和签名；同时设定一把公共密钥（公钥）并由本人公开，为一组用户所共享，用于加密和验证签名。当发送一份保密文件时，发送方使用接收方的公钥对数据加密，而接收方则使用自己的私钥解密，这样信息就可以安全无误地到达目的地了。通过数字的手段保证加密过程是一个不可逆过程，即只有用私有密钥才能解密。在公开密钥密码体制中，常用的一种是 RSA 体制。其数学原理是将一个大数分解成两个质数的乘积，加密和解密用的是两个不同的密钥。即使已知明文、密文和加密密钥（公开密钥)，想要推导出解密密钥(私密密钥)，在计算上是不可能的。按现在的计算机技术水平，要破解目前采用的1024位RSA密钥，需要上千年的计算时间。公开密钥技术解决了密钥发布的管理问题，商户可以公开其公开密钥，而保留其私有密钥。购物者可以用人人皆知的公开密钥对发送的信息进行加密，安全地传送给商户，然后由商户用自己的私有密钥进行解密。

用户也可以采用自己的私钥对信息加以处理，由于密钥仅为本人所有，这样就产生了别人无法生成的文件，也就形成了数字签名。采用数字签名，能够确认以下两点。

(1) 保证信息是由签名者自己签名发送的，签名者不能否认或难以否认。

(2) 保证信息自签发后到收到为止未曾做过任何修改，签发的文件是真实文件。

数字签名具体做法如下。

- 将报文按双方约定的Hash算法计算得到一个固定位数的报文摘要。在数学上保证：只要改动报文中任何一位，重新计算出的报文摘要值就会与原先的值不相符。这样就保证了报文的不可更改性。
- 将该报文摘要值用发送者的私人密钥加密，然后连同原报文一起发送给接收者，而产生的报文即称数字签名。
- 接收方收到数字签名后，用同样的Hash算法对报文计算摘要值，然后与用发送者的公开密钥进行解密解开的报文摘要值相比较。如相等则说明报文确实来自所称的发送者。

3. 证书与证书授权中心

CA机构，又称为证书授证(Certificate Authority)中心，作为电子商务交易中受信任的第三方，承担公钥体系中公钥的合法性检验的责任。CA中心为每个使用公开密钥的用户发放一个数字证书，数字证书的作用是证明证书中列出的用户合法拥有证书中列出的公开密钥。CA机构的数字签名使得攻击者不能伪造和篡改证书。它负责产生、分配并管理所有参与网上交易的个体所需的数字证书，因此是安全电子交易的核心环节。

4. 数字证书的用途

数字证书可以应用于公众网络上的商务活动和行政作业活动，包括支付型和非支付型电子商务活动，其应用范围涉及需要身份认证及数据安全的各个行业，包括传统的商业、制造业、流通业的网上交易，以及公共事业、金融服务业、工商税务海关、政府行政办公、教育科研单位、保险、医疗等网上作业系统。

(1) 网上报税。

为了加强网上报税系统的安全性，利用基于数字安全证书的用户身份认证技术对网上报税系统中的申报数据进行数字签名，确保申报数据的完整性，确认系统用户的真实身份和申报数据的真实来源，防止出现抵赖行为和他人伪造篡改数据；利用基于数字安全证书的安全通信协议技术，对网络上传输的机密信息进行加密，防止纳税人商业机密或其他敏感信息泄露。

(2) 工商管理。

以数字安全证书认证技术为核心，以工商行政管理计算机信息网络为基础，面向全国、各类型企业的一项信息化工程基础项目。它可以使工商局更加有效地管理企业，并且保证企业能够在更加安全的网络环境中从事经济活动。

(3) 网上办公。

网上办公系统综合国内政府、企事业单位的办公特点，提供了一个虚拟的办公环境，并在该系统中嵌入数字认证技术，展开网上政文的上传下达，通过网络连接各个岗位的工作人员，通过数字安全证书进行数字加密和数字签名，实行跨部门运作，实现安全便捷的网上办公。

(4) 网上交易。

利用数字安全证书的认证技术，对交易双方进行身份确认以及资质的审核，确保交易者信息的唯一性和不可抵赖性，保护了交易各方的利益，实现安全交易。

(5) 安全电子邮件。

邮件的发送方利用接收方的公开密钥对邮件进行加密，邮件接收方用自己的私有密钥解密，确保了邮件在传输过程中信息的安全性、完整性和唯一性。

12.4 防火墙技术

12.4.1 防火墙概述

1. 防火墙概念

古时候，人们常在寓所之间砌起一道砖墙，一旦火灾发生，客观存在能够防止火势蔓延到别的寓所。自然，这种墙因此而得名"防火墙"。现在，如果一个网络连接了 Internet，它的用户就可以访问外部世界并与之通信。同时，外部世界也同样可以访问该网络并与之交互。为安全起见，可以在该网络和 Internet 之间插入一个中介系统。竖起一道安全屏障，这道屏障的作用是阻断来自外部通过网络对本网络的威胁和入侵，提供扼守本地网络的安全和审计的关卡。这种中介系统叫"防火墙"或"防火墙系统"。

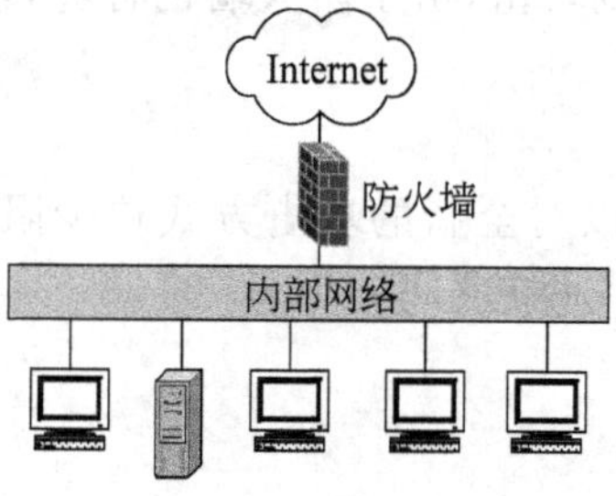

图 12-6 防火墙示意图

防火墙是在两个网络间实现访问控制的一个或一组软硬件系统。防火墙的最主要功能就是屏蔽和允许指定的数据通信，而该功能的实现又主要是依靠一套访问控制策略，由访问控制策略来决定通信的合法性的。防火墙连接如图 12-6 所示。

2. 防火墙的目的与作用

构建网络防火墙的主要目的如下。

- 控制访问者进入一个被严格控制的点。
- 防止进攻者接近防御设备。
- 控制内部人员从一个特别控制点离开。
- 检查、筛选、过滤和屏蔽信息流中的有害信息，防止对计算机和计算机网络进行恶意破坏。

网络防火墙的主要作用如下。

- 防火墙是一种非常有效的网络安全模型，通过它可以隔离内外网络，以达到网络中安全区域的连接，同时不妨碍人们对风险区域的访问。监控出入网络的信息，仅让安全的、符合规则的信息进入内部网络，为网络用户提供一个安全的网络环境。
- 防火墙可以有效收集和记录 Internet 上的活动和网络误用情况。
- 防火墙可以防止非授权用户进入网络、监视网络的安全并及时报警。

• 能有效隔离网络中的多个网段，能有效过滤、筛选和屏蔽一切有害的信息和服务。
• 使用防火墙，可以实现网络地址转换(NAT)，利用 NAT 技术，可以缓解 IP 地址资源的短缺情况，还能隐藏内部网的结构。

3. 防火墙的局限性

通过设置防火墙，基本上可以保证网络的安全性，但防火墙不是万能的，也有很多防火墙无能为力的地方。

(1) 限制一些网络服务。

为了保护网络的安全性，网络管理员一般要关闭许多很有用但在某些方面又不是很安全的服务。这给用户带来了很大的不方便。

(2) 无法防范绕过防火墙的攻击。

如果在一个网络上没有限制电话的拨出，那么内部网络上的用户就可以通过 PPP 连接进入 Internet，从而绕过精心构造的防火墙提供的安全系统。

(3) 无法有效地防止病毒。

防火墙不能完全防止传送已感染病毒的软件或文件。因为病毒的种类太多，所以不能期望防火墙去对每一个文件进行扫描，查出潜在的病毒。对付病毒还是要借助于防病毒软件。

(4) 防火墙不能解决来自内部网络的攻击和安全问题。

内部人员了解内部网络的结构，如果他从内部入侵主机，或进行一些破坏活动，因为该通信没有通过防火墙，所以防火墙无法阻止。

(5) 防火墙不能防止本身安全漏洞的威胁。

防火墙保护别人有时却无法保护自己，防火墙自身也会遭到攻击，由于防火墙也有着其硬件系统和软件，因此依然有着漏洞，也可能受到攻击。

(6) 防火墙不能防范不断更新的攻击方式。

防火墙制定的安全策略是在已知的攻击模式下制定的，所以对全新的攻击方式缺少阻止功能。防火墙永远属于被动的防护手段，它只能对已知的网络威胁起作用。

12.4.2 防火墙的主要类型

从技术上看，防火墙有如下 6 种基本类型。

1. 包过滤型防火墙

如图 12-7 所示，包过滤型防火墙(packet filter firewall)的包过滤器安装在路由器上，工作在网络层(IP)，因此也称为网络层防火墙。它基于单个包实施网络控制，根据所收到的数据包的源地址、目的地址、源端口号及目的端口号、包出入接口、协议类型和数据包中的各种标志位等参数，与用户预定的访问控制表进行比较，判定数据是否符合预选制定的安全策略，决定数据包的转发或丢弃，即实施信息的过滤。它实际上是控制内部网络上的主机可直接访问外部网络，而外部网络上的主机对内部网络的访问则要受到限制。

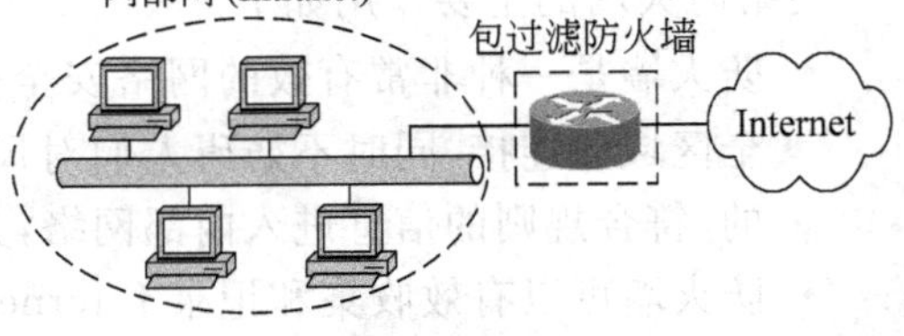

图 12-7　包过滤防火墙示意图

这种防火墙的优点是简单、方便、速度快、透明性好、对网络性能影响不大，但它缺乏用户日志(log)和审计信息(audit)，缺乏用户认证机制，不具备登录和报告性能，不能进行审核管理，且过滤规则和完备性难以得到检验，过滤规则复杂难以管理，因此安全性较差。

2. 代理服务器防火墙

代理服务器防火墙通过在主机上运行代理服务程序，直接对特定的应用层进行服务，因此也称为应用层防火墙。其核心是运用防火墙主机上的代理服务器进程。代理网络用户完成TCP/IP功能，实际上是为特定网络应用而连接两个网络的网关。对每种不同的应用（FTP、Telnet、WWW等）都有一个相应的代理。代理服务可以实施用户认证、详细日志、审计跟踪、数据加密等功能和对具体协议及应用的过滤，如阻止Java或Java Script程序的运行。

这种防火墙能完全控制网络信息的交换，控制会话过程，具有灵活性和安全性；但会影响网络的性能，对用户不透明，且对每一种服务器都要设计一个代理模块、建立对应的网关，实现比较复杂。

3. 电路层网关

电路层网关在网络的传输层上实施访问控制策略，在内、外网络主机之间建立一个虚拟电路进行通信，相当于在防火墙上直接开了个口进行传输，不像应用层防火墙那样能严密控制应用层的信息。

4. 混合型防火墙

混合型防火墙，把过滤和代理服务等功能结合起来，形成新的防火墙，所有主机称为堡垒主机，负责代理服务。各种类型的防火墙，各有其优缺点。当前的防火墙产品，已不是单一的包过滤型或代理服务型防火墙，而是将各种安全技术结合起来，形成一个混合的多级防火墙，以提高防火墙的灵活性和安全性。

5. 应用级网关

应用级网关使用专用软件来转发和过滤特定的应用服务，如FTP、Telnet等服务连接，这是一种代理服务。代理服务技术适用于应用层，它由一个高层的应用网关作为代理器，通常由专门的硬件来承担。代理服务器接受外来的应用连接请求，进行安全检查后，再与被保护的网络应用服务器建立连接，使得外部服务器在受控制的前提下使用内部网络提供的服务。应用级网关具有登记、日志统计和报告等功能，并有良好的审计功能和严格的用户认证功能，应用级网关的安全性高，但它要为每种应用提供专门的代理服务程序。

6. 自适应代理技术

自适应代理技术是一种最新的防火墙技术，在一定程度上反映了防火墙目前的发展动态。该技术可以根据用户定义的安全策略，动态适应传送中的分组流量。如果安全要求较高，则安全检查应在应用层完成，以保证代理防火墙的最大安全性，一旦代理明确了会话的所有细节，其后的数据包就可以直接经速度快得多的网络层传送。

12.4.3 防火墙的体系结构

1. 筛选路由器结构

筛选路由器通常又称为包过滤防火墙，其结构如图12-8所示，它是防火墙最基本的构件。它可以由路由器来实现，也可以用主机来实现。它一般作用在网络层，按照一定的安全策略，即信息过滤规则对进出内部网络的信息进行分析和限制，实现报文过滤功能。采用这种技术的防火墙优点在于速度快，实现方便、成本低。但安全性能差，不能识别不同的用户，一旦被攻陷后很难发现，并且兼容性也不理想。

2. 双重宿主主机体系结构

如图 12-9 所示，双重宿主主机体系结构是围绕具有双重宿主的主机计算机而构筑的，该计算机至少有两个网络接口。这样的主机可以充当与这些接口相连的网络之间的路由器；它能够从一个网络到另一个网络发送 IP 数据包。然而，实现双重宿主主机的防火墙体系结构禁止这种发送功能。因而，IP 数据包从一个网络并不是直接发送到其他网络。防火墙内部的系统能与双重宿主主机通信，同时防火墙外部的系统能与双重宿主主机通信，但是这些系统不能直接互相通信。它们之间的 IP 通信被完全阻止。

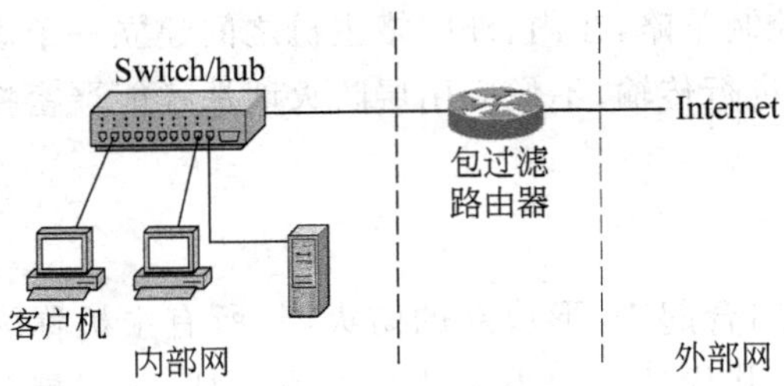

图 12-8　筛选路由器结构

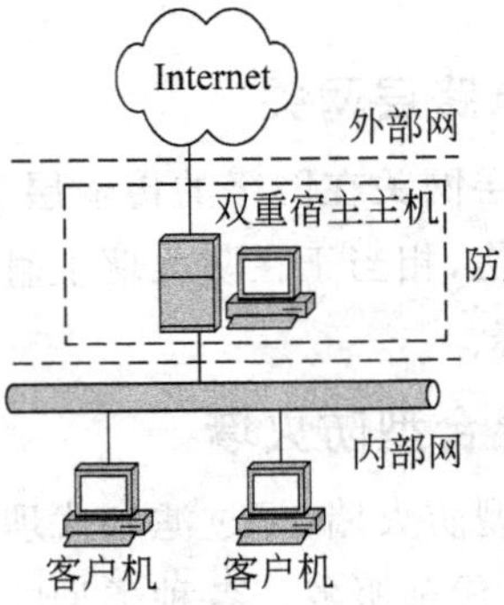

图 12-9　双宿主主机结构

双重宿主主机的防火墙体系结构相当简单，如图 12-9 所示，双重宿主主机位于外部网和内部网之间。所谓“堡垒主机”就是使用两块网卡，分别连接内、外部网络的独立的计算机，它的作用就是对进出的数据包进行审核，为进入内部网络设的一个检查点，以达到把整个内部网络的安全问题集中在某个主机上解决的目的。

双重宿主主机体系结构中堡垒主机是唯一的安全屏障，这种结构没有增加网络安全的自我防卫能力，而它是受“黑客”攻击的首选目标，一旦入侵者侵入堡垒主机，并使其只具有路由功能，则任何网上用户均可以随便访问内部网络。

3. 屏蔽主机体系结构

双重宿主主机体系结构是由一台同时连接在内外部网络的双重宿主主机提供安全保障的，而被屏蔽主机体系结构则不同，在屏蔽主机体系结构中，提供安全保护的主机仅仅与被保护的内部网络相连。屏蔽主机体系结构还使用一个单独的过滤路由器来提供主要安全，其结构如图 12-10 所示。

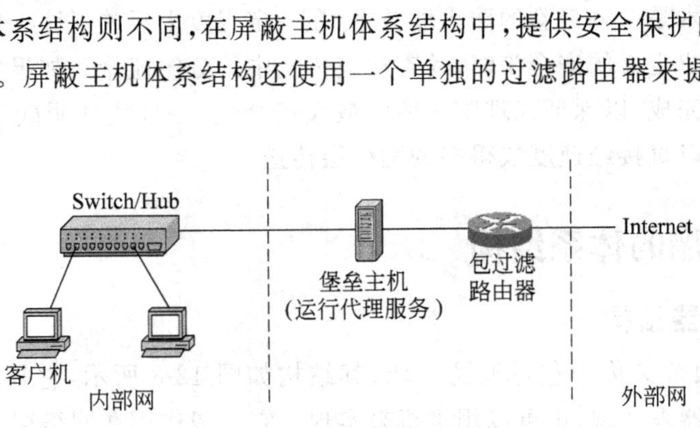

图 12-10　屏蔽主机网关结构

在屏蔽主机体系结构中堡垒主机位于内部的网络上，是外部网络上的主机连接到内部网络上的系统的桥梁。即使这样，也仅有某些确定类型的连接被允许，任何外部的系统试图访问内部的系统或者服务时，必须连接到这台堡垒主机上。因此，堡垒主机需要拥有高等级的安全。数据包过滤也允许堡垒主机开放可允许的连接到外部世界。

在屏蔽的路由器中数据包过滤配置可以按下列方法执行。

(1) 允许其他的内部主机为了某些服务与外部网上的主机连接(即允许那些已经由数据包过滤的服务)。

(2) 不允许来自内部主机的所有连接。用户可以针对不同的服务混合使用这些手段：某些服务可以被允许直接经由数据包过滤，而其他服务可以被允许仅仅间接地经过代理。这完全取决于用户实行的安全策略。

这种体系结构允许数据包从互联网向内部网移动，它的设计比没有外部数据包能到达内部网络的双重宿主主机体系结构更冒风险。实际上，双重宿主主机体系结构在防备数据包从外部网络穿过内部网络容易失败。保卫路由器比保卫主机较易实现，因为它提供有限的服务组。多数情况下，屏蔽的主机体系结构比双重宿主主机体系结构能提供更好的安全性和可用性。然而，屏蔽主机体系结构也有一些缺点，其中主要的是在堡垒主机和其余的内部主机之间没有任何保护网络安全措施的情况下，如果路由器被损害，整个网络对攻击者是开放的。

4. 屏蔽子网体系结构

屏蔽子网结构也称为子网过滤结构是在主机过滤结构中又增加一个额外的安全层次而构成的。如图 12-11 所示，在内部网络和外部网络之间建立一个被隔离的子网，用两台过滤路由器将这一子网分别与内部网络和外部网络分开。增加的安全层次包括一台堡垒主机和一台路由器。两台路由器之间是一个被称为周边网络或参数网络的安全子网，也叫 DMZ (DeMilitarized Zone，隔离区或非军事区)。这就使得内部网和外部网之间有了两层隔断。这种结构就是使用两个过滤路由器和一个周边网络形成了一个复杂的防火墙，以进行安全控制。

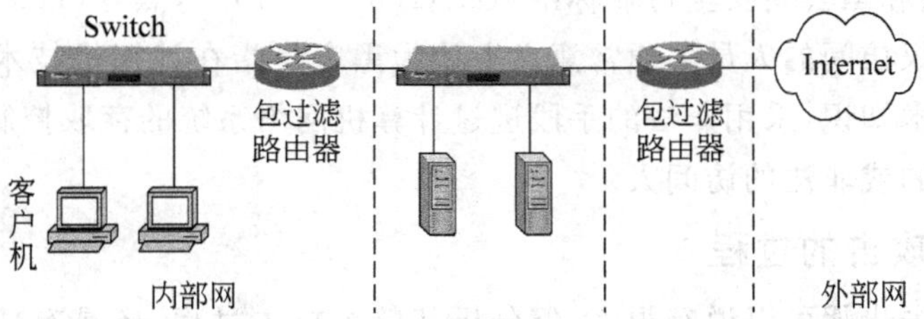

图 12-11　屏蔽子网结构

屏蔽子网结构的最简单的形式是两个屏蔽路由器，每一个都连接到周边网络。一个位于周边网络与内部网络之间，另一个位于周边网络与外部网(通常是 Internet)之间。有的屏蔽子网结构中还设有一堡垒主机作为唯一可访问点，如图 12-11 所示，支持终端交互或作为应用网关代理。为了侵入用这种体系结构构筑的内部网络，非法入侵者必须通过这两个路由器。即使非法入侵者侵入堡垒主机，它仍将必须通过内部路由器。如果入侵者成功地闯过外层保护网到达防火墙，周边网络就能在入侵者和内部网之间再提供一层保护。如果入侵者仅仅侵入到周边网络的堡垒主机，他只能看到周边网络的信息流而看不到内部网的信息。周边网络的信息流仅往来于外部网到堡垒主机。在周边网络中没有内部网主机间的信息流流动，所以即使堡垒主机受到损害也不会破坏内部网的信息流。

屏蔽子网结构具有以下优点。

(1) 入侵者必须突破3个不同的设备才能非法入侵内部网络、外部路由器、堡垒主机、还有内部路由器。

(2) 由于外部路由器只能向Internet通告DMZ网络的存在，Internet上的系统没有路由器与内部网络相通。这样内部网络对外就是“不可见”的，并且只有在DMZ网络上选定的服务才对外网开放。

(3) 由于内部路由器只向内部网络通告DMZ网络的存在，内部网络上的系统不能直接连通外网，这样就保证了内部网络上的用户必须通过驻留在堡垒主机上的代理服务才能访问外网。

(4) 内部路由器在作为内部网络和外部网络之间最后的防火墙系统时，能够支持比双重宿主主机结构更大的数据包吞吐量。

12.5 黑客攻击与入侵检测技术

12.5.1 黑客攻击

1. 黑客攻击基本概念

“攻击”是指任何的非授权行为，从对网络内某一台计算机的入侵，到针对整个网络内部信息的截获、破坏和篡改，从简单的服务器无法提供正常的服务到完全破坏、控制服务器，都属于攻击的范围。网络攻击就是指利用网络系统的安全漏洞和缺陷，为窃取、修改、伪造或破坏信息，降低、破坏网络使用效能而采取的各种措施和行为。攻击的对象主要包括计算机硬件、传输介质、网络服务和信息资源。

在《中华人民共和国公共安全行业标准》(GA163—1997)中，黑客(Hacker)是指对计算机信息系统进行非授权访问的人员。通常意义上认为黑客是指在计算机技术上有一定特长，并凭借自己掌握的技术知识，采用非法的手段逃过计算机网络系统的存取控制，而获得进入计算机网络进行未授权的或非法的访问人。

2. 黑客入侵攻击的过程

黑客常用的攻击步骤可以说有很多，但分析其整个攻击过程，还是有一定规律可遵循，一般有以下一些步骤。

(1) 锁定目标。

攻击者在攻击之前的首要任务就是要确定攻击目标，是单个主机还是整个网段。目标探测是通过自动或人工查询方法，获得与目标网络相关的物理和逻辑参数。

(2) 了解目标的网络结构。

确定要攻击的目标后，黑客就会设法了解其所在的网络结构，哪里是网关路由，哪里是防火墙，入侵检测系统，哪些主机与要攻击的目标主机关系密切等。

(3) 收集系统信息。

在搜集到目标的第一批网络信息之后，黑客会对网络上的每台主机进行全面的系统分析，以寻求该主机的安全漏洞或安全弱点。

(4) 获取访问权。

黑客通过一些扫描软件得到目标主机的一些安全漏洞和安全弱点之后，下一步就是利用这些漏洞进一步得到目标系统的访问权，进而完成对目标系统的入侵。

(5) 权限提升。

黑客在通过前面的几步获得了普通用户的访问权限后，就会试图将普通用户权限提升到超级用户权限，以便完成对系统的完全控制。权限提升所采取的技术是通过得到的密码文件，利用现有的工具软件，破解系统上其他用户名和口令。

(6) 实施攻击。

黑客攻击的终极目的是能够控制目标系统，窃取其中的机密文件等，但并不是每次攻击黑客都能够达到控制目标主机的目的，所以有时黑客也会发动拒绝服务攻击之类的干扰攻击，使系统不能正常工作。

(7) 掩盖踪迹。

黑客入侵系统后，必然会留下痕迹。网络日志往往会记录一些黑客攻击的蛛丝马迹，黑客当然不会留下这些"犯罪证据"，他要做的首要工作就是清除所有入侵痕迹，避免自己被检查出来。掩盖踪迹的方法有禁止系统审计、清空网络日志、隐藏作案工具等。

(8) 创建后门。

为了日后可以不被觉察地再次进入系统，黑客会更改某些系统设置，在系统中植入木马或其他一些远程操纵程序，从而为自己留些后门。

3. 黑客常见的攻击方法

(1) 口令攻击。

口令攻击是网络攻击最常用的方法。入侵者通过系统常用服务或对网络通信进行监听来搜集账号。当找到主机上的有效账号后，就采用字典穷举法进行攻击，或者通过各种方法获得password文件，然后用口令猜测程序，破译用户账号和密码。

(2) 缓冲区溢出攻击。

缓冲区是内存中存放计算机正在处理的数据的地方。攻击者向某个应用程序发送超出其缓冲区最大容量的数据，当数据量超出缓冲区的长度时，多出来的数据就会破坏堆栈中的数据，导致应用程序或整个系统出现崩溃等故障。

(3) 电子欺骗攻击。

电子欺骗包括针对HTTP、FTP、DNS等协议的攻击，这些攻击可以窃取普通用户甚至超级用户的权限，任意修改信息内容，造成巨大危害。另一种攻击是IP欺骗，即攻击者伪造他人的IP地址。本质上就是让一台计算机来扮演另一台计算机，借以达到伪造自己的目的。

(4) 网络监听。

网络监听工具是黑客们常使用的一类攻击工具。使用这种工具，可以监听网络的状态、数据流动情况以及网络上传输的信息。当前，网上的数据绝大多数都是以明文的形式传输，而且口令通常都很短。当口令被截获，黑客可以非常容易地登录到另一台主机。对付监听的最有效的办法是采取加密手段。

(5) 拒绝服务攻击。

拒绝服务攻击(Denial Of Service，DOS)是一种既简单又有效的攻击方式，它的目的就是拒绝用户的服务访问，破坏系统的正常运行，最终使用户的部分Internet连接和网络系统失效，甚至系统完全瘫痪。

(6) 对防火墙的攻击。

防火墙的抗攻击能力一般很强,但是它也不是不可攻破的。防火墙也是由软件和硬件组成,在设计和实现上都不可避免地存在着缺陷。对防火墙的攻击方法主要有绕过防火墙认证和直接攻击防火墙系统。攻击者可以利用地址欺骗、IP 碎片攻击等方法。

(7) 木马程序攻击。

特洛伊木马以提供某些功能作为诱饵,当目标主机启动时,木马程序随之启动,然后在某一特定的端口监听。在通过监听端口收到命令后,木马程序根据命令在目标计算机上执行操作,如传送或删除文件、窃取口令、重新启动计算机等非法活动。

(8) 后门攻击。

后门攻击是指入侵者绕过日志,进入被入侵系统的过程。常见的后门有调试后门、管理后门、恶意后门、Login 后门、服务后门和文件系统后门等。

12.5.2 入侵检测的基本概念

1. 什么是入侵检测

入侵检测是指对入侵行为的发现、报警和响应,它通过收集计算机网络或计算机系统中若干关键点的信息,并对收集到的信息进行分析,从而判断网络或系统中是否有违反安全策略的行为和系统被攻击的征兆。

2. 入侵检测系统功能

入侵检测系统(简称为 IDS)是一套监控计算机系统或网络系统中发生的事件,根据规则进行安全审计的软件或硬件系统。它依照一定的安全策略,通过收集和分析计算机网络或计算机系统中若干关键点的信息并对网络、系统的运行状况进行监视,检查网络或系统中是否存在违反安全策略的行为和被攻击的迹象,尽可能发现各种攻击企图、攻击行为或者攻击结果,以保证网络系统资源的机密性、完整性和可用性。入侵检测系统应该具有以下几个功能。

- 监视、分析用户及系统活动,查找非法用户和合法用户的越权操作。
- 为网络安全策略的制定提供指南。
- 入侵检测的规模可以根据网络威胁、系统构造和安全需求的改变而改变。
- 入侵检测系统在发现入侵后,会及时做出响应,包括切断网络 、记录事件和报警等。
- 评估重要系统和数据文件的完整性,如计算和比较文件系统的校验和。

12.5.3 入侵检测的步骤

如图 12-12 所示,一般可将入侵检测分为信息收集、数据分析和时间响应 3 个步骤。

1. 入侵信息收集

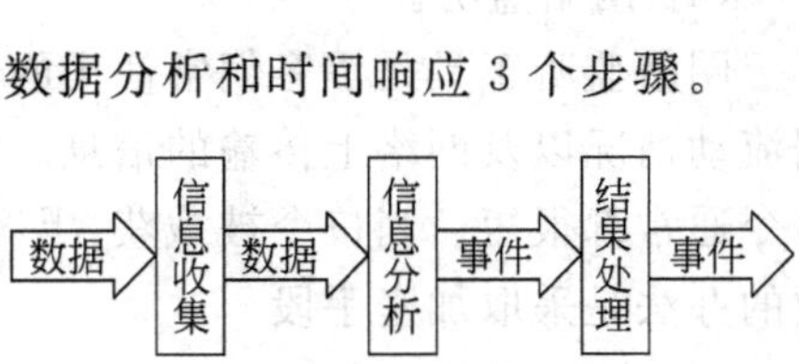

图 12-12 入侵检测系统的基本结构

入侵检测的第一步是信息收集,信息收集的内容包括系统、网络、数据及用户活动的状态和行为。而且,需要在计算机网络系统中的若干不同关键点(不同网段和不同主机)收集信息,这里除了尽可能扩大检测范围的因素外,还有一个重要的因素就是从一个原始信息可能看不出疑点,但从几个原始信息的不一致性却能发现可疑行为或入侵的标志。入侵检测很大程度上依赖于收集信息的可靠性和正确性，因此，很有必要利用精确的软件来报告这些信息。入侵检测数据提取可来自系统和网络日志、目录和文件中的改变、程序执行中的不期望行为和物理形式的入侵信息 4 个方面。

2. 数据分析

数据分析模块主要作用是对数据进行深入的分析，发现攻击并根据分析的结果产生事件，传递给事件响应模块。分析的方式多种多样，如可以是对某种行为的计数，也可以是一个复杂的专家系统。常用的技术手段有模式匹配、统计分析和完整性分析等。其中模式匹配和统计分析方法用于实时的入侵检测，完整性分析则用于事后分析。

3. 入侵检测响应

入侵检测响应分为主动响应和被动响应两种。

被动响应型入侵检测系统只会发出告警信息，将系统内发生的不正常情况报告给管理员，本身并不试图降低攻击所造成的破坏，更不会主动地对攻击者采取反击行为。

主动响应型入侵检测系统可以分为对被攻击系统实施控制和对攻击系统实施控制两种类型。对被攻击系统实施控制（防护）的系统可以通过调整被攻击系统的状态，阻止或减轻攻击影响，例如断开网络连接、增加安全日志、杀死可疑进程等。对攻击系统实施控制（反击）的系统除了阻止或减轻攻击影响外，还可以根据预先设定的跟踪命令跟踪攻击者的攻击路径，寻找攻击者的位置，找到后自动调用系统内的反击程序反击攻击者的攻击行为。这种系统多被军方所重视和采用。

12.5.4 入侵检测系统的基本组成

一个入侵检测系统一般是由事件发生器、事件分析器、响应单元与事件数据块组成。

1. 事件发生器

事件发生器是收集或过滤事件数据的程序或模块，从整个计算环境中获得事件，是将有关事件的信息提供给该系统的其他部分。入侵检测系统需要分析的信息和数据统称为事件。它可以是网络中的数据包，也可以是从系统日志等其他途径得到的信息。事件发生器产生的事件可能是经过协议解析的数据包，或者是从日志文件中提取的相关部分。

2. 事件分析器

事件分析器对来自事件发生器的输入进行分析，判断是否为入侵行为或异常现象。最后将判断的结果转变为警告信息。

3. 响应单元

响应单元根据分析组件提供的警报来对攻击作出反应。许多入侵检测系统只设计成报警。然后，大多数入侵检测系统还配备有某种形式的对抗能力，它可以作出切断连接、改变文件属性、修改路由器的过滤表等强烈反应，甚至发动对攻击者的反击。

4. 事件数据库

事件数据库是存储由事件产生器和事件分析器传递来的数据信息的地方，是存放各种中间和最终数据的地方的统称。它存储的信息包括处理过的和未处理过的，可以是复杂的数据库，也可以是简单的文本文件，为管理员提供检索和查询服务。

12.5.5 入侵检测的分类

入侵检测系统的种类有很多，从不同的角度去分析，就会有不同种类的入侵检测系统。

(1) 根据入侵检测系统所检测对象的区别可分为基于主机的入侵检测系统、基于网络的入侵检测系统和基于应用的入侵检测系统 3 种类型。

① 基于主机的入侵检测系统(HIDS)

基于主机的入侵检测系统通常从主机的审计记录和日志文件中获得所需要的主要数据源，并辅之以主机上的其他信息，在此基础上完成检测攻击行为的任务。基于主机的入侵检测系统用于保护单台主机不受网络攻击行为的侵害，需要安装在被保护的主机上。它直接与操作系统相关，控制文件系统以及重要的系统文件，确保操作系统不会被随意地删改，能够及时发现操作系统所受到的侵害，并且由于它保存一定的校验信息和所有系统文件的变更记录，所以在一定程度上还可以实现安全恢复。

② 基于网络的入侵检测系统(NIDS)

基于网络的入侵检测系统通过监听网络中的数据包来获得必要的数据源，并通过协议分析，特征匹配、统计分析等手段发现当前发生的攻击行为。基于网络的入侵检测系统通常作为一个独立的个体放置在被保护的网络上，它使用原始的网络分组数据包作为进行攻击分析的数据源，通过将实际的数据流量记录与入侵模式库中的入侵模式进行匹配，寻找可能的攻击特征。

③ 基于应用的入侵检测系统(AIDS)

基于应用的入侵检测系统实际上是基于主机的入侵检测系统的一个子集，它主要使用监控传感器在应用层收集信息。由于这种技术可以更准确地监控用户某一应用的行为，所以在日益流行的电子商务中越来越受到重视。它主要是监控在某个软件应用程序中发生的活动，信息来源主要是应用程序的日志，其监视的内容更为具体。

(2) 基于检测方法分类，可分为异常检测模型和误用检测模型两种。

① 异常检测模型

这种模型的特点是首先总结正常操作应该具有的特征，例如特定用户的操作习惯与某些操作的频率等；在得出正常操作的模型之后，对后续的操作进行监视，一旦发现偏离正常统计学意义上的操作模式，即进行报警。

② 误用检测模型

这种模型的特点是收集非正常操作(也就是入侵行为)的特征，建立相关的特征库；在后续的检测中，将收集到的数据与特征库中的特征代码进行比较，得出是否是入侵的结论。

异常检测模型和误用检测模型的区别在于：异常检测模型试图发现一些未知的入侵行为，而误用检测则是检测一些已知的入侵行为。

(3) 根据按照数据分析发生的时间不同，可以分为脱机分析和联机分析两种。

① 脱机分析

脱机分析就是在行为发生后，对产生的数据进行分析，而平时是在行为发生的同时进行分析。对日志的审核、对系统文件的完整性检查等都属于这种类型。一般而言，脱机分析也不会间隔很长时间，所谓的脱机只是与联机相对而言。

② 联机分析

联机分析就是在数据产生或者发生改变的同时对其进行检查，以发现攻击行为。这种方式一般用于对网络数据的实时分析，对系统资源要求比较高。

12.6 网络管理技术

12.6.1 网络管理的基本概念

1. 网络管理概念

网络管理就是为保证网络系统能够持续、稳定、安全、可靠和高效地运行，不受外界干扰，对网络系统设施采取的一系列方法和措施。为此，网络管理的任务就是收集、监控网络中各种设备和设施的工作参数、工作状态信息，及时通知管理员并接受处理，从而控制网络中的设备、设施的工作参数和工作状态，以实现对网络的管理。

具体来说，网络管理包含两大任务：一是对网络运行状态的监测；二是对网络运行状态进行控制。通过对网络运行状态的监测可以了解网络当前的运行状态是否正常，是否存在瓶颈和潜在的危机；通过对网络运行状态的控制可以对网络状态进行合理的调节，提高性能，保证服务质量。可以说，监测是控制的前提，控制是监测结果的处理方法和实施手段。

2. 网络管理的基本内容

网络管理主要包括如下几方面的内容。

(1) 数据通信网中的流量控制。

因受到通信介质带宽的限制，计算机网络传输容量是有限的。当在网络中传输的数据超过网络容量时，网络中就会发生阻塞，严重时会导致网络系统瘫痪。所以，流量控制是网络管理需要首先解决的问题。

(2) 网络路由选择策略。

网络中的路由选择方法不仅应该具有正确、稳定、公平、最佳和简单的特点，还应该能够适应网络规模、网络拓扑和网络数据流量的变化。这是因为，路由选择方法决定着数据分组在网络系统中通过哪条路径传输，它直接关系到网络传输开销和数据分组的传输质量。

在网络系统中，数据流量总是不断变化的，网络拓扑也有可能发生变化。因此，系统应始终保持所采用的路由选择方法是最佳的，所以，网络管理必须要有一套管理和提供路由的机制。

(3) 网络管理员的管理与培训。

网络系统在运行过程中，会出现各种各样的问题。网络管理员的基本工作是保证网络平稳地运行，保证网络出现故障后能够即时恢复。所以，对于网络系统来说，加强网络管理员的管理与培训，用训练有素的网络管理员对系统进行维护与管理是非常重要的。

(4) 网络的安全防护。

计算机网络系统给人们带来的最大好处是人与人之间可以非常方便和迅速地实现资源共享，但对于网络系统中共享的资源存在完全开放、部分开放和不开放等问题，从而出现系统资源和共享与保护之间的矛盾。网络必须要引入安全机制，其目的就是保护网络用户信息不受侵犯。

(5) 网络的故障诊断。

由于网络系统在运行过程中不可避免地会发生故障,因此准确及时地确定故障的位置、掌握故障产生的原因是解决故障的关键。对网络系统实施强有力的故障诊断是及时发现系统隐患、保证系统正常运行必不可少的环节。

(6) 网络的费用计算。

公用数据网必须能够根据用户对网络的使用核算费用并提供费用清单,数据网中费用的计算方法通常要涉及互联的多个网络之间费用的核算和分配的问题,所以网络费用的计算也是网络管理中非常重要的一项内容。

(7) 网络病毒防范。

随着计算机技术和网络技术突飞猛进的发展,计算机病毒也日益猖獗,据不完全统计,每个月都有数以万计的计算机网络受到病毒的攻击,造成大面积的网络和计算机终端的瘫痪。作为网络管理人员,必须要认识到网络病毒对网络的危害性,采取相应的防范措施。

(8) 网络黑客防范。

网络黑客指的是窃取内部机密数据、蓄意破坏和攻击内部网络软硬件设施的非法入侵者。可采取防火墙和对机密数据加密的方法来对付网络黑客。

(9) 内部管理制度。

再安全的网络也经不住网络内部管理人员的蓄意攻击和破坏,所以对网络的内部管理,尤其是对网络管理人员的教育和管理是很有必要的。为了确保网络安全、可靠的运行,必须制定严格的内部管理制度和奖惩制度。

12.6.2 OSI 管理功能域

OSI 网络管理标准将开放系统的网络管理功能划分成 5 个功能域,它们分别用来完成不同的网络管理功能。OSI 网络管理中定义的功能域只是网络管理最基本的功能,这些功能都需要通过与其他开放系统交换管理信息来实现。

OSI 管理标准中定义的 5 个功能域是配置管理、故障管理、性能管理、安全管理与记账管理。

1. 配置管理

网络配置是指网络中每个设备的功能、相互间的连接关系和工作参数,它反映了网络的状态。网络是经常需要变化的,需要调整网络配置的原因很多,配置管理(Configuration Management)主要有以下几点。

- 为向用户提供满意的服务,网络必须根据用户需求的变化,增加新的资源与设备。调整网络的规模,以增强网络的服务能力。
- 网络管理系统在检测到某个设备或线路发生故障,在故障排除过程中将会影响到部分网络的结构。
- 通信子网中某个节点的故障会造成网络上节点的减少与路由的改变。
- 对网络配置的改变可能是临时性的,也可能是永久性的。网络管理系统必须有足够的手段来支持这些改变,不论这些改变是长期的还是短期的。有时甚至要求在短期内自动修改网络配置,以适应突发性的需要。配置管理就是用来识别、定义、初始化、控制与监测通信网中的管理对象。

网络中的配置管理功能域需要监视与控制的主要内容是：网络资源及其活动状态，网络资源之间的关系，以及新资源的引入与旧资源的删除。

从管理控制的角度看，网络资源又可以分为3个状态，即可用的、不可用的与正在测试的。从网络运行的角度看，网络资源又可以分为两个状态：活动的与不活动的。

在OSI网络管理标准中，配置管理部分可以说是最基本的内容。配置管理是网络中对管理对象的变化进行动态管理的核心。当配置管理软件接到网管操作员或其他管理功能设施的配置变更请求时，配置管理服务首先确定管理对象的当前状态并给出变更合法性的确认，然后对管理对象进行变更操作，最后要验证变更确实已经完成。因此，网络的配置管理活动经常是由其他管理应用软件来实现的。

2. 性能管理

性能管理(Performance Management)负责监视整个网络的性能。性能管理是指通过监控网络的运行状态调整网络性能参数来改善网络的性能，以确保网络平稳运行。管理的目的是维护网络服务质量(Quality of Service ，QoS)和提高网络运行效率。其功能主要包括性能数据的采集和存储、性能门限的管理、性能数据的显示和分析。

- 性能数据的采集和存储

主要完成对网络设备和网络通道性能数据的采集，同时将其存储起来。

- 性能门限的管理

性能门限的管理是为了提高网络管理的有效性，在特定的时间内为网络管理者选择监视对象、设置监视时间以及提供设置和修改性能门限的手段；同时，当性能门限不理想时，通过对各种资源的调整来改善网络性能。

- 性能数据的显示和分析

根据管理的要求，定期对当前和历史数据进行显示及统计分析，形成各种关系曲线，并产生数据报告。

3. 故障管理

故障管理(Fault Management)又称失效管理，主要对来自硬件设备或路径节点的报警信息进行监控、报告和存储，以及进行故障的诊断、定位与处理，是对系统非正常操作的操作管理。所谓故障，就是那些引起系统以非正常方式操作的事件。它可以分为有损害的部件或由软件故障引起的故障，以及由环境影响引起的外部故障。

故障管理是网络管理中最基本的功能之一。用户都希望有一个可靠的计算机网络。当网络中某个组成失效时，能够迅速查找到故障并能及时给予排除。分析故障原因对于防止类似故障的再次发生相当重要。故障管理包括故障检测、故障定位与诊断和故障记录。

- 故障检测

故障检测是在正常操作中，通过执行网管监控过程和生成报告来检测目前整个网络存在的问题。

- 故障定位与诊断

故障定位与诊断是通过分析网络内部各个设备和线路的故障与事件报告，执行测试程序确定故障的位置和产生的根源。

- 故障排除

通过网络系统提供的配置管理工具对产生故障的设备进行修复，以系统自动处理和人工干预相结合的方式恢复网络正常运行。

• 故障记录

故障记录主要完成网络系统故障以日志的形式记录故障、报警信息和处理方法与结果。

4. 安全管理

安全管理(Security Management)功能是用来保护网络资源的安全。安全管理活动能够利用各种层次和安全防卫机制,使非法入侵事件尽可能少发生;能够快速检测未授权的资源使用,并查出侵入点,对非法活动进行审查与追踪;能够使用网络管理人员恢复部分受破坏的文件。

安全管理中一般要设置一些权限,制定判断非法入侵的条件以及检查非法操作的规则。非法入侵活动包括无特权的用户企图修改其他用户定义的文件、修改硬件或软件配置、修改访问优先权、关闭正在工作的用户,以及任何其他对敏感数据的访问企图。收集有关数据产生报告,由网络管理中心的安全事务处理进程进行分析、记录、存档,并根据情况采取相应的措施,如给入侵用户以警告信息、取消其使用网络的权力等。

5. 计费管理

计费管理(Accounting Management)主要管理各种电信业务资费标准,以及管理用户业务使用情况和费用等。其目的在于正确地计算和收取用户所用网络服务的费用。除此之外,还要进行网络资源利用率的统计和网络成本效益核算,为网络资源的使用核算成本和提供收费依据。计费管理一般分为 4 个模块,即服务事件检测、资费管理、服务管理、计费控制。

• 服务事件检测

负责管理信息流中捕捉用户使用网络的事件,将检测到的事件存入用户账号日志供用户查询,同时将有关信息送至管理模块计算费用。

• 资费管理

按照资费政策计算为用户提供网络服务应收取的费用。

• 服务管理

根据资费管理功能模块和计费控制模块的控制信息限制用户可使用的业务种类。

• 计费管理

负责管理用户账号和服务管理规则等。

此外,部分网络管理系统还可以提供系统帮助、固定资产管理和网络人员管理等功能以提高整个网络系统的智能化程度。网络管理功能不是孤立的,完成某项管理功能往往需要其他管理功能的配合。比如故障管理需要从性能管理得到当前的运行分析结果,从配置数据库得到设备的配置信息。利用上述信息和网络的事件报告,一旦确认发生故障,通过配置管理修改配置参数,修复、替换或隔离故障部件。将网络故障情况作为网络状态数据移交给性能管理,以分析计算网络的可用性参数。网络管理可看作是一组过程和任务的集成。

12.6.3 网络管理的基本模型

在网络管理中,一般采用网络管理者-网络代理模型。网络管理模型的核心是一对相互通信的系统管理实体,它采用一个独特的方式使两个管理进程之间相互作用,即管理进程与一个远程系统相互作用,以实现对远程资源的控制。

现代计算机网络管理系统基本由以下 4 个要素组成。

1. 网络管理者(Network Manager)

网络管理者是指实施网络管理的处理实体,网络管理者驻留在管理工作站上。管理工作站通常是指那些工作站、微机等,一般位于网络系统的主干或近于主干的位置,它负责处理管理操作的指令,并接收来自网管代理的信息。网络管理者要求网管代理定期收集重要的设备信息。网络管理者应该定期查询网管代理收集到的有关主机运行状态、配置及性能数据等信息,这些信息将被用来确定独立的网络设备、部分网络或整个网络运行的状态是否正常。

网络管理者和网管代理通过交换管理信息进行工作,信息分别驻留在被管设备和管理工作站上的管理信息中。这种信息交换通过一种网络管理协议来实现,具体的交换过程通过协议数据单元(Protocol Data Unit,PDU)进行。

管理站作为网络管理员与网络管理系统的接口,主要由以下几部分构成。

- 一组具有分析数据、发现故障等功能的管理进程。
- 一个用于网络管理员监控网络的接口。
- 将网络管理员的要求转变为对远程网络元素的实际监控的能力。
- 一个从所有被管网络实体的 MIB 中抽取信息的数据库。

2. 网管代理

网管代理(Managed Agent)是一个软件模块,它驻留在被管设备上。这里被管设备可以是工作站、网络打印机,也可以是其他网络设备。通常将主机和网络互联设备等所有被管理的网络设备称为被管设备。其功能是把来自网络管理者的命令或信息的请求转换成本设备特有的指令,完成网络管理者的批示或把所在设备的信息返回网络管理者,包括有关运行状态、设备特性、系统配置和其他相关信息。另外,网管代理也可以将自身系统中发生的事件主动通知给网络管理者。

3. 网络管理协议 NMP (Network Management Protocol)

管理站和网管代理者之间通过网络管理协议通信,网络管理者进程通过网络管理协议来完成网络管理。目前最有影响的网络管理协议是简单网络管理协议(Simple Network Management Protocol,SNMP)和公共管理信息协议(Common Management Information Protocol,CMIP)。其中 SNMP 获得的支持也最广泛,已成为事实上的工业标准。

SNMP 属应用层协议,是 TCP/IP 协议簇的一部分。SNMP 在 TCP/IP 及有关的特殊网络协议(如 Ethernet、FDDI、X. 25)上实现,通过用户数据报协议(UDP)来操作,所以要求每个网管代理也必须能够识别 SNMP、UDP 和 IP。

4. 管理信息库 MIB (Management Information Base)

管理信息库(MIB)是一个信息存储库。MIB 定义了一种对象数据库,由系统内的许多被管对象及其属性组成。在 MIB 中的数据可大体分为 3 类,即感测数据、结构数据和控制数据。

12.6.4 网络管理模式

1. 集中管理模式

集中式模式是所有的网管代理在管理站的监视和控制下,协同工作实现集成的网络管理。目前,单纯的集中式网络管理模式的应用并不常见,而分布式网络管理模式由于其自身的特点,相对应用得较为广泛。

2. 分布管理模式

将信息管理和智能判断分布到网络各处,使得管理变得更加自动化,使得在问题源或更靠近故障源的地方,能够做出基本的故障处理决策。

3. 分布与集中相结合的管理模式

集中与分布的网络管理模式,分别适用于不同的网络环境,各有优缺点。网络中的计算机节点,尤其是处理能力较强的中、小型计算机,仍按分布式管理模式配置,它们相互之间协同配合,实行网络的分布式管理,保证网络的基本运行。

同时在网络中设置专门的网络管理节点,重点管理那些专用网络设备,同时也对全网的运行进行尽可能的监控。这种集中式与分布式相结合的网络管理模式是在许多企业网络中自然形成的一种网管体制。

4. 联邦制管理模式

这种模式经常出现在一些大型跨部门,跨地区的互联网结构中,各部门有自己的网络,往往有各自相对集中的管理模式,但整个互联网并没有一个总的集中管理实体。这类似于一种联邦制国家之间的协调关系。

5. 分级管理模式

在这种模式中,基层部门的网络相对独立管理,而上级部门也是相对独立地管理,同时对它们的下属部门网络,具有一定的指导及干预。

12.6.5 简单网络管理协议

目前,Internet 上广泛使用的一种网络管理协议是简单网络管理协议(SNMP)。简单网络管理协议建立在 TCP/IP 协议簇中的 UDP 协议之上,提供无连接服务。尽管是一种不可靠的服务,但保证了信息的快速传递。SNMP 模型由 3 部分组成,即管理进程、管理代理和管理信息库。它们的相互关系如图 12-13 所示。

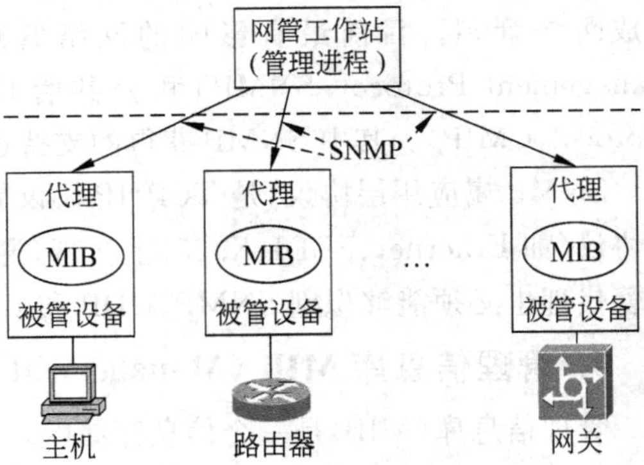

图 12-13 SNMP 网络管理模型

1. 管理进程

管理进程处于管理模型的核心。它是一组运行于网络管理中心主机上的软件程序。它可以在 SNMP 的支持下,通过管理代理来对各种资源执行检测、配置等管理操作。管理进程可以通过图形界面显示网络中各管理代理的配置及其他网络信息,为管理人员管理网络提供方便。

2. 管理代理

管理代理是运行在被管理设备中的软件。网络中被管理的设备可以是主机、路由器、交换机等。它监视设备的工作状态,使用状况等,并收集相关网络管理信息。这些信息都存储在管理信息库(MIB)中。每一个管理代理都拥有一个包含代管设备相关信息的本地管理信息库。在管理进程的指令下,管理代理一方面从 MIB 中读取信息提交给管理进程;另一方面更新、修改 MIB 中的信息。

3. 管理信息库

管理信息库是一个概念上的数据库，它是由管理对象组成的，每个管理代理管理信息库中属于本地的管理对象，各管理代理控制的管理对象共同构成全网的管理信息库。

习　题　12

1. 网络安全包括哪些基本要素？
2. 网络中存在的威胁有哪些？
3. 在 OSI 信息安全体系中定义安全服务和安全机制有哪些？
4. 什么是计算机病毒？计算机病毒的特征有哪些？
5. 常用的计算机病毒检测方法有哪些？怎么防范计算机病毒？
6. 密码学中常用的密码体制有哪两种？各自的代表算法是什么？
7. 什么是数字证书？数字证书的原理是什么？
8. 什么是防火墙？防火墙的作用和局限性是什么？
9. 常用的防火墙体系结构有哪些？
10. 什么是入侵检测？入侵检测有哪些分类？
11. 简述入侵检测系统的功能和检测过程。
12. 网络管理的概念是什么？网络管理有几方面的内容？
13. 网络管理的基本功能有哪些？各功能涉及到哪些主要内容？
14. 简述简单网络管理协议模型的组成及各组成部分的作用。

高等学校计算机基础教育教材精选

书　名	书　号
Access 数据库基础教程　赵乃真	ISBN 978-7-302-12950-9
AutoCAD 2002 实用教程　唐嘉平	ISBN 978-7-302-05562-4
AutoCAD 2006 实用教程(第 2 版)　唐嘉平	ISBN 978-7-302-13603-3
AutoCAD 2007 中文版机械制图实例教程　蒋晓	ISBN 978-7-302-14965-1
AutoCAD 计算机绘图教程　李苏红	ISBN 978-7-302-10247-2
C++及 Windows 可视化程序设计　刘振安	ISBN 978-7-302-06786-3
C++及 Windows 可视化程序设计题解与实验指导　刘振安	ISBN 978-7-302-09409-8
C++语言基础教程(第 2 版)　吕凤翥	ISBN 978-7-302-13015-4
C++语言基础教程题解与上机指导(第 2 版)　吕凤翥	ISBN 978-7-302-15200-2
C++语言简明教程　吕凤翥	ISBN 978-7-302-15553-9
CATIA 实用教程　李学志	ISBN 978-7-302-07891-3
C 程序设计教程(第 2 版)　崔武子	ISBN 978-7-302-14955-2
C 程序设计辅导与实训　崔武子	ISBN 978-7-302-07674-2
C 程序设计试题精选　崔武子	ISBN 978-7-302-10760-6
C 语言程序设计　牛志成	ISBN 978-7-302-16562-0
PowerBuilder 数据库应用系统开发教程　崔巍	ISBN 978-7-302-10501-5
Pro/ENGINEER 基础建模与运动仿真教程　孙进平	ISBN 978-7-302-16145-5
SAS 编程技术教程　朱世武	ISBN 978-7-302-15949-0
SQL Server 2000 实用教程　范立南	ISBN 978-7-302-07937-8
Visual Basic 6.0 程序设计实用教程(第 2 版)　罗朝盛	ISBN 978-7-302-16153-0
Visual Basic 程序设计实验指导与习题　罗朝盛	ISBN 978-7-302-07796-1
Visual Basic 程序设计教程　刘天惠	ISBN 978-7-302-12435-1
Visual Basic 程序设计应用教程　王瑾德	ISBN 978-7-302-15602-4
Visual Basic 试题解析与实验指导　王瑾德	ISBN 978-7-302-15520-1
Visual Basic 数据库应用开发教程　徐安东	ISBN 978-7-302-13479-4
Visual C++ 6.0 实用教程(第 2 版)　杨永国	ISBN 978-7-302-15487-7
Visual FoxPro 程序设计　罗淑英	ISBN 978-7-302-13548-7
Visual FoxPro 数据库及面向对象程序设计基础　宋长龙	ISBN 978-7-302-15763-2
Visual LISP 程序设计(AutoCAD 2006)　李学志	ISBN 978-7-302-11924-1
Web 数据库技术　铁军	ISBN 978-7-302-08260-6
程序设计教程(Delphi)　姚普选	ISBN 978-7-302-08028-2
程序设计教程(Visual C++)　姚普选	ISBN 978-7-302-11134-4
大学计算机(应用基础·Windows 2000 环境)卢湘鸿	ISBN 978-7-302-10187-1
大学计算机基础　高敬阳	ISBN 978-7-302-11566-3
大学计算机基础实验指导　高敬阳	ISBN 978-7-302-11545-8
大学计算机基础　秦光洁	ISBN 978-7-302-15730-4
大学计算机基础实验指导与习题集　秦光洁	ISBN 978-7-302-16072-4
大学计算机基础　牛志成	ISBN 978-7-302-15485-3
大学计算机基础　訾秀玲	ISBN 978-7-302-13134-2
大学计算机基础习题与实验指导　訾秀玲	ISBN 978-7-302-14957-6
大学计算机基础教程(第 2 版)　张莉	ISBN 978-7-302-15953-7

大学计算机基础实验教程(第 2 版)　张莉	ISBN 978-7-302-16133-2
大学计算机基础实践教程(第 2 版)　王行恒	ISBN 978-7-302-18320-4
大学计算机技术应用　陈志云	ISBN 978-7-302-15641-3
大学计算机软件应用　王行恒	ISBN 978-7-302-14802-9
大学计算机应用基础　高光来	ISBN 978-7-302-13774-0
大学计算机应用基础上机指导与习题集　郝莉	ISBN 978-7-302-15495-2
大学计算机应用基础　王志强	ISBN 978-7-302-11790-2
大学计算机应用基础题解与实验指导　王志强	ISBN 978-7-302-11833-6
大学计算机应用基础教程　詹国华	ISBN 978-7-302-11483-3
大学计算机应用基础实验教程(修订版)　詹国华	ISBN 978-7-302-16070-0
大学计算机应用教程　韩文峰	ISBN 978-7-302-11805-3
大学信息技术(Linux 操作系统及其应用)　衷克定	ISBN 978-7-302-10558-9
电子商务网站建设教程(第 2 版)　赵祖荫	ISBN 978-7-302-16370-1
电子商务网站建设实验指导(第 2 版)　赵祖荫	ISBN 978-7-302-16530-9
多媒体技术及应用　王志强	ISBN 978-7-302-08183-8
多媒体技术及应用　付先平	ISBN 978-7-302-14831-9
多媒体应用与开发基础　史济民	ISBN 978-7-302-07018-4
基于 Linux 环境的计算机基础教程　吴华洋	ISBN 978-7-302-13547-0
基于开放平台的网页设计与编程(第 2 版)　程向前	ISBN 978-7-302-18377-8
计算机辅助工程制图　孙力红	ISBN 978-7-302-11236-5
计算机辅助设计与绘图(AutoCAD 2007 中文版)(第 2 版)　李学志	ISBN 978-7-302-15951-3
计算机软件技术及应用基础　冯萍	ISBN 978-7-302-07905-7
计算机图形图像处理技术与应用　何薇	ISBN 978-7-302-15676-5
计算机网络公共基础　史济民	ISBN 978-7-302-05358-3
计算机网络基础(第 2 版)　杨云江	ISBN 978-7-302-16107-3
计算机网络技术与设备　满文庆	ISBN 978-7-302-08351-1
计算机文化基础教程(第 3 版)　冯博琴	ISBN 978-7-302-19534-4
计算机文化基础教程实验指导与习题解答　冯博琴	ISBN 978-7-302-09637-5
计算机信息技术基础教程　杨平	ISBN 978-7-302-07108-2
计算机应用基础　林冬梅	ISBN 978-7-302-12282-1
计算机应用基础实验指导与题集　冉清	ISBN 978-7-302-12930-1
计算机应用基础题解与模拟试卷　徐士良	ISBN 978-7-302-14191-4
计算机应用基础教程　姜继忱	ISBN 978-7-302-18421-8
计算机硬件技术基础　李继灿	ISBN 978-7-302-14491-5
软件技术与程序设计(Visual FoxPro 版)　刘玉萍	ISBN 978-7-302-13317-9
数据库应用程序设计基础教程(Visual FoxPro)　周山芙	ISBN 978-7-302-09052-6
数据库应用程序设计基础教程(Visual FoxPro)题解与实验指导　黄京莲	ISBN 978-7-302-11710-0
数据库原理及应用(Access)(第 2 版)　姚普选	ISBN 978-7-302-13131-1
数据库原理及应用(Access)题解与实验指导(第 2 版)　姚普选	ISBN 978-7-302-18987-9
数值方法与计算机实现　徐士良	ISBN 978-7-302-11604-2
网络基础及 Internet 实用技术　姚永翘	ISBN 978-7-302-06488-6
网络基础与 Internet 应用　姚永翘	ISBN 978-7-302-13601-9
网络数据库技术与应用　何薇	ISBN 978-7-302-11759-9
网页设计创意与编程　魏善沛	ISBN 978-7-302-12415-3
网页设计创意与编程实验指导　魏善沛	ISBN 978-7-302-14711-4
网页设计与制作技术教程(第 2 版)　王传华	ISBN 978-7-302-15254-8

网页设计与制作教程(第 2 版)　杨选辉	ISBN 978-7-302-17820-0
网页设计与制作实验指导(第 2 版)　杨选辉	ISBN 978-7-302-17729-6
微型计算机原理与接口技术(第 2 版)　冯博琴	ISBN 978-7-302-15213-2
微型计算机原理与接口技术题解及实验指导(第 2 版)　吴宁	ISBN 978-7-302-16016-8
现代微型计算机原理与接口技术教程　杨文显	ISBN 978-7-302-12761-1
新编 16/32 位微型计算机原理及应用教学指导与习题详解　李继灿	ISBN 978-7-302-13396-4